HISTOIRE DES PLANTES

MONOGRAPHIE

DES

CARYOPHYLLACÉES

CHÉNOPODIACÉES

ÉLATINACÉES ET FRANKÉNIACÉES

BOURLOTON. — Imprimeries réunies, A, rue Mignon, 2. Paris.

HISTOIRE DES PLANTES

MONOGRAPHIE

DES

CARYOPHYLLACÉES

CHÉNOPODIACÉES

ÉLATINACÉES ET FRANKÉNIACÉES

PAR

H. BAILLON

PROFESSEUR D'HISTOIRE NATURELLE MÉDICALE A LA FACULTÉ DE MÉDECINE DE PARIS
DIRECTEUR DU JARDIN BOTANIQUE DE LA FACULTÉ, PRÉSIDENT DE LA SOCIÉTÉ LINNÉENNE DE PARIS

ILLUSTRÉE DE 145 FIGURES DANS LES TEXTES

DESSINS DE FAGUET

PARIS
LIBRAIRIE HACHETTE & Cie
BOULEVARD SAINT-GERMAIN, 79
LONDRES, 18, KING WILLIAM STREET, STRAND

1887

LXXVI

CARYOPHYLLACÉES

I. SÉRIE DES LYCHNIS.

Lychnis Viscaria.

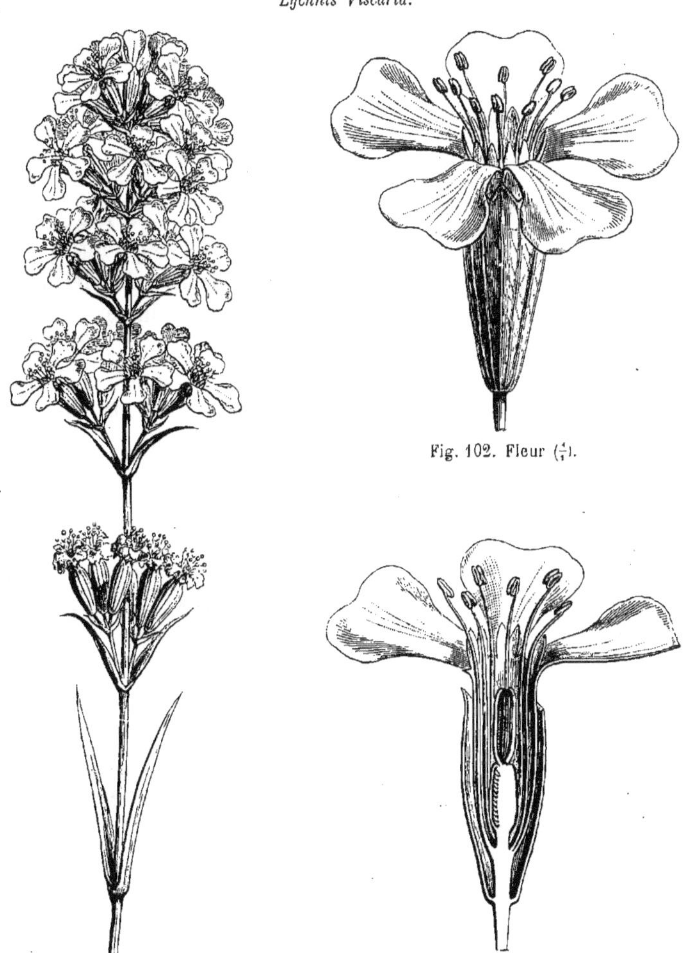

Fig. 102. Fleur ($\frac{4}{1}$).

Fig. 101. Tige florifère.

Fig. 104. Fleur, coupe longitudinale.

Dans le genre *Lychnis* (fig. 101-107), que nous examinons d'abord, et qui représente le type[1] le plus complet de cette série, les fleurs sont le plus souvent régulières et hermaphrodites. Leur réceptacle a la forme d'une courte et épaisse colonne, qui, près de sa base, porte le calice gamosépale, à cinq divisions, souvent peu profondes, imbriquées en quinconce, et plus haut, après un entre-nœud vide, de longueur variable, une corolle de cinq pétales et deux verticilles androcéens. Les pétales forment une corolle dite caryophyllée, c'est-à-dire qu'ils ont chacun un onglet étroit, allongé, et un limbe entier, bilobé ou lacinié[2]. Leur préfloraison est imbriquée ou tordue. Les étamines, insérées avec les pétales et ordinairement un peu unies avec leur base en un court anneau, sont au nombre de dix et superposées, cinq aux divisions du calice, et cinq aux pétales. Ces dernières sont plus courtes et plus extérieures. Elles ont un filet subulé et une anthère introrse, dorsifixe, biloculaire et déhiscente par deux fentes longitudinales[3]. Le gynécée, dont l'insertion est plus ou moins éloignée de celle des étamines, se compose d'un ovaire supère, à cinq loges surmontées d'un même nombre de branches stylaires et chargées de poils. Les loges ovariennes sont alternipétales. Les cloisons qui les séparent les unes des autres sont primitivement complètes; après quoi elles se détruisent en partie, de sorte que les cinq placentas axiles s'isolent au centre de la fleur et simulent par leur réunion un unique placenta central-libre. Dans l'angle interne de chaque loge s'insèrent de nombreux ovules, disposés d'abord sur deux rangées verticales dans chaque loge, et campylotropes, avec le micropyle dirigé en dehors et plus ou moins en bas[4]. Le fruit est une capsule qui s'ouvre en haut en autant de dents ou de valves courtes, entières ou bifides, qu'il y a de divisions au style; et les graines, attachées par un hile marginal, contiennent, sous leurs

Lychnis Viscaria.

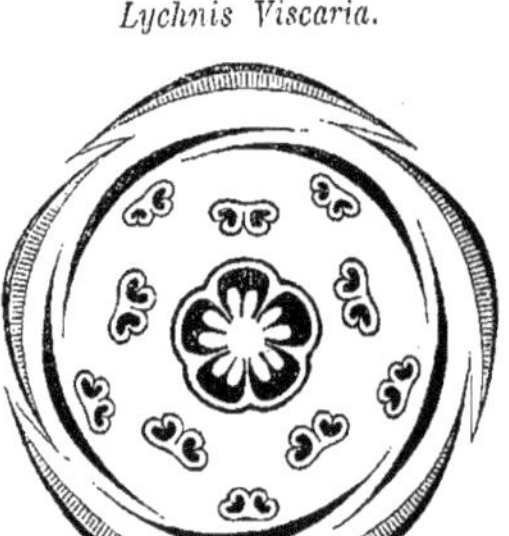

Fig. 103. Diagramme floral.

1. T., *Inst.*, 333, t. 175. — ADANS., *Fam. des pl.*, II, 254. — L., *Gen.*, n. 584. — J., *Gen.*, 302. — DC., *Prodr.*, I, 385. — ENDL., *Gen.*, n. 5250. — B. H., *Gen.*, I, 147, n. 10. — *Hedeoma* LOUR., *Fl. cochinch.*, 351 (ex ENDL.).

2. Au point de réunion du limbe et de l'onglet se trouve souvent une lame liguliforme, ordinairement bilobée, constituant avec les ligules des autres pétales ce qu'on appelle la couronne ou coronule.

3. Le pollen est sphérique dans ce genre, avec environ douze pores dans le *L. chalcedonica* (H. MOHL). Dans la famille en général, les pores sont situés dans des enfoncements de l'exhyménine et fermés dans les grains les plus gros par des opercules. Leur volume et leur nombre sont très variables, et il y a jusqu'à une vingtaine de pores dans les *Drypis*, certains *Arenaria*, etc.

4. Ils ont double tégument.

téguments lisses ou rugueux, tuberculeux, un albumen farineux qu'entoure un embryon courbe, à cotylédons étroits.

On distingue une trentaine de *Lychnis*[1]; ce sont des herbes ordinairement vivaces, à feuilles opposées, sans stipules, à fleurs en cymes régulières ou irrégulières, isolées ou disposées sur l'axe commun d'une grappe terminale. Dans quelques-uns, les fleurs sont polygames ou dioïques[2] (fig. 105-107). Tous habitent les régions tempérées et froides

Lychnis (Melandrium) dioica.

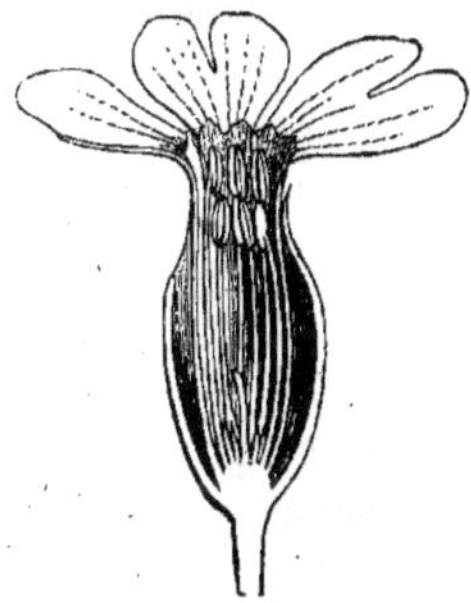

Fig. 107. Fleur mâle, coupe longitudinale.

Fig. 105. Fleur mâle, diagramme.

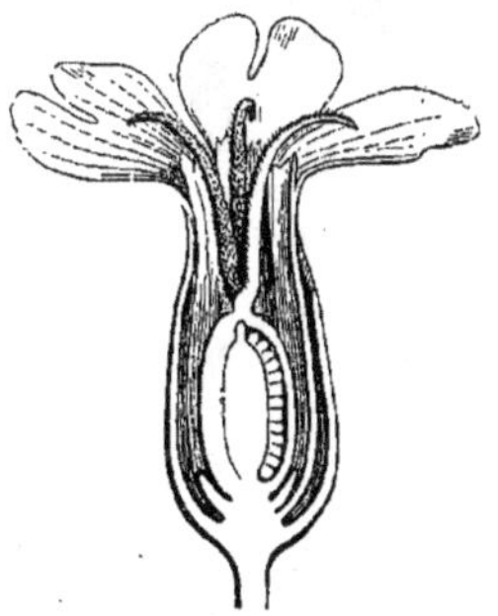

Fig. 106. Fleur femelle, coupe longitudinale.

de l'hémisphère boréal, rarement l'Amérique, et surtout l'Europe et les portions tempérées de l'Asie.

Dans quelques *Lychnis*, tels que les *L. viscaria*, *alpina*, *Cœli-rosa*, etc., le calice n'est point enflé ou ne l'est que peu; les cloisons ovariennes persistent en grande partie inférieurement, et les dents du fruit demeurent simples ou se dédoublent; on en a fait des genres *Viscaria*[3] et *Eudianthe*[4], que nous considérons comme de simples sections des *Lychnis*. De même pour le *L. pyrenaica*, type du genre *Petrocoptis*[5], qui se distingue seulement par des valves du fruit entières et des graines pourvues d'un petit renflement arillaire.

La Nielle des blés, dont on a fait le type d'un genre *Githago*

1. Reichb., *Icon. Fl. germ.*, VI, t. 303, 304, 307. — Willk. et Lnge, *Prodr. Fl. hisp.*, III, 640. — Boiss., *Fl. or.*, I, 657. — Gren. et Godr., *Fl. de Fr.*, I, 216 (*Silene*), 222 (*Petrocoptis*), 223. — Walp., *Rep.*, I, 280; II, 784; V, 82; *Ann.*, I, 93; IV, 291, 293.

2. Notamment dans le *L. dioica*, type des *Melandrium* Rœhl. (*Deutsch. Fl.*, ed. 1, 274), parfois rapportés aux *Saponaria* (Endl., *Gen.*, 972) et qui ont un calice enflé, un ovaire de bonne heure asepté et les valves du fruit généralement bifides. A cette section se rapportent les *Gastrolychnidium* Fenzl (in *Endl. Gen.*, 974. — Willk., *Icon. pl. Eur. austr.*, I, t. 14), et *Wahlbergella* Fries (*Summ. veg. Scand.*, 155). Nous y joignons le *Polyschemone* Schott, Nym. et Kotsch. (*Anal. bot.*, 55).

3. Rœhl., *Deutsch. Fl.*, II, 37. — Endl., *Gen.*, n. 5249.

4. Reichb., *Icon. Fl. germ.*, VI, t. 303.

5. A. Braun, in *Flora* (1843), 370. — *Silenopsis* Willk., in *Bot. Zeit.* (1847), 237.

(fig. 108-110), a des fleurs extérieurement assez semblables à celles des *Lychnis*. Leur calice a, dans sa portion inférieure, la forme d'un sac ovoïde, portant de dix à quinze cannelures verticales, tandis que dans sa portion supérieure il est partagé en cinq longues et étroites lanières, primitivement imbriquées dans le bouton. Un peu au-dessus du calice, le réceptacle porte une courte collerette d'où se dégagent cinq pétales alternes avec les sépales, et cinq étamines superposées. Les pétales ont un limbe tordu et un long onglet que parcourt intérieurement un sillon vertical. En bas de ce sillon, les pétales portent chacun une étamine plus courte que celles qui sont alternipétales.

Githago segetum.

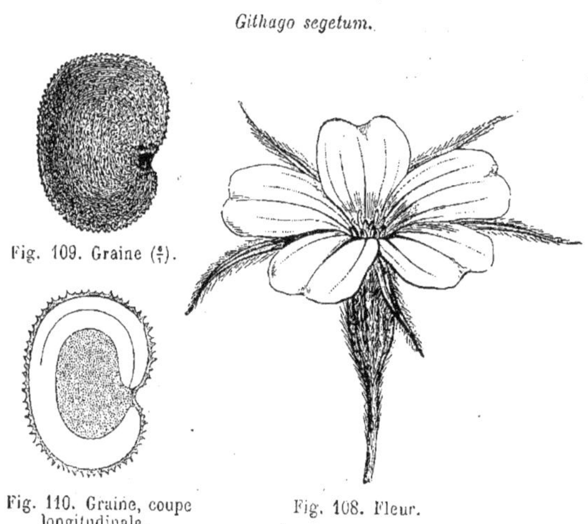

Fig. 109. Graine (4/1).

Fig. 110. Graine, coupe longitudinale.

Fig. 108. Fleur.

Toutes les étamines sont formées d'un filet subulé et d'une anthère introrse, sagittée, à deux loges libres au-dessous de l'insertion du filet. Le gynécée se comporte comme celui des *Lychnis;* mais les cinq loges de l'ovaire et les cinq divisions du style sont placées en face des pétales et non des sépales. Le fruit s'ouvre au sommet en cinq dents.

Silene inflata.

Fig. 111. Fleur, coupe longitudinale.

L'*Uebelinia abyssinica*, avec le port de certains *Gypsophila*, a un calice 5-fide et 10-nerve de *Lychnis*, cinq branches stylaires et une capsule à cinq valves. Mais son androcée peut être réduit à cinq étamines alternisépales. C'est une herbe pubescente, d'Abyssinie, à feuilles opposées et à fleurs solitaires dans les dichotomies.

Les Silènes (*Silene*), herbes de l'Europe, de l'Afrique et de l'Asie

Silene pendula.

Fig. 112. Inflorescence.

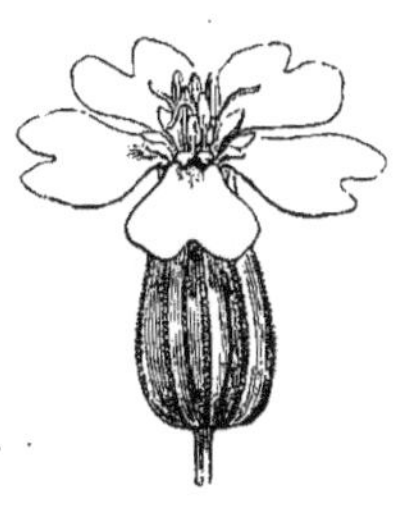

Fig. 113. Fleur.

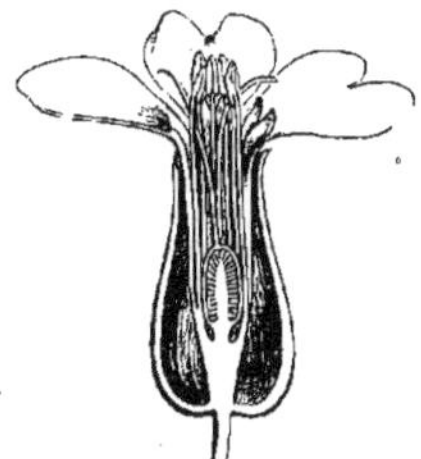

Fig. 114. Fleur, coupe longitudinale.

extratropicales et de l'Amérique boréale, peuvent être définis des *Lychnis* à ovaire trimère, à trois branches stylaires, à capsule 3-6-valve (fig. 111-114).

Très voisin aussi des genres précédents, le *Cucubalus bacciferus* a une fleur de *Lychnis*, à calice 10-nerve, et un fruit globuleux, charnu, noirâtre, indéhiscent, qui finalement devient mince et fragile. C'est une herbe ramifiée et grimpante, de l'Europe et de l'Asie moyennes.

Les *Gypsophila*, herbes annuelles ou vivaces, de l'Europe, de l'Asie extratropicale et de l'Océanie,

Saponaria officinalis.

Fig. 115. Branche florifère.

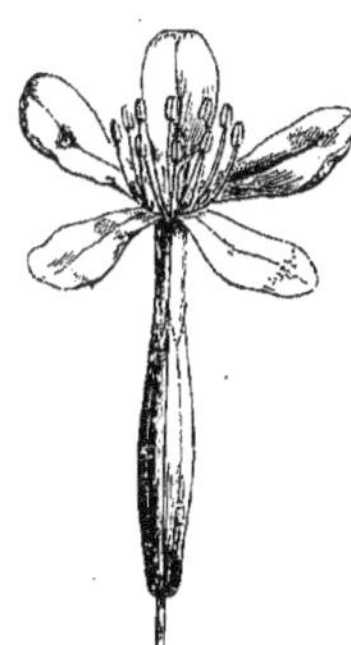

Fig. 116. Fleur ($\frac{2}{1}$).

ont des fleurs d'ordinaire nombreuses et de petite taille, à calice cam-

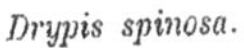

Drypis spinosa.

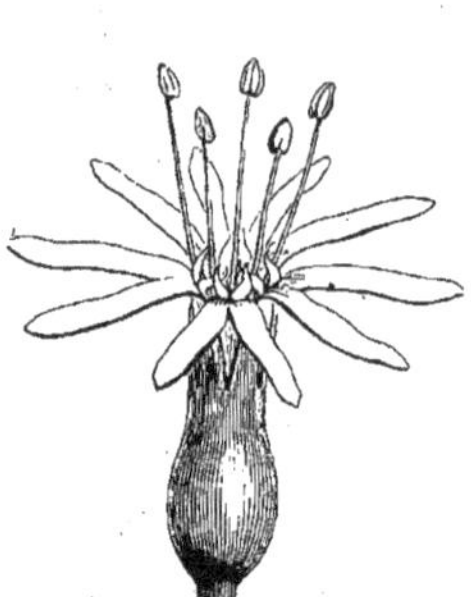

Fig. 117. Fleur ($\frac{3}{1}$).

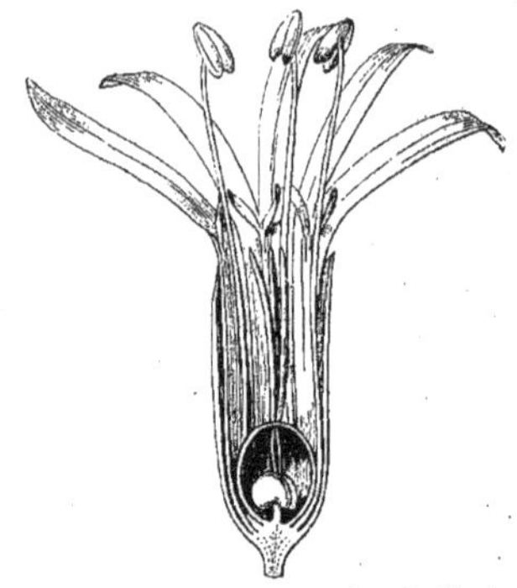

Fig. 118. Fleur, coupe longitudinale.

Dianthus sinensis.

Fig. 119. Branche florifère.

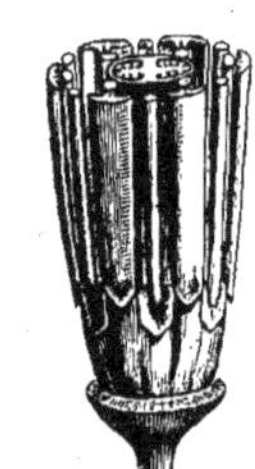

Fig. 120. Androcée et gynécée, coupe transversale.

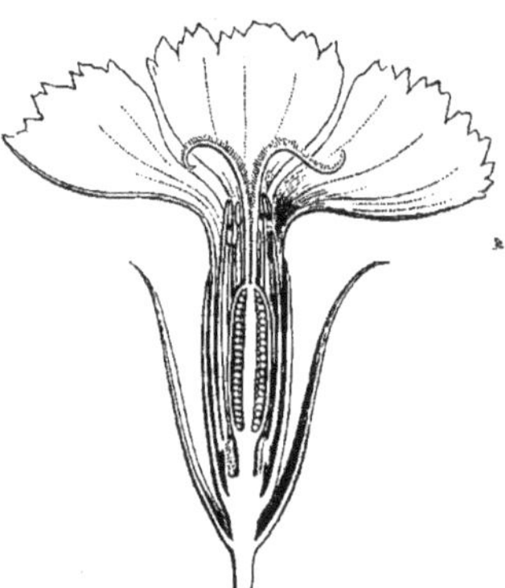

Fig. 121. Fleur, coupe longitudinale.

panulé ou turbiné, largement ou obscurément quinquénerve. Leur gynécée est dimère, et leur capsule se sépare en haut profondément en quatre valves.

Les Saponaires (fig. 115, 116) ont d'ordinaire aussi un gynécée dimère et un fruit à quatre valves ou dents. Leur calice est tubuleux-ovoïde ou oblong, obscurément nervé. Ce sont des herbes européennes et asiatiques, à port tantôt de *Silene* et tantôt de *Gypsophila*, qui habitent l'Europe tempérée, la région méditerranéenne et l'Asie extratropicale.

Les *Drypis* (fig. 117, 118), auxquels nous réunissons génériquement les *Acanthophyllum* et les *Allochrusa*, sont des plantes méditerranéennes et asiatiques qui se distinguent de tous les types précédents par le mode d'attache de leurs graines, dont le hile est latéral. Leur fruit s'ouvre incomplètement ou à peine, et ne renferme souvent qu'une graine : il provient d'un

Dianthus Caryophyllus.

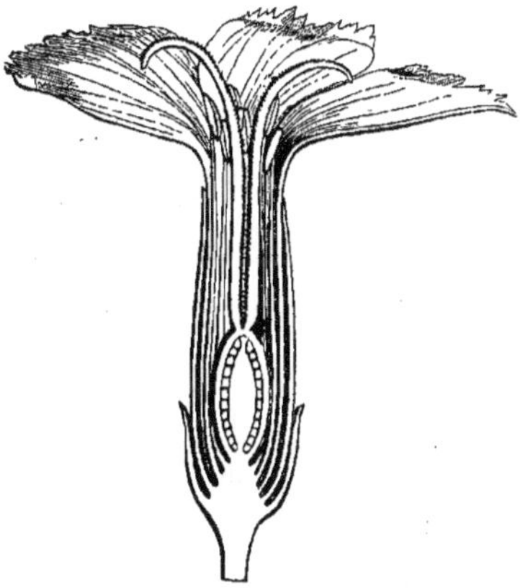

Fig. 123. Fleur, coupe longitudinale.

Fig. 122. Branche florifère.

ovaire qui n'a parfois que deux ovules. Ce sont des herbes rigides, à feuilles très ordinairement piquantes.

Quant aux Œillets (*Dianthus*) (fig. 119-123), ils sont, quoique l'un d'eux ait donné son nom à la famille, exceptionnels dans ce groupe par leur embryon droit, parallèle au plan de l'ombilic, et parce que leurs graines sont peltées. Leur gynécée est dimère, et leur style à deux longues branches linéaires et papilleuses. Ce sont des herbes, parfois suffrutescentes, à feuilles linéaires. En comprenant dans ce genre les *Tunica* et *Velezia* comme sections, nous voyons qu'il s'étend à l'Europe, à l'Asie tempérée et occidentale, à l'Afrique du Nord et du Sud, et à l'ouest de l'Amérique du Nord.

Nous plaçons dans un petit groupe particulier de cette série les *Thylacospermum*, herbes cespiteuses, asiatiques, qui ont un réceptacle obconique concave, doublé d'un disque, et un double périanthe tétramère, inséré périgyniquement sur les bords de ce réceptacle, de même que l'androcée diplostémoné, tandis que l'ovaire pauciovulé, surmonté de deux ou trois branches stylaires, est libre au fond du réceptacle. Ce groupe relie donc les Lychnidées aux Paronychiées et Illécébrées.

II. SÉRIE DES CÉRAISTES.

Les Céraistes[1] (fig. 124-127) ont des fleurs hermaphrodites et régulières, à réceptacle convexe. Il porte un calice de cinq sépales,

Cerastium arvense.

Fig. 124. Inflorescence. — Fig. 125. Fruit déhiscent (4/1). — Fig. 126. Graine. — Fig. 127. Graine, coupe longitudinale.

imbriqués en quinconce, plus ou moins largement scarieux sur les bords, et cinq pétales alternes, imbriqués, dont le sommet est entier,

1. *Cerastium* L., *Gen.*, n. 585. — J., *Gen.*, 301. — GÆRTN., *Fruct.*, II, 231, t. 130, fig. 6. — DC., *Prodr.*, 1, 414. — A. GRAY, *Gen. ill.*, t. 114. — ENDL., *Gen.*, n. 5241. — PAYER, *Organog.*, 341, t. 72. — H. BN, in *Payer Fam. nat.*, 392. — B. H., *Gen.*, I, 148, n. 13.

plus souvent émarginé, bifide ou bilobé. L'androcée peut être formé de dix étamines disposées sur deux verticilles, les plus petites superposées aux pétales. Leurs filets sont unis à la base en un court anneau; et leurs anthères sont à deux loges, introrses, indépendantes au-dessous du point d'insertion, déhiscentes chacune par une fente longitudinale introrse. Le gynécée libre se compose d'un ovaire que surmontent les cinq branches oppositisépales du style. Les cinq loges ovariennes, également superposées aux sépales, sont réunies en une cavité unique par suite de la résorption à peu près complète des cloisons qui les séparaient les unes des autres; et il ne reste plus de ces cloisons qu'une colonne axile, simulant un placenta central et donnant insertion à de nombreux ovules campylotropes[1] et supportés par un funicule. Le fruit est une capsule, le plus souvent cylindrique, droite ou arquée, qui s'ouvre dans sa portion supérieure en deux fois autant de dents qu'il y a de divisions au style, c'est-à-dire de carpelles. Les graines sont plus ou moins réniformes, comprimées ; elles renferment sous leurs téguments un embryon qui entoure l'albumen.

Stellaria media.

Fig. 128. Port.

Il y a des *Cerastium* dont la fleur est tétramère, tels sont normalement les *Mœnchia*[2]; d'autres dans lesquels le nombre des étamines diminue, pouvant être réduit à un seul verticille, complet ou incomplet[3]; d'autres encore dont les branches stylaires sont au nombre de quatre ou trois. Les graines offrent souvent une saillie ventrale plus ou

1. A double tégument.

2. EHRH., *Beitr.*, II, 177. Les espèces à fleurs pentamères ont été rapportées par REICHENBACH à un genre *Pentaple* (*Icon. Fl. germ.*, V, 37, t. 227). Les *Esmarckia* REICHB. (*Fl. germ.*, 793) sont des *Cerastium* à petites fleurs tétramères.

3. Cette réduction s'opère dans un ordre déterminé, ici comme dans beaucoup d'autres Caryophyllacées (H. BN, in *Bull. Soc. Linn.*, 601).

moins prononcée, répondant à la radicule ; elle l'est davantage dans le *C. umbellatum*, dont on a fait le type du genre *Holosteum*[1], et, si elle y proémine ainsi davantage, c'est que l'embryon est moins arqué. L'androcée y est souvent réduit jusqu'à trois étamines alternipétales[2].

Ainsi conçu, le genre Céraiste comprend de trente à quarante

Stellaria (Myosoton) aquatica.

Fig. 129. Fleur.

Fig. 130. Fleur, coupe longitudinale.

Arenaria (Ammodenia) peploides.

Fig. 131. Fleur, coupe longitudinale.

espèces[3], quoiqu'on en ait décrit plus du double. Ce sont des herbes, annuelles ou vivaces, à feuilles opposées, sans stipules ; à fleurs disposées en cymes terminales, bipares ou en partie unipares, nues ou foliées, très variables de configuration. Elles habitent toutes les régions des deux mondes, mais ne vivent plus dans les pays tropicaux qu'à une certaine altitude.

Arenaria prostrata.

Fig. 132. Calice.

Tout près des *Cerastium* se placent deux genres qu'on en sépare théoriquement, mais qui ne devraient pas en être distingués d'une façon absolue : ce sont les *Stellaria* et *Arenaria*, originaires aussi de toutes les portions tempérées du globe. Les *Stellaria* (fig. 128-130) ont généralement les pétales bifides, plus rarement émarginés, presque entiers ou laciniés ; deux ou trois branches stylaires et rarement quatre ou cinq ; un fruit globuleux ou allongé, qui s'ouvre en valves égales au nombre des branches stylaires, et qui se dédoublent ou jusque vers leur base, ou jusqu'au delà du milieu de leur hauteur. Les *Arenaria* (fig. 131, 132) ont des pétales entiers ou émarginés (manquant quelquefois) ; un ovaire surmonté de trois branches stylaires, plus rarement de deux,

1. L., *Gen.*, n. 104. — GÆRTN., *Fruct.*, II, 231, t. 130. — ENDL., *Gen.*, n. 5239. — J. GAY, in *Ann. sc. nat.*, sér. 3, IV, 23. — B. H., *Gen.*, I, 148, n, 12.

2. Le *C. Ramondi* FENZL (*Arenaria purpurascens* RAM., in *DC. Ic. gall. rar.*, t. 45) est devenu le type d'un genre *Dufourea* (GREN., in *Act. Soc. Linn. Bord.*, IX, 25) ; on l'a fait rentrer, non sans raison, dans le genre *Cerastium* (B. H., *Gen.*, I, 149).

3. REICHB., *Ic. Fl. germ.*, V, 221 (*Holosteum*) ; VI, t. 228-236. — WILLK. et LGE, *Prodr. Fl. hisp.*, III, 629. — BOISS., *Fl. or.*, I, 709 (*Holosteum*), 711 (*Mœnchia*), 712. — GREN. et GODR., *Fl. Fr.*, I, 265. — FRANCH., *Fl. L.-et-Cher*, 89. — WALP., *Ann.*, I, 88 ; II, 96 ; IV, 260.

quatre ou cinq; un fruit à autant de valves, simples ou dédoublées, qu'il y a de branches stylaires.

Les *Buffonia* sont, dans cette série, les analogues des Œillets dans celle des *Lychnis*, car ils n'ont normalement que deux branches stylaires. Mais leurs sépales et pétales ne sont qu'au nombre de quatre, et le nombre de leurs ovules est généralement réduit à quatre. Ce sont des herbes de l'Orient et de la région méditerranéenne.

Les *Sagina* (fig. 133-135), humbles herbes des régions tempérées des deux mondes, ont souvent aussi des fleurs tétramères; mais elles peuvent être également pentamères, tantôt hermaphrodites et tantôt polygames. Leurs pétales sont petits, entiers ou à peu près; ils peuvent même être réduits à de très petites languettes ou manquer totalement.

Sagina procumbens.

Fig. 133. Fleur ($\frac{4}{1}$).

Fig. 134. Fleur, coupe longitudinale.

Fig. 135. Fruit déhiscent.

L'ovaire est surmonté de quatre ou cinq branches stylaires, alternes avec les sépales, de même que les valves du fruit.

Les *Colobanthus*, petites herbes cespiteuses de l'Amérique du Sud, de la Nouvelle-Zélande et de l'Australie, ont de petites fleurs apétales et isostémonées. Leurs étamines sont alternisépales, de même que les valves des fruits, tandis que les styles sont superposés aux pièces du périanthe.

Dans les *Schiedea*, plantes herbacées ou suffrutescentes, des îles Sandwich, le port, les fleurs rappellent d'ordinaire les *Stellaria;* mais il y a devant chaque sépale une languette qu'on a décrite comme un pétale; l'androcée est diplostémoné, et il y a de deux à cinq carpelles au gynécée. On en a rapproché l'*Alsinodendron,* arbuste du même pays, qui a, dit-on, quatre sépales un peu charnus, sans corolle et sans staminodes, avec dix étamines fertiles et un gynécée formé de quatre à sept carpelles.

Le *Queria hispanica,* herbe annuelle des régions méditerranéenne et caucasique, a aussi des languettes linéaires en face des sépales, et son androcée est diplostémoné. Mais son ovaire, surmonté de trois styles, ne renferme qu'un ovule dressé, à micropyle inférieur. C'est donc un type qui relie les Cérastiées aux Paronychiées et Polycarpées.

Les Espargoutes (*Spergula*) et les *Tissa*, genres très proches l'un de l'autre, et qui se distinguent surtout des *Cerastium* et des types voisins par la présence, à la base de leurs feuilles, de lames stipulaires scarieuses, ont à peu près les fleurs des *Cerastium*, avec des pétales entiers. Les premiers ont cinq branches stylaires oppositisépales et une capsule à cinq valves alternipétales. Les derniers ont seulement trois styles et trois valves au fruit. Les uns et les autres appartiennent aux régions tempérées des deux mondes.

Spergula pilifera.

Fig. 136. Port. Fig. 137. Fleur. Fig. 138. Fleur, coupe longitudinale.

Les *Tissa*, herbes des régions tempérées des deux mondes, et surtout des terrains salés, à feuilles linéaires et à stipules scarieuses, se distinguent principalement des Espargoutes par leur gynécée trimère.

III. SÉRIE DES POLYCARPES.

Les fleurs des Polycarpes[1] (fig. 139) sont régulières et hermaphrodites. Elles ont un réceptacle plus ou moins profondément cupuliforme, doublé d'une mince couche glanduleuse[2], et dont les bords portent le périanthe et l'androcée. Les sépales, au nombre de cinq, sont égaux ou inégaux, scarieux sur les bords et imbriqués en quin-

1. *Polycarpon* LOEFL., in *L. Gen.*, n. 105. — GÆRTN., *Fruct.*, II, 224, t. 129. — DC., *Prodr.*, III, 376. — ENDL., *Gen.*, n. 5212. — H. BN, in *Payer Fam. nat.*, 394. — B. H., *Gen.*, I, 152, n. 26. — *Trichlis* HALL., *Hort. gœtt.*, 26 (part.). — *Anthyllis* ADANS., *Fam. des pl.*, II, 271. — *Arversia* CAMBESS., in *A. S.-H. Fl. Bras. mer.*, II, 184, t. 112. — *Hapalosia* W. et ARN., *Prodr.*, 358.

2. Ce qui arrive, mais non d'une façon constante, dans les *Arversia* qui ne peuvent constituer qu'une section dans le genre *Polycarpon*.

conce. Les pétales, alternes, souvent peu développés, sont sessiles, entiers ou émarginés et imbriqués. Les étamines, superposées aux sépales, sont au nombre de cinq ou de trois; celles qui répondraient en ce cas aux sépales 1 et 2 faisant défaut. Elles ont des filets libres et des anthères introrses, déhiscentes par deux fentes longitudinales. L'ovaire libre, souvent stipité, est surmonté d'un style à trois branches stigmatifères, superposées aux sépales 1, 2 et 3. Dans la loge unique de l'ovaire, il y a un placenta faux-central, pluriovulé, et les ovules sont campylotropes. Le fruit est une capsule trivalve, et les graines ovoïdes, à hile presque basilaire, ont un albumen qu'accompagne un embryon courbé, parfois à peu près droit. Ce sont, au nombre de cinq ou six[1], des plantes herbacées, ramifiées, glabres ou pubescentes, à feuilles opposées ou subverticillées, ovales ou oblongues, accompagnées de dilatations pétiolaires stipuliformes, scarieuses. Les fleurs[2], très nombreuses, sont disposées en cymes terminales bipares, le plus souvent très composées et accompagnées de bractées scarieuses. Ces petites plantes habitent les régions chaudes et tempérées des deux mondes.

Polycarpon Bivonæ.

Fig. 139. Fruit déhiscent.

A côté des *Polycarpon* se rangent :

Les *Lœflingia*, herbes annuelles de la région méditerranéenne, de l'Asie centrale et de l'Amérique du Nord, qui ont des fleurs à cinq sépales rigides, pourvus de chaque côté d'une dent sétiforme; une corolle de trois à cinq pétales très petits ou quelquefois nuls.

L'*Ortegia hispanica*, de la région méditerranéenne, qui n'a pas de corolle, et dont les cinq sépales sont entiers, trinerves ou carénés; son ovaire est surmonté d'un style tridenté ou bifide.

Les *Pycnophyllum*, herbes cespiteuses des Andes de l'Amérique méridionale, à fleurs pourvues de sépales non carénés, d'ordinaire scarieux; de pétales entiers; de cinq étamines et d'un style allongé, tridenté ou courtement trifide. Les feuilles sont très petites, étroitement imbriquées, sans stipules, et les fleurs sont sessiles dans l'aisselle des feuilles supérieures.

Les *Drymaria*, herbes dichotomes de l'Amérique tropicale, sauf une espèce répandue dans les régions tropicales de l'ancien monde,

1. SIBTH., *Fl. græc.*, II, t. 102. — BOISS., *Fl. or.*, I, 735. — J. GAY, in *Rev. bot.*, II, 572. — WILLK., in *Bot. Zeit.*, V, 430. — WILLK. et LGE, *Prodr. Fl. hisp.*, III, 160. — WALP., *Rep.*, I, 26.; *Ann.*, I, 81; II, 90.

2. Petites, blanchâtres.

à cinq pétales 2-6-fides, à trois, quatre ou cinq étamines; les fleurs solitaires dans les dichotomies ou réunies en cymes terminales.

Le *Cerdia*, plante mal connue, du Mexique, qui a, dit-on, les fleurs apétales, pentandres, avec des sépales surmontés d'une soie mucroniforme.

Les *Polycarpæa*, herbes annuelles ou vivaces, des régions chaudes des deux mondes, à stipules scarieuses, à sépales d'ordinaire scarieux, à pétales entiers ou bidentés, à style assez semblable à celui des *Pycnophyllum*.

Le *Stipulicida*, de l'Amérique du Nord, à peine séparable des *Polycarpæa*, dont il a les fleurs, avec un style trifide, des feuilles basilaires rapprochées en rosette et pourvues de stipules dentées ou multifides.

Le *Robbairea prostrata*, herbe de l'Orient et de l'Algérie, qui a le port de certains *Polycarpon*, avec des fleurs de *Polycarpæa*, et dont les pétales sont onguiculés, avec un limbe tout à coup dilaté en lame ovale et cordée. Les étamines hypogynes y sont unies inférieurement en un court anneau.

Les *Microphyes*, herbes chiliennes, à feuilles basilaires également en rosette, avec des stipules scarieuses, à fleurs apétales, pourvues de sépales non carénés, scarieux en totalité ou sur les bords, à fruit capsulaire et trivalve.

Le *Sphærocoma*, arbuscule de l'Arabie heureuse, qui a, dit-on, des feuilles opposées, linéaires, charnues; des fleurs en capitules globuleux, finalement échinés, des pétales entiers, des sépales carénés et mucronés, un style bifide et un utricule monosperme, succédant à un ovaire biovulé; caractère qui relie la série des Polycarpes à celles des Paronychiées et des Illécébrées.

IV. SÉRIE DES PARONIQUES.

Les *Paronychia*[1] (fig. 140, 141) ont des fleurs hermaphrodites, à réceptacle légèrement concave. Sur ses bords s'insèrent plus ou moins périgyniquement cinq sépales herbacés, puis coriaces, égaux ou inégaux, à bords scarieux, imbriqués dans le bouton, à sommet plus ou

1. T., *Inst.*, 507, t. 288 (part.). — J., in *Mém. Mus.*, II, 389. — GÆRTN., *Fruct.*, t. 128. — NEES, *Gen. Fl. germ.* — DC., *Prodr.*, III, 370. — ENDL., *Gen.*, n. 5202. — PAYER, *Fam. nat.*, 16. — B. H., *Gen.*, III, 15, n. 6. — *Plottzia* ARN., in *Lindl. Introd. Nat. Syst.*, ed. 2, 441.

moins cucullé, en dessous duquel s'insère généralement sur le dos une arête ou un cil rigide. Les étamines, en même nombre que les sépales (plus rarement au nombre de 3, 4 ou en nombre supérieur), et insérées comme eux, sont formées d'un filet ténu et d'une anthère didyme dont les deux loges, introrses et déhiscentes par des fentes longitudinales, sont indépendantes l'une de l'autre au-dessus et au-dessous du point d'attache. Dans l'intervalle des étamines se trouvent parfois des languettes d'ordinaire étroites, sétiformes, qui peuvent être très courtes ou disparaître tout à fait Le gynécée est libre. Son ovaire est surmonté d'un style à deux branches stigmatifères en haut et en dedans, et il renferme, dans sa loge unique, un ovule porté par un funicule basilaire et dressé sur son extrémité, rarement descendant, incomplètement campylotrope. Le fruit est sec, membraneux, et s'ouvre souvent longitudinalement à partir de sa base; il renferme une graine ascendante ou couchée, lisse, dont l'embryon annulaire entoure l'albumen farineux et a une radicule ascendante, plus rarement oblique ou même légèrement descendante. Les *Paronychia*, dont on connaît une quarantaine d'espèces[1], originaires de la région méditerranéenne, de l'Afrique, de l'Arabie et de l'Amérique tempérée, sont des herbes rameuses, annuelles ou vivaces, opposées, petites, entières, pourvues de stipules interfoliacées, souvent aussi grandes que les feuilles, généralement libres et scarieuses. Les fleurs, axillaires ou terminales, sont groupées le plus souvent en cymes contractées et accompagnées de bractées semblables aux stipules, scarieuses et d'ordinaire beaucoup plus développées, formant involucre.

Paronychia serpyllifolia.

Fig. 140. Fleur.

Fig. 141. Fleur, coupe longitudinale.

Les Herniaires (*Herniaria*) sont à peine distinctes des Paroniques. On les en sépare par leur calice presque nu, à cinq sépales mutiques, et par leur graine dont l'embryon a la radicule inférieure. Ce sont des herbes annuelles ou vivaces, couchées sur le sol, très rameuses; elles

1. CAV., *Icon.*, t. 137 (*Herniaria*). — HOOK., *Fl. bor.-amer.*, t. 75. — DEL., *Fl. Egypt.*, t. 18. — SIBTH., *Fl. græc.*, t. 245. — BOISS., *Voy. Esp.*, t. 62; *Fl. or.*, I, 742. — WILLK. et LGE, *Prodr. Fl. hisp.*, III, 155. — ROHRB., in *Mart. Fl. bras.*, XIV, p. II, 251, t. 57. — GREN. et GODR., *Fl. de Fr.*, I, 609. — WALP., *Rep.*, I, 261 (part.); *Ann.*, I, 81; II, 89.

habitent l'Europe, l'Asie occidentale, l'Afrique septentrionale et méridionale.

Le *Chætonychia cymosa*, herbe de la région méditerranéenne, a été distingué des *Paronychia* à cause de ses sépales inégaux, dont les extérieurs sont dilatés en auricules basilaires membraneuses, et dont le sommet est dilaté en une sorte de capuchon membraneux, tandis que leur dos est pourvu d'une arête droite ou courbe. Son androcée est réduit à deux étamines, et son gynécée à deux carpelles. Son fruit membraneux renferme une graine à embryon compliqué, et ses fleurs sont disposées en cymes dont les ramifications sont scorpioïdes.

Corrigiola littoralis.

Fig. 142. Fleur, coupe longitudinale.

Les *Corrigiola* (fig. 142), herbes annuelles et vivaces des deux mondes, à feuilles opposées et alternes, pourvues de stipules scarieuses, de formes diverses, ont un réceptacle profond, dont les bords portent cinq sépales mutiques, cinq pétales alternes et autant d'étamines périgynes. Leur style est court, à trois divisions stigmatifères, et leur fruit est crustacé, avec une graine à albumen abondant; la radicule de l'embryon supère.

Les *Anychia* (fig. 143, 144), petites herbes annuelles, dichotomes, des portions orientales de l'Amérique du Nord, ont des fleurs apétales, à sépales formant au sommet un court capuchon, aigu ou mutique. Leurs étamines sont au nombre de deux à cinq, légèrement périgynes, et leur style est double. Leur fruit membraneux contient une graine presque dressée, dont l'embryon annulaire, entourant l'albumen farineux, a la radicule généralement inférieure.

Anychia dichotoma.

Fig. 143. Fleur (⁴⁄₁). Fig. 144. Fleur, coupe longitudinale.

Le *Siphonychia americana*, petite herbe annuelle des États-Unis, a des feuilles opposées, un réceptacle floral concave et obconique, dont les bords portent cinq sépales pétaloïdes et mutiques, cinq ou dix languettes subulées (souvent décrites comme des staminodes), et cinq étamines périgynes. Leur style est grêle et long, et leur graine, qui pend d'un funicule ascendant, renferme un embryon albuminé, à radicule supère.

Le *Sclerocephalus arabicus*, qui croît de la Perse au cap Vert, est une herbe annuelle, noueuse et à feuilles opposées, linéaires, charnues, dont la fleur pentamère est pourvue d'un réceptacle concave, chargé en dehors de bractées et de feuilles florales finalement spinescentes; sinon ses fleurs ressemblent beaucoup à celles des deux genres précédents.

Dans le *Gymnocarpos fruticosa*, arbuste de la région méditerranéenne africaine et de l'Orient, à port de *Drypis*, à tige noueuse et tortue, à feuilles opposées, linéaires-spathulées et mucronulées, la fleur a aussi la même organisation générale, avec des sépales coriaces, indurés, mucronés en dehors au-dessous du sommet, et un style partagé au sommet en trois dents stigmatifères.

Le *Lochia bracteata* est, dit-on, un remarquable arbuste de Socotora, à port de Salsolacée, à feuilles épaisses, entières, et à cymes protégées par de grandes bractées brunes et nombreuses. Sa fleur a un réceptacle obconique, dont les bords portent, outre les cinq sépales et les cinq étamines, cinq languettes alternes, qu'on a considérées comme des staminodes. Le fruit membraneux se rompt irrégulièrement.

V. SÉRIE DES COMETES.

Les fleurs des *Cometes*[1] (fig. 145-149) sont régulières, hermaphrodites et pentamères. Elles ont un réceptacle légèrement concave, dont les bords portent cinq sépales, imbriqués en quinconce et dissemblables; la pointe ou arête qu'ils portent en haut et sur le dos étant d'autant plus développée que le sépale est plus extérieur dans la préfloraison. La corolle est formée de cinq pétales alternes, linéaires; et l'androcée, de cinq étamines alternipétales, à filets unis à leur base, puis libres, subulés, et à anthères subdidymes ou oblongues, dont les deux loges sont indépendantes dans presque toute leur hauteur, introrses et déhiscentes par une fente longitudinale. Le gynécée, libre au fond de la cupule réceptaculaire, est formé d'un ovaire uniloculaire, parfois substipité, surmonté d'un style grêle, droit ou arqué, à extrémité stigmatifère partagée en trois petits lobes. Dans la loge ovarienne se trouve un ovule dressé sur un funicule basilaire, semi-

1. L., *Mantiss.* (1767), n. 1243. — SPRENG., *Gen.*, I, 111. — DIETR., *Syn.*, I, 425. — ENDL., *Gen.*, n. 5207. — PAYER, *Leç. Fam. nat.*, 16. — B. H., *Gen.*, III, 18, n. 14. — *Saltia* R. BR., in *Salt. Abyss.*, 376. — *Ceratonychia* EDGEW., in *Journ. Asiat. Soc. Bengal.*, XVI, 1215.

anatrope, à micropyle dirigé en bas. Le fruit est sec, utriculeux, renfermé dans le périanthe persistant, monosperme. La graine renferme un albumen farineux et un gros embryon, appliqué latéralement contre l'albumen, un peu arqué, vert; la radicule en bas et les cotylédons aplatis et à peu près elliptiques. On distingue deux *Cometes*[1], herbes

Cometes abyssinica.

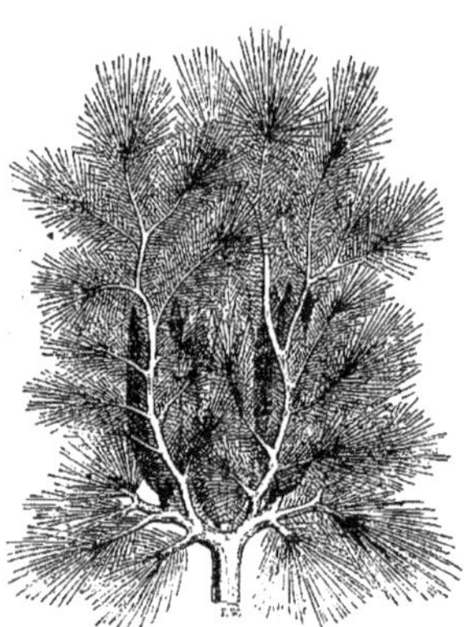

Fig. 145. Rameau florifère.

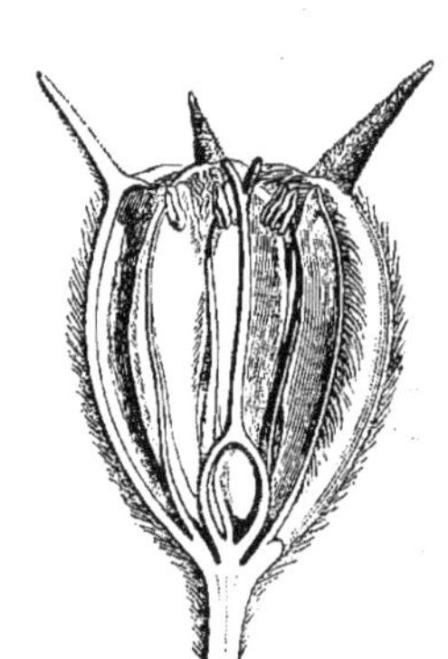

Fig. 148. Fleur, coupe longitudinale.

Fig. 147. Fleur.

Fig. 146. Cyme florale, les bractées enlevées.

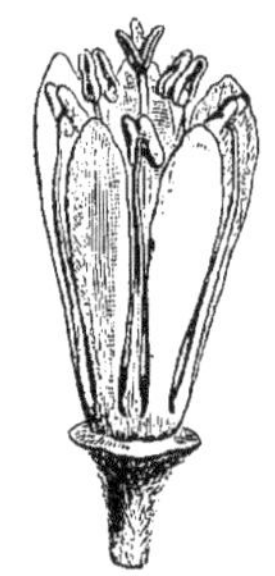

Fig. 149. Fleur, le calice enlevé.

annuelles de l'Inde, de l'Asie occidentale et de l'Afrique du Nord-Est. Leurs tiges se ramifient d'ordinaire beaucoup. Leurs feuilles sont opposées ou simulent des verticilles, pétiolées ou sessiles, entières, pourvues de petites stipules sétacées. Leurs fleurs sont disposées en glomérules

1. BURM., *Fl. ind.*, t. 15. — R. BR., in *Wall. Pl. asiat. rar.*, I, 17, t. 17, 18. — ROEM. et SCH., *Syst.*, III, 30, 475, n. 576. — WIGHT, *Icon.*, t. 1785. — BOISS., *Fl. or.*, I, 752.

triflores au sommet d'un pédoncule commun qui se détache après la floraison. La médiane est hermaphrodite, complète, et les latérales sont le plus souvent incomplètes. Leurs bractées forment un involucre chargé de piquants sétiformes et de couleur brune. Autour de lui, les feuilles florales s'élèvent, multipartites et divisées en nombreux filaments déliés et comme plumeux.

Pteranthus echinatus.

Fig. 150. Inflorescence.

Les *Pteranthus* (fig. 150), dont on ne connaît qu'une espèce, de la région méditerranéenne, de l'Arabie, la Perse et la Syrie, ont les fleurs des *Cometes*, mais tétramères et apétales. Le pédoncule commun de leurs cymes triflores se dilate en une sorte de vessie obovoïde, comprimée; et les feuilles florales, assez analogues à de petits rameaux feuillés, rapprochés les uns des autres, sont moins profondément découpées que celles des *Cometes*.

Le *Dicheranthus plocamoides*, petit arbrisseau des Canaries, a des fleurs de *Pteranthus*, apétales, mais pentamères; les latérales généralement mâles. Le pédoncule commun de sa cyme n'est pas dilaté, et ses feuilles florales sont entières.

VI. SÉRIE DES SCLÉRANTHES.

Les fleurs des *Scleranthus*[1] (fig. 151-155) sont régulières et hermaphrodites, avec un réceptacle en forme de sac épais, sur les bords duquel s'insèrent le périanthe et l'androcée périgynes. Il y a quatre ou cinq sépales au calice, imbriqués dans le bouton, et souvent dix étamines de taille différente, formées chacune d'un filet subulé et d'une anthère didyme, à deux loges courtes et globuleuses. L'ovaire, libre au fond du réceptacle, est surmonté de deux branches stylaires, à sommet aigu ou renflé en tête; et dans l'unique loge ovarienne se voit un placenta basilaire et filiforme, du sommet duquel pend un ovule amphitrope, à micropyle supérieur[2]. Le fruit, renfermé dans le réceptacle épaissi et induré, est un achaine membraneux, dont la

1. L., *Gen.*, n. 562. — GÆRTN., *Fruct.*, II, t. 126. — LAMK, *Ill.*, t. 374. — DC., *Prodr.*, III, 378. — NEES, *Gen. Fl. germ.*, III, 77. — A. S.-H., in *Mém. Mus.*, II, 387. — ENDL., *Gen.*, n. 5222. — PAYER, *Organog.*, 347, t. 70; *Fam. nat.*, 17. — B. H., *Gen.*, III, 19, n. 16. — *Knavel* TRAG. — ADANS., *Fam. des pl.*, II, 506.

2. A double tégument.

semence lenticulaire, lisse, albuminée, possède un embryon annulaire et périphérique, à longue radicule supère. On admet une dizaine de Scléranthes[1] ; ce sont des herbes peu élevées, annuelles ou vivaces, ramifiées dichotomiquement, à feuilles opposées et subulées, rigides, souvent piquantes, connées par la base. Les fleurs[2] sont nombreuses et disposées en cymes ou en glomérules composés, terminaux ou axillaires. Dans ceux que l'on a nommés *Mniarum*[3], les cymes sont con-

Scleranthus annuus.

Fig. 152. Fleur (4/1).

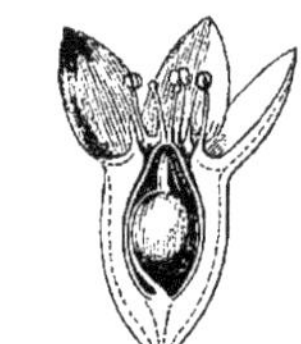

Fig. 153. Fleur, coupe longitudinale.

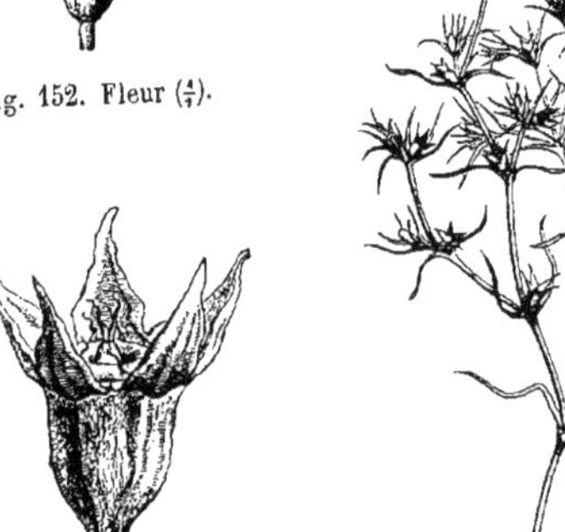

Fig. 154. Fruit.

Fig. 151. Branche florifère.

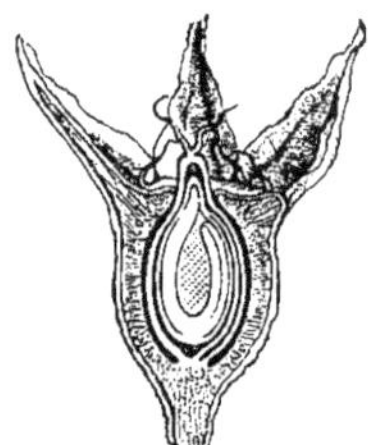

Fig. 155. Fruit, coupe longitudinale.

tractées, pauciflores, quelquefois même solitaires, et elles occupent le sommet d'un pédoncule allongé, avec une sorte d'involucre formé de quatre bractées. Ces petites plantes sont européennes, africaines, originaires aussi de l'Orient et de l'Australie.

On place avec doute, à côté des Scléranthes, l'*Habrosia*, petite herbe de l'Orient, qui a le réceptacle moins profond, à cinq gibbosités alternisépales; cinq étamines presque hypogynes et un ovaire surmonté

1. A. GRAY, *Gen. ill.*, t. 102. — BENTH., *Fl. Austral.*, V, 258. — HOOK., *Icon.*, t. 283 (*Mniarum*). — F. MUELL., *Pl. Vict.*, t. 12 (*Mniarum*). — LABILL., *N. Holl.*, t. 2 (*Mniarum*). — BOISS., *Fl. or.*, I, 749. — WILLK. et LGE, *Prodr. Fl. hisp.*, III, 148. — GREN. et GODR., *Fl. de Fr.*, I, 614. — WALP., *Rep.*, I, 266.

2. Petites, verdâtres ou blanchâtres.

3. FORST., *Char. gen.*, 1, t. 1; in *Comm. Gœtt.* (1789), t. 1. — L. F., *Suppl.*, 18. — A. S.-H., in *Mém. Mus.*, II, 202. — J., in *Mém. Mus.*, II, 387. — DC., *Prodr.*, III, 378. — ENDL., *Gen.*, n. 5221. — *Ditoca* BANKS et SOL., in *Gærtn. Fruct.*, II, 196, t. 126.

de deux branches stylaires. Mais dans sa loge unique, il y a deux ovules basilaires; et c'est ce qui fait de ce genre un type intermédiaire entre les précédents et certaines Phytolaccacées, telles que les *Limeum*, etc

---

VII. SÉRIE DES ILLECEBRUM.

Les *Illecebrum*[1] (fig. 156) ont des fleurs régulières, hermaphrodites ou polygames, à réceptacle en forme de coupe peu profonde. Ses bords supportent cinq sépales concaves, en forme de capuchon étroit et allongé, d'abord quinconciaux, puis valvaires-indupliqués, à sommte atténué en pointe; ils s'épaississent graduellement et deviennent blancs et subéreux autour du fruit, qu'ils cachent totalement. En dedans du périanthe, les bords de la coupe réceptaculaire portent cinq languettes sétacées, aiguës, alternisépales, assez souvent considérées comme des staminodes, et cinq étamines oppositisépales, dont trois ou quatre peuvent manquer, et qui sont formées chacune d'un filet grêle et d'une anthère didyme, incluse, introrse et déhiscente par deux fentes longitudinales. Le gynécée, inséré au fond du réceptacle, se compose d'un ovaire libre, uniloculaire et surmonté d'un très court style trapu, à sommet stigmatifère obscurément bilobé. Dans la loge ovarienne se voit un placenta basilaire qui supporte, au bout d'un funicule dressé, un ovule subanatrope ou incomplètement campylotrope, à micropyle dirigé en bas. Le fruit est sec, membraneux, et finit par se déchirer vers sa base en un nombre de lanières qui varie de quatre à dix. La graine ascendante renferme, sous ses téguments crustacés, un embryon dorsal, entourant incomplètement un albumen farineux central, et dirigeant sa radicule en bas. Le seul *Illecebrum* connu[2] est herbacé, annuel, humble et diffus, glabre, avec des feuilles opposées dont les paires rapprochées peuvent simuler des verticilles. Leur limbe est sessile, ovale-oblong ou obovale, entier, et leur base est dilatée en courtes stipules membraneuses et scarieuses. Les fleurs

Illecebrum verticillatum.

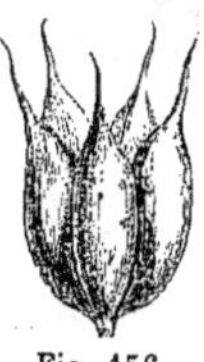

Fig. 156. Bouton ($\frac{4}{1}$).

1. L., *Gen.*, n. 290 (part.). — GÆRTN. F., *Fruct.*, III, 36, t. 184. — J., in *Mém. Mus.*, II, 386. — DC., *Prodr.*, III, 369. — NEES, *Gen. Fl. germ.* — ENDL., *Gen.*, n. 5199.

2. *I. verticillatum* L., *Spec.*, 280. — SCHKUHR, *Handb.*, t. 50. — VILL., in *Schrad. Journ.* (1801), 409, t. 4. — GREN. et GODR., *Fl. de Fr.*, I, 611. — *Paronychia verticillata* DC., *Fl. fr.*, III, 403; IV, 302 (vid. *Engl. Bot.*, t. 895. — VAILL.. *Bot. paris.*, t. 15, fig. 7).

occupent l'aisselle de toutes les feuilles, solitaires ou disposées en petites cymes, pourvues d'un court pédicelle et accompagnées de bractéoles scarieuses. La plante habite l'Europe austro-occidentale et le nord de l'Afrique.

On a aussi donné à cette série le nom des *Pollichia* (fig. 158-162), genre africain qui ne renferme qu'une espèce, à fleur construite comme celle des *Illecebrum*, mais avec un réceptacle plus profond et deux ovules. Les *Achyronychia*, herbes de l'Amérique du Nord, ont aussi deux ovules, parfois même trois ou quatre; mais leur réceptacle est obconique ou cylindrique, coriace, avec un limbe à divisions scarieuses, argentées, tandis que celui du *Pollichia* est herbacé, aréolé,

Pollichia campestris.

Fig. 157. Inflorescence générale.

Fig. 159. Groupe floral, sans bractées.

Fig. 158. Inflorescences partielles.

Fig. 160. Fleur ($\frac{5}{1}$).

Fig. 161. Fleur, coupe longitudinale.

à cinq ou six lobes, et devient finalement plus ou moins charnu. Les *Pentacæna*, herbes de l'Amérique occidentale, ont un calice pentamère, régulier ou un peu irrégulier. Ses folioles coriaces portent sur le dos une épaisse et longue épine. Dans les *Dysphania*, qui sont australiens, les pièces du périanthe sont onguiculées, subéreuses, gibbeuses sur le dos et ordinairement au nombre de deux ou trois.

D'après la description qu'on en donne, les genres *Haya* et *Psyllothamnus*, l'un d'Aden et l'autre de Socotora, sont un peu exceptionnels dans ce groupe. L'*Haya* a cinq sépales colorés, un peu épaissis à leur base, et cinq petites languettes alternant avec eux. Le style est grêle et le fruit est trivalve à sa base. La graine renferme un embryon albuminé et légèrement arqué. C'est une herbe annuelle, à feuilles disposées en verticilles trimères. Le *Psyllothamnus* a cinq sépales et cinq étamines périgynes; et son ovaire, surmonté de deux styles, renferme deux ovules descendants. C'est une plante frutescente ou suffrutescente, à fleurs disposées en petits capitules pédonculés.

Telle que nous venons de la délimiter, cette famille *par enchaînement* comprend plusieurs ordres décrits comme distincts par bien des auteurs. Les Caryophyllées de JUSSIEU[1] comprenaient des Portulacacées, les Élatinées, les Lins, des Lythrariacées telles que le *Rotala*, et un *Hypericum*, le *Sarothra*. Pour nous, nous ne pouvons admettre que comme une série de la famille les Paronychiées de A. S.-HILAIRE[2] et les Illécébracées de R. BROWN[3], considérant comme puérile la séparation que conservent encore bien des auteurs des Polypétales et des Apétales. Nous observons, comme nous le dirons plus loin, des transitions insensibles entre les *Lychnis* et les Œillets, genres à fleurs pourvues d'une corolle très développée et d'un ovaire multiovulé, et les *Paronychia* ou les *Scleranthus*, dont les fleurs sont apétales et dont l'ovaire ne renferme plus qu'un ovule[4]. Nous distinguons, par suite, seulement six séries dans ce vaste ensemble :

I. LYCHNIDÉES[5]. — Fleurs généralement pétalées, à calice gamosépale ; à pétales d'ordinaire longuement onguiculés, insérés, comme l'androcée, sur un gynophore plus ou moins distinct et manifestement hypogynes. — Plantes herbacées ou suffrutescentes, à feuilles opposées, sans stipules. — 10 genres.

II. CÉRASTIÉES[6]. — Fleurs généralement pétalées, à sépales libres, étalés ou plus rarement unis seulement à leur base. Pétales à onglet court ou nul, insérés sur un court réceptacle convexe, ou légèrement périgynes. — Plantes d'ordinaire herbacées, à feuilles opposées, avec ou sans dilatations stipuliformes. — 11 genres.

III. POLYCARPÉES[7]. — Fleurs à réceptacle convexe ou légèrement concave. Sépales hypogynes ou légèrement périgynes. Pétales souvent

1. *Gen.* (1789), 299, Ord. 22.

2. In *Mém. Mus.*, II, 276.

3. *Prodr.*, I, 413.

4. La limite entre les Caryophyllacées et les Portulacacées est, comme nous l'avons dit (p. 64), purement artificielle. En général, les Portulacacées n'ont que deux sépales avec cinq pétales, mais il y a des exceptions. Quand les cloisons ovariennes disparaissent en majeure partie dans les Portulacacées, les ovules sont insérés plus près de la base de l'ovaire que ceux des Caryophyllacées, mais cette différence disparaît surtout quand celles-ci n'ont plus qu'un ou quelques ovules basilaires. Les Portulacacées ont au fruit une déhiscence particulière, mais elle n'est pas constante. Le port, il est vrai, est assez souvent différent, et le nombre des étamines est d'ordinaire défini dans les Caryophyllacées ; les feuilles de ces dernières sont plus strictement opposées ; mais il y a encore à ces derniers caractères un grand nombre d'exceptions.

5. FENZL, ex ENDL., *Gen.*, 971, Trib. 2. — *Sileneæ* DC., *Prodr.*, I, 351. — ENDL., *Gen.*, 970, Subord. 4. — *Diantheæ* K., *Fl. berol.*, I, 106. — *Drypidæ* FENZL, in *Ann. Wien. Mus.*, II, 309.

6. FENZL, ex ENDL., *Gen.*, 969. — *Alsineæ* BARTL., *Beitr.*, II, 129. — *Sagineæ* FENZL, ex ENDL. — *Merckieæ* FENZL, ex ENDL. — *Stellarineæ* FENZL, ex ENDL. — *Malachieæ* FENZL, ex ENDL., *Gen.*, 970. — *Queriaceæ* DC., *Prodr.*, III, 379.

7. *Polycarpeæ* DC., *Prodr.*, III, 373 (part.). — ENDL., *Gen.*, 960, Trib. 5 (part.). — *Sperguleæ* BARTL., *Beitr.*, 158 (part.). — *Illecebraceæ* LINDL., *Veg. Kingd.*, 499 (part.).

petits ou très petits. Étamines en même nombre ou en nombre moindre que les pétales. Style unique, à 2, 3 branches. — 11 genres.

IV. PARONYCHIÉES[1]. — Fleurs généralement hermaphrodites, uniformes, souvent involucrées de bractées scarieuses. Pétales nuls ou peu développés, hypogynes ou périgynes. Androcée au plus isostémoné. Ovaire uniovulé, à placentation basilaire. — Herbes annuelles, vivaces ou frutescentes, à feuilles opposés ou rarement alternes, à stipules d'ordinaire scarieuses. — 9 genres.

V. COMÉTÉES[2]. — Fleurs dimorphes, 3-nées : la centrale parfaite; les latérales imparfaites ou déformées. Pétales petits ou plus souvent nuls. Ovaire uniovulé. Embryon dorsal, arqué ou presque droit, à radicule inférieure. — Herbes ou arbuscules, à feuilles opposées ou subverticillées, ordinairement pourvues de stipules. — 3 genres.

VI. SCLÉRANTHÉES[3]. — Fleurs uniformes. Ovaire 1, 2-ovulé. Graines à embryon annulaire. — Herbes annuelles ou vivaces, à feuilles opposées, connées, sans stipules. — 2 genres.

VII. ILLÉCÉBRÉES[4]. — Fleurs uniformes, involucrées de bractées. Ovaire à 1, 2 loges, à 1-4 ovules. Graine à embryon dorsal, droit ou arqué, à radicule infère. — Herbes ou arbuscules, à feuilles alternes, opposées ou subverticillées, ordinairement pourvues de stipules scarieuses. — 7 genres.

Cette famille est cosmopolite. De même que ses caractères extérieurs, ceux qui sont tirés de ses tissus[5] se rapprochent beaucoup de ce qu'on observe dans les Portulacacées. Elle renferme environ 800 espèces, quoique leurs variétés soient fréquentes et que le nombre en ait été, bien à tort, porté à peu près au double.

USAGES[6]. — Ils sont peu nombreux. Les Saponaires communiquent à l'eau la propriété de mousser comme une solution de savon et de nettoyer les étoffes. On emploie surtout à cet usage la S. officinale[7]

1. *Paronychieæ* A. S.-H., in *Mém. Mus.*, II, 276. — ENDL., *Gen.*, 956, Subord. I (part.). — B. H., *Gen.*, III, 13, Trib. 2. — *Corrigioleæ* FENZL, ex ENDL., *Gen.*, 956.

2. *Pterantheæ* R. BR., in *Wall. Pl. as. rar.*, I, 17. — ENDL., *Gen.*, 959, Trib. 2. — *Illecebraceæ* LINDL., *loc. cit.* (part.).

3. *Scleranthеæ* LINK, *H. berol.*, 417. — ENDL., *Gen.*, 962, Subord. 2. — *Illecebracearum* Trib. 3 B. H., *Gen.*, III, 13.

4. *Illecebreæ* R. BR., *Prodr.*, 413. — *Illecebraceæ* LINDL. (part.). — *Pollichieæ* DC., *Prodr.*, III, 377. — B. H., *Gen.*, III, 12 (*Illecebracearum* Trib. 1).

5. Sur leur histologie, voy. REGNAULT, in *Ann. sc. nat.*, sér. 4, XIV, 112. — H. SOLEREDER, *Syst. Wert Holzstructur.*, 210.

6. ENDL., *Enchirid.*, 506. — LINDL., *Veg. Kingd.*, 497, 499. — GUIB., *Drog. simpl.*, éd. 7, III, 659. — ROSENTH., *Syn. pl. diaphor.*, 695.

7. *Saponaria officinalis* L., *Spec.*, 584. — DC., *Fl. fr.*, IV, 737. — GREN. et GODR., *Fl. de*

(fig. 115, 116). Mais ce sont surtout les plantes désignées sous le nom de S. d'Orient[1], qui ont servi à l'extraction du glucoside nommé saponine[2]. C'est l'Œillet rouge des fleuristes, type du *Dianthus Caryophyllus*[3] (fig. 122, 123), qui sert à la confection du cordial appelé sirop d'Œillet. Ses pétales sont aussi employés à la préparation d'un ratafia estimé. On a jadis recherché comme légèrement stimulants et diaphorétiques les pétales des *D. plumarius*[4], *barbatus*[5], *superbus*[6], *Carthusianorum*[7], *Armeria*[8], *deltoides*[9], *prolifer*[10], *diutinus* KIT. et *atrorubens* ALL. Le *Lychnis Viscaria*[11] (fig. 101-104) servait à préparer une sorte de glu. Le *L. dioica*[12] (fig. 105-107), jadis vanté comme fondant et apéritif, est aujourd'hui inusité. On attribue au *L. chalcedonica*[13] les propriétés de la Saponaire ; ses fleurs sont tinctoriales. On indiquait autrefois comme remède de la morsure des bêtes venimeuses, le *L. Flos Cuculi*[14]. La Nielle des blés[15] (fig. 108-110), considérée comme vulnéraire et astringente, a des semences purgatives, qui ont acquis une triste réputation comme donnant au pain des propriétés nuisibles, alors qu'elles se trouvent mélangées à la farine des

Fr., I, 225. — GUIB., *loc. cit.*, 651. — H. BN, *Tr. Bot. méd. phanér.*, 1175; *Icon. Fl. fr.*, n. 20. — *Silene Saponaria* FRIES (*Saponière, Savonnière, Herbe à foulon*). La plante entière passe pour apéritive, sudorifique, détersive. On a parfois mélangé ses racines à la Salsepareille.

1. On croit que c'est surtout le *Gypsophila Struthium* L. (*Saponaire d'Espagne*) ou les *G. altissima* et *paniculata*. La S. d'Orient a aussi été attribuée au *Bryonia abyssinica* LAMK, puis au *Leontice Leontopetalum* L. (GUIB., *loc. cit.*, 662).

2. Voy. *Journ. pharm.*, XIX, 1.

3. L., *Spec.*, 587. — GREN. et GODR., *Fl. de Fr.*, I, 239. — GUIB., *loc. cit.*, 660. — H. BN, *Tr. Bot. méd. phanér.*, 1174; *Icon. Fl. fr.*, n. 109. — *D. coronarius* LAMK, *Fl. fr.*, II, 536 ; *Ill.*, t. 376. — *D. ruber* DESF. (*Œ. des fleuristes, Œ. commun, Œ. Giroflée, Œ. à ratafia, Œ. grenadin*).

4. L., *Spec.*, 579. — *D. hortensis* SCHRAD. — *D. dubius* HORNEM. — *D. moschatus* H. par. (*Mignardise, Œillet brodé*).

5. L., *Spec.*, 586. — GREN. et GODR., *Fl. de Fr.*, I, 230 (*Bouquet parfait, Œillet à bouquets, Jalousie*).

6. L., *Spec.*, 589. — GREN. et GODR., *Fl. de Fr.*, I, 241. — *D. fimbriatus* α LAMK. — *D. plumarius* ALL. (nec L.) (*Œillet frangé, Œillet à plumes*).

7. L., *Spec.*, 586. — GREN. et GODR., *Fl. de Fr.*, I, 231 (*Œillet des chartreux*).

8. L., *Spec.*, 586. — GREN. et GODR., *Fl. de Fr.*, I, 230 (*Œillet velu*).

9. L., *Spec.*, 588. — GREN. et GODR., *Fl. de Fr.*, I, 236. — *D. supinus* LAMK.

10. L., *Spec.*, 587. — GREN. et GODR., *Fl. de Fr.*, I, 229. — *Kohlrauschia prolifera* K.

11. L., *Spec.*, 625. — *Viscaria vulgaris* RŒHL. — *V. purpurea* WIMM., *Fl. Schles.*, 67 (*Œillet de janséniste*).

12. DC., *Fl. fr.*, IV, 762. — H. BN, *Icon. Fl. fr.* — *L. vespertina* SM., *Fl. oxon.*, 146. — *L. pratensis* SPRENG. — *L. alba* MILL. — *Melandrium pratense* RŒHL. — *Silene pratensis* GREN. et GODR., *Fl. de Fr.*, I, 216 (*Compagnon blanc, Floquet, Passe-fleur sauvage, Saponaire blanche, Robinet, Sublet, Trompe, Œillet de Dieu, Ivrogne blanc*). Le *L. diurna* SIBTH. (*L. sylvestris* HOPPE. — *Melandrium sylvestre* RŒHL. — *Silene diurna* GREN. et GODR., *Fl. de Fr.*, I, 217), ou *Ivrogne, I. rouge*, possède à un moindre degré les mêmes propriétés.

13. L., *Spec.*, 385 (*Croix de Jérusalem*). Les *L. Cœli-Rosa* LAMK, *coronaria* L. (*Coquelourde*), etc., ont, dit-on, des propriétés analogues.

14. L., *Spec.*, 625. — GREN. et GODR., *Fl. de Fr.*, I, 223. — *L. laciniata* LAMK. — *Coronaria Flos-Cuculi* BRAUN, in *Bot. Zeit.* (1843), 367. — REICHB., *Icon.*, t. 5129 (*Fleur de Coucou, Herbe à coucous, Centaurée des prés, Lampette, Amourette, Robinet déchiré, Véronique de jardins*).

15. *Githago Segetum* DESF., *Cat. H. par.*, éd. 1, 159. — *Lychnis Githago* LAMK, *Dict.*, III, 643. — *Agrostemma Githago* L., *Spec.*, 624 (*Nielle bâtarde, Œillet de Dieu, Gerzeau, Alènes, Lamprette, Mierge*).

céréales[1]. Le *Cubalus bacciferus*[2] était recommandé comme hémostatique. Les *Silene inflata*[3], *Otites*[4], *italica*[5], sont comestibles. En Orient, le *S. viscosa* est considéré comme émétique. Le *S. gallica*[6] passe pour un remède de la morsure des serpents, et le *S. macrosolen*[7] est un des médicaments qui se prescrivent en Abyssinie contre le tænia. Le Mouron des oiseaux[8] (fig. 128) doit être peu actif, quoique considéré comme résolutif, astringent, vulnéraire ; c'est, dans certains pays, une herbe potagère. Le *Stellaria Holostea*[9] a été appliqué sur les furoncles et anthrax ; on le dit humectant et rafraîchissant. Le *S. aquatica*[10] (fig. 129, 130) et le *Cerastium arvense*[11] (fig. 124-127) passent pour avoir des propriétés analogues. L'*Arenaria peploides*[12] (fig. 131) sert d'aliment aux Irlandais et à quelques peuplades de l'Amérique du Nord. Plusieurs *Gypsophila* ont été indiqués comme lithontriptiques[13], probablement à cause de leur station. Les Espargoutes servent à faire des prairies artificielles ; on a renoncé au pain fabriqué avec leurs semences[14]. Le *Tissa rubra*[15] est employé à la préparation d'un extrait auquel on accorde aujourd'hui, probablement sans raison suffisante, de nombreuses propriétés médicamenteuses. La Turquette[16] se pres-

1. *Compt. rend. Ass. franç. avanc. sc.*, sess. de Lille (1874), 424.

2. L., *Spec.*, 591.—GREN. et GODR., *Fl. de Fr.*, I, 201.—*C. baccifer* GÆRTN. (*Cucubale à baies*).

3. SM., *Fl. brit.*, 467. — *Cucubalus Behen* L. — *Behen vulgaris* MŒNCH. (*Bec d'oiseau, Pétrolle, Cornillet, Colibelle*).

4. SM., *Fl. brit.*, 469. — *Cucubalus Otites* L. — *C. parviflorus* LAMK. (*Behen à mouche, Attrape-mouches*). Infusé dans le vin, il se donnait jadis contre la rage. Le *Behen blanc* de nos campagnes est le *Cucubalus Behen* L. (*Behmen Abiad* des Arabes). BELON dit que le *B. Hamer* est la même plante. Il ne faut pas la confondre avec le *B. blanc* qui provient du *Centaurea Behen* L. (H. BN, in *Dict. enc. sc. méd.*, sér. 1, VIII, 757).

5. PERS., *Syn.*, I, 498. — *Cucubalus italicus* L. — *C. silenoides* VILL. Il remplace les épinards à Nice.

6. L., *Spec.*, 595.

7. STEUD., ex ROSENTH., *op. cit.*, 700 (*Radix Ogkert* v. *Sarsari*).

8. *Stellaria media* VILL., *Fl. Dauph.*, III, 615. — *Alsine media* L., *Spec.*, 389 (*Mouron blanc, M. d'hiver, Morgeline d'oiseaux*).

9. L., *Spec.*, 603 (*Langue d'oiseau*).

10. SCOP., *Fl. carn.*, I, 319. — *Cerastium aquaticum* L. — *Myosoton aquaticum* MŒNCH. — *Larbrea aquatica* SER. — *Malachium aquaticum* FRIES, *Fl. hall.*, 77. — GREN. et GODR., *Fl. de Fr.*, I, 273.

11. L., *Spec.*, 628. — *C. suffruticosum* L. — *C. strictum* L. — *C. molle* VILL. — *C. laricifolium* VILL. — *C. corsicum* SOLEIR. — *C. Soleirolii* DUB.

12. L., *Spec.*, 605. — *Ammodenia peploides* GMEL., *Fl. sibir.*, IV, 160. — *Honkenya peploides* EHRH., *Beitr.*, II, 181. — *Halianthus peploides* FRIES. — *Adenarium peploides* RAFIN.

13. De même que le *Dianthus saxifragus* L. — *Tunica Saxifraga* SCOP. (*Brise-pierre, Œillet d'amour*).

14. Principalement le *Spergula arvensis* L., *Spec.*, 630. — LAMK, *Ill.*, t. 392, fig. 1. — GREN et GODR., *Fl. de Fr.*, I, 274 (*Spargoute, Spargoule, Sporée, Fourrage de disette*).

15. *Arenaria rubra* L., *Spec.*, 606. — *Spergularia rubra* PERS., *Syn.*, I, 504. — *Alsine rubra* WAHL. — *Lepigonum rubrum* WAHL (*Sabline rouge*). C'est cette plante que, sous le nom d'*Arenaria rubra*, on vante tant depuis quelque années contre la gravelle, la cystite, le catarrhe vésical, et même contre l'ictère, la goutte et les rhumatismes. C'est à tort que M. BERTHERAND dit que je la considère « comme une espèce de *Honkenya* » ; elle n'appartient pas même au genre *Arenaria* dont *Honkenya* est synonyme.

16. *Herniaria glabra* L., *Spec.*, 317. — GREN. et GODR., *Fl. de Fr.*, I, 611 (*Herbe du Turc, H. Masclou, H. aux hernies, Casse-pierre, Herniole*). L'*H. hirsuta* L. (*Paronychia pubescens* DC.) a les mêmes propriétés.

crit souvent encore contre les maladies de l'appareil génito-urinaire. On cite encore comme médicinaux plusieurs *Polycarpon*, *Polycarpæa*, *Drymaria*. Le *D. cordata* W. passe, aux Antilles et dans l'Amérique du Sud, pour un préservatif efficace des rechutes chez les personnes affectées de tumeurs et d'enflures de certaines organes. L'*Illecebrum verticillatum*[1] (fig. 157) porte en France le nom d'*Herbe au panaris*. Les *Scleranthus annuus*[2] (fig. 151-155) et *perennis*[3] sont souvent signalés comme diurétiques et astringents. C'est sur la deuxième de ces espèces que se récolte la Cochenille de Pologne. Aussi la désignait-on jadis dans les officines sous le nom de *Herba Polygoni cocciferi;* elle jouissait d'une grande réputation comme fondant des tumeurs et maturatif des abcès. Le *Corrigiola littoralis*[4] (fig. 142) est, dit-on, diurétique. En général, les plantes de cette famille sont peu actives. Mais beaucoup d'entre elles sont ornementales : les *Lychnis*, les Œillets, les Silènes, les Gypsophiles, les Stellaires, les Céraistes et même quelques Saponaires. Beaucoup produisent facilement des fleurs doubles et de couleurs très variées. On connaît la passion des amateurs pour certaines variétés du *Dianthus Caryophyllus* L.

1. L., *Spec.*, 298. — GREN. et GODR., *Fl. de Fr.*, I, 611.
2. L., *Spec.*, 580 (*Gnavelle annuelle*).
3. L., *Spec.*, 580. — GREN. et GODR., *Fl. de Fr.*, I, 614 (*Gnavelle vivace*). Il y a au Chili un *H. Paco* MOL., qu'on dit stomachique, etc.
4. L., *Spec.*, 388. — LAMK, *Ill.*, t. 213 (*Courroiette*).

GENERA

I. LYCHNIDEÆ.

1. **Lychnis** T. — Flores hermaphroditi v. nunc diœci; receptaculo columnari. Calyx gamophyllus, sæpius 10-nervius; dentibus 5, imbricatis. Petala 5, anguste unguiculata, integra, 2-fida v. laciniata, imbricata v. torta; limbo sæpe basi 2-squamato. Stamina 10, quorum oppositipetala 5, breviora exteriora; antheris introrsis, 2-rimosis. Germen liberum, 5-loculare; loculis alternipetalis; styli ramis 5, rarius 3-4. Ovula in loculis ∞, angulo interno inserta; placentatione demum ob septa plus minus evanida spurie centrali. Capsula apice 5-dentata v. breviter 5-valvis; valvis nunc 2-fidis. Semina ∞, hilo marginali affixa, lævia, rugosa v. tuberculata; embryone peripherico albumen farinaceum cingente. — Herbæ annuæ v. sæpius perennes, nunc basi suffrutescentes, glabræ pilosæ v. viscosæ; ramis rarius nodosis; foliis oppositis; floribus in cymas terminales forma varias dispositis. (*Orbis utriusque reg. extratrop. hemisph. bor.*) — *Vid. p.* 81.

2. **Githago** DESF.[1] — Flores hermaphroditi (fere *Lychnidis*); calycis gamophylli laciniis elongatis foliaceis. Petala esquamata, torta. Germinis loculi stylique rami 5, oppositipetali. Cætera *Lychnidis*. — Herba annua, foliis oppositis; floribus[2] in summis ramulis solitariis terminalibus. (*Europa*[3], *Asia bor. et occ.*[4].)

3. **Uebelinia** HOCHST[5]. — Flores fere *Lychnidis*; calyce gamophyllo, tuberculoso-campanulato, 5-fido, 10-nervio, extus papilloso. Petala 5, esquamata, imbricata, calyci subæqualia. Stamina 5[6], alter-

1. *Cat. Hort. par.*, éd. 1, 159. — H. BN, in *Bull. Soc. Linn. Par.*, 603.
2. Roseis v. albis, magnis.
3. Ubi inquilina videtur.
4. Spec. 1. *G. segetum* DESF. — *Agrostemma Githago* L., *Spec.*, 624. — *Lychnis Githago* LAMK, *Dict.*, III, 643.
5. In *Flora* (1841), 664. — B. H., *Gen.*, 148.
6. V. potius 8-10, quorum sæpius fertilia 5 (H. BN, in *Bull. Soc. Linn. Par.*, 603).

nisepala; filamentis gracilibus. Germen, ob septa evanida, spurie 1-loculare; stylis 5, brevibus. Capsula brevis, 4, 5-valvis. Semina ∞, reniformia lateraliter affixa compressiuscula rugulosa; embryone peripherico. — Herbæ[1] dichotomæ pubescentes; foliis oppositis, sæpius pubescentibus, v. summis ciliato-dentatis; floribus[2] in dichotomiis solitariis terminalibus[3]. (*Abyssinia*[4].)

4. **Silene** L.[5] — Flores fere *Lychnidis;* calyce plus minus inflato[6], 10- v. rarius ∞-nervio, imbricato. Petala 5; limbo 2-fido v. laciniato, basi 2-4-squamato; præfloratione imbricata v. torta. Stamina 10, gynophoro stipitiformi forma vario inserta; oppositipetala breviora. Germen 3-loculare; septis plus minus cito evanidis; styli ramis 3[7]. Capsula apice 3-6-dentata v. 3-6-valvis. Semina cæteraque *Lychnidis.* — Herbæ annuæ v. perennes; adspectu vario; foliis oppositis; floribus solitariis v. cymosis; cymis 2-paris v. 1-lateralibus, nunc in racemum plus minus compositum dispositis. (*Orbis totius reg. temp.*[8].)

5. **Cucubalus** L.[9] — Flores fere *Silenis;* calycis inflati subglobosi dentibus 5, imbricatis. Petala cum staminibus gynæceoque summo internodio a calyce distanti inserta, basi longe angustata, ad medium incrassata v. obscure 2-squamata, apice 2-fida, torta. Stamina 10, 2-seriata; filamentis basi glanduloso-incrassatis; antheris introrsis, 2-rimosis. Germen 3-loculare; loculis valde incompletis; stylis 3; ovulis ∞, campylotropis. Fructus subbaccatus, demum exsuccus globosus fragilis; seminibus ∞; embryone annulari circa albumen peripherico. — Herba perennis scandens dichotome ramosa; foliis oppositis ovatis, basi linea transversa conjunctis; floribus[10] in dichotomiis terminalibus solitariis pedunculatis. (*Europa et Asia med.*[11].)

1. *Gypsophilarum* nonnullarum adspectu.
2. Mediocribus, indecoris.
3. Genus *Cerastieas* cum *Lychnideis* connectens; calyce potius harum tubuloso.
4. Spec. olim 1. *U. abyssinica* HOCHST. — *U. spatulæfolia* HOCHST. Alteram nuperrime descripsit cl. OLIVER (in *Hook. Icon.*, t. 1492).
5. *Gen.*, n. 567. — DC., *Prodr.*, I, 367. — ENDL., *Gen.*, n. 5248. — A. GRAY, *Gen. ill.*, t. 115. — B. H., *Gen.*, I, 147, n. 8. — *Elisanthe* FENZL, in *Endl. Gen.*, 972. — *Carpophora* KL., in *Pr. Waldem. Reis.*, *Bot.*, 139, t. 32. — *Heliosperma* REICHB., *Ic. Fl. germ.*, t. 277. — *Cucubalus* SPACH (nec alior).
6. Imprim. in *S. inflata* (fig. 111) false pro *Cucubalo* in *Dict. Bot.* (I, 291) figurata.
7. Carpella hinc inde 4, 5.
8. Spec. ad 210. REICHB., *Ic. Fl. germ.*, t. 269, 301. — WILLK., *Icon. pl. Eur. austr.-occ.*, I, t. 23-52. — WILLK. et LGE, *Prodr. Fl. hisp.*, III, 644. — ROHRB., in *Ann. sc. nat.*, sér. 5, VIII, 369. — BOISS., *Fl. or.*, I, 567. — GREN. et GODR., *Fl. de Fr.*, I, 202. — WALP., *Rep.*, I, 272; II, 776; V, 81; *Ann.*, I, 91, 958; II, 105; IV, 277.
9. *Gen.*, n. 566 (part.). — J., *Gen.*, 302. — DC., *Prodr.*, I, 367. — ENDL., *Gen.*, n. 5251. — B. H., *Gen.*, I, 147, n. 9 (nec SPACH). — *Lychnanthes* GMEL., *Fl. bad.*, II, 249. — SPACH, *Suit. à Buff.*, V, 172.
10. Albo-virescentibus, majusculis.
11. Spec. 1. *C. bacciferus* L., *Spec.*, 591. —

6. **Gypsophila** L.[1] — Flores fere *Lychnidis;* calyce tubuloso, turbinato v. subcampanulato ; dentibus 5, imbricatis; nervis 5, latis v. inconspicuis. Petala 5, esquamata; ungue brevi; limbo integro v. emarginato. Stamina 10. Germen 2-loculare; septis plus minus evanidis. Ovula ∞. Styli sæpius 2. Capsula ovoidea v. subglobosa, ad medium v. ultra 4-valvis. Semina margini affixa cæteraque *Lychnidis* (v. *Silenis*). — Herbæ annuæ perennesve (sæpe glaucæ), nunc glandulosæ hispidæve ; foliis oppositis, planis v. acerosis; floribus[2] raro in dichotomiis solitariis, sæpissime crebris et in cymas valde compositas graciles dispositis. (*Asia extratrop., Europa temp. et austr., Reg. mediterranea*[3].)

7. **Saponaria** L[4]. — Flores[5] fere *Lychnidis;* calyce oblongo- v. ovoideo-tubuloso, obscure venoso; dentibus 5, imbricatis. Petala 5, basi squamata v. esquamata; limbo integro v. emarginato. Germen 2-loculare; septis plus minus evanidis; stylis plerumque 2; ovulis paucis v. ∞. Capsula in dentes 4 dehiscens ; seminum hilo marginali ; embryone cæterisque *Lychnidis* (v. *Silenis*). — Herbæ annuæ v. perennes ; foliis oppositis ; inflorescentia cymosa varia, nunc contracta corymbiformi. (*Europa, Asia temp., Reg. mediterranea*[6].)

8. **Drypis** Micheli[7]. — Flores hermaphroditi ; calyce tubuloso, 5-∞-nervio ; dentibus 5, margine membranaceo induplicatis. Petala 5, sæpius imæ cupulæ v. disco extus inserta, imbricata ; limbo 2-fido ; ungue angusto, superne in squamas 2 lineares sæpe intus producto.

Gren. et Godr., *Fl. de Fr.*, I, 201. — *C. baccifer* Gærtn., *Fruct.*, I, 376, t. 77.

1. *Gen.*, n. 768. — Ser., in *DC. Prodr.*, I, 351 (part.). — Endl., *Gen.*, n. 5245. — B. H., *Gen.*, I, 146, n. 6. — *Dichoglottis* Fisch. et Mey., *Index sem. H. petrop.* (1835), 25. — *Banffya* Baumg., *En. st. transsylv.*, I, 385. — *Rokejeka* Forsk., *Fl. Æg.-arab.*, 90. — *Struthium* Ser., *loc. cit.*, 352. — *Heterochroa* Bge, in *Ledeb. Fl. alt.*, II, 131. — *Acosmia* Benth., in *Cat. Wall.*, n. 644. — *Timæosia* Kl., in *Pr. Waldem. Reis.*, *Bot.*, 138, t. 33. — ? *Ankyropetalum* Fenzl, in *Bot. Zeit.*, I, 393.

2. Albis v. roseis, parvis.

3. Spec. ad 45. Reichb., *Icon. Fl. germ.*, t. 238 (*Banffya*), 239-242. — Cambess., in *Jacquem. Voy.*, *Bot.*, t. 28. — Edgew. et Hook. f., *Fl. brit. Ind.*, I, 216. — Boiss., *Diagn. pl. or.*, VIII, 55 ; *Fl. or.*, I, 534. — Willk., *Icon. pl. Eur. austro-occ.*, t. 16-18. — Gren. et Godr., *Fl. de Fr.*, I, 227. — *Bot. Mag.*, t. 6699. — Walp., *Rep.*, I, 270 ; II, 773 ; V, 77 ; *Ann.*, II, 96 ; IV, 276.

4. *Gen.*, n. 564. — DC., *Prodr.*, I, 365. — Endl., *Gen.*, n. 5246. — H. Bn, in *Payer Fam. nat.*, 391. — B. H., *Gen.*, I, 146, n. 7. — *Vaccaria* Dod., ex DC., *Prodr.*, I, 365. — Medic., ex Endl., *loc. cit.* — *Boothia* Neck., ex DC., *loc. cit.* — *Smegmathamnium* Fenzl, ex Reichb., *Ic. Fl. germ.*, VI, t. 244.

5. Albi v. rosei, nunc speciosi.

6. Spec. ad 30. Reichb., *Ic. Fl. germ.*, t. 245. — Willk., *Icon. pl. Eur. austro-occ.*, t. 22. — Boiss., *Fl. or.*, I, 523. — Edgew. et Hook. f., *Fl. brit. Ind.*, I, 217. — Gren. et Godr., *Fl. de Fr.*, I, 225. — Fr., in *Ann. sc. nat.*, sér. 6, XV, t. 12. — Walp., *Ann.*, I, 91 ; II, 104 ; IV, 290.

7. *Gen.*, 24, t. 23. — L., *Gen.*, n. 381. — Gærtn., *Fruct.*, II, 218, t. 128. — DC., *Prodr.*, I, 388. — Endl., *Gen.*, n. 5252. — Payer, *Organog.*, 240, t. 71. — H. Bn, in *Payer Fam. nat.*, 393. — B. H., *Gen.*, I, 145, n. 5.

Stamina 5, alternipetala (*Eudrypis*), v. sæpius 10 (*Allochrusa*[1], *Jordania*[2], *Acanthophyllum*[3]); antheris introrsis, 2-rimosis. Germen spurie 1-loculare[4]; stylis 2, 3, v. rarius 4. Ovula 2, v. pauca (*Acanthophyllum*), v. 4 (*Allochrusa*) et ultra (*Jordania*), campylotropa; micropyle infera. Fructus siccus, subindehiscens v. apice 4-valvis. Semina compressa v. reniformia, lateraliter v. prope basin affixa; embryone circa albumen farinaceum peripherico. — Herbæ perennes, inermes v. sæpius rigidæ ramosissimæ, pungentes v. fragiles; foliis angustis, plerumque acerosis v. spinescentibus; floribus in cymas subcapitatas v. corymbiformi-racemosas dispositis, bracteolatis; bracteolis sæpe cum calycis dentibus acerosis[5]. (*Reg. mediterr.*, *Asia med. et occ.*[6].)

9. **Dianthus** L[7]. — Flores hermaphroditi; calyce tubuloso multistriato, v. (*Velezia*[8]) anguste tubuloso, 5-15-costato, nunc (*Tunica*[9]) elongato-tubuloso turbinatove, 5-15-nervio; dentibus 5, imbricatis. Petala 5; ungue elongato, nunc intus 2-carinato; limbo esquamato integro, emarginato v. varie dentato fissove. Stamina 10 v. raro 5 (*Velezia*), receptaculo plus minus elongato inserta. Germen spurie 1-loculare; stylis 2. Capsula ovoidea, oblonga v. cylindrica, in valvas v. dentes 2-4 dehiscens. Semina orbicularia v. discoidea, faciei interioris planæ v. concavæ ad medium umbilicata; embryone recto, in albumine sæpius excentrico. — Herbæ annuæ v. sæpius perennes, nunc suffrutescentes, dichotomæ, sæpe nodosæ; foliis oppositis angustis; floribus[10] in cymas laxas v. contractas forma valde varias plerumque 2-3-paras dispositis, sæpe calyculatis. (*Europa temp.*, *Africa bor.*, *Asia bor. et temp.*, *America bor.-occid.*[11].)

1. Boiss., *Fl. or.*, I, 559.
2. *Diagn. or.*, VIII, 93.
3. C.-A. Mey., *Verz. Pfl. caucas.*, 210. — Endl., *Gen.*, n. 5253. — B. H., *Gen.*, I, 145, n. 4.
4. Septorum vestigiis nunc conspicuis, in *Eudrypide* 2-nis et inter ovula verticaliter ab imo ad summum loculum tensis.
5. Genus, mediante *Jordania*, a *Gypsophila* ægre distinguendum. Sectiones, sensu nostro, 4: 1. *Eudrypis*; 2. *Acanthophyllum*, 3. *Jordania*, 4. *Allochrusa*.
6. Spec. ad 20. Ledeb., *Ic. Fl. ross.*, t. 4 (*Saponaria*). — Desf., in *Mém. Mus.*, I, t. 16, fig. 1 (*Dianthus*). — Reichb., *Icon. Fl. germ.*, VI, t. 238. — Fenzl, in *Ann. Wien. Mus.*, I, t. 5 (*Acanthophyllum*). — Boiss., *Fl. or.*, I, 558 (*Gypsophila*), 559 (*Allochrusa*), 560 (*Acanthophyllum*), 566. — Jaub. et Spach, *Ill. pl. or.*, I, 25, t. 12 (*Heterochroa*). — *Bot. Mag.*, t. 2216. — Walp., *Rep.*, I, 282; II, 785 (*Acanthophyllum*); *Ann.*, II, 103 (*Jordania*); IV, 293 (*Acanthophyllum*).
7. *Gen.*, n. 565. — DC., *Prodr.*, I, 355. — Endl., *Gen.*, n. 5244. — H. Bn, in *Payer Fam. nat.*, 392. — B. H., *Gen.*, I, 144, n. 2. — *Caryophyllus* T., *Inst.*, 329, t. 174 (nec L.).
8. L., *Gen.*, n. 447. — DC., *Prodr.*, I, 387. — Endl., *Gen.*, n. 5243. — B. H., *Gen.*, I, 144, n. 1.
9. Scop., *Fl. carniol.*, I, 300. — B. H., *Gen.*, I, 145, n. 3. — *Kohlrauschia* K., *Fl. berol.*, I, 108. — *Fiedleria* Reichb., *Icon. Fl. germ.*, VI, t. 246.
10. Albis, roseis, purpureis v. flavis, nunc speciosis.
11. Spec. ad 80. Reichb., *Ic. Fl. germ.*, VI, t. 246 (*Velezia*), 247 (*Tunica*), 248-268. —

10. **Flourensia** CAMBESS.[1] — Flores 4, 5-meri; receptaculo obconico concavo, intus disco tenui superne in glandulas plus minus incrassato vestito. Sepala libera petalaque totidem paulo breviora integra, persistentia, receptaculi margini inserta. Stamina 8-10, 2-seriata, cum perianthio perigyne inserta; antheris brevibus, 2-locularibus. Germen imo receptaculo insertum liberum, spurie 1-loculare; stylis 2, 3, liberis. Ovula pauca (4-6), septo imperfecto inserta, campylotropa. Capsula ab apice acuto v. depresso 2, 3-valvis; valvis integris v. 2-partitis; seminibus campylotropis albuminosis; embryone peripherico. — Herbæ perennes cæspitosæ humiles, sæpius pulvinatæ; foliis oppositis confertis, brevibus v. pungentibus; floribus[2] terminalibus, solitariis v. 3-natis cymosis subsessilibus. (*Asia centr. et orient. mont.*[3].)

II. CERASTIEÆ.

11. **Cerastium** L. — Flores 4, 5-meri; receptaculo convexo. Sepala libera, imbricata. Petala totidem, 2-fida v. emarginata, nunc integra v. raro laciniata. Stamina 5, alternipetala, v. 10, 2-seriata, sæpe pauciora (1-4). Germen spurie 1-loculare, ∞-ovulatum; stylis 4-5, alternipetalis v. rarissime 3. Fructus capsularis, cylindraceus, ovoideus v. conicus, apice in dentes stylis duplo plures dehiscens. Semina ∞, subglobosa, reniformia, a latere v. rarius (*Holosteum*) a dorso compressa; radicula plus minus sub tegumentis prominula. — Herbæ annuæ v. plerumque perennes, glabræ v. sæpius pubescentes, glutinosæ hirtæve; foliis oppositis exstipulatis, raro linearibus; floribus in cymas terminales forma varias, nunc corymbiformes v. umbelliformes, nudas, scarioso-bracteatas v. nunc foliatas, dispositis. (*Orbis totius reg. temp.*) — *Vid. p.* 88.

— SIBTH. et SM., *Fl. græc.*, t. 390, 391 (*Velezia*). — JAUB. et SPACH., *Ill. pl. or.*, I, t. 5. — HARV. et SOND., *Fl. cap.*, I, 122. — BOISS., *Fl. or.*, I, 478 (*Velezia*), 479; 516 (*Tunica*). — EDGEW. et HOOK. F., *Fl. brit. Ind.*, I, 213 (*Tunica*). — WILLK., *Icon. pl. Eur. occ.*, I, t. 1-13. — GREN. et GODR., *Fl. de Fr.*, I, 228; 242 (*Velezia*). — WALP., *Rep.*, I, 266; II, 771; V, 77; *Ann.*, I, 89; II, 98; 101 (*Tunica*); IV, 264.

1. In *Jacquem. Voy., Bot.*, 27, t. 29 (nec DC.) (nomen anterioritate gaudens). — *Thylacospermum* FENZL, in *Endl. Gen.*, n. 5233. — B. H., *Gen.*, I, 151, n. 20. — H. BN, in *Bull. Soc. Linn. Par.*, 555. — *Periandra* CAMBESS., *loc. cit.* — *Bryomorpha* KAR. et KIR., in *Bull. Mosc.* (1842), 172. — *Thurya* BOISS. et BAL., in *Ann. sc. nat.*, sér. 4, VII, 302, t. 13. — B. H., *Gen.*, I, 978, n. 10 *a*.
2. Albidis, indecoris.
3. Spec. 3. BOISS., *Fl. or.*, I, 689 (*Thurya*).

12. **Stellaria** L.[1] — Flores[2] (fere *Cerastii*) 4, 5-meri, raro dimorphi (*Kraschenínikowia*[3]) ; petalis plerumque 2-fidis v. raro laciniatis emarginatisve, rarissime (*Brachystemma*[4]) integris scariosis, nunc (*Adenonema*[5]) minimis, imbricatis v. rarius tortis. Stamina 5-10, rarius 4-8, v. abortu pauciora. Styli raro 5, oppositipetali (*Myosoton*[6]), v. 2, 4, multo sæpius 3. Ovula ∞ v. rarius 3 paucissimave (*Schizothecium*[7]). Fructus capsularis, oblongus, ovoideus v. subsphæricus ; valvis tot quot styli, 2-partitis v. 2-fidis, rarissime integris. — Herbæ diffusæ v. cæspitosæ, raro adscendentes, glabræ v. varie indutæ ; foliis, inflorescentia cæterisque *Cerastii*[8]. (*Orbis totius reg. temp.*[9].)

13. **Arenaria** L.[10] — Flores[11] (fere *Cerastii*) 4, 5-meri ; petalis integris, emarginatis v. 0. Styli 3, v. rarius 2, 4, 5. Ovula ∞, v. nunc *Lepyrodiclis*[12]) paucissima[13]. Fructus globosus, ovoideus v. oblongus ; valvis tot quot styli, aut rarius 2-fidis v. partitis. Semina reniformia, subglobosa v. lateraliter compressa, lævia, rugosa v. tuberculata. —

1. *Gen.*, n. 568. — DC., *Prodr.*, I, 396. — ENDL., *Gen.*, n. 5240. — H. BN, in *Payer Leç. Fam. nat.*, 393. — B. H., *Gen.*, I, 149, n. 14. — *Spergulastrum* MICHX, *Fl. bor.-amer.*, I, 295. — *Micropetalon* PERS., *Syn.*, I, 500. — *Larbrea* A. S.-H., in *Mém. Mus. Par.*, II, 287. — *Leucostemma* BENTH., in *Royl. Illustr. himal.*, 81, t. 21.

2. Albi, sæpius parvi.

3. TURCZ., in *Flora* (1834), I, *Beibl.*, 9. — ENDL., *Gen.*, n. 5236 (Fœminei inferiores apetali v. vix corollati ; fructu sæpius oligospermo. Dimorphismus autem haud constans).

4. DON, *Prodr. Fl. nepal.*, 216. — FENZL, in *Endl. Atakt.*, t. 16. — ENDL., *Gen.*, n. 5237. — B. H., *Gen.*, I, 149, n. 15.

5. BGE, *Suppl. Fl. alt.*, 36. — LEDEB., *Icon. Fl. ross.*, V, t. 405.

6. MŒNCH, *Meth.*, 225 — *Malachium* FRIES, *Fl. Hall.*, 77. — ENDL., *Gen.*, n. 5242.

7. FENZL, in *Endl. Gen.*, 969.

8. Cujus forte potius sectio?

9. Spec. ad 70. REICHB., *Icon. Fl. germ.*, t. 222-225 ; 226 (*Larbrea*), 237 (*Malachium*). — A. GRAY, *Gen. ill.*, t. 113. — WILLK., *Ic. pl. Eur. austro-occ.*, I, t. 54. — BOISS., *Fl. or.*, I, 705 ; 730 (*Malachium*). — EDGEW. et HOOK. F., *Fl. brit. Ind.*, I, 229 ; 235 (*Brachystemma*). — FRANCH., *Pl. David.*, t. 10 (*Kraschenínikowia*). — GREN. et GODR., *Fl. de Fr.*, I, 265 ; 273 (*Malachium*). — WALP., *Ann.*, I, 86 ; 89 (*Malachium*) ; II, 95 ; IV, 260 ; 264 (*Malachium*).

10. *Gen.*, n. 569. — DC., *Prodr.*, I, 401. — ENDL., *Gen.*, n. 5234. — H. BN, in *Payer Fam. nat.*, 393. — B. H., *Gen.*, I, 149, n. 16. — — *Minuartia* LŒFL. — L., *Gen.*, n. 107 (prior.). — DC., *Prodr.*, III, 380. — *Mœhringia* L., *Gen.*, n. 494. — DC., *Prodr.*, I, 390. — *Cherleria* L., *Gen.*, n. 570. — ENDL., *Gen.*, n. 5235. — *Alsine* WAHL., *Fl. lapp.*, 127. — *Sabulina* REICHB., *Icon. Fl. germ.*, t. 204. — *Alsinanthe* REICHB. — *Tryphane* REICHB. — *Facchinia* REICHB. — *Neumayera* REICHB. — *Wierzbickia* REICHB., *loc. cit.*, 212. — *Ammodenia* GMEL., *Fl. sibir.*, IV, 160. — *Honhenya* EHRH., *Beitr.*, II, 180. — *Halianthus* FRIES, *Fl. Hall.*, 75. — *Adenarium* RAFIN., in *Journ. Phys.*, LXXXIX, 259. — *Ammonalia* DESVX (ex ENDL.). — *Plinthine* REICHB., *loc. cit.*, t. 219. — *Peltera* REICHB., *loc. cit.*, t. 220. — *Eremogone* FENZL, in *Endl. Gen.*, 967. — *Dolophragma* FENZL, in *Ann. Wien. Mus.*, I, 63, t. 7. — *Gouffeia* ROB. et CAST., in DC., *Fl. fr.*, V, 609. — *Merckia* FISCH., ex CHAM. et SCHLCHTL, in *Linnæa*, I, 59. — ENDL., *Gen.*, n. 5231. — *Wilhelmsia* REICHB., *Consp.*, 206. — *Rhodalsine* J. GAY, in *Ann. sc nat.*, sér. 3, IV, 25, not. — *Greniera* J. GAY, *loc. cit.*, 27. — *Siebera* SCHRAD., ex REICHB., *Icon. Fl. germ.*, t. 204. — *Sommerauera* HOPPE, in *Flora* (1819), 26. — *Hymenella* MOÇ. et SESS., in *DC. Prodr.*, I, 389. — *Triplateia* BARTL., in *Rel. Hœnk.*, II, 11, t. 50. — ? *Odontostemma* BENTH., in *Cat. Wall.*, n. 645 (petalis erosis).

11. Albi v. rarius rosei, parvi.

12. FENZL, in *Endl. Gen.*, n. 5230.

13. Plerumque 4, suberecta ; stylis 2, clavatis ; summo germine circa stylorum basin prominulo ; septi rudimento columnari ; staminibus alternipetalis, basi valde glanduloso-dilatatis (gen. unde ab *Arenariis* legitimis tam quam a *Stellariis* distinctum et forte? servandum).

Herbæ annuæ v. perennes; habitu vario; floribus varie cymosis v. rarius in dichotomia spurie axillaribus solitariis v. paucis[1]. (*Orbis totius reg. temp.*[2].)

14. **Buffonia** SAUV.[3] — Flores 4-meri[4]; sepalis sæpius acutatis, conniventibus, arcte imbricatis. Petala integra v. 2-dentata, sæpe parva. Stamina 8, 2-seriata, v. 4[5]. Germen liberum; loculis 2, valde incompletis; stylis 2. Ovula in loculis 2, campylotropa adscendentia. Fructus ad basin 2-valvis; seminibus 1 v. paucis. Cætera *Cerastii.* — Herbæ rigidulæ tenues; foliis oppositis setaceis, basi nunc scarioso-dilatatis; floribus[6] in cymas varie compositas nunc paucifloras dispositis[7]. (*Oriens, reg. medit.*[8].)

15. **Sagina** L.[9] — Flores 4, 5-meri; sepalis liberis, imbricatis. Petala alterna, integra, nunc minima v. 0. Stamina 4, 5, alternipetala, v. 8-10, 2-seriata; filamentis basi dilatatis; antheris introrsis. Germen sessile; stylis 4, 5, alternisepalis; placenta spurie centrali, ∞-ovulata. Capsula usque ad basin in valvas oppositisepalas dehiscens; seminibus in placenta soluta ∞, reniformibus, glabris v. reticulatis. — Herbæ annuæ v. perennes cæspitosæ; foliis oppositis subulatis, basi membranæ scariosæ ope connatis; floribus[10] terminalibus solitariis v. laxe cymosis. (*Hemisph. utriusque reg. temp. et frigid.*[11].)

16. **Colobanthus** BARTL[12]. — Flores apetali, 4, 5-meri; calyce imbricato. Stamina 4, 5, margini disci cupularis parvi inserta, alter-

1. Nonne potius *Cerastii* sectio *Minuartia*?

2. Spec. ad 125. A. GRAY, *Gen. ill.*, t. 111; 112 (*Mœhringia*). — GREN. et GODR., *Fl. de Fr.*, I, 249 (*Alsine*), 255 (*Honkeneja*, *Mœhringia*), 257. — BOISS., *Fl. or.*, I, 668 (*Lepyrodiclis*), 669 (*Alsine*), 689. — WALP., *Ann.*, I, 84; II, 92 (*Alsine*), 94; IV, 249 (*Alsine*), 254; 259 (*Gouffeia*, *Mœhringia*).

3. *Meth. nat.*, 141. — L., *Gen.*, n. 168. — J., *Gen.*, 300 (*Bufonia*). — GÆRTN., *Fruct.*, t. 120. — LAMK, *Ill.*, t. 87 (*Bufonia*). — DC., *Prodr.*, I, 388. — ENDL., *Gen*, n. 5225. — B. H., *Gen.*, I, 151, n. 17.

4. Nunc rarius 5-meri.

5. Nunc abortu pauciora.

6. Albis, parvis.

7. Genus (?) *Minuartiæ* quam proximum.

8. Spec. 4, 5. REICHB., *Icon. Fl. germ.*, V, t. 203. — WILLK., *Icon. pl. Eur. austro-occ.*, I, t. 71, 72; *Prodr. Fl. hisp.*, III, 604. — SIBTH., *Fl. græc.*, t. 362 (*Mœhringia*). — BOISS., *Fl. or.*, I, 664. — GREN. et GODR., *Fl. de Fr.*, I, 248. — WALP., *Ann.*, II, 92; IV, 248.

9. *Gen.*, n. 176. — LAMK, *Ill.*, t. 90. — DC., *Prodr.*, I, 389. — FENZL, in *Ann. Wien. Mus.*, I, 43. — ENDL., *Gen.*, n. 963. — A. GRAY, *Gen. ill.*, t. 109. — H. BN, in *Payer Fam. nat.*, 393. — B. H., *Gen.*, I, 151, 978, n. 18. — *Spergella* REICHB., *Icon. Fl. germ.*, V, t. 202, 203. — *Phaloe* DUMORT., *Fl. belg.*, 110. — *Alsinella* DILL., *Gen.*, 6 (ex ENDL.).

10. Viridulis v. albidis, parvis.

11. Spec. 6, 7. REICHB., *Icon. Fl. germ.*, t. 200, 201. — WILLK., *Icon. pl. Eur. austro-occ.*, I, t. 73; *Fl. hisp.*, III, 600. — BOISS., *Fl. or.*, I, 662. — GREN. et GODR., *Fl. de Fr.*, I, 245. — WALP., *Ann.*, I, 84; II, 91; III, 829; IV, 246.

12. In *Rel. Hænk.*, II, 13, t. 49 (nec TRIN.). — ENDL., *Gen.*, n. 5193. — B. H., *Gen.*, I, 151, n. 19. — H. BN, in *Bull. Soc. Linn. Par.*, 556.

nisepala; filamentis subulatis; antheris brevibus, 2-locularibus. Germen imo disco insertum liberum, spurie 1-loculare; ovulis ∞; stylis 4, 5, oppositisepalis. Capsula in valvas tot quot sepala cumque iis alternantes dehiscens[1]; seminibus angulato-subreniformibus v. subglobosis; embryone peripherico. — Herbulæ humiles cæspitosæ, sæpe carnosulæ; foliis oppositis, imbricatis, sæpe linearibus; floribus[2] solitariis pedunculatis. (*Americæ australis reg. mont. et frigid.*, *Australia*, *Nova Zelandia*[3].)

17. **Schiedea** CHAM. et SCHLCHTL[4].—Flores hermaphroditi apetali; sepalis 5, imbricatis. Squamæ 5, sepalis oppositæ, apice integræ v. 2-fidæ, nonnihil accrescentes. Stamina 10: oppositisepala 5, longiora; filamentis squamis interioribus gracilibus; antheris oblongis liberis, introrsum rimosis; alternisepala autem 5, parva; antheris multo brevioribus. Germen 1-loculare; stylis 3, v. rarius 2, 4, 5. Ovula ∞, placentæ centrali inserta. Fructus capsularis, ad basin sæpius 3-valvis. Semina ∞, subglobosa v. compressiuscula campylotropa, extus rugosa; embryone albuminoso peripherico. — Herbæ v. suffrutices; foliis oppositis exstipulaceis; floribus[5] in cymas laxe composito-racemosas lateve effusas dispositis. (*Ins. Sandwic.*[6].)

18? **Alsinodendron** H. MANN[7]. — « Flores apetali; sepalis 4, v. 5 (addito quinto minimo), subcarnosis, imbricatis. Stamina 10, margini disci tenuis inserta; antheris lineari-oblongis. Germen spurie 1-loculare; stylis 4-7; ovulis ∞. Fructus calyce carnosulo inclusus, 4-7-valvis. Semina ∞, compressa reniformia; embryone peripherico. — Frutex glaber; foliis oppositis amplis, 3-nerviis; floribus in axillis superioribus laxe cymosis. » (*Ins. Sandwic.*)

19? **Queria** LŒFL.[8] — Flores apetali, 5-meri; sepalis imbricatis. Stamina 10, 2-seriata; antheris brevibus, 2-dymis. Squamulæ 5, sepalis oppositæ, nunc parvæ v. 0. Germen 1-loculare; stylis gracili-

1. Angulis 4, 5, prominulis oppositisepalis.
2. Parvis, albidis v. viridulis.
3. Spec. ad 10. HOOK. F., *Fl. antarct.*, t. 92, 93; *Handb. N. Zeal. Fl.*, 24. — F. MUELL., *Pl. Vict.*, t. 11. — ENGL., *Bot. Jahrb.* (1886), 283. — WALP., *Rep.*, II, 249; V, 789; *Ann.*, I, 321.
4. In *Linnæa*, I, 46 (nec RICH., nec SCHLCHTL). — ENDL., *Atakt.*, t. 14; *Gen.*, n. 6102. — B. H., *Gen.*, I, 151, 978, n. 21.
5. Parvis.
6. Spec. ad 10. HOOK., *Icon.*, t. 649, 650. — A. GRAY, *Amer. expl. Exp.*, *Bot.*, t. 11. — H. MANN, in *Proc. Bost. Soc. Nat. Hist.*, X, 309. — WALP., *Rep.*, V, 788.
7. In *Proc. Bost. Soc. Nat. Hist.*, X, 311. — B. H., *Gen.*, I, 978, n. 21 *a*.
8. *It.*, 48. — L., *Gen.*, n. 108. — GÆRTN., *Fruct.*, II, t. 129. — LAMK, *Ill.*, t. 52. — DC., *Prodr.*, III, 379. — ENDL., *Gen.*, n. 5226. — B. H., *Gen.*, I, 152, n. 22.

bus 3; ovulo 1, erecto; micropyle infera. Fructus capsularis, ad medium 3-valvis; semine orbiculari-reniformi; embryone albuminoso peripherico. — Herba annua humilis rigidula, 2-chotome ramosa; foliis oppositis subulatis subscariosis, basi nunc membranaceo-connatis; floribus terminali-glomerulatis, rigide bracteatis; centralibus hermaphroditis, v. nunc masculis; periphericis ad sepala (?) 2 reductis[1]. (*Regio medit. et caucasica*[2].)

20. **Spergula** L.[3] — Flores fere *Cerastii*, 5-meri; petalis integris. Stamina 10, quorum oppositipetala 5 minora v. 0; filamentis basi glanduloso-dilatatis v. cum disco continuis. Germen 5-loculare; septis fere omnino evanidis alternipetalis; stylis 5, oppositipetalis recurvis. Capsulæ valvæ 5, alternipetalæ. Semina ∞, compressa, subnuda, marginata v. alata. — Herbæ annuæ ramosæ; foliis angustis, sæpius cum secundariis subverticillato-glomeratis; stipulis interfoliaribus membranaceo-scariosis v. subnullis[4]; floribus in cymas terminales racemiformes dispositis, pedicellatis. (*Orbis utriusq. reg. temp.*[5].)

21. **Tissa** ADANS.[6] — Flores *Spergulæ*, nunc apetali; staminum 10 filamentis complanatis; oppositipetalorum antheris minoribus v. nunc 0; filamentis et nonnunquam deficientibus. Germen incomplete 3-loculare. Styli 3. Capsula 3-valvis; seminibus nunc margine alatis. — Herbæ annuæ v. perennes; ramis sæpius diffusis; foliis oppositis linearibus; secundariis sæpe ∞, spurie verticillatis; stipulis[7] scariosis interpetiolaribus, integris v. 2-fidis, cum petiolo extus nunc connatis; floribus[8] in cymas sæpe paucifloras brevesque dispositis. (*Orbis totius reg. temp.*[9].)

1. Gen. seriem cum *Paronychieis* connectens.
2. Spec. 1. *Q. hispanica* L. — QUER, *Fl. esp.*, VI, t. 15, fig. 2. — ORTEG., *Cent.*, t. 15, fig. 1. — WILLK., *Ic. pl. Eur. austr.-occ.*, I, t. 66, C.
3. *Gen.*, n. 586. — ADANS., *Fam. des pl.*, II, 271. — GÆRTN., *Fruct.*, t. 130. — DC., *Prodr.*, I, 394 (part.). — ENDL., *Gen.*, n. 5219. — H. BN, in *Payer Leç. Fam. nat.*, 393. — B. H., *Gen.*, I, 152, n. 23.
4. Foliis membrana tenui conjunctis.
5. Spec. 2, 3. REICHB., *Iconogr.*, VI, t. 511-513. — WILLK. et LGE, *Fl. hisp.*, III, 161. — GREN. et GODR., *Fl. de Fr.*, I, 274. — WALP., *Rep.*, I, 265.
6. *Fam. des pl.*, II (1763), 507. — *Buda* ADANS., *oc. cit.* — *Spergularia* PERS., *Syn.*, I, 504. — ENDL., *Gen.*, n. 5218. — B. H., *Gen.*, I, 152, n. 24. — A. GRAY, *Gen. ill.*, t. 27. — *Lepigonum* FR., *Fl. Hall.*, 259. — *Stipularia* HAW., *Syn.*, 104 (nec PAL.-BEAUV.). — *Delila* DUMORT., *Fl. belg.*, 110. — *Balardia* A. S.-H., *Fl. Bras. mer.*, II, 180, t. 111.
7. De quibus cfr. A. DICKS., in *Report British Association* (1878).
8. Albis v. roseis, parvis.
9. Spec. ad 3. DC., *Prodr.*, I, 400 (*Arenaria*). — A. S.-H., *Fl. Bras. mer.*, II, t. 110 (*Spergularia*). — WILLK et LGE, *Prodr. Fl. hisp.*, III, 162 (*Spergularia*). — GREN. et GODR., *Fl. de Fr.*, I, 275 (*Spergularia*). — WALP., *Rep.*, I, 264; *Ann.*, I, 83; IV, 245 (*Spergularia*).

III. POLYCARPEÆ.

22. **Polycarpon** L. — Flores hermaphroditi; receptaculo cupulari; sepalis 5, margine scariosis, dorso carinatis, quincunciali-imbricatis. Petala 5, alterna, parva, integra v. apice emarginata. Stamina 5, v. 4, 3; antheris introrsis; loculis liberis, longitudine rimosis. Germen 3-merum, ob dissepimenta evanida 1-loculare; stylo brevi, apice stigmatoso 3-cruri; ovulis ∞, campylotropis. Fructus capsularis, 3-valvis. Semina ∞; hilo ad basin laterali; embryonis albuminosi subrecti v. incurvi cotyledonibus incumbentibus v. obliquis. — Herbæ glabræ v. pubescentes, sæpius 2-chotome ramosæ; foliis oppositis v. subverticillatis; stipulis interfoliaribus scariosis 2, v. in unam plus minus connatis; floribus in cymas terminales compositas dispositis; bracteis scariosis. (*Orbis utriusque reg. calid. et temp.*) — *Vid. p.* 92.

23. **Lœflingia** L.[1] — Flores fere *Polycarpi;* sepalis 5, rigidis, utrinque dente setiformi auctis, imbricatis. Petala 3-5, parva v. 0. Stamina leviter perigyna 5, alternipetala, v. 3. Germen *Polycarpi*, ∞-ovulatum; stylo apice 3-fido v. 3-dentato. Fructus capsularis, 3-valvis; embryone leviter curvato. — Herbæ annuæ, 2-chotomæ; foliis oppositis subulatis, basi in laminam stipularem setoso-partitam dilatatis; floribus[2] crebris in cymas compositas dense glomeratis. (*Asia centr., reg. medit., America bor.*[3])

24. **Ortegia** LŒFL.[4] — Flores fere *Polycarpi*, apetali; sepalis 5, margine scariosis, sæpe 3-nerviis, imbricatis. Stamina 3, v. 5, quorum 2 sterilia filiformia. Germen ovulaque *Lœflingiæ*. Stylus apice 3-dentatus v. breviter 3-fidus. Fructus 3-valvis; seminibus ∞, parvis; embryone curvulo. — Herba ramosissima; foliis linearibus; stipulis setaceis, basi nunc nigro-glandulosis; floribus[5] in cymas valde compositas brachiatas v. nunc subspicatas, plerumque ramosissimas, dispositis. (*Reg. medit. occid.*[6].)

1. In *Act. holm.* (1758), 15, t. 1, fig. 1; *Gen.*, n. 52. — LAMK, *Ill.*, t. 19. — DC., *Prodr.*, III, 380. — ENDL., *Gen.*, n. 5210. — A. GRAY, *Gen. ill.*, t. 106. — B. H., *Gen.*, I, 153, n. 28.
2. Parvis, albidis.
3. Spec. 1 (descr. 4, 5). CAV., *Icon.*, I, t. 94, 148. — LŒFL., *It.*, 113, t. 1, fig. 1. — GREN. et GODR., *Fl. de Fr.*, I, 608. — WALP., *Rep.*, I, 263; *Ann.*, IV, 244.
4. *It.*, 112. — *Ortega* L., *Gen.*, n. 51. — GÆRTN., *Fruct.*, II, 224, t. 129. — LAMK, *Ill.*, t. 29. — DC., *Prodr.*, I, 388; III, 375. — ENDL., *Gen.*, n. 5214. — B. H., *Gen.*, I, 153, n. 27. — *Juncaria* CLUS. (ex DC.).
5. Parvis; sepalis nigro-punctatis.
6. Spec. 1. *O. hispanica* L., *Spec.*, 560. — CAV., *Icon.*, I, t. 47. — ALL., *Ped. st.*, t. 4. — *O. dichotoma* DC., *Fl. fr.*, IV, n. 4376.

25? **Pycnophyllum** REMY.[1] — Flores hermaphroditi; sepalis 5, foliis conformibus, imbricatis. Petala 5, alterna linearia erecta, integra v. emarginata. Stamina 5, alternipetala; filamentis ima basi connatis; antheris dorsifixis introrsis; loculis inferne solutis, rimosis. Germen liberum, 3-sulcum; stylo apice minute 3-lobo. Ovula pauca adscendentia. Capsula 3-valvis. Semina sub-3-angulata; embryone peripherico. — Herbæ[2] perennes humiles densissime dichotomeque cæspitosæ; foliis minutis arctissime imbricatis, exstipulatis; floribus intra folia suprema plerumque solitariis subterminalibus[3]. (*America austr. andina*[4].)

26. **Drymaria** W.[5] — Flores hermaphroditi; sepalis 5, liberis, imbricatis. Petala 5, alterna, unguiculata, 2-6-fida, imbricata; lobis lateralibus 2 nunc minutis decurrentibus v. retrorsis. Stamina 5, alternipetala, v. abortu pauciora; filamentis basi cupulæ brevissimæ insertis, cæterum liberis; antherarum introrsarum loculis utrinque liberis, rimosis. Germen vix septatum, demum sub-1-loculare; styli ramis stigmatosis 3. Ovula ∞, adscendentia, campylotropa. Fructus capsularis, 3-valvis; seminibus reniformibus v. compressis; embryone peripherico albuminoso. — Herbæ erectæ v. sæpius diffusæ; foliis oppositis petiolatis, angustis v. cordatis; stipulis interfoliaribus parvis, nunc setaceis, piliformibus, fugacibus; floribus[6] axillaribus solitariis v. in dichotomiis axillisve laxe cymosis. (*America calid.*, *Orbis vet. reg. calid.*[7].)

27? **Cerdia** MOÇ. et SESS.[8] — « Flores apetali; sepalis 5, seta terminatis. Stamen 1. Stylus apice 2-fidus. Capsula 1-locularis; seminibus ∞. — Herba[9] perennis demissa; foliis oppositis v. subverticillatis, cuspidatis; stipulis membranaceis; floribus (parvis) axillaribus; pedicello 1-3-bracteato[10]. » (*Mexicum*[11].)

1. In *Ann. sc. nat.*, sér. 3, VI, 355, t. 20. — B. H., *Gen.*, I, 153, n. 30. — *Stichophyllum* PHIL., *Fl. atacam.*, 19, t. 1, D.
2. Adspectu *Bolacis glebariæ*, etc.
3. Nonne *Cerastiea?* An huj. gener. *Lyallia* HOOK. F., *Fl. antarct.*, II, 548, t. 122. — B. H., *Gen.*, I, 153, n. 31, cujus flores ignoti? At aspectus idem, sepalaque dicuntur 4(?) capsulaque utriculiformis.
4. Spec. 3. WALP., *Ann.*, I, 82.
5. Ex RŒM. et SCH., *Syst.*, V, XXXI. — DC., *Prodr.*, I, 395. — ENDL., *Gen.*, n. 5220. — B. H., *Gen.*, I, 152, n. 25.
6. Parvis v. minutis.
7. Spec. 15, 16. LAMK, *Ill.*, t. 51, fig. 2 (*Holosteum*). — H. B. K., *Nov. gen. et spec.*, VI, 21, t. 515, 516. — A. GRAY, *Pl. Wright.*, in *Smithson. Contr.*, V, 18. — WALP., *Rep.*, I, 265; V, 76; *Ann.*, I, 83; II, 91; IV, 246.
8. Ex DC., *Prodr.*, III, 377; *Mém. Paron.*, 9, t. 2. — ENDL., *Gen.*, n. 5211. — B. H., *Gen.*, II, 153, n. 29.
9. Habitu inter *Herniarias* et *Pollichias*, ut videtur, media.
10. Genus valde incertum. An hujus ordinis?
11. Spec. ex auct. 2.

28? **Polycarpæa** LAMK[1]. — Flores hermaphroditi; receptaculo minute cupulari. Sepala 5, omnino v. margine scariosa, imbricata. Petala 5, alterna minora, integra, denticulata v. apice emarginata v. 2-dentata. Stamina 5, alternipetala, cum petalis leviter perigyna; filamentis liberis; antherarum introrsarum loculis inferne liberis, longitudinaliter rimosis. Germen minute stipitatum imoque receptaculo insertum; stylo apice stigmatoso capitato, 3-dentato v. 3-fido; loculis valde incompletis pluriovulatis; ovulis paucis v. ∞, subcampylotropis, funiculo adscendente stipatis; micropyle infera. Fructus capsularis, 3-valvis; seminibus subcampylotropis; embryone arcuato v. rarius subrecto. — Herbæ annuæ v. perennes; foliis oppositis v. subverticillatis; stipulis scariosis; floribus[2] in cymas terminales plus minus composito-ramosas, nunc contractas v. sub-1-paras, dispositis; bracteis stipuliformibus v. sepalis conformibus. (*Orbis utriusq. reg. calid. et temp.* [3].)

29? **Robbairea** BOISS.[4] — Flores 5-meri; sepalis margine anguste scariosis, imbricatis. Petala unguiculata; limbo abrupte cordato-ovato. Stamina 5, leviter perigyna, basi inde quasi in annulum connata. Germen pluriovulatum; stylo ad apicem stigmatosum 3-lobo. Capsula 3-valvis; seminibus ∞, incurvis, dorso convexo canaliculatis, embryone albumen farinaceum cingente. — Herba; foliis oppositis stipulatis; floribus[5] in cymas laxas fastigiatas dispositis. (*Oriens*[6].)

30. **Stipulicida** MICHX.[7] — Flores minuti; receptaculo parvo cupulari. Sepala 5, integra v. emarginata. Petala 5, integra, 2-lobata v. denticulata. Stamina 5, leviter perigyna; antheris oblongis introrsis. Germen 1-loculare, ∞-ovulatum; stylo 3-fido. Capsula glabra, 3-valvis; seminibus subreniformibus; embryone albumini farinaceo exteriore arcuato. — Herba erecta tenuis dichotoma; foliis basilaribus

1. In *Journ. Hist. nat.*, II, 8, t. 25. — DC., *Prodr.*, III, 373; *Mém. Paron.*, t. 5, 6. — ENDL., *Gen.*, n. 51216. — H. BN, in *Payer Fam. nat.*, 394. — B. H., *Gen.*, I, 154, n. 34. — — *Mollia* W., *Hort. berol.*, I, 11. — *Hyala* LHÉR., mss. (ex ENDL.). — *Anthyllis* ADANS., *Fam. des pl.*, II, 271 (part.). — *Hagæa* VENT., *Tabl.*, III, 340. — *Lahya* RŒM. et SCH., *Syst.*, V, XXX. — *Polycarpia* WEBB, *Phyt. canar.*, I, 156.

2. Parvis, calyce colorato sæpius insignibus.

3. Spec. ad 25. WIGHT, *Ill.*, II, t. 110. — EDGEW. et HOOK. F., *Fl. brit. Ind.*, I, 245. — A. RICH., *Tent. Fl. Abyss.*, 303. — OLIV., *Fl. trop. Afr.*, I, 144. — BOISS., *Fl. or.*, I, 737. — WEBB, *Phyt. canar.*, t. 21-24. — WALP., *Rep.*, I, 263; V, 76; *Ann.*, I, 83; II, 91.

4. *Fl. or.*, I, 735.

5. Parvis, roseis.

6. Spec. 1. *R. prostrata* BOISS. — *Alsine prostrata* FORSK., *Descr. Ægypt.-arab.*, 207. — *Arenaria prostrata* SER., in DC. *Prodr.*, I, 400. — *Polycarpæa prostrata* DCNE, *Fl. sin.*, 39.

7. *Fl. bor.-amer.*, I, 26, t. 6. — DC., *Prodr.*, III, 375. — ENDL., *Gen.*, n. 5215. — A. GRAY, *Gen. ill.*, t. 107. — B. H., *Gen.*, I, 154, n. 33.

rosulatis; cæteris setaceis; stipulis dentatis v. multifidis; floribus in cymas terminales contractas 2-paras dispositis; ramis gracilibus. (*America bor.*[1].)

31? **Microphyes** PHIL.[2] — Flores apetali; sepalis 5, margine scariosis. Stamina 5, leviter perigyna. Germen 1-loculare; ovulis ∞; stylo apice stigmatoso 3-fido. Capsula 3-valvis; seminibus reniformi-compressis; embryone leviter curvato. — Herba annuæ (?) humiles, dichotomæ; foliis basilaribus rosulatis; cæteris oppositis v. spurie verticillatis, carnosulis; stipulis scariosis, nunc latis; floribus in cymas densas contractas dispositis. (*Chili*[3].)

32. **Sphærocoma** T. ANDERS.[4] — Flores regulares; receptaculo minute cupulari. Sepala[5] 5, margine membranacea serrata, apice mucronata. Petala 5, integra. Stamina 5, intra dentes receptaculi marginales inserta. Germen 1-loculare; stylo superne 2-fido; ovulis 2, placentæ spurie centrali insertis. Fructus membranaceus indehiscens; semine 1, compresso; embryone subannulari. — Fruticuli ramosi; foliis oppositis et ad axillas fasciculatis, linearibus carnosis; stipulis ciliatis; floribus in glomerulos post anthesin capitato-globosos setigeros dispositis. (*Arabia felix*[6].)

IV. PARONYCHIEÆ.

33. **Paronychia** J. — Flores hermaphroditi; receptaculo concaviusculo. Sepala 5, æqualia v. inæqualia, margini receptaculi inserta, imbricata, dorso sub apice sæpius cucullato aristata v. mucronata, fructifera sæpe coriacea. Stamina 5, v. rarius 3, 4 plurave, cum sepalis perigyne inserta iisque superposita; filamentis tenuibus; antheris didymis introrsis; loculis liberis, longitudine dehiscentibus. Laciniæ 4, 5, setiformes, cum staminibus alternantes, nunc minimæ v. 0. Germen liberum, 1-loculare; stylo brevi v. elongato, apice stigmatoso 2-fido. Ovulum 1, summo funiculo basilari insertum, adscendens

1. Spec. 1. *S. setacea* MICHX. — *Polycarpum stipulicidum* PERS., *Syn.*, I, 111.
2. *Fl. atacam.*, 20, t. 1, F. — B. H., *Gen.*, I, 154, n. 32.
3. Spec. ex auctore 2.
4. In *Journ. Linn. Soc.*, V, 15, t. 15. — B. H., *Gen.*, I, 154, n. 35.
5. Nunc in floribus sterilibus accreta erinacea.
6. Spec. 2. BOISS., *Fl. or.*, I, 738.

v. subpendulum; micropyle sæpius supera. Fructus membranaceus calyce persistente inclusus, sæpe a basi longitudinaliter ruptus. Semen adscendens v. resupinatum læve; embryonis annularis albumen farinaceum cingentis radicula adscendente v. rarius laterali v. subbasilari. — Herbæ annuæ v. perennes, plerumque 2-chotome ramosæ; foliis oppositis integris; stipulis scariosis sæpe nitidis amplis; floribus axillaribus v. in cymas terminales dispositis plerumque dense fasciculatis, inter stipulas reconditis bracteisque scariosis stipulis conformibus involucratis. (*Reg. medit., Africa bor. et trop. ins. et cont., Arabia, America temp.*) — *Vid. p. 94.*

34? **Herniaria** T.[1] — Flores *Paronychiæ*[2]; calycis subnudi foliolis 5, muticis. Stamina 3-5, perigyna; intermixtis laciniis totidem minutis v. 0. Stylus brevis, apice stigmatoso 2-fidus v. 2-partitus. Ovulum funiculo basilari brevi insertum adscendens. Semen adscendens; embryonis annularis radicula descendente elongata. Cætera *Paronychiæ*. — Herbæ annuæ v. perennes humifusæ valde ramosæ; foliis parvis, oppositis, alternis v. fasciculatis; stipulis scariosis variis; floribus[3] axillaribus glomeratis confertis minute bracteolatis. (*Europa media et austr., Asia occ. et media, Africa bor., trop. et austr.*[4].)

35. **Chætonychia** Willk. et Lge.[5] — Flores fere *Paronychiæ;* sepalis 5, inæqualibus; exterioribus membranaceo-auriculatis; omnibus apice membranaceo-cucullatis dorsoque subhamato-aristatis. Stamina 2, sepalis interioribus opposita. Germen, stylus cæteraque *Herniariæ*. Fructus membranaceus, basi annulatim ruptus. Semen funiculo perpendiculari suffultum; hilo laterali; albumine tenui; embryonis complicati radicula infera. — Herba parva; foliis spurie verticillatis; stipulis minutis subulatis; floribus in cymas dichotomas dispositis; cymarum ramulis cymulas scorpioideas florum fructuumque conspicuas gerentibus. (*Europa et Africa medit.*[6].)

1. *Inst.*, 507 (part.), t. 288. — L., *Gen.*, n. 308. — Gærtn. f., *Fruct.*, III, t. 213. — Lamk, *Ill.*, t. 180. — Nees, *Gen. Fl. germ.* — DC., *Mém. Paron.*, t. 3; *Prodr.*, III, 367. — Endl., *Gen.*, n. 5198. — Payer, *Leç. Fam. nat.*, 16. — B. H., *Gen.*, III, 16, n. 7.

2. Cujus forte potius sectio, ob habitum, sepala mutica et radiculam embryonis inferam notanda.

3. Viridulis v. albidis, minutis.

4. Spec. 8, 9. Sibth., *Fl. græc.*, t. 252. — Schkuhr, *Handb.*, t. 56. — Boiss., *Voy. Esp.*, t. 62; *Fl. or.*, I, 639. — J. Gay, in *Rev. bot.*, II, 370. — Willk. et Lge, *Prodr. Fl. hisp.*, III, 150. — Gren. et Godr., *Fl. de Fr.*, I, 611. — Walp., *Rep.*, 260; V, 74; *Ann.*, I, 79.

5. *Prodr. Fl. hisp.*, III, 154.

6. Spec. 1. *C. cymosa* Willk. — *Paronychia? cymosa* Lamk. — DC., *Prodr.*, III, 370; *Fl. fr.*, III, 402. — Gren. et Godr., *Fl. de Fr.*, I, 607. — *Illecebrum cymosum* L., *Spec.*, 299.

36. **Corrigiola** L.[1] — Flores hermaphroditi; receptaculo cupulari. Sepala 5, margini receptaculi inserta alternaque, imbricata. Petala 5, angusta[2]. Stamina 5, cum petalis alternis inserta; filamentis gracilibus; antheris introrsis, 2-rimosis. Germen imo receptaculo insertum liberum, 1-loculare; stylo apice stigmatoso 3-lobo. Ovulum 1, campylotropum, summo funiculo basilari insertum; micropyle supera. Fructus receptaculo calyceque inclusus, crustaceus. Semen e funiculo pendulum dite albuminosum; embryone peripherico; radicula supera. — Herbæ annuæ v. perennes, nunc basi frutescentes; foliis oppositis et alternis, integris, nunc carnosulis; stipulis plus minus evolutis scariosis; floribus[3] in cymas nunc contractas, terminales axillaresque dispositis; bracteolis scariosis. (*Europa med.*, *reg. medit.*, *Africa bor.* et *austr.*, *America austr. temp.*[4].)

37. **Anychia** L.-C. RICH.[5] — Flores hermaphroditi; receptaculo minute cupulari. Sepala 5, persistentia, oblonga, intus concava, apice subcucullata dorsoque carinata v. subcorniculata; præfloratione imbricata. Stamina 3-5, v. sæpius 2, sepalis exterioribus anteposita; filamentis receptaculi margini insertis; antheris 2-dymis, introrsis; loculis sub insertione liberis, rimosis. Germen liberum subglobosum, 1-loculare; stylo apice stigmatoso 2-lobo; ramis recurvis, intus stigmatosis. Ovulum 1, summo funiculo basilari insertum amphitropum; micropyle sæpius infera. Fructus membranaceus, indehiscens; seminis solitarii subreniformis embryone annulari albumen farinaceum cingente; radicula sæpius infera. — Herbæ annuæ ramosæ glabræ; foliis oppositis; stipulis interfoliaribus scariosis; floribus[6] cymosis v. in dichotomia cum ramulis solitariis. (*America bor. or.*[7].)

38. **Siphonychia** TORR. et GRAY[8]. — Flores hermaphroditi; receptaculo obconico, extus parce uncinato-setoso, intus disco tenui margine sinuato vestito. Sepala 5, ori receptaculi inserta crassiuscula,

1. *Gen.*, n. 378. — LAMK, *Ill.*, t. 213. — GÆRTN., *Fruct.*, t. 75. — SCHKUHR, *Handb.*, t. 85. — A. S.-H., in *Mém. Mus.*, II, t. 4. — DC., *Prodr.*, III, 366. — ENDL., *Gen.*, n. 5197. — PAYER, *Fam. nat.*, 15. — B. H., *Gen.*, III, 17, n. 10. — H. BN, in *Bull. Soc. Linn. Par.*, 327. — *Polygonifolia* VAILL., *Bot. par.*, 162.

2. « Staminodia squamæformia » (B. H.).

3. Albidis, parvis.

4. Spec. 4, 5. SIBTH., *Fl. græc.*, t. 292. — BOISS., *Fl. or.*, III, 149. — REICHB., *Icon. eur.*, t. 161. — GREN. et GODR., *Fl. de Fr.*, I, 613.

5. In *Michx Fl. bor.-amer.*, I, 112 (part.) — DC., *Prodr.*, III, 369. — A. GRAY, *Gen. ill.*, t. 104. — B. H., *Gen.*, III, 16, n. 9.

6. Viridulis, minutis.

7. Spec. 2. GÆRTN., *Fruct.*, t. 128 (*Queria*). — ORTEG., *Dec.*, t. 15, fig. 2 (*Queria*). — TORR. et GR., *Fl. N.-Amer.*, I, 172.

8. *Fl. N.-Amer.*, I, 173. — A. GRAY, *Gen. ill.*, t. 103. — B. H., *Gen.*, III, 16, n. 8.

apice (pallido) obtusa v. incurva. Stamina 5, sepalis opposita cumque iis perigyna; filamentis subulatis; antheris introrsis; loculis magna ex parte liberis ellipsoideis, longitudinaliter rimosis. Staminodia (?) 5-10, cum sepalis inserta alternantiaque subulata, aut solitaria, aut per paria 2-nata. Germen imo receptaculo insertum liberum, 1-loculare; stylo gracili, apice breviter lineari-2-lobo. Ovulum 1, campylotropum, summo funiculo basilari erecto insertum. Fructus ovoideus receptaculo inclusus, siccus, tenuiter membranaceus. Semen campylotropum summo funiculo insertum reclinatum; integumento lævi; embryone cyclico albumen farinaceum cingente. — Herba annua humifusa; ramis gracilibus, 2-chotomis; foliis oppositis angustis integris, basi in stipulas parvas scariosas productis; floribus[1] in cymas contractas plus minus longe stipitatas dispositis, brevissime pedicellatis sessilibusve, bracteis foliaceis involucratis, v. nunc rarius in dichotomia solitariis. (*America bor. occ.*[2].)

39. **Sclerocephalus** BOISS.[3] — Flores hermaphroditi; receptaculo concavo, extus bracteis foliisque floralibus demum spinescentibus onusto, intus autem disco tenui margine crassiore vestito. Sepala 5, lanceolata, sub apice spinescentia. Stamina 5, cum perianthio receptaculi ori inserta; filamentis brevibus tenuibus; antheris introrsis, 2-dymis. Germen imo receptaculo adnatum, 1-loculare; apice libero in stylum tenuem et superne recurvo-2-lobum stigmatosumque attenuato; ovulo 1, summo funiculo basilari inserto descendente amphitropo. Fructus membranaceus receptaculo incrassato induratoque intus adnatus, superne demum inæqui-lacerus; semine amphitropo e summo funiculo pendulo; integumento membranaceo; embryone circa albumen farinaceum peripherico; radicula supera sub integumentis seminalibus valde prominula. — Herba[4] annua rigida nodosa, 2-chotome ramosa; ramis sæpius prostratis brevibus; foliis oppositis linearibus carnosulis; stipulis brevibus scariosis v. membranaceis; floribus in glomerulos capituliformes sphæricos demum erinaceos dispositis concretis paucis (3-7); pedunculo articulato demum soluto. (*Oriens*, *Africa bor.-occ.*[5].)

1. Minimis, punctulatis.
2. Spec. 1. *S. americana*. — *S. urceolata* SHUTTL. — *Herniaria americana* NUTT. — ENDL., *Gen.*, n. 5202, e (*Paronychia*).
3. *Diagn. or.*, III, 12; *Fl. or.*, I, 748. — B. H., *Gen.*, III, 17, n. 12.
4. *Drypidis* facie.
5. Spec. 1. *S. arabicus* BOISS. — *Paronychia sclerocarpa* MEISSN. — *P. sclerocephala* DCNE, *Fl. sin.*, 38 (Plantæ formæ valde variabiles).

40. **Gymnocarpos** FORSK.[1] — Flores hermaphroditi apetali; receptaculo tubuloso, demum indurato, intus disco tenui et margine undulato cincto. Sepala 5, receptaculi ori inserta oblonga concava, dorso sub apice mucronata, imbricata, demum patentia. Petala (?) 5[2], cum sepalis inserta alternantiaque subulata. Stamina oppositisepala 5; filamentis subulatis; antheris oblongis introrsis dorsifixis, 2-rimosis, demum exsertis. Germen receptaculi parieti insertum, superne liberum, 1-loculare; stylo longo ad apicem sensim attenuato summoque apice minute 3-lobo stigmatoso. Ovulum 1, summo funiculo basilari erecto insertum, campylotropum; micropyle supera. Fructus membranaceus, demum basi rupta a tubo receptaculi solutus; seminis campylotropi e summo funiculo descendentis integumento tenui; embryonis hippocrepici peripherici radicula adscendente[3]; cotyledonibus et adscendentibus compressiusculis. — Fruticulus rigidulus; caule torto crassiusculo; ramis nodosis; foliis oppositis v. subfasciculatis linearibus crassis mucronulatis, basi stipuliformi-dilatatis; floribus[4] in cymas contractas congestas terminales dispositis; pedicellis brevibus bracteolatis. (*Africa bor.*, *Ins. canar.*, *India or.*[5].)

41? **Lochia** BALF. F.[6] — « Flores hermaphroditi; receptaculo obconico angulato herbaceo, demum indurato, fauce disco annulari instructo. Sepala 5, fauci receptaculi inserta, dorso infra apicem mucronata. Stamina 5, perigyna, cum staminodiis (?) totidem alternantia; antheris oblongis parvis. Germen liberum, 1-loculare; stylo filiformi, apice 2-fido. Ovulum 1, e funiculo basilari longiusculo pendulum. Fructus membranaceus, basi demum ruptus; semine compresso. — Fruticulus (salsoloideus) rigidus nodosus; foliis oppositis v. in axillis fasciculatis sessilibus, spiculiformibus v. anguste lanceolatis integris crassis; stipulis interpetiolaribus connatis brevibus hyalinis; floribus[7] in cymas terminales dispositis sessilibus; bracteis obtegentibus majoribus membranaceis[8]. » (*Ins. Socotora*[9].)

1. *Fl. æg.-arab.*, 65; *Icon.*, t. 10. — GMEL., *Syst.*, 429. — SCOP., *Introd.*, 343. — J., in *Mém. Mus.*, II, 388 (*Gymnocarpus*). — A. S.-H., in *Mém. Mus.*, II, 388. — DC., *Prodr.*, III, 369 (*Gymnocarpum*). — ENDL., *Gen.*, n. 5203. — PAYER, *Leç. Fam. nat.*, 16. — B. H., *Gen.*, III, 17, n. 11.
2. « Staminodia » (B. H.).
3. Sub integumento prominula.
4. Parvis, indecoris.
5. Spec. 1. *G. fruticosa* PERS., *Enchir.*, I, 636. — BOISS., *Fl. or.*, I, 748. — *G. decandrum* FORSK. — *Trianthema fruticosa* VAHL, *Symb.*, I, 32.
6. In *Proc. Roy. Soc. Edinb.*, XIII (1883), 409; *Bot. of Socot.*, 252, t. 84.
7. Parvis; bracteis brunneis.
8. Genus dicitur *Gymnocarpo* proximum.
9. Spec. 1. *L. bracteata* BALF. F.

V. COMETEÆ.

42. **Cometes** L. — Flores in summo pedunculo communi glomerati; centrali perfecto; lateralibus imperfectis v. deformatis. Floris hermaphroditi receptaculum minute cupulare. Sepala 5, herbacea, imbricata, superne dorso aristata; arista in exterioribus majore; in interioribus minore v. 0. Petala 5, cum sepalis alternantia, linearia. Stamina 5, alternipetala; filamentis ima basi connatis, cæterum liberis; antheris didymis v. oblongis; loculis maxima ex parte liberis, introrsum rimosis. Germen imo receptaculo liberum, nunc substipitatum, 1-loculare; stylo tenui recto v. arcuato, apice stigmatoso breviter 3-lobo. Ovulum 1, funiculo basilari recto insertum, semianatropum; micropyle infera. Utriculus calyce inclusus membranaceus. Semen adscendens; chalaza conspicua; embryonis magni (viridis) leviter arcuati albuminique farinoso lateraliter appliciti cotyledonibus oblongo-ellipticis; radicula infera. — Herbæ annuæ ramosæ; foliis oppositis v. spurie verticillatis, integris, petiolatis v. sessilibus; stipulis setaceis minutis; floribus setaceo-involucratis; foliis floralibus plumoso-multipartitis demum accretis squamoso-divaricatis involucrantibus. (*Oriens, India or., Africa bor.-or.*) — *Vid. p.* 97.

43. **Pteranthus** FORSK.[1] — Flores fere *Cometis*, 4-meri, apetali. — Herba annua carnosula; ramis rigidis, 2-3-chotomis. Folia opposita et spurie verticillata linearia; stipulis minutis. Flores ad apicem pedunculi communis vesiculosi compressiusculi obovoidei v. obcordati 3-ni, glomerati; laterales sæpius imperfecti; foliis floralibus pinnatipartitis involucrantibus. Cætera *Cometis*. (*Ins. Cypri, Africa bor., Arabia, Syria, Persia*[2].)

44. **Dicheranthus** WEBB.[3] — Flores hermaphroditi apetali; receptaculo superne planiusculo. Sepala 5, elongata scariosa, apice aristato patenti-recurva, imbricata. Stamina 1-3, hypogyna; filamentis subulatis; antheris ovatis introrsis versatilibus, 2-rimosis. Germen superum, 1-loculare; stylo lineari, apice stigmatoso minute 3-lobo.

1. *Fl. æg.-arab.*, 36. — GÆRTN. F., *Fruct.*, III, t. 213. — LAMK, *Ill.*, t. 764. — ENDL., *Gen.*, n. 5206. — B. H., *Gen.*, III, 18, n. 13.

2. Spec. 1. *P. echinatus* DESF., *Fl. atl.*, I, 144. — BOISS., *Fl. or.*, I, 752. — *Camphorosma Pteranthus* SIBTH., *Fl. græc.*, t. 153.

3. In *Ann. sc. nat.*, sér. 3, V, 27, t. 2. — B. H., *Gen.*, III, 18, n. 15.

Ovulum 1, erectum subcampylotropum; micropyle infera. Fructus membranaceus oblongus, funiculo brevi erecto insertus; chalaza cum hilo laterali; embryonis excentrici dorsalis subrecti radicula infera; cotyledonibus oblongis; albumine inde laterali. — Fruticulus glaber; ramis rigidulis v. pendulis; foliis oppositis, cylindraceis acutis v. obtusiusculis carnosulis, basi in laminam scariosam brevem v. in stipulas utrinque productis; floribus in cymas densas compositas 2-paras dispositis; singulis floribus 2 lateralibus sterilibus rigide pedicellatis minoribus v. minimis et ad squamas paucas reductis stipatis. (*Ins. canar.*[1].)

VI. SCLERANTHEÆ.

45. **Scleranthus** L. — Flores hermaphroditi; receptaculo concavo obconico v. suburceolato. Sepala 4, 5, receptaculi margini inserta, persistentia indurata. Stamina 10, v. 1-9, cum perianthio inserta; filamentis inæqualibus; antheris parvis didymis, 2-rimosis. Germen liberum, imo receptaculo insertum, 1-loculare; styli ramis 2, liberis, apice stigmatoso capitatis v. acutatis. Ovulum 1, ab apice placentæ basilaris gracilis pendulum amphitropum. Fructus membranaceus, receptaculo indurato calyceque coronato inclusus; seminis lenticularis embryone annulari, albumen farinaceum cingente; cotyledonibus linearibus; radicula adscendente. — Herbæ annuæ v. perennes, ramosissimæ; foliis oppositis rigidis, basi membranaceo-connatis; floribus in cymas v. glomerulos terminales axillaresque dispositis, rarius solitariis, nunc involucrato-bracteatis. (*Europa, Africa, Asia occ., Australasia.*) — *Vid. p.* 99.

46? **Habrosia** FENZL[2]. — Flores hermaphroditi; receptaculo breviter cupulari. Sepala 5, herbacea scariosa oblonga concava, apice in aristam subulatam repente angustata, imbricata. Petala[3] 5, sepalis multo breviora cumque iis alternantia et perigyna, rotundata subhyalina. Stamina 5, alternipetala inæqualia; filamentis brevibus tenuibus; antheræ didymæ loculis subglobosis, rimosis. Germen liberum

1. Spec. 1. *D. plocamoides* WEBB. — WALP., *Ann.*, I, 81.

2. In *Bot. Zeit.* (1843), 322. — ENDL., *Gen.*, n. 5223[1] (Suppl., III, 91). — B. H., *Gen.*, III, 19, n. 17.

3. « Staminodia » (B. H.).

compressum; stylis 2, brevibus, intus stigmatosis. Ovula 2, basi loculi inserta funiculata semi-amphitropa. Fructus siccus membranaceus, sæpius 1-spermus. Semen lenticulare; embryone peripherico albumen farinaceum cingente. — Herba annua gracilis dichotome ramosa; foliis oppositis setaceis, basi dilatata connatis; floribus[1] in cymas graciles terminales compositas dispositis, bracteolatis[2]. (*Oriens*[3].)

VII. ILLECEBREÆ.

47. **Illecebrum** L. — Flores hermaphroditi v. polygami; receptaculo breviter cupulari. Sepala 5, margini receptaculi inserta, imbricata, mox incrassata suberoso-indurata, apice cucullato in aristam producta, induplicato-valvata. Petala (?) 5, alterna setiformia. Stamina 5 (v. 1-4), oppositisepala, leviter perigyna; filamento tenui; anthera inclusa didyma, introrsum 2-rimosa. Germen imo receptaculo insertum liberum, 1-loculare; stylo brevissimo crasso, apice stigmatoso obscure 2-lobo. Ovulum 1, summo funiculo basilari insertum, subanatropum v. subcampylotropum; micropyle infera. Fructus membranaceus, basi demum in lacinias 5-10 dehiscens. Semen adscendens crustaceum; embryone arcuato dorsali albumen farinaceum hinc cingente; radicula infera. — Herba annua humilis glabra ramosa; foliis oppositis et spurie verticillatis integris sessilibus, basi in stipulas breves scariosas dilatatis; floribus axillaribus solitariis v. cymosis; pedicellis scarioso-bracteolatis. (*Europa austro-occ.*, *Africa bor.*) — *Vid. p.* 101.

48. **Pollichia** SOLAND.[4] — Flores fere *Illecebri;* receptaculo urceolato v. late tubuloso, disco tenui intus vestito[5]. Sepala 5, 6, receptaculi margini inserta, leviter imbricata. Stamina 1, 2, margini disci inserta, oppositisepala; antheris introrsis, 2-rimosis. Germen liberum, 1-loculare, imo receptaculo insertum; stylo gracili, apice stigmatoso 2-lobo. Ovula 1, 2, subbasilaria, suberecta, subanatropa; funiculo brevi. Fructus siccus, receptaculo plus minus incrassato baccatoque

1. Albidis, minutis.
2. Genus ubique anomalum; calyce fere *Scleranthi*, at germen 2-ovulatum.
3. Spec. 1. *H. spinuliflora* FENZL. — BOISS., *Fl. or.*, I, 751. — *Arenaria spinuliflora* SCR.
4. In *Ait. H. kew.*, I, 5. — GÆRTN. F., *Fruct.*, III, 377. — DC., *Prodr.*, III, 377. — ENDL., *Gen.*, n. 5208. — B. H., *Gen.*, III, 14, n. 4. — *Neckeria* GMEL., *Syst. nat.*, II, 16. — *Meerburgia* MOENCH, *Meth.*, Suppl., 116.
5. Lobis nunc inter sepala inæqui-prominulis et petala rudimentaria simulantibus.

inclusus. Semina 1, 2; albumine farinaceo; embryonis arcuati dorsalis radicula infera. — Fruticulus dichotome ramosus; foliis oppositis et spurie verticillatis sessilibus integris acuminatis, basi in stipulas scariosas dilatatis; floribus in cymas axillares densas subsessiles congestis; cymulis bracteolatis et inflorescentia tota bracteis scariosis[1] involucrata. (*Africa calid. et austr.*[2].)

49. **Achyronychia** Torr. et Gray[3]. — Flores fere *Pollichiæ;* receptaculo obconico v. subcylindrico coriaceo, 10-nervio. Sepala 5, rotundata, imbricata[4]. Petala (?) 5, parva, 3-angularia. Stamina 10-15, cum perianthio receptaculi margini inserta: fertilia 1-5; antheris oblongis, 2-rimosis; cætera ananthera; filamentis setiformibus. Germen liberum, imo receptaculo insertum; stylo apice stigmatoso 2-fido. Ovula 2-4, e basi loculi erecta, anatropa; funiculo brevi. Fructus membranaceus, indehiscens, receptaculo coriaceo inclusus. Semen erectum; albumine farinaceo; embryone arcuato cæterisque *Pollichiæ.* — Herbæ humiles annuæ; foliis oppositis parvis integris; stipulis scariosis; floribus in cymas axillares congestis, bracteis stipuliformibus involucratis. (*California, Mexicum*[5].)

50. **Pentacæna** Bartl.[6] — Flores 5-meri; sepalis concavis fimbriatis, dorso spina rigida superne instructis; interiorum spina minore v. 0. Petala 5, minuta, integra v. emarginata. Stamina 5, oppositisepala, v. 3, 4; filamentis brevissimis, basi dilatatis; antheris didymis, introrsum rimosis. Germen ovoideum, basi contractum, 1-loculare; styli brevissimi lobis 2, punctiformibus; ovulo 1, adscendente. Fructus membranaceus, demum longitudinaliter ruptus v. et basi circumcissus. Semen adscendens; albumine farinoso laterali; embryonis dorsalis arcuati radicula infera. — Herbæ cæspitosæ ramosæ; foliis alternis confertis subulatis mucronatis tomentosis; stipulis majusculis scariosis, integris v. fimbriatis; floribus[7] axillaribus sessilibus. (*America utraque occid.*[8].)

1. Albidis.
2. Spec. 1. *P. campestris* Ait. — Smith, *Spicil.*, I, t. 1. — *Neckeria campestris* Gmel. — *Meerburgia glomerata* Moench.
3. In *Proc. Amer. Acad.*, VII, 330. — B. H., *Gen.*, III, 15, n. 5.
4. Argenteo-scariosa, basi indurata.
5. Spec. 1. S.-Wats., *Bot. Calif.*, I, 72.
6. In *Rel. Hænk.*, II, 5, t. 49. — Endl., *Gen.*, n. 5201. — B. H., *Gen.*, III, 14, n. 2. — *Cardionema* DC., *Prodr.*, III, 372; *Mém. Paron.*, t. 1. — *Acanthonychia* Rohrb., in *Mart. Fl. bras.*, XIV, II, 249, t. 56.
7. Minimis inconspicuis.
8. Spec. 2, 3. DC., *Mém. Paron.*, t. 4 (*Paronychia*). — Torr. et Gr., *Fl. N.-Amer.*, I, 172 (*Paronychia*). — A. S.-H., *Fl. Bras. mer.*, II, — t. 113 (*Paronychia*). — Benth., *Pl. Hartweg.*, 186. — S.-Wats., *Bot. Calif.*, I, 72. — Walp., *Rep.*, I, 261; *Ann.*, I, 80.

51. **Dysphania** R. Br.[1] — Flores hermaphroditi v. polygami; sepalis 2, 3, imbricatis, circa fructum accretis et dorso gibbo-incrassatis[2]. Stamina 1-3; filamentis compressis; antheris oblongis exsertis, 2-rimosis. Germen liberum; stylo simplici v. duplici gracili. Ovulum 1, erectum subanatropum. Fructus membranaceus hyalinus. Semen 1, erectum; albumine carnoso; embryonis dorsalis arcuati radicula infera. — Herbæ humiles ramosæ glabræ; foliis alternis integris petiolatis; floribus in axilla foliorum v. bractearum dense glomeratis[3]. (*Australia*[4].)

52. **Haya** Balf. f.[5] — « Flores hermaphroditi; sepalis 5, coloratis, basi subcrassis. Staminodia (?) 5, alterna, minutissima. Stamina 5, basi sepalorum inserta; filamentis subulatis; antheris 2-locularibus. Germen 3-gonum; stylo gracili elongato, apice capitellato. Ovulum summo funiculo basilari insertum anatropum. Fructus tenuis, basi 3-valvis. Semen erectum; embryone dorsali, leviter curvato, albumini farinaceo applicito; radicula infera. — Herba annua diffusa ramosa; foliis 3-verticillatis sessilibus obovatis apiculatis integris; stipulis minutis scariosis; floribus sessilibus confertis, oppositifoliis et axillaribus, bracteis parvis scariosis[6] involucratis[7]. (*Socotora*[8].) »

53? **Psyllothamnus** Oliv.[9] — « Flores 5-meri; calycis tubo[10] brevissimo; limbi segmentis lineari-oblongis, tenuiter petaloideis v. hyalinis venulosis. Stamina 5, perigyna; antheris ellipticis dorsifixis. Germen liberum; styli brevis 2-fidi lobis recurvis. Ovula 2, anatropa v. hemianatropa, sub apice placentæ centralis crassiusculæ pendula opposita. Fructus siccus; semine solitario erecto; embryonis subannularis albumen farinaceum cingentis radicula infera. — Frutex v. suffrutex, ramis divaricatis; foliis ad nodos fasciculatis (in ramulis elongatis verisimiliter crassioribus oppositis) carnosulis linearibus; floribus capitatis; pedunculo foliis longiore; bracteis involucrantibus late ovatis, obtusis v. in floribus abortientibus demum aristatis squamosis[11]. (*Africa trop. or.*[12]) »

1. *Prodr.*, 441. — Endl., *Gen.*, n. 1953. — B. H., *Gen.*, III, 14, n. 3.
2. Demum spongiosis, albis.
3. Genus seriem cum *Chenopodiaceis* arcte connectens.
4. Spec. 3. Benth., *Fl. Austral.*, V, 164.
5. In *Proc. Roy. Soc. Edinb.*, XIII (1883), 408; *Bot. Socot.*, 251, t. 83.
6. Fusco-brunneis.
7. Genus (nobis hucusque penitus ignotum) dicitur *Illecebro* proximum.
8. Spec. 1. *H. obovata* Balf. f.
9. In *Hook. Icon.*, t. 1499.
10. « Habitu *Gymnocarpi* ».
11. Char. ex Oliv. An *Phytolaccacea?*
12. Spec. 1. *P. Beevori* Oliv., *loc. cit.*

LXXVII

CHÉNOPODIACÉES

I. SÉRIE DES ANSÉRINES.

La plupart des fleurs des Ansérines[1] (fig. 162-167) sont régu-

Chenopodium Bonus-Henricus.

Fig. 162. Rameau florifère ($\frac{2}{3}$).

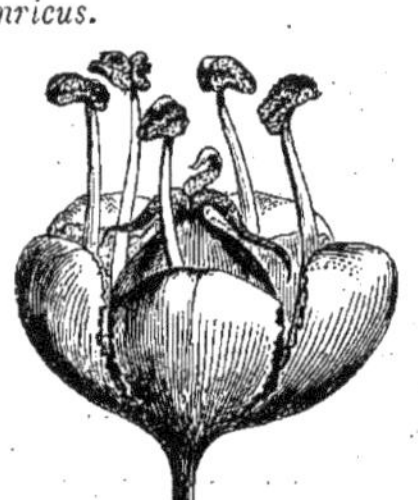

Fig. 163 Fleur ($\frac{10}{1}$).

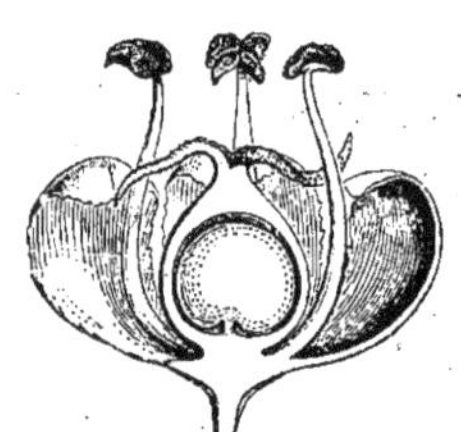

Fig. 164. Fleur, coupe longitudinale.

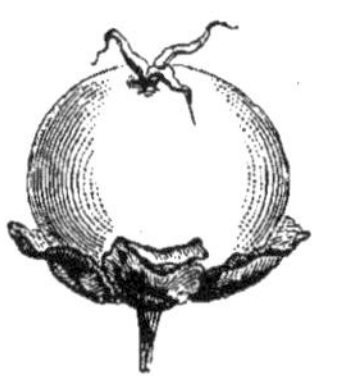

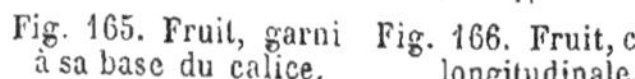

Fig. 165. Fruit, garni à sa base du calice.

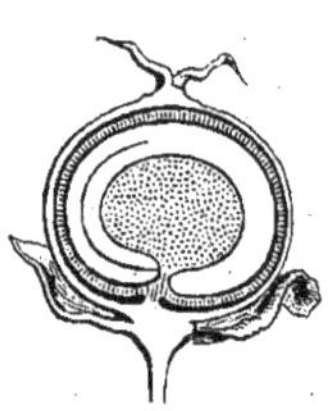

Fig. 166. Fruit, coupe longitudinale.

lières, apétales, pentamères, hermaphrodites et à réceptacle légère-

1. *Chenopodium* T., *Inst.*, 506, t. 288. — L., *Gen.*, n. 300. — J., *Gen.*, 85. — Gærtn., *Fruct.*, t. 75, fig. 1. — Lamk, *Ill.*, t. 181. — Nees, *Gen. Fl. germ.*, *Monochl.*, n. 56. — Moq.,

ment concave. Leur calice est imbriqué dans le bouton. Les cinq étamines, superposées à ses divisions, sont libres ou légèrement unies par la base de leurs filets, et pourvues d'une anthère introrse, à deux loges libres dans une grande portion de leur étendue, et déhiscentes par des fentes longitudinales[1]. Le gynécée est formé d'un ovaire libre, uniloculaire, surmonté d'un style à deux ou trois branches stigmatifères, et la loge ovarienne renferme un seul ovule, inséré sur un funicule presque dressé; campylotrope et dirigeant son micropyle en bas[2]. Le fruit est sec, globuleux, ovoïde ou déprimé, accompagné du calice herbacé ou marcescent. Sa graine est dressée ou plus souvent horizontale, à téguments durs et coriaces, à albumen farineux abondant. Celui-ci est entouré par l'embryon, complètement ou incomplètement annulaire, qui a des cotylédons étroits, appliqués l'un contre l'autre, et une radicule tournée en bas ou latérale et centrifuge, située en direction incombante.

Chenopodium (Teloxis) aristatum.

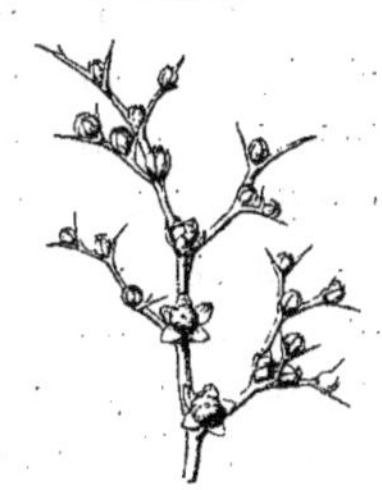

Fig. 167. Rameau florifère.

Il y a des Chénopodes polygames; il y en a dont le calice est réduit à un, deux, trois ou quatre sépales libres. Le nombre des étamines varie de même. Le réceptacle varie de forme, tantôt un peu saillant ou horizontal, tantôt en forme de cupule, ce qui rend l'insertion un peu périgynique. Le nombre des styles peut s'élever jusqu'à trois, quatre ou cinq, comme il arrive dans les *Agatophyton*[3]. Les *Blitum*[4] ont un calice qui devient épais, charnu et succulent, et leurs graines peuvent être, sur un même pied, ici dressées et là horizontales. Les *Oxybasis* ont le calice beaucoup moins charnu et court; ce sont d'ailleurs des *Blitum*. Les *Ambrina*[5], espèces odorantes, dont le calice persistant est pentagonal, ont aussi de deux à quatre branches stylaires, quelquefois même cinq dans la section *Botrydium*[6]. Les

in *DC. Prodr.*, XIII, p. II, 61. — ENDL., *Gen.*, n. 1930. — PAYER, *Leç. Fam. nat.*, 33. — B. H., *Gen.*, III, 51, n. 8. — NEES, *Gen. Fl. germ.* — *Oxybasis* KAR. et KIR., in *Bull. Soc. Mosc.* (1841), 738. — *Oligandra* LESS., in *Linnæa*, IX, 199. — *Lipandra* MOQ., *Chenop. Enum.*, 19. — *Oliganthera* ENDL., *Gen.*, Suppl., I, 1377. — *Gandriloa* STEUD., *Nom.*, ed. 2, I, 662.

1. Le pollen est généralement, dans cette série (H. MOHL), sphérique, avec une membrane externe finement ponctuée; un grain porte environ trente pores.

2. Il a double tégument, et souvent de son sommet nucellaire sort une dilatation en forme de grosse vésicule, qui se rencontre dans d'autres genres, et dont le rôle est peu connu.

3. MOQ., in *Ann. sc. nat.*, sér. 2, I, 291, t. 10, c. — *Orthosporum* C.-A. MEY., ex NEES, *Gen. Fl. germ.*, *Monochl.*, n. 58.

4. T., *Inst.*, 507, t. 288. — L., *Gen.*, n. 14. — GÆRTN., *Fruct.*, II, t. 126. — LAMK, *Ill.*, t. 5. — TURP., in *Dict. sc. nat.*, Atl., t. 10. — ENDL., *Gen.*, n. 1921. — *Morocarpus* MOENCH, *Meth.*, 342.

5. SPACH, *Suit. à Buff.*, V, 295.

6. SPACH, *loc. cit.*, 298.

diverses parties de la plante sont glanduleuses dans ces derniers et les *Ambrina*, tandis que dans les *Teloxys*[1] (fig. 167) les glandes disparaissent, et les feuilles sont glabres, les caractères floraux étant ceux des *Botrydium*. Ainsi conçu, le genre Chénopode renferme une cinquantaine d'espèces[2]. Ce sont des herbes, souvent annuelles, parfois vivaces, rarement frutescentes à la base. Leurs feuilles sont alternes, pétiolées ou sessiles, entières, sinuées, dentées, lobées ou même subpinnatifides, souvent chargées d'un duvet farineux[3]. Leurs fleurs[4] sont disposées en glomérules, soit axillaires, soit plus souvent groupés sur les axes d'épis simples ou ramifiés. On les observe dans les régions tempérées du globe entier, plus rarement dans les pays tropicaux.

A côté des Chénopodes se rangent quatre genres dans lesquels le fruit sec est, comme chez eux, indéhiscent : les *Roubieva*, herbes américaines, à calice court, formant autour du fruit un sac clos et sec, réticulé ; l'*Aphanisma*, herbe californienne annuelle, qui a un petit calice trimère et une fleur monandre ; les *Monolepis*, sibériens et américains, qui ont aussi une fleur monandre, avec une, deux, trois folioles inégales au périanthe, ou même pas du tout, et une graine dressée, tandis qu'elle est horizontale dans l'*Aphanisma ;* le *Cycloloma*, herbe de l'Amérique du Nord (la « plante roulante du Kansas »), qui a un réceptacle cupuliforme, avec une grande aile orbiculaire étalée autour du fruit déprimé, cinq étamines et un style à trois branches.

Dans les *Rhagodia*, arbustes australiens, plus rarement plantes herbacées, la fleur est celle d'un *Chenopodium* (ou plutôt d'un *Oreobliton*), mais le fruit est charnu. Il l'est également dans les *Lophiocarpus*, arbustes du Cap, dont les fleurs sont disposées en épis ; hermaphrodites, à cinq étamines périgynes et à ovaire surmonté de trois ou quatre branches stylaires grêles. Le fruit est drupacé, et la graine est dressée.

L'*Hablitzia tamoides*, herbe vivace, du Caucase, à rameaux herbacés et grimpants, constitue ici un petit groupe à part (*Hablitziées*), à cause de son port singulier, de son inflorescence ramifiée, pendante et

1. MOQ., in *Ann. sc. nat.*, sér. 2, I, 289, t. 10 ; in *DC. Prodr.*, XIII, p. II, 59.

2. JACQ., *H. vindob.*, VIII, t. 80. — *Fl. dan.*, t. 1148, 1150, 1152, 1153, 2048, 2049. — SIBTH., *Fl. græc.*, t. 253. — COLLA, *Pl. rar. chil.*, t. 50. — C. GAY, *Fl. chil.*, V, 227. — WIGHT, *Icon.*, t. 1786. — GRIFF., *Ic. pl. asiat.*, t. 521. — LEDEB., *Fl. ross.*, III, 693 ; *Icon.*, t. 168. — FENZL, in *Mart. Fl. bras.*, V, I, 141, t. 45-47. — BENTH., *Fl. Austral.*, V, 157. — WILLK. et LGE, *Prodr. Fl. hisp.*, I, 270. — FRANCH. et SAVAT., *Enum. plant. jap.*, I, 386. — BOISS., *Fl. or.*, IV, 900. — GREN. et GODR., *Fl. de Fr.*, III, 17 ; 23 (*Blitum*). — *Bot. Mag.*, t. 276 (*Blitum*). — WALP., *Ann.*, I, 566 ; III, 302.

3. Les phytocystes superficiels, qui leur donnent cette apparence, sont des vésicules gorgées de liquide, d'origine analogue à celle des Ficoïdes glaciale et autres.

4. Verdâtres, jaunes ou blanchâtres, petites.

cymifère, et de sa capsule à déhiscence circulaire. On en rapproche, à cause de ce caractère du fruit, l'*Acroglochin*, herbe annuelle de l'Inde et de la Chine, qui a des fleurs dépourvues de bractée et de bractéoles,

Beta vulgaris.

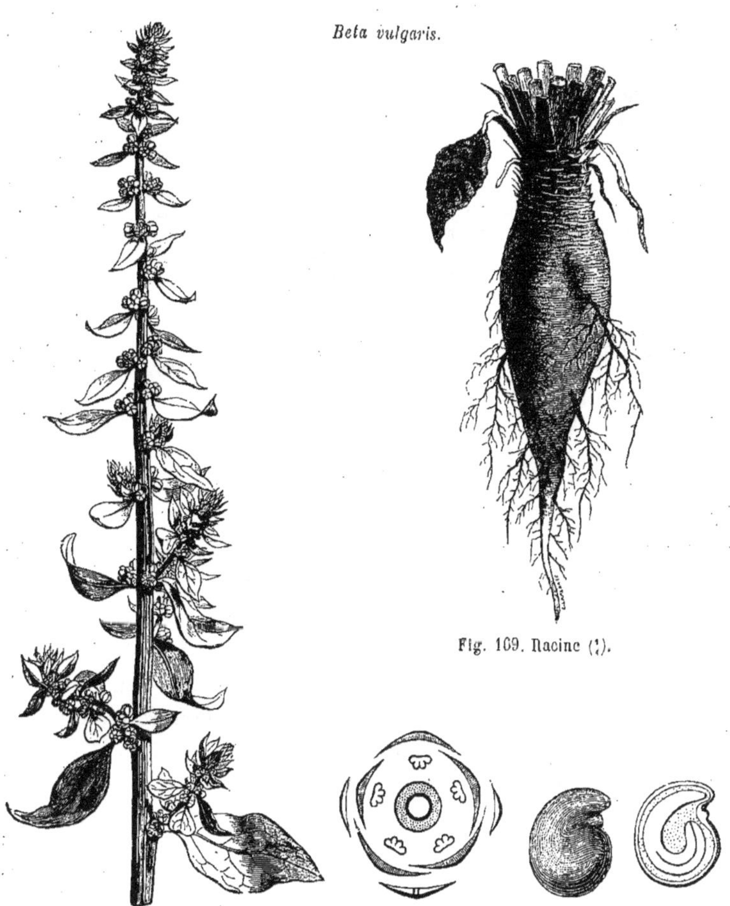

Fig. 169. Racine ($\frac{1}{4}$).

Fig. 168. Branche florifère. Fig. 171. Diagramme. Fig. 174. Graine. Fig. 175. Graine, coupe longitudinale.

à une, deux ou trois étamines, avec un gynécée à deux branches stylaires, tandis que l'*Hablitzia* en a généralement trois.

Les Bettes (*Beta*) (fig. 168-175) sont le type d'une sous-série (*Bétées*) et se distinguent par leurs fleurs hermaphrodites, à réceptacle évasé en coupe et portant sur ses bords un calice quinconcial et un androcée isostémoné, également périgyne, dont les pièces sont unies entre elles à la base. L'ovaire est en partie infère, uniloculaire et surmonté d'un style à deux ou trois branches. Ce sont des herbes glabres, de l'Europe, de l'Afrique et de l'Asie tempérées, à fleurs réunies en glomérules, soit axillaires, soit échelonnés sur les axes d'épis simples

Beta vulgaris.

Fig. 170. Fleur (4/1).

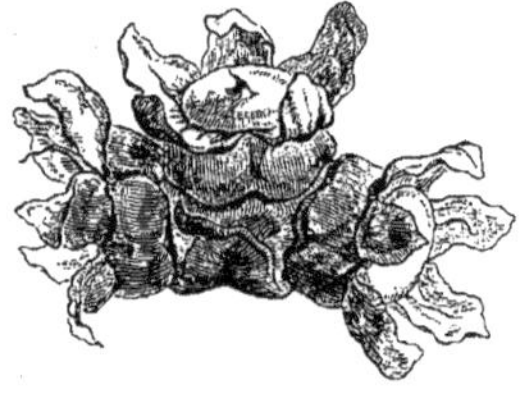

Fig. 173. Fruits.

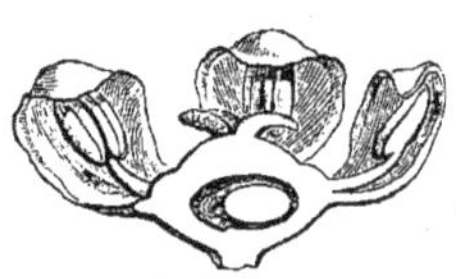

Fig. 172. Fleur, coupe longitudinale

ou composés. Leur fruit est semi-infère et accompagné du périanthe induré et plus ou moins complètement clos.

L'*Oreobliton* est une plante algérienne, à souche ligneuse et à branches aériennes herbacées, qui a presque les fleurs des *Beta*, mais avec un réceptacle non concave, c'est-à-dire avec un périanthe hypogyne dont les pièces s'étalent en étoile autour du fruit sec.

Dans les *Bosia*, souvent rapportés aux Amarantacées, à cause des bractéoles qui accompagnent leurs fleurs, celles-ci sont construites comme celles d'un *Oreobliton*, mais dioïques. Ce sont deux arbustes, l'un des Canaries, l'autre de Chypre, qui ont des feuilles alternes, des inflorescences en grappes ou en épis, et un fruit légèrement charnu, avec une graine dont l'albumen est farineux. Nous en faisons le type d'une petite sous-série (*Bosiées*) à laquelle se rapportent aussi les *Achatocarpus*, arbustes américains, très voisins, d'autre part, des *Rodetia* et *Microtea* et distingués par des fleurs dioïques qui ont jusqu'à dix ou même de quinze à vingt-cinq étamines.

Les Arroches (*Atriplex*) donnent leur nom à une sous-série spéciale (*Atriplicées*). Elles ont des fleurs mâles à cinq sépales égaux et à androcée isostémoné, entourant ou non un gynécée rudimentaire. Leurs fleurs femelles sont de deux sortes : ou pourvues d'un périanthe régulier, avec un ovaire déprimé, dans lequel la graine et l'embryon seront plus tard horizontaux ; ou, plus souvent, d'un ovaire comprimé verticalement autour duquel s'accroissent et persistent deux grandes folioles membraneuses (fig. 176), auquel cas la graine et l'embryon sont comprimés latéralement, verticaux; la radicule tournée en bas ou finalement ascendante. Ce sont des plantes herbacées et frutescentes, de toutes les régions tempérées et sous-tropicales des deux mondes. Leurs fleurs sont disposées en glomérules, qui d'ordinaire s'échelonnent eux-mêmes sur les axes simples ou ramifiés d'un épi.

Atriplex hortensis.

Fig. 176. Fruits induviés.

L'*Exomis*, arbuste de Sainte-Hélène et de l'Afrique australe, est à peine distinct des Arroches; il a des glomérules floraux dont la fleur centrale est souvent femelle et possède un périanthe (?) de deux folioles inégales, petites, non accrescentes, avec quelquefois une troisième très petite foliole.

Les *Axyris* sont aussi voisins des Arroches; ils ont des fleurs monoïques, à trois, quatre ou cinq parties; disposées en épis de glomérules; les femelles placées plus bas, axillaires et solitaires. Leur fruit sec est surmonté d'une aile courte ou d'une crête simple ou double. Ce sont des herbes annuelles de l'Asie tempérée et de l'Amérique du Nord.

Nous donnons à une autre sous-série (*Spinaciées*) le nom des Épinards (*Spinacia*) (fig. 177-182), dont les fleurs sont généralement dioïques, dimorphes: les mâles à réceptacle en forme de coupe peu profonde, sur les bords de laquelle s'insèrent quatre ou cinq sépales imbriqués et autant d'étamines. Dans la fleur femelle, il y a, sur les bords d'un réceptacle également cupuliforme, de deux à quatre folioles (?), unies dans une portion variable de leur étendue. Au fond du réceptacle s'insère un gynécée, dont l'ovaire uniovulé est surmonté de deux à quatre branches stylaires, chargées de papilles stigmatiques. Le fruit, renfermé dans le tube réceptaculaire durci et parfois pourvu de deux épines, est membraneux, avec une graine analogue à celle des Arroches. Ce sont des herbes annuelles, originaires de l'Orient, à feuilles alternes, souvent triangulaires ou hastées, à fleurs disposées en glomérules ; ceux-ci le plus souvent groupés en épis interrompus dans les pieds mâles.

Les *Eurotia* donnent leur nom à une sous-série (*Eurotiées*) et sont caractérisés par des fleurs mâles en épis, sans bractées, ni bractéoles, et par des fleurs femelles dépourvues de périanthe, mais autour desquelles deux feuilles modifiées (qui sont peut-être leurs bractéoles) forment un grand sac qui enclôt le fruit et qui est surmonté de deux cornes, tout revêtu en dehors de longs poils soyeux ; il finit parfois par s'ouvrir longitudinalement en quatre valves. Ce sont des plantes herba-

Spinacia oleracea.

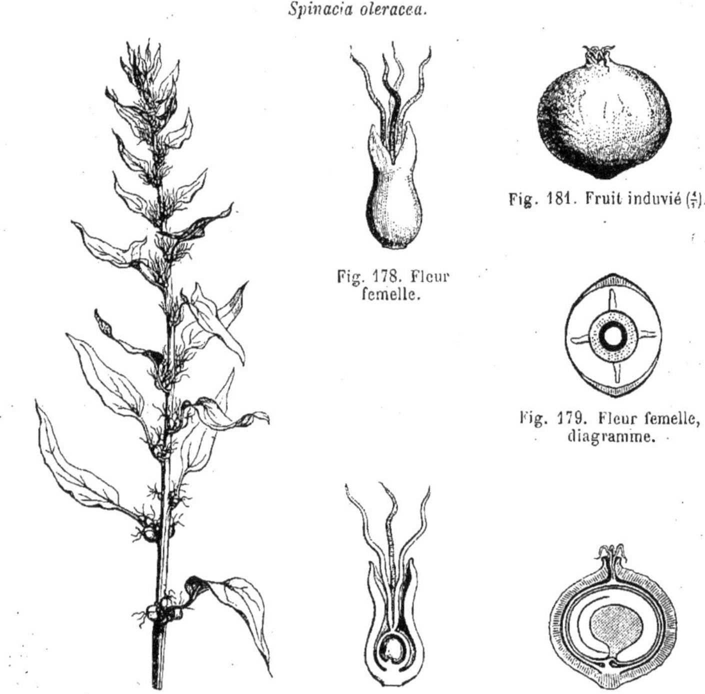

Fig. 178. Fleur femelle.

Fig. 181. Fruit induvié ($\frac{4}{1}$).

Fig. 179. Fleur femelle, diagramme.

Fig. 177. Branche florifère femelle.

Fig. 180. Fleur femelle, coupe longitudinale.

Fig. 182. Fruit, coupe longitudinale.

cées ou frutescentes, originaires de la Russie méridionale, de l'Asie et de l'Ouest de l'Amérique du Nord.

A côté des *Eurotia* se placent les trois genres *Grayia*, *Suckleya* et *Ceratocarpus* (fig. 183), tous également remarquables en ce que leur fruit est logé dans un sac finalement clos, formé soit de bractéoles latérales, soit de véritables sépales (les opinions sont partagées sur cette question), accrus et connés autour de lui. Les deux premiers de ces genres sont américains ; l'un a l'induvie sacciforme, orbiculaire, glabre et ailée, avec une graine dressée et un embryon à radicule infère. L'autre a le sac qui loge le fruit, aplati, avec les bords découpés en crête, et sa graine renversée contient un embryon à radicule supère. Le troisième genre est asiatique. Sa fleur mâle est monandre, et le sac qui entoure son fruit est obtriangulaire, surmonté de deux grandes épines rigides et obliques.

Ceratocarpus arenarius.

Fig. 183. Fruit induvié (2/1).

Les *Corispermum*, qui donnent leur nom à une sous-série (*Corispermées*) de ce groupe, sont des herbes annuelles, européennes, asiatiques et américaines, qui se distinguent par des fleurs hermaphrodites, en épis, et où le fruit, comprimé entre l'axe et sa bractée axillante qui le déborde et le cache plus ou moins complètement, renferme une graine dressée, albuminée, qui remplit toute la cavité du péricarpe, et dont l'embryon est annulaire.

A côté de ce genre se placent les *Arthochlamys* et les *Agriophyllum*, asiatiques les uns et les autres, distingués : les premiers, par un fruit comprimé, à aile circulaire marginale, et à bractées plus courtes que le fruit inerme ; les derniers, par un fruit comprimé, surmonté d'une aile qui répond à la base du style et terminée par deux épines, déhiscent à la fin irrégulièrement, et par de courtes inflorescences dont les bractées axillantes sont allongées-aiguës, spinescentes, comme les feuilles proprement dites.

Kochia scoparia.

Fig. 184. Fleur (8/1).

Fig. 185. Fruit induvié.

Les *Kochia* (fig. 184, 185) forment la tête d'une sous-série (*Kochiées*), dont les fleurs sont le plus souvent hermaphrodites, avec un calice gamosépale, qui d'ordinaire persiste autour du fruit, lequel renferme une graine presque constamment horizontale, avec un albumen presque toujours adhérent aux téguments séminaux. Dans le genre *Kochia*, en particulier, le calice est urcéolé ou sublobuleux, et durcit autour du fruit. Ses cinq lobes plus ou moins profonds, valvaires ou légèrement imbriqués, sont pourvus, à une hauteur variable, d'ailes horizontales, libres ou confluentes, qui grandissent graduellement autour du fruit. L'androcée est isostémoné et hypogyne ; et l'ovaire, analogue à celui des Chénopodes, est surmonté d'un style grêle, partagé à son sommet en deux ou trois branches stigmatifères. Ce sont des herbes à feuilles alternes, de l'Europe et de l'Asie tempérées, de l'Afrique du Nord et du Sud; il y a même une espèce dans l'Inde tropicale, une dans l'Amérique du Nord, et une quinzaine en Australie.

A côté des *Kochia* se placent les *Chenolea*, qui se trouvent aussi en Europe, en Afrique, en Asie et en Australie, et qui, avec tous les autres caractères des *Kochia*, ont un calice globuleux ou turbiné, sans appendices ou seulement avec des épines dorsales autour des fruits. L'Australie possède aussi une demi-douzaine de genres, frutescents ou plus rarement herbacés, souvent duveteux, qui se rapprochent beaucoup des *Kochia* et *Chenolea* par leur organisation florale. Ce sont : les *Didymanthus* (fig. 186), remarquables par l'union bout à bout de leurs deux fleurs axillaires, dont le périanthe a un tube qui devient à peu près horizontal et perpendiculaire à un pied commun (l'ensemble représentant une sorte de T), les *Enchylæna*, *Sclerolæna*, *Babbagia*, *Threlkeldia*, *Anisacantha* et *Cypselocarpus*, tous très voisins, mais pourvus de fleurs isolées, non géminées comme celles des *Didymanthus*.

Didymanthus Roei.

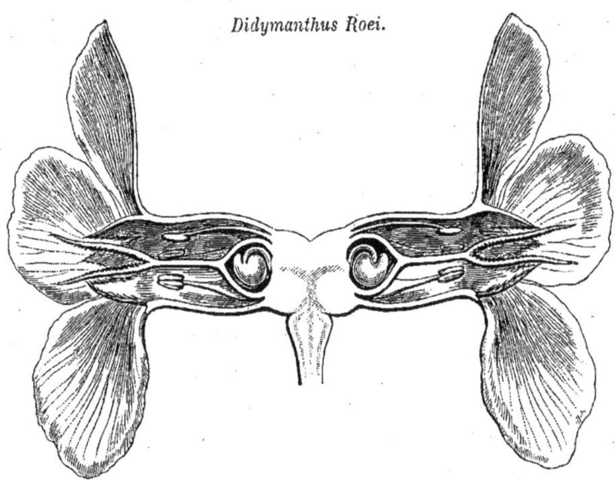

Fig. 186. Fleurs géminées, coupe longitudinale.

Les Camphrées (*Camphorosma*) ont donné leur nom à une sous-série (*Camphorosmées*), dans laquelle le calice (qui peut même quelquefois manquer) enveloppe le fruit sec, à graine dressée, pourvue de téguments membraneux. Les tiges non articulées sont chargées de feuilles linéaires ou étroites, entières. Les fleurs sont disposées en épis, solitaires ou glomérulées. Dans les *Camphorosma* eux-mêmes, les fleurs forment de courts épis au sommet des rameaux, et chacune d'elles est cachée par sa bractée axillante. Son calice, oblong et comprimé, est gamosépale, à quatre ou cinq dents dissemblables. Les étamines sont en même nombre, hypogynes et exsertes, et l'ovaire uniovulé est surmonté d'un style, partagé supérieurement en deux ou trois branches stigmatifères grêles. La graine a, autour de son albumen, un embryon arqué et vert, dont la radicule est infère. Le genre renferme quatre ou cinq espèces, de l'Europe méridionale, de l'Asie centrale et occidentale.

A côté de ce genre se placent : le *Panderia pilosa*, de l'Asie occidentale et centrale, qui en est, en effet, très voisin et ne se distingue guère que par son calice urcéolé, à cinq lobes égaux, pourvus en dehors d'un tubercule ou d'un petit appendice transversal ; les *Kirilovia*, de l'Asie moyenne, qui ont un calice à quatre ou cinq dents égales, nues sur le dos ; le *Microgynœcium*, du Thibet, type anormal, à fruit couronné d'une crête, à calice tri- ou quinquélobé dans les fleurs mâles, nul au contraire dans les fleurs femelles.

II. SÉRIE DES POLYCNEMUM.

Les *Polycnemum*[1] (fig. 187, 188) ont les fleurs hermaphrodites et apétales. Leur court réceptacle, à peine concave, porte un calice de cinq sépales hypogynes, disposés dans le bouton en préfloraison quinconciale. Avec eux s'insèrent quelquefois cinq étamines superposées, dont les filets sont inférieurement unis en un anneau peu élevé et supportent chacun une anthère dorsifixe, introrse, uniloculaire et déhiscente par une fente longitudinale. Il n'y a, bien plus souvent, que deux ou trois étamines, et celles qui persistent ainsi sont superposées aux sépales 1, 2, 3. Le gynécée est libre ; il se compose d'un ovaire sessile, uniloculaire, surmonté de deux branches stylaires, libres en grande partie ou en totalité, et dont l'extrémité stigmatifère est un peu

Polycnemum arvense.

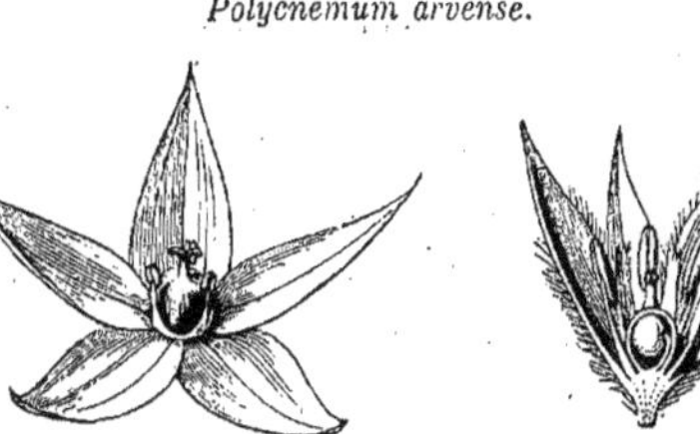

Fig. 187. Fleur ($\frac{4}{1}$). Fig. 188. Fleur, coupe longitudinale.

1. L., *Gen.*, n. 53. — J., *Gen.*, 84. — GÆRTN., *Fruct.*, t. 128.— SCHKUHR, *Handb.*, t. 5. —MOQ., in *DC. Prodr.*, XIII, p. II, 334. — NEES, *Gen. Fl. germ.*, *Monochl.*, 76. — ENDL., *Gen.*, n. 1960. — B. H., *Gen.*, III, 58, n. 27. — H. BN, in *Bull. Soc. Linn. Par.*, 620.

renflée. Dans la loge ovarienne, il y a un funicule basilaire, grêle, du sommet duquel pend un ovule campylotrope, à micropyle finalement supérieur. Le fruit est sec, membraneux, comprimé, entouré du périanthe; il renferme une graine libre, renversée, rugueuse, dont l'albumen farineux est entouré d'un embryon annulaire, à radicule tournée en haut, à cotylédons semi-cylindriques. Ce sont des herbes annuelles, ramifiées et couchées, glabres ou chargées de poils. Leurs feuilles sont alternes, sessiles, aiguës, à base dilatée, souvent un peu scarieuse sur les bords. Les fleurs sont axillaires, solitaires, sessiles, accompagnées de deux bractéoles latérales dans l'aisselle desquelles il y a assez souvent un rameau qui occupe le côté de la fleur. Les deux ou trois espèces connues[1] habitent tout l'Orient, l'Europe moyenne et méridionale, le nord de l'Afrique; quelques-unes ont d'ailleurs été transportées en Amérique.

On range à côté de ce genre[2] les *Hemichroa* et les *Nitrophila*. Les premiers sont australiens, herbacés ou frutescents, à feuilles alternes, linéaires, à fleurs de *Polycnemum*, avec trois ou cinq étamines à anthères biloculaires. Le *Nitrophila occidentalis* est originaire de l'Amérique du Nord; il a des feuilles opposées, sessiles et glabres, charnues. Ses fleurs sont axillaires, solitaires et sessiles. Leur androcée périgyne est formé de cinq étamines oppositisépales.

III. SÉRIE DES SALICORNES.

Les Salicornes[3] (fig. 189-194) ont des fleurs hermaphrodites ou polygames. Leur calice est gamosépale, en forme de sac plus ou moins irrégulier, membraneux d'abord, plus tard d'ordinaire plus ou moins épaissi et même charnu. Son sommet porte une ouverture étroite, découpée de trois ou quatre petites dents inégales et imbriquées. Au fond s'insèrent deux étamines hypogynes : une antérieure et une postérieure, ou bien cette dernière seule existe. Elles sont hypogynes et formées d'un filet à sommet atténué, exsert, et d'une anthère bilocu-

1. JACQ., *Fl. austr.*, t. 365. — WILLK. et LGE, *Prodr. Fl. hisp.*, I, 278. — BOISS., *Fl, or.*, I, 955. — GREN. et GODR., *Fl. de Fr.*, I, 615. — SCHUR, in *Œsterr. Bot. Zeitschr.* (1869), 146.

2. On devrait peut-être les en séparer à titre de série (à anthères biloculaires).

3. *Salicornia* T., *Inst.*, *Cor.*, 51, t. 485. — L., *Gen.*, 86. — LAMK, *Ill.*, t. 4. — MOQ., in *DC. Prodr.*, XIII, p. II, 114, 461. — ENDL., *Gen.*, n. 1908. — PAYER, *Leç. Fam. nat.*, 37. — UNG.-STERNB., in *Att. Congr. bot. Firenz.* (1874), 272, fig. 10, 11 ; 278, fig. 17-20 ; 291. — NEES, *Gen. Fl. germ.*, *Monochl.*, n. 68 (part.). — B. H., *Gen.*, III, 66, n. 48. — H. BN, in *Bull. Soc. Linn. Par.*, 620.

laire, didyme ou à peu près, exserte, déhiscente par deux fentes longitudinales. Le gynécée est libre ; il se compose d'un ovaire uniloculaire, surmonté d'un style dont le sommet stigmatifère est finement lacéré ou partagé en deux branches stigmatifères. Un seul ovule, dressé et sessile, campylotrope, s'insère sur le placenta basilaire et dirige son micropyle en bas. Le fruit, membraneux et indéhiscent, est enclos dans le périanthe persistant ; il renferme une semence dressée, dont les téguments recouvrent un embryon charnu, condupliqué, à cotylédons épais et repliés sur la radicule inférieure et incombante. On distingue sept ou huit Salicornes[1] ; ce sont des herbes annuelles ou

Salicornia herbacea.

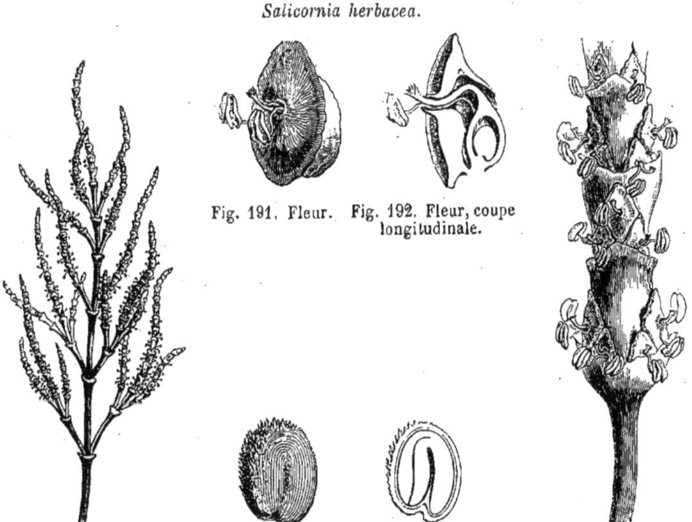

Fig. 189. Branche florifère($\frac{1}{1}$). Fig. 190. Portion d'inflorescence ($\frac{4}{1}$). Fig. 191. Fleur. Fig. 192. Fleur, coupe longitudinale. Fig. 193. Graine. Fig. 194. Graine, coupe longitudinale.

frutescentes à la base, glabres et charnues, à rameaux opposés et articulés. Chaque entre-nœud se termine par une courte gaine qui représente deux feuilles opposées. Les fleurs sont groupées, au sommet des rameaux, en épis de cymes, pourvus de bractées opposées. Audessus de chaque bractée est une fossette qui loge une inflorescence partielle, formée de trois fleurs, dont deux latérales plus jeunes, parfois femelles ou stériles, ou bien de quatre à sept fleurs, disposées

1. NEES, *Gen. Fl. germ. Monochl.*, n. 68, fig. 1-20. — PALL., *Ill. pl.*, t. 1-3. — *Fl. dan.*, t. 303, 1621. — GUSS., *Fl. sic.*, t. 3. — WIGHT, *Icon.*, t. 738. — C.-A. MEY., in *Ledeb. Fl. alt.*, I, 2. — FENZL, in *Mart. Fl. bras.*, V, I, 155, t. 49. — BOISS., *Fl. or.*, IV, 932. — WILLK. et LGE, *Prodr. Fl. hisp.*, I, 263. — GREN. et GODR., *Fl. de Fr.*, III, 27.

également en cyme contractée. Ces plantes habitent les bords de la mer, ou bien les terrains salés de l'intérieur, dans les régions tempérées et chaudes des deux mondes.

A côté des Salicornes se placent les neuf genres *Arthrocnemum*, *Microcnemum*, *Pachycornia*, *Tecticornia*, *Halocnemum*, *Halopeplis*, *Halostachys*, *Heterostachys* et *Spirostachys*, qui ne s'en distinguent que par la présence d'un albumen, la forme du calice, le nombre des divisions qui bordent son orifice, la direction supère ou infère de la radicule et la situation des glomérules floraux, tantôt plongés dans les cavités des articles de l'inflorescence, tantôt cachés dans l'aisselle des bractées que porte l'axe de l'épi; et les *Kalidium*, arbustes de la Russie et de l'Asie moyenne et occidentale, dont les fleurs diandres s'insèrent dans des cavités de l'axe floral non articulé, disposées en spirale, en même temps que les feuilles sont alternes et décurrentes.

IV. SÉRIE DES SOUDES.

Les Soudes (*Salsola*[1]) (fig. 195-199) ont des fleurs régulières, hermaphrodites et apétales. Leur réceptacle convexe porte cinq sépales

Salsola Soda.

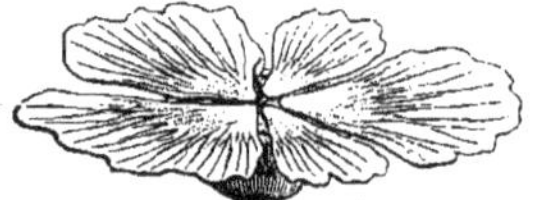

Fig. 197. Fruit mûr (4/1).

Fig. 198. Embryon.

Fig. 196. Jeune fruit induvié.

Fig. 195. Fleur, coupe longitudinale.

Fig. 199. Embryon déroulé.

membraneux, imbriqués en quinconce dans le bouton, et cinq éta-

1. L., *Gen.*, n. 311. — J., *Gen.*, 84. — GÆRTN., *Fruct.*, t. 75. — NEES, *Gen. Fl. germ.*, *Monochl.*, n. 61. — MOQ., in *DC. Prodr.*, XIII, p. II, 179. — ENDL., *Gen.*, n. 1944. — PAYER, *Leç. Fam. nat.*, 34. — B. H., *Gen.*, III, 71, n. 60. — *Kali* T., *Inst.*, 247, t. 128. — *Caroxylon* THUNB., *Nov. pl. gen.*, II, 37. — MOQ., *loc. cit.*, 172, 461. — *Halothamnus* JAUB. et SPACH, *Ill. pl. or.*, t. 136.

mines superposées, formées d'un filet généralement libre[1] et d'une anthère à deux loges, introrse et déhiscente par deux fentes longitudinales. Le gynécée se compose d'un ovaire supère, uniloculaire, surmonté de deux branches stylaires, d'abord antérieure et postérieure[2], longues, aiguës, chargées supérieurement de papilles stigmatiques. Le placenta basilaire s'atténue en un cordon plus ou moins long dont le sommet supporte un ovule amphitrope, à micropyle d'abord inférieur[3]; mais le cordon, se courbant sur lui-même, ramène finalement l'ovule à une direction telle qu'il est couché sur une de ses faces. Le fruit est un achaine, à paroi ténue ou molle, autour duquel persistent souvent les étamines[4] et toujours le périanthe, fréquemment prolongé en ailes dorsales, horizontales ou concaves en dessus, répondant à une hypertrophie des sépales. La graine renferme, sous de minces téguments, un embryon fortement enroulé en spirale et ordinairement de couleur verte, à radicule latérale, descendante ou plus rarement ascendante. Les Soudes sont des plantes herbacées, suffrutescentes ou frutescentes, qu'on a observées dans toutes les parties du monde; elles ont des feuilles alternes ou rarement opposées, de forme très variable, souvent charnues, à sommet fréquemment piquant, à base sessile ou amplexicaule. Leurs fleurs sont axillaires, solitaires et accompagnées de deux bractéoles latérales, plus ordinairement disposées en glomérules triflores ou pluriformes. On en distingue une quarantaine d'espèces[5], fréquentes dans les terrains salés.

A côté des Soudes se placent (formant avec elles une sous-série des *Eusalsolées*) les genres très analogues *Seidlitzia*, *Arthrophytum*, *Traganum*, *Cornulaca*, *Horaninovia* et *Haloxylon*.

Les *Anabasis* appartiennent ici à une sous-série (*Anabasées*) distinguée généralement par son ovule dressé, de même que sa graine, dont l'embryon spiralé, vertical, a sa radicule inférieure ou plus ou moins ascendante. Ce sont des plantes vivaces ou frutescentes, de la région méditerranéenne et de l'Orient, à rameaux articulés et à feuilles opposées, souvent peu développées, avec des fleurs axillaires,

1. Leur base peut se continuer avec un court disque.

2. Elles deviennent souvent plus tard latérales.

3. L'exostome donne souvent issue à une masse globuleuse, d'origine incertaine.

4. Et aussi le disque cupuliforme dans les *Halothamnus*.

5. CAV., *Ic.*, t. 283, 285-288. — PALL., *Ill. pl.*, t. 12-17, 19, 21-23, 25, 26, 28, 30. — JACQ., *H. vindob.*, t. 68; *Fl. austr.*, t. 294. — SIBTH. *Fl. græc.*, t. 255. — WEBB, *Ot. hisp.*, t. 5. — WILLK. et LGE, *Prodr. Fl. hisp.*, I, 257. — ASSO, *Syn. St. Arag.*, t. 2. — BÉLANG., *Voy. Ind. or.*, t. 10. — WIGHT, *Icon.*, t. 1795. — BOISS., *Fl. or.*, IV, 951. — BGE, in *Bull. Acad. Pét.*, X, *Mél. biol.*, 295. — JAUB. et SPACH, *Ill. pl. or.*, t. 137, 138. — EICHW., *Pl. casp.-cauc.*, t. 24-31. — DEL., *Fl. Eg.*, t. 21, fig. 4. — HOOK. F, *Fl. brit. Ind.*, V, 17. — FENZL, in *Ledeb. Fl. ross.* III, 796. — GREN. et GODR., *Fl. de Fr.*, III, 31.

solitaires ou rapprochées en glomérules, hermaphrodites ou femelles, les cinq sépales ou au moins trois d'entre eux pourvus d'ailes dorsales, ou plus rarement inappendiculés.

A côté d'eux se rangent les *Girgensohnia*, *Noœa*, *Ofaiston*, *Petrosimonia*, *Nanophytum*, *Halanthium*, *Halocharis*, *Halarchon*, *Halimocnemis*, *Piptoptera*, *Halogeton* et (?) *Sympegma*.

Les *Suæda*, qui donnent leur nom à une sous-série (*Suædées*), ont des fleurs hermaphrodites ou polygames, à réceptacle plus ou moins cupuliforme, portant sur ses bords un périanthe et un androcée qui sont ou hypogynes, ou légèrement périgynes. Le calice a cinq sépales imbriqués, non appendiculés, à moins que deux ou trois d'entre eux ne se relèvent en corne ou en aile dorsale. Les étamines leur sont superposées; elles ont un filet libre et une anthère biloculaire, introrse. Leur ovaire, accompagné ou non d'un disque, est ovoïde ou conique, et supporte de deux à cinq branches stylaires courtes, chargées de papilles. Il renferme un ovule campylotrope, basilaire et presque sessile, et devient un fruit sec, d'épaisseur variable, contenant une graine dressée, horizontale ou oblique, lisse, à embryon spiralé, accompagné ou non d'un albumen peu abondant. Ce sont des plantes herbacées ou frutescentes, des bords de la mer et des terrains salés des deux mondes, à feuilles alternes, entières, charnues; à fleurs axillaires, sessiles ou à peu près, solitaires ou disposées en glomérules.

On place à côté de ce genre les *Alexandra*, *Bienertia* et *Borczowia*, qui appartiennent tous à l'ancien monde.

V. SÉRIE DES SARCOBATUS.

Le *Sarcobatus*[1] *vermiculatus* (fig. 200-202), seule espèce du genre, a des fleurs unisexuées, monoïques ou dioïques. Les mâles sont uniquement représentées par des étamines à filet court et à anthère biloculaire, subdidyme, dispersées sur l'axe d'un chaton cylindro-conique et entremêlées d'écailles peltées et stipitées. Les femelles sont formées d'un sac de nature réceptaculaire[2], à la concavité duquel répond la

1. NEES, in *Trav. Pr. Neuwied.*, éd. angl., 518. — SEUB., in *Bot. Zeit.* (1844), 753, t. 7. — B. H., *Gen.*, III, 76. — S.-WATS., *Fourt. parall. Bot.*, 275; *Bot. Calif.*, II, 59. — *S. Maximiliani* NEES. — *Fremontia vermicularis* TORR., in *Emor. Rep.*, 95, 317, t. 3. — *Batis vermiculata* HOOK., *Fl. bor.-amer.*, II, 128.

2. H. BN, in *Bull. Soc. Linn. Par.*, 649.

plus grande portion de l'ovaire uniloculaire. Quant à la portion libre, elle est surmontée de deux branches stylaires, subulées et papilleuses. Au point de réunion de ces deux portions s'insère un périanthe d'abord très court, puis épais, orbiculaire, à bords entiers ou sinués, qui grandit avec l'âge autour du fruit. Au fond de la loge ovarienne se voit un placenta basilaire qui supporte un ovule à funicule dressé, incomplètement campylotrope, avec le micropyle dirigé en bas. Le

Sarcobatus vermiculatus.

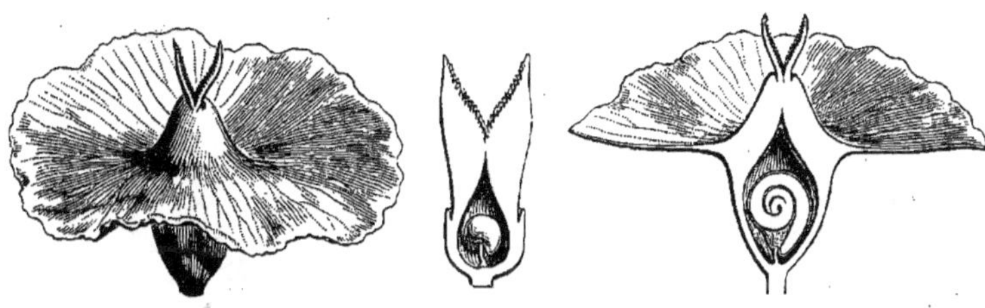

Fig. 201. Fruit (4/1). Fig. 200. Fleur femelle, coupe longitudinale. Fig. 202. Fruit, coupe longitudinale.

fruit est coriace, comprimé, indéhiscent; il renferme une graine dressée, comprimée, dont les minces téguments recouvrent un embryon vertical spiralé, charnu et vert, à radicule infère. Le *Sarcobatus vermiculatus* est un arbuste de l'Amérique du Nord, à rameaux nombreux et spinescents, à feuilles alternes, sessiles, articulées, étroites, entières et un peu charnues[1]. Ses chatons mâles sont terminaux; ses fleurs femelles sont axillaires, solitaires et presque sessiles[2].

VI. SÉRIE DES BASELLES.

Les fleurs des Baselles[3] (fig. 203-207), régulières et hermaphrodites, ont un périanthe dont la portion inférieure représente un sac

1. Les diverses parties de la plante sont glabres ou parsemées de poils simples ou étoilés.

2. On s'est demandé si la fleur femelle n'est pas dépourvue de périanthe; ce qu'on nomme le calice n'étant en ce cas qu'une expansion latérale et aliforme de l'ovaire nu.

3. *Basella* L., *Gen.*, n. 382 (*Basela*). — GÆRTN., *Fruct.*, II, 200, t. 126. — LAMK, *Ill.*, t. 215, fig. 1. — ENDL., *Gen.*, n. 1939. — MOQ., in DC. *Prodr.*, XIII, p. II, 222. — PAYER, *Organog.*, 313, t. 75; *Leç. Fam. nat.*, 39. — B. H., *Gen.*, III, 76, n. 76.

charnu [1], avec cinq folioles quinconciales, ou, plus rarement, de quatre à huit, fortement imbriquées dans la préfloraison, charnues aussi et colorées. Au point de réunion de ces deux portions s'insèrent cinq étamines, superposées aux divisions du périanthe quand elles sont en même nombre, et formées d'un filet subulé, légèrement récurvé au sommet, et d'une anthère extrorse dans le bouton, versatile, biloculaire, déhiscente par deux fentes longitudinales. L'ovaire libre est

Basella rubra.

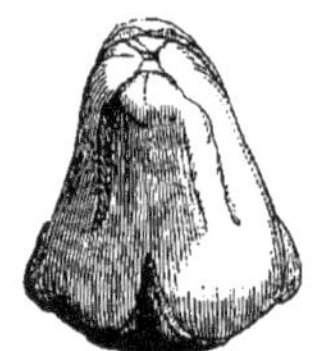

Fig. 204. Fleur, avec les bractéoles adnées ($\frac{4}{1}$).

Fig. 203. Inflorescence.

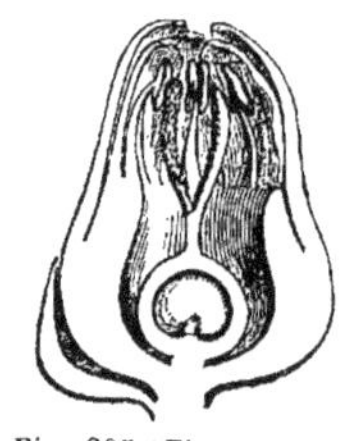

Fig. 205. Fleur, coupe longitudinale.

Fig. 206. Fruit.

Fig. 207. Fruit, coupe longitudinale.

inséré au fond du sac, surmonté d'un style à trois branches papilleuses, renflées de la base au sommet. Au centre de la loge ovarienne se trouve un placenta qui supporte un ovule basilaire, presque sessile et campylotrope, avec le micropyle dirigé en bas. Le fruit est un achaine à paroi mince, renfermé dans le périanthe persistant, avec une graine presque globuleuse, contenant, sous ses enveloppes crustacées, un albumen très réduit, entourant un embryon fortement enroulé en spirale, à cotylédons oblongs, lancéolés, plus larges que la radicule.

Le seul *Basella* connu [2] est une herbe charnue, volubile [3], rameuse, à feuilles alternes, entières, sessiles ou pétiolées. Ses fleurs [4] sont disposées en épis axillaires, simples ou ramifiés; elles occupent chacune l'aisselle d'une petite bractée, et sont accompagnées de deux brac-

1. Qui doit être de nature réceptaculaire.

2. *B. rubra* L., *Spec.*, 390. — *Gandola rubra* RUMPH., *Herb. amboin.*, V, 417, t. 154, fig. 2. Le *B. alba* L. n'en serait qu'une variété.

3. De gauche à droite, devant l'observateur.

4. Roses ou blanches, charnues.

téoles adnées latérales. Introduite aujourd'hui dans tous les pays tropicaux, cette plante est d'origine asiatique et africaine.

Le *Tournonia Hookeriana*, herbe volubile de la Colombie, a des fleurs analogues à celles des Baselles, à réceptacle en cupule évasée, portant sur ses bords un périanthe étalé et un androcée isostémoné, formé de pièces à filet court et libre. Ses trois branches stylaires sont libres presque dès la base, et les deux bractéoles latérales de la fleur sont également adnées à la coupe réceptaculaire.

L'*Ullucus tuberosus*, autre plante charnue du Pérou, a des bractées adnées à la fleur, des sépales atténués au sommet en une longue queue acuminée. Ses étamines sont aussi périgynes et courtes; et son style court, indivis, se termine par une petite tête stigmatifère obtuse.

Anredera (Boussingaultia) baselloides.

Fig. 209. Fleur ($\frac{4}{1}$).

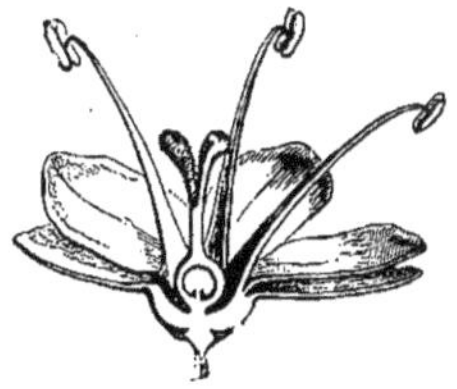

Fig. 210. Fleur, coupe longitudinale.

Fig. 208. Rameau florifère.

Les *Anredera* (fig. 208-210) sont très voisins des Baselles; ils n'en diffèrent que par la profondeur un peu moindre de leur réceptacle floral, leur albumen plus abondant en dedans de l'embryon et leurs filets staminaux allongés et repliés sur eux-mêmes dans le bouton.

Ce sont une dizaine de plantes vivaces, originaires des régions chaudes de l'Amérique. Leur tige souterraine est tuberculeuse et émet des branches aériennes volubiles et glabres, à feuilles alternes. Leurs fleurs, hermaphrodites, sont réunies en grappes simples ou composées, et articulées au sommet du pédicelle. Là elles sont accompagnées de deux bractéoles latérales concaves, qui ont été entraînées jusqu'au calice, qu'elles embrassent, et qui sont ailées dans les *Anredera* proprement dits, non ailées dans ceux qu'on a nommés *Boussingaultia*.

VII. SÉRIE DES MICROTEA.

Les fleurs des *Microtea*[1] sont hermaphrodites. Dans celles d'une espèce telle que le *M. maypurensis* (fig. 211-213), elles sont souvent

Microtea maypurensis.

Fig. 211. Branche florifère.

Fig. 212. Fleur ($\frac{12}{1}$).

Fig. 213. Fleur, coupe longitudinale.

isostémonées. En pareil cas, le calice est formé de cinq sépales quin-

1. Sw., *Prodr.*, 53; *Fl. Ind. occ.*, I, 542, t. 12. — LAMK, *Ill.*, t. 182. — MOQ., in *DC. Prodr.*, XIII, p. II, 16 (*Phytolaccaceæ*). — PAYER, *Organog.*, 310, t. 66. — B. H., *Gen.*, III, 82, n. 6.

conciaux, membraneux, herbacés; et l'androcée se compose de cinq étamines superposées, presque hypogynes, à filets subulés et à anthères courtes, dorsifixes, introrses, biloculaires, déhiscentes par deux fentes longitudinales. Le gynécée est libre, et son ovaire uniloculaire[1] est hérissé et surmonté d'un style à plusieurs[2] branches stigmatifères subulées et récurvées. Sur un placenta basilaire se dresse un ovule campylotrope, à court funicule, à micropyle inférieur. Le fruit est sec, glochidié; il est presque rempli par une graine dressée, dont l'embryon, plus ou moins complètement annulaire, entoure un albumen souvent peu abondant et dirige sa radicule en bas.

Dans d'autres fleurs de la même espèce, on observe six, sept ou huit étamines. Dans d'autres espèces aussi, le nombre des sépales n'est que de quatre, et celui des étamines varie de trois à huit, en même temps que leur position relativement aux sépales est extrêmement variable, ainsi que l'orientation des deux carpelles[3]. En somme, le genre comporte huit ou neuf espèces[4], toutes de l'Amérique tropicale. Ce sont des herbes annuelles, souvent grêles, à feuilles alternes ou plus rarement opposées, pétiolées, entières, sans stipules[5], et à fleurs[6] disposées en grappes simples ou ramifiées, terminales, axillaires ou oppositifoliées, accompagnées de deux bractéoles latérales.

VIII? SÉRIE DES LEUCASTER.

Les *Leucaster*[7] (fig. 214-216), qui ont donné leur nom à ce petit groupe, ont été souvent rapportés à la famille des Nyctaginacées. Leurs fleurs, régulières et hermaphrodites, ont un périanthe simple, largement campanulé, épais, un peu coriace, couvert de poils étoilés. Son bord supérieur est presque entier, mais dans le bouton il se conduplique de façon à former comme cinq lobes obtus, rayonnants en étoile. L'androcée ne compte que deux étamines hypogynes, de

— *Schollera* ROHR, in *Skr. Naturh. Selsk. Kjob.*, II, 210. — *Potamophila* SCHR., *Pl. rar. H. mon.*, II, t. 63. — *Ceratococca* W., in *Rœm. et Sch. Syst.*, VI, 800. — *Aphananthe* LINK, *Enum. H. berol.*, I, 383. — *Ancistrocarpus* H. B. K., *Nov. gen. et spec.*, II, 186, t. 122.

1. Formé de deux carpelles (PAYER).

2. Ce sont les divisions inégales de deux branches principales, répondant primitivement chacune à un carpelle.

3. URBAN, *Ueb. d. Blüthenbau d. Phytolaccaceen-Gattung* Microtea, in *Deutsch. Bot. Ges.* (1885), 323, c. xylogr.

4. J.-A. SCHM., in *Mart. Fl. bras.*, XIV, II, t. 78.

5. Ou remplacées par de petits tubercules.

6. Blanches ou verdâtres, très petites.

7. CHOIS., in *Mém. Soc. phys. Gen.*, XII, 167; in *DC. Prodr.*, XIII, p. II, 457. — B. H., *Gen.*, III, 10, n. 21. — *Reichenbachia* SPRENG. (part.).

forme singulière : elles ont un filet court et arqué, qui bientôt se dilate en une sorte de palette basifixe, épaisse, obtuse. Sa face interne porte deux loges d'anthère qui s'ouvrent en haut par une fente oblique et béante. Le gynécée est sessile. Il est formé d'un ovaire uniloculaire, chargé de poils étoilés, et presque globuleux à sa base, mais qui supérieurement est comprimé entre les deux anthères. En haut, il porte une sorte de cimier étroit, sessile et couché sur son sommet. C'est la portion stigmatique du gynécée, toute chargée de papilles courtes. La cavité de l'ovaire renferme un placenta basilaire sur lequel s'insère un ovule dressé, sessile et campylotrope, à micropyle inférieur, répon-

Leucaster caniflorus.

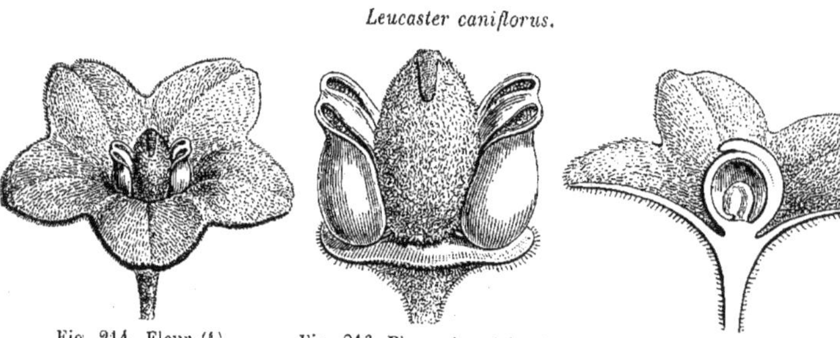

Fig. 214. Fleur ($\frac{4}{1}$). Fig. 216. Fleur, le périanthe enlevé. Fig. 215. Fleur, coupe longitudinale.

dant à l'intervalle des deux étamines. Le fruit est sec, enveloppé du périanthe accru, à péricarpe épais, chargé de duvet blanc, à graine sessile, contenant un albumen peu abondant qu'entoure un embryon courbe à radicule inférieure. Le seul *Leucaster* connu[1] est un arbuste subvolubile du Brésil, revêtu de poils étoilés blanchâtres, à feuilles alternes, pétiolées, elliptiques-lancéolées ; à fleurs disposées en cymes axillaires et terminales, pourvues de bractées foliacées.

A côté des *Leucaster* se placent les deux genres américains *Andradea* et *Cryptocarpus*, qui s'en distinguent : le premier, par des fleurs à périanthe tubuleux, ayant dix étamines ou davantage, à anthères allongées ; le dernier, par cinq étamines monadelphes, à anthères didymes. Ils ont tous les deux un style allongé et des fleurs en grappes ramifiées de cymes ou de glomérules, avec des feuilles pétiolées et entières.

1. *L. caniflorus* CHOIS., *loc. cit.*, 458. — *Reichenbachia caniflora* MART., *Fl. bras.*, 96, n. 63 (ex MOQ.). — J.-A. SCHM., in *Mart. Fl. bras.*, XIV, II, 372, t. 88.

IX. SÉRIE DES AMARANTES.

Les Amarantes[1] (fig. 217-220), qui ont donné leur nom à une famille distincte, ont les fleurs unisexuées, souvent monoïques, parfois dioïques ou polygames. Leur petit réceptacle porte cinq sépales membraneux, variables de forme dans les fleurs des deux sexes, verts ou colorés, souvent indurés et scarieux, persistants et dressés autour du

Amarantus caudatus.

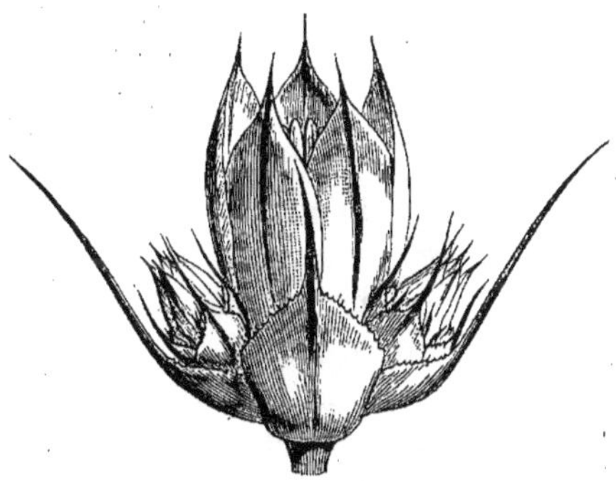

Fig. 217. Cyme triflore.

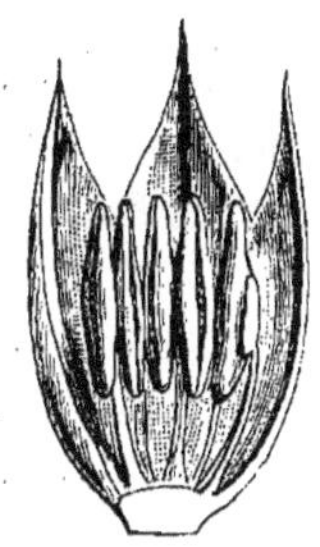

Fig. 218. Fleur mâle, coupe longitudinale.

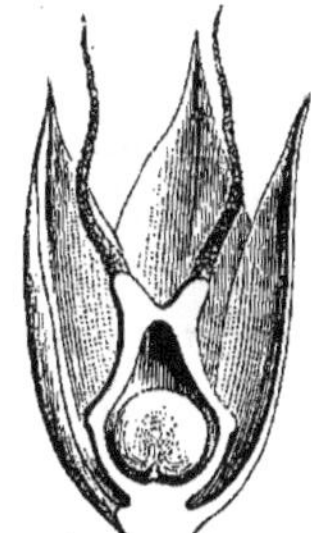

Fig. 219. Fleur femelle, coupe longitudinale.

Fig. 220. Fruit déhiscent, entouré du calice.

fruit. Ils se disposent dans le bouton en préfloraison imbriquée. Les étamines sont en même nombre que les sépales auxquels elles se

1. *Amarantus* L., *Gen.*, n. 1060 (*Amaranthus*). — J., *Gen.*, 88. — LAMK, *Ill.*, t. 767. — GÆRTN., *Fruct.*, II, t. 128. — NEES, *Gen. Fl. germ.* — MOQ., in *DC. Prodr.*, XIII, p. II, 255. — ENDL., *Gen.*, n. 1972. — PAYER, *Organog.*, 319, t. 74; *Leç. Fam. nat.*, 35. — B. H., *Gen.*, III, 28, n. 14. — *Amblogyne* RAFIN., *Fl. tell.*, 42 (ex MOQ.). — *Rœmeria* MŒNCH, *Meth.*, 351 (nec DC.).— *Sarratia* MOQ., *loc. cit.* (calyce magis campanulato, demum indurato). — *Glomeraria* CAV., *Descr. pl. Lecc.*, 319. — *Pyxidium* MŒNCH, *Meth.*, 358.

superposent ; elles sont formées chacune d'un filet libre et d'une anthère biloculaire, introrse, déhiscente par deux fentes longitudinales[1]. Les deux loges sont libres au-dessus et au-dessous du court connectif à la base duquel s'insère le filet. Le gynécée est sessile, formé d'un ovaire uniloculaire, surmonté d'un style d'ordinaire très vite partagé en deux branches profondément bipartites et papilleuses. Le placenta est basilaire ; il supporte un ovule, sessile ou pourvu d'un funicule, dressé et campylotrope ; le micropyle dirigé en bas. Le fruit est sec, souvent comprimé, indéhiscent, irrégulièrement déchiré ou s'ouvrant vers sa base comme une pyxide. Il renferme une graine dressée, lisse, brillante, contenant sous ses téguments un albumen farineux qui entoure un embryon annulaire, à radicule inférieure et à cotylédons étroits.

On a nommé *Euxolus*[2] et *Acnida*[3] des Amarantes à fruit indéhiscent ou irrégulièrement déchiré ; les derniers pourvus de fleurs dioïques.

Le genre, ainsi conçu, comprend une quarantaine d'espèces[4] herbacées, glabres ou pubescentes, à feuilles alternes, pétiolées, entières ou dentées, à fleurs[5] terminales ou axillaires, disposées en épis ramifiés de cymes ou de glomérules, dans lesquels chaque fleur, située à l'aisselle d'une bractée souvent colorée, est accompagnée de deux bractéoles latérales, sauf dans les *Mengea*[6]. Ce sont des plantes de toutes les régions tempérées du globe.

L'*Acanthochiton Wrightii*, des régions chaudes occidentales de l'Amérique du Nord, à fleurs dioïques, les femelles incluses dans de larges bractées cordées, est une herbe annuelle, très voisine des Amarantes. Son fruit sec est une pyxide.

Dans la sous-série des *Banaliées*, les fleurs sont hermaphrodites, mais souvent aussi certaines d'entre elles sont stériles ; ce sont les latérales dans les glomérules dont se compose l'inflorescence totale, en

1. Le pollen est sphérique, avec « environ trente pores » (H. MOHL).

2. RAFIN., *Fl. tell.*, 42. — MOQ., in *DC. Prodr.*, XIII, p. II, 272. — *Albersia* K., *Fl. berol.*, ed. 2, 144. — *Pentrias* RAFIN. (ex MOQ.). — *Scleropus* SCHRAD., *Ind. sem. H. gœtt.* (1835). — MOQ., *loc. cit.*, 271 (pedunculis incrassatis).

3. L., *Gen.*, n. 1114. — GÆRTN., *Fruct.*, II, t. 126. — B. H., *Gen.*, III, 29, n. 15. — *Montelia* MOQ. — A. GRAY, *Man.*, ed. 2, 369.

4. W., *Hist.*, *Amarant.* (1790), c. tab. 12. — REICHB., *Icon. bot.*, t. 471-475. — ANDERSS., *Eugen. Res.*, *Bot.*, t. 2. — A. BRAUN et BOUCH., in *Ann. Ind. sem. H. berol.* (1872). — BENTH., *Bot. Sulph.*, t. 51. — GRISEB., *Fl. brit. W.-Ind.*, 68. — CHAPM., *Fl. S. Un.-St.*, 379. — S.-WATS., *Bot. Calif.*, II, 40. — C. GAY, *Fl. chil.*, V, 215. — BENTH., *Fl. Austral.*, V, 212. — WIGHT, *Icon.*, t. 512-514, 713, 720. — SEUB., in *Mart. Fl. bras.*, V, t. 72 (*Euxolus*), 73. — TORR., *Fl. N.-York*, t. 93. — BOISS., *Fl. or.*, IV, 988. — WILLK. et LGE, *Prodr. Fl. hisp.*, I, 275. — GREN. et GODR., *Fl. de Fr.*, III, 3. — *Bot. Mag.*, t. 2227.

5. Verdâtres, jaunâtres, blanchâtres ou rougeâtres, petites, en partie stériles.

6. SCHAU., in *Pl. Meyen.*, 405. — MOQ., in *DC. Prodr.*, XIII, p. II, 270.

épi ou en capitule. Ces fleurs stériles se transforment en bourgeons, en bouquets simples ou composés de poils, de soies rigides, d'arêtes droites ou crochues, d'épines ; ou même en ailes orbiculaires, membraneuses et veinées. Les étamines sont unies à leur base en une coupe membraneuse. Le calice persiste autour du fruit; et ses folioles, ordinairement rigides, scarieuses ou parcheminées, se dressent autour du péricarpe et l'enveloppent étroitement. Ce groupe renferme les quinze genres *Banalia*, *Chamissoa*, *Digera*, *Pleuropterantha*, *Saltia*, *Allmania*, *Pupalia*, *Cyathula*, *Sericocoma*, *Centema*, *Psilotrichum*, *Psilostachys*, *Trichinium*, *Chionothrix*, *Nothosærua*, dans lesquels la fleur, toujours construite sur un même plan, occupe constamment l'aisselle d'une bractée et est accompagnée de deux bractéoles latérales.

Dans la sous-série des *Ærvées*, à laquelle les *Ærva* donnent leur

Achyranthes aspera.

Fig. 221. Fleur ($\frac{8}{1}$).

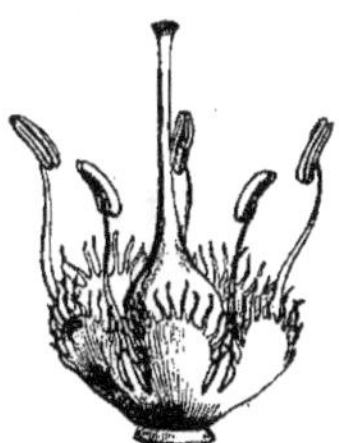

Fig 223. Fleur, le périanthe enlevé.

Fig. 222, Fleur, coupe longitudinale.

nom, il y a presque toujours à l'androcée des languettes ou écailles stériles, alternes avec les étamines fertiles. Dans les *Ærva* eux-mêmes, ces languettes sont souvent très courtes. Le périanthe y est formé de quatre ou cinq folioles hyalines, imbriquées et laineuses en dehors. Ce sont des herbes ou des sous-arbrisseaux de l'ancien monde, à feuilles opposées ou alternes. A côté d'eux se rangent les *Achyranthes*, *Pandiaka*, *Stilbanthus*, *Calicorema* et *Nyssanthes*. Dans les *Achyranthes* (fig. 221-223), communs dans tous les pays chauds, les languettes alternes aux étamines sont larges et découpées, et les sépales deviennent épineux après l'anthèse, en même temps que le calice se défléchit fortement. Les autres genres ont la fleur et le fruit dressés jusqu'au bout ; ils ne se distinguent que par la consistance des sépales, la forme des appendices interposés aux étamines fertiles et la disposition des feuilles sur les axes. Tous appartiennent à l'ancien continent.

Le *Rodetia Amherstiana*, arbuste de l'Himalaya, appartient à une sous-série (*Rodétiées*), qui relie entre elles les Amarantées par les *Banalia* et les Chénopodées par les *Bosia*, les *Microtea* par les *Achatocarpus*, et en même temps les Célosiées par les *Deeringia*, dont il a toute l'organisation, sinon que son ovaire est uniovulé. Ses fleurs sont hermaphrodites ou polygames, à sépales libres, persistants, non accrus, souvent étalés; elles sont disposées en glomérules sur les divisions d'une grappe axillaire ou terminale et accompagnées de deux, trois ou quatre bractéoles. Leur ovule est supporté par un court funicule basilaire. Le *Charpentiera*, arbuste des Sandwich, a la fleur des *Rodetia*. Ses feuilles sont grandes, de même que ses larges grappes florales, très ramifiées. Son calice s'applique contre la base du fruit, qui est coriace et indéhiscent.

Le *Marcellia mirabilis*, d'Angola, herbe à feuilles linéaires, opposées ou faussement verticillées, est anormal dans ce groupe qu'il relie aux Cométées, par ses glomérules quadriflores disposés dans l'aisselle des bractées d'un épi allongé et enveloppés de quatre bractées décussées, inégales. Ces dernières forment involucre à deux fleurs stériles réduites à des folioles linéaires, rigides et lanifères, et à deux fleurs fertiles alternes, qui ont cinq sépales laineux, persistants, cinq étamines monadelphes à la base, à anthères biloculaires, et un gynécée stipité, exceptionnel dans cette série par son style à tête courtement pénicillée. Son ovule campylotrope est d'ailleurs supporté par un funicule basilaire long et grêle.

X. SÉRIE DES AMARANTINES.

Les fleurs des Amarantines[1] (fig. 224) sont régulières, hermaphrodites et à réceptacle convexe. Il porte un calice de cinq sépales, semblables ou dissemblables, libres ou unis dans une étendue variable, disposés dans le bouton en préfloraison imbriquée, souvent quinconciale. L'androcée est monadelphe. Le tube élevé ou l'urcéole que forment par leur union les filets, est partagé supérieurement en quinze dents de longueur variable; et cinq d'entre elles, superposées aux sé-

1. *Gomphrena* L., *Gen.*, n. 314. — J., *Gen.*, 88. — R. Br., *Prodr.*, I, 415. — Endl., *Gen.*, n. 1958. — Moq., in *DC. Prodr.*, XIII, p. II, 391. — Payer, *Leç. Fam. nat.*, 37. — B. H., *Gen.*, III, 40, n. 44. — *Bragantia* Vandell., *Fasc. pl. nov.* (1771), 6 (nec Lour.). — *Schultesia* Schrad., in *Gœtt. Gelehrt. Anz.* (1821) 708. — *Xerosiphon* Turcz., in *Bull. Mosc* (1843), 55. — ? *Cnoanthus* Phil., in *Ann. Un chil.* (1862), II, 405 (ex B. H.).

pales, supportent seules une anthère basifixe, uniloculaire, introrse et déhiscente par une fente longitudinale[1]. L'ovaire libre est surmonté de deux ou trois branches stylaires ou d'un style à deux ou trois lobes stigmatifères. La loge unique de l'ovaire renferme un seul ovule, suspendu au sommet d'un long funicule basilaire et récurvé. Cet ovule est campylotrope, avec le micropyle supérieur. Le fruit est sec, membraneux, indéhiscent, souvent induré à sa base; il contient une seule graine renversée, lisse, à albumen farineux, plus ou moins entouré par un embryon annulaire ou arqué, à cotylédons étroits ou aplatis et à fine radicule supère. Ce sont, au nombre d'environ soixante-dix[2], des herbes de l'Amérique, de l'Australie, de l'Asie et de l'Afrique tropicales; elles ont des feuilles opposées, souvent sessiles, entières, et des fleurs disposées en capitules ou en épis d'ordinaire courts, rarement grêles et longs. Chacune d'elles occupe l'aisselle d'une bractée colorée, et elle est accompagnée de deux bractéoles latérales, également colorées, souvent plus grandes, ordinairement concaves, carénées et parfois ailées ou crêtées sur le dos.

Gomphrena coccinea.

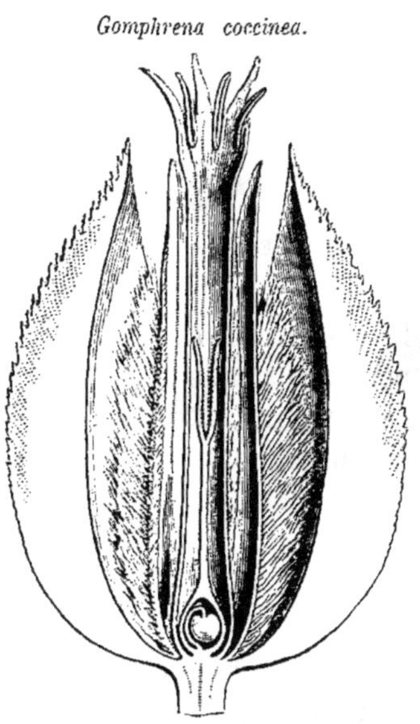

Fig. 224. Fleur, coupe longitudinale ($\frac{12}{1}$).

A côté des *Gomphrena* se placent les genres très voisins *Philoxerus*, *Hebanthe*, (?) *Wœhleria*, *Pfaffia*, qui pour beaucoup d'auteurs n'en seraient peut-être que des sections.

Les *Alternanthera* (fig. 225, 226) peuvent donner leur nom à un petit groupe dont l'organisation florale rappelle beaucoup celle des Illécébrées, avec un style ordinairement capité, rarement partagé en deux branches subulées, et des fleurs en épis ou en capitules. On y

1. Dans beaucoup de plantes de cette série, notamment dans les *Alternanthera*, *Telanthera*, etc., le pollen a la forme d'un dodécaèdre pentagonal, avec un pore sur chaque face.

2. JACQ., *H. schœnbr.*, IV, t. 482. — A. S.-H., *Pl. us. Brasil.*, t. 31, 32. — TORR., *Bot. Emor. Exp.*, 181. — MART., *Nov. gen. et spec.*, II, t. 101-119; 121 (*Xerosiphon*). — SEUB., in *Mart. Fl. bras.*, V, I, 199, t. 62-67. — GRISEB., *Fl. brit. W.-Ind.*, 63; *Pl. Lorentz.*, 32; *Symb. Fl. arg.*, 33. — BENTH., *Fl. austral.*, V, 252 (part.). — WIGHT, *Icon.*, t. 1784. — HOOK. F., *Fl. brit. Ind.*, IV, 732. — *Bot. Mag.*, t. 2164, 2815.

range les *Telanthera*, *Mogiphanes*, *Frœlichia*, *Gossypianthus*, *Iresine*, *Dicraurus* et *Cladothrix*, presque tous américains, quelquefois africains, asiatiques ou australiens, qui ont l'organisation florale générale des *Alternanthera*, avec ou sans languettes interposées aux étamines fertiles.

Alternanthera sessilis.

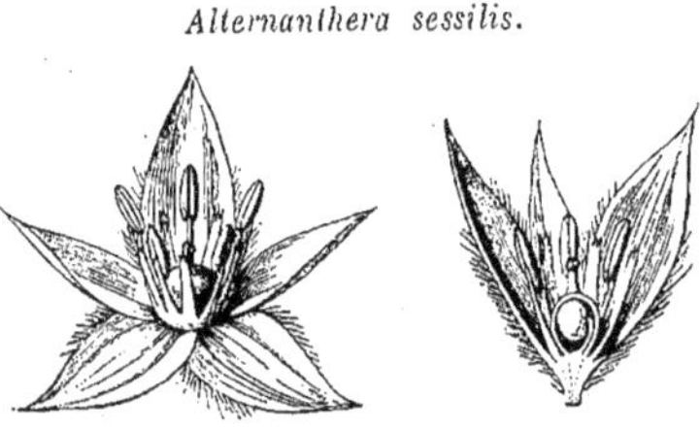

Fig. 225. Fleur (4/1). Fig. 226. Fleur, coupe longitudinale.

Les *Guilleminea*, petites herbes couchées des deux Amériques, extrêmement analogues aux *Cladothrix*, forment cependant une sous-série distincte (*Guilleminéées*), à cause de la forme profondément concave de leur réceptacle et de la périgynie très accentuée, par suite, de leur périanthe simple et de leur androcée. Leurs feuilles sont opposées et leurs fleurs sont disposées en glomérules axillaires. Ce genre est donc ici l'analogue des Caryophyllacées périgynes uniovulées.

XI. SÉRIE DES CÉLOSIES.

Les fleurs hermaphrodites et régulières des Célosies[1] (fig. 227-229) sont construites comme celles des Amarantes, à deux différences près: leurs étamines sont inférieurement unies en une cupule membraneuse, et leur placenta basilaire supporte plusieurs ovules à longs funicules dressés, anatropes ou incomplètement campylotropes, avec le micropyle dirigé en bas[2]. D'ailleurs le calice est quinconcial, imbriqué, scarieux et coloré[3]. Les anthères sont introrses et ont deux loges déhiscentes par des fentes longitudinales, indépendantes au-dessus et au-dessous de leur attache au court connectif[4]. Le style est creux, court ou long, plus ou moins profondément partagé en deux ou trois lobes stigmatifères[5]. Le fruit est sec, ordinairement déhiscent à la façon d'une pyxide, plus rarement indéhiscent ou irrégulièrement déchiré. Les

1. L., *Gen.*, n. 289. — GÆRTN., *Fruct.*, t. 128. — LAMK, *Ill.*, t. 168. — ENDL., *Gen.*, n. 1975. — MOQ., in *DC. Prodr.*, XIII, p. II, 237. — PAYER, *Organog.*, 317, t. 67 ; *Leç. Fam. nat.*, 32. — B. H., *Gen.*, III, 24, n. 4. — *Lestibudesia* DUP.-TH., *Hist. vég. isl. Afr. austr.*, 53, t. 16 ; *Gen. nov. madag.*, 5. — ENDL., *Gen.*, n. 1976. — *Lagrezia* MOQ., *loc. cit.*, 252 (part.).

2. Ils ont double tégument.

3. En rose, jaune ou blanc.

4. Le pollen est souvent polyédrique dans cette série.

5. L'ovaire est souvent pourvu d'un petit disque hypogyne à cinq angles. Les bords de la cupule androcéenne portent souvent cinq saillies alternes avec les étamines.

graines sont lenticulaires, lisses et noirâtres, et leur albumen farineux est entouré par l'embryon annulaire, à cotylédons linéaires et à radicule dirigée en haut ou en bas. On compte une trentaine[1] de *Celosia*; ce sont des herbes annuelles, plus rarement vivaces ou frutescentes, dressées ou quelquefois grimpantes, des régions chaudes de l'Asie, de l'Afrique et de l'Amérique; elles ont des feuilles alternes, entières ou lobées, et des fleurs disposées en épis simples ou ramifiés. Leurs bractées alternes, colorées comme le périanthe, ont dans leur aisselle, ou une fleur accompagnée de deux bractéoles latérales stériles, ou un petit glomérule de fleurs.

Celosia cristata.

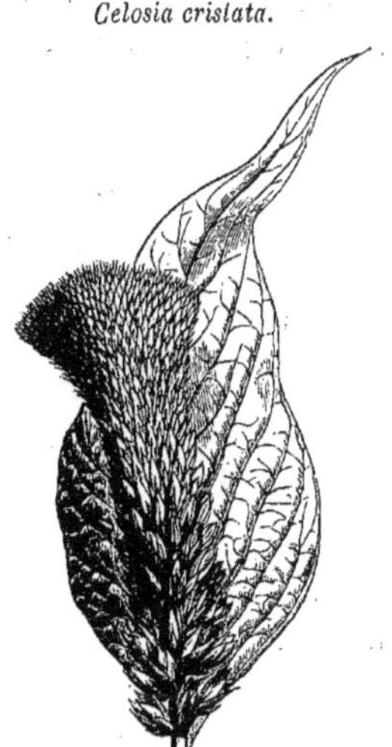

Fig. 227. Inflorescence fasciée.

A côté des Célosies se rangent les *Henonia*, de Madagascar, qui n'en diffèrent que par leur port et par leur fruit déhiscent suivant sa longueur ou irrégulièrement rompu, et les *Hermbstædtia*, de l'Afrique tropicale et australe, qui ont pour fruit une pyxide, mais dont les filets staminaux monadelphes forment un tube plus allongé.

Les *Pleuropetalum* sont des Célosiées ligneuses, à fruit charnu, se rompant finalement d'une façon irrégulière, et qui habitent l'Amérique tropicale; ils ont des feuilles alternes et pétiolées et des inflorescences en grappes ramifiées. Il en est de même des *Deeringia* (fig. 230, 231), qui habitent toutes les régions chaudes de l'ancien monde, quant à la consistance du péricarpe et à celle des tiges; mais leurs inflorescences sont des grappes simples, et leurs

Celosia margaritacea.

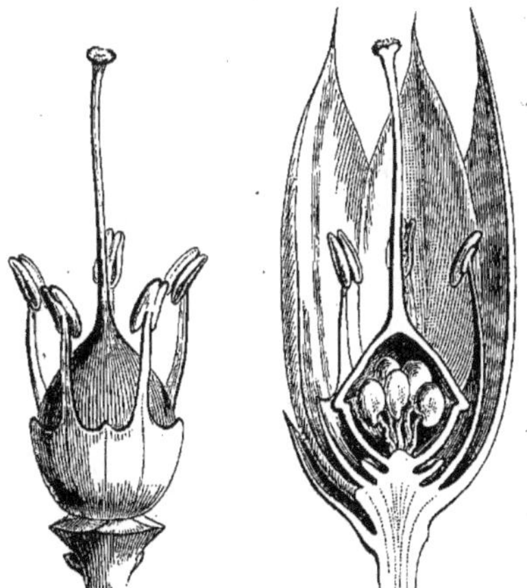

Fig. 228. Fleur, le périanthe enlevé ($\frac{10}{1}$). Fig. 229. Fleur, coupe longitudinale.

1. Jacq., *H. vindob.*, I, t. 98; III, t. 15; *Icon. rar.*, t. 51, 339. — Wight, *Icon.*, t. 730, 1767, 1768. — Boiss., *Fl. or.*, IV, 987. — Mart., *Nov. gen. et spec.*, t. 157, 158. — Griseb, *Fl.*

fleurs sont tantôt hermaphrodites et tantôt unisexuées. Leur style se partage en deux, trois ou quatre branches stigmatifères, et leur fruit, quoique charnu, finit par se déchirer irrégulièrement ou à

Deeringia celosioides.

Fig. 230. Fleur (4/1).

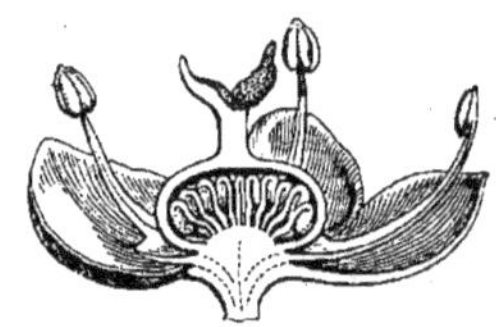

Fig. 231. Fleur, coupe longitudinale.

s'ouvrir en travers à la façon d'une pyxide. Ces deux derniers genres, par leur mode de placentation et la structure de leurs ovules, relient nettement la famille des Chénopodiacées à celle des Portulacées.

Conçue de la façon qui précède, cette famille comprend à la fois les Salsolacées [1] et les Amarantacées [2] des auteurs, plus leurs Basellacées et quelques petits groupes secondaires dont nous avons fait autant de séries. Celles-ci sont pour nous les suivantes :

I. CHÉNOPODIÉES [3]. — Fleurs hermaphrodites ou unisexuées, solitaires, en épis, glomérules ou cymes, à calice homomorphe ou dimorphe, parfois considéré comme nul dans les fleurs femelles. Androcée généralement isostémoné, ou étamines rarement nombreuses. Anthères biloculaires. Fruit sec, membraneux, rarement charnu, souvent entouré du calice ou de réceptacles persistants et accrus. Graine dressée, horizontale ou renversée, à embryon annulaire ou

brit. W.-Ind., 62 ; *Pl. Lorentz.*, 31 ; *Symb. Fl. argent.*, 35. — ANDR., *Bot. Repos.*, t. 635. — *Bot. Reg.*, t. 1834. — WALP., *Ann.*, III, 299.

1. LINDL., *Nat. syst.*, ed. 2, 208. — MOQ., in *DC. Prodr.*, XIII, p. II, Ord. 157. — B. H., *Gen.*, III, 43, Ord. 131. — *Salsoleæ* B. JUSS., in *A.-L. J. Gen.*, LXVIII. — *Blita* ADANS., *Fam. des pl.*, II, 258. — *Atriplices* VENT., *Tabl.*, II, 253. — *Chenopodieæ* BARTL., *Ord., nat.*, 296.

2. R. BR., *Prodr.*, I, 413. — MART., *Beitr. Amar.*, in *Act. Ac. leop.-car.*, XII, I. — MOQ., in *DC. Prodr.*, XIII, p. II, 231, Ord. 159. — ENDL., *Gen.*, 300, Ord. 102. — B. H., *Gen.*, III, 20, Ord. 130. — *Amaranti* J., *Gen.*, 88 (part.). — *Amarantoideæ* VENT., *Tabl.*

3. *Chenopodieæ* C.-A. MEY., in *Ledeb. Fl. alt.*, I, 371. — ENDL., *Gen.*, 294, Trib. 3. — B. H., *Gen.*, III, 44, 48, Trib. 1. — *Atripliceæ* C.-A. MEY., in *Ledeb. Fl. alt.*, I, 371. — ENDL., *Gen.*, 293, Trib. 2. — B. H., *Gen.*, III, 45, Trib. 2. — *Bliteæ* ENDL., *Gen.*, 295, Subtrib. 2. — *Kochieæ* ENDL., *Gen.*, 295, Subtrib. 3. — *Chenoleæ* B. H., *Gen.*, III, 46, Trib. 6. — *Camphorosmeæ* ENDL., *Gen.*, 294, Subtrib. 1. — MOQ., in *DC. Prodr.*, XIII, p. II, 122, Trib. 3. — B. H., *Gen.*, III, 45, Trib. 3. — *Corispermeæ* B. H., *Gen.*, III, 54, Trib. 4. — *Beteæ* MOQ., in *DC. Prodr.*, XIII, p. II, 43, Subtrib. 1. — *Spinacieæ* MOQ., *loc. cit.*, 44, Trib. 2. — *Eurotieæ* MOQ., *loc. cit.*, Subtrib. 2.

arqué (*Cyclolobées* [1]), rarement condupliqué, entourant un albumen farineux. — Tiges non articulées. Feuilles planes ou linéaires. — 37 genres [2].

II. POLYCNÉMÉES [3]. — Fleurs hermaphrodites, axillaires, solitaires, accompagnées de deux bractéoles latérales. Androcée isostémoné. Anthères à une ou deux loges. Fruit sec, enveloppé du périanthe non accru. Graine renversée, à embryon annulaire (cyclolobé), entourant un albumen farineux. — Tiges non articulées. Feuilles subulées ou linéaires. — 3 genres.

III. SALICORNIÉES [4]. — Fleurs hermaphrodites, plongées dans les aisselles des écailles ou dans les cavités de l'axe des épis. Étamines 1, 2. Anthères biloculaires. Fruit membraneux, inclus. Graine dressée, renversée ou horizontale, à embryon dorsal, arqué, condupliqué (cyclolobé), avec ou sans albumen. — Plantes charnues, à anneaux articulés ou continus, à feuilles opposées ou alternes, adnées à la tige qui paraît presque aphylle. — 11 genres.

IV. SALSOLÉES [5]. — Fleurs hermaphrodites ou unisexuées, accompagnées de deux bractéoles latérales. Anthères biloculaires. Fruit sec et membraneux, inclus dans le calice persistant, non accru, appendiculé ou pourvu d'ailes horizontales. Graine dressée, renversée ou horizontale, à tégument membraneux, charnu ou plus souvent crustacé. Embryon cochléaire-spiralé ou plan-spiralé (*Spirolobées* [6]). Albumen nul ou peu abondant. — Tige continue, non articulée, plus rarement articulée. Feuilles membraneuses, étroites ou nulles. — 24 genres.

V. SARCOBATÉES [7]. — Fleurs unisexuées : les mâles nues; les femelles à réceptacle sacciforme, portant sur les bords de son orifice un périanthe peu développé et une large aile horizontale extérieure. Fruit membraneux, inclus dans le sac réceptaculaire. Graine dressée. Embryon plan-spiralé (spirolobé). — Arbuste à feuilles alternes, sessiles, à fleurs sans bractéoles. — 1 genre.

1. *Cyclolobeæ* C.-A. MEY., in *Ledeb. Fl. alt.*, I, 369. — MOQ., in *DC. Prodr.*, XIII, p. II, 42, 43. — ENDL., *Gen.*, 292, Subord. 1. — B. H., *Gen.*, III, 44, Ser. 1.

2. Nous divisons, comme on l'a vu, cette série en 9 sous-séries (*Euchénopodiées*, *Bétées*, *Spinaciées*, *Corispermées*, *Hablitziées*, *Kochiées*, *Rhagodiées*, *Camphorosmées*, *Atriplicées*), la plupart de ces groupes formant des tribus distinctes pour les auteurs en général.

3. *Polycnemeæ* DUMORT., *Fl. belg.*, 22 (part.). — ENDL., *Gen.*, 302, Subtrib. 1 (*Chenopodiearum*).

4. *Salicornieæ* C.-A. MEY., *loc. cit.* — ENDL., *Gen.*, 292, Trib. 1. — MOQ., *loc. cit.*, 47, Trib. 5. — B. H., *Gen.*, III, 46, Trib. 7.

5. *Salsoleæ* MOQ., in *Ann. sc. nat.*, sér. 2, IV, 215; in *DC. Prodr.*, XIII, p. II, 47, Trib. 7. — ENDL., *Gen.*, 298, Trib. 3. — B. H., *Gen.*, III, 47, Trib. 9. — *Suedineæ* MOQ., in *Ann. sc. nat.*, sér. 2, IV, 215. — ENDL., *Gen.*, 298, Trib. 2. — *Suædeæ* MOQ., in *DC. Prodr.*, XIII, p. II, 46, Trib. 6. — B. H., *Gen.*, III, 47, Trib. 8

6. C.-A. MEY., *loc. cit.*, 370. — ENDL., *Gen.*, 297, Subord. 2. — B. H., *Gen*, III, 47, Ser. 2.

7. *Sarcobateæ* H. BN. — *Sarcobatideæ* B. H., *Gen.*, III, 48, Trib. 10.

VI. BASELLÉES[1]. — Fleurs hermaphrodites, à réceptacle concave, continu avec un périanthe coloré, imbriqué. Étamines périgynes, à anthères biloculaires. Ovaire libre au fond du réceptacle. Ovule dressé, à funicule court. Fruit sec, induvié. Embryon arqué (cyclolobé) ou spiralé (spirolobé), entourant un albumen abondant ou peu considérable. — Herbes vivaces, à rameaux aériens herbacés et volubiles. Fleurs accompagnées de bractéoles adnées au réceptacle. — 4 genres.

VII. MICROTÉÉES[2]. — Fleurs hermaphrodites, à réceptacle convexe. Étamines 5-8, à anthères biloculaires. Gynécée libre; style à 2 divisions ou plus, inégales. Ovule basifixe, subsessile. Fruit tuberculeux ou glochidié. Embryon arqué (cyclolobé), entourant l'albumen. — Herbes annuelles, dressées, à feuilles alternes ou opposées. Fleurs bractéolées, en grappes simples ou composées. — 1 genre.

VIII. LEUCASTÉRÉES[3]. — Fleurs hermaphrodites, à 2-20 étamines hypogynes. Ovaire libre, à style simple. Ovule basilaire, subsessile, incomplètement campylotrope. Fruit sec, renfermé dans le calice persistant. Graine dressée, incomplètement campylotrope. Embryon annulaire ou arqué, entourant un albumen peu abondant. — Arbres ou arbustes, à feuilles alternes, à cymes d'ordinaire disposées sur les axes de grappes composées. — 3 genres.

IX. AMARANTÉES[4]. — Fleurs hermaphrodites ou unisexuées, accompagnées de deux bractéoles latérales. Calice souvent sec, scarieux, imbriqué. Étamines unies à leur base en une cupule. Anthères biloculaires. Ovule 1, basilaire, sessile ou porté par un funicule grêle et allongé. Fruit sec, déhiscent ou indéhiscent. Embryon annulaire, entourant un albumen farineux. — Feuilles alternes ou opposées. Fleurs en épis ou capitules, souvent cymigères. — 26 genres.

X. GOMPHRÉNÉES[5]. — Fleurs et inflorescences comme dans les *Amarantees*, accompagnées de deux bractéoles latérales, à réceptacle convexe, sauf dans un genre (*Guilleminea*) où il est concave, à anthères uniloculaires. Ovule supporté par un funicule allongé. — Feuilles presque toujours opposées. — 13 genres.

XI. CÉLOSIÉES[6]. — Fleurs comme dans les *Amarantées* et les *Gom-*

1. *Baselleæ* ENDL., *Gen.*, 297, Trib. 1. — MOQ., in *DC. Prodr.*, XIII, p. II, 222, Subord. 1 (*Basellacearum*). — *Eubaselleæ* B. H., *Gen.*, III, 48, Trib. 11. — *Anredereæ* ENDL., *Gen.*, 297, Subtrib. 4 (*Chenopodiearum*). — *Boussingaultieæ* B. H., *Gen.*, III, 48, Trib. 12.

2. *Microteæ* MOQ., in *DC. Prodr.*, XIII, p. II, 16, Trib. 3 (*Phytolaccearum*).

3. *Leucastereæ* B. H., *Gen.*, III, 3, 10, Trib. 3 (*Nyctaginearum*).

4. *Amaranteæ* ENDL., *Gen.*, 303, Subtrib. 4.— *Achyrantheæ* ENDL., *Gen.*, 302 (part.). — MOQ., in *DC. Prodr.*, XIII, p. II, 247. — B. H., *Gen.*, III, 21, Trib. 2.

5. *Gomphreneæ* ENDL., *Gen.*, 301, Trib. 1.

6. *Celosieæ* ENDL., *Gen.*, 304, Trib. 3.

phrénées, à anthères biloculaires, à deux ou plusieurs ovules basilaires. Fruit membraneux ou charnu. — 5 genres.

Ainsi constituée, cette famille comprend 127 genres[1] et plus de 1000 espèces, qui habitent toutes les régions du globe. Les Amarantées, Gomphrénées et Célosiées manquent généralement dans les pays froids. Les Chénopodiées sont surtout des plantes des décombres et plus souvent des terrains salés, principalement des plages maritimes.

Les affinités du groupe sont multiples. En somme les Chénopodiacées ne peuvent se séparer des Caryophyllacées, telles que nous les avons comprises, que par des limites de convention. Sans doute une Lychnidée supérieure, telle qu'un *Dianthus* ou un *Githago*, paraît extrêmement différente par le port, l'insertion des feuilles, la taille et l'éclat des fleurs dipérianthées, le fruit polysperme, etc., d'un *Amarantus* ou d'un *Chenopodium;* mais on trouve tous les intermédiaires parmi les Scléranthées, Cométées, Illécébrées, etc.[2] Ainsi, les *Polycnemum* sont inséparables des *Camphorosma;* ils unissent les Salsolacées aux Amarantées, et ils ont été attribués par les uns aux Chénopodiées, par les autres aux Paronychiées. On a fait des *Lithophila*, qui sont des *Alternanthera* (Gomphrénées), un genre de Paronychiées. Le *Guilleminea*, inséparable des *Cladothrix* (Gomphrénées), a le réceptacle concave et l'organisation florale des Scléranthées, et leur a été, non sans raison, rapporté[3]. On trouve dans toutes les collections des Amarantées, telles que les *Psilostachys*, classées parmi les Cérastiées dont elles ont souvent le port. Il est inutile de multiplier ces exemples. Les Chénopodiacées ont aussi d'étroites affinités avec les Phytolaccacées dont nous aurions voulu les rapprocher davantage. Mais nous avons dit qu'elles s'en distinguent par leurs carpelles, ordinairement au nombre de deux[4], unis bords à bords en un ovaire uniloculaire,

1. Sans parler de ceux qui sont trop imparfaitement connus pour être définitivement classés, et dont les noms suivent : 1° *Phyllepidium* RAFIN. (in *Med. Rep. N.-York* (1808). — DESVX, *Journ. Bot.*, I, 218. — MOQ., in *DC. Prodr.*, XIII, p. II, 423). Herbe des États-Unis, attribuée aux Amarantacées (*Cruzeta?*); 2° *Lenzia* PHIL. (in *Linnæa*, XXXIII, 222). Petite plante des Andes chiliennes, à feuilles rappelant celles des Pins, placée par l'auteur près des *Ærva*.

2. Les caractères histologiques, quoique présentant souvent de grandes différences de détail, dues au port, à la disposition variable des feuilles, à la consistance des tiges, etc., sont également analogues au fond (UNG., *Ueb. d. Bau Dicotyledonenstam.* (1840). — DE GERNET, in *Bull. Soc. nat. Mosc.* (1859), 164. — REGN., in *Ann. sc. nat.*, sér. 4, XIV, 118 (*Caryophyllées*), 127 (*Amarantacées*), 133 (*Chénopodées*). — SOLERED., *Syst. Wert Holzstr. Dicot.*, 211 (*Amarantaceen*), 213 (*Chenopodiaceen*).

3. H. BN, in *Bull. Soc. Linn. Par.*, 636.

4. Nous n'avons de doute que pour les Leucastérées (p. 149) qui ont le style simple et qui relient les Chénopodiacées aux Nyctaginacées; mais l'étude de leur développement n'a pas encore, que nous sachions, été faite.

tandis que dans les Phytolaccacées, chaque carpelle est fermé et forme à lui seul une loge ovarienne indépendante. Il y a aussi quelques analogies entre les Chénopodiées et les Orties, surtout quant aux fleurs mâles dont le périanthe est unique et dont l'androcée est formé d'étamines arquées, plus ou moins engagées par l'anthère sous un rudiment central de gynécée. Mais les Orties n'ont qu'une feuille carpellaire et un ovule à micropyle dirigé directement en haut, et leur embryon n'est pas courbe comme celui des Chénopodiacées.

USAGES[1]. — Les Chénopodiées font partie des *Oleraceæ*[2], c'est-à-dire que ce sont souvent, les *Chenopodium* surtout, des herbes molles, aqueuses, sans saveur, émollientes, sans propriétés bien tranchées et qui peuvent servir de légumes, à la façon de l'Épinard commun[3] (fig. 177-182) et de quelques autres espèces ou variétés du même genre[4]. Tels sont principalement les *C. album* L., *viride* L., *ficifolium* SM., *opulifolium* SCHRAD., *arabicum* L., *urbicum* L., *hybridum* L., *intermedium* KOCH, *polyspermum* L., *rubrum* L., *capitatum*[5], et ceux qui, avec des plantes d'autres groupes, également riches en eau et à feuillage tendre, constituent ce qui se mange dans les colonies sous le nom commun de *Brèdes*[6]. Le *C. Bonus-Henricus*[7] (fig. 162-166) servait beaucoup jadis aux mêmes usages; on l'employait aussi dans la médecine populaire et il était cultivé dans ce but autour des habitations, près desquelles on le retrouve encore de nos jours. D'autres espèces sont riches en une essence odorante qui les rend stimulantes, digestives, anthelminthiques. Les plus connues sous ce rapport sont les *C. ambrosioides*[8], *anthelminthicum*[9], *Botrys*[10] et *caudatum* JACQ. Dans la

1. ENDL., *Enchirid.*, 182, 186. — LINDL., *Veg. Kingd.*, 510, 513. — ROSENTH., *Syn. pl. diaphor.*, 207, 1110. — GUIB., *Drog. simpl.*, éd. 7, II, 443. — H. BN, *Tr. Bot. méd. phanér.*, 1181.

2. ENDL., *Gen.*, 180, Cl. 27.

3. *Spinacia oleracea* L., *Spec.*, 1456. — MILL., *Dict.*, n. 1. — GREN. et GODR., *Fl. de Fr.*, III, 15. — *S. spinosa* MOENCH. (*Grand Épinard, Espinoches*).

4. Notamment le *S. glabra* MILL. (*Épinard de Hollande*) et le *S. tetrandra* STEV.

5. *Blitum capitatum* L., *Spec.*, 6. — *Morocarpus capitatus* MOENCH. (*Épinard-fraise, Arroche-fraise*). Les *B. virgatum* et *chenopodioides* ont les mêmes propriétés.

6. H. BN, in *Dict. enc. sc. méd.*, art. BRÈDES.

7. L., *Spec.*, 318. — H. BN, *Tr. Bot. méd. phanér.*, 1183, fig. 3071-3073. — *C. sagittatum* LAMK. — *Atriplex Bonus-Henricus* CR. — *Blitum Bonus-Henricus* MOQ., in *DC. Prodr.*, XIII, p. II, 84. — *Agathophyton Bonus-Henricus* MOQ., in *Ann. sc. nat.*, sér. 2, I, 291 (*Bon-Henri, Toute-bonne, Épinard sauvage, Sarron, Patte d'oie triangulaire*).

8. L., *Spec.*, 320. — *C. suffruticosum* W. — *C. variegatum* GOUAN. — *Atriplex ambrosioides* CR. — *Ambrina ambrosioides* SPACH. (*Thé du Mexique, Ambroisie*).

9. L., *Spec.*, 320. — H. BN, *Tr. Bot. méd. phanér.*, 1181. — *Atriplex anthelmintica* CR. — *Ambrina anthelmintica* SPACH. (*Ansérine vermifuge*).

10. L., *Spec.*, 320. — *Atriplex Botrys* CR. — *Botrydium aromaticum* SPACH. (*Herbe à printemps, Botrys, Piment*).

Vulvaire[1], l'essence est d'une odeur fétide de poisson pourri. Aussi cette plante a-t-elle été vantée comme stimulante, emménagogue, antispasmodique, antihystérique[2], et préconisée contre une foule de maladies. En Afrique, le *C. Baryosmum* SCHRAD. a une odeur et des propriétés analogues. Le *C. Quinoa*[3], originaire du Chili, est recherché pour ses graines alimentaires, riches en fécule. On a conseillé dans nos pays la culture de cette plante et celle du *C. erosum* R. BR., servant d'aliment aux Australiens. Les Arroches sont souvent potagères, principalement l'*Atriplex hortensis*[4] (fig. 176), diurétique, émollient, tinctorial, tandis que ses graines sont citées comme purgatives et vomitives. Les mêmes propriétés se retrouvent chez les *A. hastata* L., *laciniata* L., *latifolia* WAHL., *nitens* REB., *oblongifolia* W. et KIT., *patula* L., *tartarica* L. Les bourgeons des *A. rosea* L. et *Halimus* L. se confisent au vinaigre. Un grand nombre d'Amarantes sont alimentaires dans tous les pays du monde : les *Amarantus Blitum* L., *farinaceus* ROXB., *oleraceus* L., *tristis* L., *bicolor* NOCC., *hybridus* L., *prostratus* BALB. et une foule d'autres[5]. Les Salicornes sont comestibles. On confit chez nous au vinaigre les tiges et les rameaux du *Salicornia herbacea*[6] (fig. 189-194), ailleurs ceux des *S. procumbens* SM., *virginica* L., *prostrata* PALL., *fruticosa* THUNB., *indica* W., *brachiata* ROXB. et *radicans* SM. Ces plantes passent en outre pour antiscorbutiques, pectorales, tonifiantes. Les *Beta* sont alimentaires, notamment la Carde-Poirée[7], qui a les feuilles comestibles, émollientes, laxatives; elles servent à panser les exutoires et à traiter les brûlures, les panaris, etc. La Betterave[8] (fig. 168-175) a des feuilles adoucissantes; on mange surtout la racine de certaines variétés et l'on en cultive en grand certaines autres pour l'extraction d'un sucre qui est en Europe l'objet d'une industrie considérable. Les *B. maritima*, *nana*, *benghalensis* sont aussi des herbes alimentaires. Les propriétés

1. *Chenopodium Vulvaria* L., *Spec.*, 321. — GUIB., *loc. cit.*, 446. — H. BN, *Tr. Bot. méd. phanér.*, 1183. — *C. fœtidum* LAMK. — *C. olidum* CURT. — *Atriplex Vulvaria* CR. — (*Arroche puante, Herbe de bouc, Senicle, Olivaire*).

2. Probablement à cause de son odeur, due, a-t-on dit, à la présence de la propylamine, et d'autres (WERTHEIM) de la méthylamine. On y a trouvé (LASSAIGNE) du sous-carbonate d'ammoniaque, de l'azotate de potasse, une résine odorante, etc.

3. W., *Spec.*, 1301. — FEUILL., *Obs.*, t. 10. — *Bot. Mag.*, t. 3641.

4. L., *Spec.*, 1493. — MOQ., in *DC. Prodr.*, XIII, p. II, 91. — GREN. et GODR., *Fl. de Fr.*, III, 9 (*Arroche-épinard, Bonne dame, Erode, Arrode, Irible, Folette, Prude femme*).

5. ROSENTH., *op. cit.*, 215.

6. L., *Spec.*, 5. — GREN. et GODR., *Fl de Fr.*, III, 27. — *S. annua* SAUV. — *S. perennans* W. — *S. pygmæa* PALL. — *S. prostrata* PALL. (*Perce-pierre, Passe-pierre, Corail de mer*).

7. *Beta Cicla* L. — *B. alba* DC. — *B. vulgaris* DC. — *B. candida* DOD. (*Carde poirée, Betterave champêtre, B. sur terre, Blette, Jotte*).

8. *Beta vulgaris* L., *Spec.*, 322. — *B. alba, lutea, rubra, rosea, rapacea* des auteurs (*Réparée, Bette*).

médicinales deviennent plus accentuées dans la Camphrée de Montpellier [1], qui doit son nom à son odeur particulière et qui passe dans le Midi pour stimulante, diaphorétique, diurétique, antirhumatismale, antiasthmatique, etc. L'*Halocnemum fruticosum* Lk s'emploie comme vermifuge sur les bords de l'Adriatique. Le *Kochia scoparia* [2] (fig. 184, 185) passe en Allemagne pour carminatif, diurétique, dépuratif et antirhumatismal. En Espagne, les graines de l'*Anabasis tamariscifolia* L. sont usitées comme anthelminthiques, et en Orient, celles de l'*A. aphylla* L. s'emploient, comme les feuilles, au traitement des affections céphaliques. Cette plante sert, dit-on, en Perse, à blanchir le linge. Les *Achyranthes* [3] sont, dans les pays chauds, des plantes médicinales. L'*A. obtusifolia* passe dans l'Inde pour diurétique. A Madagascar, l'*A. globulifera* est usité comme antisyphilitique. On prescrit contre les hydropisies les *A. fruticosa* et *aspera* (fig. 221-223); ce dernier, légèrement astringent, en infusions contre les affections diarrhéiques. Dans l'Asie méridionale, l'*Alternanthera sessilis* (fig. 225, 226), plante d'ailleurs potagère, est préconisé comme stomachique. Dans l'Amérique du Sud, le *Philoxerus vermicularis* est comestible, stomachique et diurétique. Plusieurs *Gomphrena* sont vantés comme médicaments au Brésil : le *G. officinalis* y est une sorte de panacée; il sert au traitement des fièvres intermittentes, de la morsure des serpents et d'une foule d'affections. Le *G. macrocephala* A. S.-H. a des usages analogues. Dans l'Inde, le *G. hispida* est employé contre bien des maladies, notamment celles du cerveau. Aux Antilles, le *G. globosa* s'administre contre la toux et les angines. L'*Ærva lanata* sert dans l'Inde au traitement des maladies du poumon, et beaucoup d'autres Amarantées ont des usages analogues [4]. Les *Cyathula geniculata* Lour. et *globulifera* DC. sont dépuratifs et antisyphilitiques, de même que l'*Amarantus debilis* Poir. L'*A. caudatus* (fig. 217-221) passe pour astringent. L'*A. oleraceus* est une des *Brèdes* de l'Inde, de même que l'*A. spinosus*. Les anciens consacraient ces plantes au culte des morts. Aujourd'hui elles sont souvent ornementales, comme les Célosies, et ont parfois comme elles des inflorescences fasciées (fig. 227). Plusieurs d'entre elles sont riches en sels alcalins qui les rendent diurétiques et sudorifiques. C'est surtout aux Salicorniées et

1. L., *Spec.*, 178 (non Poll., nec Pall.). — Moq., in *DC. Prodr.*, XIII, p. II, 125. — Gren. et Godr., *Fl. de Fr.*, III, 26. — *C. perennis* Pall. — *Camphorata Monspeliensium* Cr.

2. Schrad., *N. Journ.* (1809), 85. — Gren. et Godr., *Fl. de Fr.*, III, 25. — *Chenopodium Scoparia* L., *Spec.*, 321. — *Salsola Scoparia* Bieb. — *S. songorica* Siev.

3. H. Bn, in *Dict. enc. sc. méd.*, XI, 448.

4. Rosenth., *Syn. pl. diaphor.*, 214.

aux Salsolées qu'on s'adresse pour l'extraction des alcalis. On cultive même à cet effet les *Salsola Soda*[1] (fig. 195-199) et *Kali*[2], qui contiennent des acétates, oxalates et citrates de soude. L'action du feu les convertit en carbonates et en sulfates. On emploie peu aujourd'hui ces soudes dites naturelles. On peut en extraire de beaucoup d'autres *Salsola*, de quelques Salicornes, des *Suæda*, des *Atriplex*, etc. Le *Salsola Tragus*[3] a été employé au traitement de la gravelle, à cause de ses sels de potasse et de chaux. Les Célosiées sont moins actives. Le *Celosia cristata* (fig. 227) est astringent, antidiarrhéique, emménagogue. Les *C. argentea* et *margaritacea* (fig. 229, 230) se prescrivent contre les blessures et les inflammations. Leurs graines servent à préparer des collyres. En Arabie, le *C. trigyna* est un des remèdes accrédités contre les cestoïdes. Aux Antilles, le *C. paniculata* L. est conseillé comme astringent contre les flux intestinaux. Le *Deeringia celosioides* R. Br. (fig. 230, 231) a une racine aromatique-amère, et ses feuilles astringentes s'appliquent sur les plaies. Le *Cladostachys muricata* DC. est digestif. Le *Basella rubra* (fig. 203-207) et ses variétés sont des plantes potagères; on a indiqué le *B. cordifolia* comme cathartique à Java. Les fruits du *B. rubra* servent à préparer un sirop rafraîchissant dans les fièvres. En Colombie, l'*Ullucus tuberosus* Loz. se mange comme légume. Ses tubercules ont été signalés comme succédanés de la pomme de terre; mais le rendement de la plante n'est pas considérable chez nous. Il en est de même de l'*Anredera baselloides*[4] (fig. 208-210), espèce assez souvent employée à garnir nos tonnelles, et dont les tubercules alimentaires ont été usités comme substitutifs du café; ses feuilles sont également potagères. On a dernièrement vanté ses tubercules comme médicament styptique énergique, propre à arrêter les hémorrhagies qui suivent l'accouchement.

1. L., *Spec.*, 323. — Gren. et Godr., *Fl. de Fr.*, III, 32. — H. Bn, *Tr. Bot. méd. phanér.*, 1185. — *S. longifolia* Lamk. — *Kali inermis* Mœnch. — *K. Soda* Scop. (*Salicor*, *Salicotte*, *Boncar*, *Herbe au verre*, *Salsovie*, *Marie vulgaire*).

2. L., *Spec.*, 322. — Ten., *Syll. Fl. nap.*, 124. — Moq., in *DC. Prodr.*, XIII, p. II, 187.

3. L., *Spec.*, 322. — *S. spinosa* Lamk. — *Kali Tragus* Scop. (variété, pour bien des auteurs, du *S. Kali*).

4. *Boussingaultia baselloides* H. B. K., *Nov. gen. et spec.*, VII, 196, t. 645 *bis*. — Moq., in *DC. Prodr.*, XIII, p. II, 228. — *Bot. Mag.*; t. 3620.

GENERA

I. CHENOPODIEÆ.

1. **Chenopodium** T. — Flores hermaphroditi v. polygami; receptaculo convexiusculo, plano v. breviter cupulari. Sepala 5, v. rarius 1-4, concava, nunc dorso incrassata v. subcarinata, circa fructum immutata v. excrescentia, sicca v. carnosa, imbricata. Stamina totidem opposita, hypogyna v. leviter perigyna; filamentis liberis v. ima basi connatis, incurvis, sub anthesi patulis; antheris introrsis, oblongis v. didymis, longitudinaliter 2-rimosis. Discus annularis v. sæpius 0. Germen ovoideum v. sæpius globosum depressumve, 1-loculare; styli brevis v. elongati lobis v. ramis 2-5, stigmatosis. Ovulum basilare sessile v. breviter funiculatum campylotropum; micropyle infera. Fructus perianthio plus minus inclusus, membranaceus v. carnosulus. Semen horizontale v. nunc erectum; integumento coriaceo v. sæpius crustaceo lævi; embryone plus minus complete annulari albumen copiosum farinaceum cingente; radicula infera v. lateraliter centrifuga cotyledonibus incumbente. — Herbæ annuæ v. perennes, nunc raro basi lignosæ, glabræ, glanduloso-pubentes v. sæpius furfuraceæ, nunc varie odoratæ; foliis alternis, sessilibus v. petiolatis, integris, sinuatis, dentatis, lobatis v. subpinnatifidis; stipulis 0; floribus glomerulatis; glomerulis axillaribus v. in spicas simplices ramosasve terminales dispositis. (*Orbis totius reg. temp. et calid.*) — *Vid. p.* 130.

2. **Roubieva** MOQ.[1] — Flores (fere *Chenopodii*) hermaphroditi v. polygami[2], 5-meri; calycis[3] gamophylli lobis 5, brevibus, valvatis. Stamina 5, oppositisepala; filamentis hypogynis crassis, margine nunc coalitis[4]; antherarum loculis ellipsoideis liberis, longitudinaliter

1. In *Ann. sc. nat.*, sér. 2, I, 292, t. 10; in *DC. Prodr.*, XIII, p. II, 80. — ENDL., *Gen.*, n. 1923. — B. H., *Gen.*, III, 52, n. 9.

2. Interdum abortu fœminei, ebracteati; calycis laciniis haud appendicalitis, demum coalitis (MOQ.).

3. In alabastro sub-5-goni rugosi.

4. Nec jure monadelphis.

rimosis. Germen liberum, 1-loculare; styli ramis 2-5, basi v. haud connatis; ovulo subbasilari adscendente brevissime funiculato; micropyle infera. Fructus siccus tenuiter membranaceus friabilis, calyce aucto nervato globoso v. elongato inclusus; seminis suberecti compressi, pericarpio contigui, embryone annulari albumen cingente; radicula infera. — Herbæ[1] ramosæ glanduloso-pubescentes; foliis alternis dentatis v. subpinnatifidis; floribus[2] axillaribus solitariis v. sæpius cymosis breviter pedicellatis. (*America calid.*[3])

3. **Aphanisma** NUTT.[4] — Flores hermaphroditi; sepalis 3, parvis obtusis haud accrescentibus. Stamen 1, hypogynum; filamento tenui; anthera brevi, 2-rimosa. Germen depressum; styli brevis ramis 3, subulatis recurvis; ovulo campylotropo subsessili. Fructus siccus, tenuiter crustaceus, 5-costatus. Semen lenticulare horizontale nitidum; embryonis annularis albumen copiosum cingentis radicula laterali. — Herba annua gracilis glabra prostrata; foliis alternis, breviter petiolatis, forma valde variis; floribus[5] solitariis. (*California*[6].)

4. **Monolepis** SCHRAD.[7] — Flores polygami (fere *Chenopodii*); sepalis 1-3, inæqualibus (v. nunc 0). Stamen 1; anthera didyma. Germen compressum, semen erectum cæteraque *Chenopodii*. — Herbæ annuæ glabræ v. furfuraceæ; foliis alternis; floribus glomerulatis, axillaribus v. in racemos dichotomo-divaricatos dispositis. (*America bor.-occ., Asia bor.-or.*[8])

5. **Cycloloma** MOQ.[9] — Flores polygamo-diœci v. monœci; receptaculo cupulari; perianthio horizontaliter expanso in alam pateriformem circa fructum excrescentem; lobis ovatis obtusis, dorso carinatis. Stamina 5, hypogyna; filamentis subulatis; antheris oblongis, 2-rimosis. Germen depressum lanatum; styli brevis lobis 3, brevibus. Ovulum 1, subsessile suberectum. Utriculus membranaceus. Semen

1. Odore ambrosiaco.
2. Parvis v. minimis, viridulis.
3. Spec. 2. FENZL, in *Mart. Fl. bras.*, V, I, 151, t. 48.
4. Ex MOQ., in *DC. Prodr.*, XIII, p. II, 54. — B. H., *Gen.*, III, 50, n. 5.
5. Viridulis, parvis.
6. Spec. 1. *A. blitoides* NUTT. — S.-WATS., *Bot. Calif.*, II, 45. — *Cryptanthus blitoides* NUTT. (ex MOQ.).
7. *Ind. sem. H. gœtt.* (1830); in *Linnæa*, VI, *Litt. Ber.*, 73. — C.-A. MEY., in *Bull. Ac. Petersb.*, II (1848), 131. — MOQ., in *DC. Prodr.*, XIII, p. II, 85. — ENDL., *Gen.*, 299. — B. H., *Gen.*, III, 50, n. 7.
8. Spec. 2. S.-WATS., *Bot. Calif.*, II, 49.
9. *Chenop. Enum.*, 17; in *DC. Prodr.*, XIII, p. II, 60. — ENDL., *Gen.*, n. 1929. — B. H., *Gen.*, III, 50, n. 6. — *Amoreuxia* MOQ., in *Soc. Hist. nat. Montpell.* (1826). — *Cyclolepis* MOQ., in *Ann. sc. nat.*, sér. 1, II, 203, t. 9, fig. A. — *Amorea* DEL., *Cat. H. monsp.* (1844, 1846).

horizontale nitidum (fuscatum); embryonis annularis albumen farinaceum cingentis radicula centrifuga. — Herba ramosa; foliis alternis petiolatis dentatis v. sinuatis; floribus[1] secus ramulos florigeros elongatos alterne glomerulatis v. solitariis; ramulis fructiferis elongatis centrifugis. (*America bor.*[2])

6. **Rhagodia** R. Br.[3] — Flores (fere *Chenopodii* v. potius *Oreobliti*) hermaphroditi v. unisexuales; sepalis 5, raro liberis v. plus minus alte connatis, imbricatis, herbaceis v. coriaceis, circa fructum haud v. plus minus auctis, aut patentibus, aut ad apicem fere clausis. Stamina 5, oppositisepala, v. 1-4, hypogyna; filamentis ima basi in annulum carnosum connatis; antherarum introrsarum inclusarum v. exsertarum loculis inferne liberis. Germen subglobosum; ovulo basilari campylotropo; styli ramis 2, 3, gracilibus, intus stigmatosis. Fructus baccatus globosus v. depressus[4]; seminis horizontalis testa crustacea; embryone annulari albumen farinaceum cingente. — Frutices v. rarius herbæ, sæpius furfuracei v. tomentelli; foliis alternis v. suboppositis, angustis v. ovatis, integris, sinuatis v. lobatis; floribus[5] in spicarum terminalium simplicium v. ramosarum axi glomerulatis v. cymulosis[6]. (*Australia*[7].)

7? **Lophiocarpus** Turcz.[8] — « Flores hermaphroditi; sepalis 5, herbaceis incurvis, persistentibus nec accretis. Stamina 5, perigyna; antheris oblongis subexsertis. Germen substipitatum; stylo fere a basi 3, 4-ramoso; ramis undique stigmatosis recurvis; ovulo campylotropo subsessili. Fructus drupaceus costatus; putamine crustaceo; embryonis annularis albumen cingentis radicula infera longa. — Fruticuli glabri, a basi ramosi; foliis alternis sessilibus integris carnosulis; floribus[9] in spicas terminales glomeruligeras dispositis, bracteatis et 2-bracteolatis; glomerulis 1-3-floris[10]. » (*Africa austr.*[11])

1. Parvis, viridibus.
2. Spec. 1. *C. platyphyllum* Moq. — *Salsola platyphylla* Michx, *Fl. bor.-amer.*, I, 174. — *S. radiata* Desf., in *Ann. Mus.*, II, t. 34. — *S. atriplicifolia* Spreng. — *Kochia atriplicifolia* Roth. — *K. dentata* W.
3. *Prodr.*, I, 408. — Moq., in *DC. Prodr.*, XIII, p. II, 49. — Endl., *Gen.*, n. 1932. — B. H., *Gen.*, III, 49, n. 3.
4. Basi calyce et androcæi pede munitus.
5. Viridulis, parvis v. minutis.
6. Affinitas cum *Deeringieis* haud dubia.
7. Spec. ad 12. Labill., *N. Holl.*, I, t. 96 (*Chenopodium*). — Hook. f., *Fl. tasman.*, I, 312; in *Hook. Lond. Journ.*, VII, 280 (*Chenopodium*). — Benth., *Fl. Austral.*, V, 151.
8. In *Bull. Mosc.* (1843), 55 (nec K.). — B. H., *Gen.*, III, 49, n. 4. — *Wallinia* Moq., in *DC. Prodr.*, XIII, p. II, 143.
9. Viridibus, parvis.
10. Genus *Phytolaccaceas* nonnihil referens.
11. Spec. 2.

8. **Hablitzia** BIEB.[1] — Flores hermaphroditi; receptaculo superne planiusculo. Sepala 5, herbacea, imbricata. Stamina totidem opposita; filamentis basi in annulum hypogynum connatis; antheris introrsis, 2-rimosis. Germen superum sessile, 1-loculare, in stylum apice recurvo-2, 3-lobum attenuatum; ovulo 1, subcampylotropo, summo funiculo basilari brevi inserto; micropyle infera. Fructus siccus, calyce stellatim patente stipatus, depressus, circumcissus. Semen horizontale nitidum (nigrum); embryonis annularis albumen farinaceum cingentis radicula centrifuga. — Herba perennis; caule subterraneo crasso; ramis annuis herbaceis scandentibus; foliis alternis petiolatis triangulari-cordatis acuminatis integris membranaceis; floribus[2] in racemos compositos pendulos cymigeros dispositis[3]. (*Reg. caucasica*[4].)

9. **Acroglochin** SCHRAD[5]. — Flores hermaphroditi; receptaculo cupulari membranaceo; perianthii foliolis 5, æqualibus v. inæqualibus acutiusculis, circa fructum patentibus. Stamina 1-3; filamentis dilatatis; antheris didymis, 2-rimosis. Germen subrhombeum; styli brevis ramis 2, brevibus subulatis; ovulo in funiculo brevi erecto. Utriculus pateriformis, demum circumcissus; semine horizontali lenticulari lævi (atrato); embryonis subannularis albumen farinaceum cingentis radicula infera. — Herba annua erecta; caule simplici v. parce ramoso; foliis alternis petiolatis inæquidentatis; floribus[6] axillaribus cymosis, ramulis sterilibus acerosis plerumque suffultis. (*India bor. mont.*, *China occ.*[7])

10. **Beta** T.[8] — Flores hermaphroditi; receptaculo plus minus concavo, basi demum indurato. Sepala 5, receptaculi margini inserta, nunc dorso costata, imbricata. Stamina 5, oppositisepala perigyna;

1. In *Mém. Soc. Mosc.*, V, 24; *Cent. pl. ross.*, t. 54; *Fl. taur.-caucas.*, III, 170. — ENDL., *Gen.*, n. 1935. — MOQ., in *DC. Prodr.*, XIII, p. II, 254. — B. H., *Gen.*, III, 49, n. 2. — *Hablizia* SPRENG., *Syst.*, I, 824.

2. Viridibus, parvis.

3. Genus ubique ob habitum anomalum, *Amaranteas* cum *Chenopodieis* connectens.

4. Spec. 1. *H. tamnoides* BIEB. — REICHB., *Iconogr.*, t. 754. — EICHW., *Pl. casp.-cauc.*, 34, t. 23.

5. *Cat. H. gœtt.* (1824), ex NEES. — MOQ., in *DC. Prodr.*, XIII, p. II, 253. — B. H., *Gen.*, III, 48, n. 1. — *Blitanthus* REICHB., *Cat. Hort. Dresd.* (1824), ex NEES. — *Lecanocarpus* NEES, *Amœn. Bonn.*, II, 4, t. 2. — ENDL., *Gen.*, n. 1934.

6. Parvis, viridibus.

7. Spec. 1. *A. chenopodioides* SCHRAD. — *A. persicarioides* MOQ. — *Blitanthus nepalensis* REICHB. — *Leconocarpus cauliflorus* NEES. — *Amarantus diandrus* SPRENG., *Syst.*, I, 927.

8. *Inst.*, 501, t. 286. — L., *Gen.*, n. 310. — J., *Gen.*, 85. — GÆRTN., *Fruct.*, I, t. 75. — LAMK, *Ill.*, t. 182. — NEES, *Gen. Fl. germ.*, *Monochl.*, n. 67. — MOQ., in *DC. Prodr.*, XIII, p. II, 54. — ENDL., *Gen.*, n. 1924. — PAYER, *Organog.*, 310, t. 66; *Leç. Fam. nat.*, 34. — B. H., *Gen.*, III, 52, n. 10.

filamentis sæpius et basi connatis; antherarum introrsarum loculis 2, inferne liberis, introrsum rimosis. Germen ex parte inferum et receptaculi margine nunc disciformi cinctum; styli brevis ramis 2, 3, intus stigmatosis. Ovulum 1, basilare, subsessile, campylotropum, obliquum v. horizontale. Fructus receptaculo ex parte adnatus et calyce indurato clauso inclusus, superne incrassatus v. carnosus. Semen 1, horizontale, orbiculare v. reniforme, nunc hinc rostellatum, læve; embryonis annularis albumen farinaceum cingentis radicula laterali. — Herbæ glabræ, annuæ, biennes v. perennes succulentæ; radice incrassato lignoso v. carnoso; foliis alternis; floribus in axilla foliorum v. bractearum spicæ terminalis simplicis v. ramosæ solitariis v. glomerulatis, 2-bracteolatis. (*Europa*, *Africa bor.*, *Asia temp.* [1])

11. **Oreobliton** DUR. et MOQ. [2] — Flores hermaphroditi; receptaculo convexiusculo. Sepala 5, 6, sub fructu persistentia et stellatim patentia, basi demum indurata. Stamina totidem hypogyna; filamentis basi dilatatis, apice acutatis; antheris ovatis introrsis, 2-rimosis. Germen sessile; stylo mox in ramos 2 subulatos papilligeros diviso. Ovulum basilare subsessile campylotropum. Fructus globosus v. depressus crustaceus. Semen horizontale læve; embryone annulari albumen farinaceum cingente; cotyledonibus planiusculis; radicula centrifuga. — Herba humilis ramosa glabra; caudice crasso lignoso tortuoso; foliis alternis ovatis v. subrhombeis integris; floribus in axillis solitariis v. ramulis axillaribus parvis insertis [3]. (*Algeria* [4].)

12. **Bosia** L. [5] — Flores diœci; sepalis masculorum 5, concavis, imbricatis. Stamina 5, opposita, disco hypogyno 5-crenato inserta; filamentis subulatis; antheris introrsis, versatilibus, 2-rimosis. Germen rudimentarium aut pyramidatum, aut gynæceo fœmineo forma analogum, effœtum. Calyx fœmineus ut in mare. Staminodia 5, v. minus. Discus 10-lobus. Germen ovoideum; styli ramis 3, subulatis recurvis, intus stigmatosis; ovulo 1, campylotropo, summo funiculo basilari

1. Spec. 5, 6, valde variab. SIBTH., *Fl. græc.*, t. 254. — WALDST. et KIT., *Pl. hung. rar.*, t. 35. — WEBB, *Phyt. canar.*, III, t. 201, 202. — WILLK. et LGE, *Prodr. Fl. hisp.*, I, 274. — BOISS., *Fl. or.*, IV, 808. — GREN. et GODR., *Fl. de Fr.*, III, 15. — WALP., *Ann.*, I, 565; III, 302, 926; V, 727.

2. In *Rev. bot.*, II, 428; *Expl. Alg.*, t. 79; in *Bull. Soc. bot. Fr.*, II, 367. — MOQ., in *DC. Prodr.*, XIII, p. II, 62. — B. H., *Gen.*, III, 52, n. 11.

3. Flores fere *Betæ*; calyce tenuiore hypogyno Genus *Betam* cum *Rhagodia*, *Bosia* et *Rodetia* simul connectens.

4. Spec. 1, variabilis. *O. thesioides* DUR. et MOQ. — *O. chenopodioides* COSS. et DUR.

5. *H. Cliff.*, 84; *Gen.*, 123 (*Bosea*). — J., *Gen.*, 84. — GÆRTN., *Fruct.*, I, 376, t. 77. — LAMK, *Ill.*, t. 182. — MOQ., in *DC. Prodr.*, XIII, p. II, 87 (part.). — ENDL., *Gen.*, n. 1854. — B. H., *Gen.*, III, 26, n. 7.

brevi inserto. Fructus globosus carnosulus, perianthio bracteisque basi stipatus. Semen erectum; embryone annulari albumen copiosum farinaceum[1] cingente; cotyledonibus oblongis foliaceis membranaceis; radicula infera. — Frutices[2] erecti glabri ramosi; foliis alternis petiolatis ovato-lanceolatis, persistentibus[3]; floribus[4] in racemos v. spicas terminales et axillares dispositis; pedicellis bracteatis, basi articulatis; bracteolis sub flore 2, 3[5]. (*Ins. canar.*, *Cypria*[6].)

13. **Achatocarpus** TRI.[7] — Flores diœci; calycis herbacei sepalis 5, obtusis concavis, arcte imbricatis, persistentibus. Stamina in flore masculo ∞ (10-25); filamentis gracillimis ima basi connatis, circa receptaculum minutum prominulum insertis; antheris oblongis, 2-fidis, in alabastro summo filamento reflexis et ab eo pendulis, ibi extrorsis; loculis linearibus parallelis, longitudinaliter rimosis. Germen in flore fœmineo sessile oblongum compressum, 1-loculare; stylis 2, summo germini remotiuscule insertis, reflexis v. recurvis, inferne intus stigmatosis. Ovulum 1, basilare, erectum; funiculo brevi. Fructus baccatus[8] compressus, stylorum basibus discretis apiculatus. Semen erectum lenticulare læve (nigricans); embryonis annularis albumen farinaceum cingentis radicula infera. — Arbusculæ v. frutices[9] glabri v. puberuli; ramulis nunc spinescentibus; foliis alternis petiolatis integris; floribus in racemos simplices v. ramosos dispositis; pedicellis articulatis et sub flore bracteam bracteolasque sæpius 2 parvas gerentibus[10]. (*America utraque contr. et austr. extratrop.*[11])

14. **Atriplex** T.[12] — Flores polygami, monœci v. diœci; masculorum sepalis 3-5, obtusis, imbricatis v. subvalvatis. Stamina totidem; filamentis hypogynis liberis v. basi connatis; antheris introrsis didymis, 2-rimosis. Germen rudimentarium v. 0. Flores fœminei 2-morphi[13],

1. « Carnosum » (B. H.).
2. Odore nunc nauseoso.
3. Siccitate nigricantibus.
4. Viridulis, parvis.
5. Genus hinc *Oreoblito*, inde *Rhagodiæ* et *Rodetiæ* valde affine.
6. Spec. 2. JACQ. F., *Ecl.*, t. 25. — WEBB, *Phyt. canar.*, 267.
7. In *Ann. sc. nat.* sér. 4, IX, 45. — B. H., *Gen.*, III, 26, n. 8.
8. Albus.
9. Siccitate nigrescentes.
10. Genus a *Bosia* haud procul sejungendum, *Amaranteas* cum hac serie connectens.
11. Spec. 3, 4. GRISEB., *Symb. Fl. argent.*, 31.
12. *Inst.*, 505, t. 286. — L., *Gen.*, n. 1153. — J., *Gen.*, 85. — GÆRTN., *Fruct.*, t. 75. — LAMK, *Dict.*, I, 273; Suppl., I, 469; *Ill.*, t. 853. — NEES, *Gen. Fl. germ.*, *Monochl.*, n. 63. — SPACH, *Suit. à Buffon*, t. 68. — ENDL., *Gen.*, n. 1912. — MOQ., *Chenop. Enum.*, 50; in *DC. Prodr.*, XIII, p. II, 90. — PAYER, *Leç. Fam. nat.*, 37. — WESTERL., in *Linnæa* (1876), 135, c. t. 4. — B. H., *Gen.*, III, 53, n. 14. — *Obione* GÆRTN., *Fruct.*, II, 198, t. 126. — MOQ., *loc. cit.*, 106. — *Halimus* WALLR., *Sched. crit.*, 117. — NEES, *loc. cit.*, n. 64. — *Theleophyton* MOQ., *loc. cit.*, 115. — *Endolepis* TORR., in A. *Gray Stev. Exped. Bot.*, 47, t. 3.
13. H. BN, in *Bull. Soc. Linn. Par.*, 643.

calyce aut masculorum, aut e foliolis[1] constans 2, liberis v. basi connatis, integris v. varie dentatis incisisve, nunc (*Pterochiton*[2]) alatis et circa fructum inclusum persistentibus accretisque. Germen ovoideum v. depressum; styli ramis 2, gracilibus v. subulatis stigmatosis. Ovulum 1, basilare, erectum, obliquum v. horizontale, campylotropum; funiculo brevi. Fructus membranaceus. Semen erectum, obliquum v. horizontale, crustaceum v. coriaceum; embryonis annularis albumen farinaceum cingentis radicula descendente, adscendente v. laterali[3]. — Herbæ v. frutices, sæpe furfuracei v. lepidoti; foliis alternis v. oppositis, sessilibus v. petiolatis, integris v. hastatis, sinuatis dentatisve; floribus[4] glomerulatis; glomerulis 1-v. 2-sexualibus, aut axillaribus, aut sæpius in ramulis spicarum simplicium v. compositarum dispositis. (*Orbis totius reg. temp. et calid.*[5])

15? **Exomis** FENZL.[6] — Flores (*Atriplicis*) polygami v. monœci; masculorum sepalis 5, concavis. Stamina totidem opposita; filamentis basi connatis incurvis; antheris subdidymis exsertis. Germen rudimentarium minutum v. 0. Floris fœminei sepala 2[7], v. rarius 3; tertio minuto, inæqualia, haud accrescentia. Germen ovoideum compressum; styli ramis 2, 3; ovulo subsessili campylotropo. Fructus compressus membranaceus furfuraceus; semine erecto subgloboso nitidoque; embryone circa albumen densum annulari; radicula infera. Cætera *Atriplicis*[8]. — Frutex furfuraceus, dichotome ramosus; foliis alternis sessilibus, ovato-lanceolatis v. hastatis; floribus in glomerulos ad folia suprema axillares et in spicas terminales densas aggregatos dispositis; fœmineis (dum adsint) in glomerulo centralibus; bracteis forma longitudineque valde variis. (*Africa austr., ins. S. Helenæ*[9].)

16. **Axyris** L.[10] — Flores monœci; masculorum sepalis 2-5, subhyalinis, imbricatis v. subvalvatis. Stamina totidem opposita cen-

1. « Bracteolis » (MOQ. — B. H.).
2. TORR., in *Frem. Rep.*, 318.
3. Nunc basi sub pericarpio tenui et seminum integumentis prominula.
4. Viridulis, lutescentibus v. purpureis.
5. Spec. ad 80-90. WALDST. et KIT., *Pl. rar. hung.*, t. 103, 221, 250. — SIBTH., *Fl. græc.*, t. 963. — LEDEB., *Fl. ross.*, III, 715; *Icon.*, t. 41, 43, 46. — BENTH., *Fl. austral.*, V, 156. — HOOK. F., *Fl. tasm.*, I, 315, t. 95 (*Theleophyton*); *Fl. brit. Ind.*, V, 6. — WIGHT, *Icon.*, t. 1787. — BOISS., *Fl. or.*, IV, 906. — DEL., *Fl. Eg.*, t. 52. — BGE, in *Act. petrop.*, V, 642; X, *Mél. biol.*, 280. — S.-WATS., in *Proc. Amer. Acad.*, IX, 103; *Bot. Calif.*, II, 50. — COLLA, *Pl. rar. chil.*, t. 49. — C. GAY, *Fl. chil.*, V, 239. — SCHKUHR, *Handb.*, t. 347-350. — TEN., *Fl. nap.*, t. 249. — *Fl. dan.*, t. 1284-1287, 1638, 2226, 2466. — REICHB., *Iconogr. eur.*, t. 16. —WILLK. et LGE, *Prodr. Fl. hisp.*, I, 267.— GREN. et GODR., *Fl. de Fr.*, III, 9.
6. Ex MOQ., *Chenop. Enum.*, 49; in *DC. Prodr.*, XIII, p. II, 89 (part.). — ENDL., *Gen.*, n. 1911[1]. — B. H., *Gen.*, III, 53, n. 13.
7. Bracteæ (B. H.).
8. Cujus forte potius subgenus.
9. Spec. 1. *E. axyrioides* FENZL.
10. *Gen.*, n. 1047. — MOQ., in *DC. Prodr.*, XIII, p. II, 116 (part.). — ENDL., *Gen.*, n. 1913. — B. H., *Gen.*, III, 56, n. 19.

tralia; filamentis tenuibus; antheris didymis, 2-rimosis, demum exsertis. Floris fœminei sepala 3, 4, inæqualia, demum scarioso-incrassata. Germen sessile compressum[1]; stylo erecto mox in ramos 2, tenues, plerumque longissimos, papilligeros, erectos, diviso. Ovulum sessile campylotropum. Fructus calyce inclusus, obcuneatus v. obovoideus, alis brevibus v. cristis 2 coronatus, membranaceus striatus, indehiscens. Semen erectum compressum; embryone hippocrepico albumen granulosum cingente; cotyledonibus angustis; radicula infera. — Herbæ annuæ; indumento stellato; foliis alternis breviter petiolatis integris; floribus[2] masculis plerumque in spicas terminales glomeruligeras dispositis, rarius subsolitariis; fœmineis axillaribus, solitariis v. cymosis paucis, nunc masculis immixtis[3]. (*Asia centr. et bor.*, *America bor.-occ.*[4])

17. **Spinacia** T.[5] — Flores polygamo-diœci; masculorum sepalis 4, 5, oblongis obtusis, imbricatis. Stamina totidem opposita, receptaculi brevis margini cum perianthio inserta; filamentis gracilibus; antheris exsertis, didymis, introrsum 2-rimosis. Germen rudimentarium sæpius 0. Floris fœminei receptaculum concaviusculum; perianthii (?) foliolis 2, margini receptaculi insertis, æqualibus v. inæqualibus, basi connatis. Germen imo receptaculo insertum, 1-loculare; ovulo 1, basilari campylotropo; styli ramis 4, 5, undique papillosis. Fructus siccus compressus membranaceus, perianthii foliolis induratis cartilagineis, inermibus v. paucispinosis, inclusus. Semen erectum turgidum, basi radicula rostellatum; embryonis annularis albumen farinaceum cingentis radicula infera prominula. — Herbæ annuæ glabræ; foliis alternis, hastatis v. 3-angulari-ovatis, integris v. sinuato-dentatis; floribus in spicas interrupte glomeruligeras dispositis; fœmineis sæpius axillaribus. (*Oriens*[6].)

18. **Eurotia** ADANS.[7] — Flores 1-sexuales; masculorum sepalis 4, concavis exappendiculatis obtusis, nunc hyalinis, imbricatis. Stamina

1. Sub stylo minute 2-dentato.
2. Viridulis v. lutescentibus, minutis.
3. Genus *Camphorosmearum* (B. H.).
4. Spec. ad 5. SCHKUHR, *Handb.*, t. 285 *b*. — GMEL., *Fl. sibir.*, III, t. 3, 4. — FENZL, in *Ledeb. Fl. ross.*, III, 712. — BGE, in *Bull. Ac. Pétersb.*, X, *Mél. biol.*, 279.
5. *Inst.*, 533, t. 108. — L., *Gen.*, n. 1112. — ADANS., *Fam. des pl.*, II, 260. — J., *Gen.*, 85. — LAMK, *Ill.*, t. 814. — GÆRTN., *Fruct.*, II, 126. — NEES, *Gen. Fl. germ.*, *Monochl.*, n. 66. — ENDL., *Gen.*, n. 1920. — MOQ., in *DC. Prodr.*, XIII, p. II, 117. — SCHKUHR, *Handb.*, t. 324. — PAYER, *Leç. Fam. nat.*, 36. — B. H., *Gen.*, III, 53, t. 12.
6. Spec. ad 5. WIGHT, *Icon.*, t. 818. — FENZL, in *Ledeb. Fl. ross.*, III, 711. — BOISS., *Fl. or.*, IV, 905. — WILLK. et LGE, *Prodr. Fl. hisp.*, I, 263. — GREN. et GODR., *Fl. de Fr.*, III, 15.
7. *Fam. des pl.*, II, 260. — ENDL., *Gen.*, n.

totidem centralia; filamentis gracilibus; antheris (majusculis) sæpe didymis, exsertis, 2-rimosis. Floris fœminei nudi germen ellipsoideum compressum; styli ramis 2, filiformibus papillosis. Ovulum 1, sessile campylotropum. Fructus bracteis inclusus membranaceus compressus; semine erecto compresso, basi rostellato; embryonis[1] verticalis hippocrepici cotyledonibus angustis v. latis; radicula infera acutata. — Herbæ v. fruticuli, lanuginosi v. stellato-tomentosi; foliis alternis v. fasciculatis integris, sessilibus v. breviter petiolatis; floribus masculis in spicas densas congestis; bracteis bracteolisque 0; fœmineis axillaribus et stipatis bracteis[2] 2 connatis, circa fructum in saccum clausum accretis, coriaceis reticulato-venosis, apice 2-cornutis, extus longe sericeis; sacco nunc demum longitrorsum 4-valvi. (*Rossia austr.*, *Asia centr. et occ.*, *India bor.*, *America bor.-occid.*[3])

19. **Grayia** Hook. et Arn.[4] — Flores monœci v. sæpius diœci; masculorum sepalis 4, 5, exappendiculatis. Stamina totidem imo receptaculo depresse discifero inserta; antheris (majusculis) didymis, inclusis. Germen rudimentarium minutum v. 0. Germen in flore fœmineo asepalo nudum, 1-loculare; styli ramis 2 filiformibus; ovulo erecto campylotropo. Fructus membranaceus; seminis erecti embryone annulari albumen farinaceum cingente; radicula infera. — Frutices ramosi erecti, furfuracei v. subglabrati, nunc spinescentes; foliis alternis integris carnosulis; floribus masculis in amentis ad ramulos terminalibus glomerulatis, pedicellatis; fœmineis racemosis, 2-bracteolatis; bracteolis in saccum majusculum orbiculari-compressum late 2, 3-alatum, utrinque 2-lobum et reticulato-venosum fructumque includentem, accretis. (*America bor.-occid.*[5])

20? **Suckleya** A. Gray.[6] — Flores monœci; masculorum sepalis 3, 4, quorum majora 2, opposita spathulata. Stamina totidem; filamentis brevibus complanatis; antheris didymis. Germen rudimentarium

1911. — Moq., in *DC. Prodr.*, XIII, p. II, 120. — B. H., *Gen.*, III, 55, n. 65. — *Diotis* Schreb., *Gen.*, 633. — Nees, *Gen. Fl. germ.*, *Monochl.*, n. 65. — *Krascheninnikovia* Gueldenst., in *N. Comm. petrop.*, XVI, 548, t. 17. — *Ceratospermum* Pers., *Syn.*, II, 551.

1. In speciebus asiaticis albi, in californicis viridis (S.-Wats.).

2. An bracteolæ laterales?

3. Gærtn., *Fruct.*, II, 210, t. 128 (*Axyris*). — Lamk, *Ill.*, t. 753, fig. 1 (*Axyris*). — Jacq., *Icon. rar.*, t. 189 (*Axyris*). — S.-Wats., *Bot. Calif.*, II, 55. — Bge, in *Bull. Ac. Pét.*, X, *Mél. biol.*, 281. — Boiss., *Fl. or.*, IV, 917.

4. *Beech. Voy. Bot.*, 387. — Moq., in *DC. Prodr.*, XIII, p. II, 119. — Endl., *Gen.*, n. 1915. — B. H., *Gen.*, III, 54, n. 15.

5. *Spec.* 2. Hook., *Icon.*, t. 271. — A. Gray, in *Proc. Amer. Acad.*, XI, 101. — S.-Wats., *Rev. Chenop.*, 122; *Bot. Calif.*, II, 56.

6. In *Proc. Amer. Acad.*, XI, 103. — B. H., *Gen.*, III, 54, n. 16.

conicum. Floris fœminei perianthium (?) 2-foliolatum ; foliolis conduplicatis, inferne connatis, circa fructum dorso anguste crenulato-alatis. Germen compressum, 1-loculare ; ovulo e summo funiculo elongato descendente ; stylis ramis 2, brevibus gracilibus. Fructus theca (e foliolis 2 constante) inclusus, membranaceus compressus. Semen inversum compressum (brunneum) ; embryonis subannularis v. hippocrepici albumenque copiosum cingentis radicula supera. — Herba carnosula furfuracea ; foliis alternis petiolatis repando-dentatis ; floribus axillaribus glomeratis ; masculis in ramulis superioribus. (*America bor. mont. occid.*[1])

21. **Ceratocarpus** L.[2] — Flores monœci ; masculorum calycis infundibularis foliolis 2, obtusis glabris hyalinis. Stamen 1, inclusum ; filamento brevi ; anthera didyma magna, 2-rimosa. Germen in flore fœmineo minutum ; ovulo basilari sessili campylotropo ; styli ramis 2, gracillimis, undique papillosis. Fructus caryopsoideus compressus membranaceus, apice setosus, sacco[3] gamophyllo obtriangulari compresso clauso coriaceo et spinis 2 obliquis rigidis coronato inclusus. Semen erectum, pericarpium implens ; embryone (viridi) verticali hippocrepico albumen parcum cingente ; radicula infera. — Herba annua stellatim puberula, dichotome ramosa ; ramulis divaricatis ; ultimis sæpe acicularibus ; foliis alternis elongatis, apice spinescentibus, demum rigidis pungentibus ; floribus axillaribus ; masculis solitariis v. glomerulatis ; fœmineis solitariis. (*Asia occid.*[4])

22. **Corispermum** A. J.[5] — Flores hermaphroditi ; calycis hyalini v. scariosi laciniis 1-3, inæqualibus ; postico majore. Stamina 1-5 ; filamentis hypogynis ; antheris introrsis, 2-locularibus, exsertis. Germen sessile compressum, 1-loculare ; styli ramis 2, subulatis v. recurvis. Ovulum 1, subsessile erectum campylotropum. Fructus (caryopsoideus) valde compressus, marginatus v. alatus ; seminis erecti embryone annulari albumen copiosum cingente ; radicula infera. —

1. Spec. 1. A. GRAY, *loc. cit.* ; *Slev. Exped. Bot.*, 47, t. 4 (*Obione*). — S.-WATS., in *Proc. Amer. Acad.*, IX, III (*Atriplex*).

2. *Gen.*, n. 1035. — GÆRTN., *Fruct.*, II, t. 127. — LAMK, *Ill.*, t. 741. — ENDL., *Gen.*, n. 1910. — MOQ., in *DC. Prodr.*, XIII, p. II, 121. — B. H., *Gen.*, III, 55, n. 18. — *Ceratoides* T., *Inst.*, *Coroll.*, 52.

3. E bracteis (?) 2 constante.

4. Spec. 1. *C. arenarius* L. — LEDEB., *Fl. ross.*, 739. — BGE, in *Bull. Ac. Pét.*, X, *Mél. biol.*, 281. — BOISS., *Fl. or.*, IV, 918.

5. In *Act. Ac. Par.* (1712), t. 10. — L., *Gen.*, n. 12. — GÆRTN., *Fruct.*, t. 75. — LAMK, *Dict.*, II, 110 ; *Ill.*, t. 5. — ENDL., *Gen.*, n. 1951. — MOQ., in *DC. Prodr.*, XIII, p. II, 140. — NEES, *Gen. Fl. germ.*, *Monochl.*, n. 74. — B. H., *Gen.*, III, 57, n. 24.

Herbæ annuæ; foliis alternis sessilibus angustis integris; floribus[1] in spicas terminales dispositis, inter axin et bracteam latiorem compressis[2]. (*Europa austr.*, *Asia centr.*, *occid. et orient.*, *America bor.-occid.*[3])

23. **Anthochlamys** FENZL[4]. — Flores hermaphroditi; sepalis 4, 5, hyalinis, nunc 2-lobis, tenuiter 1-nerviis v. enerviis. Stamina 5, vix perigyna; antheris oblongis, introrsum 2-rimosis. Germen orbiculare compressum; styli lobis 2, crassis obtusis. Ovulum basifixum subsessile. Fructus verticaliter compressus orbicularis, margine circumcirca alatus, siccus, perianthio haud aucto basi munitus. Semen erectum orbiculare; embryonis albumen farinaceum cingentis radicula infera. — Herba annua[5] ramosa glabra; foliis alternis paucis sessilibus forma valde variis; floribus parvis in spicas terminales graciles dispositis, ebracteolatis. (*Persia*, *Reg. caucas.*[6])

24. **Agriophyllum** BIEB.[7] — Flores hermaphroditi; sepalis 5, valde inæqualibus, membranaceo-scariosis, haud accrescentibus, imbricatis. Stamina 1-5, opposita, hypogyna; filamentis complanatis; antheris oblongis, introrsum 2-rimosis. Germen compressum, apice sub styli basi alis 2 membranaceis coronatum; styli crassiusculi ramis 2, recurvis et intus stigmatiferis. Ovulum 1, basilare subsessile campylotropum. Fructus suborbicularis v. oblongus compressus chartaceus, stylo persistente rigido et ala coriacea 2-spinosa coronatus v. cinctus; pericarpio nunc demum rupto. Semen erectum; embryonis erecti albumenque copiosum cingentis radicula infera. — Herbæ annuæ ramosæ rigidæ glabræ v. stellato-tomentellæ; foliis alternis pungentibus; floribus in spicas parvas sæpius laterales dispositis, in axillis bractearum spinescentium sessilibus, ebracteolatis. (*Asia centr. et occid.*[8])

1. Virescentibus v. luteolis, parvis.

2. Genus seriem cum *Salicorniei*s connectens.

3. Spec. 5, 6 (descr. ultra 15). PALL., *Fl. ross.*, t. 98. — SIBTH., *Fl. græc.*, t. 1. — S.-WATS., *Bot. Calif.*, II, 56. — HOOK. F., *Fl. brit. Ind.*, V, 9. — BOISS., *Fl. or.*, IV, 929. — GREN. et GODR., *Fl. de Fr.*, III, 26. — WALP., *Ann.*, V, 732.

4. In *Endl. Gen.*, n. 1952. — MOQ., in *DC. Prodr.*, XIII, p. II, 142. — B. H., *Gen.*, III, 58, n. 25.

5. Adspectu *Polygalarum* nonnullarum.

6. Spec. 1. *A. polygaloides* FENZL. — JAUB. et SP., *Ill. pl. or.*, III, t. 299. — BOISS., *Fl. or.*, XXV, IV, 931. — *Corispermum polygaloides* F. et MEY. — *Celosia spicata* ANDR.

7. *Fl. taur.-cauc.*, III, 6, not. — ENDL., *Gen.*, n. 1950. — MOQ., in *DC. Prodr.*, XIII, p. II, 139. — B. H., *Gen.*, III, 58, n. 26.

8. Spec. 4. VAHL, *Enum.*, I, 17, n. 4 (*Corispermum*). — LAMK, *Dict.*, IV, 756, n. 15 (*Eryngium*). — PALL., *Fl. ross.*, t. 99 (*Corispermum*). — BGE, in *Bull. Ac. Pét.*, X, *Mél. biol.*, 283. — BOISS., *Fl. or.*, IV, 928. — WALP., *Ann.*, V, 731.

25. **Kochia** ROTH.[1] — Flores hermaphroditi v. polygami; calyce cupulari, urceolato v. subgloboso; lobis 5, incurvis, post anthesin coriaceis, dorso v. demissius in alas membranaceas scariosasve, distinctas v. nunc confluentes (*Maireana*[2]), horizontaliter productis. Stamina 5, hypogyna; antheris oblongis v. didymis, 2-rimosis, exsertis. Germen latum sessile; ovulo 1, basilari subsessili campylotropo; stylo sæpius gracili; ramis 2, 3, undique stigmatosis. Fructus calyce inclusus, membranaceus v. superne coriaceus. Semen horizontale, sæpe hinc rostellatum; embryonis annularis (viridis) albumen sæpius parcum cingentis radicula plerumque centrifuga. — Herbæ nunc frutescentes v. fruticuli, glabri v. multo sæpius indumento vario; foliis alternis v. suboppositis sessilibus, sæpe linearibus, raro planis carnosulis, integris; floribus axillaribus sessilibus, solitariis vel glomerulatis; bracteolis lateralibus 2, forma variis. (*Orbis totius reg. temp. et calid.*[3])

26. **Bassia** ALL.[4] — Flores hermaphroditi v. polygami (fere *Kochiæ*); calyce circa fructum persistente et aucto, globoso, depresse orbiculari v. subturbinato, glabro v. sæpius varie induto; lobis dorso nudis v. sæpius in cornua v. spinas dorsales patentes productis. Fructus calyce inclusus. Semen horizontale, nunc rostellatum; albumine parco. Cætera *Kochiæ*. — Herbæ annuæ v. sæpius perennes basive lignosæ, v. fruticuli varie induti; foliis alternis sessilibus integris; floribus axillaribus sessilibus, solitariis v. glomerulatis, 2-bracteolatis[5]. (*Europa med., Africa bor. et austr., Asia temp., Australia, America bor.*[6])

1. In *Schrad. Journ.*, I, 307, t. 2. — NEES, *Gen. Fl. germ., Monochl.*, n. 59 (part.). — ENDL., *Gen.*, n. 1928. — MOQ., in *DC. Prodr.*, XIII, p. II, 130. — B. H., *Gen.*, III, 60, n. 31. — *Sclerochlamys* F. MUELL., in *Trans. Phil. Inst. Vict.*, II, 76.

2. MOQ., in *Ann. sc. nat.*, sér. 2, XV, 96, t. 13; in *DC. Prodr.*, XIII, p. II, 129. — ENDL., *Gen.*, n. 1956[2].

3. Spec. ad 30. JACQ., *Fl. austr.*, t. 294 (*Salsola*). — ALL., *Fl. pedem.*, II, 108, t. 38 (*Chenopodium*). — PALL., *Ill. pl.*, t. 10, 11 (*Salsola*). — W. et KIT., *Pl. rar. hung.*, t. 78 (*Salsola*). — GUSS., *Enum. pl. Inar.*, t. 13. — WIGHT, *Icon.*, t. 1791. — BENTH., *Fl. Austral.*, V, 183. — S.-WATS., *Bot. Calif.*, II, 45. — HOOK. F., *Fl. brit. Ind.*, V, 10. — BOISS., *Fl. or.*, IV, 922. — WILLK. et LGE, *Prodr.*, I, 264. — GREN. et GODR., *Fl. de Fr.*, III, 24. — WALP., *Ann.*, I, 567; III, 303.

4. *Misc. taur.*, III (1766), 177, t. 4, fig. 2 (nec L.). — *Chenolea* THUNB., *Nov. gen.*, 10. — MOQ., in *DC. Prodr.*, XIII, p. II, 129. — ENDL., *Gen.*, n. 1926[1]. — B. H., *Gen.*, III, 59, n. 30. — *Willemetia* MÆRCKL., in *Schrad. Journ. bot.*, I, 329. — MOQ., in *Ann. sc. nat.*, sér. 2, I, 206, t. 9. — *Londesia* F. et MEY., *Ind. 2 sem. H. petrop.*, 40. — *Echinopsilon* MOQ., in *Ann., sc. nat.*, sér. 2, II, 127; in *DC. Prodr.*, XIII, p. II, 134 (part.). — *Eriochiton* F. MUELL., *Sec. gen. Rep.*, 15.

5. An potius *Kochiæ* sectio?

6. Spec. ad 20. PALL., *Ic. pl.*, t. 32-38, 45, 46 (*Suæda*). — WALDST. et KIT., *Pl. rar. hung.*, t. 106 (*Salsola*). — WEBB, *Phytogr. canar.*, t. 200. — BENTH., *Fl. Austral.*, V, 189. — F. MUELL., *Fragm. phyt. Austral.*, X, 91. — HOOK. F., *Fl. brit. Ind.*, V, 9. — BOISS., *Fl. or.*, IV, 922; 925 (*Kochiæ* sect. *Bassia*). — WALP., *Ann.*, V, 929 (*Echinopsilon*).

27. **Didymanthus** ENDL.[1] — Flores (fere *Kochiæ*) hermaphroditi v. polygami ; calycis tubo cylindrico coriaceo ; lobis parvis 4, 5, incurvis, imbricatis ; singulis ala dorsali ampla obovata reticulato-venosa patula auctis. Stamina 5, v. rarius 3, 4 ; filamentis compressis hypogynis ; antheris oblongis, tubo inclusis. Germen subovoideum ; styli ramis 2, papillosis ; ovulo summo funiculo erecto inserto. Fructus calyce persistente et aucto induratoque inclusus membranaceus. Semen inversum, hinc rostellatum ; embryonis hippocrepici albumen parcum cingentis radicula adscendente cotyledonibus incumbente. — Fruticulus rigidus sericeus ; foliis oppositis sessilibus angustis coriaceis ; floribus axillaribus 2-nis, brevissime stipitatis, basi confluentibus et horizontaliter divaricatis ; tubo utriusque transverso. (*Australia occid.*[2])

28. **Enchylæna** R. BR.[3] — Flores fere *Kochiæ* (v. *Chenoleæ*) ; calyce suborbiculari, coriaceo v. carnosulo, inappendiculato v. extus longitudinaliter costato ; lobis 5, brevibus obtusis inflexis, imbricatis, circa fructum haud v. parum auctis incrassatisve. Stamina 5, hypogyna. Styli rami 2, v. 3, 4, quorum sæpe minora 1, 2. Fructus calyce carnosulo inclusus. Embryonis horizontalis radicula lateralis. Cætera *Kochiæ*. — Frutices v. suffrutices, glabri v. varie induti ; foliis alternis sessilibus angustis integris ; floribus axillaribus solitariis sessilibus ; bracteolis 2, parvis v. 0. (*Australia*[4].)

29. **Sclerolæna** R. BR.[5] — Flores hermaphroditi (fere *Enchylænæ*) ; perianthio subgloboso coriaceo, ad apicem incrassato v. 1, 2-spinoso. Stamina 5 gynæceumque *Enchylænæ ;* germine sæpius obliquo. Fructus perianthio indurato inermi v. spinescente inclusus rostellatus. Semen horizontale depressum rostellatum ; embryone annulari v. hippocrepico albumen cingente ; radicula centrifuga sæpius adscendente. — Fruticuli varie induti ; foliis alternis sessilibus angustis integris ; floribus axillaribus, solitariis, 2-nis v. glomerulatis, liberis v. connatis. (*Australia*[6].)

1. *Nov. st. Dec.*, 7 ; *Iconogr.*, t. 100 ; *Gen.*, n. 1920[1]. — MOQ., in *DC. Prodr.*, XIII, p. II, 124. — B. H., *Gen.*, III, 60, n. 32.
2. Spec. 1. *D. Roei* ENDL. — BENTH., *Fl. Austral.*, V, 193.
3. *Prodr.*, 407. — ENDL., *Gen.*, n. 1925. — MOQ., in *DC. Prodr.*, XIII, p. II, 127. — B. H., *Gen.*, I, 61, n. 33.
4. Spec. ad 4. BENTH., *Fl. Austral.*, V, 180.
5. *Prodr.*, 410. — MOQ., in *DC. Prodr.*, XIII, p. II, 123. — ENDL., *Gen.*, n. 1918. — B. H., *Gen.*, III, 61, n. 35. — *Kentropsis* MOQ., *Chenop. Enum.*, 83 ; in *DC. Prodr.*, XIII, p. II, 137. — *Dissocarpus* F. MUELL., in *Trans. Phil. Inst. Vict.*, II, 75.
6. Spec. ad 6. F. MUELL., in *Trans. Phil. Inst. Vict.* (1835), 133 (*Anisacantha*). — BENTH., *Fl. Austral.*, V, 193 ; in *Hook. Icon.*, t. 1076.

30. **Babbagia** F. MUELL.[1] — Flores hermaphroditi; calycis compressi tubo subcampanulato, demum longitrorsum inæquali-3-alato; limbi lobis 4, 5, parvis. Stamina 4, 5, hypogyna; filamentis linearibus; antheris oblongis exsertis, introrsum 2-rimosis. Germen breve; styli brevis ramis 2, subulatis, undique stigmatoso-papillosis; ovulo e summo funiculo basilari pendulo. Fructus siccus, hinc in rostellum intra basin unius alarum calycis adscendens productus, calyce indurato et inæquali-3-alato inclusus. Semen horizontale, hinc rostellatum; embryonis (albi) uncinatim hippocrepici et albumen parcum cingentis cotyledonibus plano-convexis; radicula centrifuga adscendente porrecta. — Herba humilis ramosa glabra; foliis alternis sessilibus parvis carnosulis; floribus[2] axillaribus parvis stipitatis; stipite cavo cum calyce articulato. (*Australia*[3].)

31. **Threlkeldia** R. BR.[4] — Flores polygami; calycis tubo subgloboso v. breviter longuisculove cylindraceo, nunc hinc gibbo, 5-lobo, imbricato, inermi v. spinis 5 erectis aucto. Stamina 5, opposita, v. 2-4; filamentis incurvis compressis; antheris exsertis v. inclusis. Germen late ovoideum v. depressum; stylo superne in ramos 2, 3 stigmatosos diviso. Fructus calyce inclusus membranaceus. Semen horizontale v. obliquum, nunc rostellatum; rostello nunc (*Osteocarpum*[5]) intra gibbum calycis adscendente; embryonis albumen cingentis radicula laterali v. adscendente. — Fruticuli glabri v. puberuli; foliis alternis sessilibus integris carnosulis; floribus axillaribus sessilibus ebracteolatis. (*Australia*[6].)

32. **Anisacantha** R. BR.[7] — Flores hermaphroditi (fere *Kochiæ*); calycis tubo globoso v. angulato, circa fructum accreto et indurato, spinis 2-7 elongato-divaricatis horrido; limbi lobis 4, induratis nec accretis. Stamina 4, hypogyna; antheris oblongis exsertis. Germen in stylum attenuatum; styli ramis 2, subulatis papillosis; ovulo 1, e summo funiculo basilari pendulo. Fructus perianthio indurato inclusus membranaceus obliquus. Semen inversum compressum;

1. *Rep. Babb. Exped.*, 21. — B. H., *Gen.*, III, 61, n. 34.
2. Virescentibus, minimis.
3. Spec. 1, 2. BENTH., *Fl. Austral.*, V, 192; n *Hook. Icon.*, t. 1078.
4. *Prodr.*, I, 409. — MOQ., in *DC. Prodr.*, XIII, p. II, 127. — B. H., *Gen.*, III, 62, n. 37.
5. F. MUELL., *Sec. gen. Rep.*, 15; in *Trans. Phil. Inst. Vict.*, III, 77; *Pl. Vict. tab. lith.* 79.
6. Spec. 3. BENTH., *Fl. Austral.*, V, 196, n. 1-3.
7. *Prodr.*, 410. — ENDL., *Gen.*, n. 1919. — MOQ., in *DC. Prodr.*, XIII, p. II, 122. — B. H., *Gen.*, III, 62, n. 36.

embryone (albo) albumen parvum cingente; radicula adscendente. — Fruticuli rigidi humiles glabri v. varie induti; foliis alternis linearibus sessilibus; floribus solitariis sessilibus; fructibus nunc foliorum basi v. ramo oblique adnatis. (*Australia*[1].)

33? **Cypselocarpus** F. MUELL.[2] — « Flores 1-sexuales; fœmineorum calyce membranaceo, inæquali-3-lobo, sub-1-laterali, circa fructum inordinate accreto indurato cylindraceo, superposite 2-locellato; locello superiore vacuo; inferiore autem fructifero, septo medio indurato pervio. Germen ovoideo-cylindraceum; stigmate ad apicem sublaterali depresso. Fructus inclusus obovoideus spongiosus; semine erecto compresso, basi rostellato; embryonis hippocrepici albumen farinaceum parcum cingentis radicula infera. — Suffrutex procumbens; foliis alternis parvis lineari-lanceolatis integris; floribus solitariis v. raro 2-nis[3]. (*Australia occid.*[4]) »

34. **Camphorosma** L.[5] — Flores hermaphroditi v. polygami; calyce gamophyllo sacciformi oblongo, ore angusto 4, 5-dentato; dentibus inæqualibus, imbricatis. Stamina totidem hypogyna exserta; filamentis compressis; antheris oblongis, 2-rimosis. Germen late ovoideum compressum; styli elongati ramis 2, 3, gracillimis papillosis. Ovulum 1, basilare campylotropum. Fructus membranaceus compressus, calyce immutato inclusus; seminis erecti integumento coriaceo; embryonis hippocrepici albumen cingentis radicula infera. —Herbæ v. frutices tomentosi ramosi; foliis alternis crebris sessilibus, acicularibus v. subulatis; floribus in spicas breves ramos ramulosque laterales terminantes dispositis, intra folia axillaria sua in bracteas mutata reconditis[6]. (*Europa austr.*, *Asia centr. et occid.*[7])

35? **Panderia** FISCH. et MEY.[8]—Flores fere *Camphorosmæ*, hermaphroditi v. polygami; calycis urceolati v. subturbinati lobis 5, æqua-

1. Spec. ad 6. BENTH., *Fl. Austral.*, V, 198.
2. *Fragm. phyt. Austral.*, VIII, 36. — B. H., *Gen.*, III, 62, n. 38.
3. Genus nunc *Phytolaccaceis* adscriptum.
4. Spec. 1. *C. haloragoides*. — *Threlkeldia haloragoides* F. MUELL. — BENTH., *Fl. Austral.*, V, 198.
5. *Gen.*, n. 161. — J., *Gen.*, 84. — LAMK, *Ill.*, t. 86. — GÆRTN. F., *Fruct.*, III, t. 213. — NEES, *Gen. Fl. germ.*, *Monochl.*, n. 60. — ENDL., *Gen.*, n. 1916. — MOQ., in *DC. Prodr.*, XIII, p. II, 125. — B. H., *Gen.*, III, 56, n. 21. — *Camforosma* C.-A. MEY., in *Ledeb. Fl. alt.*, I, 150.
6. Genus *Chenopodieas* cum *Polycnemeis* arcte connectens.
7. Spec. 4, 5. PALL., *Ill. pl.*, t. 57, 58. — WALDST. et KIT., *Pl. rar. hung.*, t. 63. — BOISS., *Fl. or.*, IV, 920. — BGE, in *Bull. Ac. Pét.*, X, *Mél. biol.*, 281. — WILLK. et LGE, *Prodr. Fl. hisp.*, I, 265. — GREN. et GODR., *Fl. de Fr.*, III, 26. — WALP., *Ann.*, V, 723.
8. *Ind.* (II) *sem. H. petrop.* (1825), 46. — MOQ., in *DC. Prodr.*, XIII, p. II, 124. — ENDL.,

libus, dorso tuberculo v. appendice transversa parva auctis. Fructus membranaceus compressus. Semen erectum cæteraque *Camphorosmæ*. — Herba annua ramosa sericea; foliis alternis integris obtusis; floribus solitariis v. glomerulatis 2-4, ad folia axillaribus v. in spicas terminales dispositis[1]. (*Asia centr. et occ.*[2])

36. **Kirilovia** BGE[3]. — Flores (fere *Camphorosmæ*) hermaphroditi v. polygami; calycis ovoideo-oblongi hirsuti haud accrescentis dentibus 4, 5. Stamina totidem hypogyna exserta; filamentis compressis; antheris oblongis, 2-rimosis. Germen ovoideum; styli ramis gracilibus stigmatosis. Fructus perianthio inclusus compressus membranaceus. Semen erectum compressum; embryone hippocrepico albumen cingente; radicula infera. — Herbæ annuæ sericeæ; foliis alternis, oppositis v. subverticillatis, sessilibus integris; floribus inter folia glomerulatis occlusis. (*Asia centr. et occ.*[4])

37? **Microgynæcium** HOOK. F.[5] — « Flores monœci; masculorum calyce ebracteato et ebracteolato, 5-lobo, hyalino. Stamina 1-4, hypogyna; antheris late didymis longe exsertis. Flores fœminei intra bracteolas laterales axillares 2, sessiles; calyce 0. Germen oblique orbiculare; stigmatibus 2, capillaribus, basi connatis; ovulo sessili. Fructus obliquus turgidus processubus conicis conspersus, ad apicem cristis 1, 2 minute auriculiformibus instructus; pericarpio tenui. Semen erectum, pericarpio adhærens, læve; embryone hippocrepico albumen grosse granulosum cingente; radicula infera. — Herba annua pusilla ramosa; foliis alternis petiolatis ovatis integris; floribus (minimis) glomeratis inter folia absconditis. (*Himalaya tibetica*[6].) »

II. POLYCNEMEÆ.

38. **Polycnemum** L. — Flores hermaphroditi; receptaculo brevi. Sepala 5, hypogyna, imbricata. Stamina 5, oppositisepala, v. sæpius 1-3, sepalis exterioribus opposita; filamentis inferne connatis; antheris

Gen., n. 1917. — B. H., *Gen.*, III, 57, n. 22. — *Pterochlamys* FISCH. et MEY. (ex ENDL.).

1. An potius *Camphorosmæ* sectio?

2. Spec. 1. *P. pilosa* FISCH. et MEY. — BOISS., *Fl. or.*, IV, 919.

3. *Del. sem. H. dorpat.* (1843-1847). — MOQ., in *DC. Prodr.*, XIII, p. II, 125. — B. H., *Gen.*, III, 57, n. 23.

4. Spec. 3, 4. MOQ., *loc. cit.*, 117 (*Axyris*). — BOISS., *Fl. or.*, IV, 919.

5. *Gen.*, III, 56, n. 20; *Fl. brit. Ind.*, V, 9.

6. Spec. 1. *M. tibeticum* HOOK. F.

dorsifixis introrsis rimosis, 1-locularibus. Gynæceum liberum sessile; germine 1-loculari; styli ramis 2, apice stigmatoso leviter dilatatis. Ovulum 1, e summo funiculo basilari pendulum campylotropum; micropyle demum supera. Fructus siccus membranaceus, perianthio persistente cinctus; semine inverso ruguloso; embryonis annularis albumen farinaceum cingentis cotyledonibus semiteretibus; radicula adscendente. — Herbæ annuæ ramosæ prostratæ; foliis alternis sessilibus rigidis, basi dilatatis subscariosis; floribus axillaribus solitariis sessilibus; bracteolis lateralibus 2, nunc ramuliparis. (*Europa med. et austr., Africa bor., Asia occid.*).— *Vid. p.* 139.

39. **Hemichroa** R. BR.[1] — Flores hermaphroditi; sepalis 5, acuminatis, 3-nerviis, haud accrescentibus, imbricatis. Stamina 5, opposítisepala v. rarius 2, 3; filamentis subulatis, basi connatis circaque discum brevem insertis; antheris oblongis v. brevibus, 2-dymis, introrsum 2-rimosis. Germen rectum obliquumve, in stylum apice stigmatoso breviter 2-lobum attenuatum; ovulo 1, summo funiculo basilari inserto, campylotropo. Fructus subglobosus v. ovoideus compressus acutus; pericarpio membranaceo. Semen 1, lenticulare v. reniforme, nitidum; embryone imperfecte annulari albumenque farinaceum cingente; radicula adscendente. — Herbæ v. frutices humiles succulenti glabri; foliis alternis linearibus semiteretibus sessilibus, apice acutis v. mucronulatis; floralibus basi dilatatis; floribus[2] axillaribus sessilibus; bracteolis lateralibus 2, late ovatis scariosis. (*Australia litt.*[3])

40. **Nitrophila** S.-WATS.[4] — Flores hermaphroditi, 5-meri; sepalis valde imbricatis, 1-nerviis, immutatis. Stamina 5, hypogyna[5]; filamentis basi in cupulam crassiusculam connatis; antheris brevibus, introrsum 2-rimosis. Germen liberum; stylo erecto, apice subulato-2-ramoso; ovulo e summo funiculo basilari descendente campylotropo. Fructus calyce inclusus subglobosus membranaceus; semine lenticulari inverso nitido (nigro); embryone..? — Herba pusilla glabra ramosa; foliis oppositis sessilibus subulatis carnosulis; flori-

1. *Prodr.*, 409. — ENDL., *Gen.*, n. 1961. — MOQ., in *Ann. sc. nat.*, sér. 2, VII, 41; in *DC. Prodr.*, XIII, p. II, 334. — B. H., *Gen.*, III, 59, n. 28. — F. MUELL., *Pl. Vict. lith.* (ined.), t. 77 (ex B. H.).

2. Albis, parvis.

3. Spec. 2, 3. BENTH., *Fl. Austral.*, V, 211.

4. In *King's Exp. Bot.*, 297; *Bot. Calif.*, II, 43. — B. H., *Gen.*, III, 59, n. 29 (char. reform.).

5. « Perigyna » (B. H.). In alabastris ea sub germinis basi inserta vidimus.

bus[1] axillaribus glomeratis; glomerulis 1-3-floris, bracteatis et bracteolatis. (*America bor. occid.*[2])

III. SALICORNIEÆ.

41. **Salicornia** T. — Flores hermaphroditi v. nunc polygami, glomerulati 1-7, liberi connative basique areolæ florigeræ adnati, in cavis articulorum superpositorum immersi. Sepala 3, 4, in calycem denticulatum obpyramidatum carnosulum connata; vertice aut plano, aut rarius contracto, circa fructum spongioso-incrassato. Stamina 2, anticum posticumque, v. rarius 1; filamento basi teretiusculo incrassato; anthera exserta, 2-dyma, 2-rimosa. Germen ovoideum, apice attenuatum; stylo apice stigmatoso 2-lobo v. lacero, undique stigmatoso-papilloso. Ovulum 1, basilare subsessile campylotropum. Fructus membranaceus, rhachi plus minus immersus; seminis erecti compressi, pilis variis sæpe uncinatis hispiduli, exalbuminosi, embryone carnoso conduplicato; cotyledonibus superis radiculæ conicæ crassæ subhorizontalis inferæ parallelis. — Herbæ annuæ v. frutescentes glabræ subaphyllæ carnosæ; ramis oppositis articulatis; articulis superne in vaginam dilatatis; floribus in spicas cylindraceas terminales dispositis; areis florigeris decussatis. (*Orbis utriusque litt. sals.*) — *Vid. p.* 140.

42. **Heterostachys** UNG.-STERNB.[3] — Flores *Salicorniæ;* calyce orbiculato complanato membranaceo, utrinque late alato, apice inæqui-4-fido. Stamina 2, lateralia (?). Germen cæteraque *Salicorniæ.* Fructus ovoideus compressus, longitrorsum fissus. Semen papillosum dite carnoso-albuminosum; embryonis arcuati dorsalis radicula adscendente. — Frutex ramosissimus carnosulus; ramis suboppositis articulatis; foliis suboppositis v. alternis suborbicularibus obtusis, dense imbricatis; strobilis oblongis v. cylindraceis; bracteis liberis, ∞-seriatis, ab axi demum solutis; floribus[4] ad bracteas axillaribus solitariis liberis. (*Mendoza, Hispaniola, Columbia*[5].)

1. Albidis, parvis.

2. Spec. 1. *N. occidentalis* S.-WATS., *Fourt. Parall. Bot.*, 297. — *Halimocnemis occidentalis* NUTT. — *Banalia (Idiopsis) occidentalis* MOQ., in *DC. Prodr.*, XIII, p. II, 279, n. 3.

3. In *Att. Congr. bot. Fir.* (1874), 273, fig. 13; 331. — B. H., *Gen.*, III, 64, n. 42. — *Spirostachys* UNG.-STERNB., *Vers. Syst. Salic.*, 100 (nec SOND., nec S.-WATS.).

4. Luteis, parvis.

5. Spec. 1. *H. Ritteriana* UNG.-STERNB. — *Halostachys Ritteriana* MOQ., in *DC. Prodr.*, XIII, p. II, 148. — *Spirostachys Ritteriana* UNG.-STERNB., *Vers.*

43. **Spirostachys** S.-WATS.[1] — Flores *Salicorniæ;* calyce pyramidato, ore minute 4, 5-lobo. Embryo albuminosus; radicula infera cæterisque *Salicorniæ.* — Frutices glabri; caule lignoso; articulis apice dilatatis, sub-2-labiis; strobilis alternis; squamis persistentibus; floribus in axillis strobili squamarum reconditis. (*America bor.-occ. et austr. temper.*[2])

44. **Arthrocnemum** MOQ.[3] — Flores (fere *Salicorniæ*) hermaphroditi; calyce ovoideo, obovoideo v. inæqui-angulato, vertice 3-4-lobo; lobis inæqualibus; lateralibus nunc fornicatis elongatis. Stamina 2, anticum et posticum. Semen albuminosum; embryone arcuato semi-annulari; radicula infera. Cætera *Salicorniæ.* — Frutices ramosi glabri; ramis articulatis; articulis in vaginam dilatatis; floribus in spicas terminales et laterales, subcylindricas v. obtuse 4-gonas, dispositis, glomeratis; glomerulis in cavis articulorum superpositorum immersis, haud v. vix connatis. (*Europæ austr., Asiæ, Africæ, Australiæ et Americæ bor.-occ. litt. sals.*[4])

45. **Microcnemum** UNG.-STERNB.[5] — Flores (fere *Salicorniæ*) nudi. Stamen 1. Semen obliquum; embryonis arcuati albuminosi radicula infera. — Herba annua pusilla glauca; articulis ramorum longiusculis; spicarum brevibus; vaginis florigeris obscure 2-lobis. (*Arragonia*[6].)

46. **Pachycornia** HOOK. F.[7] — Flores (fere *Salicorniæ*) in cavis articulorum superpositorum immersi; calyce compresso, ore 4-dentato. Stamen 1. Semen albuminosum, rachi lignosæ crassæ et pauci-articulatæ immersum. — Fruticulus carnosus, articulatus; strobilis terminalibus; floribus in axillis squamarum[8] basi reconditis. (*Australia temp.*[9])

1. In *Proc. Amer. Acad.*, IX, 125 (nec UNG.-STERNB.). — B. H., *Gen.*, III, 63, n. 41.

2. Spec. 3. S.-WATS., *Bot. Calif.*, II, 57. — MOQ., in *DC. Prodr.*, XIII, p. II, 148, n. 4 (*Halostachys*). — GRISEB., *Pl. Lor.*, 37 (*Salicornia*). — UNG.-STERNB., in *Att. Congr. bot. Fir.* (1874), 330 (*Halopeplis ?*).

3. *Enum. Chenop.*, 111; in *DC. Prodr.*, XIII, p. II, 150 (part.). — UNG.-STERNB., in *Att. Congr. bot. Fir.* (1874), 272, fig. 9; 281, 286, fig. A, B, C. — B. H., *Gen.*, III, 65, n. 47.

4. Spec. ad 8. W., in *Ges. Nat. Fr. Berl.*, II, 111 (*Salicornia*). — PALL., *Ill. pl.*, t. 7 (*Salicornia*). — GUSS., *Fl. sic.*, t. 4 (*Salicornia*). — ROXB., *Fl. ind.* (ed. CAREY), I, 85, n. 2 (*Salicornia*). — HOOK. F., *Fl. brit. Ind.*, V, 11. — WIGHT, *Icon.*, t. 747 (*Salicornia*). — F. MUELL., *Fragm.*, I, 159 (*Salicornia*).

5. In *Att. Congr. bot. Fir.* (1874), 272, fig. 8; 280. — B. H., *Gen.*, III, 66, n. 49.

6. Adspectu *Salicorniæ*.

7. Spec. 1. *M. fastigiatum* UNG.-STERNB. — *Salicornia fastigiata* LOSC. et PARD. — *Arthrocnemum coralloides* WILLK.

8. *Gen.*, III, 65, n. 46.

9. Spec. 1. *P. robusta*. — *Salicornia robusta* F. MUELL., *Ic. lith. ined.*, t. 83. — BENTH., *Fl. Austral.*, V, 202.

47? **Tecticornia** HOOK. F.[1] — « Flores (fere *Salicorniæ*) in axillis strobili squamarum reconditi; calyce tubuloso, ore lacero. Stamen 1. Semen compressum; embryonis albuminosi dorsalis radicula infera. — Herba glauca pruinosa articulata; strobilis terminalibus, 1-3-nis; floribus in axillis squamarum strobili 2-∞; squamis persistentibus. (*Australia trop.-or.*[2]) »

48. **Halocnemum** BIEB.[3] — Flores hermaphroditi (fere *Salicorniæ*); calyce obpyramidato, 3-partito. Stamen 1, anticum; anthera oblonga. Germen compressum; styli 2, 3-partiti ramis tenuiter subulatis papillosis. Fructus membranaceus compressus. Semen inversum inæqui-pyriforme; embryone arcuato hinc albumen farinaceum cingente; radicula supera. — Frutex humilis; ramulis articulatis subaphyllis; lateralibus abbreviatis gemmescentibus; floribus in spicas terminales et axillares sæpius breves dispositis liberis; bracteis oppositis liberis, 2, 3-floris. (*Reg. medit.*, *Rossia austr.*, *Asia centr.*[4])

49. **Halopeplis** BGE[5]. — Flores hermaphroditi (fere *Halocnemi*); calyce 4-gono, 3-dentato. Stamina 1, 2. Fructus obovoideus membranaceus. Semen compressum subreniforme v. subsphæricum turgidum, læve v. leviter papillosum; albumine copioso; embryonis arcuati dorsalis radicula adscendente. — Herbæ annuæ v. perennes ramosæ; foliis oppositis, v. superioribus alternis brevibus subovoideis v. subglobosis; floribus in axillis squamarum spiralium strobilorum alternarum 3-nis, areæ florigeræ parieti adnatis. (*Reg. medit.*, *caspica*, *Asia centr.*[6])

50. **Halostachys** C.-A. MEY.[7] — Flores (*Salicorniæ*) in axillis strobili squamarum 3-ni, liberi; calyce pyramidato, minute 3-lobo. Stamen 1. Styli lobi 2, 3. Ovulum summo funiculo elongato affixum. Semen inversum albuminosum; embryonis arcuati radicula infera. —

1. *Gen.*, III, 65, n. 45.

2. Spec. 1. *T. cinerea*. — *Salicornia cinerea* F. MUELL. — BENTH., *Fl. Austral.*, V, 203.

3. *Fl. taur.-cauc.*, III, 3. — ENDL., *Gen.*, n. 1909 (part.). — MOQ., in *DC. Prodr.*, XIII, p. II, 149 (n. 1). — UNG.-STERNB., in *Att. Congr. bot. Fir.* (1874), 273, fig. 15; 336. — B. H., *Gen.*, III, 64, n. 44.

4. Spec. 1. *H. cruciatum*. — *H. strobilaceum* BIEB. — MOQ. — *Salicornia cruciata* FORSK., *Fl. Eg.-arab.*, 59. — *S. strobilacea* PALL.

5. In *Linnæa*, XXVIII, 573. — UNG.-STERNB., *Syst. Salic.*, 102; in *Att. Congr. bot. Fir.* (1874), 273, fig. 14; 322; 327, fig. 22. — B. H., *Gen.*, III, 64, n. 43.

6. Spec. 3. VAHL, *Symb.*, II, 1 (*Salicornia*). — GUSS., *Fl. sic.*, t. 1 (*Salicornia*). — DEL., *Fl. Eg.*, 147; *Ill.*, t. 3, f. 2 (*Halostachys*). — MOQ., in *DC. Prodr.*, XIII, p. II, 148 (*Halostachys*).

7. In *Bull. Mosc.* (1838), 361. — UNG.-STERNB., in *Att. bot. Cong. Fir.* (1874), 273, fig. 15; 333. — B. H., *Gen.*, III, 63, n. 40.

Frutex robustus ramosus articulatus; strobilis oppositis; floribus in axillis squamarum 3-nis; squamis deciduis. (*Asia med.*, *Russia austro.-occid.*[1])

51. **Kalidium** MOQ.[2] — Flores (fere *Salicorniæ*) hermaphroditi v. polygami; calyce breviter sacciformi naviculari, ad apicem depressum ala marginali brevi cincto; ore 4, 5-dentato. Stamina 2; antheris oblongis. Germen ovoideum; styli ramis stigmatosis 2, subulatis. Fructus membranaceus, calyce spongioso inclusus; seminis erecti embryone arcuato, albumini exteriore; radicula infera. — Fruticuli fruticesve erecti carnosi; ramis divaricatis v. patentibus; ramulis alternis articulatis; foliis alternis liberis decurrentibus elongatis, nunc rudimentariis; floribus in spicas alternas dispositis, in cavis septatis rhacheos subclavatæ ordine spirali immersis. (*Russia austr.*, *Asia centr.*[3])

IV. SALSOLEÆ.

52. **Salsola** L. — Flores hermaphroditi; sepalis 4, 5, concavis, ad medium dorsum sæpius incrassatis, imbricatis, circa fructum basi induratis et ala dorsali lata horizontali scariosa auctis. Stamina 5, oppositisepala, v. rarius 1-4, hypogyna, nunc basi in discum brevem confluentia, cæterum libera; filamentis sæpius complanatis; antheris introrsis, forma variis, apice obtusis v. connectivo producto superatis; loculis inferne liberis, introrsum rimosis. Germen sæpe depressum, 1-loculare; styli ramis 2, 3, subulatis, recurvis v. erectis, intus papilloso-stigmatosis. Ovulum 1, campylotropum, aut sessile, aut summo funiculo basilari plus minus elongato affixum. Fructus siccus, membranaceus v. carnosulus, imo calyce inclusus, indehiscens. Semen horizontale v. nunc inversum, erectum v. obliquum, exalbuminosum; embryonis spiralis cotyledonibus angustis plano-convexis; radicula elongata centrifuga v. nunc adscendente. — Herbæ annuæ v. pe-

1. Spec. 1. *H. caspica*. — *H. caspia* C.-A. MEY. — *Salicornia caspica* L., *Spec.*, 5. — PALL. — *Halocnemum caspicum* BIEB. — *Arthrocnemum caspicum* MOQ., in *DC. Prodr.*, XIII, p. II, 150. — *A. Belangerianum* MOQ.

2. In *DC. Prodr.*, XIII, p. II, 146. — UNG.-STERNB., in *Att. Congr. bot. Firenz.* (1874), 273, 316, fig. 12. — B. H., *Gen.*, III, 63, n. 39.

3. Spec. 4. GÆRTN., *Fruct.*, t. 127, fig. 8 (*Salicornia*). — PALL., *Ill. pl.*, t. 5, 6 (*Salicornia*). — DEL., *Fl. Eg.*, t. 3 (*Salicornia*). — BGE, in *Bull. Ac. Pétersb.*, X, *Mél. biol.*, 287.

rennes, suffrutices v. frutices, glabri v. varie induti, haud articulati; foliis alternis v. raro oppositis, sessilibus v. amplexicaulibus, forma variis, sæpe pungentibus; floribus axillaribus solitariis v. glomerulatis, 2-bracteolatis. (*Orbis totius reg. temp. et calid.*) — *Vid. p.* 142.

53. **Seidlitzia** BGE[1]. — Flores fere *Salsolæ*, monœci v. polygami; sepalis marium 5. Stamina 5, disco cupulari inserta. Germen rudimentarium oblongum, apice obtuse 2-lobum. Perianthium floris fœminei 5-lobum, carnosum; lobis cucullatis, dorso tuberculatis; tuberculis demum horizontaliter obovato-alatis membranaceis. Discus annularis. Germen depressum; styli ramis 2, subulatis minutis; ovulo subsessili. Utriculus calyce stellatim alato inclusus depressus, suboperculatim dehiscens. Semen horizontale læve; embryone plano-spirali gracili exalbuminoso. — Herba annua ramosa glabra; foliis oppositis teretibus carnosis; floribus masculis solitariis, 2-bracteolatis; bracteolis subglobosis; fœmineis glomerulatis, pube immersis. (*Oriens*[2].)

54? **Arthrophyton** SCHRENK.[3] — Flores hermaphroditi (fere *Salsolæ*); calycis globosi foliolis 5, orbicularibus, dorso transverse breviter alatis. Stamina 5, disci margini crassi villosique inserta; antheris late cordato-ovatis. Germen globosum; styli brevis ramis 2, 3 brevibus crassis stigmatosis; ovulo campylotropo centrali subsessili. Fructus calyce inclusus depresso-globosus carnosulus. Semen horizontale; embryone..? — Fruticulus glaber; caule lignoso, mox multicipiti; ramulis crebris strictis subcapitatis; foliis oppositis sessilibus, basi per paria connatis subulato-3-quetris pungentibus; floribus axillaribus solitariis sessilibus, 2-bracteolatis. (*Songaria, Turkestania*[4].)

55. **Traganum** DEL.[5] — Flores hermaphroditi; receptaculo cupulari. Calyx tubulosus; lobis 5, oblongis obtusis, imbricatis, circa fructum incrassatis v. induratis. Stamina 5, opposita, nunc circa discum annularem inserta; filamentis complanatis; antheris oblongo-

1. In *Boiss. Fl. or.*, IV, 950. — B. H., *Gen.*, III, 69, n. 56.

2. Spec. 1. *S. florida* BGE. — *Salsola florida* POIR., *Dict.*, Suppl., V, 191. — *Chenopodina pycnantha* C. KOCH. — *Anabasis cinerea* MOQ.

3. In *Bull. phys.-math. Acad. Pétersb.*, III, 211. — B. H., *Gen.*, III, 70, n. 57.

4. Spec. 1. *A. subulifolium* SCHRENK. — TRAUTV., in *Bull. Mosc.* (1867), 20. — BOISS., *Fl. or.*, IV, 948. — *Anabasis affinis* BGE, in *Pl. Lehm.*, 480 (nec FISCH. et MEY.).

5. *Fl. Eg.*, 60, t. 22, fig. 1. — ENDL., *Gen.*, n. 1943. — MOQ., in *DC. Prodr.*, XIII, p. II, 171. — B. H., *Gen.*, III, 68, n. 54.

sagittatis introrsis, 2-rimosis. Germen depressum, ima basi receptaculo adnatum; stylo crasso compresso, apice in ramos 2 subulatos stigmatosos diviso. Ovulum 1, funiculo basilari brevi insertum campylotropum, nunc reclinatum. Fructus crassus, perianthio inclusus et basi receptaculo adnatus. Semen horizontale depressum; embryone subcochleato; radicula laterali adscendente. — Fruticuli ramosi crassi; foliis alternis sessilibus teretibus v. depresso-hemisphæricis carnosis crassis, obtusis v. mucronatis, in ramulis suboppositis; floribus axillaribus solitariis; bracteolis 2 lateralibus, foliis similibus. (*Ins. canar.*, *Africa bor.*, *Arabia*[1].)

56. **Cornulaca** DEL.[2] — Flores polygami; sepalis 5, demum induratis, imbricatis; exterioribus 2 latioribus spinescentibus. Stamina 5, disco tubuloso 5-lobo inserta; filamentis subulatis; antheris oblongis; loculis sub insertione liberis, introrsum rimosis. Disci lobi[3] apice dilatato subquadrati. Germen compressum, liberum v. ima basi receptaculo adnatum; ovulo campylotropo subsessili; styli ramis stigmatosis patenti-recurvis v. revolutis. Fructus crassiusculus perianthio indurato inclusus. Semen horizontale v. obliquum; embryonis spiralis radicula laterali v. subinfera. — Fruticuli rigidi; foliis alternis sessilibus, semiteretibus v. 3-angularibus spinescentibus; floribus[4] axillaribus solitariis v. glomerulatis, 2-bracteolatis. (*Africa bor.-occ.*, *Arabia*, *Assyria*[5].)

57. **Horaninovia** FISCH. et MEY.[6] — Flores hermaphroditi v. polygami; sepalis 4, 5, obtusis v. acutis, imbricatis, circa fructum sæpius dorso gibbosis et basi induratis. Stamina 5, basi in cupulam connata; antheris oblongis, muticis, v. apiculatis introrsis. Staminodia (?) totidem interposita, margini cupulæ inserta. Germen liberum ampullaceum; stylo brevi capitellato; ovulo basilari campylotropo subsessili. Fructus perianthio inclusus membranaceus, apice depressus. Semen horizontale orbiculare; embryone spirali exalbuminoso; radicula obliqua centrifuga. — Herbæ annuæ, glabræ v. puberulæ; foliis alternis v. oppositis, spinescentibus v. obtusatis; floralibus

1. Spec. 2. BOISS., *Fl. or.*, IV, 946.
2. *Fl. Eg.*, 62, t. 22, fig. 3. — ENDL., *Gen.*, n. 1948. — MOQ., in *DC. Prodr.*, XIII, p. II, 218, 462. — B. H., *Gen.*, III, 69, n. 55.
3. An staminodia ?
4. Sæpe imperfectis.
5. Spec. 4, 5. DC., *Prodr.*, II, 296, n. 145 (*Astragalus*). — BGE, *Anabas. Revis.*, 87. — BOISS., *Fl. or.*, IV, 983.
6. *Enum. pl. Schrenk.*, 10. — ENDL., *Gen.*, n. 1944[1]. — MOQ., in *DC. Prodr.*, XIII, p. II, 170. — B. H., *Gen.*, III, 70, n. 58.

membranaceo-dilatatis; floribus axillaribus sessilibus v. glomerulatis, foliorum vagina absconditis. (*Reg. caspica*, *Songaria*[1].)

58. **Haloxylon** BGE[2]. — Flores hermaphroditi (fere *Cornulacæ*); sepalis 5, concavis, imbricatis, scariosis, post anthesin ala transversa lata auctis. Stamina 2-5; filamentis disco inter stamina lobato (staminodia?) insertis; antheris ovato-ellipsoideis obtusis, introrsum 2-rimosis. Germen subglobosum v. depressum, basi disco immersum; stylo symplici, apice stigmatoso truncato v. 2-lobo, nunc subulato-2-4-lobo. Ovulum basilare subsessile campylotropum. Fructus sepalis v. eorum unguibus inclusus carnosulus. Semen horizontale; embryonis spiralis (viridis) radicula laterali. — Arbusculæ v. fruticuli glabri, raro puberuli; foliis oppositis, basi connatis, teretibus v. 3-angularibus, obtusis v. mucronatis; floribus secus ramulos axillares spicatis, in axillis foliorum v. bractearum solitariis v. glomerulatis, 2-bracteolatis. (*Hispania*, *Africa bor.*, *Asia centr. et occid.*[3])

59. **Anabasis** L.[4] — Flores hermaphroditi v. polygami; sepalis 5, scariosis, imbricatis, quorum exteriora 3 v. nunc 5 (*Fredolia*[5]) ala dorsali membranacea demum aucta, v. omnia (*Brachylepis*[6]) exalata. Stamina 5, basi in discum brevem connata; antheris obtusis v. apiculatis; loculis basi solutis, introrsum rimosis. Germen compressum; styli ramis 2, erectis v. recurvis; ovulo basilari campylotropo subsessili v. breviter funiculato. Fructus siccus v. plus minus baccatus; embryonis verticalis spiralis exalbuminosi radicula infera descendente v. nunc adscendente. — Herbæ perennes, nunc pulvinatæ v. fruticuli ramosi; internodiis articulatis, nunc turgidis; foliis oppositis, nunc brevissimis v. per paria connatis carnosulis, apice nunc setigeris; floribus axillaribus solitariis v. glomerulatis; bracteolis parvis, setaceis, v. 0. (*Reg. medit.*, *Oriens*[7].)

1. Spec. 2, 3. EICHW., *Pl. casp.-cauc.*, t. 12 (*Salsola*). — BOISS., *Fl. or.*, IV, 947.

2. *Rel. Lehm.*, 468 (292). — B. H., *Gen.*, III, 70, n. 59.

3. Spec. 8, 9. CAV., *Icon.*, t. 284 (*Salsola*). — LEDEB., *Ic. Fl. ross.*, t. 47 (*Anabasis*). — WALL., *Cat.*, n. 6934 (*Salsola*). — WILLK. et LGE, *Prodr. Fl. hisp.*, I, 262 (*Halostachys*). — HOOK. F., *Fl. brit. Ind.*, V, 15. — BOISS., *Fl. or.*, IV, 948. — BGE, in *Bull. Acad. Pét.*, X, *Mél. biol.*, 301.

4. *Gen.*, n. 312. — J., *Gen.*, 84. — ENDL., *Gen.*, n. 1949. — MOQ., in *DC. Prodr.*, XIII, p. II, 210 (part.). — BGE, *Anabas. Revis.*, 34. — B. H., *Gen.*, III, 72, n. 65. — *Brachylepis* C.-A. MEY., *Fl. alt.*, I, 370. — BGE, *Anabas. Revis.*, 47.

5. COSS. et DUR., ex MOQ. et COSS., in *Bull., Soc. bot. Fr.*, IX, 299, t. 2.

6. C.-A. MEY., *Fl. alt.*, I, 370. — BGE, *Anabas. Revis.*, 47.

7. Spec. ad 15. BOISS., *Fl. or.*, IV, 968; 971 (*Brachylepis*). — WILLK. et LGE, *Prodr. Fl. hisp.*, I, 256. — LEDEB., *Ic. Fl. ross.*, t. 48 (*Brachylepis*). — PALL., *Ill. pl.*, t. 8. — HOOK. F., *Fl. brit. Ind.*, V, 18.

60. **Girgensohnia** BGE[1]. — Flores hermaphroditi; sepalis 5, arcte imbricatis; omnibus v. sæpius 2-4 exterioribus dorso supra medium ala horizontali basi tuberculata auctis. Stamina 5, basi in discum incrassata; interpositis staminodiis totidem celluloso-carnosulis; filamentis dilatatis; antheris ovato-cordatis introrsis, 2-rimosis, apiculatis v. muticis. Germen compressum; ovulo campylotropo; funiculo brevi v. 0. Fructus calyce alato inclusus, membranaceus compressus; seminis erecti exalbuminosi embryone spirali verticali (viridi); radicula adscendente. — Fruticuli v. herbæ; ramulis obscure articulatis; foliis oppositis sessilibus, acutis v. pungentibus, integris v. serrulatis, coriaceis; floribus axillaribus solitariis sessilibus v. terminali-spicatis; bracteolis 2, lateralibus coriaceis. (*Asia med. et occid.*[2])

61. **Noæa** MOQ.[3] — Flores (fere *Anabaseos*) hermaphroditi; sepalis 5, membranaceis, demum chartaceis, circa fructum nonnihil accrescentibus et dorso supra medium inæqui-alatis; præfloratione quincunciali. Stamina 5, basi in discum parvum incrassata; antheris subsagittatis, appendice connectivi lanceolata nunc superatis. Germen compressum; stylo superne 2-ramoso; ramis stigmatiferis recurvis. Ovulum 1, e funiculi excentrici apice descendens. Fructus membranaceus; semine inverso orbiculari compresso; embryone exalbuminoso plano-spirali (viridi); radicula longa supera. — Frutices rigidi, inermes v. spinosi, glabri v. sericei, v. herbæ, basi lignosæ; foliis alternis sessilibus, forma variis, nunc spinescentibus; floribus axillaribus solitariis v. (ob folia bracteiformia) in spicas simplices v. ramosas terminales dispositis; bracteolis 2 lateralibus calyci exterioribus. (*Asia occid.*, *Africa bor.*[4])

62. **Ofaiston** RAFIN.[5] — Flores hermaphroditi; sepalis 3-5, inæqualibus rigidulis; omnibus v. sæpius exterioribus 2, 3 majoribus dorso supra medium ala horizontali parva auctis; præfloratione quincunciali. Stamina 1, 2; filamentis basi complanatis; antherarum oblongarum loculis inferne longe distinctis; connectivo in appendicem

1. *Rel. Lehman.*, 478 (302); *Anabas. Revis.*, 29, t. 1, fig. 4. — B. H., *Gen.*, III, 72, n. 64.

2. Spec. 4. PALL., *Ill. pl.*, t. 27 (*Salsola*). — JAUB. et SP., *Ill. pl. or.*, t. 133 (*Anabasis*). — BOISS., *Fl. or.*, IV, 967.

3. In *DC. Prodr.*, XIII, p. II, 207 (part.). — B. H., *Gen.*, III, 72, n. 63.

4. Spec. 5, 6. LABILL., *Pl. syr. Dec.*, II, t. 5 (*Salsola*). — DEL., *Fl. Eg.*, t. 21, fig. 2 (*Salsola*). — JAUB. et SP., *Ill. pl. or.*, t. 132 (*Anabasis*). — BGE, *Anabas. Revis.*, 21. — BOISS., *Fl. or.*, IV, 964.

5. *Fl. tell.*, 47, ex MOQ., in *DC. Prodr.*, XIII, p. II, 203. — B. H., *Gen.*, III, 71, n. 62.

latam brevemque producto. Germen compressum; styli ramis 2, a basi distinctis subulatis; ovulo 1, summo funiculo basilari inserto. Fructus membranaceus, perianthio inclusus. Semen turgidum; integumento membranaceo; embryonis verticalis valde spiralis radicula longa descendente, quoad cotyledones obliqua. — Herba ramosa glabra; foliis alternis teretibus obtusis carnosulis; floralibus bracteiformibus subtriquetris ovato-acutis concavis, florem amplectentibus; floribus axillaribus; bracteolis 2, concavis, dorso carinatis v. subcristatis. (*Reg. uralensis ad Songariam*[1].)

63. **Petrosimonia** BGE[2]. — Flores hermaphroditi (fere *Ofaistonis*); sepalis 2, v. rarius 3-5, membranaceis v. hyalinis enerviis, imbricatis. Stamina 1-5; antheris elongatis; loculis linearibus parallelis; connectivis ultra loculos productis ibique apiculatis v. pluridentatis inter se cohærentibus. Gynæceum *Nanophyti;* ovulo longiuscule funiculato. Fructus calyce immutato inclusus membranaceus. Semen orbiculare; embryonis spiralis radicula infera. — Herbæ annuæ, varie indutæ; pilis sæpius bicuspidatis; foliis alternis et oppositis; floribus axillaribus, cum bracteolis lateralibus sæpe induratis caducis. (*Asia bor.-centr. et occid.*[3])

64. **Nanophytum** LESS.[4] — Flores hermaphroditi (fere *Petrosimoniæ*); sepalis 5, subhyalinis enerviis, imbricatis. Stamina 5; filamentis hypogynis elongatis; antheris elongato-sagittatis exsertis; loculis discretis; connectivo ultra loculos in appendicem elongatam subulatam producto. Staminodia 5, minuta v. 0. Germen compressiusculum; styli ramis 2, recurvis stigmatosis. Ovulum summo funiculo breviusculo insertum. Fructus calyce aucto turgido inclusus membranaceus; semine erecto; embryonis spiralis (viridis) radicula infera. — Fruticulus dense pulvinatus; caudice crasso valde ramoso; ramis tortuosis crebris; foliis alternis sessilibus ovatis rigidis concavis, imbricatis; floribus sub apice ramulorum axillaribus solitariis sessilibus, 2-bracteolatis. (*Asia bor.-centr.*[5])

1. Spec. 1. *O. monandrum* MOQ. — BGE, *Anabas. Revis.*, 20. — *O. pauciflorum* RAFIN. — *Salsola monandra* PALL., *Ill. pl.*, t. 31. — *S. dichotoma* PALL. — *Halogeton monandrus* C.-A. MEY.

2. *Anabas. Revis.*, 52. — B. H., *Gen.*, III, 73, n. 67.

3. Spec. 7, 8. PALL., *Ill. pl.*, t. 49-54 (*Polycnemum*). — BOISS., *Fl. or.*, IV, 972. — BGE, in *Bull. Ac. Pét.*, X, *Mél. biol.*, 305.

4. In *Linnæa*, IX, 197. — ENDL., *Gen.*, n. 1947. — MOQ., in *DC. Prodr.*, XIII, p. II, 200. — B. H., *Gen.*, III, 73, n. 66

5. Spec. 1. *N. erinaceum* BGE, *Anabas.*, 51. — BOISS., *Fl. or.*, IV, 972. — *N. caspicum* LESS. — *N. macranthum* F. et MEY. — *N. juniperi-*

65. **Halanthium** C. KOCH[1]. — Flores hermaphroditi (fere *Petrosimoniæ*) ; sepalis 5, membranaceis, quincunciali-imbricatis ; exterioribus 2 nervatis, nunc circa fructum dorso alatis ; interioribus autem enerviis exalatis, v. omnibus (*Gamanthus*[2]) exalatis. Stamina 5, hypogyna ; antheris elongatis ; loculis linearibus introrsum rimosis ; connectivo ultra loculos in vesiculam forma variam sæpe pyriformem stipitatam producto. Germen compressum ; styli crassiusculi compressi lobis 2 stigmatiferis. Fructus calyce inclusus oblongus membranaceus. Semen erectum compressum ; embryonis spiralis (viridis) exalbuminosi radicula supera. — Herbæ annuæ ; foliis alternis v. ex parte suboppositis sessilibus semiteretibus, nunc setoso-apiculatis ; floribus solitariis oppositis v. in summis ramulis congestis ; bracteolis lateralibus sub flore 2 ; bractea v. folio axillante nunc demum basi indurata et superne decidua. (*Asia centr. et occid.*[3])

66? **Halocharis** MOQ.[4] — Flores (fere *Halanthii*[5]) hermaphroditi ; sepalis 5, æqualibus hyalinis enerviis, imbricatis, circa fructum haud accretis. Stamina 5 ; antheris elongatis ; loculis linearibus parallelis, rimosis ; connectivo ultra loculos in vesiculam forma variam sæpe conicam sessilem v. stipitatam producto. Germen compressum ; stylo compresso, apice in ramos 2 subulatos stigmatosos diviso ; ovulo ab apice funiculi excentrici pendulo ; micropyle supera. Fructus membranaceus, nunc rugulosus, calyce inclusus. Semen compressum exalbuminosum ; embryonis spiralis radicula adscendente. — Herbæ annuæ pilosæ ; ramulis alternis v. subverticillatis ; foliis alternis sessilibus, apice rigido-pilosis ; floribus axillaribus sessilibus v. spicatis ; bracteolis lateralibus 2, cum bractea hispidulis et cum flore deciduis. (*Asia centr. et occid.*[6])

67. **Halarchon** BGE[7]. — Flores hermaphroditi (fere *Halanthii*) ; sepalis 5, elongatis cuspidatis, hyalinis, imbricatis. Stamina 5, disco tenui inserta ; filamentis brevibus ; antheræ introrsæ loculis linearibus

num C.-A. MEY. — *Polycnemum erinaceum* PALL. — *P. juniperinum* BIEB. — *Anabasis Sieversii* W.

1. *Cat. pl. cauc.*, in *Linnæa*, XVII, 313. — MOQ., in *DC. Prodr.*, XIII, p. II, 203. — B. H., *Gen.*, III, 74, n. 70. — *Physogeton* JAUB. et SP., *Ill. pl. or.*, t. 135.

2. BGE, *Anabas. Revis.*, 76, t. 1, fig. 13-15.

3. Spec. ad 8. PALL., *Ill. pl.*, t. 20 (*Salsola*). — BGE, *loc. cit.*, 80, t. 1, fig. 16-23. — SCHLEG., in *Bull. Mosc.* (1853), I, t. 5 (*Halimocnemis*). — BOISS., *Fl. or.*, IV, 979 (*Gamanthus*), 981.

4. In *DC. Prodr.*, XIII, p. II, 201 (part.). — B. H., *Gen.*, III, 73, n. 68.

5. Cui forte potius congener.

6. Spec. 5. BGE, *Anabas. Revis.*, 61, t. 1, fig. 1-4. — BOISS., *Fl. or.*, IV, 974. — HOOK. F., *Fl. brit. Ind.*, V, 19.

7. *Anabas. Revis.*, 75, t. 1, fig. 12, 25, 26. — B. H., *Gen.*, III, 75, n. 71

parallelis rimosis; connectivo longe in vesiculam obovoideam substipitatam producto. Germen 1-loculare in stylum erectum basi dilatatum et ad medium verticillatim denticulatum productum, apice capitato-2-lobum. Indusium circa styli caput infundibulare tenuiter lacerum, post fecundationem reversum. Ovulum 1, e funiculo basilari pendulum campylotropum. Fructus membranaceus; semine erecto; embryonis « spiralis radicula supera ». — Herba annua; foliis inferioribus oppositis; cæteris alternis semiteretibus subamplexicaulibus pungentibus; floribus axillaribus solitariis; bracteolis 2, cuspidatis, foliis et bracteis consimilibus. (*Afghanistania*[1].)

68. **Halimocnemis** C.-A. MEY.[2] — Flores fere *Halanthii*; sepalis 3-5, accrescentibus et basi circa fructum induratis, nunc inferne connatis; exterioribus 2 plerumque majoribus, haud appendiculatis, nunc (*Halotis*[3]) basi auriculatis. Cætera *Halanthii* (v. *Halocharidis*). — Herbæ annuæ carnosæ; foliis alternis sessilibus, obtusis v. decidue cuspidatis; floribus axillaribus solitariis, 2-bracteolatis. (*Persia, Reg. arabo-caspica*[4].)

69. **Piptoptera** BGE[5]. — Flores hermaphroditi; sepalis 5; exterioribus 2 navicularibus, 3-nerviis; interioribus autem 3 enerviis circa fructum latissime membranaceo-alatis; alis demum articulatim solutis. Stamina 5. Germen breve; stylo 2-partito; ovulo summo funiculo affixo. Fructus orbicularis; semine inverso exalbuminoso; embryonis spiralis radicula supera. — Herba[6] annua (?), ramosa; foliis alternis sessilibus carnosis, 3-gonis; floribus axillaribus solitariis; bracteolis 2, foliis subsimilibus longioribus. (*Turkestania*[7].)

70. **Halogeton** C.-A. MEY.[8] — Flores polygami; sepalis 5, inæqualibus, imbricatis, quorum 2-4 dorso superne gibba v. membranaceo-alata. Stamina 5, v. 2-4, basi in discum parvum incrassata; antheris oblongis v. didymis; staminodiis (?) 5 v. 0 interpositis, linearibus v. fimbriatis. Germen compressum; styli ramis 2, filiformibus;

1. Spec. 1. *H. vesiculosus* BGE. — BOISS., *Fl. or.*, IV, 979. — *Halocharis vesiculosus* MOQ.

2. *Fl. alt.*, I, 381. — BGE, *Anabas. Revis.*, 65, t. 1, fig. 5-10. — B. H., *Gen.*, III, 74, n. 69.

3. BGE, *loc. cit.*, 73, t. 1, fig. 11.

4. Spec. 8, 9. PALL., *Ill. pl.*, t. 56 (*Polycnemum*). — BOISS., *Fl. or.*, IV, 976; 978 (*Halotis*); in *Act. H. petrop.*, V, 644 (*Halotis*).

5. In *Act. H. petrop.*, V, 644. — B. H., *Gen.*, III, 75, n. 72.

6. Habitu *Salsolæ crassæ*.

7. Spec. 1. *P. turkestana* BGE. — BOISS., *Fl. or.*, IV, 978.

8. *Fl. alt.*, I, 378 (part.). — ENDL., *Gen.*, n. 1946. — MOQ., in *DC. Prodr.*, XIII, p. II, 204 (part.). — B. H., *Gen.*, III, 75, n. 73.

ovulo summo funiculo brevi elongatove inserto. Fructus pericarpio inclusus membranaceus turgidus, nunc stylo 2-apiculatus. Semen inversum v. subhorizontale (*Micropeplis*[1]); embryonis valde spiralis radicula sæpius adscendente et fructum lateraliter haud procul a styli basi prominulo-rostellante. — Herbæ annuæ ramosæ, glabræ v. varie indutæ; foliis alternis sessilibus carnosulis; floribus axillaribus glomerulatis v. 3-nis; bracteis lateralibus 2, v. 0; floribus lateralibus nunc fœmineis. (*Hispania medit.*, *Africa bor.*, *Asia centr.*[2])

71. **Sympegma** BGE[3]. — Flores hermaphroditi; sepalis 5, dorso late horizontaliter alatis, demum cartilagineis; alis exterioribus 2 majoribus; basi gibbis. Stamina 5, basi connata; antheris oblongis; staminodiis totidem interpositis. Germen compressum; stylo lato, apice subulato-2-ramoso. Fructus compressus; semine inverso exalbuminoso; embryonis spiralis radicula supera. — Fruticulus ramosus glaber; foliis alternis linearibus; floribus in capitula terminalia demum indurata glomeratis. (*Asia centr.*[4])

72. **Suæda** FORSK.[5] — Flores hermaphroditi v. polygami; receptaculo convexiusculo v. plus minus cupulari. Calyx globosus, urceolatus v. turbinatus; sepalis 5, herbaceis, demum incrassatis v. carnosulis, aut omnibus inappendiculatis, aut 2, 3 exterioribus dorso inflatis, corniculatis v. transverse breviterque alatis. Stamina 5, oppositisepala, hypogyna v. plus minus perigyna; filamentis liberis, primum incurvis; antheris introrsis, 2-rimosis. Germen disco plus minus elevato v. 0 cinctum, sessile ovoideum v. conicum, styli ramis 2-5 brevibus undique papillosis coronatum nuncque sub eis truncatum. Ovulum 1, campylotropum basilare sessile v. brevissime funiculatum. Fructus siccus, forma varius, membranaceus v. spongioso-crassiusculus. Semen erectum, horizontale v. obliquum, læve; embryonis[6] plano-spiralis radicula adscendente v. descendente lateralive; albumine parco v. 0.

1. BGE, *Rel. Lehm.*, 474 (298), 479 (303).
2. Spec. ad. 5 LEDEB., *Ill. Fl. ross.*, t. 40. — BGE, *Anabas. Revis.*, 93; in *Bull. Ac. sc. Pét.*, X, *Mél. biol.*, 305. — BOISS., *Fl. or.*, IV, 985. — HOOK. F., *Fl. brit. Ind.*, V, 20.
3. In *Bull. Ac. sc. Pétersb.*, XXV, *Mél. biol.*, X, 306. — B. H., *Gen.*, III, 76, n. 74.
4. Spec. 1. *S. Regelii* BGE.
5. *Fl. Æg.-arab.*, 69, t. 18 B. — MOQ., in *DC. Prodr.*, XIII, p. II, 155, 461; in *Ann. sc. nat.*, sér. 1, XXIII, t. 19, 20, 21 A, 22 A. — ENDL., *Gen.*, n. 1941. — B. H., *Gen.*, III, 66, n. 50. — *Schoberia* C.-A. MEY., in *Ledeb. Fl. alt.*, I, 395; *Ic. Fl. ross.*, t. 44, 45. — NEES, *Gen. Fl. germ.*, *Monochl.*, n. 62. — MOQ., in *Ann. sc. nat.*, sér. 1, XXIII, 321, t. 22; in *DC. Prodr.*, XIII, p. II, 165. — ENDL., *Gen.*, n. 1942. — *Chenopodina* MOQ., in *DC. Prodr.*, XIII, p. II, 159. — *Sevada* MOQ., in *DC. Prodr.*, XIII, p. II, 154. — *Belowia* MOQ., *loc. cit.*, 168. — *Brezia* MOQ., *loc. cit.*, 167. — *Cavellia* MOQ., *loc. cit.*, 169.
6. Sæpius viridis.

— Herbæ v. frutices, glabri v. raro puberuli; foliis alternis integris, teretibus v. planiusculis, carnosis; floribus axillaribus, sessilibus v. subsessilibus, solitariis v. glomerulatis[1], 2-bracteolatis[2]. (*Orbis utriusq. litt. et desert. sals.*[3])

73. **Alexandra** BGE[4]. — Flores (fere *Suædæ*) polygami; calycis obcordati v. suborbicularis membranacei sepalis 5, dissimilibus; lateralibus majoribus cymbiformibus, superne dorso plus minus alatis; cæteris minoribus, dorso nudis; præfloratione imbricata. Stamina 5, hypogyna; antheris oblongis introrsis, 2-rimosis. Germen ovoideum (v. in flore masculo rudimentarium) disco destitutum; styli ramis 2, 3, gracilibus, undique stigmatosis; ovulo cæterisque *Suædæ*. Fructus membranaceus calyce inclusus; seminis erecti basique rostellati embryone verticali spirali; radicula infera. — Herba erecta glabra; foliis alternis, v. inferioribus oppositis sessilibus subamplexicaulibus ovato-lanceolatis coriaceis rigidis enerviis; floribus in spicas terminales summo caule v. ramulis lateralibus brevibus dispositis, in axilla bractearum foliis similium sessilibus, solitariis v. glomerulatis, nunc confertis, 2-bracteolatis. (*Songaria*[5].)

74? **Bienertia** BGE[6]. — « Flores polygami; receptaculo concaviusculo. Sepala 5, perigyna; antheris... ? Fructus orbicularis depressus, calyce disciformi spongioso circumdatus eique adhærens. Semen horizontale; embryonis spiralis radicula centrifuga. — Herba annua (?), basi lignosa ramosa[7]; foliis alternis sessilibus linearibus, caducis; floribus masculis in racemum terminalem divaricato-ramosum dispositis; fœmineis paucis sæpe glomerulum superantibus. (*Persia*[8].) »

1. Glomerulis nunc folio adnatis.

2. Hujus generis sectiones sunt :

Schanginia C.-A. MEY., in *Ledeb. Fl. alt.*, I, 394, a cl. BUNGE ad sect. alienam relata; calyce 5-lobo; sepalis nunc dorso tuberculatis; semine erecto.

Helicilla MOQ., in *DC. Prodr.*, XIII, p. II, 169, nunc post *Salsolam* collocata (B. H., *Gen.*, III, 71, n. 61), floribus omnino *Schoberiæ* in spicas terminales lateralesque graciles dispositis, in axilla bractearum minorum solitariis v. 2, 3-nis; bracteolis minutis 2; embryonis horizontalis spiralis (viridis) radicula laterali.

3. Spec. ad 40. PALL., *Ill. pl.*, t. 39-42, 44, 47. — LEDEB., *Ic. Fl. ross.*, t. 195. — WIGHT, *Icon.*, t. 1792, 1793 (*Chenopodium*), 1796. — S.-WATS., in *Proc. Amer. Acad.*, IX, 87; *Bot. Calif.*, II, 58. — BOISS., *Fl. or.*, IV, 937; 944 (*Schanginia*). — HOOK. F., *F. brit. Ind.*, V, 13. — BGE, in *Mém. Ac. Pét.*, X, *Mél. biol.*, 288.

4. In *Linnæa*, XVII, 120. — ENDL., *Gen.*, n. 1942 1. — MOQ., in *DC. Prodr.*, XIII, p. II, 168. — B. H., *Gen.*, III, 67, n. 51. — *Pterocalyx* SCHRENK, in *Bull. Acad. Pétersb.* (1843), I, 361.

5. Spec. 1. *A. Lehmanni* BGE.

6. In *Boiss. Fl. or.*, IV, 945. — B. H., *Gen.*, III, 68, n. 53.

7. Facie *Suædæ* v. *Schanginiæ*.

8. Spec. 1. *B. cycloptera* BGE.

75. **Borsczowia** BGE[1]. — « Flores monœci; masculorum sepalis 5, obtusis vix cucullatis. Stamina 5, perigyna; antheris subdidymis subglobosis rimosis. Germen rudimentarium elongatum, styli ramis 2 rudimentariis coronatum. Calyx fœmineus tenuis enervis hyalinus, integer v. 5-fidus. Germen calyci adhærens; styli ramis 2, subulatis, ob summi germinis inversionem imo flore reconditis. Ovulum 1, funiculo gracili erectum campylotropum; micropyle infera. Fructus magnus compressus; pericarpio carnosulo nervoso; endocarpio semini adhærente. Semina 2-morpha; alia erecta compressa minora, basi rostellata; alia majora valde compressa; albumine parco gelatinoso; embryonis plano-spiralis radicula infera. — Herba annua glabra, a basi ramosa; ramis fragilibus albescentibus; inferioribus oppositis; foliis alternis sessilibus, 2-morphis; inferioribus semiteretibus crassioribus; superioribus autem oblongis, margine hyalinis; floribus sessilibus, 2, 3-nis, axillaribus fasciculatis, bracteatis et 2-bracteolatis. (*Aralia*[2].) »

V. SARCOBATEÆ.

76. **Sarcobatus** NEES. — Flores monœci v. diœci: masculi nudi constantes e staminibus sparsis inter squamas peltatas stipitatasque amenti cylindro-conici; filamentis brevibus; antheris 2-locularibus, basifixis, lateraliter rimosis. Floris fœminei germen majore ex parte inferum, 1-loculare; parte supera libera conica styli ramis 2 subulatis papillosis coronata. Calyx inter partes germinis inferam superamque brevis, mox late obovoideus aliformis integer v. sinuatus coriaceus, circa fructum accretus orbicularis reticulato-venosus. Ovulum 1, basilare, funiculo erecto brevi insertum, campylotropum; micropyle infera. Fructus coriaceus compressus; semine erecto orbiculari; embryonis spiralis radicula infera. — Frutex ramosus spinescens; foliis alternis sessilibus articulatis angustis integris carnosulis; amentis masculis terminalibus; floribus fœmineis axillaribus solitariis subsessilibus. (*America bor. calid.*) — *Vid. p.* 144.

1. In *Act. H. petrop.*, V, 643. — B. H., *Gen.*, III, 68, n. 52.

2. Spec. 1, ut videtur, rarissima et nobis penitus ignota.

VI. BASELLEÆ.

77. **Basella** L. — Flores hermaphroditi; receptaculo concavo carnosulo; sepalis 5, v. raro 4-8, cum receptaculo continuis, imbricatis. Stamina 5, oppositisepala, receptaculi fauci inserta; filamentis late subulatis; antheris introrsis versatilibus, 2-rimosis, inclusis. Germen imo receptaculo insertum liberum, 1-loculare; ovulo basilari subsessili campylotropo; styli ramis 3, lineari-clavatis, apice et intus stigmatosis. Fructus receptaculo calyceque inclusus siccus. Semen 1, erectum compressiusculum; albumine parco; embryonis spiralis cotyledonibus involutis; radicula descendente. — Herba perennis; rhizomate tuberoso; ramis annuis herbaceis volubilibus ramosis; foliis alternis, petiolatis v. sessilibus, ovato-oblongis v. cordatis integris carnosulis; floribus axillaribus in spicas simplices v. ramosas dispositis, articulatis; bracteolis 2, sepalis conformibus et extus receptaculo adnatis. (*Asia et Africa trop.*) — *Vid. p.* 145.

78? **Tournonia** Moq.[1] — Flores hermaphroditi (fere *Basellæ*); sepalis 5, obtusis nervosis, imbricatis, patentibus. Stamina 5, leviter perigyna; antheris versatilibus. Fructus inclusus membranaceus compressus. Cætera *Basellæ*. — Herba volubilis glabra; foliis alternis petiolatis; floribus axillaribus racemosis, articulatis; bracteolis flori adnatis; pedicello apice ebracteolato articulato[2]. (*Columbia*[3].)

79. **Ullucus** Lozano[4]. — Flores hermaphroditi; calycis rotati membranacei lobis 5, profundis, longe caudato-acuminatis; imbricatis. Stamina 5, perigyna, fauci inserta, oppositisepala; filamentis brevibus tenuibus; antheris brevibus, 2-locularibus; rimis 2, extrorsum sublateralibus, superne hiantibus. Germen liberum subglobosum; stylo tenui erecto simplici, apice stigmatoso obtuso. Ovulum erectum campylotropum. Fructus perianthio partim inclusus baccatus. Semen erectum... — Herba perennis carnosa; caule tuberoso; ramis aeriis herbaceis decumbentibus v. volubilibus; foliis alternis petiolatis

1. In *DC. Prodr.*, XIII, p. II, 225. — B. H., *Gen.*, III, 77, n. 77.
2. Genus vix distinctum.
3. Spec. 1. *T. Hookeriana* Moq. — *Basella Hookeriana* Moq., olim.
4. In *Senan. Nuov. Granad.* (1809), 185 (ex *DC Prodr.*, III, 360). — B. H., *Gen.*, III, 77, n. 78. — *Melloca* Lindl., in *Gard. Chron.* (1847), 685; (1848), 828, c. icon. — Moq., in *DC. Prodr.*, XIII, p. II, 224.

cordatis v. rotundatis integris carnosulis; floribus[1] in racemos axillares laxe dispositis, bracteatis; bracteolis 2, lateralibus concavis sub flore summo pedicello articulato insertis. (*America austr. andina*[2].)

80. **Anredera** J.[3] — Flores hermaphroditi; receptaculo cupulari. Sepala 5, margini receptaculi inserta, imbricata (colorata). Stamina totidem cum calyce perigyna; filamentis subulatis, superne in alabastro reflexis; antheris oblongis v. subsagittatis versatilibus, 2-rimosis, in alabastro extrorsis. Germen imo receptaculo insertum liberum; ovulo 1, basilari campylotropo subsessili; styli ramis 3 stigmatosis plus minus dilatatis. Fructus receptaculo perianthioque inclusus membranaceus. Semen campylotropum; embryonis plus minus annularis albumen farinaceum cingentis radicula crassiuscula infera. — Herbæ perennes; caudice subterraneo tuberculiformi carnoso squamigero; ramis annuis herbaceis volubilibus; foliis alternis petiolatis integris carnosulis[4]; floribus[5] in racemos axillares et terminales, simplices v. ramosos dispositis; bracteis persistentibus v. deciduis; bracteolis lateralibus 2, cum flore ad summum pedicellum articulatis, aut parvis v. mediocribus, dorso convexis (*Boussingaultia*[6]), aut majoribus, dorso alatis (*Evanredera*) floremque et fructum magis amplectentibus. (*America calid. utraque*[7].)

VII. MICROTEÆ.

81. **Microtea** Sw. — Flores hermaphroditi; receptaculo convexo. Sepala 4, 5, membranacea, imbricata, circa fructum erecta v. patentia. Stamina 3-8, hypogyna; filamentis subulatis; antheris dorsifixis didymis; loculis introrsum v. lateraliter rimosis. Germen breviter stipitatum, 1-loculare; stylo in ramos stigmatosos 2 v. 3-6, inæquales diviso. Ovulum 1, campylotropum basilare subsessile; micropyle

1. Aureis, parvis.

2. Spec. 1. *U. tuberosus* LOZANO. — DECNE, in *Rev. hort.*, sér. 3, II, 441, fig. 25; *Tr. gén.*, 446. — HOOK., in *Bot. Mag.*, 4617. — LEME, *Jard. fleur.*, t. 221.

3. *Gen.*, 84. — GÆRTN. F., *Fruct.*, III, t. 213. — ENDL., *Gen.*, n. 1937. — MOQ., in *DC. Prodr.*, XIII, p. II, 229. — PAYER, *Fam. nat.*, 39. — B. H., *Gen.*, III, 78, n. 80. — *Clairisia* ABAT., in *Act. Soc. médic. Sév.* (ex MOQ.).

4. Gemmis axillaribus nunc bulbosis.

5. Sæpius albidis, parvis.

6. H. B. K., *Nov. gen. et spec.*, VII, 194, t. 645 *bis*. — MOQ., in *DC. Prodr.*, XIII, p. II, 228. — ENDL., *Gen.*, n. 1938. — PAYER, *Fam. nat.*, 39. — B. H., *Gen.*, III, n. 79. — *Tandonia* MOQ., in *DC. Prodr.*, XIII, p. II, 229 (nec H. BN).

7. Spec. ad 10. LAMK, *Ill.*, t. 215, fig. 2 (*Basella*). — MIERS, in *Seem. Journ. Bot.*, II, 161, t. 18. — *Bot. Mag.*, t. 3620.

infera. Fructus breviter stipitatus compressus, echinatus v. glochidiatus, indehiscens. Semen erectum crustaceum; embryone annulari albumen farinaceum cingente; cotyledonibus latiusculis; radicula infera. — Herbæ annuæ graciles; foliis alternis v. raro oppositis petiolatis ovatis; ellipticis v. lanceolatis integris; stipulis 0 v. ad tuberculos parvos reductis; floribus in racemos simplices v. ramosos axillares, terminales v. oppositifolios, dispositis; pedicellis bracteatis et 2-bracteolatis. (*America trop.*) — *Vid. p.* 148.

VIII? LEUCASTEREÆ.

82. **Leucaster** CHOIS. — Flores hermaphroditi; calyce campanulato subintegro induplicato-5-dentato v. crenato stellato-canescente, post anthesin circa fructum accreto. Stamina 2, lateralia, imo flore inserta; filamentis brevibus; antheris basifixis crassis; connectivo magno superne intusque loculos introrsos 2-rimosos gerente. Germen suborbiculare lateraliter inter stamina compressum, stigmate sessili arcuato dite papilloso coronatum, 1-loculare; ovulo 1, basilari subsessili subcampylotropo. Fructus calyce immersus siccus costatus canus. Semen erectum; embryone conduplicato albumen parcum cingente; radicula infera. — Frutex subvolubilis stellato-pubens; foliis alternis petiolatis integris; floribus in cymas terminales et axillares laxe ramosas foliaceo-bracteatas dispositis. (*Brasilia.*) — *Vid. p.* 149.

83. **Andradea** ALLEM.[1] — Flores hermaphroditi; calyce in alabastro oblongo, valvato, extus intusque stellato-pubente; lobis 5, rarius 3, 4. Stamina ad 10, v. ultra[2], paulo supra basin tubi inserta; filamentis filiformibus; antheræ basifixæ elongatæ loculis parallelis, basi discretis, margine rimosis. Germen sessile ovoideum in stylum arcuatum, hinc ad convexitatem sulcatum et stigmatosum, attenuatum. Ovulum 1, basilare, breviter funiculatum, subcampylotropum; micropyle infera sulco styli contraria. Fructus membranaceus, calycis basi vestitus, stylo indurato apiculatus. Semen reniforme læve; embryone cæterisque *Leucasteri.* — Arbor excelsa stellato-tomentella; foliis

1. *Diss. Andrad.* (1845), c. icon. — B. H., *Gen.*, III, 11, n. 22.

2. Usque ad 12-20, ex ALLEM., cujus specimen authent. flores 10-andros præbet.

alternis petiolatis elliptico-ovatis integris membranaceis; floribus in racemos axillares terminalesque laxe compositos dispositis. (*Brasilia*[1].)

84. **Cryptocarpus** H. B. K.[2] — Flores hermaphroditi; calycis campanulati lobis v. dentibus 4, 5, induplicato-valvatis. Stamina totidem inæqualia opposita; filamentis ima basi connatis, subulatis; antheris didymis, introrsum rimosis. Germen oblique ovoideum; stylo leviter excentrico, ad apicem attenuato subterminali-stigmatoso. Ovulum 1, basilare campylotropum; funiculo brevi. Fructus coriaceus, perianthio inclusus. Semen rugulosum; embryone annulari albumen farinaceum cingente; radicula infera cæterisque *Andradeæ*. — Frutices carnosuli suberecti v. subscandentes; foliis alternis petiolatis integris; floribus in racemos axillares terminalesque longe spicato-ramosos dispositis, cymosis v. glomerulatis[3]. (*Mexicum, America trop. australis*[4].)

IX. AMARANTEÆ.

85. **Amarantus** T. — Flores polygami v. 1-sexuales; receptaculo convexiusculo. Sepala 5, v. rarius 1-4, foliacea v. colorata, post anthesin nunc indurata v. inferne incrassata, circa fructum erecta; præfloratione imbricata. Stamina sepalorum numero æqualia iisque opposita; filamentis liberis; antherarum introrsarum loculis 2, basi apiceque liberis, oblongis, longitudinaliter rimosis. Germen liberum (in flore masculo 0), 1-loculare; styli brevis ramis 2, lineari-subulatis et plus minus profunde 2-partitis stigmatosis. Ovulum 1, placentæ basilari insertum, subsessile erectum, campylotropum; micropyle infera. Fructus siccus v. plus minus incrassatus, nunc carnosulus, perianthio inclusus, indehiscens v. circumcissus, nunc irregulariter ruptus. Semen 1, erectum compressum, læve nitidum; embryonis annularis albumen farinaceum cingentis cotyledonibus linearibus; radicula infera. — Herbæ sæpius annuæ, glabræ v. varie indutæ; foliis alternis petiolatis, integris v. dentatis, nunc mucronatis; floribus

1. Spec. 1. *A. floribunda* ALLEM. — SCHM., in *Mart. Fl. bras.*, XIV, II, t. 87. — WALP., *Ann.*, III, 935.

2. *Nov. gen. et spec.*, II, 187, t. 123, 124. — ENDL., *Gen.*, n. 1936. — MOQ., in *DC. Prodr.*, XIII, p. II, 88. — B. H., *Gen.*, III, 11, n. 23.

3. Genus Ordinem cum *Nyctaginaceis* connectens.

4. Spec. 2. MART. et GAL., *En. pl. Mey.*, 5 (*Chenopodium*). — MORIC., *Pl. nouv. Amér.*, t. 50.

in racemos v. spicas terminales axillaresve dispositis, glomerulatis, bracteatis et 2-bracteolatis. (*Orbis totius reg. temp. et calid.*) — *Vid. p.* 151.

86. **Acanthochiton** TORR.[1] — Flores diœci; masculorum sepalis 5, inæqualibus acuminatis, 1-nerviis, imbricatis. Stamina 5, oppositisepala; filamentis liberis; antheris oblongis introrsis, 2-rimosis. Flores fœminei nudi. Germen 1-loculare; ovulo basilari; funiculo brevi; stylo erecto, mox in lacinias longas graciles papillosas 2-4 diviso. Fructus membranaceus circumcissus. Semen erectum læve nitidum; embryonis annularis albumen farinaceum cingentis radicula infera. — Herba annua parce ramosa costata; foliis alternis angustis aristatis integris valde costatis; floribus axillaribus glomerulatis; masculis bracteolatis v. ebracteolatis; fœmineis bracteis magnis spinescentibus complicatis reconditis; bracteolis forma variis, nunc rigidis. (*America bor. calid.*[2])

87. **Banalia** MOQ.[3] — Flores hermaphroditi; sepalis 5, membranaceis, erectis, valde imbricatis. Stamina totidem, basi in cupulam membranaceam connata; filamentis cæterum subulatis inæqualibus; antheris oblongis introrsis, 2-rimosis. Germen compressum; stylo erecto, superne stigmatoso-2-ramoso. Ovulum summo funiculo basilari insertum. Fructus membranaceus perianthio inclusus indehiscens; semine lenticulari nitido (nigro); embryonis annularis albumen farinaceum cingentis radicula infera. — Herba ramosa glabra; foliis alternis petiolatis acuminatis integris; floribus in axillis bractearum spicarum axillarium v. terminalium ramosarum solitariis v. glomerulatis; bracteolis hyalinis 2[4]. (*India or. penins.*[5])

88. **Chamissoa** H. B. K.[6] — Flores hermaphroditi (*Banaliæ*). Fructus membranaceus compressus, apice sæpe umbilicatus v. cono superatus, circumcissus. Semen erectum, basi arillo aut brevi, aut amplo sacciformi semenque totum involvente munitum. Cætera *Banaliæ*. — Herbæ erectæ v. sæpius sarmentosæ volubilesve; foliis alternis

1. In *Sitgr. Rep.*, 170, t. 13. — B. H., *Gen.*, III, 29, n. 16.
2. Spec. 1. *A. Wrightii* TORR.
3. In *DC. Prodr.*, XIII, p. II, 278 (part.). — B. H., *Gen.*, III, 27, n. 10.
4. Genus seriem cum *Baselleis* connectens.
5. Spec. 1. *B. thyrsiflora* MOQ. — WIGHT, *Icon.*, t. 1774. — *Achyranthes thyrsiflora* WALL. — *Celosia thyrsiflora* WALL., herb.
6. *Nov. gen. et spec.*, II, 158, t. 125. — MOQ., in *DC. Prodr.*, III, p. II, 248 (part.). — ENDL., *Gen.*, n. 1973. — B. H., *Gen.*, III, 27, n. 11.

integris; floribus[1] in ramis spicarum simplicium v. compositarum dense v. laxe glomerulatis; bracteolis 2. (*America trop. et subtrop.*[2])

89. **Digera** FORSK.[3] — Flores fere *Banaliæ* (v. *Chamissoæ*); sepalis 4, 5, membranaceis imbricatis, 2-10-nerviis inæqualibus (interioribus angustioribus), circa fructum erectis nec basi induratis. Stamina 4, 5, libera, hypogyna; antheris introrsis, 2-dymis. Germen truncatum; stylo apice in ramos 2 stigmatiferos recurvos diviso. Ovulum 1, funiculo brevi adscendenti insertum. Fructus siccus crustaceus rugulosus, utrinque subcarinatus. Semen erectum; albumine farinaceo; embryonis annularis cotyledonibus incurvis; radicula descendente. — Herbæ annuæ ramosæ glabræ; foliis alternis integris; petiolo gracili; floribus in spicas axillares pedunculatas dispositis; bracteis 2-bracteolatis et 3-floris; flore centrali hermaphrodito; lateralibus sterilibus imperfectis v. ad squamam gemmiformem cristatamve reductis nuncve 0. (*Asia et Africa trop.*[4])

90. **Pleuropterantha** FRANCH.[5] — Flores (*Digeræ*) 5-meri; sepalis paulo inæqualibus. Stylus brevis, apice stigmatoso breviter 2-lobo. Ovulum campylotropum breviter funiculatum. Fructus compressus, calyce inclusus floribusque lateralibus sterilibus 2 in alam orbicularem reticulatam mutatis utrinque stipatus. Semen erectum; embryonis annularis albumen farinaceum cingentis radicula infera. Cætera *Digeræ*[6]. — Herba glabra ramosa; foliis alternis linearibus; floribus spicatis; glomerulis in axilla bractearum 3-floris; flore centrali solo fertili[7]. (*Somalia*[8].)

91. **Saltia** R. BR.[9] — Flores (fere *Digeræ*) diœci; sepalis 5, imbricatis, basi incrassatis, circa fructum immutatis, dorso sericeis. Stamina 5, in urceolum carnosulum inferne connata, superne libera;

1. Albidis v. virescentibus, parvis.

2. Spec. 6, 7. SEUB., in *Mart. Fl. bras.*, V, t. 74. — GRISEB., *Pl. Lorentz.*, 31.

3. *Fl. æg.-arab.*, 65. — MOQ., in *DC. Prodr.*, XIII, p. II, 323. — ENDL., *Gen.*, n. 1969. — B. H., *Gen.*, III, 28, n. 13.

4. Spec. 1. *D. arvensis* FORSK. — *Desmochæta muricata* WIGHT, *Icon.*, t. 732. — *Achyranthes polygonoides* RETZ. — *A. Digera* POIR. — *A. alternifolia* L. — *Cladostachys alternifolia* SWEET. — *Chamissoa arabica* SPRENG. — *C. muricata* SPRENG.

5. *Sert. somal.*, 59, t. 5. — B. H., *Gen.*, III, 1218, n. 18 *a*.

6. Cujus forte sectio (?), pilis florum sterilium in membranam orbicularem connatis (char. in variis seriei generibus admodum variabili).

7. Genus male (B. H.) ad *Chenopodiaceas-Cyclolobeas* relatum.

8. Spec. 1. *P. Revoili* FRANCH.

9. In *Wall. Pl. as. rar.*, I, 17 (nec in *Salt. App. Abyss.*). — MOQ., in *DC. Prodr.*, XIII, p. II, 325 (part.). — ENDL., *Gen.*, 959. — B. H., *Gen.*, III, 29, n. 17.

antheris oblongis, 2-rimosis (in flore fœmineo brevibus cassis). Germen obovoideum (in flore masculo rudimentarium v. cassum); stylo gracili, apice stigmatoso capitato. Ovulum 1, ab apice funiculi elongati descendens. Utriculus oblongus, basi apiceque plus minus coriaceus, indehiscens. Seminis inversi oblongi albumen farinaceum; embryonis peripherici cotyledonibus linearibus inæqualibus; radicula gracili adscendente. — Fruticulus rigidus glaber; foliis alternis angustis sessilibus integris carnosulis; floribus in spicas simplices v. ramosas dispositis, bracteatis et 1-3-bracteolatis; fœmineis fertilibus utrinque flore sterili imperfecto in appendicem ramosam et longe sericeo-barbatam mutato stipatis. (*Arabia*[1].)

92. **Allmania** R. Br.[2] — Flores (fere *Banaliæ*) hermaphroditi; sepalis 5, scariosis striatis, acutis v. acuminatis. Antherarum loculi sæpius utrinque liberi. Stylus elongatus gracilis, apice stigmatoso capitellatus. Fructus compressus membranaceus circumcissus; semine cæterisque *Banaliæ* (v. *Pupaliæ*); cupula arillari seminis basilari carnosa. — Herbæ erectæ v. diffusæ, glabræ v. puberulæ scaberulæ; foliis alternis angustis integris; floribus[3] in capitula terminalia et lateralia sessilia v. stipitata dispositis, 1-bracteatis et 2-bracteolatis. (*Asia tropica*[4].)

93. **Pupalia** J.[5] — Flores dimorphi (fere *Banaliæ*); perfectorum sepalis 5, lanceolatis, 3-5-nerviis, valvatis. Stamina 5, opposita; filamentis basi in cupulam brevem connatis, mox liberis subulatis, antheris ovoideis v. didymis, introrsum 2-rimosis. Germen ovoideum, in stylum gracilem apice stigmatoso capitellatum attenuatum; ovulo 1, campylotropo, ab apice funiculi basilaris elongati suspensum. Fructus membranaceus, perianthio inclusus, indehiscens v. vix ægre circumcissus. Semen lenticulare inversum crustaceum nitidum; embryonis peripherici et albumen farinaceum cingentis radicula adscendente. — Herbæ, nunc suffrutescentes, 3-chotome ramosæ, glabræ v. varie indutæ; foliis oppositis petiolatis integris; floribus in spicas simplices

1. *S. papposa* Moq. — *Achyranthes papposa* Forsk., herb. (nec *Fl.*). — T. Anders., in *Journ. Linn. Soc.*, *Bot.*, V, Suppl., 32, t. 3.

2. In *Wall. Cat.*, n. 6890. — Endl., *Gen.*, n. 1973. — B. H., *Gen.*, III, 27, n. 12.

3. Albis v. virescentibus.

4. Spec. 3, 4. Burm., *Fl. ind.*, t. 25, fig. 1 (*Celosia*). — Wight, in *Hook. Journ. Bot.*, I, 226, t. 128; *Icon.*, t. 1769-1772 (*Chamissoa*). — Moq., in *DC. Prodr.*, XIII, p. II, 248 (*Chamissoa*).

5. In *Ann. Mus.*, II, 132. — Moq., in *DC. Prodr.*, XIII, p. II, 331 (part.). — Endl., *Gen.*, n. 1970. — B. H., *Gen.*, III, 31, n. 21. — *Syama* Jones, in *Asiat. Res.*, IV, 261. — *Desmochæta* DC., *Cat. H. monsp.*, 101 (part.).

v. ramosas glomeruligeras dispositis; glomerulis e floribus bracteolatis perfectis et imperfectis (sæpius lateralibus) constantibus; imperfectis composite gemmiformibus; eorum segmentis in aristulas stipitatas stellatim patentes et apice uncinatas mutatis[1]. (*Asia et Africa trop.*[2])

94. **Cyathula** LOUR.[3] — Flores 2-morphi (fere *Pupaliæ*); calyce imbricato; laciniis[4] 5, forma variis staminibus fertilibus interpositis. — Herbæ, nunc basi frutescentes; foliis oppositis integris; floribus in spicis elongatis v. capituliformibus glomeratis; imperfectis cum perfectis intermixtis; segmentis inperfectorum in aristas[5] apice uncinatas productis; bracteis scariosis, nunc apice aristatis. Cætera *Pupaliæ*. (*Asia, Africa cont. et ins., America merid. calid.*[6])

95. **Sericocoma** FENZL[7]. — Flores (fere *Pupaliæ*) hermaphroditi 1, 2, cum sterilibus 1-∞ in glomerulum varie pilosum congesti. Flores steriles in spinas v. lacinias ramosas cum imo flore fertili concretas mutati. Androcæi cupula inter stamina varie v. haud dentata. Germen ovoideum v. oblongum, villosum v. tomentosum; stylo brevissimo v. sæpius plus minus elongato, apice capitato stigmatoso papilloso v. plumoso. Fructus indehiscens cæteraque *Pupaliæ*. — Herbæ v. fruticuli ramosi; foliis alternis v. oppositis sessilibus, integris, sæpius angustis; glomerulis in spica nunc capituliformi 1-bracteatis et 2-bracteolatis. (*Africa trop., subtrop. et austr.*[8])

96. **Centema** HOOK. F.[9] — Flores *Cyathulæ* (v. *Sericocomatis*[10]); sepalis 5, inæqualibus crassis, 3-5-nerviis. Androcæi cupula membranacea, inter stamina fertilia in lacinias quadratas, lineares v. 0, producta. Stylus nunc crassus compressus, apice capitellatus v. 2-fidus. Fructus cæteraque *Cyathulæ*. — Herbæ glabræ v. varie indutæ; foliis oppositis angustis integris, 1-nerviis; floribus spicatis terminalibus, in glomerulo 2-bracteolato hermaphroditis 1, 2; imperfectis 1-∞, e

1. An melius *Cyathulæ* sectio?
2. Spec. ad 3. GÆRTN., *Fruct.*, II, t. 128 (*Achyranthes*). — WIGHT, *Icon.*, t. 731 (*Desmochæta*), 1783. — WALP., *Ann.*, III, 301.
3. *Fl. cochinch.*, 101. — MOQ., in *DC. Prodr.*, XIII, p. II, 325 (part.). — ENDL., *Gen.*, n. 1971. — B. H., *Gen.*, III, 31, n. 20. — *Polyscalis* WALL., *Cat.*, n. 6939. — *Desmochæta* DC. (part.).
4. An staminodia?
5. Nec, ut in *Pupalia*, aristulas.
6. Spec. ad 10. WIGHT, *Icon.*, t. 733 (*Desmochæta*). — MART., *Nov. gen. et spec.*, t. 156, 158, fig. 1 (*Pupalia*). — WALP., *Ann.*, III, 300.
7. In *Endl. Gen.*, Suppl., III, 33; in *Linnæa*, XVII, 323. — MOQ., in *DC. Prodr.*, XIII, p. II, 306. — B. H., *Gen.*, III, 30, n. 18.
8. Spec. 10, 11. HOOK., *Icon.*, t. 596 (*Trichinium*).
9. *Gen.*, III, 31, n. 11.
10. Cujus potius forte sectio.

foliolis (v. bracteis) constantibus basi cum spinis simplicibus plus minus elongatis induratisve connatis. (*Africa trop.* [1])

97. **Psilotrichum** BL. [2] — Flores hermaphroditi (fere *Cyathulæ*); sepalis 5, imbricatis; exterioribus grosse 3-costatis. Fructus perianthio sæpe basi indurato inclusus, membranaceus indehiscens. Semen lenticulare, coriaceum v. crustaceum nitidumque. Cætera *Cyathulæ*. — Frutices v. herbæ, trichotome ramosi; foliis oppositis; floribus [3] spicatis v. in capitula axillaria solitaria v. ramosa dispositis; bracteis et bracteolis lateralibus hyalinis. (*Asia et Africa trop.*, *ins. Sandwic.* [4])

98. **Psilostachys** HOCHST. [5] — Flores hermaphroditi (fere *Psilotrichi*); sepalis 5, imbricatis v. subvalvatis; exterioribus 2, 3 concavis, prominenti-3-nerviis, circa fructum induratis nec auctis. Stamina 5, ima basi connata; antheris brevibus introrsis. Cætera *Psilotrichi*. — Herbæ erectæ, sæpe graciles, dichotomæ, glabræ v. sæpius sericeæ; foliis oppositis, petiolatis v. sessilibus ovato-cordatis integris nervatis; floribus [6] in spicas graciles sæpe capillares, ramosas v. simplices, axillares terminalesve, dispositis; bracteis bracteolisque lateralibus 2, calyce brevioribus [7]. (*India or.*, *Arabia*, *Nubia*, *Socotora*, *Zanzibaria* [8].)

99. **Trichinium** R. BR. [9] — Flores hermaphroditi; sepalis 5, imbricatis, elongatis, æqualibus, v. interioribus minoribus, rigidis, extus plus minus sericeis v. barbatis plumosisve, basi plus minus indurata liberis (*Ptilotus* [10]) v. connatis. Stamina 5, oppositisepala inæqualia; filamentis basi in cupulam membranaceam connatis, nunc anantheris 1-3, v. anthera effœta donatis; fertilium antheris introrsis; loculis rimosis, inferne liberis. Laciniæ interpositæ 0, v. raro parvæ

1. Spec. 2, 3.
2. *Bijdr.*, 544. — MOQ., in *DC. Prodr.*, XIII, p. II, 279 (part.). — ENDL., *Gen.*, n. 1962. — B. H., *Gen.*, III, 32, n. 22. — *Leiospermum* WALL., *Cat.*, n. 6923. — *Ptilotus* sect. *Nototrichium* A. GR.
3. Albis v. viridulis, parvis.
4. Spec. ad 10. WIGHT, *Icon.*, t. 721 (*Leiospermum*), 1775. — THW., *Enum. pl. Zeyl.*, 248. — G. MANN, *Enum. Haw. pl.*, 200 (*Ptilotus*). — HOOK. F., *Icon.*, t. 1542.
5. In *Flora* (1844), *Beil.* 6, t. 4. — B. H., *Gen.*, III, 32, n. 23.
6. Viridulis v. albidis, parvis.
7. Adspectus sæpe *Caryophyllacearum*.
8. Spec. ad 6. WIGHT, *Icon.*, t. 726 (*Achyranthes*). — H. BN, in *Bull. mens. Soc. Linn. Par.*, 622.
9. *Prodr.*, 414. — ENDL., *Gen.*, n. 1962. — MOQ., in *DC. Prodr.*, XIII, p. II, 283. — B. H., *Gen.*, III, 33, n. 25. — ? *Goniotriche* TURCZ., in *Bull. Mosc.* (1849), II, 37; (1852), II, 181 (*Gomotriche*). — *Hemisteirus* F. MUELL., in *Linnæa*, XXV, 434. — *Arthrotrichium* F. MUELL., in *Trans. Bot. Soc. Edinb.*, VII, 500.
10. R. BR., *Prodr.*, 415. — MOQ., *loc. cit.*, 281 (part.). — ENDL., *Gen.*, n. 1964. — B. H., *Gen.*, III, 32, n. 24.

hyalinæ. Germen sessile v. stipitatum, glabrum v. lanuginosum; stylo plus minus excentrico gracili elongato, apice stigmatoso capitellato. Ovulum 1, campylotropum, summo funiculo elongato suspensum. Fructus basi calycis inclusus membranaceus, indehiscens. Semen inversum nitidum, nunc arillatum; embryonis annularis v. arcuati albumen farinaceum plus minus cingentis radicula supera; cotyledonibus linearibus carnosulis. — Herbæ annuæ v. perennes, nunc suffruticosæ, v. fruticuli, pilis variis sæpe articulatis nuncve stellatis induti; foliis alternis integris, sæpius angustis; floribus[1] in spicas terminales simplices v. compositas, sæpe breves capituliformesque dispositis, bractea bracteolisque scariosis v. hyalinis nitidis munitis. (*Australia, ins. Molucc., Timor.*[2])

100? **Chionothrix** HOOK. F.[3] — Flores hermaphroditi; sepalis 5, arcte imbricatis; exterioribus latioribus, coriaceis, extus pilis sericeis sepalo subæqualibus onustis, 3-nerviis. Stamina 5, basi in cupulam tubulosam connatis; antheris oblongis. Stylus rectus, apice stigmatoso capitellatus. Ovulum cæteraque *Trichinii* (v. *Sericocomatis*). — « Frutex pubescens trichotome ramosus; foliis oppositis petiolatis obovatis integris coriaceis, setulis basi tumidis hirtellis; floribus[4] in spicas graciles ramosas elongatas dispositis, pilis albidis immersis »; bractea bracteolisque cymbiformibus hyalinis flore multo brevioribus[5]. (*Somalia mont.*[6])

101. **Nothosærua** WIGHT[7]. — Flores hermaphroditi (fere *Æruæ*); sepalis 3-5, membranaceis hyalinis imbricatis, 1-nerviis. Stamina 1, 2, hypogyna; antheris didymis. Stylus brevis, apice stigmatoso capitellatus. Fructus membranaceus. Semen nitidum; embryonis arcuati albumini farinaceo hinc lateralis radicula infera. — Herba annua; foliis oppositis petiolatis; floribus in spiculas solitarias v. fasciculatas dispositis, 1-bracteatis et 2-bracteolatis; inflorescentiis crebris albidis lanatis. (*Asia et Africa trop.*[8])

1. Nunc pulchris, roseis, lilacinis v. albidis, sæpe haud parvis.
2. Spec. ad 60. GAUDICH., in *Freycin. Voy., Bot.*, t. 49. — HOOK. F., *Fl. tasm.*, t. 94. — BENTH., *Fl. Austral.*, V, 217; 241 (*Ptilotus*). — FIELD et GARD., *Sert.*, t. 52, 53. — F. MUELL., *Ic. lith.*, t. 78 (ex BENTH.). — *Bot. Reg.* (1839), t. 28. — *Bot. Mag.*, t. 5448.
3. *Gen.*, III, 33, n. 26.
4. Stramineis, parvis.
5. An genus distinct v. *Sericocomatis* sectio?
6. Spec. 1. *C. somalensis* HOOK. F. — *Sericocoma somalensis* MOORE, in *Trim. Journ. Bot.* (1877), 70.
7. *Icon.*, VI, 1. — B. H., *Gen.*, III, 34, n. 27. — *Pseudanthus* WIGHT, *Icon.*, V, 3, t. 1776 *bis* B (nec SIEB.).
8. Spec. 1. *N. brachiata*. — *Illecebrum brachiatum* L., *Mantiss.*, 23. — *Achyranthes brachiata* L., *Mantiss.*, 50. — *Ærua brachiata* MART. — MOQ., in *DC. Prodr.*, XIII, p. II, 304, n. 13. — *Amaranthus minutus* LESCHEN.

102. **Ærva** FORSK.[1] — Flores hermaphroditi v. 1-sexuales; sepalis 4, 5, membranaceis v. coriaceis, imbricatis, haud induratis, acutis v. acuminatis, nunc inæqualibus dissimilibus. Stamina 4, 5, sepalis opposita, basi in cupulam connata; antheris 2-didymis v. oblongis; interpositis laciniis 4, 5, longis v. brevibus. Germen 1-loculare; ovulo 1, campylotropo summo funiculo basilari elongato affixo; stylo simplici capitellato v. nunc in ramos 2 diviso. Fructus calyce inclusus membranaceus, indehiscens v. circumcissus; semine inverso nudo; radicula supera. — Herbæ, nunc frutescentes; foliis alternis v. oppositis, nunc spurie verticillatis, integris; floribus[2] in spicas simplices v. ramosas, nunc breves, terminales et axillares, dispositis. (*Asia et Africa calid.*[3])

103. **Achyranthes** L.[4] — Flores (fere *Ærvæ*) hermaphroditi; sepalis 4, 5, liberis, acutatis v. aristatis, demum induratis, imbricatis. Stamina 5, oppositisepala v. rarius 2-4; filamentis subulatis, basi membranarum totidem alternarum eroso-lacerarum ope in cyathum connatis; antheris introrsis dorsifixis, oblongis v. didymis, 2-ramosis. Germen liberum, basi nunc attenuatum, 1-loculare; stylo gracili, apice stigmatoso capitellato. Ovulum 1, ab apice funiculi erecti centralis elongati pendulum campylotropum. Fructus siccus membranaceus, indehiscens, vertice rotundatus v. areolatus. Semen inversum; embryonis peripherici albumenque farinaceum cingentis cotyledonibus elongatis, apice sæpius incurvis; radicula angustiore adscendente. — Herbæ, nunc basi frutescentes, glabræ v. varie indutæ; foliis oppositis integris; floribus[5] in spicas terminales elongatas simplices v. ramosas dispositis; bracteis 1-floris; bracteolis lateralibus 2, sæpe spinescentibus; fructu demum sub bracteis deflexo. (*Orbis utriusq. reg. calid.*[6])

104. **Pandiaka** MOQ.[7] — Flores fere *Achyranthis;* sepalis 4, 5, erectis, coriaceis v. scariosis, aut acutatis subpungentibus (*Eupan-*

1. *Fl. Æg.-arab.*, 170. — ENDL., *Gen.*, n. 1968. — MOQ., in *DC. Prodr.*, XIII, p. II, 299 (part.). — B. H., *Gen.*, III, 34, n. 28. — *Ærua* J., *Gen.*, 88. — GÆRTN. F., *Fruct.*, III, t. 213.

2. Albidis v. ferrugineis, parvis.

3. Spec. ad 10. MART., *Beitr. Amar.*, 82.

4. *Gen.*, n. 288. — J., *Gen.*, 88. — GÆRTN., *Fruct.*, II, t. 128. — LAMK, *Ill.*, t. 168 (part.). — ENDL., *Gen.*, n. 1966. — MOQ., in *DC. Prodr.*, XIII, p. II 309 (part.). — PAYER, *Leç. Fam. nat.*, 36. — B. H., *Gen.*, III, 35, n. 31. — *Centrostachys* WALL., in *Roxb. Fl. ind.* (ed. CAREY), II, 497. — ENDL., *Iconogr.*, t. 20. — MOQ., *loc. cit.*, 321.

5. Albidis v. viridulis, sericeis.

6. Spec. ad 12. WIGHT, *Icon.*, t. 722, 1777-1779 1780 (*Centrostachys*). — A. GRAY, in *Proc. Amer. Acad.*, VIII, 200. — BOISS., *Fl. or.*, IV, 993.

7. In *DC. Prodr.*, XIII, p. II, 310 (*Achyranthis* sect.). — B. H., *Gen.*, III, 35, n. 32.

diaka), aut obtusioribus (*Achyropsis*[1]). Laciniæ staminibus interpositæ quadratæ, erosæ, ciliatæ, breviter fimbriatæ v. nudæ. Fructus membranaceus, indehiscens, aut basi debiliore sub tractione solutus. Semen inversum cæteraque *Achyranthis*[2]. — Herbæ v. fruticuli; foliis oppositis; floribus spicatis v. subcapitatis, 2-bracteolatis. (*Africa trop. et austr.*[3])

105. **Stilbanthus** HOOK. F.[4] — Flores fere *Achyranthis;* sepalis 5, scarioso-coriaceis, apice plus minus sericeo-barbatis. Stamina 5, basi in urceolum brevem crassiusculum connata; antheris oblongo-didymis, 2-rimosis; laciniis interpositis 5, filamentis tenuioribus et subæquilongis penicillatis. Germen cæteraque *Achyranthis*. — Arbor scandens; ramulis herbaceis obtuse 4-gonis; foliis oppositis petiolatis ovato-acuminatis integris amplis; floribus[5] in spicas pedunculatas terminales trichotome ramosas dispositis; singulis bractea et bracteolis ovatis scariosis aristato-acuminatis nitidisque stipatis. (*Himalaya*[6].)

106. **Calicorema** HOOK. F.[7] — Flores hermaphroditi; sepalis 5, duriusculis, dorso marginibusque pilis (albis) sericeis scaberulis sepalo subæqualibus onustis, imbricatis; interioribus 2, angustioribus. Stamina 5; filamentis basi in tubum v. urceolum connatis; interpositis laciniis 5, brevibus erosis v. subnullis; antheris longiusculis, 2-rimosis. Germen glabrum; stylo tenui, apice stigmatoso capitellato; ovulo campylotropo summo funiculo elongato inserto. Fructus...? — Frutex rigidus; foliis alternis angustis cylindraceis carnosulis glabris; floribus in spicas breves terminales dispositis; glomerulis 1-paucifloris, bracteatis et 2-bracteolatis. (*Africa austr.*[8])

107. **Nyssanthes** R. BR.[9] — Flores hermaphroditi, 4, 5-meri; sepalis inæqualibus, valde imbricatis; omnibus v. exterioribus apice longe aciculari-spinescentibus. Stamina 2-4, oppositisepala, basi in cupulam connata; antheris brevibus, introrsum 2-rimosis; staminodiis 2-4, oblongis truncatis staminibus interpositis. Germen 1-locu-

1. MOQ., *loc. cit.*, 310 (*Achyranthis* sect., part.). — B. H., *Gen.*, III, 36, n. 33.
2. Cujus forte potius sectio ?
3. Spec. ad 6. SCHWEINF., *Pl. centr. afr.*, n. 1542 (*Cyathula*).
4. In *Hook. Icon.*, t. 1286; *Gen.*, III, 35, n. 30.
5. Albis, splendentibus, majusculis.
6. Spec. 1. *S. scandens* HOOK. F.
7. *Gen.*, III, 34, n. 29 (char. reform.).
8. Spec. 1. *C. capitata* HOOK. F. — *Sericocoma capitata* MOQ., in *DC. Prodr.*, XIII, p. II, 308, n. 6.
9. *Prodr.*, 418. — ENDL., *Gen.*, n. 1965. — MOQ., in *DC. Prodr.*, XIII, p. II, 309. — B. H., *Gen.*, III, 36, n. 34.

lare; stylo apice capitellato. Ovulum 1, campylotropum, e funiculo basilari pendulum. Fructus calyce inclusus membranaceus, apice depresso induratus, indehiscens. Semen inversum nitidum, embryone...? — Herbæ annuæ v. biennes ramosæ; foliis oppositis, petiolatis v. sessilibus, integris; floribus axillaribus capitatis sessilibus; bracteis bracteolisque ut sepala spinescentibus. (*Australia or.* [1])

108. **Rodetia** MOQ. [2] — Flores hermaphroditi v. polygami; sepalis 5, membranaceis, arcte imbricatis, sub fructu persistentibus, nunc patentibus. Stamina totidem opposita; filamentis basi in cupulam brevem disco interiori extus adnatam connatis; laciniis interjectis brevibus obtusis 1-5, v. 0; antheris introrsis exsertis; loculis sub insertione longe liberis, longitudinaliter rimosis. Germen ovoideum (v. nunc angustum effœtum); styli brevis crassi ramis 2, 3, ad apicem crassiusculis. Ovulum 1, summo funiculo basilari brevi recto insertum campylotropum. Fructus baccatus; pericarpio tenui. Semen erectum subglobosum nitidum (atrum); embryonis annularis albumenque farinaceum cingentis radicula descendente; cotyledonibus oblongis. — Frutex glaber; foliis alternis, petiolatis, ovatis acuminatis integris; floribus [3] in racemi axillaris v. terminalis compositi ramis solitariis v. glomerulatis paucis (2-3); glomerulis 1-bracteatis et 2-4-bracteolatis [4]. (*Himalaia* [5].)

109? **Charpentiera** GAUDICH. [6] — Flores *Rodetiæ* (v. *Banaliæ*); calyce demum coriaceo. Stamina 5, breviter connata. Fructus coriaceus, indehiscens; semine erecto. — Arbuscula glabra v. vix tomentosa ramosa; foliis (amplis) alternis, longe petiolatis ovato-oblongis v. obovatis integris; inflorescentia axillari (ampla) valde ramosa flores sessiles secus ramos crebros gerente; bractea bracteolisque persistentibus [7]. (*Ins. Sandwic.* [8])

110. **Marcellia** H. BN. [9] — Flores glomerulati, in glomerulis singulis fertiles 2, et steriles totidem alterni, ad sepala 5, linearia

1. Spec. 2. BENTH., *Fl. austral.*, V, 246.

2. In *DC. Prodr.*, XIII, p. II, 323. — B. H., *Gen.*, III, 25, n. 6.

3. Virescentibus, parvis.

4. Genus hinc *Bosiæ* et *Oreoblito*, inde *Banaliæ* affine.

5. Spec. 1. *R. Amherstiana* MOQ. — *Deeringia Amherstiana* WALL.

6. In *Freycin. Voy., Bot.*, 444, t. 47, 48 (non MEY.). — MOQ., in *DC. Prodr.*, XIII, p. II, 322. — B. H., *Gen.*, III, 26, n. 9.

7. Genus hinc *Rodetiæ* proximum, inde vix a *Banalia* (sicut a *Gomphrenis* legitimis *Hebanthe*) differt.

8. Spec. 1. *C. obovata* GAUDICH., *Prodr.*, n. 1. — *C. ovata* GAUDICH., *Prodr.*, n. 2. — *Chamissoa ovata* ENDL., *Gen.*, 304.

9. In *Bull. Soc. Linn. Par.*, 625 (non CHOIS.).

spatulata indurata dense brunneo-lanata, reducti. Florum fertilium sepala 5, oblonga, imbricata, circa fructum persistentia et basi indurata, extus lanata. Stamina 5, basi breviter monadelpha; filamentis cæterum liberis subulatis oppositisepalis; antheris oblongis dorsifixis, introrsum 2-rimosis. Germen 1-loculare, hinc inferne in stipitem tenuem, inde superne in stylum gracilem apice capitato breviter penicillatum, attenuatum. Ovulum 1, campylotropum, summo funiculo basilari tenui elongato suspensum. Fructus... Semen inversum. — Herba annua (?) subglabra; foliis linearibus ad nodos oppositis et spurie verticillatis; floribus in spicas terminales longe pedunculatas dispositis; bracteis alternis acuminatis membranaceis persistentibus; glomerulis singulis bracteis 4, hyalinis, demum accretis nec induratis involventibus, munitis, quarum latiores 2, angustiores autem 2, cum latioribus alternantes[1]. (*Angola*[2].)

X. GOMPHRENEÆ.

111. **Gomphrena** L. — Flores hermaphroditi; calyce æquali-v. inæquali-5-fido v. partito, imbricato (colorato). Androcæum monadelphum; tubo angusto superne in lacinias 5, alternisepalas (nunc 0) diviso antherasque 5, oppositisepalas, 1-loculares, introrsas, 1-rimosas, gerente. Germen 1-loculare; stylo apice 2, 3-lobo; ovulo 1, campylotropo, funiculo basilari elongato inserto; micropyle infera. Fructus siccus, nunc induratus, compressus. Semen 1, compressum læve; embryonis annularis albumen farinaceum cingentis cotyledonibus linearibus, ovatis v. obovatis.— Herbæ; foliis oppositis integris, sessilibus v. petiolatis; floribus capitatis; bracteis coloratis; bracteolis 2, bracteæ sæpius concoloribus, concavis, dorso carinatis, cristatis v. alatis. (*America et Australia calid.*) — *Vid. p.* 154.

112? **Philoxerus** R. Br.[3] — Flores hermaphroditi (fere *Gomphrenæ*); sepalis 5, basi spongioso-incrassatis, chartaceis. Germen late ovoideum; styli ramis 2, subulatis. Fructus coriaceo-membranaceus, indehiscens. Cætera *Gomphrenæ*. — Herbæ; foliis oppositis

1. Genus ubique anomalum, *Amaranteas*, ut videtur, cum *Cometeis* connectens.

2. Spec. 1. *M. mirabilis* H. Bn.

3. *Prodr.*, 416 (part.). — H. B. K., *Nov. gen. et spec.*, II, 283. — Mart., *Beitr. Amarant.*, 97. — B. H., *Gen.*, III, 40, n. 43.

integris; floribus capitatis; capitulis axillaribus et terminalibus, sessilibus v. stipitatis, ovoideis, subglobosis v. elongatis; bracteis et bracteolis carinatis chartaceis. (*America trop. or.*, *Africa trop.*, *Australia*, *ins. Loo-choo.* [1])

113. **Hebanthe** MART.[2] — Flores (fere *Gomphrenæ*) hermaphroditi v. polygami; sepalis 5, extus sericeis v. lanatis, 3-5-nerviis. Stamina 5; tubo in lacinias lineares v. subulatas antheriferas diviso; interpositis anantheris 5, brevibus, obtusis, emarginatis v. subquadratis. Stylus longitudine varius v. subnullus, apice stigmatoso capitato 2-cruris v. crassiuscule 2-lobus. Cætera *Gomphrenæ*. — Herbæ v. suffrutices erecti scandentesve, graciles, sæpius glabri; foliis oppositis petiolatis integris glabris; spicis v. capitulis inflorescentiæ[3] plus minus compositæ axillaris terminalisve ramis oppositis divaricatis insertis, 1-bracteatis et 2-bracteolatis. (*America trop.*[4])

114? **Woehleria** GRISEB.[5] — « Flores hermaphroditi bracteati et 2-bracteolati, 4-meri; sepalis chartaceis. Stamen 1; filamenti cuneiformis lobis 3; lateralibus anantheris; intermedio antheram oblongam 1-locularem gerente. Germen compressum; stigmatibus 2, subulatis recurvis; ovulo 1, ab apice funiculi elongati pendulo. Fructus membranaceus indehiscens; embryone albumen farinaceum cingente. — Herba[6] pusilla tenuissima repens; foliis oppositis orbicularibus; floribus in capitula terminalia dispositis; bracteis sepalis consimilibus rachique adhærentibus. (*Cuba*[7].) »

115. **Pfaffia** MART.[8] — Flores hermaphroditi v. nunc polygami[9] (fere *Gomphrenæ*); sepalis 5, extus sericeo-pilosis. Androcæi tubus 5-fidus; laciniis antheriferis emarginatis v. 2-fidis, nunc fimbriatis; antheris linearibus 2-locularibus. Stylus subnullus; capite stigmatoso globuloso v. discoideo, simplici v. 2-lobo. Cætera *Gomphrenæ*. —

1. Spec. 8-10. ENDL., *Gen.*, 301 (*Iresine*). — MOQ., in *DC. Prodr.*, XIII, p. II, 339 (*Iresine*). — P.-BEAUV., *Fl. ow. et ben.*, t. 98, fig. 1.

2. *Nov. gen. et spec.*, II, 42, t. 140-145. — ENDL., *Gen.*, n. 1958. — B. H., *Gen.*, III, 41, n. 46. — *Tromsdorffia* MART., *loc. cit.*, 40, t. 139.

3. Sæpe fere *Charpentieræ*.

4. Spec. ad 20. MOQ., in *DC. Prodr.*, XIII, p. II, 385 (*Gomphrena*). — HOOK., *Icon.*, t. 103 (*Iresine*). — SEUB., in *Mart. Fl. bras.*, V, 187 (*Gomphrena*).

5. *Erlaut. Pfl. trop. Amer.*, 11. — B. H., *Gen.*, III, 39, n. 42.

6. « *Alsinis* facie ».

7. Spec. 1. *W. serpyllifolia* GRISEB.

8. *Nov. gen. et spec.*, II, 20, t. 122-124; *Beitr. Amarant.*, 103, n. 18. — ENDL., *Gen.*, n. 1958 b. — B. H., *Gen.*, III, 37, n. 37.

9. *Sertuernera* MART., *loc. cit.*, 36, t. 136-138.

Herbæ graciles, sæpius tomentosæ; foliis oppositis, sæpius sessilibus; floribus capitatis v. spicatis sessilibus, 2-bracteolatis. (*Brasilia*[1].)

116. **Alternanthera** FORSK.[2] — Flores hermaphroditi (fere *Gomphrenæ*); sepalis 4, 5, dissimilibus, valde compressis. Stamina fertilia 1-5; cupula imorum filamentorum germine breviore; laciniis anantheris interpositis 1-5, brevibus v. 0. Germen compressum; stigmate capitellato sessili v. raro breviter 2-cruri. — Herbæ erectæ v. sæpius prostratæ, glabræ v. varie indutæ; foliis oppositis, petiolatis v. sessilibus, integris v. subdentatis; floribus capitatis axillaribus sessilibus, 2-bracteolatis. (*Orbis totius reg. trop.*[3])

117. **Telanthera** R. BR.[4] — Flores hermaphroditi (fere *Gomphrenæ*); sepalis 5, sæpe inæqualibus[5], basi glanduloso-incrassatis. Stamina 5, fertilia, basi in cupulam v. tubum brevem connata; antheris 1-rimosis; interpositis laciniis totidem anantheris, apice laceris. Stylus cylindraceus erectus, sæpius brevis; apice stigmatoso capitato, sub-2-lobo v. integro, papilloso v. plumoso. Cætera *Gomphrenæ*. — Herbæ v. suffrutices; foliis oppositis; floribus[6] capitatis v. breviter spicatis, 2-bracteolatis, aut supra bracteolas sessilibus (*Eutelanthera*), aut rarius (*Mogiphanes*[7]) breviter v. brevissime stipitatis. (*America trop.*, *Africa trop. occid.*[8])

118. **Frœlichia** MŒNCH.[9] — Flores 5-meri; calycis gamophylli lobis sæpius acutis coloratis, imbricatis. Stamina 5, oppositisepala, 1-adelpha; tubi hyalini dentibus v. lobis 5, antheriferis; anthera 1-loculari, dorsifixa, in lobo tubi sessili, introrsum rimosa[10]. Germen

1. Spec. ad 15. SEUB., in *Mart. Fl. bras.*, V, I, 194, t. 58-60 (*Gomphrena*). — MOQ., in *DC. Prodr.*, XIII, p. II, 383, 387 (*Gomphrena*).

2. *Fl. Æg.-arab.*, 28. — ENDL., *Gen.*, 1956. — PAYER, *Leç. Fam. nat.*, 37. — MOQ., in *DC. Prodr.*, XIII, p. II, 350 (part.). — B. H., *Gen.*, III, 38, n. 40. — *Lithophila* SW., *Fl. ind. occ.*, I, 47, t. 1. — *Allaganthera* MART., *H. erlang.*, 69.

3. Spec. ad. 15. P.-BEAUV., *Fl. ow. et ben.*, t. 99, 104. — MART., *Nov. gen. et spec.*, II, t. 152. — WIGHT, *Icon.*, 727. — HOOK. F., *Fl. brit. Ind.*, IV, 731; *Handb. N.-Zeal. Fl.*, 234. — SEUB., in *Mart. Fl. bras.*, V, I, t. 55-57. — WEBB, *Phyt. canar.*, t. 199. — BENTH., *Fl. austral.*, V, 248. — BOISS., *Fl. or.*, IV, 996

4. In *Tuck. Cong.*, 477, not. — ENDL., *Gen.*, n. 1757. — MOQ., in *DC. Prodr.*, XIII, p. II, 362. — B. H., *Gen.*, III, 38, n. 39. — *Steirema* RAFIN. (ex MOQ.). — *Bucholtzia* MART., *Nov. gen. et spec.*, II, 49, t. 147-151. — *Brandesia* MART., *loc. cit.*, t. 125-128.

5. Anterioribus 2.

6. Albis v. rubellis, parvis.

7. MART., *Nov. gen. et spec.*, II, 29, t. 129-135. — B. H., *Gen.*, III, 37, n. 38.

8. Spec. ad 55. JACQ., *Ic. rar.*, t. 346 (*Gomphrena*). — SEUB., in *Mart. Fl. bras.*, V, I, 168, t. 51-54. — CHAPM., *Fl. S. Un.-St.*, 383. — GRISEB., *Fl. brit. W.-Ind.*, 64, 67 (*Alternanthera*). — ANDERS., in *Eug. Resa, Bot.*, t. 4, 5.

9. MŒNCH, *Meth.*, 50. — MOQ., in *DC. Prodr.*, XIII, p. II, 419. — ENDL., *Gen.*, n. 1959. — B. H., *Gen.*, III, 41, n. 45. — *Oplotheca* NUTT., *Gen. amer.*, II, 78. — *Hoplotheca* SPRENG., *Syst.*, *Cur. post.*, 52.

10. Pollinis granulis nunc magnis paucissimis.

liberum, 1-loculare; stylo elongato v. brevissimo, apice stigmatoso capitato papilloso v. penicillato. Ovulum 1, campylotropum, e summo funiculo basilari elongato descendens. Fructus calyce persistente indurato cristatoque inclusus, membranaceus, indehiscens. Semen inversum lenticulare v. angulosum, extus breve; embryone annulari albumen farinaceum cingente. — Herbæ annuæ v. perennes; caule simplici v. ramoso; foliis oppositis sessilibus, v. inferioribus petiolatis, integris, sæpius, uti planta tota, sericeis; floribus in spicas sessiles v. stipitatas, laxe v. nunc interrupte glomeruligeras, dispositis; singulis 1-bracteatis et 2-bracteolatis; bracteis bracteolisque[1] sæpe flores fructusque involventibus, plerumque lanatis. (*America calid. utraque*[2].)

119. **Gossypianthus** Hook.[3] — Flores hermaphroditi, apetali; sepalis 5, lanuginosis, imbricatis. Stamina 5; filamentis basi breviter connatis; antheris oblongis introrsis, 1-locularibus. Germen 1-loculare; stylo brevi, apice emarginato; ovulo campylotropo e summo funiculo pendulo. Fructus membranaceus indehiscens; seminis e summo funiculo erecto penduli integumento lævi; embryonis annularis et albumen farinaceum cingentis radicula supera. — Herbæ perennes humiles lanatæ; foliis inferioribus rosulatis integris; floribus[4] in spicas breves subcapitatas congestis, bracteatis et 2-bracteolatis. (*America bor. austro-occ.*[5])

120. **Cruzeta** Lœfl.[6] — Flores hermaphroditi v. 1-sexuales (fere *Gomphrenæ*); sepalis 5, basi haud induratis. Laciniæ staminibus fertilibus interpositæ 3, 4, latæ, ovatæ, nunc brevissimæ v. 0. Styli rami 2, raro 3, liberi, subulati, divaricati. Fructus membranaceus indehiscens; semine lenticulari v. reniformi compresso; embryonis annularis cotyledonibus linearibus v. angustis. —Herbæ, nunc suffrutescentes, erectæ v. sarmentosæ; foliis oppositis, petiolatis, integris v. serratis; inflorescentia ramosa; ramulis oppositis v. verticillatis glomerulos

1. Sæpe nigrescentibus.
2. Spec. 8-10. Jacq., *Icon. rar.*, I, t. 5 (*Celosia*). — Lhér., *Stirp.*, t. 3 (*Gomphrena*). — Seub., in *Mart. Fl. bras.*, *Amar.*, 163, t. 50. — Anderss., in *Eug. Res.*, *Bot.*, t. 3, 4. — Mart., *Nov. gen. et spec.*, II, 47, t. 146 (*Oplotheca*). — Hook., *Icon.*, t. 256 (*Oplotheca*). — *Bot. Mag.*, t. 2603 (*Oplotheca*).
3. *Icon.*, t. 251. — Moq., in *DC. Prodr.*, XIII, p. II, 337 (part.). — B. H., *Gen.*, III, 39, n. 41.
4. Minutis, lana immersis.
5. Spec. 2.
6. *It.*, 203, n. 76. — L., *Gen.*, n. 167 (*Crucita*). — J., *Gen.*, 85. — Schreb., *Gen.*, 89 (*Cruzita*). — Lamk, *Dict.*, II, 118. — Moq., in *DC. Prodr.*, XIII, p. II, 349. — *Iresine* L., *Gen.*, n. 1113. — Moq., in *DC. Prodr.*, XIII, p. II, 344, 350. — Endl., *Gen.*, n. 1954. — B. H., *Gen.*, III, 42, n. 47. — *Rosea* Mart., *Nov. gen. et spec.*, II, 58.— *Ireneis* Moq., *loc. cit.*, 349. — *Xerandra* Rafin. (ex Moq.).

densos v. sparsos gerentibus; floribus[1] bracteatis et 2-bracteolatis. (*America calid.*[2])

121? **Dicraurus** HOOK. F.[3] — Flores (fere *Cruzetæ*) diœci; sepalis 5, oblongis subscariosis, 1-nerviis, basi haud induratis, arcte imbricatis. Stamina 5 (in flore fœmineo sæpius 0); filamentis basi in cupulam carnosulam connatis; interpositis laciniis 5, v. 1-4 (nunc 0), subulatis puberulis; omnibus antheriferis v. anantheris 1-3; anantheris oblongis introrsis, 1-rimosis, exsertis. Germen ovoideum (in flore masculo compressum effœtum stipitatum et apice 2-fidum), styli ramis 2 subulato-recurvis coronatum; ovulo 1, e summo funiculo basilari suspenso. Fructus membranaceus indehiscens; seminis inversi subglobosi lævis embryone peripherico, albumen farinaceum cingente; cotyledonibus obovatis membranaceis; radicula supera. — Frutex ramosus cano-pubescens; foliis alternis ovatis v. lanceolatis integris, subtus sericeis; petiolo brevi; floribus in racemos terminales compositos dispositis; ramulis glomeruligeris; bractea et bracteolis 2 brevibus scariosulis[4]. (*Mexicum, Texas*[5].)

122. **Cladothrix** NUTT.[6] — Flores hermaphroditi (fere *Alternantheræ*); sepalis 5, oblongis scarioso-membranaceis (coloratis) stellato-tomentellis, demum subglabratis, imbricatis, persistentibus. Stamina 5, oppositisepala, basi in cupulam hypogynam, breviter inter filamenta v. haud dentatam, connata; antheris oblongis dorsifixis, introrsum 1-rimosis. Germen 1-loculare; stylo brevi, apice capitato obscure 2, 3-lobo. Ovulum 1, summo funiculo basilari insertum. Fructus siccus, calyce inclusus, basi circumcissus. Semen verticale; embryone annulari. — Fruticuli v. herbæ ramosæ, stellato-tomentosi; foliis oppositis petiolatis; floribus axillaribus solitariis v. paucis sessilibus, petiolo concavo et tomento immersis; bracteolis hyalinis. (*America bor. austro-occid.*[7])

123. **Guilleminea** H. B. K.[8] — Flores hermaphroditi (fere *Clado-*

1. Albidis, inconspicuis minimis.
2. Spec. 15, 16. MART., *Nov. gen. et spec.*, II, 56, t. 153-155 (*Iresine*). — HOOK., *Bot. Mag.*, t. 5499 (*Iresine*).
3. *Gen.*, III, 42, n. 48 (char. reform.).
4. *Cruzelæ* forte melius sectio?
5. Spec. 1. *D. diffusus*. — *D. leptocladus* HOOK. F. — *Iresine diffusa* TORR., in *Emor. Exped.*, *Bot.*, 180 nec H. B. K.).
6. In herb. *Hook.*, ex MOQ., in *DC. Prodr.*, XIII, p. II, 359 (*Alternantheræ* sect. 3). — B. H., *Gen.*, III, 37, n. 36.
7. Spec. 2. TORR., in *Emor. Rep.*, 199 (*Endotheca*). — S.-WATS., *Bot. Calif.*, II, 43.
8. *Nov. gen. et spec.*, VI, 40, t. 518. — MOQ., in *DC. Prodr.*, XIII, p. II, 338. — ENDL., *Gen.*, n. 5223. — B. H., *Gen.*, III, 36, n. 35. — H. BN, in *Bull. Soc. Linn. Par.*, 636.

thricis); receptaculo campanulato v. turbinato valde concavo membranaceo. Sepala 5, margini receptaculi inserta imbricata persistentia. Stamina 5, cum sepalis perigyna iisque opposita; filamentis basi monadelphis, mox liberis, triangulari-subulatis; antheris ovatis v. oblongis, introrsum 1-rimosis. Germen imo receptaculo insertum liberum compressum; stylo brevi, apice stigmatoso emarginato. Ovulum 1, summo funiculo basilari elongato insertum campylotropum. Fructus receptaculo cinctus membranaceus indehiscens. Semen inversum compressum læve; embryonis albumen farinaceum cingentis radicula supera. — Herbæ perennes prostratæ ramosæ lanatæ; foliis oppositis; floribus axillaribus glomeratis v. breviter cymosis, lana immersis; bractea et bracteolis lateralibus 2 hyalinis[1]. (*America calid. utraque*[2].)

XI. CELOSIEÆ.

124. **Celosia** L. — Flores hermaphroditi; receptaculo convexo. Sepala 5, scariosa colorata, imbricata. Stamina 5, oppositisepala; filamentis basi in cupulam nunc inter stamina 5-dentatam connatis, superne liberis; antheris introrsis, 2-locularibus; loculis supra infraque connectivum liberis, longitudinaliter rimosis. Germen liberum, nunc disco 5-angulato cinctum, 1-loculare, apice in stylum tubulosum stigmatoso-2, 3-lobum attenuatum. Ovula 2-∞, placentæ basilari inserta, anatropa v. incomplete campylotropa, funiculo erecto stipata; micropyle extrorsum infera. Fructus siccus, indehiscens, irregulariter ruptus v. sæpius circumcissus. Semina 2-∞, lenticularia lævia nitida (atrata); embryonis annularis albumen farinaceum cingentis cotyledonibus linearibus; radicula adscendente v. infera. — Herbæ annuæ, perennes v. frutescentes, nunc scandentes; foliis alternis, sæpe petiolatis, integris v. lobatis; floribus in spicas simplices v. ramosas dispositis; bracteis 1-floris v. 1-glomerulatis; bracteolis lateralibus 2, coloratis. (*Asia, Africa, America calid.*) — *Vid. p.* 156.

125? **Henonia** Moq.[3] — Flores *Celosiæ*. Fructus exsertus scariosus, longitudinaliter v. irregulariter ruptus. Cætera *Celosiæ*[4]. —

1. Genus ob receptaculum concavum seriem cum *Illecebreis* connectens.
2. Spec. 1, 2. Griseb., *Pl. Lorentz.*, 35, t. 1, fig. 2; *Symb. Fl. argent.*, 85 (*Gossypianthus*).
3. In *DC. Prodr.*, XIII, p. II, 237. — B. H., *Gen.*, III, 24, n. 4.
4. Cujus potius forte sectio? An character fructus hic genericæ dignitati æqualis?

Frutex gracilis ramosus virgatus glaber; foliis alternis parvis linearibus integris; floribus in spicas breves secus ramos subaphyllos dispositis, bracteatis et bracteolatis. (*Madagascaria*[1].)

126. **Hermbstædtia** REICHB.[2] — Flores *Celosiæ;* sepalis 5, scariosis (coloratis) erectis. Stamina 5; filamentis in tubum[3] cylindricum connatis; antheris oblongis in tubi sinubus subsessilibus, 2-locularibus; dentibus 10, inter antheras per paria erectis. Fructus circumcissus cæteraque *Celosiæ.* — Herbæ v. suffrutices; foliis alternis angustis integris; floribus in spicas terminales, nunc capituliformes, dispositis; bractea et bracteolis 2 concoloribus. (*Africa trop. et austr.*[4])

127. **Pleuropetalum** HOOK. F.[5] — Flores hermaphroditi; sepalis 5, coriaceis striatis, imbricatis et sub fructu persistentibus. Stamina 5, oppositisepala, v. 6-10; filamentis subulatis basi in cupulam brevem connatis; antheris 2-locularibus. Germen subglobosum; stylo brevi, mox in ramos stigmatosos 2-5 breves erecto-patentes diviso. Ovula-∞, campylotropa, funiculis basilaribus brevibus erectis inserta. Fructus globosus; pericarpio tenui carnoso[6]. Semina ∞, reniformilenticularia lævia nitida; embryone circa albumen granulosum periphérico; radicula descendente. — Arbuscula glabra; foliis alternis longe petiolatis, elliptico-oblongis acuminatis integris; floribus[7] in racemos terminales compositos dispositis, pedicellatis; bractea 1 et bracteolis 2 sub calyce membranaceis v. crassiusculis[8]. (*Ins. Galapagos, Ecuadoria, ? Mexicum*[9].)

128. **Deeringia** R. BR.[10] — Flores hermaphroditi v. polygamodiœci; sepalis 5, 6, æqualibus v. inæqualibus, imbricatis. Sta-

1. Spec. 1. *H. scoparia* MOQ. — HOOK. F., in *Hook. Icon.*, t. 1414.
2. *Consp.*, 164. — MOQ., in *DC. Prodr.*, XIII, p. II, 246. — ENDL., *Gen.*, n. 1777. — B. H., *Gen.*, III, 25, n. 5. — *Hyparete* RAFIN. (ex MOQ.). — *Berzelia* MART., in *N. Act. nat. Cur.*, XIII, 292 (nec AD. BR.). — *Langia* ENDL., *Gen.*, 304. — *Pelianthus* E. MEY., herb.
3. *Gomphrenæ*, sed antheræ 2-loculares.
4. Spec. 5. WENDL., *H. Herrenh.*, t. 2 (*Celosia*).
5. In *Trans. Linn. Soc.*, XX, 221 (nec BL.). — ENDL., *Gen.*, Suppl., IV, p. II, 44. — B. H., *Gen.*, I, 157, n. 2. — *Allochlamys* MOQ., in *DC. Prodr.*, XIII, p. II, 463. — *Melanocarpum* HOOK. F., *Gen.*, III, 24, n. 2.
6. « Irregulariter rupto » (HOOK. F.).
7. Virescentibus, demum rubris; inferioribus sæpius imperfectis.
8. Genus diu cum *Portulaceis* confusum.
9. Spec. 1. (v. 2 ?). *P. Darwinii* HOOK. F., in *Hook. Lond. Journ.*, V, t. 2. — *Allochlamys Darwinii* MOQ. — ? *Melanocarpum Sprucei* HOOK. F., *Gen.*
10. *Prodr.*, 413. — ENDL., *Gen.*, n. 1978; *Iconogr.*, t. 62. — MART., *Beitr. Amar.*, 78. — HASSK., in *Bull. neerl.* (1839), 65. — MOQ., in *DC. Prodr.*, XIII, p. II, 236. — PAYER, *Leç. Fam. nat.*, 32. — B. H., *Gen.*, III, 23, n. 1. — *Coilosperma* RAFIN., *Fl. tell.*, 43. — *Cladostachys* DON, *Prodr. Fl. nepal.*, 76.

mina 4-6, opposita; filamentis basi in cupulam connatis; antheris oblongis introrsis, 2-rimosis. Germen sessile v. breviter stipitatum, 1-loculare; styli ramis 2-4[1], brevibus v. elongatis stigmatosis. Ovula ∞, nunc pauca, placentæ basilari depressæ inserta, funiculis erectis elongatis affixa campylotropa. Fructus baccatus; pericarpio sæpe tenui, demum rupto v. circumcisso, basi perianthio expanso stipatus. Semina lenticulari-reniformia nitida; embryone annulari albumen farinaceum cingente; radicula infera. — Suffrutices v. herbæ, sarmentosi v. scandentes; foliis alternis petiolatis ovato-acuminatis integris; floribus in spicas v. racemos terminales axillaresve, simplices v. compositos, dispositis, 1-bracteatis et 2-bracteolatis, nunc raro glomeratis. (*Asia, Africa et Oceania calid.*[2])

1. Ubi 3 cum sepalis 6, sepalis exterioribus styli rami 3 oppositi observantur.

2. Spec. ad 5. RETZ., *Obs.*, V, 23 (*Celosia*). — SPRENG., *Syst.*, I, 816. — WIGHT, *Icon.*, t. 728, 729. — BL., *Bijdr.*, 542. — HASSK., in *Ann. sc. nat.*, sér. 2, XIV, 56. — BENTH., *Fl. austral.*, V, 209. — HOOK. F., *Fl. brit. Ind.*, IV, 714. — *Bot. Mag.*, t. 2717 (*D. altissima* F. MUELL., *Fragm. phyt. Austral.*, II, 92, est *Lagrezia altissima* MOQ.).

Tarde nobis nomine et icone infra citata notum est *Dipleranthemum Crosslandi* F. MUELL., in *Wing's South scient. Rec.*, III, 281, ex *Hook. Icon.*, t. 1541, quod cl. OLIVER ad *Trichinium* (p. 205) referendum esse censet.

LXXVIII

ÉLATINACÉES

Les *Elatine*[1] ont des fleurs régulières, hermaphrodites, à verticilles 3-4-mères. Dans le dernier cas, comme il arrive ordinairement dans l'*E. Alsinastrum* (fig. 232), le réceptacle peu développé porte un calice gamosépale, à quatre divisions, dont deux latérales, d'abord légèrement imbriquées, puis valvaires, et quatre pétales alternes, hypogynes, à préfloraison imbriquée. Insérées comme les pétales, les étamines sont au nombre de huit : quatre un peu plus grandes, superposées aux divisions du calice, et les quatre autres alternes. Toutes sont formées d'un filet libre et d'une anthère courte, biloculaire, introrse, déhiscente par deux fentes qui se rejoignent supérieurement et limitent un panneau triangulaire, à sommet supérieur, se détachant finalement du reste de l'anthère pour laisser échapper le pollen. Le gynécée est libre, formé d'un ovaire à quatre loges alternipétales, surmonté d'un pareil nombre de petites divisions stylaires, à sommet stigmatifère non renflé. Dans l'angle interne de chaque loge s'insèrent de nombreux ovules anatropes, transversaux ou ascendants, dont le micropyle est ramené contre le placenta. Le fruit est une capsule septicide, dont les panneaux abandonnent les placentas chargés de graines allongées, rectilignes ou arquées. Leurs téguments recouvrent un embryon charnu, dépourvu d'albumen ; ou bien celui-ci n'est représenté que par une lame membraneuse. On distingue une demi-douzaine

Elatine Alsinastrum.

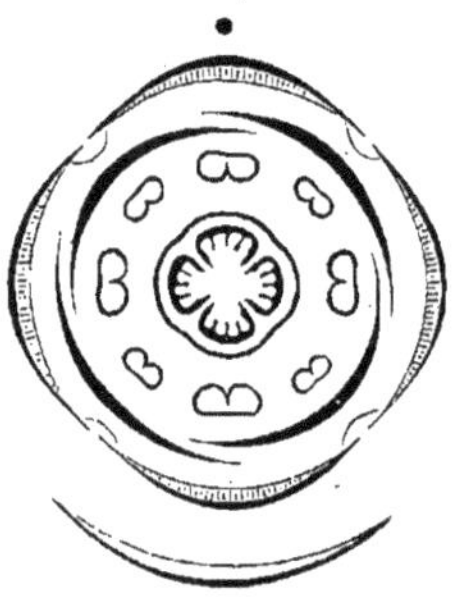

Fig. 232. Diagramme floral.

1. L., *Gen.*, n. 502 (nec DILL.). — J., *Gen.*, 300. — GÆRTN., *Fruct.*, II, 142. — DC., *Prodr.*, I, 390. — ENDL., *Gen.*, n. 5475. — CAMBESS., in *Mém. Mus.*, XVIII, 229. — PAYER, *Organog.*, 369, t. 109. — H. BN, in *Payer Fam. nat.*, 389. — B. H., *Gen.*, I, 162, n. 1. — *Birolia* BELL., in *Mem. Ac. taurin.*, ser. 1, XVIII, 403, t. 11 (*E. hexandra*). — *Crypta* NUTT., in *Journ. Ac. Philad.*, I, 117, t. 6 (floribus sæpius 2-meris). — *Potamopitys* BUXB.

d'*Elatine*[1]; ce sont des herbes glabres, aquatiques ou rampantes, dont les tiges et les branches émettent d'ordinaire des racines adventives, qui s'enfoncent dans la vase. Les feuilles sont opposées, plus rarement verticillées ou alternes, entières ou dentées, accompagnées de stipules latérales, souvent membraneuses et déchiquetées. Leurs fleurs sont axillaires et sessiles, peu visibles. Quand elles sont trimères, comme dans l'*E. paludosa* (fig. 233-237), par exemple, un de

Elatine paludosa.

Fig. 233. Fleur ($\frac{6}{1}$).

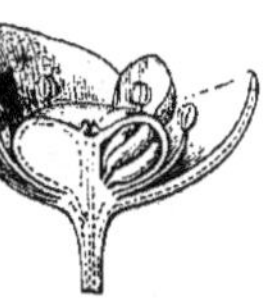

Fig. 234. Fleur, coupe longitudinale.

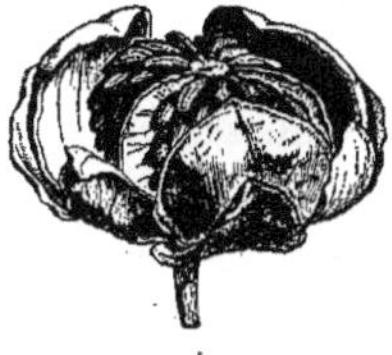

Fig. 235. Fruit déhiscent.

Fig. 236. Graine.

Fig. 237. Graine, coupe longitudinale.

leurs sépales est antérieur et les deux autres postérieurs. Il y a des *Elatine* dans les régions tempérées des deux mondes ; ils sont plus rares dans les pays sous-tropicaux.

Certaines fleurs du genre *Bergia*[2] (fig. 238-240) représenteraient,

Bergia ammanioides.

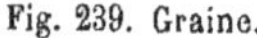

Fig. 239. Graine.

Fig. 238. Fruit déhiscent.

Fig. 240. Graine, coupe longitudinale.

mieux que celles des *Elatine*, le type le plus complet de la famille, car elles sont pentamères ; mais il y a aussi dans ce genre des fleurs à trois et

1. SEUB., in *Nov. Act. nat. Cur.*, XXI, 38, t. 2-5. — A. GRAY, *Gen. ill.*, t. 95 (*Crypta*) ; in *Proc. Amer. Acad.* (1878), 361 ; *Bot. Calif.*, I, 80 ; II, 436. — BOISS., *Fl. or.*, I, 781. — DYER, in *Hook. Fl. brit. Ind.*, I, 250. — REICHB., *Pl. crit.*, V, t. 413. — WILLK. et LGE, *Prodr. Fl. hisp.*, III, 598. — GREN. et GODR., *Fl. de Fr.*, I, 277. — WALP., *Rep.*, V, 83.

2. L., *Mantiss.*, n. 1309 ; *Gen.*, n. 791. — DC., *Prodr.*, I, 390. — CAMBESS., in *Mém. Mus.*, XVIII, 229. — ENDL., *Gen.*, n. 5476. — H. BN, in *Payer Fam. nat.*, 389. — B. H., *Gen.*, I, 163, n. 2. — *Lancretia* DEL., *Fl. Egypt.*, 69, t. 25, fig. 1 ; 26, fig. 1. — *Merimea* CAMBESS., in *Mém. Mus.*, XVIII, 230 ; in *A. S.-H. Fl. Bras. mer.*, II, 160, t. 107.

quatre parties. Elles ont d'ailleurs l'androcée diplostémoné et les carpelles alternipétales. Le fruit est une capsule presque crustacée. Ce sont des plantes herbacées ou suffrutescentes, des régions chaudes des deux mondes, à feuilles opposées et à fleurs axillaires, soit solitaires, soit disposées en cymes; on en distingue une quinzaine[1].

Cette petite famille, formée d'une vingtaine d'espèces, nous paraît très voisine des Caryophyllacées auxquelles A.-L. DE JUSSIEU rapportait les *Elatine*. On la distingue surtout par son ovaire, partagé en plusieurs loges par des cloisons persistantes; mais nous savons que celles-ci existent au début dans les véritables Caryophyllées et ne se résorbent qu'à partir d'un certain âge. L'embryon est rectiligne, mais il est tel dans quelques Lychnidées, comme les Œillets. Seulement ici il est dépourvu ou à peu près d'albumen. Nous avons vu les stipules, dont les *Elatine* sont pourvues, exister dans certaines Caryophyllées, qu'on considère comme inférieures. D'autre part, les Élatinacées sont très voisines des Lythrariacées, quoiqu'on les en éloigne généralement beaucoup, parce que les dernières ne sont pas hypogynes; différence qui a perdu aujourd'hui beaucoup de sa valeur. Il y a encore d'étroites affinités entre les Élatinacées et les Crassulacées, qui sont généralement hypogynes et diplostémonées, mais qui ont des feuilles charnues, des glandes florales, des carpelles indépendants et qui se rattachent bien mieux au vaste groupe des Saxifragacées. Quant aux Hypéricacées auxquelles on a comparé les *Elatine*, ce sont, nous l'avons vu, des Myrtacées hypogynes, dont les Élatinacées n'ont pas les feuilles sans stipules, les étamines nombreuses, disposées en faisceaux et la placentation pariétale. Ce dernier caractère différencie les Élatinacées des Frankéniacées, également fort voisines des Caryophyllacées et qui ont des graines albuminées[2].

1. ROXB., *Pl. corom.*, t. 142. — WIGHT, *Ill.*, t. 25 A ; *Icon.*, t. 222, in *Hook. Bot. Misc.*, App., t. 28. — GUILL. et PERR., *Fl. Seneg. Tent.*, I, 42, t. 12. — A. GRAY, *Gen. ill.*, I, 219, t. 96 (*Elatines* sect. *Bergella*). — S.-WATS., *Fourt. parall. Bot.*, 45. — HARV., *Thes. cap.*, t. 24. — F. MUELL., *Pl. Vict.*, t. 9. — DEL., *Fl. d'Egypt.*, t. 26 (*Elatine*). — BOISS., *Fl. or.*, I, 782. — DYER, in *Hook. f. Fl. brit. Ind.*, I, 251. — WALP., *Rep.*, I, 284; II, 786; *Ann.*, II, 113.

2. LINDLEY (*Veg. Kingd.*, 480) place, nous ne savons pourquoi, les Élatinacées près des Zygophyllées, dans son alliance des *Rutales*. — On ne connaît pas d'Élatinacée utile; on signale seulement l'âcreté du *Bergia ammanioides* ROTH (*Neer-mel-neripoo* en tamoul, c'est-à-dire *Feu d'eau*). En Angleterre les *Elatine* se nomment *Poivres d'eau*. — Sur l'histologie des *Bergia*, voy. SOLERED., *Syst. Wert Holzstruct. Dicot.*, 75.

GENERA

1. **Elatine** L. — Flores hermaphroditi regulares, 3, 4-meri; receptaculo convexiusculo. Sepala 2-4, libera v. basi connata, imbricata v. subvalvata. Petala totidem alterna, hypogyna, imbricata. Stamina 4-8, duplici serie sepalis petalisque opposita; filamentis liberis; antheris introrsis, versatilibus, 2-locularibus; rimis 2, nunc obliquis et apice confluentibus. Germen liberum; loculis 2-4, oppositisepalis; styli brevis lobis v. ramis 2-4. Ovula ∞, loculorum angulo interno inserta anatropa. Fructus capsularis septicidus; septis 1-4 post dehiscentiam axi adnatis v. evanidis. Semina ∞, recta v. arcuata, sæpius rugosa, areolata v. costata; embryone carnoso recto v. leviter arcuato; albumine 0 v. tenui. — Herbæ aquaticæ v. repentes glabræ, humiles; foliis oppositis v. verticillatis; stipulis 2; floribus axillaribus solitariis v. rarius cymosis paucis. (*Orbis utriusque reg. temp. et subtrop.*) — *Vid. p.* 218.

2. **Bergia** L. — Flores (fere *Elatines*) plerumque 5-meri, rarius 3-4-meri; sepalis dorso costatis, imbricatis. Petala alterna hypogyna, imbricata v. torta. Stamina sæpius 10, 2-seriata, oppositipetala breviora; filamentis liberis; antheris introrsis. Germinis loculi (superne nunc incompleti) stylique totidem alternipetali; ovulis ∞. Capsula septicida v. septifraga; valvis placentam nudantibus. Semina ∞; albumine tenui v. subnullo. — Herbæ nunc suffrutescentes ramosæ; foliis oppositis; stipulis interpetiolaribus, 2-nis; floribus in cymas axillares dispositis. (*Orbis utriusque reg. calid.*) — *Vid. p.* 219.

LXXIX

FRANKÉNIACÉES

Les *Frankenia*[1] (fig. 241-245) ont des fleurs hermaphrodites, à réceptacle convexe. Il porte un calice gamosépale, tubuleux et persistant, le plus souvent à cinq divisions, imbriquées d'abord, finalement valvaires-indupliquées. La corolle est régulière, formée de cinq pétales hypogynes, imbriqués, atténués inférieurement en un onglet que double en dedans une languette adnée, de forme allongée. L'androcée est le plus

Frankenia pulverulenta.

Fig. 241. Rameau florifère.

Fig. 244. Fruit déhiscent.

Fig. 242. Fleur ($\frac{8}{1}$).

Fig. 243. Fleur, le périanthe enlevé.

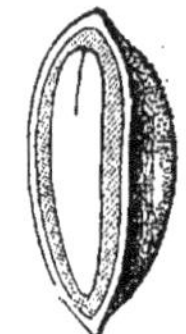

Fig. 245. Graine, coupe longitudinale.

souvent formé de six étamines, dont trois plus grandes, souvent unies entre elles par la base de leurs filets hypogynes, et pourvues d'une anthère dorsifixe, biloculaire, extrorse, à deux loges qui s'ouvrent par

1. L., *Gen.*, n. 445. — J., *Gen.*, 303. — LAMK, *Ill.*, t. 262. — GÆRTN. F., *Fruct.*, III, t. 184. — TURPIN, in *Dict. sc. nat.*, Atl., t. 189. — DC., *Prodr.*, I, 350. — ENDL., *Gen.*, n. 5053. — PAYER, *Organog.*, 189, t. 33; *Leç. Fam. nat.*, 104. — B. H., *Gen.*, I, 140, n. 1. — *Franca* MICHELI, *Nov. gen.*, t. 22. — *Nothria* BERG., *Fl. cap.*, 171, t. 1, fig. 2.

des fentes longitudinales[1] et sont libres au-dessus et au-dessous de leur point d'attache. L'ovaire supère est uniloculaire, surmonté d'un style à trois branches, dont la surface stigmatifère est rarement à peu près terminale, répondant plus ordinairement au bord interne sur une longueur variable. Il y a dans l'ovaire trois placentas pariétaux, qui supportent chacun un nombre indéfini d'ovules, ascendants, à micropyle inférieur et extérieur, subanatropes, avec un hile peu éloigné du micropyle, et s'attachant à un funicule dressé, émané du placenta. Le fruit est une capsule, généralement incluse dans le calice et déhiscente en trois valves dans l'intervalle des placentas. Les graines sont nombreuses et renferment, sous leurs téguments que parcourt un raphé linéaire, un albumen farineux, entourant un embryon axile et droit, charnu, à radicule tournée du côté du hile et souvent plus longue que les cotylédons.

Il y a des *Frankenia* à périanthe tétramère ou hexamère, à androcée tétra- ou pentamère. Le nombre des étamines peut même s'élever à une trentaine dans une espèce dont on a fait le genre *Hypericopsis*[2]. Il y a aussi des gynécées à deux ou quatre carpelles.

Le genre est formé d'une quinzaine d'espèces[3], dont quelques-unes sont très variables de forme. Ce sont des herbes vivaces, quelquefois suffrutescentes, comme le *Beatsonia*[4], très rameuses, à nœuds articulés. Les feuilles sont opposées, dépourvues de stipules, souvent petites, quelquefois subglobuleuses. Elles forment souvent dans l'aisselle des feuilles un petit faisceau, supporté par un axe très court. Les fleurs[5] sont terminales, solitaires et sessiles dans les dichotomies, accompagnées d'un rameau foliifère ou florifère. Leur ensemble constitue souvent alors une cyme feuillée. Le genre existe dans toutes les régions

1. Le pollen est ovoïde, avec trois plis, et mouillé il devient sphérique avec trois bandes (H. MOHL).

2. BOISS., *Diagn. or.*, ser. 1, VI, 25.

3. LABILL., *Pl. N.Holl.*, t. 114. — DESF., *Fl. atl.*, t. 93. — CAV., *Icon.*, t. 597. — WEBB, *Phyt. canar.*, t. 15-17. — JAUB. et SPACH, *Ill. pl. or.*, t. 187, 188. — WEDD., *Chl. andin.*, II, t. 84 *a*. — BOISS., *Fl. or.*, I, 779; 781 (*Hypericopsis*). — C. GAY, *Fl. chil.*, I, 245. — A. GRAY, *Bot. Calif.*, 1, 60. — EDGEW., in *Hook. f. Fl. brit. Ind.*, I, 211. — WILLK. et LGE, *Prodr. Fl. hisp.*, III, 692. — GREN. et GODR., *Fl. de Fr.*, I, 277. — *Bot. Mag.*, t. 2896. — WALP., *Rep.*, I, 259 (n. 1-5); V, 74; *Ann.*, I, 77; 78 (*Hypericopsis*); II, 88; III, 828; IV, 243.

4. ROXB., in *Beats. Tracts*, 300. — DC., *Prodr.*, I, 350. — On a comparé (LOR. et NIEDERL., *Inf. off. comm. Rio Negro*) au *Beatsonia* le *Niederleinia patagonoides* HYERON. (*Sert. patag.*, ex *Just Jaresb.* (1881), 135), qui nous est inconnu et qui a, dit-on, des fleurs dioïques ou polygames. Les femelles, seules connues, ont un calice tubuleux, valvaire-indupliqué; cinq pétales libres; six staminodes à anthères uniloculaires et indéhiscentes; un ovaire surmonté d'un style à trois branches et un seul placenta pariétal à 4-6 ovules anatropes, le micropyle supérieur, attachés à des funicules ascendants. Le fruit est monosperme, et la graine a un albumen farineux, avec un embryon axile et droit. C'est un petit arbuste rameux, à feuilles décussées, prismatiques, sans stipules; à fleurs solitaires et sessiles dans les dichotomies et formant par leur ensemble une cyme.

5. Roses ou violacées, petites.

des deux mondes, principalement sur les roches et les sables maritimes.

Les Frankéniacées constituent à peine une famille distincte; on les sépare des Caryophyllacées par leur placentation pariétale et par leur embryon droit[1]. Elles ont aussi à peu près le gynécée des *Tamarix;* mais ceux-ci, outre leur port très différent, n'ont ni la préfloraison du calice, ni les feuilles opposées et les tiges noueuses des *Frankenia.* Par leurs fleurs régulières et leur placentation pariétale, ces derniers affectent aussi quelques rapports avec les Droséracées et les Violacées à pétales égaux et ils ont même été rangés par plusieurs auteurs non loin de ces dernières familles[2].

Leurs usages sont peu nombreux. Le *Frankenia portulacifolia*[3] remplace le thé pour les colons de Sainte-Hélène. Au Chili, le *F. Bertereana*[4] se couvre chaque jour de gouttelettes salines, puis, par évaporation de la portion liquide, de cristaux de chlorure de sodium, qu'on recueille, dit-on, pour l'usage culinaire.

1. Mais il est tel dans les Œillets. A.-L. DE JUSSIEU range les *Frankenia* parmi les *Genera Caryophylleis affinia.*

2. Sur le tissu des tiges des *Elatine,* SOLERED., *Syst. Wert Holzstruct.*, 73.

3. SPRENG. — HOOK. F., in *Hook. Icon.*, t. 1058. — *Beatsonia portulacoides* ROXB. — ROSENTH., *Syn. pl. diaphor.*, 662 (*Thé de Sainte-Hélène*).

4. C. GAY, *Fl. chil.*, I, 247.

LXXX

DROSÉRACÉES

Les fleurs de nos espèces communes de *Drosera*[1], telles que le *D. rotundifolia* (fig. 246-248), sont hermaphrodites, régulières, pentamères, avec un réceptacle à sommet plan ou à peine déprimé. Le calice

Drosera rotundifolia.

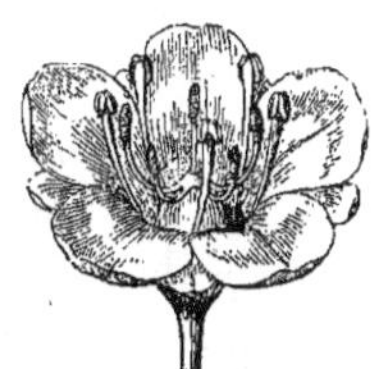

Fig. 247. Fleur ($\frac{4}{1}$).

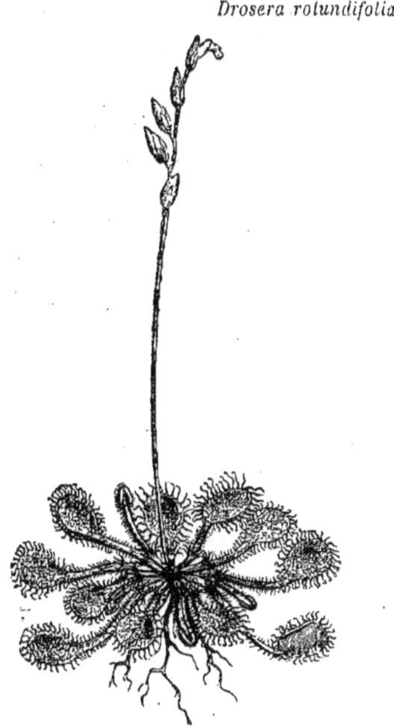

Fig. 246. Port.

Fig. 248. Fruit déhiscent ($\frac{4}{1}$).

est gamosépale, à lobes profonds, imbriqués d'abord, marcescents; et la corolle est formée de cinq pétales alternes, atténués à la base, tordus ou imbriqués. Les étamines sont en même nombre que les pétales,

1. L., *Gen.*, n. 391. — J., *Gen.*, 245. — GÆRTN., *Fruct.*, I, t. 61. — POIR., *Dict.*, VI, 298; *Ill.*, t. 220. — DC., *Prodr.*, I, 317. — MEISSN., *Gen.*, 22 (19). — A. GRAY, *Gen. ill.*, t. 83. — ENDL., *Gen.*, n. 5033. — PAYER, *Organog.*, 181, t. 38; *Leç. Fam. nat.*, 106. — B. H., *Gen.*, I, 662, n. 1. — H. BN, in *Dict. Bot.*, II, 475. — *Sondera* LEHM., *Pug.*, 8, 44. — *Ros solis* T., *Inst.*, 245, t. 127. — *Rorella* RUPP., *Fl. jen.*, I, 102. — *Esera* NECK., *Elem.*, n. 859.

alternes avec eux, formées chacune d'un filet libre, à peu près hypogyne, et d'une anthère dont les deux loges s'insèrent sur les côtés d'un connectif continu avec le filet, déhiscentes par deux fentes longitudinales, qui regardent d'abord en dehors, puis en dedans[1]. L'ovaire libre est uniloculaire et surmonté d'un style presque immédiatement divisé en trois branches divergentes, puis elles-mêmes partagées en deux lames redressées, subspathulées, recouvertes de papilles stigmatiques. Les placentas pariétaux, au nombre de trois, alternes avec les divisions principales du style, c'est-à-dire l'un antérieur et les deux autres postérieurs, portent un nombre indéfini d'ovules, horizontaux, puis descendants, à région chalazique inférieure[2]. Le fruit est une capsule, accompagnée du calice et pendant un certain temps de la corolle, déhiscente dans l'intervalle des placentas en trois panneaux, qui supportent, sur leur ligne médiane interne, des graines descendantes[3], à embryon court, situé à l'extrémité d'un abondant albumen charnu. Nos *Drosera* indigènes sont des herbes vivaces, croissant dans les marais, à tige très courte, portant de nombreuses feuilles basilaires, dites à tort radicales, rapprochées en rosette et en réalité alternes. Ces feuilles ont un pétiole et un limbe tout chargé de saillies diverses, en partie sécrétantes. Leurs fleurs sont disposées en une fausse grappe[4], dont l'axe est nu inférieurement et porte au niveau de l'insertion des pédicelles une bractée qui peut çà et là faire défaut.

Il y a des *Drosera* dont le sommet réceptaculaire est légèrement concave, ce qui entraîne une légère périgynie du périanthe et de l'androcée. D'autres ont des fleurs à quatre, six, sept ou huit pièces au calice, à la corolle et à l'androcée. D'autres encore ont de quatre à six styles ou cinq styles et un même nombre de placentas, et ces styles alternipétales sont, suivant les espèces, simples, bifurqués ou partagés en un plus grand nombre de branches stigmatifères.

On admet dans ce genre une centaine d'espèces[5]; ce sont le plus

1. Le pollen du *D. rotundifolia* est (H. MOHL, in *Ann. sc. nat.*, sér. 2, III, 329) sphérique, à tégument extérieur divisé en quatre compartiments arrondis, à lignes de séparation rentrantes ; ce qui le fait paraître quadruple.

2. Ils ont double tégument.

3. Leur enveloppe extérieure est souvent lâche et réticulée.

4. Très variable de forme. Les cymes, qui sont scorpioïdes dans ce cas, deviennent ailleurs régulièrement corymbiformes ou ombelliformes ; mais le caractère général des inflorescences est néanmoins d'être définies.

5. LABILL., *Pl. Nouv.-Holl.*, t. 105, 106. — H. B. K., *Nov. gen. et spec.*, t. 490. — HAYN., *Fl. eur.*, t. 47, 75. — SM., *Exot. Bot.*, t. 41. — WIGHT, *Icon.*, t. 944; *Ill.*, t. 20 A-D. — HOOK., *Icon.*, t. 53, 54, 56, 375, 376, 389; *Fl. bor.-amer.*, t. 27. — HOOK. et ARN., *Beech. Voy.*, *Bot.*, t. 31. — HOOK. F., *Fl. tasm.*, t. 5, 6; *Fl. N. Zel.*, t. 9; *Hanb. N. Zeal. Fl.*, 63. — HARV., *Thes. cap.*, t. 26. — HARV. et SOND., *Fl. cap.*, I, 75. — A. S.-H., *Pl. rem. Brés.*, t. 25; *Pl. us. Bras.*, t. 15. — C. GAY, *Fl. chil.*, I, 232. — GRISEB., *Fl. brit. W. Ind.*, 27. — OLIV., *Fl. trop. Afr.*, II, 401. — BENTH., *Fl.*

souvent des herbes vivaces. Leur tige est fréquemment très courte, plus rarement allongée et aérienne, quelquefois renflée à sa base en une sorte de bulbe. Les feuilles sont le plus souvent rassemblées en rosette à la surface du sol, alternes d'ailleurs comme dans les cas où elles s'échelonnent à distance sur les axes. Leur forme est très variable : sessiles ou pétiolées, ovales ou orbiculaires, obovales, spathulées, en forme de croissant, peltées, profondément divisées en deux ou plusieurs lames. Presque toujours elles sont chargées de poils glanduleux ou de glandes capitées, qui paraissent représenter des lobes rudimentaires et qui sécrètent un liquide particulier. Ces organes servent quelquefois à fixer la plante, qui grimpe de la sorte après les végétaux voisins. Presque toujours aussi ces feuilles ou leurs divisions sont circinées dans la préfoliaison. Les stipules font défaut, ou bien la base du

Aldrovandia vesiculosa.

Fig. 249. Fleur.

Fig. 250. Diagramme floral.

Fig. 251. Fruit déhiscent.

pétiole se dilate en lames latérales scarieuses. Les fleurs[1] sont parfois solitaires, bien plus souvent disposées en fausses grappes ou en faux corymbes. On trouve des *Drosera* dans tous les pays du monde, surtout dans l'Australie tempérée ; on croit cependant qu'ils manquent dans les îles du Pacifique.

L'*Aldrovandia vesiculosa* (fig. 249-251), herbe aquatique de l'Europe et de l'Asie, est très voisin des *Drosera* et a même été quelquefois rapporté à ce genre ; il a des fleurs pentamères, à cinq étamines, à cinq styles et le plus souvent à cinq placentas pariétaux. Mais c'est une plante nageante, glabre et à tiges articulées, qui porte des feuilles verticillées, dont le limbe est presque vésiculeux et dont le pétiole est

austral., II, 453. — CLRKE, in *Hook. f. Fl. brit. Ind.*, II, 424. — BOISS., *Fl. or.*, II, 798. — REICHB., *Ic. Fl. germ.*, t. 24. — WILLK. et LGE, *Prodr. Fl. hisp.*, III, 704. — PL., in *Ann. sc. nat.*, sér. 3, IX, 79, 185 (sect. 13). — GREN. et GODR., *Fl. de Fr.*, I, 191. — *Bot. Mag.*, t. 5240, 6121, 6583. — WALP., *Ann.*, II, 69.

1. Blanches ou roses, généralement petites.

longuement fimbrié vers son sommet. Ses fleurs sont axillaires, solitaires et pédonculées.

Le *Drosophyllum lusitanicum* (fig. 252-257), plante suffrutescente de l'Espagne, du Portugal et du Maroc, est aussi très voisin des *Drosera*. Ses feuilles sont longues et étroites, circinées et couvertes de poils

Drosophyllum lusitanicum.

Fig. 252. Fleur (4/1).

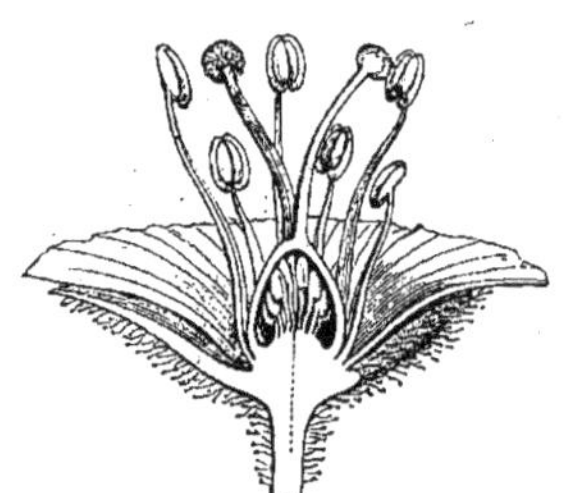

Fig. 255. Fleur, coupe longitudinale.

Fig. 253. Diagramme.

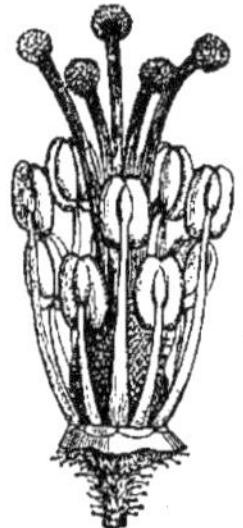

Fig. 254. Fleur, le périanthe enlevé.

Fig. 256. Graine.

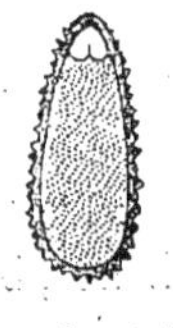

Fig. 257. Graine, coupe longitudinale.

glanduleux. Ses grandes fleurs jaunes, disposées en grappes corymbiformes, ont de dix à vingt étamines et un ovaire libre, surmonté de cinq styles capités. De plus, la placentation est basilaire, avec un grand nombre d'ovules ascendants et anatropes.

Le *Dionæa muscipula* (fig. 258-260), herbe vivace de la Floride et de la Caroline, a aussi le placenta basilaire et des fleurs pentamères, avec un androcée formé de dix à vingt étamines. Celles-ci sont légèrement monadelphes à la base. Les feuilles de cette plante, célèbre dans la doctrine de l'insectivorisme, sont disposées en rosette basilaire et formées d'une portion inférieure en forme de long triangle renversé, et d'une lame supérieure, dont les deux moitiés sont irritables, grâce à la présence de quelques papilles, et se replient l'une sur l'autre au moindre contact, en entre-croisant les longues dentelures dont leurs bords sont découpés. Les fleurs forment une sorte d'ombelle au sommet d'un axe commun.

Les deux genres *Byblis* et *Roridula*, l'un de l'Australie et l'autre de

Dionæa muscipula.

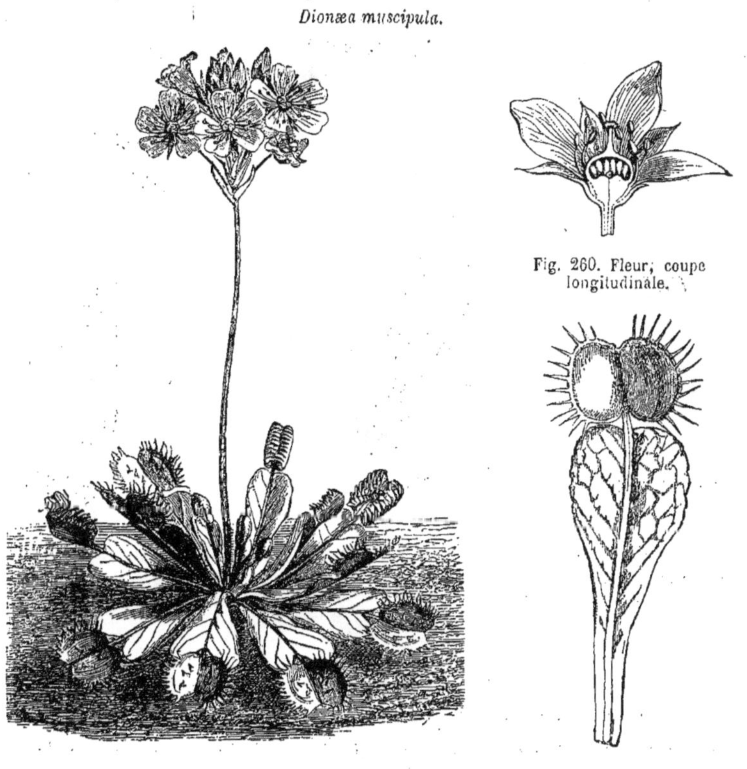

Fig. 260. Fleur, coupe longitudinale.

Fig. 258. Port.

Fig. 259. Feuille.

l'Afrique australe, sont anormaux dans ce groupe : le premier par sa placentation qui est axile, les ovules en nombre indéfini étant portés vers le milieu d'une cloison qui sépare l'ovaire en deux loges. Quant aux *Roridula* (fig. 261-266), ils ont cinq loges et rarement trois à l'ovaire. Mais ces loges ne sont complètes que jusque vers le milieu de leur hauteur; et au point où les cloisons cessent d'être entières pour devenir pariétales, s'insèrent seulement un ou deux ovules descen-

Roridula dentata.

Fig. 261. Fleur.

Fig. 262. Diagramme.

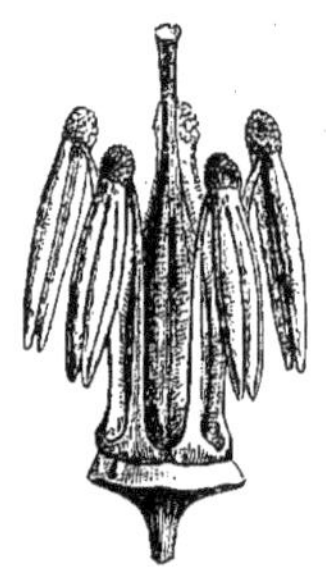

Fig. 263. Fleur, le périanthe enlevé.

Fig. 265. Graine.

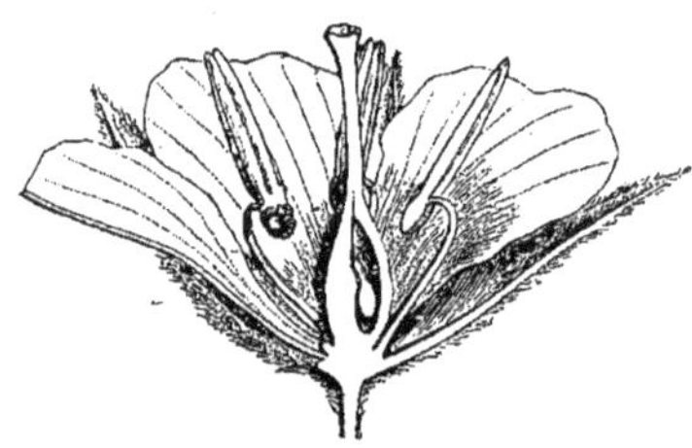

Fig. 264. Fleur, coupe longitudinale.

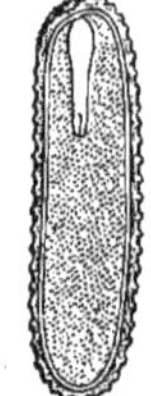

Fig. 266. Graine, coupe longitudinale.

dants. Les deux genres ont d'ailleurs un fruit capsulaire et des feuilles glanduleuses, comme celles des *Drosera* et des *Drosophyllum*.

C'est SALISBURY[1], qui a le premier considéré comme distinct ce petit groupe. A.-L. DE JUSSIEU[2] avait placé les *Drosera* dans son ensemble très hétérogène des *Genera Capparidibus affinia*, avec les *Reseda*, les *Parnassia* et les Marcgraviées. C'est A.-P. DE CANDOLLE[3] qui donna à la famille le nom de Droséracées[4]. Telle que nous la connaissons, elle renferme 6 genres et environ 120 espèces, qui habitent les sables ou surtout les localités humides de toutes les régions chaudes et tempé-

1. *Par. lond.* (1809), 95 (*Drosereæ*). — *Droserinæ* LINK, *Enum.*, I (1821), 396.
2. *Gen. pl.* (1789), 245.
3. *Théor. élém.* (1813), I, 214; *Prodr.*, I, 317, Ord. 17.
4. LINDL., *Nat. Syst.*, ed. 1 (1830); *Veg. Kingd.*, 433, Ord. 157. — ENDL., *Gen.*, 906, Ord. 189. — PAYER, *Leç. Fam. nat.*, 105, Fam. 47. — B. H., *Gen.*, I, 661, Ord. 61. — *Drosophylleæ* PAYER, *Leç. Fam. nat.*, 81, Fam. 10.

rées du globe, sauf les îles du Pacifique[1]. Presque toutes sont herbacées, rarement frutescentes à leur base. Presque toutes aussi portent des organes capités et glanduleux, qui doivent vraisemblablement, à cause de leur structure et du faisceau vasculaire qu'ils renferment, être considérés comme des lobes saillants et modifiés des feuilles[2]. Le liquide visqueux ou aqueux que ces organes excrètent en abondance et les mouvements brusques ou lents qu'ils exécutent au contact de certains corps, ont fait depuis longtemps l'objet d'un grand nombre de recherches et de controverses dans la discussion de la doctrine dite de l'*Insectivorisme* ou du *Carnivorisme*, doctrine sur laquelle, bien entendu, nous ne pouvons ici insister[3].

A ne considérer que leurs fleurs régulières à placentas pariétaux, les Droséracées sont très voisines à la fois des Frankéniacées et des Tamaricacées et, par leur intermédiaire, des Portulacacées. C'est le génie d'ADANSON[4], qui a fixé les rapports étroits des *Talinum* et des *Drosera*. D'autre part, ceux-ci rappellent beaucoup les Violacées à fleurs régulières. Extérieurement, les *Drosera* affectent d'assez nombreuses ressemblances avec certaines Crassulacées et Saxifragacées, surtout avec les Saxifrages de la section *Hirculus*[5]. Mais les Droséracées, par leur port, leurs glandes, leur singulière inflorescence, la vernation de leurs feuilles, etc., constitueront toujours, où qu'on les place, un petit groupe tout à fait exceptionnel.

USAGES[6]. — Ils ne sont pas très nombreux. Nos *Drosera* indigènes, notamment le *D. rotundifolia*[7] (fig. 246-248), sont acidules-âcres et amers ; ils sont nuisibles aux troupeaux, et leur contact prolongé avec la peau peut produire la vésication. On les a vantés comme remède des

1. Voyez les tableaux synoptiques de M. PLANCHON (in *Ann. sc. nat.*, sér. 3, IX, 99).

2. Voy. NAUD., in *Ann. sc. nat.*, sér. 2, XIV, 519 (feuilles gemmifères). — TRÉC., in *Ann. sc. nat.*, sér. 4, II, 303. — GROENL., in *Ann. sc. nat.*, sér. 4, III, 297.

3. Voy. surtout le livre remarquable de DARWIN sur cette question, puis tous les mémoires de ses continuateurs (FR. DARW., in *Journ. Linn. Soc.*, XVII, 17. — E. MORR., in *Belg. hort.* (1875), 308), et secondairement : H. BN, in *Adansonia*, X, 187; *Dict. de Bot.*, III, 129, où ces questions sont très succinctement résumées. — Sur l'histologie des Droséracées, voy. SOLERED., *Syst. Wert Holzstruct.*, 115.

4. *Fam. des pl.*, II, 245 (1773).

5. PL., in *Ann. sc. nat.*, sér. 3, IX, 89. A la page suivante, l'auteur a présenté un tableau d'ensemble des affinités des Droséracées.

6. MÉR. et DEL., *Dict. Mat. méd.*, II, 689. — ENDL., *Enchir.*, 469. — LINDL., *Veg. Kingd.*, 433. — ROSENTH., *Syn. pl. diaphor.*, 656.

7. L., *Spec.*, 402. — REICHB., *Icon.*, III, t. 24, fig. 4522. — HAYN., *Pl. eur.*, III, t. 74. — DC., *Prodr.*, I, 318, n. 16. — GREN. et GODR., *Fl. de Fr.*, I, 191 (*Herbe à la goutte, H. à la rosée, Rosée du soleil, Rorelle*). Les *D. longifolia* L., *intermedia* HAYN. et *obovata* M. et KOCH ont indifféremment été employés aux mêmes usages.

hydropisies, des affections pulmonaires, des fièvres d'accès et même des ophtalmies. Leur efficacité contre les bronchites spasmodiques, la coqueluche[1] et la phtisie a été fortement révoquée en doute; on les a même dits absolument inertes. Le *D. anglica* HUDS. et le *D. longifolia* L., pilés avec du sel, ont été, dans les campagnes, employés comme rubéfiants. Ils ont aussi servi à faire cailler le lait. Les bestiaux ne les touchent pas; mais on a assuré que ces plantes ne sont pas âcres par elles-mêmes, et qu'elles doivent leurs qualités nuisibles à la présence d'insectes qui s'en nourrissent ou qui s'y laissent prendre. Au Brésil, le *D. communis* est aussi vénéneux pour le bétail. Plusieurs sont tinctoriaux, comme le *D. lunata*, le *D. gigantea*, d'Australie, qui tache le papier en pourpre intense, les bulbes des *D. stolonifera*, *gracilis* et *erythrorhiza*. C'est par erreur, dit-on (DRUMMOND), que ces organes ont été considérés comme comestibles. Le *D. rotundifolia* fait partie, a-t-on écrit, de certaines liqueurs réputées digestives. On cultive dans nos serres plusieurs espèces aquatiques très élégantes, à feuillage souvent singulier, dans le but surtout d'étudier leurs propriétés insectivores; on y a fait aussi fleurir le *Drosophyllum lusitanicum* (fig. 252-257) et le *Dionæa muscipula*[2] (fig. 258-260), le premier ornemental par ses grandes fleurs jaunes; le dernier curieux par les mouvements qu'on peut provoquer dans ses feuilles (p. 229).

1. CATRICE, *Essai sur le traitement de la coqueluche et spécialement sur l'emploi du Drosera* (thès. Fac. méd. Par. (1878), n. 449).

2. L., *Mantiss.*, 238. — *Bot. Reg.*, t. 785. — H. BN, *Tr. Bot. méd. phanér.*, 420. — ERRER., in *C. rend. Soc. bot. Belg.* (1885), 56. — *D. corymbosa* RAFIN. (*Attrape-mouches*, *Catchflies*, *Trappe de Vénus*). — Voy. C. DC., *Sur la structure et les mouvements des feuilles du* Dionæa muscipula.

GENERA

---

1. **Drosera** L. — Flores hermaphroditi; receptaculo convexo v. concaviusculo. Sepala 4-8, imbricata, marcescentia. Petala 4-8, alterna, spathulata, imbricata v. torta, marcescentia. Stamina totidem cum perianthio hypogyna v. leviter perigyna; filamentis filiformibus v. subulatis; antheris brevibus, extrorsum v. lateraliter 2-rimosis. Germen liberum, 1-loculare; styli ramis 2-5, nunc usque ad basin liberis, simplicibus v. divisis, apice stigmatoso capitatis v. fimbriatis. Ovula ∞, v. pauca, placentis 2-5 parietalibus et cum styli ramis alternantibus inserta, anatropa, ∞-seriata. Fructus capsularis, calyce sæpius cinctus, loculicide 2-5-valvis. Semina ∞, oblonga minuta, extus laxe reticulata; albumine carnoso; embryone axili v. basilari parvo. — Herbæ perennes, nunc bulbosæ, aut subacaules, aut caulescentes, glanduloso-pilosæ v. rarissimæ glabræ, nunc glandularum ope scandentes; foliis alternis v. ad plantæ basin rosulatis, petiolatis v. sessilibus, ovatis, obovatis, rotundatis, peltatis, lunatis v. spathulatis, nunc 2-∞-fidis, vernatione circinatis v. rarissime rectis; stipulis scariosis, petiolo dilatato adnatis v. 0; floribus in cymas 1-paras, racemiformes, corymbiformes v. ombelliformes, dispositis. (*Orbis fere totius reg. temp. et calid.*) — *Vid. p.* 225.

2. **Aldrovandia** Monti[1]. — Flores fere *Droseræ;* sepalis 5, imbricatis. Petala 5, alterna, conniventia, imbricata. Stamina 5, alternipetala; filamentis subulatis; antheris brevibus didymis; loculis lateraliter v. subextrorsum rimosis. Germen globosum, 1-loculare; stylis 3, v. sæpius 5, alternipetalis, linearibus incurvis patentibus, apice stigmatoso breviter ramosis. Placentæ parietales 3, v. sæpius 5, pauciovulatæ. Fructus capsularis, 5-valvis. Semina pauca compres-

1. In *Act. bonon.*, II, III, 404, t. 12. — L., *Gen.*, n. 390 (*Aldrovanda*). — J., *Gen.*, 429. — DC., *Prodr.*, I, 319. — Endl., *Gen.*, n. 5031. — Payer, *Fam. nat.*, 105. — B. H., *Gen.*, I, 663.

siuscula, basi breviter in papillam contracta; testa fragili; albumine carnoso; embryonis brevis radicula breviter exserta. — Herba natans carnosula diaphana glabra; caule multiarticulato; foliis verticillatis; petiolo oblongo-cuneato, ad apicem longe fimbriato; limbo parvo cochleari complicato-subvesiculari; floribus axillaribus solitariis pedunculatis. (*Europa calid.*, *India*[1].)

3. **Drosophyllum** Link.[2] — Flores hermaphroditi; sepalis 5, acutis, glanduligeris, imbricatis. Petala 5, alterna, tenuiter membranacea nervosa, torta, demum patentia. Stamina 10, hypogyna, quorum alternipetala 5, longiora; filamentis liberis, basi latioribus; antheris introrsis, 2-rimosis. Germen liberum, 1-loculare; stylis 3-5, apice stigmatoso globosis. Ovula ∞, anatropa, placentæ late basilari inserta; micropyle extrorsum infera. Fructus capsularis conicus chartaceus, plus minus alte 3-v. 5-valvis; valvis alternipetalis. Semina ∞, obovoidea angulata, dite albuminosa; embryonis basilaris semi-immersi cotyledonibus crassis; radicula conica infera. — Fruticulus, pilis capitato-glandulosis viscidus; foliis alternis confertis lineari-elongatis, apice attenuato sub vernatione circinatis; floribus[3] in racemos (spurios?) corymbiformes terminales dispositis. (*Hispania*, *Lusitania*, *Mauritania*[4].)

4. **Dionæa** Ell.[5] — Flores hermaphroditi; receptaculo superne planiusculo. Sepala 5, imbricata. Petala 5, alterna obovata, imbricata, marcescentia. Stamina 10-20, hypogyna; filamentis ima basi in annulum brevem connatis; antheris oblongis introrsis, ad margines 2-rimosis. Germen late sessile liberum; stylo erecto, apice breviter 5-ramoso; ramis stigmatosis demum recurvis. Ovula ∞, anatropa, placentæ basilari latæ inserta adscendentia. Fructus superus siccus stylo coronatus inæqui-5-valvatim ruptus demumque supra basin irregulari-

1. Spec. 1. *A. vesiculosa* L., *Spec.*, 402. — Lamk, *Ill.*, t. 220. — Roxb., *Fl. ind.*, II, 113 (*A. verticillata*). — Reichb., *Ic. Fl. germ.*, III, t. 24. — Gren. et Godr., *Fl. de Fr.*, I, 193. — *Drosera Aldrovanda* F. Muell., *Fragm. phyt. Austral.*, X, 79 (Vid. *Montii oper. transl.* in *Bull. Soc. bot. Fr.*, VIII, 519. — De foliorum irritabilitate vid. Mori, in *Nuov. Giorn. bot. ital.*, VIII, 62).

2. In *Schrad. N. Journ.* (1806), I, 2, 13. — DC., *Prodr.*, I, 320. — A. S.-H., in *Mém. Mus.*, II, 124, t. 4, fig. 13. — Endl., *Gen.*, n. 5036. — De Sol., *Etude s. le* D. lusitanicum (1870), c. tab. — Penz., *Unters. üb.* D. lusitanicum (1877). — B. H., *Gen.*, I, 663, n. 2.

3. Sulfureis, amplis et speciosis.

4. Spec. 1. *D. lusitanicum* Link. — Willk. et Lge, *Prodr. Fl. hisp.*, III, 704. — *Bot. Mag.*, t. 5796. — *Drosera lusitanica* L., *Spec.*, 403. — *Spergula droseroides* Brot., *Fl. lusit.*, II, 115.

5. In *Nov. Act. upsal.*, I, 98, t. 8. — L., *Mantiss.*, 151. — Endl., *Gen.*, n. 5037. — Turp., in *Dict. sc. nat.*, Atl., t. 185. — Payer, *Leç. Fam. nat.*, 31. — A. Gray, *Gen. ill.*, t. 84, 85. — B. H., *Gen.*, I, 663, n. 4.

circumfractus. Semina .∞, lævia albuminosa; embryonis basilaris minuti radicula infera. — Herba perennis glabra; foliis basilaribus rosulatis; petiolo dilatato spathulato; lamina apicali breviter stipitata et 2-loba; lobis margine setoso-ciliatis, sub irritatione repente complicatis; ciliis intricatis; floribus[1] in summo scapo aphyllo corymbosis, bracteatis. (*Carolina*, *Florida*[2].)

5. **Byblis** SALISB.[3] — Flores hermaphroditi; sepalis 5, imbricatis. Petala 5, alterna, obliqua, torta. Stamina 5, hypogyna, alternipetala; filamentis subulatis; antheris introrsum v. extrorsum ab apice breviter rimosis[4]. Germen liberum sessile, 2-loculare; stylo erecto, apice stigmatoso integro v. capitato papilloso. Ovula ∞, placentis ad medium septum affixis inserta. Capsula loculicida, 2-valvis; seminibus ∞, oblongis rugosis albuminosis. — Herbæ glanduloso-pilosæ; foliis alternis valde elongatis angustis, vernatione circinatis; floribus[5] axillaribus solitariis longe pedunculatis v. racemosis. (*Australia*[6].)

6. **Roridula** L.[7] — Flores hermaphroditi; sepalis 5, inæqualibus acutis, imbricatis. Petala 5, alterna, membranacea, torta. Stamina 5, hypogyna alternipetala; filamentis apice arcuato connectivo concavo affixis; antheris oblongis v. obcuneatis, in alabastro extrorsis, sub anthesi introrsis, 2-locularibus; loculis longitudinaliter sulcatis, ad summum sulcum breviter rimosis subporicidis. Germen 3-5-loculare, apice in stylum conicum attenuatum; summo stylo capitellato stigmatoso; loculis supra ovulorum insertionem incompletis, oppositipetalis. Ovula 1, 2, ad medium loculum inserta descendentia anatropa. Capsula 3-5-valvis, loculicida. Semina descendentia magna oblongo-cylindracea granulata v. reticulata; albumine carnoso; embryonis axilis cylindracei radicula supera. — Herbæ v. suffrutices glanduloso-pilosi; foliis alternis linearibus, gladiatis v. subulatis, integris v. pinnatifidis, vernatione circinatis; floribus[8] in spicas v. racemos terminales dispositis, 2-bracteolatis. (*Africa austr.*[9])

1. Albis, mediocribus.
2. Spec. 1. *D. muscipula* L. — VENT., *Malm.*, t. 29. — TRATT., *Thes. bot.*, t. 2. — DC., *Prodr.*, I, 320. — TORR. et GR., *Fl. N.-Amer.*, I, 147. — CHAPM., *Fl. S. Unit.-St.*, 37. — REICHB., *Ic. exot.*, t. 340. — DELAUN., *Herb. amat.*, t. 349.
3. *Par. lond.*, t. 95. — ENDL., *Gen.*, n. 5035; *Iconogr.*, t. 113. — B. H., *Gen.*, I, 664, n. 6.
4. Spurie poricidis.
5. Cœruleis, amplis v. parvis.
6. Spec. 3, 4. PL., in *Ann. sc. nat.*, sér. 3, IX, 305. — BENTH., *Fl. austral.*, II, 469.
7. *Gen.*, n. 567. — J., *Gen.*, 426. — LAMK, *Ill.*, t. 141. — GÆRTN., *Fruct.*, t. 62 — DC., *Prodr.*, I, 320. — ENDL., *Gen.*, . 58. — B. H., *Gen.*, I, 664, n. 5. — *Iridion* BURM., *Prodr.*, 6 (ex ENDL.).
8. Albis v. roseis, speciosis.
9. Spec. 2. HARV. et SOND., *Fl. cap.*, I, 79. — PL., in *Ann. sc. nat.*, sér. 3, IX, 307.

LXXXI

TAMARICACÉES

I. SÉRIE DES TAMARIX.

Le *Tamarix*[1] dont les fleurs sont les plus complètes est le *T. germa-*

Tamarix (Myricaria) germanica.

Fig. 268. Fleur ($\frac{6}{1}$).

Fig. 270. Fleur, coupe longitudinale.

Fig. 271. Fleur, le périanthe enlevé.

Fig. 267. Branche florifère.

Fig. 272. Fruit déhiscent.

nica (fig. 267-274), dont on a fait un genre particulier sous le nom de

1. L., *Gen.*, n. 375 — J., *Gen.*, 313. — Pois., *Dict.*, VII, 562. — DC., *Prodr.*, III, 95. — Endl., *Gen.*, n. 5484. — Payer, *Organog.*, 9, t. 2; *Leç. Fam. nat.*, 104. — Bge, *Tent. Monogr. Tamar.* (1852). — B. H., *Gen.*, I, 160, n. 1. — *Tamariscus* T., *Inst.*, 661; *Cor.*, 145.

Myricaria[1]. Ses fleurs sont hermaphrodites, régulières, et ont un petit réceptacle obconique[2], légèrement concave en dessus. Sur ses bords s'insèrent un calice de cinq pétales, disposés d'abord dans le bouton en préfloraison quinconciale, et une corolle de cinq pétales alternes, tordus ou imbriqués dans le bouton. L'androcée est formé de cinq étamines alternipétales et de cinq autres, oppositipétales. Toutes sont inférieurement unies par leurs filets en un tube dont les dix divisions subulées portent supérieurement une anthère biloculaire, primitivement introrse[3] et déhiscente par deux fentes longitudinales[4]. Le gynécée, inséré au centre de la petite cupule réceptaculaire[5], est

Tamarix (Myricaria) germanica.

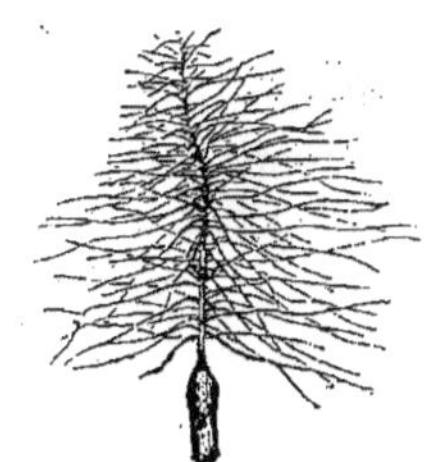

Fig. 273. Graine.

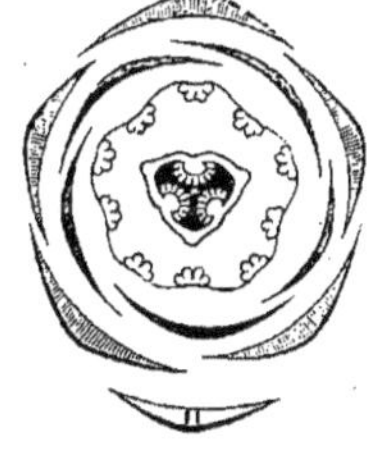

Fig. 269. Diagramme.

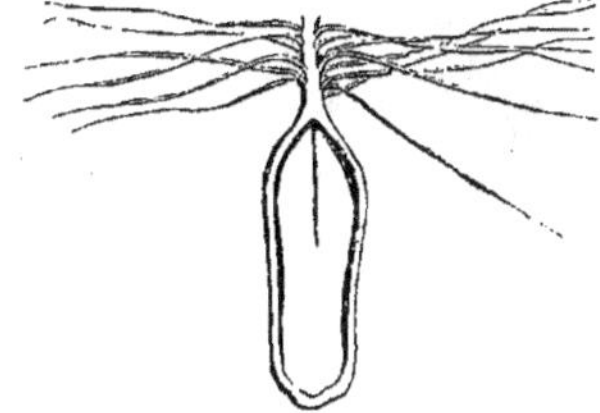

Fig. 274. Graine, coupe longitudinale.

entouré d'un petit disque glanduleux qui se confond avec les bases des filets staminaux, et il se compose d'un ovaire uniloculaire, atténué en un style dont l'extrémité stigmatifère est renflée en une tête largement déprimée et obscurément trilobée[6]. La cavité de l'ovaire renferme trois cloisons très rudimentaires, pariétales, dont deux sont antérieures; et en dedans de la base de chacune d'elles se dresse un placenta en forme d'écaille qui supporte un nombre indéfini d'ovules anatropes, allongés, plus ou moins ascendants[7]. Le fruit s'ouvre en trois valves pour laisser échapper les graines aigrettées, surmontées d'une baguette grêle, nue inférieurement, puis toute garnie de poils soyeux, et qui, sous leurs téguments, renferment un embryon droit,

1. DESVX, in *Ann. sc. nat.*, IV, 308. — DC., *Prodr.*, III, 97. — ENDL., *Gen.*, n. 5482. — PAYER, *Organog.*, 14, t. 2; *Leç. Fam. nat.*, 103. — B. H., *Gen.*, I, 161, n. 2.

2. Sa surface est souvent, comme celle de la base des sépales, inégalement ridée en travers.

3. Avec l'âge elle devient plus ou moins latérale et extrorse. Les loges sont d'ordinaire libres au-dessous de l'insertion du filet.

4. Le pollen est (H. MOHL, in *Ann. sc. nat.*, sér. 2, III, 329) ovoïde, avec trois plis, et dans l'eau, sphérique avec trois bandes.

5. Le périanthe et l'androcée sont, par conséquent, très légèrement périgynes, comme dans plusieurs autres espèces du genre.

6. PAYER (*Organog.*, 12) a établi les curieux rapports de ces lobes avec les placentas.

7. Ils ont double tégument.

ovoïde-oblong, charnu, dépourvu d'albumen. Le *T. germanica* est un petit arbuste glabre et glauque, à petites feuilles alternes, simples, sans stipules. Ses fleurs sont disposées en grappes terminales et situées chacune dans l'aisselle d'une bractée, sans bractéoles latérales.

Dans les autres *Tamarix*, on observe quelques différences relatives à l'androcée et au nombre des branches stylaires, ainsi qu'au mode d'insertion des ovules. Ainsi, il y a des espèces qui ont jusqu'à dix ou douze étamines libres, comme il arrive, par exemple, dans les *Trichaurus*[1] (fig. 275), dont on avait également fait un genre particulier. Il y en a aussi dont les branches stylaires sont au nombre de deux, trois ou même cinq.

Tamarix (Trichaurus) passerinoides.

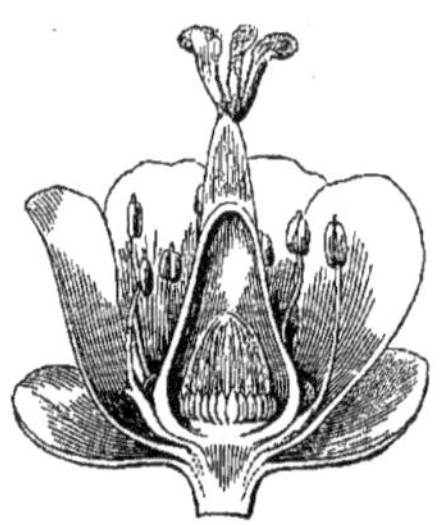

Fig. 275. Fleur, coupe longitudinale.

Les fleurs pentamères du *T. anglica* et des espèces analogues n'ont que cinq étamines, libres et alternipétales. Leur ovaire trigone est surmonté de trois branches stylaires, et les placentas multiovulés sont rapprochés les uns des autres sur le plancher de l'ovaire ou remontent plus ou moins haut sur la portion inférieure de ses parois.

Dans une espèce telle que le *T. tetrandra* (fig. 276-279), la fleur a

Tamarix tetrandra.

Fig. 276. Fleur.

Fig. 277. Diagramme.

Fig. 279. Fleur, coupe longitudinale.

quatre sépales imbriqués, dont deux latéraux, et quatre pétales, imbriqués également, insérés sur un réceptacle étroit et légèrement convexe. Les étamines, alternipétales, sont au nombre de quatre, libres, sauf à la base, et pourvues chacune d'une anthère extrorse et biloculaire. Le gynécée se compose assez souvent d'un ovaire à quatre angles alternes avec les étamines, et il est surmonté d'un style à quatre

1. ARN., in *Wight Prodr.*, I, 40. — W., in *N. S. Berl. Nat. Fr.*, IV, t. 4. — ROYLE, *Ill. himal.*, t. 44 (*Myricaria*). — WIGHT, *Icon.*, t. 22; *Ill.*, t. 24 B. — ENDL., *Gen.*, n. 5483.

branches, superposées aux angles. Sa cavité renferme quatre placentas relégués dans la portion inférieure des parois, alternes avec les branches stylaires, et supportant chacun un nombre indéfini d'ovules ascendants et anatropes.

Le fruit est toujours une capsule qui s'ouvre en autant de valves que l'on compte de placentas. Le plus souvent elles abandonnent ces derniers, qui portent les graines couronnées d'une baguette, chargée de longs poils, formant aigrette. L'embryon est toujours charnu, à cotylédons aplatis et à radicule courte et infère. L'albumen est nul ou réduit à une simple couche membraneuse.

Tamarix tetrandra.

Fig. 278. Fleur, le périanthe enlevé.

En général, les *Tamarix* sont frutescents, arborescents quelquefois; on en compte une vingtaine d'espèces[1], quelques-unes très variables, originaires de l'Europe australe, de l'Afrique du Nord, des îles Comores, de l'Asie centrale et tropicale. Elles vivent très ordinairement dans les terrains salés. Leurs feuilles sont alternes, petites, parfois squamiformes, entières, presque toujours charnues, assez souvent engainantes ou amplexicaules. Leurs fleurs, roses ou blanches, sont disposées en grappes ou en épis, souvent denses, terminant les rameaux ou insérés latéralement sur les branches ligneuses.

II. SÉRIE DES REAUMURIA.

Les fleurs des *Reaumuria*[2] (fig. 280-283) sont régulières et hermaphrodites, à réceptacle convexe. Elles ont un calice gamosépale, à cinq divisions profondes, imbriquées. Les cinq pétales alternes sont tordus dans le bouton; ils sont souvent doublés intérieurement de deux

1. PALL., *Fl. ross.*, t. 80. — EHRENB., in *Linnæa*, II (1827), 251. — LEDEB., *Ic. Fl. ross.*, t. 253, 254, 256. — ROYLE, *Ill. himal.*, t. 44 (*Myricaria*). — WIGHT, *Ill.*, t. 34. — WEBB, *Phyt. canar.*, t. 25; in *Hook. Journ.*, III, t. 15; in *Ann. sc. nat.*, sér. 2, XVI, 257. — CAMBESS., in *Jacquem. Voy. Bot.*, 58, t. 70. — OLIV., *Fl. trop. Afr.*, I, 151. — T.-DYER, in *Hook. f. Fl. brit. Ind.*, I, 248; 249 (*Myricaria*). — MAXIM., in *Bull. Ac. Pét.*, *Mél. biol.*, XI, 156 (*Myricaria*). — BOISS., *Fl. or.*, I, 762 (*Myricaria*), 763. — WILLK. et LGE, *Prodr. Fl. hisp.*, III, 597; 598 (*Myricaria*). — GREN. et GODR., *Fl. de Fr.*, I, 600; 601 (*Myricaria*). — WALP., *Rep.*, II, 114 (*Myricaria*), 115; *Ann.*, II, 541; IV, 693.

2. HASSELQ., ex *L. Gen.*, n. 686. — POIR., *Dict.*, VI, 84. — LAMK, *Ill.*, t. 489. — DC., *Prodr.*, III, 456. — EHRENB., in *Linnæa*, II, 273. — ENDL., *Gen.*, n. 5480. — H. BN, in *Payer Fam. nat.*, 260. — B. H., *Gen.*, I, 161, n. 4. — *Eichwaldia* LEDEB., in *Eichw. Pl. casp.*, 38, t. 34. — ENDL., *Gen.*, n. 5481.

lames latérales, irrégulières et ciliées sur les bords; leur préfloraison est tordue. L'androcée est formé d'un nombre indéfini d'étamines, groupées en faisceaux peu distincts, superposés aux pétales. Les filets sont d'ailleurs libres, corrugués ou rédupliqués dans le bouton; et les anthères, courtes, biloculaires, finalement introrses, ont deux loges, libres inférieurement et déhiscentes par des fentes longitudinales. Le gynécée supère est formé d'un ovaire à cinq placentas oppositipé-

Reaumuria hypericoides.

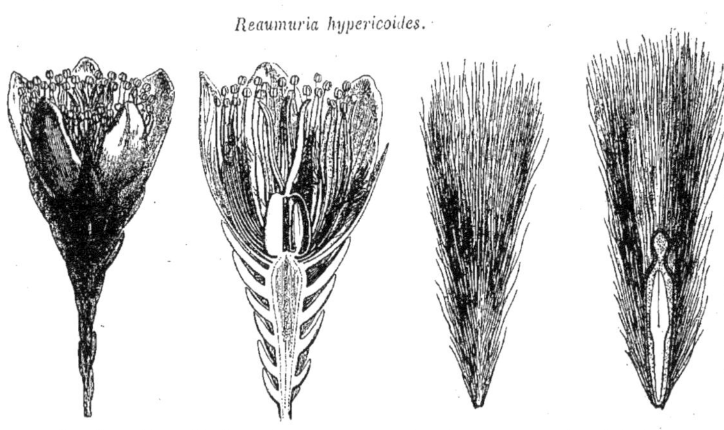

Fig. 280. Fleur ($\frac{4}{1}$). Fig. 281. Fleur, coupe longitudinale. Fig. 282. Graine. Fig. 283. Graine, coupe longitudinale.

tales, pariétaux dans leur portion supérieure, mais se rejoignant d'ordinaire plus bas. Ainsi se trouvent inférieurement constituées cinq cavités dans chacune desquelles se voient ordinairement deux ovules presque dressés, anatropes, à micropyle dirigé en bas et en dedans. L'ovaire[1] est surmonté de cinq branches stylaires, parcourues en dedans par un sillon longitudinal. Le fruit est une capsule loculicide, à cinq loges bivalves. Les graines[2] sont généralement peu nombreuses, d'ordinaire même solitaires dans chaque loge incomplète. Elles sont chargées en dehors de nombreux poils longs et grêles, et elles renferment un albumen plus ou moins farineux au centre duquel est un embryon charnu, à radicule infère et à cotylédons ovales, aplatis. Il y a des *Reaumuria* dont chaque placenta porte de chaque côté jusqu'à deux ou trois ovules, et il y a même une espèce à gynécée trimère, le *R. trigyna*[3].

1. Il porte dans la plupart des espèces cinq côtes obtuses et cinq lignes longitudinales qui répondent aux branches stylaires.

2. Souvent rétrécies au niveau de la chalaze.

3. MAXIM., in *Bull. Ac. Pétersb.*, *Mél. biol.*, XI, 155.

On distingue dans ce genre une dizaine d'espèces[1], qui habitent l'Asie centrale et la région méditerranéenne orientale. Ce sont des plantes frutescentes ou suffrutescentes, ramifiées, à feuilles alternes, petites ou subarrondies, charnues, très rapprochées. Leurs fleurs sont solitaires et terminales ; elles sont accompagnées d'un nombre variable de feuilles plus ou moins modifiées, extérieures au calice et souvent connées avec sa base.

L'*Hololachne soongarica* est intermédiaire par son organisation florale aux *Reaumuria*[2] et aux *Tamarix;* il y a un calice gamosépale, à cinq lobes imbriqués, cinq pétales tordus, non appendiculés, et cinq étamines alternipétales ; ou de six à douze, libres, à courte anthère versatile. Son gynécée est le plus souvent trimère, avec deux ou trois ovules à peu près dressés, sur chacun de ses placentas pariétaux. C'est un sous-arbrisseau, à feuilles alternes et à fleurs disposées en épis terminaux, accompagnées ou non de feuilles bractéiformes.

Cette petite famille a été établie par DESVAUX en 1815, sous le nom de Tamariscinées[3]. A.-L. DE JUSSIEU[4] avait placé les *Tamarix* parmi les Portulacées et les *Reaumuria* parmi les Ficoïdes[5], à côté des *Nitraria*. C'est LINDLEY[6] qui a donné au groupe le nom de *Tamaricaceæ;* mais il en séparait les *Reaumuriaceæ*[7], qu'il rangeait à la suite des Hypéricacées et des Marcgraviacées. Aujourd'hui, on a réuni[8] aux divisions précédentes les *Fouquieraceæ* de DE CANDOLLE[9], qui ont été aussi rapprochées des Crassulacées, puis des *Frankenia*, et qui ressemblent peut-être davantage à certaines familles gamopétales, telles que les Convolvulacées et les Gentianacées[10].

1. LABILL., *Pl. syr. Dec.*, II, t. 10 (*Hypericum*). — JACQ. F., *Ecl.*, t. 18. — SAL., *Par. lond.*, t. 18. — JAUB. et SPACH, *Ill. pl. or.*, t. 244-248. — BOISS., *Fl. or.*, I, 758. — *Bot. Reg.*, t. 845. — *Bot. Mag.*, t. 2057. — WALP., *Rep.*, V, 808 (*Eichwaldia*); *Ann.*, I, 327.

2. « Cum *Reaumuria* jungenda videtur. » (MAXIM., *loc. cit.*)

3. Ex *Ann. sc. nat.*, sér. 1, IV, 344. — A. S.-H., in *Mém. Mus.*, II, 205. — DC., *Prodr.*, III, 95, Ord. 75. — ENDL., *Gen.*, 1038, Ord. 221. — PAYER, *Leç. Fam. nat.*, 103, Fam. 45. — B. H., *Gen.*, I, 159, Ord. 24.

4. *Gen.* (1789), 313.

5. *Gen.*, 316.

6. *Introd.*, ed. 2, 126; *Veg. Kingd.*, 341, Ord. 118.

7. *Introd.*, ed. 2, 91 ; *Veg. Kingd.*, 407, Ord. 147. — *Reaumurieæ* EHRENB., in *Linnæa*, II, 274 ; in *Ann. sc. nat.*, sér. 1, XII, 78.

8. B. H., *Gen.*, I, 159, Ord. 24.

9. *Prodr.*, III, 349, Ord. 84. — ENDL., *Gen.*, 914.

10. Ce n'est, par conséquent, qu'avec beaucoup d'hésitation que nous laissons provisoirement dans cette famille les *Fouquiera* H. B. K. (*Nov. gen. et spec.*, VI, 81, t. 527), qui pour beaucoup d'auteurs (B. H., *Gen.*, I, 161, n. 5) en constituent une tribu. Leurs fleurs ont cinq sépales inégaux, étroitement imbriqués, et une corolle tubuleuse, à limbe dilaté en cinq lobes ovales ou cordiformes, fortement imbriqués. L'androcée est formé de dix, quinze ou d'un nombre plus élevé d'étamines hypogynes, libres,

I. TAMARICÉES. — Graines surmontées d'une aigrette, sans ou presque sans albumen. Fleurs en épis ou en grappes. — 1 genre.

II. RÉAUMURIÉES. — Graines entièrement chargées de poils, à albumen charnu-farineux. Fleurs axillaires ou terminales, solitaires. — 2 genres.

Les trois genres comptent une quarantaine d'espèces, toutes de l'Ancien monde (abstraction faite des *Fouquiera*). Leurs affinités avec les Hypéricacées ne sont pas douteuses, à ne considérer que les *Reaumuria*. Les fleurs des *Tamarix* se rapprochent beaucoup de celles des *Frankenia;* mais ceux-ci, avec leur humble port, n'ont pas des feuilles alternes, épaisses, charnues ou squamiformes, et leurs inflorescences sont définies. Le mode de végétation des Tamaricacées entraîne d'ailleurs, par un fait d'adaptation fréquent, des caractères histologiques particuliers[1].

USAGES. — Les *Reaumuria* sont employés à l'extraction de sels de soude, notamment le *R. hypericoides* W. (fig. 280-283) et le *R. vermiculata*[2]. Celui-ci est, à Alexandrie, un remède de la gale. Ses feuilles broyées s'emploient extérieurement, et on les administre à l'intérieur en décoction. On dit que l'*Hololachne soongarica* EHRENB. a les propriétés des *Tamarix*[3]. Ce genre renferme un assez grand nombre d'espèces utiles: le *T. gallica*[4], qui a été employé comme apéritif et désobstruant

à filets finalement exserts et à base pourvue d'un épaississement squamiforme, court, pubescent. Les anthères sont biloculaires et s'ouvrent par deux fentes longitudinales. Il y a, à la base de l'ovaire libre, un disque souvent très peu prononcé, et la loge ovarienne unique renferme trois placentas pariétaux qui portent de nombreux ovules ascendants et anatropes. Le style se partage en trois branches, stigmatifères à leur sommet un peu obtus et papilleux. On peut d'ordinaire écarter ces branches les unes des autres, sans déchirure, dans une étendue très considérable, parfois même jusque tout près du sommet de l'ovaire. Le fruit est une capsule trivalve, et les placentas durcis se séparent de ses trois panneaux. Les graines sont couvertes de poils hyalins qui demeurent indépendants ou s'unissent en ailes membraneuses. L'embryon est rectiligne et entouré d'un mince albumen, légèrement charnu. Les trois ou quatre *Fouquiera* connus sont du Mexique (DC., *Prodr.*, III, 347. — WALP., *Ann.*, III, 828). Ce sont des arbres ou arbustes glabres, à bois mou, à tiges pourvues de côtes saillantes, rappelant celles de quelques Euphorbes. Les côtes aboutissent à des épines qui sont des feuilles modifiées, réduites à leur nervure médiane durcie. Dans leur aisselle se trouvent de courts rameaux gemmiformes, qui portent quelques feuilles obovales, charnues, entières et courtement pétiolées. Sur les axes florifères, les feuilles disparaissent, et il y a de petites grappes (?) de fleurs pédicellées, dans l'aisselle chacune d'une bractée. Ailleurs les pédicelles sont contractés, et l'inflorescence totale paraît terminale et spiciforme. ENGELMANN a fait voir (in *Pl. Visliz.*, 14) que le *Bronnia* H. B. K. (*loc. cit.*, 83, t. 528) est synonyme de *Fouquiera*. Il en est de même du *Philetæria* LIEBM. (in *K. Dansk. Vid. Selsk. Skr. Kjoben.*, ser. 5, II, 283, c. icon.). Le genre paraît avoir des affinités avec les Convolvulacées et les Polémoniacées, le *Desfontainea* et les Gentianacées.

1. SOLERED., *Syst. Wert d. Holzstruct.*, 74.

2. L., *Spec.*, 754. — LAMK, *Ill.*, t. 489, fig. 1. — DC., *Prodr.*, III, 456, n. 1.

3. LINDL., *Veg. Kingd.*, 341. — ENDL., *Enchirid.*, 543. — ROSENTH., *Syn. pl. diaphor.*, 752. — H. BN, in *Dict. enc. sc. méd.*, sér. 3, XV, 670.

4. L., *Spec.*, 386. — GREN. et GODR., *Fl. de Fr.*, II, 600 (*Tamarix commun*, *T. de Narbonne*). D'après WEBB (in *Ann. sc. nat.*, sér. 2, XVI, 257), le *T. canariensis* n'en est qu'une forme.

et qui renferme du tanin dans ses diverses parties, de sorte qu'il sert en teinture. Le sel marin qui se trouve à la surface de ses feuilles les a fait passer pour antiscorbutiques. Son bois a, dit-on, été substitué au Gaïac. Le *T. anglica*[1] a les mêmes propriétés; on emploie probablement pour lui le *T. africana*[2]. Le *T. germanica*[3] (fig. 267-274) a une écorce astringente, balsamique, qui sert au traitement des maladies abdominales, de celles des tendons, des hémorragies, du rachitisme. Cette plante se substitue au houblon; on en prépare des infusions apéritives, digestives. Le *T. hispida*[4] sert, en Russie et en Tartarie, au traitement des arthralgies goutteuses et rhumatismales. Le *T. indica*[5] a été vanté dans plusieurs pays comme remède des phlegmasies, des engorgements viscéraux, de l'aménorrhée, etc. C'est probablement une des formes du *T. gallica*, de même que le *T. mannifera*[6], qui, dans l'Orient, sous l'influence de la piqûre du *Coccus manniparus* EHRENB., sécrète une sorte de manne sucrée, que bien des auteurs ont regardée comme l'aliment des Hébreux dans le désert[7]. Il a d'ailleurs, comme le *T. tetrandra*[8] (fig. 276-279) et la plupart des espèces du genre, des vertus toniques, sudorifiques, diurétiques, apéritives. Il a aussi la propriété de développer sur ses rameaux des galles, ordinairement d'une teinte rouge, que BELON a été l'un des premiers à signaler et qui, outre leurs propriétés tannantes, ont été vantées comme remède des inflammations chroniques et des engorgements de la rate, du foie, et même de certaines affections syphilitiques. On a songé à cultiver dans des localités marécageuses de la France, d'ailleurs à peu près improductives, le *T. gallica*, dans l'espoir qu'il développerait de ces galles, utiles à l'industrie et à la médecine. Les *Tamarix* sont souvent aussi plantés comme arbres d'ornement, notamment sur les bords de la mer, où ils végètent parfois avec vigueur, aussi remarquables par leur joli feuillage que par leurs inflorescences blanches ou rosées.

1. WEBB, *loc. cit.*, 265. — *T. gallica* SM. — SPACH (non L.).
2. POIR., *Voy.*, II, 189.
3. L., *Spec.*, 367. — *Myricaria germanica* DESVX, in *Ann. sc. nat.*, sér. 1, IV, 349. — GREN. et GODR., *Fl. de Fr.*, I, 601. — *Tamariscus germanica* SCOP. (*Petit Tamarix*).
4. W., in *Act. berol.* (1816), 77. — *T. canescens* DESVX. Le *T. aphylla* (*T. articulata* VAHL, *Symb.*, II, 41, t. 32. — *Thuya aphylla* L., *Amœn.*, IV, 295) a des propriétés analogues.
5. W., in *Act. nat. cur. berol.*, IV, 214. — *T. epacroides* SM. — *T. gallica* WIGHT (non L.). — *T. articulata* WALL. (non VAHL).
6. EHRENB. — BOISS., *Fl. or.*, I, 775.
7. BERTHEL., *Sur la manne du Sinaï et de Syrie* (in *C. rend. Ac. sc.* [1861]; in *Bull. Soc. bot. Fr.*, VIII, 565).
8. PALL., ex BIEB., *Fl. taur.-cauc.*, I, 247. — *T. gallica* HABL. (non L.).

GENERA

I. TAMARISCEÆ.

1. **Tamarix** L. — Flores hermaphroditi regulares, 4-6-meri; sepalis liberis, imbricatis. Petala 4-6, alterna, cum calyce hypogyna v. leviter perigyna et sub disco glanduloso crenato, angulato v. lobato inserta, imbricata. Stamina 4-12, libera, basi connata v. altius in cupulam monadelpha (*Myricaria*); antheris versatilibus, introrsis v. extrorsis, 2-rimosis. Germen liberum, superne attenuatum, 1-loculare; placentis 2-5, in fundo loculi brevibus, ∞-ovulatis; styli ramis 2-5, stigmatiferis brevibus crassiusculis. Fructus capsularis; valvis 2-5, placentas liberas nudantibus. Semina ∞, apice in comam sessilem v. stipitatam producta; pilis setiformibus v. plumosis; albumine 0 v. tenui membranaceo; embryonis carnosi ovoideo-oblongi recti radicula brevi infera. — Frutices v. suffrutices subherbacei; foliis alternis parvis v. squamiformibus, amplexicaulibus v. vaginantibus, nunc confertis; floribus in racemos spicasve terminales v. in ramis lignescentibus laterales, simplices v. ramosos, dispositis. (*Europa austr.*, *Africa bor. et ins. or.*, *Asia trop.*, *centr. et bor.*) — *Vid. p.* 236.

II. REAUMURIEÆ.

2. **Reaumuria** L. — Flores hermaphroditi; receptaculo convexo. Sepala 5, ima basi plus minus connata, imbricata. Petala totidem alterna, nunc obliqua, torta; ungue late brevi, nunc intus laminis 2 adnatis irregularibus ciliatis aucto. Stamina ∞, obscure 5-fasciculata; fasciculis oppositipetalis; filamentis cæterum liberis, in alabastro corrugatis v. reduplicatis; antheris parvis, demum introrsis; loculis 2, inferne liberis, longitudinaliter rimosis. Germen superum, 1-loculare;

stylis 3 v. sæpius 5, subulatis, intus sulcatis; placentis parietalibus 3 v. 5, inferne sæpius intus contiguis. Ovula in loculis incompletis sæpius 2-6, adscendentia anatropa; micropyle introrsum infera. Fructus capsularis loculicidus; loculis 2-valvibus. Semina plerumque pauca v. solitaria adscendentia, extus longe pilosa; albumine subfarinaceo; embryonis axilis cotyledonibus ovatis crassiusculis; radicula infera brevi. — Fruticuli v. suffrutices ramosi, divaricati v. procumbentes; foliis alternis parvis subteretibus v. carnosulis; floribus terminalibus solitariis. (*Reg. medit. or., Asia centr.*) — *Vid. p.* 239.

3? **Hololachne** EHRENB.[1] — Flores 5-meri; calycis gamophylli lobis 5, imbricatis. Petala totidem alterna, inappendiculata, torta. Stamina 5, alternipetala, v. rarius 6-12; filamentis plerumque liberis; antheris brevibus versatilibus dorsifixis, 2-rimosis. Germen 3-merum, rarius 2-4-merum; placentis parietalibus[2]. Ovula in placentis singulis 2, 3, suberecta. Fructus capsularis, 3-valvis. Semina pilis undique vestita albuminosa cæteraque *Reaumuriæ*. — Suffrutex; foliis alternis confertis semiteretibus carnosulis; floribus terminalibus spicatis; foliis in bracteas paululum mutatis; bracteolis 1-3 v. 0. (*Asia centr. salsugin.*[3])

1. In *Linnæa*, II, 273. — ENDL., *Gen.*, n. 5479. — B. H., *Gen.*, I, 161, n. 3.
2. Imperfectis, extus nunc perforatis.
3. Spec. 1. *H. soongarica* EHRENB. — LEDEB., *Icon. Fl. ross.*, t. 443. — MAXIM., *Diagn. or.* (1881), 155. — WALP., *Rep.*, V, 808.

LXXXII

SALICACÉES

Les Saules[1] (fig. 284-292) ont des fleurs dioïques[2] et nues, amentacées, solitaires dans l'aisselle des bractées alternes que porte

Salix alba.

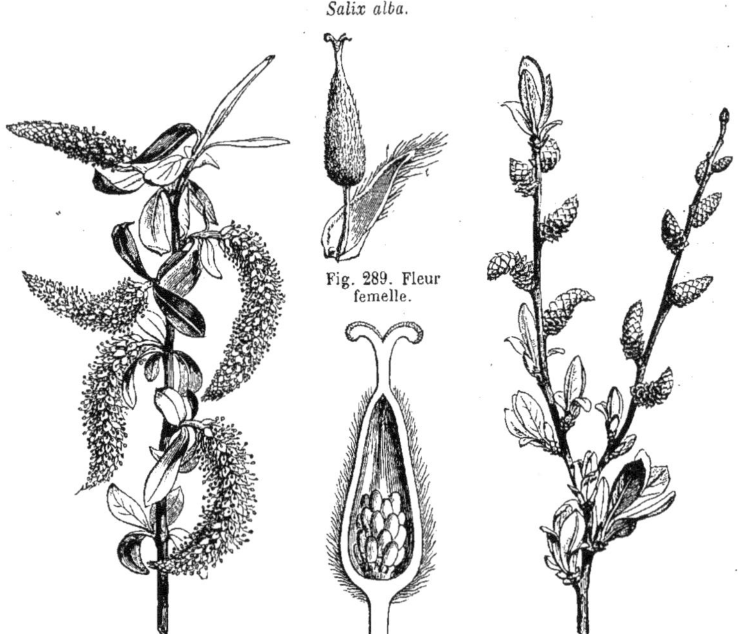

Fig. 289. Fleur femelle.

Fig. 284. Rameau florifère mâle.

Fig. 290. Fleur femelle, coupe longitudinale ($\frac{1}{1}$).

Fig. 287. Rameau florifère femelle.

l'axe du chaton. Les mâles consistent le plus souvent en deux étamines latérales, à filets libres ou unis dans une étendue variable, et à

1. *Salix* T., *Inst.*, 590, t. 364; *Coroll.*, 41. — L., *Gen.*, n. 1098. — HOST, *Salic.* (1828), c. 105 tab. — FORBES, *Salict.* (1829), c. 140 tab. — NEES, *Fl. Germ. gen., Monochl.*, n. 15. — ENDL., *Gen.*, n. 1903. — ANDERSS., *Mon. Salic.*, p. I; in *DC. Prodr.*, XVI, p. II, 191. — PAYER, *Leç. Fam. nat.*, 124. — AUBERT, in *Adansonia*, XI, 183, t. 10. — B. H., *Gen.*, III, 411, n. 1.

2. Sauf les fleurs plus ou moins complètement hermaphrodites, avec carpelles anthérifères, etc., monstruosités fréquentes dans ce genre, aussi bien que dans les Peupliers.

anthères biloculaires, extrorses et déhiscentes par deux fentes longitudinales. Avec elles alternent deux glandes, antérieure et postérieure : la première peut faire défaut[1]. Il y a des Saules dont les fleurs mâles sont formées de trois à une quinzaine d'étamines[2]. La fleur femelle consiste en un gynécée, sessile ou stipité, à ovaire uniloculaire, surmonté d'un style à deux branches dont le sommet stigmatifère est entier, rétus ou bifide. Avec elles alternent deux placentas pariétaux,

Salix alba.

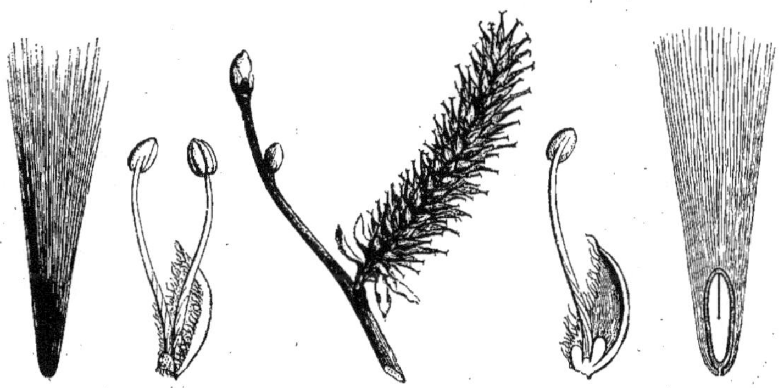

Fig. 291. Graine. Fig. 285. Fleur mâle. Fig. 288. Chaton femelle. Fig. 286. Fleur mâle, coupe longitudinale. Fig. 292. Graine, coupe longitudinale.

antérieur et postérieur, qui portent chacun un seul ovule ascendant, inséré dans sa partie inférieure[3], ou plus souvent de deux à huit ovules bi-ou trisériés, ou même davantage. Les ovules sont anatropes, avec le micropyle en bas et en dehors[4], et ils sont portés, non directement sur le placenta, mais sur un pied conique épais. Entre l'ovaire et l'axe de l'inflorescence se trouve souvent une glande analogue à celle des fleurs mâles[5]. Le fruit est une capsule dont les valves, le plus souvent au nombre de deux, sont placentifères sur le milieu de leur face interne; elles s'écartent, se récurvent ou se révolutent pour mettre en liberté une ou plusieurs graines entourées d'une aigrette de poils nés du support de l'ovule. Ces graines renferment un embryon étroit, à courte

1. On les a comparées à un périanthe.

2. Le pollen est (H. Mohl, in *Ann. sc. nat.*, sér. 2, III, 314) « ovoïde, trois plis; dans l'eau, sphère à trois bandes (*S. triandra, riparia, viminalis*) ».

3. Dans le *S. incana* Schrank (voy. H. Bn, in *Bull. Soc. Linn. Par.*, 419).

4. A tégument simple, comme dans les Peupliers.

5. Il peut y avoir, comme dans le *S. pyrenaica*, une glande antérieure, une postérieure et deux latérales; ces trois dernières sont, dans ce dernier cas, assez souvent unies en une masse trilobée.

radicule infère, à cotylédons divers, larges ou oblongs, plans-convexes, sans albumen.

Il y a des Saules à gynécée tri- ou quadricarpellé, avec même nombre de branches stylaires et aussi de valves au fruit.

Ce sont des arbres ou des arbustes, quelquefois très humbles et à tronc épais, caché sous terre. Leurs feuilles sont alternes, ordinairement étroites, entières ou serrulées, penninerves, accompagnées de deux stipules latérales. Leurs fleurs sont souvent précoces; parfois elles ne se montrent qu'en même temps que les feuilles dont elles occupent l'aisselle. Leurs chatons portent des bractées entières, rarement dentées, vertes ou bicolores. On en compte environ cent cinquante espèces[1], originaires des deux mondes, non observées jusqu'ici en Océanie, dans l'archipel Malais et les îles australes du Pacifique, abondantes surtout dans les régions froides et tempérées de l'hémisphère boréal.

Populus nigra.

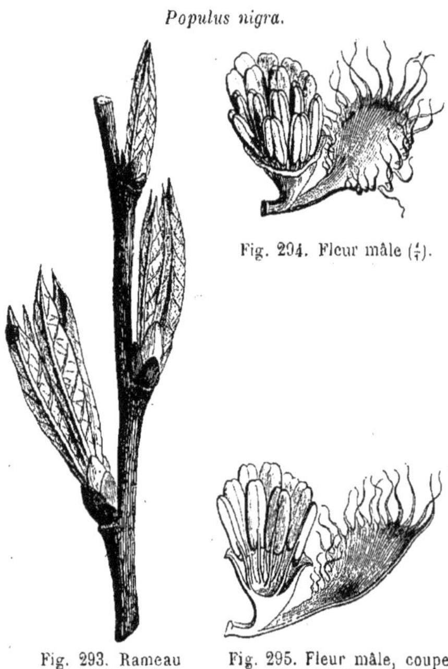

Fig. 293. Rameau gemmifère.

Fig. 294. Fleur mâle ($\frac{4}{1}$).

Fig. 295. Fleur mâle, coupe longitudinale.

Les Peupliers (*Populus*) ont, comme les Saules, des fleurs dioïques (fig. 293-297), mais pourvues d'un calice oblique, court et épais. Les

1. JACQ., *Fl. austr.*, t. 298, 408, 409. — MICH., in *Mém. Mus.*, XIV, t. 20. — PALL., *Fl. ross.*, t. 81, 82. — H. B. K., *Nov. gen. et spec.*, t. 99-102. — LEDEB., *Ic. Fl. ross.*, t. 453-455, 460, 476, 480. — TRAUTV., in *Mém. Ac. Pétersb.*, III, 607; in *Midd. Reis.*, *Bot.*, t. 2, 3, 19, 20. — ROXB., *Pl. corom.*, t. 97. — WIGHT, *Icon.*, t. 1953, 1954. — LUNDSTR., in *Nov. Act. Soc. upsal.* (1877). — KL. et GRCKE, in *Pr. Waldem. Reis.*, *Bot.*, t. 89. — THUNB., *Ic. Fl. japon.*, IV, t. 1. — FR. et SAV., *Enum. pl. japon.*, I, 458. — WEBB, *Phyt. canar.*, t. 215. — HOOK., *Fl. bor.-amer.*, t. 180-182. — HOOK. et ARN., *Beech. Voy. Bot.*, t. 26, 70. — HAYN., *Arzneigew.*, XIII, t. 39-45. — BRAND., *For. Fl.*, t. 58-62. — SEEM., *Voy. Her.*, *Bot.*, t. 10. — LEYB., in *Mart. Fl. bras.*, IV, 1, t. 71, 72. — C. GAY, *Fl. chil.*, V, 383. — BOISS., *Fl. or.*, IV, 1181. — BEDD., *Fl. sylv.*, t. 302. — GRISEB., *Symb. Fl. arg.*, 42. — TORR., *Fl. N. York*, t. 117-120. — S.-WATS., *Bot. Fourt. parall.*, 324; *Bot Calif.*, II, 82. — CHAPM., *Fl. S. Unit.-St.*, 429. — REICHB., *Ic. Fl. germ.*, t. 557-613. — WILLK. et LGE, *Prodr. Fl. hisp.*, I, 225. — DUMORT., *Mon. Saul. fl. Belg.* — GREN. et GODR., *Fl. de Fr.*, III, 122.

fleurs mâles ont des étamines en petit nombre (de quatre à huit) ou plus souvent en nombre très considérable. Les fleurs femelles ont un gynécée à deux, trois ou quatre carpelles, avec des placentas pariétaux ou presque basilaires, portant chacun une couple ou un plus

Populus nivea.

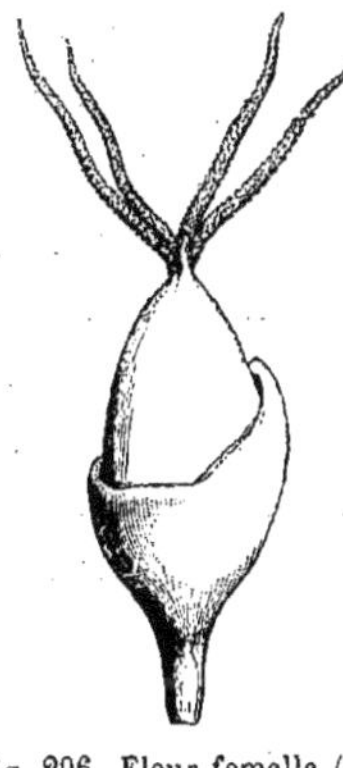

Fig. 296. Fleur femelle ($\frac{8}{1}$).

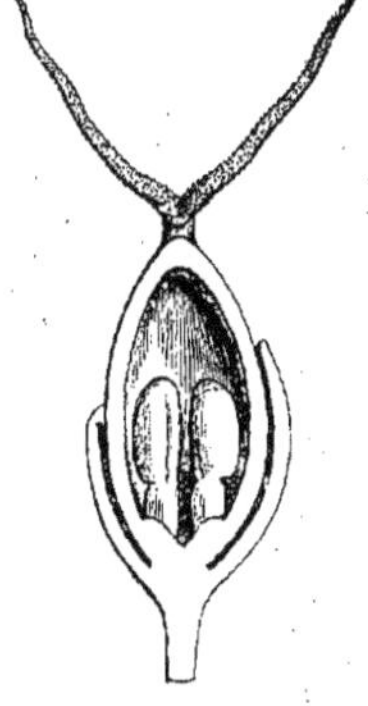

Fig. 297. Fleur femelle, coupe longitudinale.

grand nombre d'ovules anatropes. L'aigrette séminale est souvent très développée. Ce sont des arbres de l'hémisphère boréal des deux mondes, à feuilles souvent larges et à chatons d'ordinaire pendants.

Formée de ces deux genres, cette famille, autrefois confondue parmi les Amentacées[1], avec les Castanéacées dont elle a d'ordinaire l'inflorescence en chatons, mais dont elle se distingue surtout par sa placentation pariétale, a été établie par B.-MIRBEL[2]. Nous avons adopté l'idée émise par plusieurs botanistes éminents, repoussée par un certain nombre d'autres, que les Saules représentent une forme réduite des *Tamarix*, à fleurs unisexuées et sans périanthe; celui-ci nous montrant déjà un certain degré de développement dans les Peupliers.

Les deux genres sont surtout utiles par leur bois, en général peu résistant et facile à mettre en œuvre. On emploie surtout, sous le nom

1. A.-L. JUSS., *Gen.* (1789), 408.

2. *Salicineæ* B.-MIRB., *Élém.*, II (1815), 205 (part.). — L.-C. RICH., ex A. RICH., *Élém.*, éd. 4, 560. — ENDL., *Gen.*, 290, Ord. 99. — B. H., *Gen.*, III, 411, Ord. 90. — *Saliceæ* H. B. K., *Nov. gen. et spec.*, II (1817), 22. — *Salicaceæ* LINDL., *Nat. Syst.*, ed. 2, 186; *Veg. Kingd.*, 254, Ord. 80.

de *bois blancs*, ceux des *Salix alba*, *Caprea*, *fragilis*, *Helix*, *purpurea*, *triandra*, *viminalis*, *vitellina* et des *Populus alba*, *balsamifera*, *canadensis*, *nigra* et *Tremula*[1]. La plupart ont aussi des écorces utiles qui servent à faire des liens, des nattes, etc. Au point de vue médical, les Saules ont été plus utilisés que les Peupliers. C'est surtout le *Salix alba*[2] (fig. 284-292) qui est l'espèce médicinale. On croit qu'il doit ses propriétés curatives à la Salicine, aujourd'hui tant vantée comme antirhumatismale et qui a souvent été frauduleusement mélangée à la quinine. On a été jusqu'à substituer l'écorce à celle des quinquinas comme fébrifuge. Il y a là une exagération qui aurait ses dangers dans les cas de fièvres palustres rebelles ou pernicieuses; mais il y aurait exagération en sens contraire à ne pas reconnaître que cette écorce est tonique, digestive, apéritive, astringente, antidiarrhéique et qu'elle peut s'appliquer avec succès sur les plaies, en poudre et en décoction. Le *S. vitellina* L. a les mêmes propriétés et aussi, croit-on surtout en Allemagne, le *S. fragilis* L. Le *S. pentandra* L. a de plus passé pour anthelminthique. Le *S. babylonica*[3] a souvent été préféré pour l'usage externe. Le *S. amygdalina* est relativement riche en salicine. Les *S. purpurea* et *Helix* L. ont été vantés comme fébrifuges. Le *S. Caprea*[4], la plus commune de beaucoup des espèces de nos pays, a aussi été généralement très usité. Le *S. ægyptiaca* L. est, dans son pays natal, une plante médicinale. Le *S. nigra*[5] passe aux États-Unis pour fébrifuge, purgatif et surtout pour un sédatif puissant. Le *S. chilensis* MOL., administré également contre les fièvres d'accès, laisse découler de son écorce une sorte de manne employée par les indigènes. Beaucoup de Saules sont tinctoriaux et servent à tanner. Les Osiers proprement dits sont les *Salix vitellina*[6], *viminalis*[7] et *Helix*[8]. Les Peupliers ont des propriétés analogues. Leur écorce contient de la salicine, mais avec elle de la populine. Les *Populus nigra*[9] (fig. 293-295) et *canadensis*[10] sont recherchés

1. SOLER., *Syst. Wert Holzstruct.*, 259.
2. L., *Spec.*, 1449. — ANDERSS., in *DC. Prodr.*, XVI, p. II, 211, n. 24. — H. BN, *Tr. Bot. méd. phanér.*, 1178 (*Saule blanc*, *S. commun*, *Plon blanc*).
3. L., *Spec.*, 1473. — ANDERSS., *Prodr.*, n. 25. — *S. propendens* SER. (*Saule pleureur*, *Paradis des jardiniers*, *Parasol du Grand-Seigneur*).
4. L., *Spec.*, 1448. — ANDERSS., *Prodr.*, n. 38. — *S. hybrida* VILL. — *S. aurigerana* LAP. — *S. tomentosa* SER. — *S. ulmifolia* THUILL. (*Marsault*, *Marceau*, *Vordre*, *Boursault*).
5. MARSH., *Arbust.*, 293. — ANDERSS., *Prodr.*, n. 15. — *S. vulgaris* CLAYT. — *S. caroliniana* MICHX. — *S. ambigua* PURSH.
6. L., *Spec.*, ed. 2, 1442 (*Osier franc*, *Amarinier*, *Ezion*, *Verdoison*, *Verdelier*). C'est pour beaucoup d'auteurs (ANDERSS., *Prodr.*, 211) une simple variété du *S. alba* L.
7. L., *Spec.*, 1448. — ANDERSS., *Prodr.*, n. 88 (*Osier vert*, *Moulard*, *Luzette*).
8. Variété, pour beaucoup d'auteurs (ANDERSS., *Prodr.*, 307), du *S. purpurea* L. (*Osier blanc*).
9. L., *Spec.*, 1464. — WESM., in *DC. Prodr.*, XVI, p. 327. — H. BN, in *Dict. enc. sc. méd.*, sér. 2, XXIII, 781. — *P. fastigiata* DESF. — *P. dilatata* AIT. — *P. pannonica* KIT.
10. DESF., *Cat. H. par.* — *P. marylandica* BOSC. — *P. monilifera* AIT. — *P. virginiana* DUMORT. — *P. lævigata* W. — *P. glandulosa* MŒNCH.

pour leurs bourgeons, englués d'une substance visqueuse, résineuse, balsamique, qui donne ses qualités à l'Onguent populéum. Le *P. balsamifera*[1] a passé à tort pour produire la Résine tacamaque. Le *P. alba*[2] et le *P. nivea*[3] (fig. 296, 297) sont les plus connus des espèces vulgairement nommées *Grisailles* et *Grisards*. Le Tremble[4], célèbre par les mouvements saccadés de ses feuilles, dus à l'action du vent sur leur limbe et leur pétiole, aplatis de façon que leurs plans soient perpendiculaires l'un à l'autre, a été vanté comme fébrifuge et vermicide. Le *P. euphratica*[5] passe pour être le *Garab* des Arabes. Beaucoup d'espèces du genre sont employées à teindre et à préparer les peaux. Le duvet qui accompagne les semences des Peupliers et des Saules a souvent servi à faire du papier, de la toile, des coussins, des nattes, des chapeaux. On a aussi fabriqué du papier avec le bois de certaines espèces; et il y a des pailles relativement grossières qui ne sont autre chose qu'un tissu de lanières ténues du bois flexible et blanc des Saules[6] et des Peupliers.

1. L., *Spec.*, 1464. — *P. Tacamahaca* MILL. — *P. laurifolia* LEDEB. — *P. longifolia* PALL. On dit que cette espèce empoisonne souvent les bestiaux (*Edinb. Soc. bot.*, XI, p. II, 358).

2. L., *Spec.*, 1463. — *P. belgica* L. — *P. Bachofeni* WIERZB. — *P. croatica* WALDST. et KIT. (*Blanc de Hollande*, *Ypréau*, *Obel*, *Obeau*).

3. Variété du précédent, de même que le *P. grisea* (*Franc-Picard*).

4. *P. Tremula* L., *Spec.*, 1464. — *P. pendula* DUROI (*Tremble*).

5. OLIV., *Voy.*, fig. 45, 46. — KREM., *Descr. P. euphratica.*, c. tab. 3 (1866). — ASCHERS., in *Adansonia*, X, 348.

6. Sur les usages des Saules, voy. P.-L. AUBERT, *Etude sur les Saules et la Salicine au point de vue botanique, chimique et thérapeutique* (Thès. Éc. sup. pharm. Par., 1873).

GENERA

1. **Salix** T. — Flores diœci amentacei nudi, 1-bracteati; masculorum staminibus 2, lateralibus, v. rarius 3-12; filamentis liberis v. plus minus alte connatis; antheris extrorsis, 2-rimosis. Glandulæ 2, antica et postica, v. (antica deficiente) 1. Floris fœminei gynæceum sessile v. stipitatum. Germen 1-loculare; styli ramis 2, lateralibus, apice stigmatoso retusis v. 2-fidis; placentis parietalibus 2, cum styli ramis alternantibus; ovulis in placenta quaque 1, v. sæpius 2-8, v. ultra, 2, 3-seriatim adscendentibus, raphe introrsa; micropyle extrorsum infera. Fructus capsularis, 2-valvis. Semina 1-∞, adscendentia, summo cono crassiusculo e placenta oriundo (funiculo?) pilisque numerosis cum semine ab iis cincto deciduis onusto; embryonis exalbuminosi carnosi recti radicula infera brevi; cotyledonibus latis v. oblongis. —Arbores v. frutices; trunco erecto v. rarius brevi crasso subterraneo; foliis alternis, sæpius angustis, integris v. serrulatis; stipulis variis liberis; amentis erectis, sæpius densis præcocibus et ante folia expansis, v. rarius coetaneis foliato-pedunculatis; bracteis concoloribus v. discoloribus, integris v. raro dentatis. (*Orbis totius reg. frigid., temp. et trop. mont.*) — *Vid. p.* 246.

2. **Populus** T.[1] — Flores diœci; receptaculo dilatato, superne plano v. concaviusculo. Perianthium breve inæqui-cupulare, antice altius, irregulariter sinuatum v. sublobatum. Stamina 4-∞, libera; filamentis gracilibus; antheris extrorsis; loculis 2, subliberis, extrorsum rimosis. Germen sessile, 1-loculare; placentis parietalibus 2, antica posticaque, v. nunc 3, 4, sæpe subbasilaribus; styli ramis

1. *Inst.*, 592, t. 365. — L., *Gen.*, n. 1123. — GÆRTN., *Fruct.*, II, 56, t. 90. — LAMK, *Ill.*, t. 819. — NEES, *Gen. Fl. germ.*, *Monochl.*, n. 16. — ENDL., *Gen.*, n. 1904. — PAYER, *Leç. Fam. nat.*, 125. — VESM., in *Bull. féd. hort. Belg.* (1861), 315; in *DC. Prodr.*, XVI, p. II, 323. — B. H., *Gen.*, III, 412, n. 2. — H. BN, in *Bull. Soc. Linn. Par.*, 659.

totidem, integris v. 2-fidis, angustis v. dilatatis, nunc inæquilobatis. Ovula in placentis singulis 2-∞, summo funiculo conico adscendentia v. suberecta anatropa; micropyle extrorsum infera. Fructus capsularis, calyce stipatus, 2-4-valvis. Semina 1-∞ (fere *Salicis*); coma funiculi densa sæpius longa (nivea). — Arbores; gemmis squamosis sæpe resinosis; foliis alternis, sæpe petiolo a latere compresso donatis (inde tremulis), plerumque latis, integris, dentatis v. lobatis, nunc raro heteromorphis, penninerviis, basi 3-nerviis; stipulis angustis fugacibus; floribus in spicas v. racemos sæpe elongatos laxiores pendulos dispositis; bracteis plerumque stipitatis, dilatatis, dentatis v. fimbriatis, sæpe fugacibus. (*Europa, Asia media mont. et bor., America bor.*[1])

1. Spec. ad 18. PALL., *Fl. ross.*, t. 41. — LEDEB., *Icon. Fl. ross.*, t. 479. — ROYLE, *Ill. himal.*, t. 84. — HAYNE, *Arzneigew.*, XIII, t. 46, 47. — SPACH, in *Ann. sc. nat.*, sér. 2, XV, 28. — NUTT., *N.-Amer. Sylv.*, t. 16. — TORR., *Fl. N.-York*, t. 121. — CHAPM., *Fl. S. Unit.-St.*, 429. — S.-WATS., *Fourt. parall. Bot.*, 326; *Bot. Calif.*, II, 91. — BOISS., *Fl. or.*, IV, 1192. — REICHB., *Ic. Fl. germ.*, t. 614-619. — MAXIM., in *Bull. Ac. Pétersb.*, *Mél. biol.*, XI, 321. — HOOK., *Icon.*, t. 878. — GREN. et GODR., *Fl. de Fr.*, III, 143.

LXXXIII

BATIDACÉES

Les *Batis*[1] (fig. 298-309), qui seuls constituent cette famille, et qui sont exceptionnels dans quelque groupe qu'on les place[2], ont des fleurs dioïques. Les fleurs mâles sont enveloppées chacune par un petit calice

Batis maritima.

Fig. 299. Inflorescence mâle ($\frac{4}{1}$). Fig. 298. Branche florifère mâle. Fig. 300. Fleur mâle.

vésiculeux, qui se déchire assez irrégulièrement lors de l'anthèse. La corolle (?) se compose de quatre folioles, à onglet étroit, égales ou inégales, imbriquées dans le bouton. L'androcée se compose de quatre étamines alternipétales, à filets allongés, plissés dans le bouton, à anthères dorsifixes, introrses, déhiscentes par deux fentes longitudinales. Le centre du réceptacle est quelquefois, mais rarement, occupé

1. P. BR., *Jam.*, I, 356. — L., *Gen.*, n. 1104. — JACQ., *Amer.*, 260, t. 40, fig. 4. — J., *Gen.*, 443. — ENDL., *Gen.*, n. 6844. — PAYER, in *Bull. Soc. bot. Fr.* (1858), 21. — A. DC., *Prodr.*, XVII, 35. — TORR., in *Smithson. Contrib.*, VI, t. 11. — H. BN, in *Payer Fam. nat.*, 259; *Dict. Bot.*, I, 382. — LEM. et DCNE, *Tr. Bot.*, 453. — B. H., *Gen.*, III, 88.

2. On en a fait (GRISEB.) des Euphorbiacées et même des Verbénacées (C.-B. CLRKE, in *Linn. Trans.*, XXII, 411). Ils présentent quelques analogies avec les Chénopodiacées (*Salicornineæ flore perfect.* J.-G. AGH, *Th. Syst.*, 358), dont ils ont le port et les organes de végétation, les Salicacées et peut-être les Illécébrées et les Amarantées, mais toujours d'une façon très douteuse.

par un rudiment de gynécée. Les fleurs femelles sont nues, constituées seulement par un ovaire à quatre cavités, surmonté d'une petite masse stigmatique renflée. Dans chaque loge se voit un ovule anatrope, supporté par un court funicule dressé, inséré près de la base de son angle interne. Son micropyle est dirigé en dedans et en bas. Le fruit est

Batis maritima.

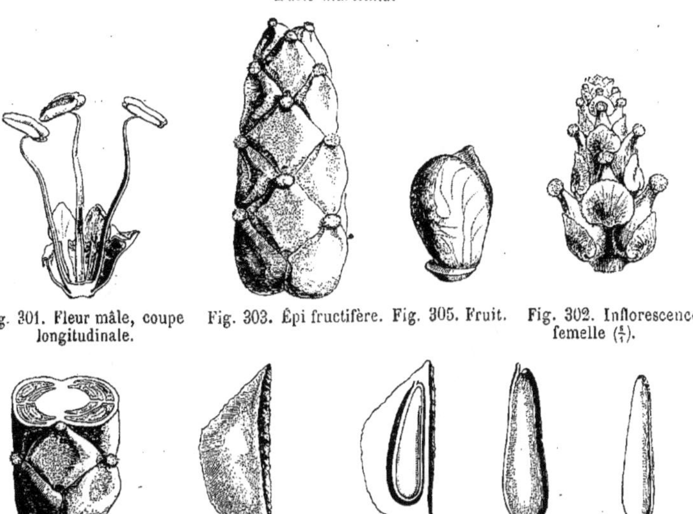

Fig. 301. Fleur mâle, coupe longitudinale. Fig. 303. Épi fructifère. Fig. 305. Fruit. Fig. 302. Inflorescence femelle ($\frac{8}{1}$).

Fig. 304. Épi fructifère, coupe transversale. Fig. 306. Noyau. Fig. 307. Noyau, coupe longitudinale. Fig. 308. Graine. Fig. 309. Embryon.

drupacé, à quatre noyaux monospermes; et la graine renferme, sous ses téguments membraneux, un embryon droit, allongé, charnu, à cotylédons plans-convexes et à épaisse radicule infère. Le *B. maritima*, seule espèce connue de ce genre, est une petite plante frutescente des deux Amériques et des îles Sandwich, où elle habite les rivages maritimes. Elle a le port des *Suæda* et d'autres Chénopodiacées voisines. Ses feuilles sont opposées, étroites, sessiles, entières, semi-cylindriques, un peu charnues. Ses fleurs sont disposées en chatons axillaires: les mâles formées d'un petit axe qui porte des bractées uniflores et disposées sur quatre rangées verticales, persistantes; et les femelles groupées en petit nombre sur l'axe d'un petit épi pédonculé, à bractées décussées, qui s'épaississent autour des fruits et forment avec eux un véritable fruit composé[1], amentiforme.

1. Sans véritable soudure ; il y a seulement rapprochement tardif et pression mutuelle des parties.

LXXXIV

PODOSTÉMACÉES

I. SÉRIE DES LAWIA.

Les fleurs des *Lawia*[1] (fig. 310-314) sont hermaphrodites et régu-

Lawia ramosissima.

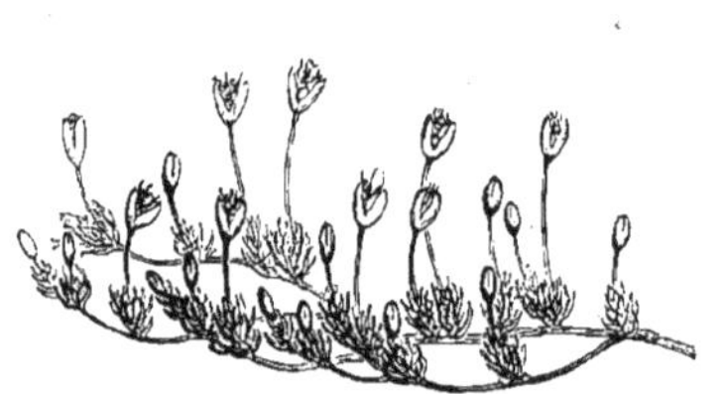

Fig. 310. Port.

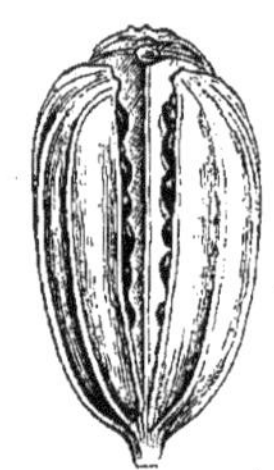

Fig 314. Fruit déhiscent (4/1).

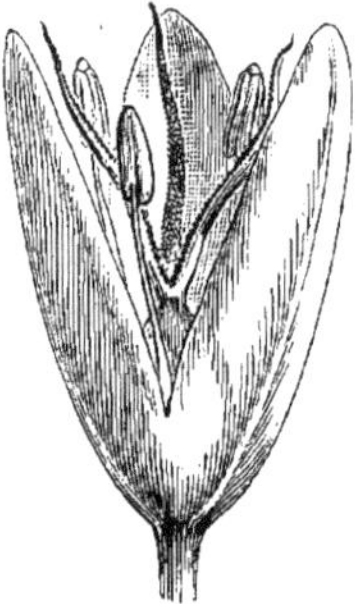

Fig. 311. Fleur (10/1).

Fig. 312. Diagramme.

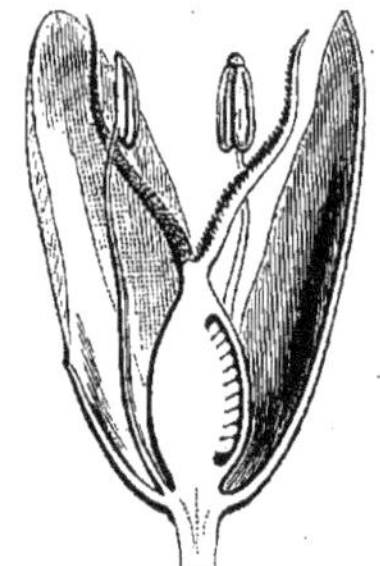

Fig. 313. Fleur, coupe longitudinale.

lières, trimères, à réceptacle convexe. Leur calice est gamosépale, mem-

1. GRIFF. — TUL., *Podostemacearum Synopsis monographica*, in *Ann. sc. nat.*, sér. 3, XI, 112 (non WIGHT). — *Terniola* TUL., *Monogr. des Podostem.*, 189. — WEDD., in *DC. Prodr.*, XVII, 46. — B. H., *Gen.*, III, 108, n. 2. — *Dalzellia* WIGHT, *Icon.*, V, 34, t. 1919, 1920. — *Tulasnea* WIGHT, *loc. cit.*, *in icon.* (non NAUD.). — *Mnianthus* WALP., *Ann.*, III, 443.

braneux, partagé jusque vers le milieu de sa hauteur en trois lobes obtus et imbriqués. L'androcée est formé de trois étamines hypogynes, alternes avec les divisions du calice. Leur filet, libre et grêle, supporte une anthère presque basifixe, biloculaire, introrse, dont les deux loges, presque contiguës, mais indépendantes, s'ouvrent chacune par une fente longitudinale. Le gynécée, libre et sessile, se compose d'un ovaire trigone, à trois loges superposées aux divisions du calice et surmontées chacune d'une branche stylaire linéaire, chargée en dedans de papilles stigmatiques. Il y a dans l'angle interne de chaque loge un épais placenta, chargé de nombreux ovules anatropes, en partie descendants et en partie ascendants. Le fruit est capsulaire et septicide. Ses trois valves abandonnent les placentas, chargés de graines, dont les téguments recouvrent un épais embryon charnu, à radicule obtusément conique, tournée du côté du hile, et à cotylédons plans-convexes, à peu près aussi longs que la radicule. Ce sont, au nombre de six ou sept, des plantes annuelles, de petite taille, qui vivent sur les roches des fleuves et des cataractes de l'Inde, et qui ont le port de certaines Algues et de quelques Jungermannes. Leurs tiges thalliformes, colorées, lobées sur les bords ou découpées en frondes délicates, ont des feuilles petites et sétiformes, alternes sur les divisions allongées de la plante, rapprochées et fasciculées dans les bourgeons florifères qui s'observent çà et là sur les ramifications ou qui se rapprochent toutes de la base. De ce bourgeon sort un pédicelle floral qui se prononce davantage lors de la fructification et qui est entouré à sa base de feuilles modifiées et plus ou moins connées en gaine spathiforme.

Tristicha hypnoides.

Fig. 315. Fleur (4/1).

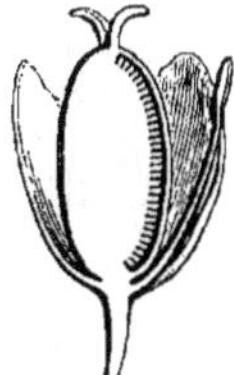

Fig. 316. Fleur, coupe longitudinale.

Les *Tristicha* (fig. 315, 316), qui habitent l'Amérique et l'Afrique tropicales, notamment les îles de la côte africaine orientale, sont voisins des *Lawia* et s'en distinguent par des fleurs normalement monandres, à périanthe également trimère, et par des rameaux feuillés, des feuilles tristiques, inégales, et des bractées florales plus grandes que les fleurs, au nombre de deux ou trois.

II. SÉRIE DES WEDDELLINA.

Les *Weddellina*[1] (fig. 317, 318) ont des fleurs régulières et hermaphrodites, dont le réceptacle convexe porte cinq pétales libres, disposés dans le bouton en préfloraison quinconciale, finalement étalés. L'androcée hypogyne se compose de cinq étamines superposées aux sépales, ou plus souvent de six à vingt-cinq étamines. Toutes ont un filet libre et une anthère introrse, à loges libres en haut et en bas et déhiscentes par une fente longitudinale. Le gynécée supère se compose d'un ovaire légèrement atténué à la base, biloculaire et surmonté d'un style unique, à tête stigmatifère entière ou obscurément bilobée. Sur un gros placenta axile, chaque loge renferme de nombreux ovules anatropes. Le fruit est une capsule qui s'ouvre en deux valves égales, tri- ou quinqué-costées; et les graines, dépourvues d'albumen, renferment un gros embryon charnu et dicotylédoné. On distingue deux *Weddellina*, de la Guyane et du Brésil septentrional; ce sont des herbes aquatiques, à tiges charnues et rameuses, à frondes stériles flottantes, à ramifications membraneuses et très inégales. Les fleurs sont insérées çà et là vers les bords des rameaux; elles sont portées par des pédoncules nés des bords des divisions du rhizome, issus de bourgeons peu développés, disposés sans ordre connu, et sur lesquels se voient des bractées alternes et concaves, la supérieure souvent plus développée que les autres et entourant en partie le bouton.

Weddellina squamulosa.

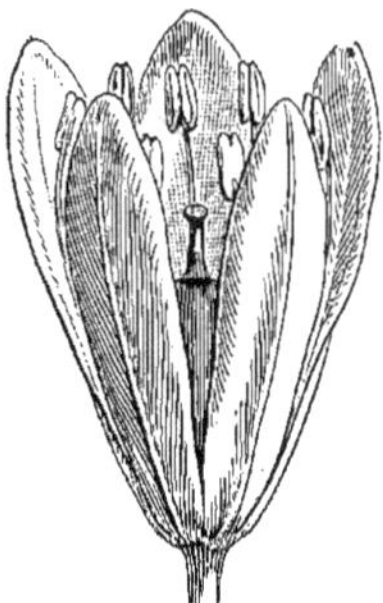

Fig. 317. Fleur (4/1).

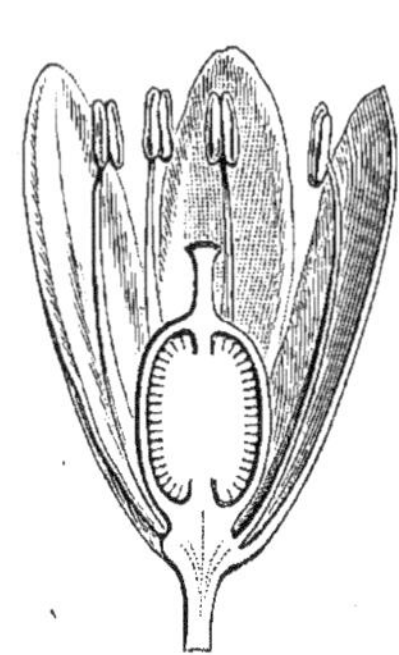

Fig. 318. Fleur, coupe longitudinale.

1. Tul., in *Ann. sc. nat.*, sér. 3, XI, 113; *Podost. Monogr.*, 194, t. 13. — Wedd., in *DC. Prodr.*, XVII, 48, n. 3 (*Bicarpidiatearum* sect.). — B. H., *Gen.*, III, 109, n. 3.

III. SÉRIE DES MOURERA.

Dans les fleurs des *Mourera*[1] (fig. 319, 320), qui sont régulières et hermaphrodites, enveloppées dans leur jeune âge d'un sac involucral, le

Mourera Weddeliana.

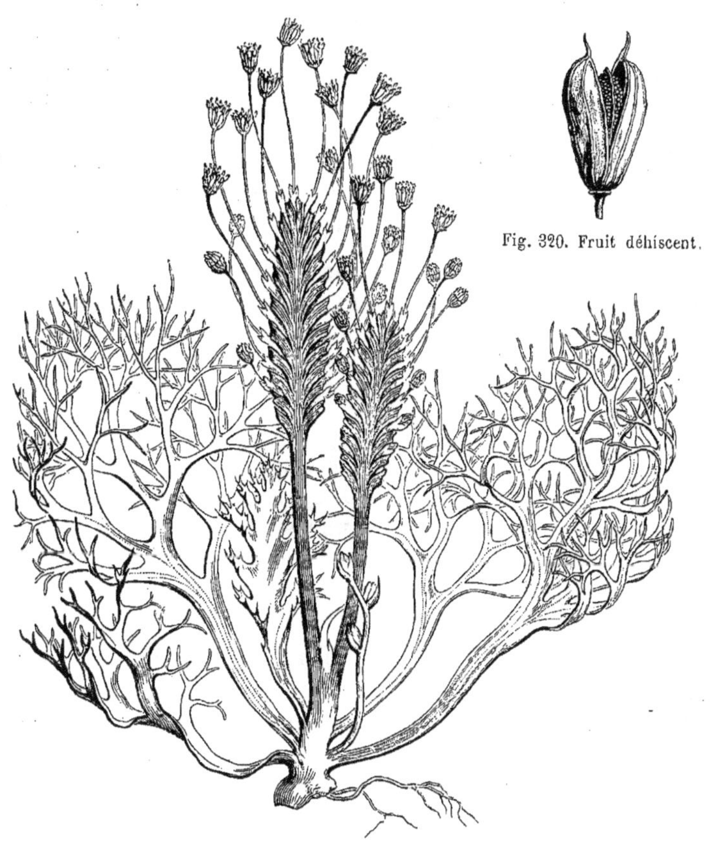

Fig. 320. Fruit déhiscent.

Fig. 319. Port.

périanthe est réduit à de très petites écailles ou languettes, en général alternes avec les étamines, quelquefois tout à fait absentes, et le gynécée

1. AUBL., *Guian.*, I, 582, t. 233. — J., *Gen.*, 441. — ENDL., *Gen.*, n. 1833. — TUL., *Podost. Monogr.*, 60, t. 1. — WEDD., in *DC. Prodr.*, XVII, 49. — B. H., *Gen.*, III, 109, n. 4. — *Lacis* SCHREB., *Gen.*, 366 (non LINDL.). — MART. et ZUCC., *Nov. gen. et spec.*, 4.

est dimère, comme celui des *Weddellina*. L'androcée hypogyne se compose de six à quarante étamines, à filets libres, aplatis, atténués au sommet, et à anthères allongées, introrses, sagittées à la base, déhiscentes par deux fentes longitudinales[1]. L'ovaire est surmonté de deux branches stylaires grêles, étalées, stigmatifères sur presque toute la longueur de leur face interne. Les ovules sont très nombreux, anatropes, insérés sur deux épais placentas septaux. Le fruit est une capsule septicide, à deux valves égales, portant chacune quatre ou cinq nervures saillantes, et les graines sont dépourvues d'albumen. Ce sont des herbes aquatiques, du Brésil et de la Guyane, à tige épaisse, simple ou ramifiée, à grandes lames ulviformes, considérées comme des feuilles, irrégulièrement lobées, découpées en lobes ou incisées, pennées. Leurs fleurs sont disposées dans l'ordre distique sur des axes aplatis, dont elles occupent les deux bords. Chaque fleur occupe d'abord une cavité formée par deux expansions biconcaves d'une lame nervée qui n'est peut-être qu'un prolongement membraneux de la hampe commune. Dans cette cavité, la fleur, d'abord sessile, puis portée par un long pédicelle, est entourée par un sac involucral, membraneux et gamophylle, qui finit par s'ouvrir au sommet et persiste ainsi à la base du pédicelle.

Le *M. elegans* a été distingué génériquement sous le nom de *Lonchostephus*[2], parce que le pédicelle de ses fleurs s'allonge davantage et que ses deux divisions stylaires sont un peu plus larges et plus aplaties, en forme de rectangle à angles arrondis, en même temps que ses filets staminaux s'élargissent davantage avec l'âge. L'ensemble du genre renferme jusqu'ici quatre espèces[3].

Les *Marathrum*, originaires des régions chaudes des deux Amériques, ont la fleur des *Mourera;* on ne les en distingue que par la disposition de leurs pédoncules allongés, uniflores, épars sur la tige adnée et garnis d'une spathelle à la base, mais non disposés en grappe distique sur un axe commun.

Le *Lacis monadelpha*, du Brésil septentrional, a une fleur de *Mourera* ou de *Marathrum*, avec les étamines monadelphes.

Les *Œnone*, de la Guyane et du Brésil septentrional, ont aussi des fleurs de *Marathrum*, avec des tiges ramifiées et des pédoncules uniflores. Leurs étamines, au nombre de deux à six, ou en nombre

1. Le pollen est ellipsoïde et trigone.

2. TUL., *Podost. Monogr.*, 198. — WEDD., in *DC. Prodr.*, XVII, 51. — B. H. *Gen.*, III, 109, n. 5.

3. CHAM., in *Linnæa*, IX, 503. — BONG., in *Mém. Ac. Saint-Pétersb.*, sér. 6, III, II, 73 (*Lacis*). — TUL., in *Mart. Fl. bras.*, IV, I, t. 75.

indéfini, formant un verticille complet, ou rarement incomplet autour de l'ovaire que surmontent deux branches stylaires contiguës. Le fruit est obtus à son sommet, lisse ou à côtes à peine distinctes. Les tiges sont ramifiées, avec des fleurs à longs pédicelles, dont la base est entourée d'une petite spathe.

Les *Apinagia*, du Brésil et de la Guyane, ont des fleurs de *Mourera*, avec des étamines au nombre de deux à cinq, mais toujours unilatérales et formant un verticille très incomplet. Leur port est très variable : tantôt celui des *Marathrum*, et tantôt celui des *Œnone*.

Les *Lophogyne*, plantes brésiliennes, ont de deux à quatre étamines, unilatérales comme celles des *Apinagia*; mais leurs deux divisions stylaires sont sessiles, courtes, étalées, membraneuses et cristées-lobées; caractère différentiel de peu de valeur.

Dans les *Rhyncholacis*, également de l'Amérique méridionale tropicale, la fleur, qui est d'ailleurs celle d'un *Marathrum*, a un ovaire qui, comme le fruit, se termine par deux cornes distinctes et répondant à deux branches stylaires, séparées par un sinus profond.

IV. SÉRIE DES PODOSTEMON.

Les *Podostemon*[1] (fig. 321-323) et les genres analogues représentent dans cette famille un type irrégulier dans lequel l'androcée n'occupe que le côté ventral de la fleur. Celle-ci est donc formée d'un réceptacle qui supporte au centre un gynécée semblable à celui des *Mourera*, et latéralement un androcée hypogyne qu'accompagnent à sa base deux bractées linéaires latérales. L'androcée est monadelphe; il représente une bandelette bifurquée en forme d'Y, et chaque branche porte une anthère introrse, partagée en deux loges bien distinctes, s'ouvrant chacune par une fente longitudinale[2]. L'ovaire, d'abord fortement comprimé, est à deux loges, dont une tournée du côté des étamines. Il est surmonté d'un style à deux branches stigmatifères de forme variable, et ses loges sont pluriovulées. Le fruit est une capsule à deux valves, égales ou souvent inégales, parcourues chacune par trois ou cinq côtes

1. MICHX, *Fl. bor.-amer.*, II (1803), 164, t. 44. — ENDL., *Gen.*, n. 1832. — TUL., in *Ann. sc. nat.*, sér. 3, XI, 102; *Podost. Monogr.*, 128, t. 9. — B. H., *Gen.*, III, 112, n. 14. — WARM., in *Mém. Ac. Copenh.*, sér. 2, I, 1, t. 1-4; sér. 6, II (1882), 23, t. 7, 9. — *Polypleurum* TAYL. (ex TUL. et WEDD. — B. H.).

2. Entre les deux étamines se voit une languette qui manque dans certaines espèces et qui est çà et là remplacée par une anthère fertile.

verticales. La graine est celle des *Lawia*. Ce sont des herbes aquatiques, de toutes les régions chaudes du globe, sauf de l'Australie. Leur tige se ramifie de façon variable et porte des feuilles alternes, à larges bases vaginiformes. Les fleurs sont terminales ou latérales, accompagnées à leur base d'un involucelle sacciforme dans lequel le bouton est d'abord complètement enclos et qui se déchire dans la portion supérieure, demeurant en forme de gaine à la base du pédoncule.

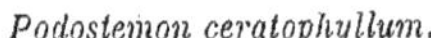

Podostemon ceratophyllum.

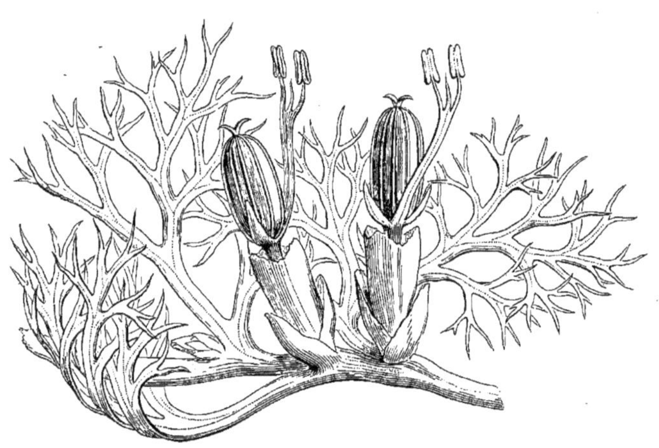

Fig. 321. Port ($\frac{6}{1}$).

Les *Dicræa*[1] sont des *Podostemon* asiatiques dans lesquels les tiges sont souvent plus longues et plus ramifiées, et les valves de la capsule plus égales. On y trouve aussi souvent plus développée que dans les *Eupodostemon* la languette subulée qui naît, entre les deux anthères, du sinus de la fourche constituée par les filets staminaux ; et les branches stylaires sont ovales ou linéaires, se détachant de bonne heure.

Il y a dans l'Inde un *Podostemon* (*P. Griffithii*), dont les divisions stylaires sont égales ou inégales, étalées, élargies, cristées-lobées et plus ou moins divisées; on en a fait le type d'un genre *Hydrobryum*[2]. Nous ne pouvons l'admettre que comme section, de même que les

1. DUP.-TH., *Gen. nov. madag.*, 2. — TUL., in *Ann. sc. nat.*, sér. 3, XI, 100 ; *Podost. Monogr.*, 114, t. 9, 10. — WEDD., in *DC. Prodr.*, XVII, 67. — WARM., in *Mém. Acad. Copenh.*, sér. 6, II, 19, 23, t. 10-12.

2. ENDL., *Gen.*, n. 1831[1] (part.). — TUL., in *Ann. sc. nat.*, sér. 3, XI, 104 (part.). — WEDD., in *DC. Prodr.*, XVII, 66. — B. H., *Gen.*, III, 112, n. 13. — WARM., in *Mém. Acad. Copenh.*, sér. 6, II, t. 9.

Mniopsis[1], petites plantes brésiliennes, à feuilles squamiformes ou multipartites. On les distinguait génériquement, il est vrai, par leurs divisions stylaires plurifides; mais il y a des espèces, telles que le *M. Glazioveana*, où elles peuvent çà et là demeurer simples[2]. On invoque aussi l'inégalité des valves de leur capsule, séparées par une ligne de déhiscence très oblique, dont la plus petite se détache, tandis que la plus grande persiste autour des graines; mais la même inégalité s'observe, à des degrés très divers, dans les *Podostemon* proprement dits. Ainsi constitué, le genre *Podostemon* comprend environ vingt-deux espèces[3].

Podostemon subulatus.

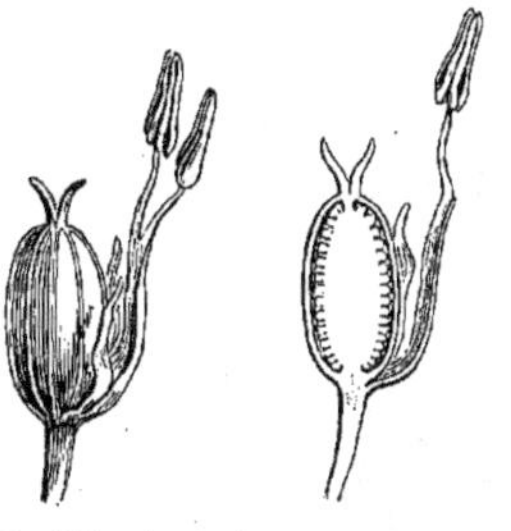

Fig. 322. Fleur ($\frac{4}{1}$). Fig. 323. Fleur, coupe longitudinale.

Les *Sphærothylax* et les *Castelnavia* sont extrêmement voisins des *Podostemon*. Les premiers, originaires de l'Abyssinie et du Cap, ont les fleurs réfléchies dans leur spathelle au sommet du pédicelle, des divisions stylaires courtes et lancéolées, une cloison ovarienne qui disparaît de très bonne heure et un fruit à valves très inégales. Les derniers, qui croissent sur l'Araguay au Brésil, ont aussi l'ovaire uniloculaire par résorption de la cloison, les divisions stylaires grêles et allongées, les boutons dressés et sessiles dans l'intérieur de la spathelle.

A côté des *Podostemon* se placent aussi :

L'*Angolæa fluitans*, qui a trois étamines unilatérales, unies seulement à la base, et un style orbiculaire, subsessile, stigmatifère;

Le *Ceratolachis erythrolichen*, du Brésil, qui a des fleurs de *Podostemon*, mais avec un ovaire et un fruit bicornes, comme il arrive aux *Rhyncholacis* parmi les Mourérées;

Les *Oserya*, plantes minuscules du Brésil, qui ont l'androcée réduit à une étamine et unissent par là cette série aux *Tristicha*.

1. MART. et ZUCC., *Nov. gen. et spec.*, I, 3, t. 1. — TUL., *Podost. Monogr.*, 142, t. 8. — WEDD., in *DC. Prodr.*, XVII, 77. — B. H., *Gen.*, III, 113, n. 16. — *Crenias* SPRENG., *Syst.*, *Cur. post.*, 247. — WARM., in *Mém. Acad. Copenh.*, sér. 2, I (1881), 1, t. 4, 5 ; sér. 6, II (1882), 23, t. 8, 9.

2. Comme nous l'avons vu, et comme M. WARMING en a figuré un cas (t. 9, fig. 46).

3. HOOK., *Comp. Bot. Mag.*, II, t. 20 (*Lacis*). — WIGHT, *Icon.*, t. 1916, 1917 (*Dicræa*); 1918 (*Hydrobryum*, *Mniopsis*). — BEDD., in *Trans. Linn. Soc.*, XXV, t. 24 (*Dicræa*). — GRIFF., in *As. Res.*, XIX, 103, 105 (*Hydrobryum*), t. 17 ; *Ic. pl. as.*, t. 542-544. — TUL. in *Mart. Fl. bras.*, IV, I, t. 74. — CHAM., in *Linnæa*, IX, t. 5 (*Lacis*). — A. GRAY, *Man.*, ed. 2, 384. — CHAPM., *Fl. S. Unit.-St.*, 399.

V. SÉRIE DES HYDROSTACHYS.

Les *Hydrostachys*[1] (fig. 324-329), plantes de Madagascar et de l'Afrique austro-orientale, ont des fleurs dioïques, apérianthées. Les mâles ne sont représentées que par une étamine, à filet court, surmonté des deux loges distinctes et à déhiscence longitudinale d'une anthère extrorse. Les femelles sont constituées par un gynécée libre, dont l'ovaire, parfois courtement stipité, est surmonté de deux branches stylaires latérales, articulées. Il est uniloculaire, avec deux placentas

Hydrostachys verruculosa.

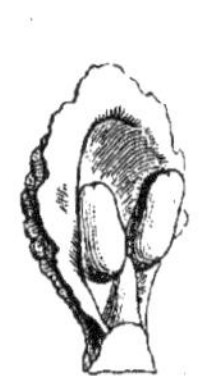

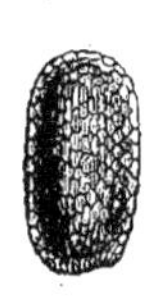

Fig. 324. Fleur mâle. Fig. 325. Fleur femelle. Fig. 326. Gynécée, coupe longitudinale. Fig. 327. Fruit déhiscent. Fig. 328. Graine. Fig. 329. Graine, coupe longitudinale.

pariétaux, antérieur et postérieur, multiovulés. Les ovules sont anatropes. Le fruit est une capsule, couronnée ou non des restes du style; elle s'ouvre longitudinalement, suivant sa ligne médiane, d'abord en arrière, puis parfois aussi en avant. Les graines sont nombreuses, à embryon charnu et dépourvu d'albumen[2]. Ce sont des plantes vivaces, dont on a décrit jusqu'à une dizaine; elles ont un court rhizome tubéreux, parfois stolonifère, et des feuilles latérales, à base dilatée, pourvue d'une ligule intérieure. Leur limbe est simple, pinnatifide ou bi-tripinnatiséqué, avec souvent de nombreux petits lobes interposés aux plus grands. Leurs fleurs sont disposées en épis adnés inférieurement à la tige; leur axe porte des bractées alternes, d'abord imbriquées, dont les fleurs solitaires occupent l'aisselle et qui s'accroissent plus ou moins autour des fruits qu'elles recouvrent[3]. On trouve ces

1. DUP.-TH., *Gen. nov. madag.*, 2. — ENDL., *Gen.*, n. 1836. — TUL., *Podost. Monogr.*, 47, t. 1. — WEDD., in *DC. Prodr.*, XVII, 86. — B. H., *Gen.*, III, 115, n. 21.

2. A. JUSS., in *Deless. Ic. sel.*, III, t. 91-94. — KL., in *Pet. Moss.*, *Bot.*, t. 52, 53. — BAK., in *Journ. Linn. Soc.*, XXI, 435.

3. Un pinceau de soies tient parfois la place des bractéoles latérales qui accompagneraient la fleur femelle, dans l'*H. verruculosa*, par exemple. Les bractées des fleurs des deux sexes peuvent avoir le dos papilleux ou verruqueux; les papilles sont d'autant plus grandes qu'elles sont situées plus haut sur la bractée.

plantes dans les cours d'eau, en totalité ou en majeure partie submergées, même, dit-on, au moment de la floraison.

Cette petite famille a été établie en 1815 par L.-C. Richard[1]. Elle a reçu des noms très divers[2]. Telle que nous venons de la décrire, elle comprend dix-sept genres[3], avec environ 125 espèces, presque toutes de l'Amérique tropicale. Il n'y en a pas en Afrique, y compris Madagascar, plus d'une trentaine d'espèces, appartenant aux genres *Hydrostachys*, *Angolæa*, *Tristicha*, *Sphærothylax*, *Podostemon*, et ce dernier genre est représenté dans l'Inde et les régions voisines par environ seize espèces[4].

Les affinités du groupe sont considérées comme des plus obscures. Les auteurs qui l'ont le plus étudié[5], surtout Tulasne[6] et Weddell[7], n'ont rien affirmé sur ses rapports précis. Pour nous[8], les genres le plus parfaits de cette famille représentent un type amoindri, aquatique, des Caryophyllacées, avec un périanthe simple, souvent mais non toujours très réduit[9], avec un androcée tantôt circulaire et très complet, tantôt borné à une ou quelques étamines unilatérales. La placentation est identique à celle des Caryophyllacées et paraît fausse-centrale alors que les cloisons interloculaires se résorbent; et les *Hydrostachys* sont ici, par leur placentation pariétale, les analogues des Frankéniacées. L'opinion que les Podostémacées sont les représentants d'une flore éteinte, ne nous satisfait pas beaucoup et ne nous avance guère. Nous avons comparé les Podostémacées avec un *Sagina* tel que le *S. apetala*. Nous y avons vu la même hypogynie et la même

1. Ex H. B. K., *Nov. gen. et spec.*, I (1815), 246.

2. *Podostemeæ* L.-C. Rich., *loc. cit.* — Lindl., *Introd.* (1830), 175. — *Podostemmeæ* Endl., *Gen.*, 268, 1375, Ord. 85. — *Podostemoneæ* Bong., in *Mém. Ac. Pétersb.* (1835), 69. — *Philocrenaceæ* Bong., *loc. cit.*, 72. — *Podostemaceæ* Lindl., *Nat. Syst.*, ed. 2 (1836), 190; *Veg. Kingd.*, 482, Ord. 182. — B. H., *Gen.*, III, 105, Ord. 135. — *Marathrineæ* Dumort., *Anal. fam.*, 62.

3. Sans compter ceux dont l'autonomie est tout à fait incertaine : 1° *Blandowia* W., in *Mag. Ges. Nat. Fr. Berl.*, III (1809), 100. — Wedd., in *DC. Prodr.*, XVII, 85, dont une espèce, le *B. Preissii*, serait italienne (?), rapportée avec doute par Tulasne au genre *Apinagia* (voy. p. 269, not. 8); 2° *Carajæa* Wedd., in *DC. Prodr.*, XVII, 84, formant pour Tulasne (*Podost. Monogr.*, 175) une section du genre *Castelnavia*.

4. Sur leur distribution géographique, voy. Wedd., in *Bull. Soc. bot. Fr.* (1872), XIX, 50.

5. W.-Arn., in *Brit. Encycl.*, ed. 7, V, 137. — Schultz, *Nat. Syst.*, 2273. — Mart. et Zucc., *Nov. gen. et spec.*, I, 6. — Gardn., in *Calc. Journ. Nat. Hist.* (trad. Furhnr., in *Flora*, VIII, 33).

6. In *Ann. sc. nat.*, sér. 3, XI, 88 ; *Podost. Monogr.*, in *Arch. Mus.*, VI, 41 ; in *Mart. Fl. bras.*, XIII, 229.

7. In *DC. Prodr.*, XVII, 39 (Ord. affin. dub.).

8. In *Bull. Soc. Linn. Par.*, 648.

9. On a admis que les languettes alternes aux étamines sont des staminodes. Ce sont, pour nous, des sépales très réduits, extérieurs aux étamines. Les languettes, de même forme à peu près, qui sont interposées aux étamines fertiles des Podostémonées, paraissent, au contraire, être des staminodes.

isostémonie. Les Podostomées ont, il est vrai, un embryon dépourvu d'albumen et droit; mais ces derniers caractères se retrouvent dans les *Frankenia*[1].

Il y a également ici amoindrissement dans les organes de végétation et dans la structure des tissus. Certaines Podostémacées, appliquées contre les pierres des torrents, ressemblent à des Ulves ou à des Mousses foliacées. D'autres ont une souche et des branches distinctes, des feuilles largement frondiformes, ou disposées régulièrement sur des axes dont elles se différencient plus ou moins nettement. De là de très grandes variations dans le port[2]. De là aussi, chez les moins élevées en organisation, un simple tissu parenchymateux, et chez les autres, l'apparition de faisceaux fibro-vasculaires régulièrement disposés[3].

Il y a très peu de Podostémacées utiles. En Colombie, le bétail se nourrit, dit PURDIE, des *Marathrum utile* et *Schiedeanum*. Certains poissons de la Guyane, dont la chair est excellente, ont pour aliment ordinaire la fronde des *Mourera*. Ceux-ci, d'après SCHOMBURGK, sont souvent incinérés pour l'extraction des sels[3] qu'ils renferment. Le *Marathrum utile* passe pour rafraîchissant et fébrifuge; on en prépare des potions qui s'administrent contre un certain nombre d'affections viscérales.

1. M. WARMING m'apprend que, dans son *Manuel de Botanique systématique*, il a attribué aux Podostémacées une place parmi les Saxifraginées.

2. C'est probablement à tort qu'on a accordé à ces différences une valeur générique; la même espèce peut se présenter avec un thalle byssoïde ou avec des rameaux feuillés, suivant les circonstances. Une même plante peut être formée de courts rameaux situés sur une plaque commune, ou bien avoir des axes longs et grêles comme un rhizome, avec des bourgeons ou des rameaux insérés à droite et à gauche (H. BN, in *Bull. Soc. Linn. Par.*, 644).

3. Sur l'histologie des axes, des feuilles et des parties de la fleur, voy. TUL., *Podost. Monogr.*, 4, 10, 26, et surtout M. WARMING, dans son mémoire de 1881.

4. Les dépôts siliceux des phytocystes ont été aussi étudiés par M. WARMING (in *Vid. Medd. naturh. Foren. Kjob.* (1881), 89), qui croit que ces concrétions « servent à rendre ces plantes capables de résister à la force déchirante et corrosive des torrents et des tourbillons d'eau ».

GENERA

I. LAWIEÆ.

1. **Lawia** Tul. — Flores hermaphroditi regulares; receptaculo convexo. Calyx membranaceus, 3-lobus, imbricatus. Stamina 3, cum lobis calycis alternantia hypogyna libera; filamentis subulatis; antheris introrsis, 2-rimosis. Germen superum, 3-loculare; styli ramis 3, linearibus, intus stigmatosis, erectis contiguis, mox patentibus. Ovula ∞, anatropa, placentæ crassæ axili inserta. Fructus ovoideus capsularis septicidus septifragusque; valvis 3, costatis. Semina ∞, minima compressiuscula exalbuminosa; embryonis recti carnosi cotyledonibus crassis; radicula brevi. — Herbæ aquaticæ, annuæ v. perennes; caulibus adnatis thalliformibus lobatis, nunc elongatis fluitantibus; foliis setaceis parvis in ramis elongatis sparsis, in gemmis floriferis fasciculatis; gemmis floriferis sparsis v. caulis basi adnatis; pedunculis solitariis, basi foliorum fasciculo plus minus connatorum cinctis. (*India or. penins.*, *Zeylania.*) — *Vid. p.* 256.

2. **Tristicha** Dup.-Th.[1] — Flores fere *Lawiæ;* stamine 1, v. rarius 2, alternisepalis. — Herbæ inundatæ bryoideæ; foliis confertim tristichis; serieum 2 latioribus patentibus; floribus ad summos ramulos breviores plerumque 2-nis; pedunculis mox accretis, basi bracteis paucis quam folia majoribus stipatis. Cætera *Lawiæ.* (*America et Africa trop.*[2])

1. *Nov. gen. madag.*, 3, n. 8. — A. Rich., in *Dict. class.*, V, 635 (non Achar.). — Endl., *Gen.*, n. 1835. — Tul., *Podost. Monogr.*, 179. — Wedd., in *DC. Prodr.*, XVII, 44. — B. H., *Gen.*, III, 108, n. 1. — H. Bn, in *Bull. Soc. Linn. Par.*, 645, 646. — *Dufourea* Bory, in *W. Spec. pl.*, V, 55. — *Philocrena* Bong., in *Mém. Ac. Pétersb.*, sér. 6, I, 80, t. 6.

2. Spec. 4, 5. Presl, *Bot. Bem.*, 149 (*Podostemum*); *Rel. Hænk.*, I, 86. — A. S.-H., *Pl. bras.*, I, 82 (*Dufourea*). — Wight, *Icon.*, t. 1920.

II. WEDDELLINEÆ.

3. **Weddellina** Tul. — Flores hermaphroditi regulares; sepalis 5, imbricatis. Stamina totidem v. 6-25, libera; filamentis hypogynis subulatis; antheris erectis introrsis; loculis rimosis, basi apiceque discretis. Germen liberum, 2-loculare; stylo simplici, apice stigmatoso capitellato subdidymo. Capsula septifraga, 2-valvis; valvis æqualibus haud prominule 3-5-costatis. — Herbæ aquaticæ; frondibus elongatis fluitantibus ramosissimis, nunc magnis; stipite ramisque primariis crassis teretibus; ramulis decurrentibus; floribus pedunculatis ad margines ramorum adnatorum sparsis; bracteis paucis concavis basi vaginantibus. (*Guiana, Brasilia bor.*) — *Vid. p.* 258.

III. MOURERÆ.

4. **Mourera** Aubl. — Flores hermaphroditi regulares; sepalis 10-∞, parvis setaceis v. dentiformibus erectis. Stamina fere totidem, cum sepalis alternantia hypogyna; filamentis liberis v. subliberis, leviter v. latius (*Lonchostephus*) complanatis; antheris oblongis introrsis, basi sagittatis, introrsum 2-rimosis. Germen liberum, 2-loculare; styli ramis linearibus, compressiusculis v. rarius (*Lonchostephus*) ovato-subquadratis, intus stigmatosis. Capsula ovoidea v. oblonga, septifraga, 2-valvis; valvis æqualibus, 3-5-costatis. — Herbæ inundatæ; caule adnato crasso, simplici ramosove, duro v. carnoso; foliis ad basin scapi amplis ulviformibus inæqui-laceris, dentatis lobatisve; floribus in scapis erectis simplicibus v. ramosis compressis lateraliter distichis; involucello circa florem clauso moxque lacero subsessili; pedicellis demum elongatis exsertis v. inferioribus usque ad finem subsessilibus; scapi marginibus in squamas biconcavas alabastra cum involucello includentes productis. (*Guiana, Brasilia trop.*) — *Vid. p.* 259.

5? **Marathrum** H. B.[1] — Flores hermaphroditi (*Moureræ*), 5-30-andri; squamellis staminibus exterioribus et alternis totidem

1. *Pl. æquin.*, I, 39, t. 11. — Endl., *Gen.*, n. 1833. — Tul., *Podost. Monogr.*, 71, t. 1, 2. — B. H., *Gen.*, III, 110, n. 7. — H. Bn, in *Bull. Soc. Linn. Par.*, 445, 446.

minutis v. nunc 0. — Herbæ fluitantes; caule (?) adnato squamoso v. lobato, nunc longe ramoso; foliis ulviformibus elongatis, subintegris, lobatis, dentatis, v. repetito-pinnatis multifidis; floribus in caule adnato sparsis pedunculatis, basi spathellatis. Cætera *Moureræ*[1]. (*America calid. utraque*[2].)

6. **Lacis** LINDL.[3] — Flores hermaphroditi (*Moureræ*); sepalis cum staminibus alternantibus minutis v. 0. Stamina 6-10; filamentis basi 1-adelphis, ad medium v. ultra in tubum membranaceum connatis; antheris sagittatis introrsis, 2-rimosis. Capsulæ valvæ 2, 5-costatæ. Cætera *Moureræ*. — Herba aquatica (majuscula), caule adnato brevi crasso; foliis longe angusteque ulviformibus stipitatis, pinnatim v. flabellatim repetito-divisis; floribus in scapo compresso distiche racemosis; singulis in axilla bracteæ parvæ breviter pedicellatis et vix e vagina spathellæformi exsertis. (*Brasilia bor.*[4])

7? **Œnone** TUL.[5] — Flores hermaphroditi (fere *Moureræ*); staminum 6-∞, cum sepalis minutis totidem alternantium verticillo perfecto v. rarius imperfecto; filamentis liberis; antheris elongatis, basi subsagittatis. Germen 2-loculare; styli ramis contiguis v. basi vix connatis, ad apicem stigmatosis. Capsulæ valvæ æquales læves v. vix 3-nervatæ. — Caules varii, aut e basi adnata elongati, aut pinnatim ramosi, aphylli v. foliiferi, raro ramosissimi; foliis elongatis subintegris v. plerumque laceris; pedicellis brevibus in dichotomiis ∞, v. 1-lateralibus; involucello clauso demumque rupto squamis paucis v. membrana e ramo producta vaginato[6]. (*Brasilia bor., Guiana*[7].)

8. **Apinagia** TUL.[8] — Flores subregulares; staminibus 2-5, v. raro ultra; verticillo perfecto v. multo sæpius imperfecto; filamentis liberis, nunc leviter compressis; antherarum oblongarum loculis basi liberis. Squamellæ 2-5, cum staminibus (dum numerus idem sit) alter-

1. Cujus forte sectio (ENDL.), vegetationis charactere distincta (?).

2. Spec. ad 6. CHAM., in *Linnæa*, IX, t. 6 (*Lacis*). — WEDD., in *DC. Prodr.*, XVII, 53.

3. *Introd. Nat. Syst.*, ed. 2, 442 (nec MART., nec SCHREB.). — ENDL., *Gen.*, n. 1834. — TUL., *Podost. Monogr.*, 60. — WEDD., in *DC. Prodr.*, XVII, 52. — B. H., *Gen.*, III, 109, n. 6.

4. Spec. 1. *L. monadelpha* BONG., in *Mém. Ac. Pétersb.*, sér. 6, III (II), 78, t. 1. — TUL., in *Mart. Fl. bras.*, IV, I, t. 73. — *L. Bongardii* TUL.

5. In *Ann. sc. nat.*, sér. 3, XI, 96. — H. BN, *loc. cit.*, 645. — *Ligea* TUL., *loc. cit.*; *Podost. Monogr.*, 85, t. 4-7. — B. H., *Gen.*, III, 110, n. 9.

6. Potius ad sectionem *Apinagiæ* reducend?

7. Spec. 12, 13. WEDD., in *DC. Prodr.*, XVII, 58; 59 (*Neolacis*).

8. In *Ann. sc. nat.*, sér. 3, XI, 97; *Podost. Monogr.*, 96, t. 7, 8, I. — B. H., *Gen.*, III, 111, n. 10. — H. BN, in *Bull. Soc. Linn. Par.*, 644, 646. — *Neolacis* WEDD., in *DC. Prodr.*, XVII, 59 (part.). — *Monostylis* TUL., *Podost. Monogr.*, 201. — ?*Blandowia* W., in *Ges. Naturf. Fr. Berl. Mag.*, III, 100, t. 4, fig. 2.

nantes. Germen 2-loculare, costatum; stylis 2, tenuibus, aut omnino liberis, aut basi connatis, ad apicem stigmatosis. Capsulæ ovoideæ, oblongæ v. subsphæricæ, valvæ 2, æquales, valde 3-costatæ.—Herbulæ; habitu variæ[1]; floribus pedicellatis; pedicellis basi spathellatis, cæterum nudis v. foliis deliquescentibus stipatis[2]. (*Guiana*, *Brasilia bor.*, *Peruvia?*[3])

9. **Lophogyne** TUL.[4] — Flores *Apinagiæ;* staminibus 2-5, 1-lateralibus. Styli rami 2, sessiles patentes membranacei et late cristato-lobati. Capsulæ valvæ æquales, prominenter 3-costatæ. Cætera *Apinagiæ.* — Herbæ minutæ; caule adnato; foliis lobatis v. ∞-fidis; pedicellis ad imum caulem adnatis v. in angulis loborum insertis, basi præter involucellum plurisquamatis. (*Brasilia*[5].)

10. **Rhyncholacis** TUL.[6] — Flores *Marathri;* staminibus 5-15, regulariter sub gynæceo verticillatis; filamentis liberis v. nunc per paria connatis. Squamellæ (sepala) totidem cum staminibus interioribus alternantes. Germen 2-loculare, compressum, 2-carinatum; angulis in stylos 2 compressos angulatos dissitos introrsum stigmatosos sinuque angulari sejunctos desinentibus. Cætera *Moureræ.* Capsulæ 2-rostratæ valvæ æquales, 3-costatæ. — Herbæ aquaticæ; caule crasso adnato ramoso; foliis circa flores membranaceo-dilatatis, ulviformibus v. linearibus, varie ∞-fidis; floribus pedicellatis in caule adnato sparsis v. nunc cymosis, basi foliorum parte vaginatis. (*Brasilia bor.*, *Guiana*[7].)

IV. PODOSTEMONEÆ.

11. **Podostemon** MICHX. — Flores hermaphroditi; sepalis 2, parvis linearibus, 1-lateralibus. Stamina 2, sepalis interiora; filamentis in columnam complanatam alte connatis; antheris introrsis, 2-locu-

1. Unde sectiones in genere 3.
2. Ad sect. hujus generis refertur *Ligea secundiflora* TUL. (*Neolacis secundiflora* WEDD., *Prodr.*, n. 10), staminibus 2, 3, unilateralibus (H. BN, in *Bull. Soc. Linn. Par.*, 645).
3. Spec. ad 18. MART., *Nov. gen. et spec.*, t. 2 (*Lacis*). — TUL., in *Mart. Fl. bras.*, IV, I, t. 74, fig. 3; 75, fig. 1, 2.
4. In *Ann. sc. nat.*, sér. 3, XI, 99; *Podost. Monogr.*, 109, t. 8, fig. 2. — WEDD., in *DC. Prodr.*, XVII, 65. — B. H., *Gen.*, III, 111, n. 11.
5. Spec. 2. TUL., in *Mart. Fl. bras.*, IV, I, t. 73, fig. 4.
6. In *Ann. sc. nat.*, sér. 3, XI, 95; *Podost. Monogr.*, 81, t. 3. — WEDD., in *DC. Prodr.*, XVII, 56. — B. H., *Gen.*, III, 110, n. 8.
7. Spec. ad 7. TUL., in *Mart. Fl. bras.*, IV, 1, t. 74.

laribus, longitudinaliter rimosis; staminodio inter stamina 1, lineari, sepalis conformi v. rarius 0. Germen ovoideum, 2-loculare; styli ramis 2, ovatis v. linearibus acutis, simplicibus v. rarius (*Mniopsis*) plurifidis. Fructus ovoideus capsularis; valvis 2, æqualibus v. plus minus inæqualibus, 3-5-costatis ; utraque persistente v. una plus minus angustiore decidua. Semina ∞, exalbuminosa. — Herbæ inundatæ bryoideæ v. habitu valde diversæ; floribus terminalibus v. lateralibus, involucello sacciformi primum inclusis, demum liberis; pedunculo plus minus accreto. (*America calid. utraque, Madagascaria, Asia trop.*) — *Vid. p.* 261.

12. **Sphærothylax** Bisch.[1] — Flores fere *Podostemonis;* staminum filamentis in columnam complanatam connatis; antheris in summa columna sessilibus. Germen ovoideum; septo evanido; styli ramis 2, sessilibus brevibus lanceolatis, erectis v. inflexis. Capsulæ valvæ parum inæquales; majore persistente. — Herbæ; caulibus aut explanatis lobatis, aut prioribus marginalibus linearibus v. filiformi-ramosis; floribus intra involucrum saccatum sparsis v. subinnatis, nunc secus caulis ramos primarios dense fasciculatis; pedunculis intra involucellum diu apice reflexis, demum exsertis, subrectis v. incurvis. (*Africa austr., Abyssinia*[2].)

13. **Castelnavia** Tul. et Wedd.[3] — Flores hermaphroditi (fere *Podostemonis*); squamellis androcæo exterioribus 2, 3, v. nunc 0. Germen curvulum, ob septum evanidum 1-loculare. Styli 2 (anticus posticusque), cylindracei, undique papillosi. Capsula obliqua; valvis 2, 3-5-nerviis, sutura valde obliqua separatis; altera majore persistente; altera minore decidua. Semina cæteraque *Podostemonis*. — Caules varie ramosi v. demum explanati; foliis primum distichis, basi dilatata imbricata incisave[4]; floribus terminalibus sessilibus spathella continua demum rupta inclusis[5]; fructu nunc plus minus pedicellato[6]. (*Brasilia austr., Araguay*[7].)

1. In *Flora* (1844), 426, t. 1. — Tul., *Podost. Monogr.*, 160. — Wedd., in *DC. Prodr.*, XVII, 77. — B. H., *Gen.*, III, 113, n. 17. — *Anastrophea* Wedd., *loc. cit.*, 78.

2. Spec. 2. Drège, in *Linnæa*, XX, 244. — Tul., in *Ann. sc. nat.*, sér. 3, XI, 107.

3. In *Ann. sc. nat.*, sér. 3, XI, 108. — Tul., *Podost. Monogr.*, 162, t. 11, 12. — Wedd., in *DC. Prodr.*, XVII, 80. — B. H., *Gen.*, III, 114, n. 18. — Warm., in *Mém. Ac. Copenh.* (1882), 17, 23, t. 13-15.

4. Lobis inferioribus stipuliformibus.

5. Foliis ultimis basi cinctis, nunc in lamina caulina vetusta sparsim sessilibus.

6. In specie 1 (*C. monandra*), a genere haud removenda, observatur stamen unicum.

7. Spec. 6, 7. Tul., in *Mart. Fl. bras.*, V, I, t. 76.

14. **Angolæa** WEDD.[1] — Flores hermaphroditi; sepalis minutis 2-4. Stamina 3, 1-lateralia; filamentis liberis v. ima basi connatis; antheris oblongis, introrsum 2-rimosis. Germen ovoideo-oblongum, breviter stipitatum, 2-loculare; stylo orbiculari v. subdidymo, subsessili, dense stigmatoso-papilloso. Fructus 2-valvis; valvis æqualibus, 3-costatis. — Herba inundata; caulibus linearibus elongatis, basi incrassatis; floribus involucellatis pedunculatis, nunc fasciculatis; pedicellis fructiferis ex involucello vix exsertis. (*Angola*[2].)

15. **Ceratolacis** WEDD.[3] — Flores fere *Podostemonis*, 2-andri; germinis 2-carinati angulis in stylos lanceolatos acutos discretos desinentibus. Capsula stylis induratis 2-cornuta; valvis 2, cymbiformibus truncatis. Cætera *Podostemonis*. — Herba inundata; caule adnato sinuato v. ramoso; foliis fasciculatis linearibus, 2, 3-furcis; floribus pedunculatis ex involucello tubuloso 2-fido demum exsertis[4]. (*Brasilia*[5].)

16. **Oserya** TUL. et WEDD.[6] — Flores hermaphroditi; stamine 1, laterali. Filamentum hypogynum liberum. Anthera 2-locularis, aut introrsum (*Devillea*[7]), aut extrorsum (*Evoseryia*[8]), nunc ad margines (*Oseryopsis*[9]) rimosa. Squamellæ 2 ad latera filamenti, v. nunc tertia 1, filamento exterior. Germen 2-loculare. Capsulæ valvæ inæquales; majore persistente. Cætera *Castelnaviæ*. — Herbulæ minimæ; ramulis foliisque subdichotomis varie laciniatis v. multifidis; floribus longiuscule v. brevissime pedicellatis spathellatis. (*Brasilia trop.*, *Guiana*, *Mexicum*[10].)

1. In *DC. Prodr.*, XVII, 300. — B. H., *Gen.*, III, 111, n. 12.
2. Spec. 1. *A. fluitans* WEDD.
3. In *DC. Prodr.*, XVII, 66. — B. H., *Gen.*, III, 113, n. 15.
4. Flores fere *Podostemonis*; fructus autem *Rhyncholacidis*.
5. Spec. 1. *C. erythrolichen* WEDD., in *Ann. sc. nat.*, sér. 3, XI, 102. — TUL. et WEDD., in *Ann. sc. nat.*, sér. 3, XI, 102. — TUL., *Podost. Monogr.*, 126, t. 10, fig. 1, in *Mart. Fl. bras.*, IV, I, t. 74, fig. 1.
6. In *Ann. sc. nat.*, sér. 3, XI, 105. — TUL., *Podost. Monogr.*, 151, t. 10, fig. 2, 3. — B. H., *Gen.*, III, 114, n. 19. — H. BN, in *Bull. Soc. Linn. Par.*, 647.
7. TUL. et WEDD., *loc. cit.*, 107. — TUL., *Podost. Monogr.*, t. 13, fig. 1. — B. H., *Gen.*, III, 114, n. 20.
8. *Oserya* Auctt.
9. Cujus typus est *O. sphærocarpa* TUL.
10. Spec. 5. TUL., in *Mart. Fl. bras.*, IV, I, t. 75. — WEDD., in *DC. Prodr.*, XVII, 82 (*Devillea*), 83.

V. HYDROSTACHYDEÆ.

17. **Hydrostachys** Dup.-Th. — Flores diœci nudi; masculo e stamine 1, ad bracteam axillari, constante; filamento brevissimo; antheræ loculis 2, discretis extrorsis, rimosis. Floris fœminei germen 1-loculare; styli ramis 2, lateralibus, divergentibus; placentis parietalibus 2, antica posticaque, ∞-ovulatis; ovulis anatropis. Fructus capsularis, styli ramis diu coronatus, rima longitudinali postica dehiscens folliculiformis, v. demum antice quoque longitudinaliter rimosus et incomplete 2-valvis. Semina ∞, exalbuminosa; embryonis recti carnosi radicula crassa obtusa. — Herbæ aquaticæ perennes; caule crasso tuberiformi; foliis lateralibus, basi dilatatis ibique intus ligulatis, simplicibus, semel, bis v. ter pinnatifidis v. pinnatisectis; rachi lobulis sæpe ∞, præter lobos, appendiculata; floribus in spicas pedunculatas cauli adnato insertas dispositis; bracteis spicarum ∞-seriatis, 1-floris, imbricatis, demum laxioribus, flores fructusve obtegentibus, cymbiformibus v. cucullatis, nunc extus rugoso-papillosis; papillis a basi ad apicem sensim majoribus; pilorum fasciculis 2 nunc ad flores fœmineos lateralibus bracteoliformibus. — *Vid. p.* 264.

LXXXV

PLANTAGINACÉES

Les Plantains[1] (fig. 330-338), qui ont donné leur nom à cette petite famille, ont des fleurs régulières, hermaphrodites ou polygames, souvent dimorphes[2]. Sur leur petit réceptacle convexe s'insè-

Plantago major.

Fig. 330. Port ($\frac{1}{3}$).

rent quatre sépales libres ou à peu près, imbriqués, les deux antérieurs souvent plus grands que les deux postérieurs qu'ils recouvrent dans la préfloraison, et parfois aussi unis en une seule pièce, avec des bords

1. *Plantago* T., *Inst.*, 126, t. 48. — L., *Gen.*, n. 142. — ADANS., *Fam. des pl.*, II, 225. — J., *Gen.*, 90. — GÆRTN., *Fruct.*, t. 51. — LAMK, *Ill.*, t. 85. — TURP., in *Dict. sc. nat.*, t. 23. — NEES, *Gen. Fl. germ.* — DCNE, in *DC. Prodr.*, XIII, p. I. 694. — ENDL., *Gen.*, n. 2170. — PAYER, *Organog.*, 606, t. 126. — H. BN, in *Payer Fam. nat.*, 181. — B. H., *Gen.*, II, 1224, n. 1. — *Coronopus* T., *Inst.*, 128, t. 49. — *Arnoglosson* ENDL., *Fl. pos.*, 211.

2. Les unes brévistylées et les autres longistylées, fertiles d'ailleurs les unes et les autres.

plus ou moins scarieux. La corolle[1], régulière, gamopétale, plus ou moins scarieuse, marcescente, a un tube cylindrique ou resserré sous le limbe qui est partagé en quatre lobes, dont deux latéraux, imbriqués ou tordus dans le bouton. Les étamines, au nombre de quatre, sont insérées à une hauteur variable sur la corolle, avec les lobes de laquelle elles alternent. Leurs filets sont indupliqués dans le bouton; puis ils deviennent généralement exserts en se redressant, et supportent chacun une anthère introrse, versatile, biloculaire, apiculée, s'ouvrant par deux fentes longitudinales[2]. Le gynécée supère se compose d'un ovaire à deux loges, antérieure et postérieure, ou complètes, ou incomplètes[3]; surmonté d'un style grêle, entier ou à peu près, et chargé de poils papilleux disposés sur tout son pourtour ou sur deux surfaces opposées, même sur quatre bandes verticales. Il y a dans chaque loge un ou plusieurs ovules ascendants, incomplètement anatropes, à micropyle tourné en bas et en dehors[4]. Une des deux loges peut être dépourvue d'ovules. Il y en a souvent deux dans une loge et un seul dans l'autre; ailleurs, deux, trois, ou quatre dans chaque loge; ailleurs encore un nombre plus considérable[5]. Le fruit est une pyxide, uni- ou biloculaire, s'ouvrant près de sa base ou vers le milieu de sa hauteur, et renfermant une ou quelques graines, globuleuses, aplaties, anguleuses ou comprimées de dehors en dedans, insérées par leur face ventrale plane ou concave et contenant sous

Plantago major.

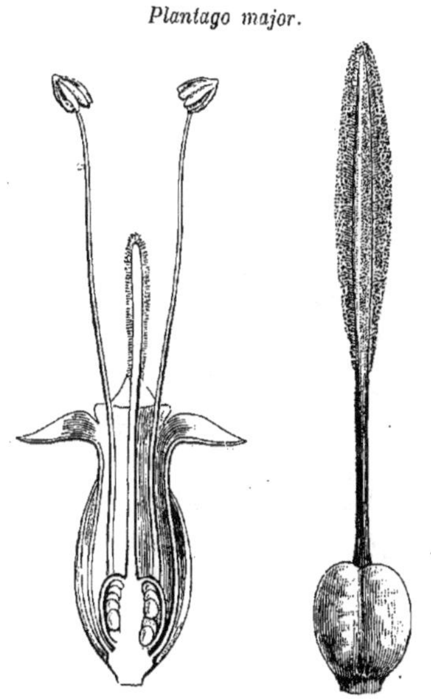

Fig. 331. Fleur, coupe longitudinale ($\frac{8}{1}$). Fig. 332. Gynécée.

1. On l'a décrite comme un calice, et, par suite, le calice comme un involucre.

2. Le pollen est « sphérique et opaque, avec des pores épars sans ordre : *P. lanceolata* (onze à douze pores); *P. Wulfenii* (sept à neuf pores) » (H. MOHL, in *Ann. sc. nat.*, sér. 2, III, 314).

3. Les cloisons pouvant se résorber en partie, comme dans les Caryophyllacées, mais à un moindre degré. Il peut se développer aussi des fausses cloisons interposées aux divers ovules d'une même loge, et qui, dans ce cas, partagent l'ovaire en trois ou quatre cavités secondaires.

4. A tégument simple. Le placenta s'accroît plus ou moins au-dessous des ovules en une sorte de corne ou de capuchon, à peu près comme dans les Acanthacées; ou bien il s'épaissit assez régulièrement autour des ovules.

5. H. BN, in *Bull. Soc. Linn. Par.*, 663. Le *P. major* peut en avoir jusqu'à une douzaine et rarement plus.

leurs téguments un albumen charnu et un embryon droit ou arqué, à radicule infère.

Les Plantains sont des herbes annuelles ou vivaces, à tige très courte ou stolonifère, plus rarement assez allongée, rameuse ou suffrutescente, glabre ou portant des poils simples, ou à aisselles laineuses. Les feuilles sont alternes, rarement opposées, souvent disposées en rosette basilaire, à pétiole dilaté ou engainant à sa base, à limbe entier, denté ou pinnatifide, uninerve ou plurinerve à la base; à fleurs rarement solitaires ou d'ordinaire disposées en épis allongés ou capituliformes, simples ou plus rarement ramifiés. Elles occupent l'aisselle de bractées alternes, membraneuses ou scarieuses. Il y a tout au plus une centaine d'espèces de Plantains[1], qui habitent toutes les régions chaudes, tempérées et froides des deux mondes.

Plantago media. *Plantago lanceolata.*

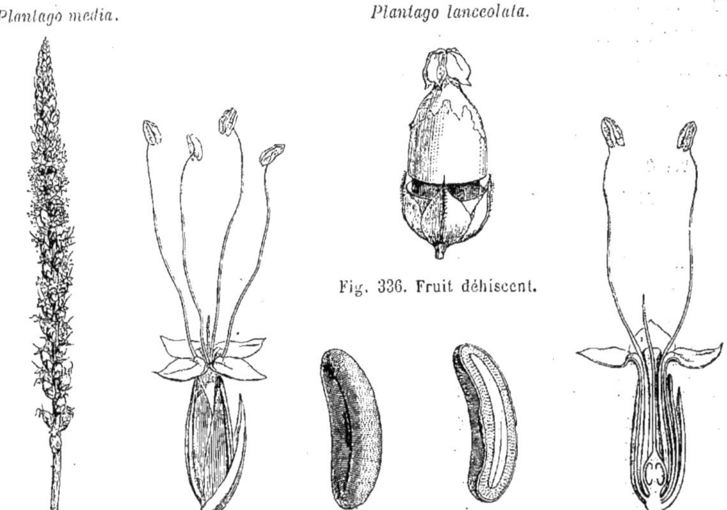

Fig. 333. Inflorescence. Fig. 334. Fleur. Fig. 337. Graine. Fig. 338. Graine, coupe longitudinale. Fig. 335. Fleur, coupe longitudinale. Fig. 336. Fruit déhiscent.

1. JACQ., *Icon. rar.*, t. 26-28, 306; *Fragm.*, t. 81; *H. vindob.*, t. 125, 126; *H. schœnbr.*, t. 258. — CAV., *Icon.*, t. 124, 125, 249, 359. — JACQ. F., *Eclog.*, t. 72. — VENT., *Jard. Cels*, t. 29. — WALDST. et KIT., *Pl. rar. hung.*, t. 39, 151, 203. — TEN. *Fl. nap.*, t. 112, 113. — GUSS., *Pl. rar.*, t. 13. — DESF., *Fl. atl.*, t. 39. — SIBTH., *Fl. græc.*, t. 144-149. — HAYN., *Arzneigew.*, V, t. 13-18. — HOFFMSG et LINK, *Fl. port.*, t. 73, 74. — R. et PAV., *Fl. per. et chil.*, t. 78, 79. — H. B. K., *Nov. gen. et spec.*, t. 126, 127. — C. GAY, *Fl. chil.*, V, 195. — GRISEB., *Fl. brit. W.-Ind.*, 389; *Symb. Fl. argent.*, 220. — GAUDICH., in *Freycin. Voy.*, *Bot.*, t. 50. — WIGHT, *Ill.*, t. 177. — HOOK. F., *Fl. brit. Ind.*, IV, 705. — BENTH., *Fl. austral.*, V, 137. — BOISS., *Fl. or.*, IV, 876. — SIBTH., *Fl. græc.*, t. 144-149. — WILLK. et LGE, *Prodr. Fl. hisp.*, II, 349 — REICHB., *Ic. Fl. germ.*, t. 1128-1137. — GREN. et GODR., *Fl. de Fr.*, II, 719. — SEUB., *Fl. azor.*, t. 7. — *Bot. Mag.*, t. 2616. — WALP., *Ann.*, III, 278; V, 718.

Le *Littorella lacustris* (fig. 339-342) ne devrait peut-être former qu'une section dans le genre Plantain; il a des fleurs monoïques : les mâles solitaires ou en grappes pauciflores, souvent terminées par une fleur hermaphrodite; les femelles réunies en épi court entre les feuilles basilaires. Leur ovaire n'a qu'une loge fertile et uniovulée, et leur fruit est indéhiscent. C'est une herbe vivace et aquatique, européenne et américaine. Le *Bougueria nubicola*, des Andes boliviennes et péru-

Littorella lacustris.

Fig. 339. Fleur mâle.

Fig. 341. Fleur femelle.

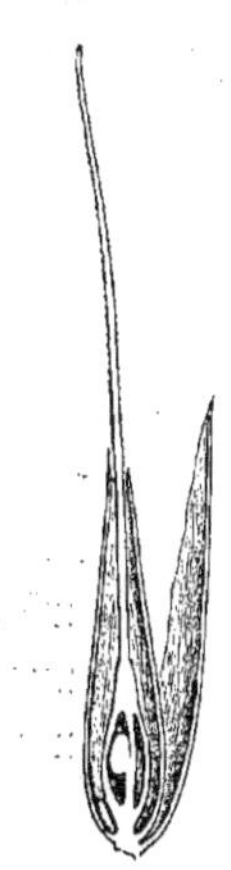

Fig. 342. Fleur femelle, coupe longitudinale.

Fig. 340. Fleur mâle, coupe longitudinale.

viennes, est une petite herbe cespiteuse, à fleurs en épis courts, la plupart femelles et quelques-unes des supérieures hermaphrodites. Le fruit est indéhiscent et l'embryon est courbé en forme de fer à cheval. L'autonomie de ce genre est d'ailleurs assez douteuse.

Cette petite famille qui, sauf deux espèces, ne renferme que les Plantains, avait été distinguée par A.-L. DE JUSSIEU[1], sous le nom de *Plantagines*. VENTENAT lui donna le nom de *Plantagineæ*[2], et LINDLEY celui de *Plantaginaceæ*[3]. Elle a été longtemps rapprochée des Primulacées et des Plumbaginées, mais elle n'en a pas les étamines oppositipétales et la placentation centrale-libre. Ce n'est que par résorption

1. *Gen.* (1789), 89.
2. *Tabl.*, II, 269. — RAP., *Esq. hist. nat. Plantag.*, in *Mém. Soc. Linn. Par.*, VI, 437. — BARTL., *Ord. nat.*, 125. — R. BR., *Prodr. N.-Holl.*, 423. — ENDL., *Gen.*, 346, 1379, Ord. 116. — BARNÉOUD, *Mon. gén. fam. Plantag.* (1845). — LEYBOLT, *D. Plantagineen* (1836). — B. H., *Gen.*, II, 1223, Ord. 127.
3. *Introd. Nat. Syst.*, ed. 2, 267; *Veg. Kingd.*, 643, Ord. 246.

plus ou moins complète de la cloison interloculaire que son ovaire peut présenter quelque analogie avec celui de ces familles; mais alors il se comporte comme celui des Caryophyllacées. L'inflorescence rappelle souvent celle des Hydrostachydées qui n'ont ni périanthe, ni cloisons complètes à l'ovaire. M. F. MUELLER a fait voir l'analogie des Plantains avec les Loganiées. En réalité, outre le port et l'inflorescence, il n'y a aucun caractère distinctif absolu entre les Plantaginacées et les Solanacées; on retrouve dans les deux familles: la gamopétalie, l'isostémonie, l'alternistémonie, l'hypogynie, la régularité de la corolle, le fruit pyxidé, l'embryon droit ou arqué et l'albumen charnu. Les organes de végétation ont le plus souvent une physionomie particulière dans les Plantaginacées.

Ces plantes n'ont pas de nombreux usages[1], et leurs propriétés sont peu énergiques. Elles sont généralement un peu amères, légèrement astringentes, quelquefois salines. Les *Plantago major*[2] (fig. 330-332), *media* (fig. 333) et *lanceolata*[3] (fig. 334-338) ont été considérés comme fébrifuges; ils ne servent guère qu'à préparer des collyres. Le *P. Coronopus*[4] est réputé diurétique; on l'a vanté contre la rage. Ses graines, comme celles de beaucoup d'autres espèces, développent au contact de l'eau une grande quantité de mucilage et sont pour cette raison indiquées comme émollientes et laxatives. Celles du *P. Psyllium*[5] et du *P. arenaria*[6] ont joui d'une grande faveur comme antiophthalmiques et antidiarrhéiques. Le *P. Ispaghula*[7] est aussi renommé dans l'Asie tropicale comme remède des affections catarrhales, de la diarrhée, de la dysenterie. On lui substitue les *P. amplexicaulis* CAV. et *ciliata* DESF. Le *P. Lœflingii* W. a été vanté contre les morsures des animaux venimeux. Le *P. squarrosa* L. s'incinère en Égypte pour la production de la soude. D'autres espèces servent au même usage[8], et quelques-unes[9] aussi ont des jeunes pousses comestibles.

1. ENDL., *Enchirid.*, 223. — LINDL., *Veg. Kingd.*, 643. — ROSENTH., *Syn. pl. diaphor.*, 250. — H. BN, *Tr. Bot. méd. phanér.*, 1186.

2. L., *Spec.*, 163 (*Grand Plantain*). On a accordé à cette espèce de nombreuses propriétés (voy. *Amer. Journ. Pharm.* (1886), 418).

3. L., *Spec.*, 164. — H. BN, *loc. cit.*, 1187 (*Herbe à cinq coutures, Oreille de lièvre, Petit Plantain, P. rond, P. étroit, Tête noire, Bonnes femmes*). Le *P. media* L. a la même réputation.

4. L., *Spec.*, 166. — *Coronopus hortensis* MAGN. (*Courtine, Corne de cerf, Pied de corbeau, P. de corneille*).

5. L., *Spec.*, 167. — *P. sicula* PRESL (*Pucière, Herbe aux puces, Œil de chien*).

6. WALDST. et KIT., *Pl. rar. hung.*, 51. — GREN. et GODR., *Fl. de Fr.*, II, 731 (peut-être var. du précédent).

7. ROXB., in *Asiat. Res.*, XI, 174; *Fl. ind.*, I, 404. — H. BN, *loc. cit.*, 1187 (*Uspagool, Isufghal, Isuphagol*).

8. Notamment les *P. maritima* L., *neglecta* GUSS., *coronopifolia* ROTH, *commutata* GUSS., *Serraria* L., *macrorrhiza* POIR. et *Columnæ* GOUAN. On a employé comme émollients les *P. altissima* JACQ., *asiatica* L., *decumbens* BERNH., *crispa* JACQ., *nigricans* L., *Lœflingii* W., *Cynops* L., *alpina* L., *albicans* L., *Lagopus* SIBTH., *afra* L., *Cornuti* GOUAN, *lanata* PORTSCHL., etc.

9. Les *P. Coronopus*, *Columnæ*, etc.

GENERA

1. **Plantago** T. — Flores regulares hermaphroditi, v. polygamo-2-morphi; receptaculo convexo. Sepala 4, subæqualia v. inæqualia; anticis 2 nunc majoribus crassioribus v. in unum connatis; præfloratione imbricata. Corollæ gamopetalæ tubus cylindraceus v. suburceolatus, ad faucem contractus; limbi lobis 4, cum sepalis alternantibus, varie imbricatis v. tortis, patentibus. Stamina 4, 2-morpha, cum corollæ lobis alternantia; filamentis tubo affixis, in alabastro induplicatis; antheris dorsifixis, 2-locularibus, introrsis, versatilibus, sæpe apiculatis; loculis parallelis, longitudinaliter rimosis. Germen superum, 2-loculare v. spurie septatum indeque imperfecte 3, 4-locellatum, nunc demum, septo evanescente, 1-loculare. Stylus simplex, ad apicem nunc sensim dilatatus, ibi longitrorsum 2-4-fariam stigmatosus. Ovula in loculis 1, v. 2-15, adscendentia v. peltatim ad medium affixa; micropyle extrorsum infera. Fructus membranaceus, 2-locularis v. abortu 1-locularis, ad medium v. prope basin circumcissus. Semina 1-∞, subglobosa, angulosa v. compressa peltata, ventre plana v. concava ibique ad centrum peltatim affixa; albumine carnoso; embryonis recti v. arcuati radicula infera; cotyledonibus parum latioribus. — Herbæ annuæ, perennes v. raro basi frutescentes; foliis basilaribus rosulatis v. alternis rarove oppositis, integris, dentatis v. pinnatifidis, 1-∞-nerviis; petiolo sæpe basi dilatato, nunc vaginante, sæpe membranaceo lanato; floribus plerumque spicatis v. capitatis, 1-bracteatis, rarius solitariis axillaribus. (*Orbis totius reg. frigid., temp. et calid.*) — *Vid. p.* 274.

2? **Littorella** L.[1] — Flores *Plantaginis*[2] polygamo-monœci, 4-

1. *Mantiss.*, n. 1328. — Juss., *Gen.*, 90. — Schkuhr, *Handb.*, t. 287. — Dcne, in *DC. Prodr.*, XIII, p. I, 735; *Tr. gén. Bot.*, 214. — Barnéoud, *Monogr. Plantag.*, 5. — Payer, *Organog.*, 606, t. 126. — Endl., *Gen.*, n. 2168. — Nees, *Gen. Fl. germ.* — B. H., *Gen.*, II, 1225, n. 3.

2. Cujus potius forte sectio, floribus 1-sexualibus et germine 1-ovulato.

meri, 4-andri. Germen (in flore masculo rudimentarium) 2-loculare; loculo altero fertili, 1-ovulato ; altero autem rudimentario, effœto v. ovulum imperfectum fovente. Stylus superne 2-fariam stigmatosus. Fructus nucularis osseus, indehiscens ; seminis suberecti albuminosi embryone recto. — Herbæ aquaticæ; caule brevissimo stolonifero; foliis basilaribus cæspitosis linearibus crassiusculis ; pedunculis masculis simplicibus v. parce ramosis gracilibus, plerumque 1-floris; floribus[1] fœmineis ad basin pedunculi masculi 1-8, congestis. (*Hemisph. utriusq. loc. aquat.*[2])

3? **Bougueria** DCNE[3]. — Flores polygami (fere *Plantaginis*); masculi 3-5-meri; corolla tubulosa, superne sensim angustata, 3-5-dentata, imbricata. Stamina 1, 2, exserta; antheris 2-locularibus. Germen 1-loculare; stylo apice simplici v. 2-fido, supra medium papilloso; ovulo 1, reniformi placentæque erectæ peltatim affixo. Fructus nucularis osseus compressus, utrinque medio costatus, styli basi apiculatus. Semen reniforme, summæ placentæ erectæ affixum; integumento tenui; albumine carnoso; embryonis arcuati subperipherici cotyledonibus radicula crassiuscula obtusa longioribus lineari-oblongis. — Herba subacaulis cæspitosa; foliis cæterisque *Plantaginis*[4]; floribus capitato-spicatis ; superioribus paucis hermaphroditis; inferioribus autem numerosioribus hermaphroditis; singulis late membranaceo-bracteatis. (*Peruvia et Bolivia andin.*[5])

1. Albidis, parvis.
2. Spec. 1, 2. LAMK, *Ill.*, t. 258. — REICHB., *Ic. Fl. germ.*, t. 1116. — GREN. et GODR., *Fl. de Fr.*, II, 732.
3. In *Ann. sc. nat.*, sér. 2, V, 132; in *DC. Prodr.*, XIII, p. I, 736. — BARNÉOUD, *Mon. Plantag.*, 6. — ENDL., *Gen.*, n. 2169. — B. H., *Gen.*, II, 1224, n. 2.
4. Cujus forte potius sectio.
5 Spec. 1. *B. nubicola* DCNE. — HOOK., in *Lond. Journ.*, IV, t. 19. — WEDD., *Chlor. andin.*, II, 166, t. 64.

LXXXVI
SOLANACÉES

I. SÉRIE DES MORELLES.

Nicandra physaloides.

Fig. 343. Branche florifère ($\frac{2}{3}$).

Nous commençons l'étude de cette série, non par celle des Morelles

(*Solanum*), qui lui ont donné leur nom, ainsi qu'à l'ensemble de la

Nicandra physaloides.

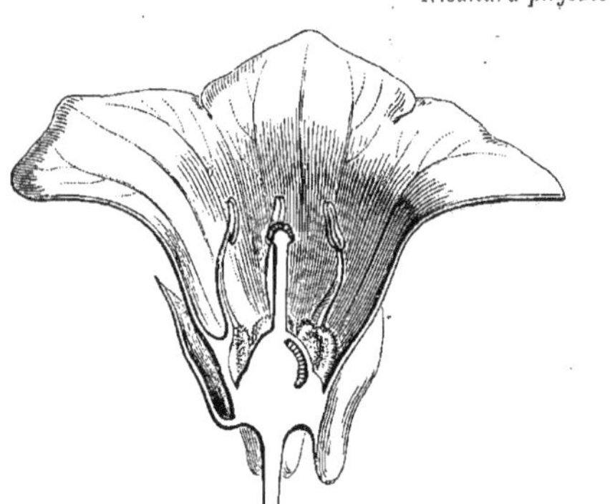

Fig. 344. Fleur, coupe longitudinale.

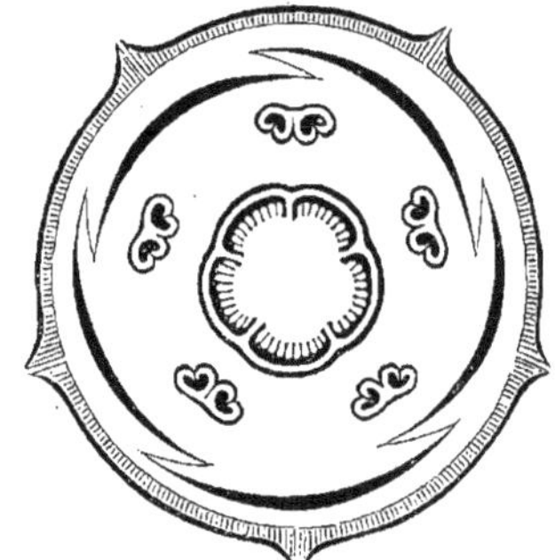

Fig. 345. Diagramme floral.

famille, mais par celle du *Nicandra*[1] (fig. 343-345), dont les fleurs,

Solanum Dulcamara.

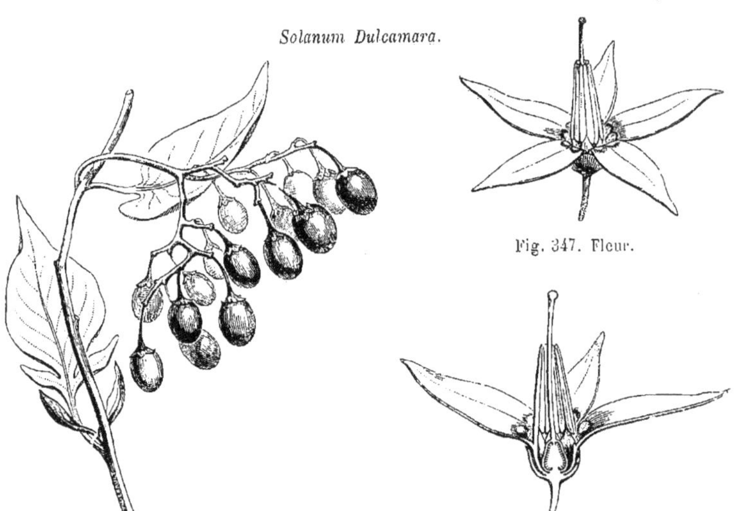

Fig. 347. Fleur.

Fig. 349. Branche fructifère.

Fig. 348. Fleur, coupe longitudinale.

hermaphrodites et régulières, sont assez souvent les plus complètes

1. ADANS., *Fam. des pl.*, II, 219 (non SCHREB.). — J., *Gen.*, 125. — GÆRTN., *Fruct.*, II, 237, t. 131. — ENDL., *Gen.*, n. 3851. — DUN., in *DC. Prodr.*, XIII, p. I, 433. — MIERS, *Ill.*, II, 33, t. 43. — FAC., in *A. M.-Edw. Thès. Solan.*, t. 2. — B. H., *Gen.*, II, 897, n. 25. — *Calydermos* R. et PAV., *Fl. per. et chil.*, II, 43. — *Physalis* LAMK (nec *alior.*).

qu'on puisse observer dans le groupe, tous leurs verticilles étant également pentamères et disposés en alternance exacte. Leur réceptacle convexe porte un calice gamosépale, persistant, à cinq divisions profondes, valvaires-rédupliquées, et une corolle gamopétale, campanulée, à tube large et court, à lobes du limbe imbriqués et en même temps in-

Solanum Dulcamara.

Fig. 346. Branche florifère ($\frac{2}{3}$).

dupliqués-plissés dans le bouton. Les étamines, au nombre de cinq et alternes avec les divisions de la corolle, sont insérées près de sa base, incluses, formées d'un filet dilaté, à son point d'insertion, en une sorte de plaque chargée de duvet, et d'une anthère basifixe, introrse, biloculaire et déhiscente par deux fentes longitudinales. Le gynécée supère est formé d'un ovaire dont la base est légèrement épaissie en disque glanduleux, et dont le sommet est surmonté d'un style à tête stigmatifère partagée en autant de lobes qu'il y a de loges à l'ovaire. Quand ces loges sont au nombre de cinq, elles répondent aux divisions de la corolle; mais une, deux ou trois d'entre elles peuvent disparaître dans

Solanum tuberosum.

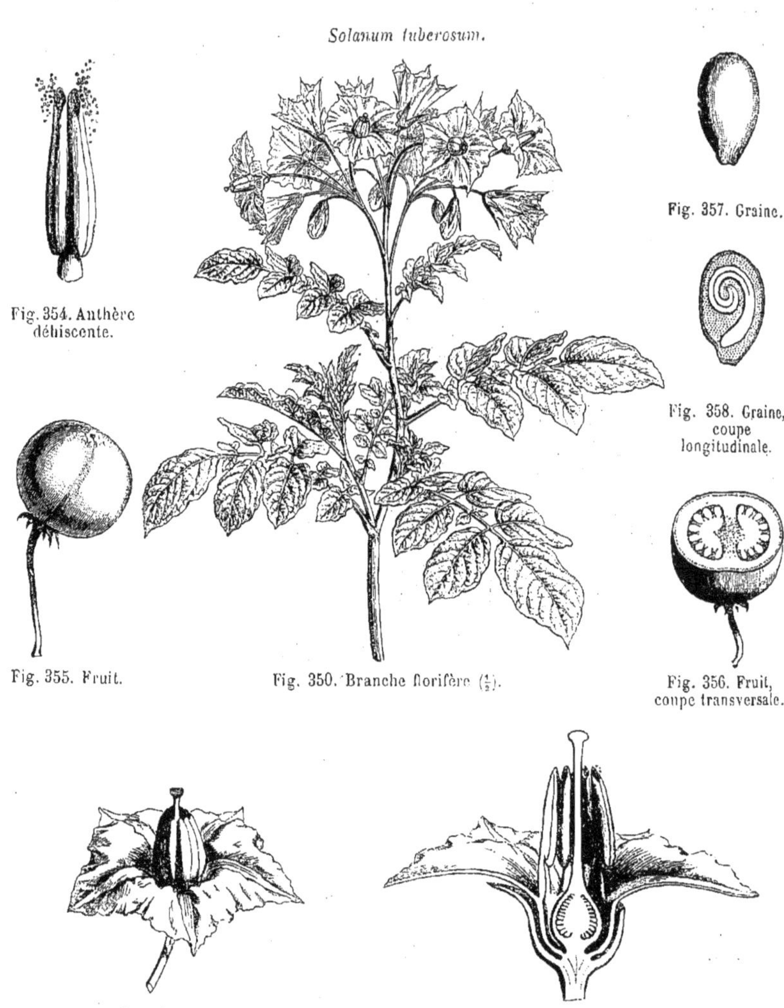

Fig. 354. Anthère déhiscente.

Fig. 357. Graine.

Fig. 358. Graine, coupe longitudinale.

Fig. 355. Fruit.

Fig. 350. Branche florifère ($\frac{1}{2}$).

Fig. 356. Fruit, coupe transversale.

Fig. 352. Fleur.

Fig. 353. Fleur, coupe longitudinale.

certaines fleurs. Les placentas axiles, épais et spongieux, supportent un nombre indéfini d'ovules amphitropes. Le fruit, qu'entoure le calice persistant, accru et réticulé-veiné, a un péricarpe très mince, sec, fragile, veiné, mais non naturellement déhiscent. Il renferme de nombreuses graines, réniformes, comprimées, rugueuses-ponctuées, contenant sous leurs téguments un albumen charnu, entouré par un embryon annulaire-arqué, presque périphérique. Le *N. physaloides*[1], seule espèce de ce genre, est une grande herbe annuelle, d'origine péruvienne, mais introduite dans la plupart des pays chauds et tempérés. Sa tige rameuse et plus ou moins nettement ailée porte des

Solanum tuberosum.

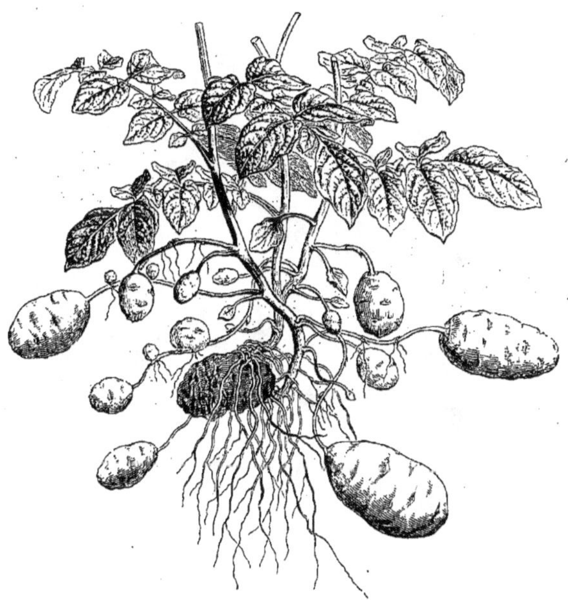

Fig. 351. Portion inférieure de la plante.

feuilles alternes, pétiolées, sinuées-dentées ou lobées, sans stipules. Ses fleurs[2], à pédoncule récurvé, sont solitaires et terminales, se dégageant au niveau d'une feuille. Toutes celles que porte un même rameau constituent par leur réunion une véritable cyme unipare-scorpioïde feuillée; en un mot ce que nous avons nommé une inflorescence scorpioïdale[3].

1. GÆRTN., *loc. cit.* — *N. minor* hort. — *Atropa physaloides* L., *Spec.*, I, 260. — *Physalis peruviana* MILL.. — *P. daturæfolia* LAMK. — *Calydermos erosus* R. et PAV.

2. D'un bleu clair violacé, moyennes.

3. H. BN, in *Bull. Soc. Linn. Par*, 406. C'est donc par erreur que la fleur est le plus souvent décrite comme réellement axillaire.

Ce genre constitue une sous-série (*Nicandrées*) avec les *Cacabus*, *Triguera* et (?) *Phrodus*, qui ont de même un péricarpe mince, sec et cependant indéhiscent, mais qui n'ont plus, d'une façon constante, que deux loges ovariennes, antérieure et postérieure. Tous sont américains. Les *Cacabus* ont un calice vésiculeux, enveloppant totalement le fruit. Leur corolle est largement campanulée ou infundibuliforme. Ce sont des herbes annuelles, comme le *Triguera*, qui a la corolle incurvée, un peu irrégulière, et le calice accrescent, étalé. Les *Phrodus* sont des arbustes à petites feuilles linéaires, rappelant certaines Solanées du même pays, le Chili. Leur calice s'accroît autour de leur fruit à peine charnu ; leur corolle est campanulée.

Capsicum annuum.

Fig. 359. Branche florifère et fructifère.

Les Morelles (fig. 346-358) constituent la tête d'une sous-série (*Eusolanées*) dans laquelle le fruit est une véritable baie, charnue ou pulpeuse. Leur corolle est rotacée ou largement campanulée, et leurs

Physalis Alkekengi.

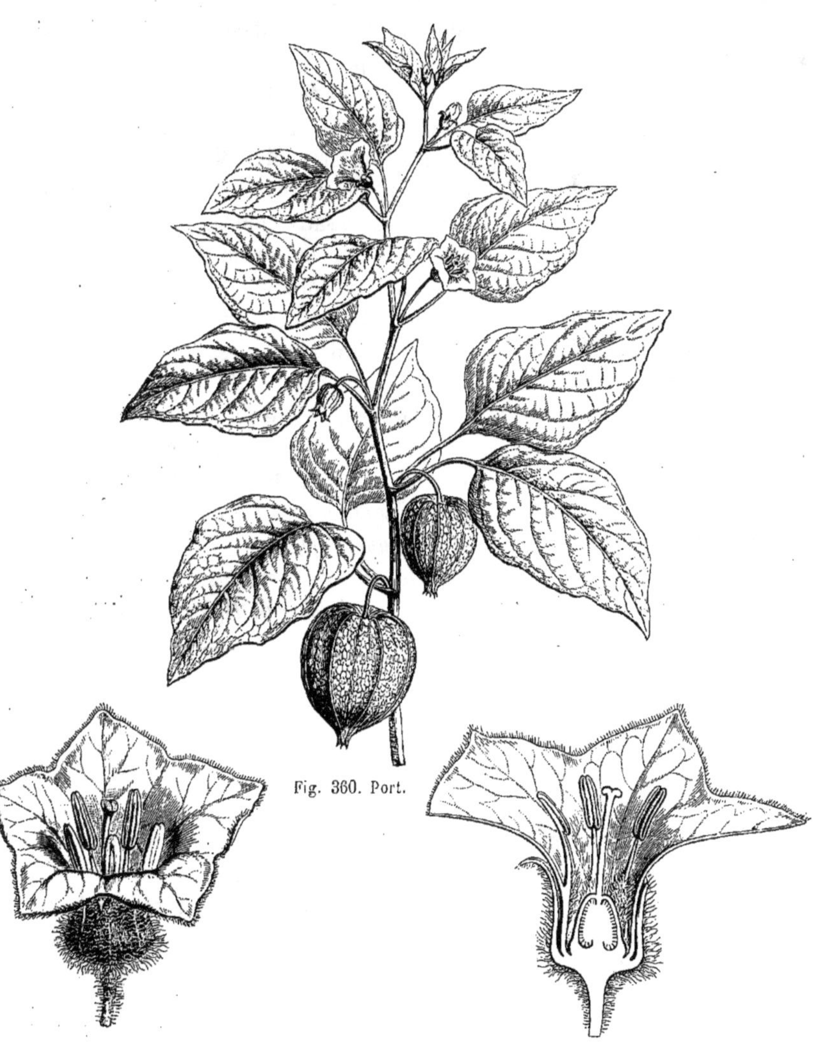

Fig. 360. Port.

Fig. 361. Fleur ($\frac{2}{1}$).

Fig. 362. Fleur, coupe longitudinale.

anthères, plus longues que le filet qui les supporte, s'ouvrent de façon très variable : ou par un pore apical, ou par une fente courte qui s'arrête à quelque distance du sommet, ou par une fente qui descend jusqu'à la base. Les cinq anthères sont souvent conniventes. Les *Solanum* appartiennent à toutes les régions chaudes du globe. Ils sont herbacés, frutescents ou arborescents, à port très variable, dressés ou grimpants. Les divisions de leur tige souterraine peuvent, comme dans la Pomme de terre (fig. 351), se renfler en tubercules charnus. A côté d'eux se rangent vingt-quatre genres, qui n'en diffèrent que par la forme de la corolle, la longueur proportionnelle de son tube et de son limbe, valvaire ou indupliqué-plissé, comme celui des Morelles; par le point d'attache de l'androcée sur la corolle et la longueur relative des filets des étamines et de leurs anthères qui sont libres. Ce sont les *Bassovia*, *Mellinia*, *Saracha*, *Athenæa*, *Chamæsaracha*, *Capsicum* (fig. 359), *Physalis* (fig. 360-362), *Margaranthus*, *Oryctes*, *Withania*, *Discopodium*, *Nothocestrum*, *Brachistus*, *Hebecladus*, *Acnistus*, *Latua*, *Dunalia*, *Iochroma*, *Pœcilochroma*, *Trechonætes*, *Jaborosa*, *Himeranthus*, *Salpichroa* (fig. 363) et *Nectouxia*.

Salpichroa origanifolia.

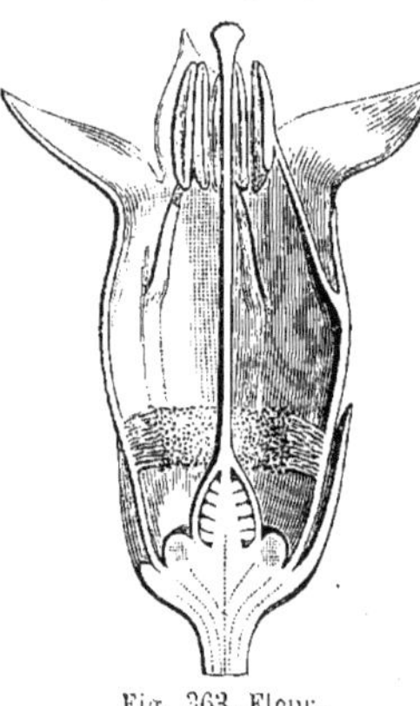

Fig. 363. Fleur, coupe longitudinale ($\frac{5}{1}$).

II. SÉRIE DES BELLADONES.

La Belladone, type du genre *Atropa*[1] (fig. 364-368), a des fleurs hermaphrodites et régulières. Leur réceptacle convexe porte un calice gamosépale, herbacé, à cinq lobes finalement subvalvaires, rédupliqués ou légèrement imbriqués, persistant autour de la base du fruit. La corolle, tubuleuse-campanulée, courtement rétrécie à sa base, est partagée supérieurement en cinq lobes qui sont imbriqués en quinconce dans la préfloraison. L'androcée est formé de cinq étamines qui s'insè-

1. L., *Gen.*, n. 249 (part.). — GÆRTN., *Fruct.*, II, 240, t. 131. — LAMK, *Ill.*, t. 114. — SCHKUHR, *Handb.*, t. 45. — PAUQ., *De Bellad.* (1824). — ENDL., *Gen.*, n. 3857 (part.). — DUN., in *DC. Prodr.*, XIII, p. 1, 464. — NEES, *Gen. Fl. germ.* — PAYER, *Fam. nat.*, 206. — MIERS, *Ill.*, II, t. 76. — B. H., *Gen.*, II, 900, n. 34. — *Belladona* T., *Inst.*, 77, (part.) t. 13.

rent sur la corolle, vers sa base, et dont les filets, un peu inégaux, sont plus ou moins infléchis-géniculés, pubescents inférieurement et supérieurement atténués, déclinés; ils supportent une anthère incluse, à deux loges, introrses lorsque le filet est redressé, libres au-dessous de leur point d'attache, déhiscentes par des fentes longitudinales voisines des bords. Le gynécée supère est formé d'un ovaire à deux loges, antérieure et postérieure, presque égales, accompagné à sa base

Atropa Belladona.

Fig. 364. Rameau florifère ($\frac{1}{1}$).

d'un épaississement glanduleux fort peu prononcé et surmonté d'un style d'abord arqué, terminé par une tête stigmatifère, presque réniforme, chargée de papilles et partagée en deux moitiés par un sillon longitudinal. Dans l'angle interne de chaque loge ovarienne se voit un gros placenta axile, qui supporte un nombre indéfini d'ovules presque complètement anatropes. Le fruit, accompagné du calice vert et à peine accru, est une baie globuleuse, déprimée, glabre et finalement presque noire, dont les deux loges renferment un grand nombre de graines, comprimées, avec des téguments scrobiculés qui recouvrent un albumen charnu et un embryon presque périphérique, très courbé, à cotylédons semi-cylindriques et à radicule presque cylindrique. La Belladone est une herbe vivace de l'Europe et de l'Asie tempérées, à

Atropa Belladona.

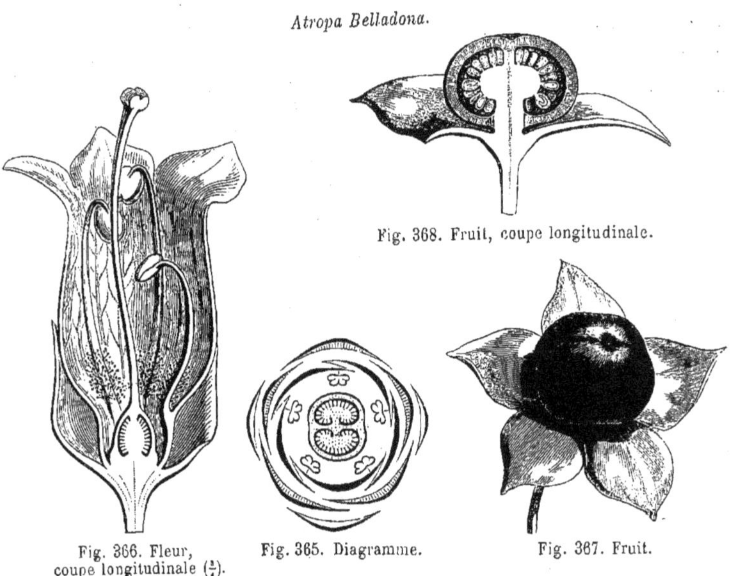

Fig. 366. Fleur, coupe longitudinale ($\frac{1}{4}$). Fig. 365. Diagramme. Fig. 367. Fruit. Fig. 368. Fruit, coupe longitudinale.

tige souterraine ramifiée, à rameaux aériens annuels qui portent des feuilles alternes et distiques, entières, accompagnées ordinairement

Lycium barbarum.

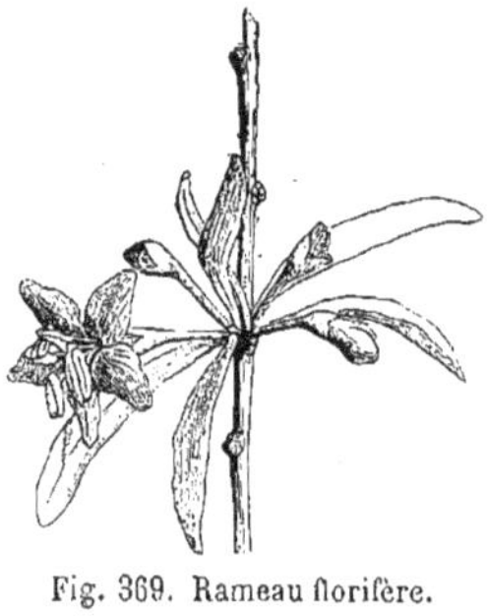

Fig. 369. Rameau florifère.  Fig. 371. Graine.  Fig. 372. Graine, coupe longitudinale. 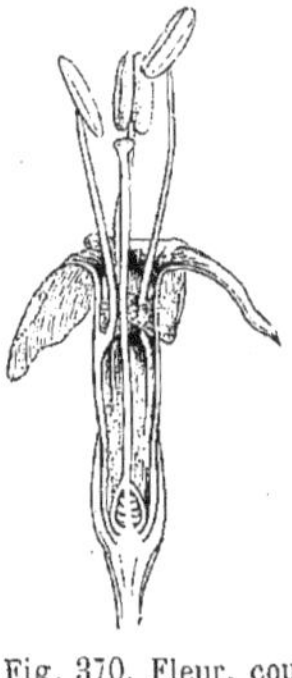 Fig. 370. Fleur, coupe longitudinale.

chacune d'une feuille plus petite, latérale par rapport à la première et entraînée jusqu'à son niveau d'insertion. Du même niveau se détache ou un rameau foliifère et florifère, ou une fleur, non axillaire, à pédoncule réfléchi. En somme, les fleurs sont disposées sur ces rameaux feuillés de la même façon qu'elles le seraient sur l'axe composé d'une cyme unipare scorpioïde[1]. Le genre ne renferme probablement que cette espèce[2], originaire de l'Europe, de l'Asie moyenne et occidentale, et du nord de l'Afrique; on en a cependant admis quelques autres.

A côté de la Belladone se rangent: les *Mandragora*, herbes vivaces

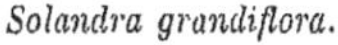
Solandra grandiflora.

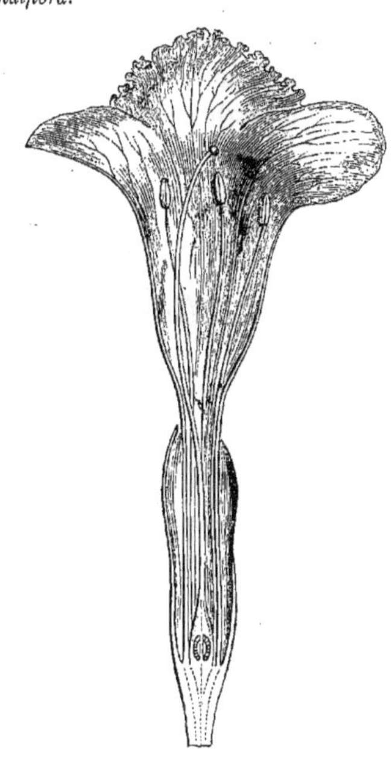

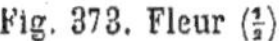
Fig. 373. Fleur (½).

Fig. 374. Fleur, coupe longitudinale.

de la région méditerranéenne, subacaules et à feuilles basilaires en rosette, avec une corolle campanulée, indupliquée, et des pédoncules se dégageant d'entre les feuilles; le *Parascopolia acapulcensis*, herbe vivace du Mexique, qui a un calice à huit ou dix divisions linéaires, bisériées, une corolle tubuleuse-campanulée, à lobes indupliqués-valvaires, des étamines inégales, un disque annulaire étroit, et une baie qu'on dit bleue; les *Lycium* (fig. 369-372), arbustes des régions

1. H. BN, in *Bull. Soc. Linn. Par.*, 406.

2. *A. Belladona* L., *Spec.*, 260. — REICHB., *Icon. Fl. germ.*, t. 1629. — BOISS., *Fl. or.*, IV, 291. — GREN. et GODR., *Fl. de Fr.*, II, 545. — *Solanum lethale* CLUS. — *Belladona trichotoma* SCOP. — *B. baccifera* LAMK, *Fl. fr.*, II, 255.

chaudes et tempérées des deux mondes, à nœuds spinifères, à petites fleurs, pourvues d'une corolle tubuleuse, campanulée ou infundibuliforme, imbriquée comme celle d'une Belladone; les *Grabowskia*, arbustes de l'Amérique méridionale tempérée, à corolle courtement infundibuliforme, imbriquée comme celle des *Lycium*, mais à fruit drupacé et dont les quatre noyaux sont mono- ou dispermes; les *Solandra*, arbustes grimpants de l'Amérique tropicale, à grandes fleurs (fig. 373, 374), dont le calice gamosépale est tubuleux et la corolle infundibuliforme, avec les pédoncules solitaires; les *Dyssochroma*, arbustes de l'Amérique tropicale, surtout du Brésil, dont les grandes fleurs ont un calice quinquéfide, et une corolle infundibuliforme ou campanulée, à cinq lobes à peine imbriqués. Le fruit est ici une grosse baie, à graines très nombreuses, et incluse dans le calice accrescent.

III. SÉRIE DES VOMIQUIERS.

Les Vomiquiers[1] (fig. 375-388), d'ordinaire rapportés aux Loganiacées, famille hétérogène, qui devra probablement disparaître de nos classifications, ont des fleurs régulières de Solanée, c'est-à-dire, sur un réceptacle légèrement convexe, un calice de quatre ou cinq sépales, libres, imbriqués, ou plus rarement unis à la base; une corolle gamopétale, de forme extrêmement variable, hypocratérimorphe, campanulée ou subrotacée, à tube court ou long, large ou étroit, à lobes du limbe valvaires. Les étamines, en même nombre, alternipétales, s'insèrent vers la gorge de la corolle ou plus bas; elles ont un filet assez long ou très court, et une anthère biloculaire, introrse, à loges en grande partie indépendantes, déhiscentes par des fentes longitudinales. Le gynécée est libre, rarement pourvu d'un disque hypogyne. Ses deux loges ovariennes, antérieure et postérieure, sont complètes (ou rarement incomplètes?), et le style est terminé par une tête de forme variable, entière ou plus ou moins nettement bilobée, à moins que son extrémité stigmatifère ne soit simplement tronquée, sans renflement.

1. *Strychnos* L., *Gen.*, n. 253. — J., *Gen.*, 140. — GÆRTN., *Fruct.*, t. 179. — ENDL., *Gen.*, n. 3359. — A. DC., *Prodr.*, IX, 13, 561. — BUR., *Logan.*, 41, fig. 3-8 (ce sont les figures de ce travail, communiquées par l'auteur, que nous donnons ici). — PAYER, *Fam. nat.*, 201. — B. H., *Gen.*, II, 797, n. 26. — *Rouhamon* AUBL., *Guian.*, I, 93, t. 36. — A. DC., *loc. cit.*, 37. — *Caniram* DUP.-TH., in *Desvx Journ. bot.*, I, 247 (1808). — *Brehmia* HARV., in *Hook. Lond. Journ.*, I, 25. — A. DC., *loc. cit.*, 18. — BUR., *loc. cit.*, 40. — *Narda* VELL., *Fl. flum.*, 108; Atl., III, t. 24. — *Unguacha* HOCHST., in exs. *Schimp.* (ex B. H.). — *Ignatia* L. F., *Suppl.* 20 (excl. fol.). — ENDL., *Gen.*, n. 3360. — *Ignatiana* LOUR., *Fl. cochinch.* (1790), 155.

Les ovules, peu nombreux ou en nombre indéfini, sont insérés sur un placenta axile, anatropes et généralement plurisériés. Le fruit est

Strychnos Nux vomica.

Fig. 375. Branche florifère.

une baie, souvent cortiquée, renfermant dans sa pulpe une ou plusieurs graines, sphériques ou aplaties, à hile ventral, et contenant, sous leurs téguments, un albumen cartilagineux ou charnu, et un embryon de longueur variable, à radicule cylindrique ou claviforme, à cotylédons foliacés, sessiles ou pédonculés et nervés. Ce sont des arbres ou des arbustes, souvent grimpants, et cela à l'aide de crocs qui représentent des axes axillaires avortés. Leurs feuilles, opposées, sans stipules,

Strychnos Nux vomica.

Fig. 376. Bouton ($\frac{1}{1}$).

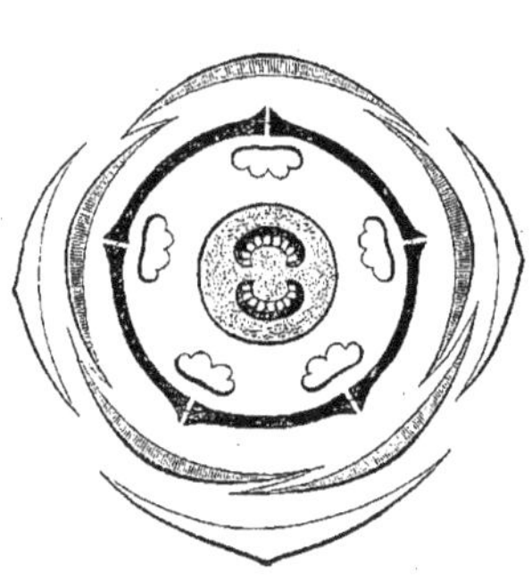

Fig. 377. Diagramme floral.

Fig. 378. Bouton, coupe longitudinale.

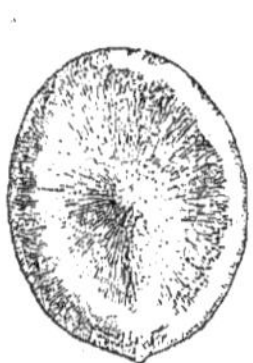

Fig. 380. Graine.

Fig. 379. Fruit, coupe transversale.

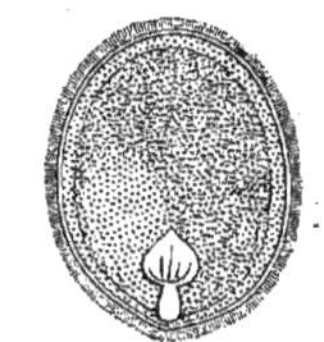

Fig. 381. Graine, coupe longitudinale.

coriaces ou plus rarement membraneuses, d'ordinaire entières, sont 3-5-nerves vers la base. Leurs fleurs[1] sont disposées en cymes ou en glomérules, eux-mêmes groupés sur les axes allongés ou contractés de grappes composées, bipares ou tripares. L'ensemble de l'inflorescence simule souvent un corymbe ou un capitule. Le genre compte une soixantaine

1. Ordinairement petites, plus rarement moyennes, blanches ou rosées, parfois odorantes.

d'espèces[1] qui habitent toutes les régions tropicales des deux mondes.

Strychnos Crevauxiana.

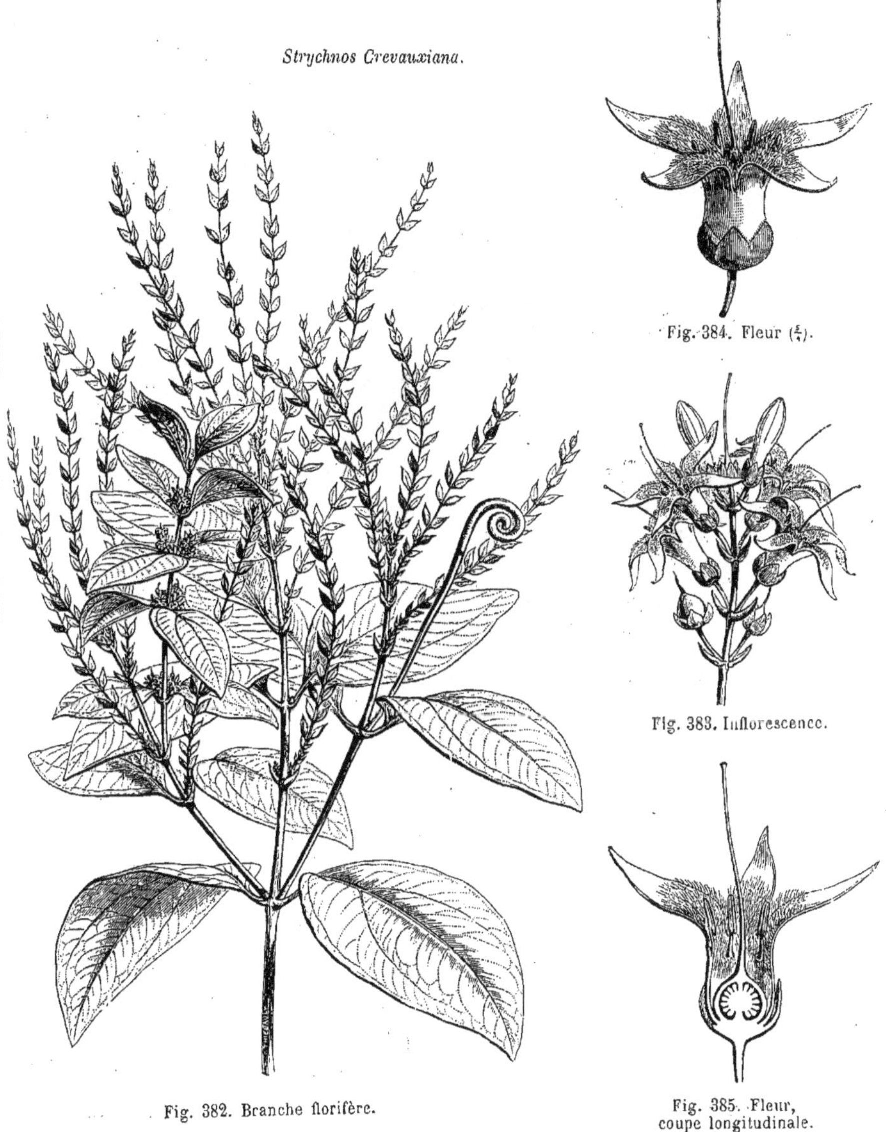

Fig. 384. Fleur ($\frac{5}{1}$).

Fig. 383. Inflorescence.

Fig. 382. Branche florifère.

Fig. 385. Fleur, coupe longitudinale.

1. R. et Pav., *Fl. per. et chil.*, t. 157. — Bl., *Rumphia*, I, t. 24, 25. — Miq., *Fl. Ind. bat.*, II, 378. — Wight, *Icon.*, t. 156, 434. — Roxb., *Pl. corom.*, t. 4, 5. — Bedd., *Fl. sylv.*, t. 243.

Les *Couthovia*, arbres à feuilles opposées, de l'Océanie, notamment

Strychnos Castelnæana.

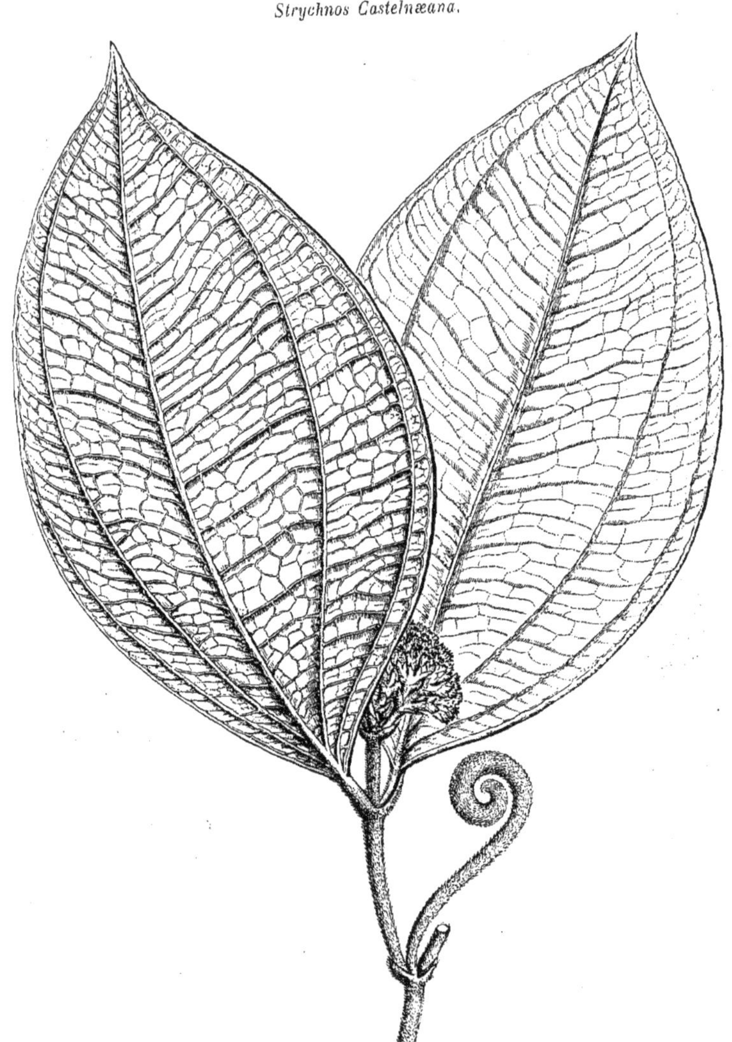

Fig. 386. Branche florifère ($\frac{1}{2}$).

de la Nouvelle-Calédonie et des Célèbes, ont des fleurs de *Strychnos*,

— HOOK. F., *Fl. brit. Ind.*, V, 86. — BENTH., in *Journ. Linn. Soc.*, I, 100; *Fl. austral.*, IV, 369. — A. RICH., *Fl. Abyss.*, t. 73. — SCHWEINF., *Pl. nilot.*, t. 10. — HARV., *Thes. cap.*, t. 164. — COLEBR., in *Trans. Linn. Soc.*, XII, t. 15. — SCHOMB., in *Ann. Nat. Hist.*, ser. 1, VII,

avec des feuilles penninerves et des fruits drupacés, à endocarpe généralement épais et dur.

Les *Gardneria* (fig. 389-391), de l'Inde et du Japon, sont des arbustes grimpants, qui ont aussi à peu près les mêmes fleurs, 4,5-mères, avec une corolle subrotacée et d'un à quatre ovules dans chaque loge.

Strychnos Ignatii.

Fig. 387. Graine.

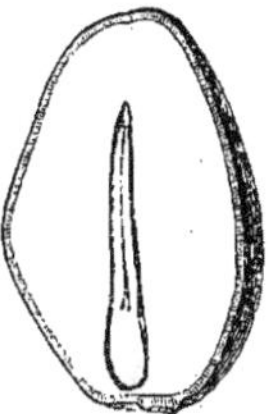

Fig. 388. Graine, coupe longitudinale.

Le *Peltanthera floribunda*, du Pérou, est aussi voisin des *Strychnos*. Ses fleurs sont pentamères, et ses cinq étamines ont des anthères dont les deux loges sont confluentes et comme peltées après leur déhiscence. On ne sait si le fruit n'est pas capsulaire.

Les *Bonyuna*, du Brésil et de la Guyane, ont aussi des fleurs de *Strychnos*, à quatre ou cinq parties, et à corolle valvaire, avec un tube cylindrique, légèrement arqué. Le calice a des lobes profonds, linéaires et inégaux, et l'on croit capsulaire le fruit jusqu'ici assez mal connu.

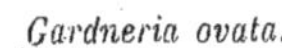

Gardneria ovata.

Fig. 389. Bouton.

Fig. 390. Diagramme floral.

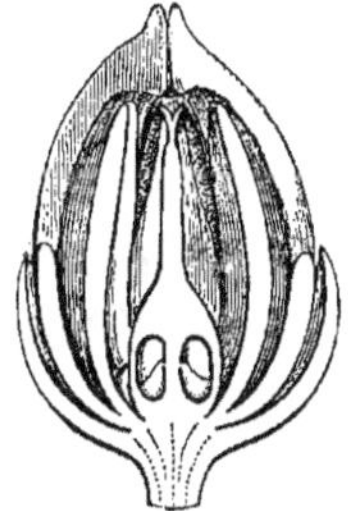

Fig. 391. Bouton, coupe longitudinale.

Les *Antonia* (fig. 392-398), arbustes brésiliens, ont des fleurs pentamères de *Strychnos*, avec deux loges ovariennes renfermant un placenta à pied court et ascendant. Les lobes étroits et allongés de leur corolle se réfléchissent lors de l'anthèse, et chacune de leurs fleurs est entourée de bractées involucrales, imbriquées et disposées en séries verticales.

t. 12, 13. — Boj., *Hort. maurit.*, 205. — Prog., in *Mart. Fl. bras.*, VI, 269, t. 73-80. — Karst., *Fl. columb.*, t. 138. — H. Bn, in *Bull. Soc. Linn. Par.*, 230, 246; in *Adansonia*, XII, 366, t. 7. — Walp., *Rep.*, VI, 497; *Ann.*, I, 512; III, 72; V, 508.

Dans le *Norrisia*, arbuste de Malacca, les fleurs sont à peu près celles des *Antonia*, avec les cinq lobes de la corolle bien plus courts. Ici les bractées sériées des *Antonia* font défaut. Mais les inflorescences sont

Antonia ovata.

Fig. 392. Bouton.

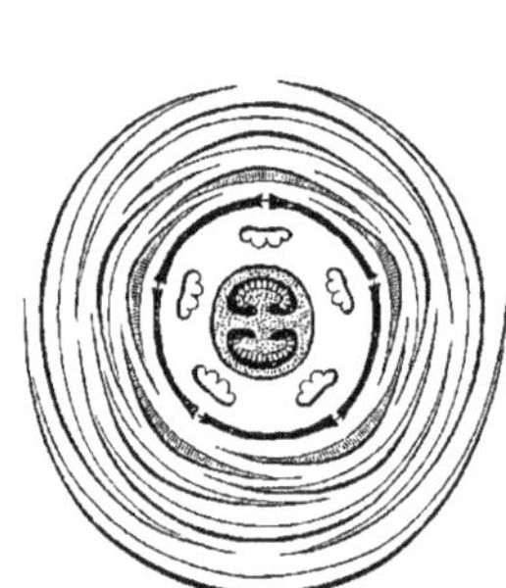

Fig. 394. Diagramme floral.

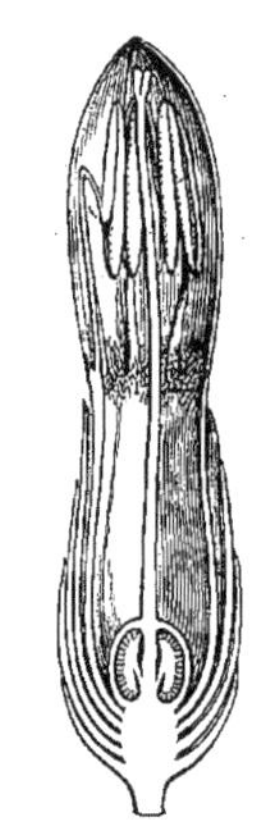

Fig. 395. Bouton, coupe longitudinale.

Fig. 396. Involucre.

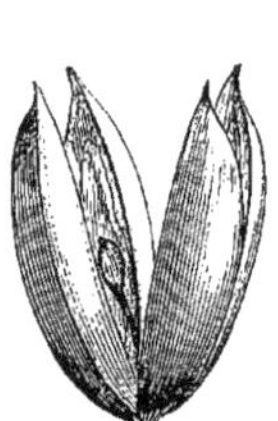

Fig. 397. Fruit déhiscent.

Fig. 398. Graine.

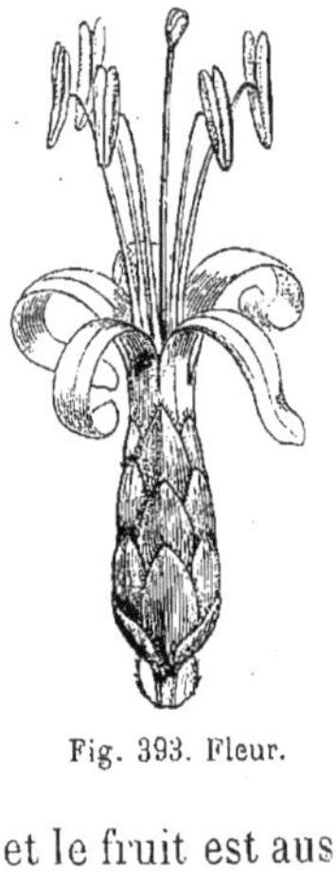

Fig. 393. Fleur.

les mêmes, en cymes composées et corymbiformes, et le fruit est aussi une capsule septicide, à deux valves le plus souvent bifides.

L'*Usteria guineensis* est tout à fait anormal dans ce groupe, par son calice irrégulier, dont trois folioles sont petites, et une quatrième, l'antérieure, grande et colorée ; et par son androcée réduit à l'étamine antérieure. Son fruit est d'ailleurs également une capsule septicide.

IV. SÉRIE DES LOGANIA.

Les *Logania*[1] (fig. 399-406) ont des fleurs régulières, hermaphrodites ou polygames-dioïques, à quatre ou cinq parties. On les dit aussi résupi-

Logania longifolia.

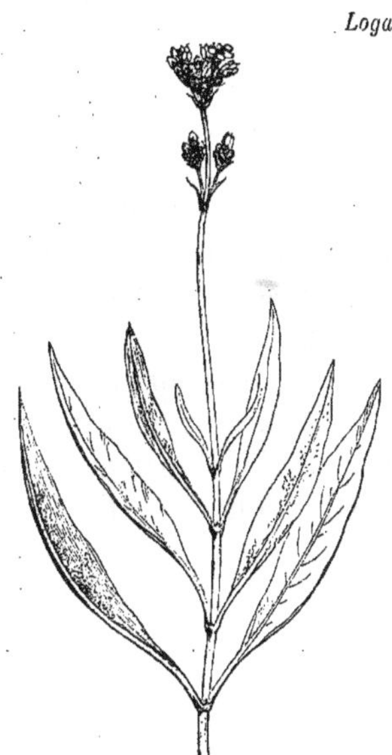

Fig. 399. Branche florifère.

Fig. 400. Fleur (4/1).

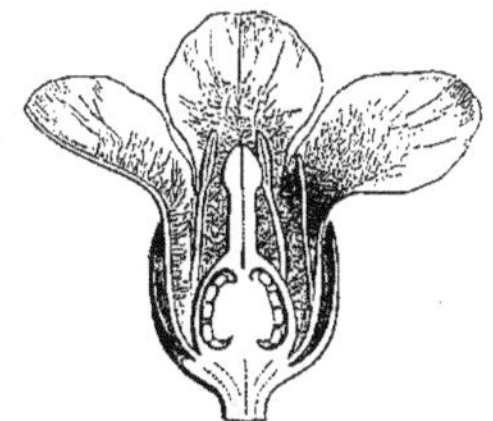

Fig. 402. Fleur, coupe longitudinale.

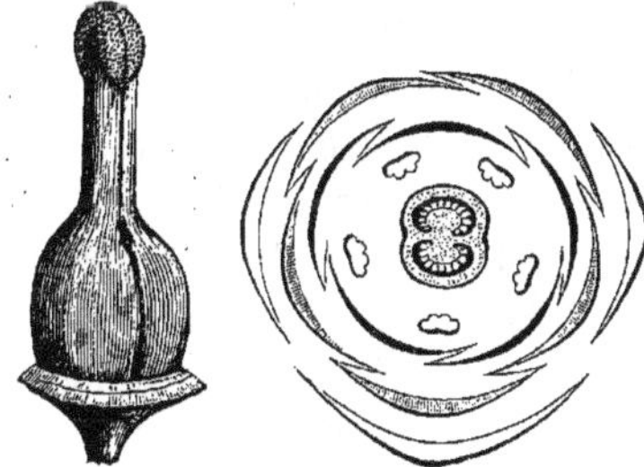

Fig. 403. Gynécée.

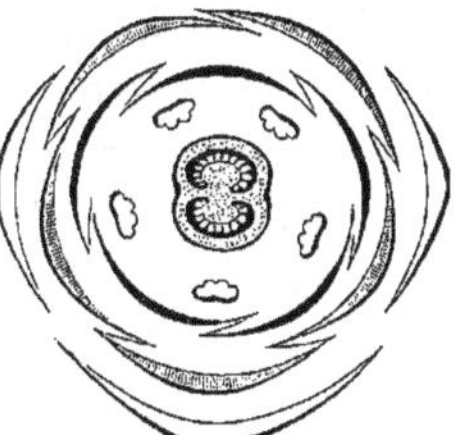

Fig. 401. Diagramme.

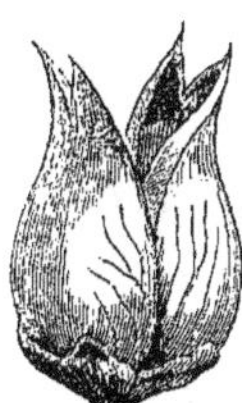

Fig. 404. Fruit déhiscent.

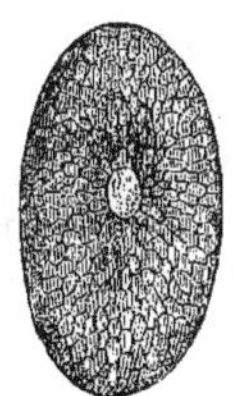

Fig. 405. Graine.

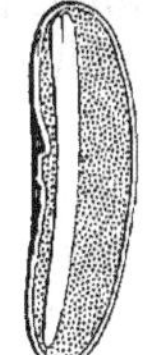

Fig. 406. Graine, coupe longitudinale.

nées. Leur calice se compose de folioles imbriquées ; et leur corolle, campanulée ou presque hypocratérimorphe, a des lobes imbriqués,

1. R. Br., *Prodr.*, 454. — DC., *Prodr.*, IX, 24. — Endl., *Gen.*, n. 3364; *Iconogr.*, t. 57, 58. — Bur., *Logan.*, 46, fig. 11-19. — Payer, *Organog.*, 603, t. 124; *Leç. Fam. nat.*, 201. — B. H., *Gen.*, II, 791, n. 8. — *Euosma* Andr., *Bot. Repos.*, t. 520.

puis étalés. L'androcée est isostémoné; et les étamines, insérées sur le tube de la corolle, sont incluses ou exsertes, à anthères introrses, biloculaires, déhiscentes par deux fentes longitudinales, ou bien stériles. Le gynécée, stérile dans les fleurs mâles, se compose d'un ovaire à deux loges, antérieure et postérieure, surmonté d'un style dont le sommet stigmatifère est capité, ovoïde ou oblong. Les ovules, anatropes et en nombre indéfini, sont insérés sur un placenta axile, adné ou stipité. Le fruit est une capsule septicide, à valves bifides, se séparant finalement des placentas qui supportent des graines ovoïdes, comprimées ou anguleuses, souvent peltées et à insertion ventrale, à albumen charnu, avec un embryon droit, dont les cotylédons sont petits et supères. On décrit une vingtaine de *Logania*[1]; ce sont des plantes herbacées, suffrutescentes ou frutescentes, à feuilles opposées, reliées l'une à l'autre par une saillie linéaire, transversale; parfois pourvues de petites stipules (?) sétacées. Leurs fleurs sont disposées en cymes axillaires et terminales, composées, parfois capituliformes. La plupart des espèces sont australiennes; on en a observé aussi trois à la Nouvelle-Zélande.

V. SÉRIE DES SPIGÉLIES.

Les Spigélies[2] (fig. 407-411) ont des fleurs régulières et hermaphrodites. Leur réceptacle convexe porte un calice de cinq sépales, libres ou unis près de leur base, étroits, et qui ne se touchent pas dans le bouton. La corolle est gamopétale, tubuleuse ou hypocratérimorphe, à limbe partagé en cinq lobes valvaires. L'androcée est formé de cinq étamines, insérées sur la corolle et alternes avec ses divisions. Leurs filets se dégagent de la gorge de la corolle; et leurs anthères introrses, fixées non loin de leur base, ont deux loges qui s'ouvrent par des fentes longitudinales. Le gynécée, accompagné parfois d'un rudiment de disque, est supère, avec un ovaire biloculaire, surmonté d'un style dont le sommet stigmatifère est à peine partagé en deux très petits lobes. Ce style présente en un point variable de sa longueur, une

1. LABILL., *N.-Holl.*, I, t. 51 (*Exacum*). — HOOK., *Icon.*, t. 832. — NEES, in *Pl. Preiss.*, I, 367. — BENTH., *Fl. austral.*, IV, 360. — HOOK. F., *Handb. N. Zeal. Fl.*, 188, 737.

2. *Spigelia* L., *Gen.*, n. 209; *Amœn.*, V, t. 2. — GÆRTN., *Fruct.*, III, t. 198. — LAMK, *Ill.*, t. 107. — ENDL., *Gen.*, n. 3568. — BUR., *Logan.*, 49, fig. 20-24. — PAYER, *Leç. Fam. nat.*, 202. — A. DC., *Prodr.*, IX, 3, 560. — B. H., *Gen.*, II, 799, n. 4. — *Montira* AUBL., *Pl. guian.*, II, 637, t. 257. — *Heinzelmannia* NECK., *Elem.*, I, 371. — *Canala* POHL, *Pl. bras. Icon.*, II, 62, t. 142. — *Cœlostylis* TORR. et GR., in *Endl. Nov. stirp. Dec.*, 33; *Fl. N.-Amer.*, II, 43.

fausse articulation. Les loges ovariennes renferment, sur un placenta axile, un nombre, variable et parfois très peu considérable, d'ovules incomplètement anatropes, à micropyle extérieur et inférieur, plus ou moins enchâssés dans la substance du placenta. Le fruit est une capsule didyme, comprimée perpendiculairement à la cloison et qui s'ouvre en travers un peu au-dessus de sa base. Les graines, presque globuleuses ou anguleuses, ont un albumen charnu ou dur, cartilagi-

Spigelia marylandica.

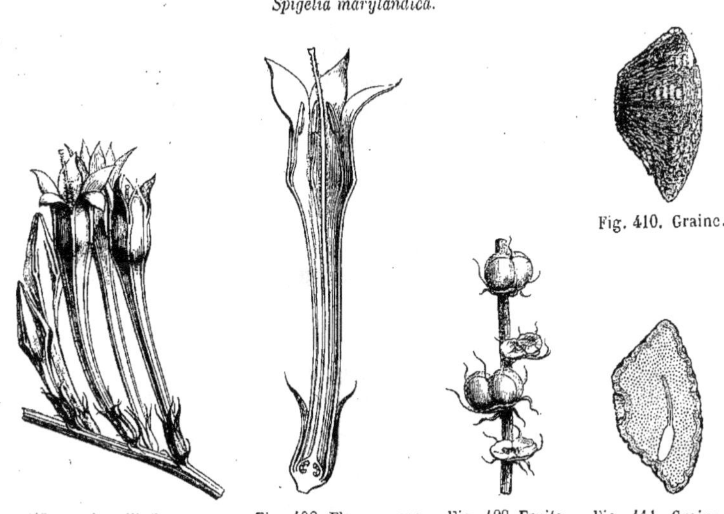

Fig. 407. Portion d'inflorescence. Fig. 408. Fleur, coupe longitudinale. Fig. 409. Fruits. Fig. 410. Graine. Fig. 411. Graine, coupe longitudinale.

neux, et un embryon droit ou arqué, à cotylédons membraneux. Il y a une trentaine d'espèces[1] de *Spigelia*, originaires des régions chaudes et tempérées des deux Amériques. Ce sont des herbes, annuelles ou vivaces, parfois frutescentes à la base, à feuilles opposées, penninerves ou 3-5-nerves à la base, avec ou sans stipules. Les fleurs[2] sont disposées en cymes unipares scorpioïdes, simulant des épis ou des grappes[3], ou bien plus souvent elles sont solitaires ou géminées dans les dichotomies d'une inflorescence foliée.

A côté des Spigélies se placent les *Mitrasacme*, herbes austra-

1. H. B. K., *Nov. gen. et spec.*, t. 226. — MART., *Nov. gen. et spec.*, t. 192-194. — ENDL., *Iconogr.*, t. 101 (*Cœlostyles*). — MART. et GAL., in *Bull. Acad. Brux.*, XI, I, 376. — BENTH., in *Journ. Linn. Soc.*, I, 90. — GRISEB., *Fl. brit. W.-Ind.*, 331. — PROG., in *Mart. Fl. bras.*, VI, 253, t. 68-70. — *Bot. Mag.*, t. 80, 2359, 5268. — WALP., *Rep.*, VI, 496.

2. Rouges, pourprées ou jaunes.

3. Dans le *S. marylandica*, les deux rangées de fleurs alternent avec les deux dernières feuilles opposées.

liennes ou quelquefois asiatiques, qui ont des fleurs tétramères, à corolle valvaire ou rédupliquée, des placentas peltés, et un fruit capsulaire, septicide, avec les deux carpelles s'ouvrant par leur face ventrale. Ce genre relie les Spigélies aux *Logania* et aux Nicotianées.

VI. SÉRIE DES BUDDLEIA.

Les fleurs des *Buddleia*[1] (fig. 412, 413), rapportés tantôt aux Scrofulariacées et tantôt aux Loganiacées, sont régulières, hermaphrodites, ou plus rarement polygames, à réceptacle convexe. Il porte un calice gamosépale, à quatre divisions plus ou moins profondes, et une corolle gamopétale, à tube court ou allongé, droit ou arqué, à limbe normalement quadrilobé et imbriqué d'une façon variable. Les quatre étamines, portées par la corolle, s'insèrent au-dessous de sa gorge ou plus bas, et sont formées d'un filet très court ou à peu près nul, et d'une anthère incluse, introrse, à deux loges indépendantes inférieurement et déhiscentes par une fente longitudinale. Le gynécée, supère, accompagné ou non d'un disque peu épais[2], est formé d'un ovaire à deux loges et d'un style de longueur très variable, capité, ou claviforme, ou aigu à son extrémité stigmatifère. Chaque loge renferme, appliqué à la cloison, un placenta multiovulé. Le fruit est capsulaire, septicide, à deux valves entières ou bifides, qui se fendent le long de leur bord interne et laissent à nu les placentas. Ceux-ci portent de nombreuses graines, variables de forme, assez souvent ailées, contenant un albumen charnu et un embryon d'ordinaire peu volumineux, droit ou rarement arqué. Ce sont des arbres ou des arbustes, rarement des plantes herbacées, originaires de presque toutes les régions chaudes

Buddleia Lindleyana.

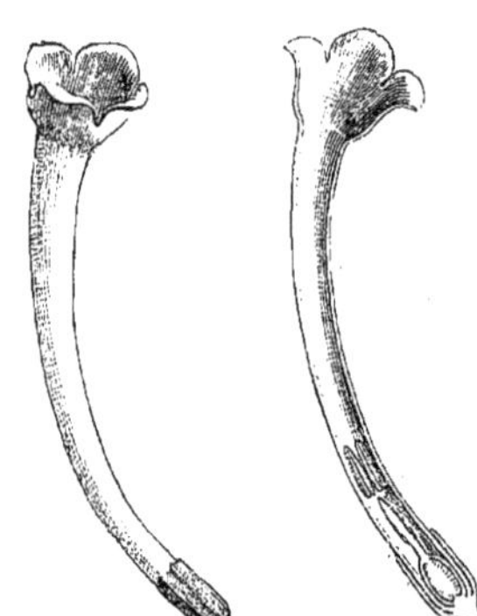

Fig. 412. Fleur ($\frac{2}{1}$). Fig. 413. Fleur, coupe longitudinale.

1. HOUST. — L., *Gen.*, n. 140. — GÆRTN., *Fruct.*, I, t. 49. — LAMK, *Ill.*, t. 69. — ENDL., *Gen.*, n. 3971. — BENTH., in *DC. Prodr.*, X, 436 ; in *Journ. Linn. Soc.*, I, 95. — H. BN, in *Payer Leç. Fam. nat.*, 212. — B. H., *Gen.*, II, 793, n. 14. — *Romana* VELL., *Fl. flum.*, 54 (part.), Atl., t. 146, 147.

2. Couche charnue qui disparaît sur le sec.

du globe. On en compte environ soixante-quinze espèces[1]. Leurs feuilles sont opposées, entières, dentées ou crénelées. Les bases de leurs pétioles sont reliées par une ligne saillante, parfois nulle, parfois aussi prolongée en une manchette stipuliforme. Leurs fleurs sont disposées en cymes ou en glomérules qui se groupent eux-mêmes, au sommet des rameaux ou dans l'aisselle des feuilles, en grappes plus ou moins ramifiées ou en capitules mixtes. Il y a exceptionnellement dans ce genre des fleurs pentamères et des gynécées trimères.

A côté des *Buddleia* se placent :

L'*Emorya*, arbuste du Mexique et du Texas, à grandes fleurs en

Nuxia congesta

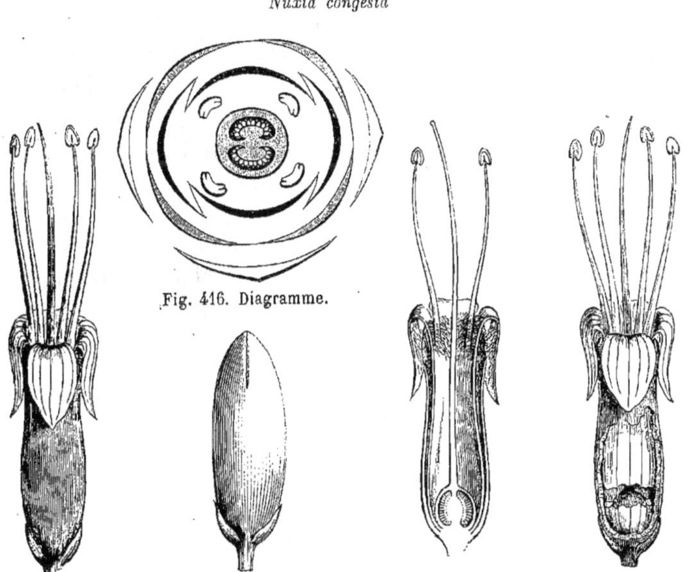

Fig. 416. Diagramme.

Fig. 415. Fleur ($\frac{4}{1}$). Fig. 414. Bouton. Fig. 417. Fleur, coupe longitudinale. Fig. 418. Fleur, la corolle se détachant.

grappes de cymes ; avec des anthères longuement exsertes, à loges parallèles, et le fruit capsulaire des *Buddleia* (dont le genre diffère à peine);

1. Jacq., *H. schœnbr.*, t. 28 ; *Ic. rar.*, t. 307. — Jacq. f., *Eclog.*, t. 158. — H. B. K., *Nov. gen. et spec.*, t. 182-187. — R. et Pav., *Fl. per. et chil.*, t. 80-83. — C. Gay, *Fl. chil.*, V, 119. — Wight, *Icon.*, t. 894. — Hook. f., *Ill. himal. pl.*, t. 18. — C.-B. Clke, in *Hook. f. Fl. brit. Ind.*, IV, 81. — Wedd., *Chlor. andin.*, II, t. 51. — Griseb., *Fl. brit. W.-Ind.*, 427 ; *Symb. Fl. argent.*, 239. — J.-A. Schm., in *Mart. Fl. bras.*, VIII, 282, t. 49. — Fr. et Sav., *Enum. pl. jap.*, II, 322. — Bak., in *Journ. Linn. Soc*, XXII, 505. — *Bot. Reg.*, t. 1259; (1846), t. 4. — *Bot. Mag.*, t. 174, 2713, 2824, 2853, 4793, 6323.

Les *Nicodemia*, des îles orientales de l'Afrique tropicale, qui, avec des fleurs de *Buddleia*, ont pour fruit une baie à deux loges;

Les *Adenoplea*, qui ont la fleur et le fruit charnu des *Nicodemia*, mais avec un gynécée tétramère. Ce sont des arbustes de Madagascar, à port et à feuillage de *Buddleia*;

Les *Chilianthus*, de l'Afrique australe, qui ont des fleurs de *Buddleia*, à corolle subcampanulée, avec quatre étamines exsertes; un fruit capsulaire et septicide. Leurs fleurs, souvent petites et très nombreuses, sont disposées en cymes plus ou moins ramifiées, souvent même très fortement composées.

Les *Nuxia* (fig. 414-418) sont également très voisins des *Buddleia*; ils en diffèrent surtout par leurs étamines exsertes, comme celles de l'*Emorya*, et par leur corolle qui se détache circulairement au-dessus de sa base. Leur fruit est capsulaire. Ce sont des arbustes de l'Afrique tropicale et de Madagascar.

Le *Gomphostigma virgatum*, de l'Afrique australe, a aussi des fleurs tétramères, avec un calice à lobes profonds et oblongs, une corolle campanulée-subrotacée et un fruit septicide. C'est un arbuste à feuilles opposées et linéaires et à fleurs opposées, formant une grappe dont les bractées inférieures sont remplacées par des feuilles. Chaque pédicelle floral porte en outre deux bractéoles latérales.

VII. SÉRIE DES POTALIA.

Dans les *Potalia*[1] (fig. 419-427), les fleurs sont régulières et hermaphrodites. Leur calice est formé de quatre sépales décussés, coriaces, obtus, à préfloraison alternative. La corolle, tubuleuse-campanulée, a un limbe à 8-16 lobes, tordus ou imbriqués-convolutés, de droite à gauche, et porte un même nombre d'étamines, insérées sous sa gorge, alternipétales, à anthères linéaires, introrses; les deux loges parallèles, déhiscentes par des fentes longitudinales. L'ovaire, accompagné à sa base d'un disque charnu, est à deux loges, surmonté d'un style à dilatation terminale, stigmatifère, globuleuse ou cylindrique[2]. Chaque loge renferme un placenta axile, bilobé, multiovulé. Le fruit est une

1. AUBL., *Guian.*, I, 324, t. 151. — J., *Gen.*, 143. — ENDL., *Gen.*, n. 3369. — BUR., *Logan.*, 72, fig. 54-59. — DC., *Prodr.*, IX, 36. — B. H., *Gen.*, II, 795, n. 19. — *Nicandra* SCHREB., *Gen.*, 283 (non ADANS.).

2. Portant souvent impression des anthères.

baie, à épicarpe plus ou moins coriace, à pulpe logeant de nombreuses

Potalia amara.

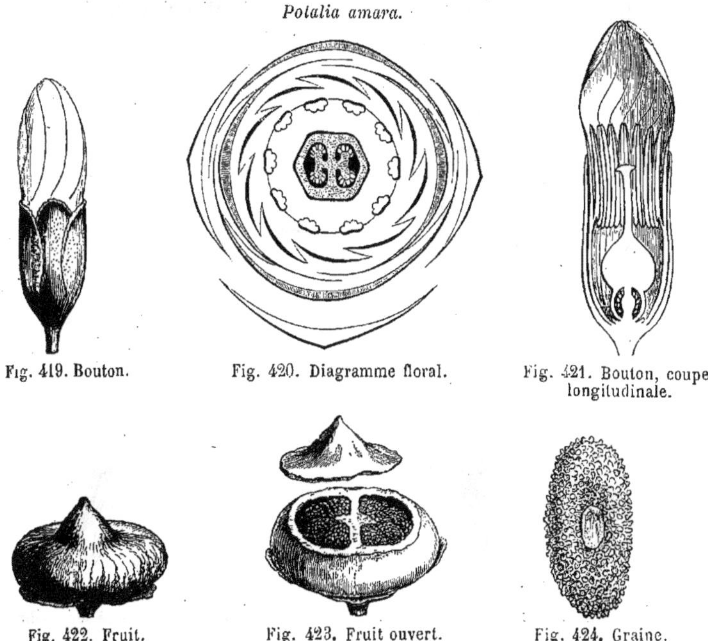

Fig. 419. Bouton. Fig. 420. Diagramme floral. Fig. 421. Bouton, coupe longitudinale.

Fig. 422. Fruit. Fig. 423. Fruit ouvert. Fig. 424. Graine.

graines albuminées, avec un embryon droit, un peu plus court que

Potalia (Anthocleista) nobilis.

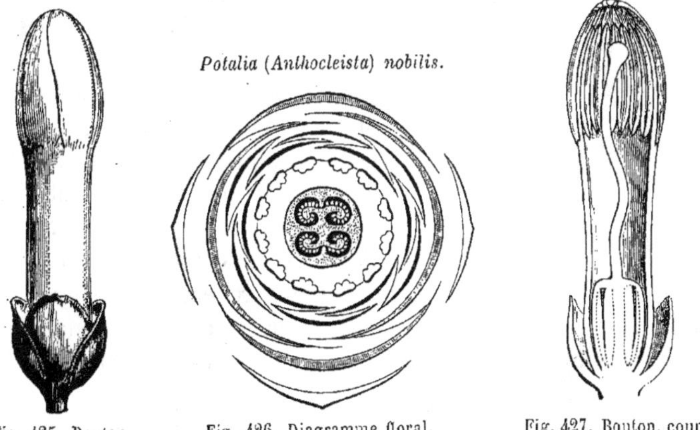

Fig. 425. Bouton. Fig. 426. Diagramme floral. Fig. 427. Bouton, coupe longitudinale.

l'albumen, à cotylédons généralement courts et obtus. Le *P. amara* (fig. 419-424), prototype du genre, est de la Guyane et du Brésil septentrional; mais il y a en Afrique tropicale et à Madagascar cinq à six

Fagræa zeylanica.

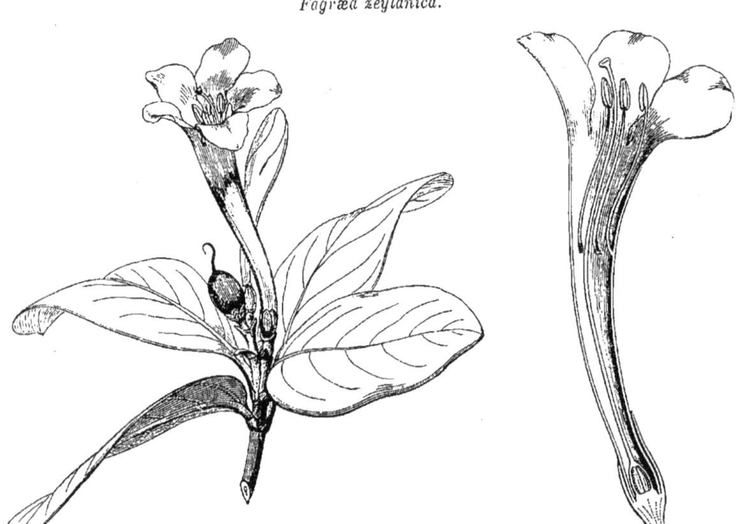

Fig. 428. Branche florifère. Fig. 430. Fleur, coupe longitudinale.

Fig. 429. Diagramme floral.

autres espèces du genre, qu'on a distinguées sous le nom d'*Anthocleista*[1] (fig. 425-427). C'est dans cette section que les pièces de la corolle et les étamines atteignent le nombre le plus élevé. Les deux lobes placentaires sont plus ou moins révolutés[2]; et la baie peut y sembler quadriloculaire, quoiqu'elle n'ait en réalité que deux loges. Les *Potalia* sont de beaux arbres ou arbustes, souvent peu ramifiés, à grandes feuilles opposées, coriaces, entières, reliées par une ligne transversale plus ou moins saillante, même parfois une courte manchette. Les fleurs[3] sont disposées en cymes ramifiées, di- ou trichotomes[4].

1. AFZEL., ex R. BR., in *Tuck. Cong. App.*, 449. — ENDL., *Gen.*, 577. — BUR., *Logan.*, 74, fig. 60-62. — A. DC., *Prodr.*, IX, 36.

2. Les loges sont dites (BUR.) latérales dans le *P. amara* (fig. 420).

3. Blanchâtres ou d'un jaune pâle ou verdâtre, souvent grandes et belles.

4. G. DON, *Gen. Syst.*, IV, 68 (*Anthocleista*). — HOOK., *Niger Fl.*, t. 43; *Icon.*, t. 793 (*Anthocleista*). — HOOK. F., in *Journ. Linn. Soc*

A côté des *Potalia* se placent les *Fagræa* (fig. 428-430), de l'Inde orientale, de la Malaisie, des îles de l'océan Pacifique et de l'Australie, qui en ont tout à fait les organes de végétation, avec des cymes multi-, pauci- ou uniflores, et des fruits charnus et pulpeux, mais qui sont quelque peu exceptionnels dans ce groupe par leurs loges ovariennes incomplètes; ce qui les a fait quelquefois rapporter à une division particulière de la famille des Gentianacées.

VIII. SÉRIE DES STRAMOINES.

Les fleurs des Stramoines[1] (fig. 431-436) sont hermaphrodites et régulières, à réceptacle légèrement convexe. Leur calice est gamosé-

Datura Stramonium.

Fig. 431. Branche florifère et fructifère ($\frac{1}{2}$).

pale, tubuleux, à cinq angles saillants qui répondent à la ligne médiane de ses divisions aiguës et valvaires-indupliquées. Il se déchire parfois irrégulièrement; et sa base, persistante et indurée, se sépare en travers

VI, 16 (*Anthocleista*). — MART., *Nov. gen. et spec.*, t. 179. — PROG., in *Mart. Fl. bras.*, VI, 267. — BAK., in *Journ. Bot.* (1882), 26 (*Anthocleista*).

1. *Datura* L., *Gen.*, n. 246. — J., *Gen.*, 125. — ENDL., *Gen.*, n. 3835. — NEES, *Gen. Fl. germ.* — BERNH., in *Linnæa*, VIII, *Littb.*, 115. — PAYER, *Leç. Fam. nat.*, 207. — B. H., *Gen.*, II, 901, n. 38. — *Stramonium* T., *Inst.*, 118, t. 43, 44. — GÆRTN., *Fruct.*, II, 234. — *Brugmansia* PERS., *Enchirid.*, I, 216 (non BL.). — *Ceratocaulos* SPACH, *Suit. à Buff.*, IX, 68.

de sa portion supérieure. La corolle en entonnoir a cinq lobes, souvent acuminés, qui s'indupliquent suivant leur ligne médiane et se tordent ensuite dans la préfloraison. Les étamines s'insèrent sur la corolle,

Datura Stramonium.

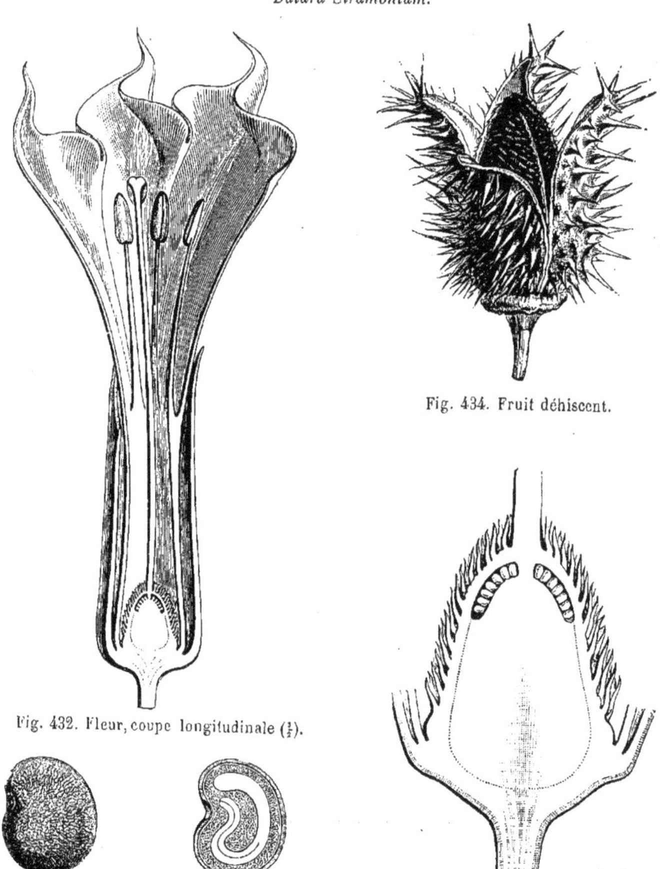

Fig. 432. Fleur, coupe longitudinale (½).

Fig. 434. Fruit déhiscent.

Fig. 435. Graine.

Fig. 436. Graine, coupe longitudinale.

Fig. 433. Gynécée, coupe longitudinale.

vers la base de son tube et dans les intervalles de ses cinq angles saillants. Unis inférieurement avec le tube en cinq épaisses colonnes, les filets deviennent libres dans leur portion supérieure, inégaux, subulés, et ils s'attachent dans un creux de la base d'une anthère biloculaire, introrse et déhiscente par deux fentes longitudinales. L'ovaire, souvent chargé d'aiguillons, d'abord mous et ascendants, est à deux loges; sa base s'épaissit souvent en un disque annulaire, et il est surmonté d'un style dont la tête claviforme est partagée par deux sillons en deux lobes ou lamelles stigmatifères. Les loges ovariennes, antérieure et postérieure, renferment un gros placenta axile, chargé d'ovules anatropes, qui se prolonge sur la ligne médiane en une fausse cloison dorsale allant, dans une grande étendue, rejoindre la paroi ovarienne et partageant la loge en deux logettes incomplètes. Le fruit est une capsule, hérissée de pointes ou inerme, à la base de laquelle persiste la portion inférieure durcie du calice. Elle est indéhiscente ou, plus souvent, s'ouvre en quatre valves, sèches ou charnues. Les graines, nombreuses, comprimées et réniformes, renferment, sous d'épais téguments, un albumen charnu et un embryon presque périphérique, très courbé, à cotylédons semi-cylindriques. Il y a une douzaine[1] de *Datura;* ce sont des herbes annuelles ou vivaces, des arbustes ou même des arbres à bois mou. Leurs surfaces sont glabres, finement tomenteuses ou furfuracées. Leurs feuilles sont alternes, entières, ou sinuées, dentées. Leurs fleurs[2] sont solitaires et pédonculées, se détachant au niveau des insertions des feuilles[3]. Ce sont des plantes des régions chaudes et tempérées des deux mondes.

IX. SÉRIE DES JUSQUIAMES.

Une Jusquiame telle que l'*Hyoscyamus*[4] *niger* L. (fig. 437-441), a des fleurs hermaphrodites et presque régulières. Le calice est gamosépale, tubuleux-campanulé, à cinq larges dents triangulaires, légèrement imbriquées au début. La corolle, un peu irrégulière, obliquement infundibuliforme, a un limbe dilaté, à cinq lobes inégaux et imbriqués. Les étamines, insérées près de la base de la corolle, sont un peu

1. R. et PAV., *Fl. per. et chil.*, t. 128. — JACQ., *H. schœnbr.*, t. 339; *H. vindob.*, III, t. 82. — WIGHT, *Icon.*, t. 852, 1739. — SWEET, *Brit. fl. Gard.*, t. 83; ser. 2, t. 272 (*Brugmansia*), 380. — C. GAY, *Fl. chil.*, V, 58. — BENTH., *Fl. austral.*, IV, 468. — C.-B. CLKE, in *Hook. f. Fl. brit. Ind.*, IV, 242. — REICHB., *Ic. Fl. germ.*, t. 1624. — *Bot. Reg.*, t. 1031; 1739 (*Brugmansia*). — *Bot. Mag.*, t. 128, 1449, 4252, 5128.

2. Blanches, d'un jaune orangé ou violettes.

3. L'inflorescence est au fond de même ordre que celle des Belladones.

4. T., *Inst.*, 117 (part.), t. 42. — L., *Gen.*, n. 247 (part.). — J., *Gen.*, 124. — GÆRTN., *Fruct.*, I, t. 76. — NEES, *Gen. Fl. germ.* — ENDL., *Gen.*, n. 3847. — DUN., in *DC. Prodr.*, XIII, p. I, 546, 552. — MIERS, *Ill.*, II, App., 10, t. 79. — PAYER, *Leç. Fam. nat.*, 207. — B. H., *Gen.*, II, 903, n. 41.

inégales et ont des filets inférieurement chargés de poils, et des anthères allongées, biloculaires, introrses, à loges indépendantes au-dessous du point d'attache du filet et déhiscentes par des fentes longi-

Hyoscyamus niger.

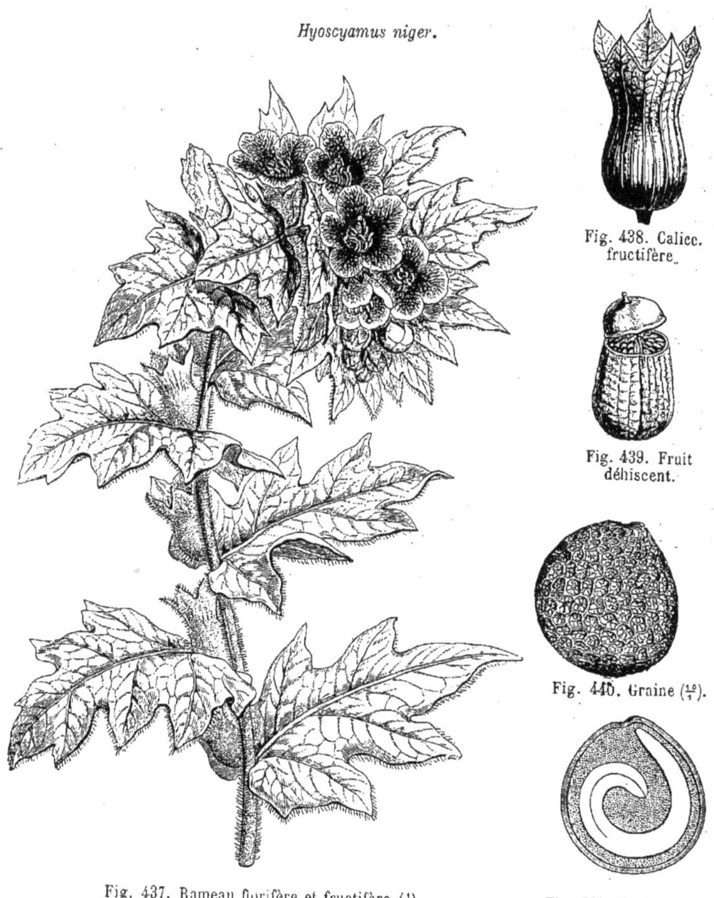

Fig. 437. Rameau florifère et fructifère ($\frac{1}{2}$).

Fig. 438. Calice fructifère.

Fig. 439. Fruit déhiscent.

Fig. 440. Graine ($\frac{10}{1}$).

Fig. 441. Graine, coupe longitudinale.

tudinales. L'ovaire est biloculaire, multiovulé, surmonté d'un style grêle, à sommet stigmatifère exsert, renflé et obtusément bilobé. Le fruit, entouré du calice persistant et accru, est une pyxide qui s'ouvre par un petit couvercle apiculé; et les graines, portées sur d'épais placentas axiles, sont arrondies, comprimées, réticulées, pourvues d'un albumen charnu et d'un embryon très courbé, à cotylédons semi-cylindriques.

Il y a des Jusquiames dont le calice est urcéolé, et d'autres dont la corolle est plus ou moins profondément fendue au côté postérieur. Les étamines peuvent être insérées vers le milieu du tube de la corolle. Il y a quelquefois un disque hypogyne peu prononcé, et le couvercle de la pyxide peut se diviser longitudinalement. Les graines sont parfois tuberculeuses ou fovéolées. Le genre ne compte guère que six ou sept espèces[1], quoiqu'on en ait décrit trois fois autant : ce sont des herbes de la région méditerranéenne, des îles du nord-ouest de l'Afrique et de l'Asie moyenne, mono- ou dicarpiennes, souvent

Hyoscyamus albus.

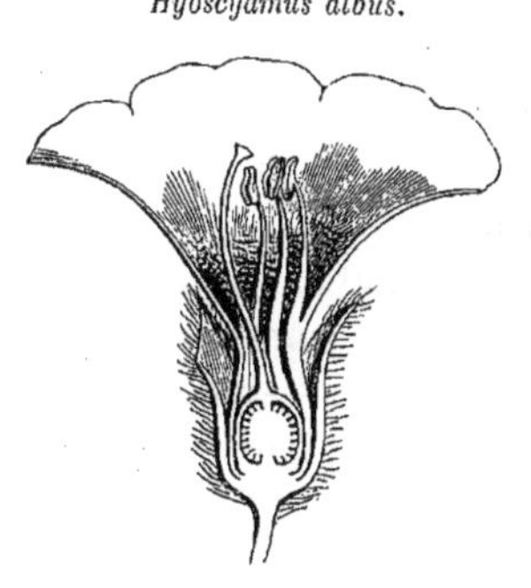

Fig. 442. Fleur, coupe longitudinale.

Physochlaina orientalis.

Fig. 444. Fleur.

Fig. 443. Rameau florifère.

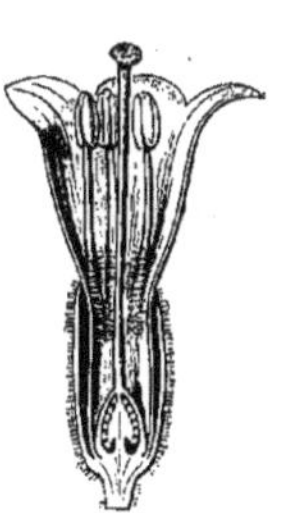

Fig. 445. Fleur, coupe longitudinale.

chargées de poils mous et visqueux. Leurs feuilles sont alternes, souvent sinuées-dentées ou incisées-pinnatifides. Leurs fleurs[2] sont

1. VIS., *Fl. dalm.*, t. 24. — SIBTH., *Fl. græc.*, t. 230, 231. — JAUB. et SP., *Ill. pl. or.*, t. 414-416. — BOISS., *Fl. or.*, IV, 293. — REICHB., *Ic. Fl. germ.*, t. 1623. — SWEET, *Brit. fl. Gard.*, t. 27. — GREN. et GODR., *Fl. de Fr.*, II, 546. — *Bot. Reg.*, t. 180. — *Bot. Mag.*, t. 87, 2394.

2. Blanches, jaunes, lurides, ou veinées-chinées, souvent de pourpre terne.

disposées en cymes scorpioïdes, pourvues de feuilles ou de bractées; elles peuvent être aussi latérales au niveau des insertions foliaires.

A côté des Jusquiames se placent les *Scopolia*, *Physochlaina* (fig. 443-445) et *Przewalskia*, qui sont asiatiques. Les premiers habitent aussi l'Europe; ils ont un calice et une corolle campanulés, dont les bords sont à peine découpés. Les *Physochlaina* ont la corolle en entonnoir ou en cloche, avec cinq lobes bien développés et imbriqués. Leurs fleurs sont disposées en cymes, tandis que celles des *Scopolia* sont généralement solitaires et pendantes. Le *Przewalskia* a le calice cylindrique, accru et vésiculeux autour du fruit. Sa corolle tubuleuse a des dents courtes, plissées-imbriquées. Dans tous ces genres d'ailleurs, le fruit est, comme celui des Jusquiames, une pyxide.

X. SÉRIE DES NOLANA.

Un *Nolana*[1], tel que le *N. prostrata* (fig. 446), a des fleurs régulières et hermaphrodites, dont tous les verticilles sont pentamères, et dont le réceptacle est convexe. Il supporte un calice gamosépale, herbacé, à cinq divisions valvaires-rédupliquées, et une corolle gamopétale, anguleuse-campanulée, à cinq lobes imbriqués ou indupliqués, tordus en même temps d'une façon un peu variable dans le bouton. Cette corolle porte cinq étamines, alternes avec ses divisions, formées chacune d'un filet et d'une anthère biloculaire, introrse, déhiscente par deux fentes longitudinales. Le gynécée supère est formé de cinq carpelles qui se superposent aux divisions de la corolle. Ils sont indépendants dans leur portion ovarienne, sauf dans leur angle interne, d'où se dégage, entre les bases des ovaires, un style unique, souvent cannelé, à sommet stigmatifère dilaté et peu profondément lobé. Dans l'angle interne de chacune des cavités ovariennes se voit un placenta qui supporte un petit nombre d'ovules, le plus souvent quatre ou six, disposés d'abord sur deux séries verticales, et anatropes. En dehors de l'ovaire, le réceptacle s'épaissit parfois en un disque dont les crénelures concaves répondent aux carpelles. Le fruit est formé d'un nombre

1. L., *Gen.*, n. 193. — J., *Gen.*, 132. — ENDL., *Gen.*, n. 3817. — DUN., in *DC. Prodr.*, XIII, p. I, 9. — PAYER, *Organog.*, 598, t. 124. — B. H., *Gen.*, II, 879, n. 27. — *Neudorfia* ADANS., *Fam. des pl.*, II, 219. — *Teganium* SCHMID., *Icon.*, 67, t. 18. — *Sorema* LINDL., in *Bot. Reg.* (1844), sub t. 46. — ? *Gubleria* GAUDICH., *Voy. Bonite*, *Bot.*, t. 104.

variable de nucules, secs ou légèrement drupacés, indéhiscents et contenant, dans autant de logettes distinctes, d'une à six graines, pourvues de téguments membraneux, d'un albumen plus ou moins épais et charnu, parfois réduit à une membrane, et d'un embryon arqué, ou presque spiralé, à radicule cylindroconique et égale en largeur aux cotylédons qui sont semi-cylindriques.

Nolana prostrata.

Fig. 446. Rameau florifère.

Il y a des *Nolana* dont le calice est légèrement imbriqué; d'autres où la corolle est à peu près infundibuliforme, où les lobes du disque font saillie sous forme de languettes aiguës dans l'intervalle des carpelles, où le nombre de ceux-ci, égaux ou inégaux, s'élève jusqu'à huit ou dix. Le nombre des ovules dans les carpelles et des graines dans les nucules varie d'un à une dizaine (fig. 447). Ce sont des herbes glabres ou pubescentes-visqueuses, du Chili et du Pérou, principalement des plages maritimes. Leurs feuilles sont alternes ou géminées, sessiles ou pétiolées, parfois charnues. Leurs fleurs[1] se dégagent, seules ou géminées, au niveau des feuilles relativement aux-

Nolana atriplicifolia.

Fig. 447. Gynécée.

Fig. 448. Carpelle mûr.

Fig. 449. Graine.

Fig. 450. Graine, coupe longitudinale.

quelles elles sont latérales, disposées, comme celles de la Belladone, en une de ces inflorescences totales que nous avons nommées scor-

1. Bleues ou violacées, plus rarement blanches, moyennes, assez souvent ornementales.

pioïdales[1]. Il y a sept ou huit espèces[2] distinctes de ce genre, rapporté quelquefois aux Convolvulacées, et qui par son gynécée nous paraît être aux Solanacées en général ce que sont les *Malope* aux autres Malvacées.

A côté des *Nolana* se placent les *Alona* et les *Dolia*, qui sont des mêmes régions. Les premiers (fig. 451) ont le même périanthe et le même androcée ; mais leur ovaire est extérieurement entier ou parcouru par cinq sillons longitudinaux peu profonds, et le style qui le surmonte est terminal. Les carpelles deviennent bien plus saillants dans le fruit. Les tiges sont frutescentes, et les feuilles étroites, éricoïdes. Les *Dolia* ont une corolle de forme variable, à tube plus ou moins long et large, à limbe plissé-subtordu, puis étalé ou réfléchi. Leur gynécée, dont le style est basilaire, comme celui des *Nolana*, a un ovaire partagé en cinq à dix lobes inégaux, saillants dans le fruit et renfermant une ou deux graines. Ce sont presque tous des arbustes peu élevés, à feuilles linéaires ou spathulées, souvent petites et charnues.

Alona cœlestis.

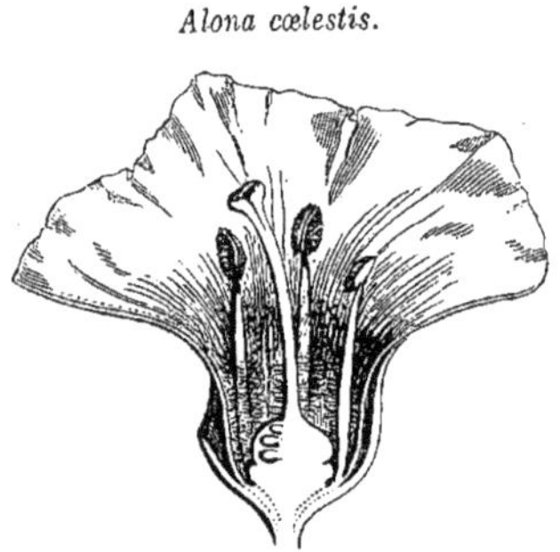

Fig. 451. Fleur, coupe longitudinale.

On voit par là que les *Dolia* et surtout les *Alona* rapprochent des Solanées proprement dites les Nolanées à carpelles plus ou moins distinctement saillants et à styles insérés dans une dépression de l'ovaire et parcourus par des sillons plus ou moins profonds.

XI. SÉRIE DES CESTRUM.

Les *Cestrum*[3] (fig. 452-459) ont des fleurs régulières et hermaphrodites, dont le réceptacle convexe porte un calice gamosépale à cinq divisions, valvaires dans le bouton, et une corolle gamopétale, infundibuliforme ou hypocratérimorphe, dont le tube, ordinairement allongé, souvent un peu renflé dans sa portion supérieure, est surmonté d'un limbe

1. H. BN, in *Bull. Soc. Linn. Par.*, 406.

2. R. et PAV., *Fl. per. et chil.*, t. 112, 113 *a.* — GAUDICH., *Voy. Bon.*, *Bot.*, t. 28, 101-103. — — C. GAY, *Fl. chil.*, V, 101. — MIERS, *Ill.*, I, 48 (*Sorema*). — SWEET, *Brit. fl. Gard.*, ser. 2, t. 305. — PHIL., *Fl. atacam.*, 43 (*Sorema*). — *Bot. Reg.*, t. 865. — *Bot. Mag.*, t. 731, 2604, 5327. — WALP., *Rep.*, VI, 517 (*Sorema*), 519.

3. L., *Gen.*, n. 261. — J., *Gen.*, 126. — GÆRTN., *Fruct.*, I, 378, t. 77. — LAMK, *Dict.*, I, 687; *Suppl.*, II, 180; *Ill.*, t. 112. — ENDL., *Gen.*, n. 3865. — DUN., in *DC. Prodr.*, XIII, p. I, 599. — MIERS, *Ill.*, t. 16. — PAYER, *Leç. Fam. nat.*, 209. — B. H., *Gen.*, II, 904, n. 44. — *Habrothamnus* ENDL., *Gen.*, n. 3867. — *Meyenia* SCHLCHTL, in *Linnæa*, VIII, 251 (non NEES).

à cinq lobes indupliqués. Les étamines, au nombre de cinq, insérées sur le tube de la corolle et alternes avec ses divisions, sont formées de filets égaux ou inégaux, et d'anthères biloculaires, introrses, courtes et

Cestrum Parqui.

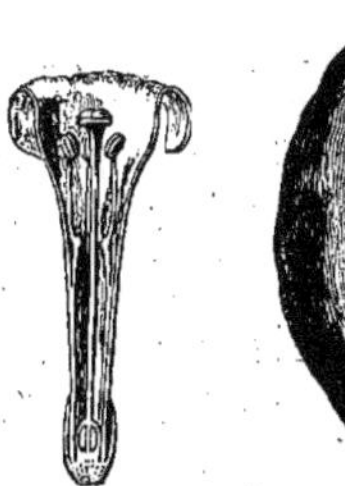

Fig. 452. Fleur, coupe longitudinale.

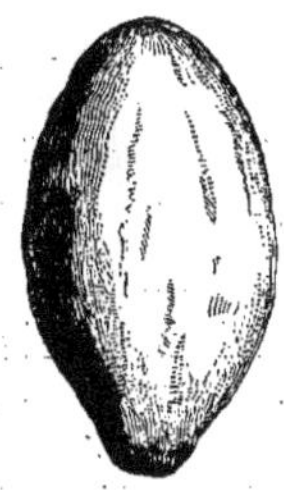

Fig. 453. Fruit (4/1).

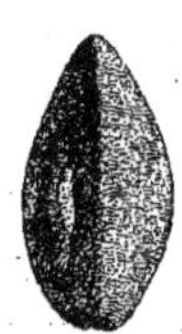

Fig. 454. Graine.

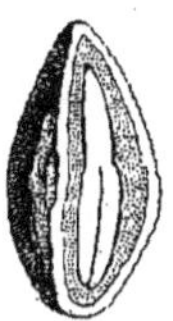

Fig. 455. Graine, coupe longitudinale.

Fig. 456. Embryon

déhiscentes par deux fentes longitudinales. L'ovaire, souvent supporté par un pied court qu'entoure un petit disque hypogyne, est biloculaire et surmonté d'un style grêle, dont l'extrémité stigmatifère est renflée en tête, plus ou moins nettement bilobée et encadrée à sa base d'un rebord stylaire plus ou moins proéminent. Chacune des loges renferme de deux à six ovules, ou rarement davantage, disposés sur deux séries, et incomplètement anatropes, avec le micropyle dirigé en dehors et en bas. Le fruit est une baie, à graines souvent peu nombreuses, dont l'embryon albuminé est rectiligne ou légèrement arqué, avec des cotylédons étroits et ovales et bien plus larges que la radicule. On a décrit beaucoup d'espèces[1] dans ce genre; il n'y en a probablement pas plus d'une centaine. Ce sont des

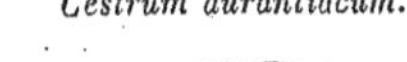

Cestrum aurantiacum.

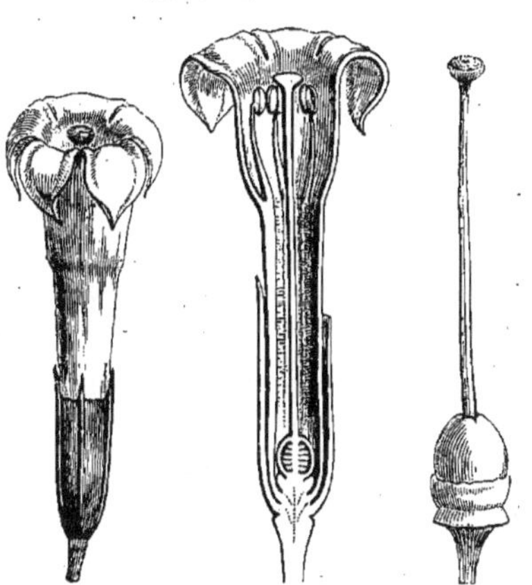

Fig. 457. Fleur. Fig. 458. Fleur, coupe longitudinale. Fig. 459. Gynécée et disque.

1. JACQ., *H. schœnbr.*, t. 324, 326-332, 452.— LHÉR., *Stirp.*, t. 34-36. — VENT., *Choix de pl.*, t. 18. — R. et PAV., *Fl. per. et chil.*, t. 153 *a*, 154, 156 *a*. 157 *a*. — C. GAY, *Fl. chil.*, V, 94. — WEDD., *Chlor. andin.*, II, 96. — GRISEB., *Fl. brit. W.-Ind.*, 443. — HEMSL., *Bot. centr.-amer.*, II, 430. — LINK et OTT., *Ic. pl. rar.*, t. 6. — H. B. K., *Nov. gen. et spec.*, t. 197. — *Bot. Reg.* (1844), t. 43; (1845), t. 22. — *Bot. Mag.*, t. 1770, 2929, 2974, 4022; 4183, 4201 (*Habrothamnus*), 5659. — WALP., *Ann.*, III, 176 (*Habrothamnus*); V, 589; 590 (*Habrothamnus*).

arbres ou des arbustes, glabres ou parsemés de poils simples ou étoilés. Leurs feuilles sont alternes et entières. Leurs fleurs[1] sont disposées en cymes axillaires ou terminales, plus souvent elles-mêmes groupées en grappes composées ou en corymbes. Toutes habitent les régions chaudes des deux Amériques.

A côté de ce genre se rangent les *Juanulloa* et *Markea*, américains aussi, et dont le fruit est également une baie. Les uns et les autres ont la corolle imbriquée et le calice valvaire. Dans les derniers, les fleurs formant une sorte de grappe unilatérale, ont un calice à cinq angles; et le tube de la corolle se dilate dans la portion supérieure ; tandis que dans les *Juanulloa*, le calice est tubuleux ou campanulé, et le limbe de la corolle ne se dilate point ou même se rétrécit dans sa portion supérieure. Ce sont souvent, les uns et les autres, des plantes sarmenteuses ou épiphytes, à fleurs d'une grande beauté.

XII. SÉRIE DES TABACS.

Hermaphrodites et régulières, les fleurs des Tabacs[2] (fig. 460-465) ont un réceptacle convexe, qui porte un calice herbacé, ovoïde ou tubuleux, 5-fide, à lobes d'abord imbriqués, finalement valvaires ; et une corolle gamopétale, infundibuliforme ou hypocratérimorphe, à cinq lobes égaux ou un peu inégaux, valvaires-indupliqués. La corolle porte cinq étamines, insérées au-dessous du milieu de son tube, alternes avec ses divisions, égales ou inégales, formées chacune d'un filet grêle et d'une anthère ovoïde ou oblongue, à deux loges indépendantes dans leur portion inférieure, au-dessous de l'insertion basifixe du filet, et déhiscentes en dedans par des fentes longitudinales. Le gynécée, accompagné d'un disque plus ou moins épais, est formé d'un ovaire libre, à deux loges, plus rarement à loges plus nombreuses, présentant chacune dans l'angle interne un gros placenta chargé de petits ovules anatropes en nombre indéfini. Le style se renfle à son

1. Jaunes, orangées, verdâtres, blanches ou rouges, souvent élégantes et ornementales.

2. *Nicotiana* T., *Inst.*, 117, t. 41. — L., *Gen.*, n. 248. — J., *Gen.*, 125. — GÆRTN., *Fruct.*, t. 55. — LAMK, *Gen.*, IV, 477 ; Suppl., IV, 93 ; *Ill.*, t. 113. — LEHM., *Gen. Nicotian. Hist.* (1818). — NEES, *Gen. Fl. germ.* — DUN., in *DC. Prodr.*, XIII, p. I, 557. — ENDL., *Gen.*, n. 3841. — PAYER, *Organog.*, t. 132 ; *Leç. Fam. nat.*, 207. — B. H., *Gen.*, II, 906, n. 51. — *Tabacus* MŒNCH, *Meth.*, 448. — *Lehmannia* SPRENG., *Anleit.*, ed. 2, II, 458. — DUN., *loc. cit.*, 572. — ENDL., *Gen.*, n. 3842. — *Sairanthus* G. DON, *Gen. Syst.*, IV, 467. — *Polydiclis* MIERS, in *Ann. Nat. Hist.*, ser. 2, IV, 361 ; *Ill.*, t. 60. — *Nicotidendron* GRISEB., *Pl. Lorentz.*, 168.

sommet en deux lobes stigmatifères, souvent lamelliformes. Le fruit est capsulaire, à deux loges ou plus; il se sépare en autant de valves, ordinairement bifides. Les graines, petites et nombreuses, rugueuses ou fovéolées, renferment, dans un albumen charnu, un embryon droit

Nicotiana Tabacum.

Fig. 460. Rameau florifère ($\frac{1}{4}$).

ou arqué, à cotylédons aussi larges ou un peu plus larges que la radicule. Les Tabacs sont des plantes herbacées, parfois suffrutescentes, ordinairement chargées de poils capités, glutineux. Ils ont des feuilles alternes, entières ou sinuées, et des fleurs[1] réunies en

1. Roses ou rouges, jaunes, verdâtres ou blanches, parfois grandes et belles, odorantes.

grappes, plus ou moins composées, de cymes, souvent unilatérales, avec ou sans bractées. Les fleurs sont quelquefois solitaires au niveau des feuilles. Le genre renferme une trentaine d'espèces[1], originaires de l'Asie, de l'Océanie et surtout de l'Amérique chaude et extratropicale[2].

Nicotiana Tabacum.

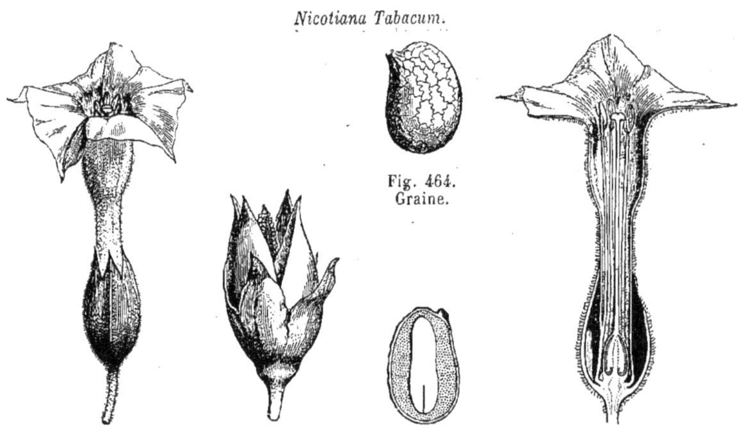

Fig. 461. Fleur. Fig. 463. Fruit déhiscent. Fig. 464. Graine. Fig. 465. Graine, coupe longitudinale. Fig. 462. Fleur, coupe longitudinale.

A côté des Tabacs, nous rangeons les *Petunia*, *Nierembergia* et *Leptoglossis*, tous américains, et qui ne s'en distinguent que par une légère irrégularité de la corolle et de l'androcée isostémoné; ils servent de la sorte de passage vers les Scrofulariacées.

Le *Vestia*, arbuste du Chili, est dans cette série l'analogue des *Lycium;* il a une corolle à tube allongé, circulairement détaché au-dessus de sa base, et à limbe valvaire-indupliqué, avec des étamines exsertes. Les deux valves de son fruit capsulaire sont bifides.

Les *Fabiana*, du Chili, de la Bolivie et du Brésil, sont des arbustes éricoïdes, à petite corolle, également valvaire-indupliquée, avec un tube étroit et un androcée inclus. Leur capsule est septicide.

L'*Isandra*, arbuste visqueux d'Australie, à feuilles alternes, étroites

1. JACQ., *Fragm.*, t. 56, 84. — R. et PAV., *Fl. per. et chil.*, t. 129 *b*, 130. — VENT., *Jard. Malm.*, t. 10. — TURP., in *Dict. sc. nat.*, Atl., t. 34. — LINK et OTT., *Icon. pl. rar.*, t. 32. — C. GAY, *Fl. chil.*, V, 50. — MIERS, *Ill.*, t. 22. — REICHB., *Ic. Fl. germ.*, t. 1625, 1626. — GRISEB., *Fl. brit. W.-Ind.*, 434; *Symb. Fl. arg.*, 243. — PHIL., *Fl. atacam.*, 41. — SWEET, *Brit. fl. Gard.*, t. 262; ser. 2, t. 196. — *Bot. Reg.*, t. 1592. — *Bot. Mag.*, t. 673, 2221, 2484, 2555, 2785, 2837, 2919, 4865, 6207. — WALP., *Ann.*, III, 150; V, 188.

2. On a rangé avec doute près des Tabacs le genre *Dittostigma* PHIL. (*Sert. mendoc. alt.*, 36), de Mendoza, créé pour une plante très rare, peut-être monstrueuse (B. H., *Gen.*, II, 906, n. 50), à fleurs pentamères, isostémonées; dont la corolle tubuleuse est décrite comme plissée, mais qui aurait, ainsi que les Convolvu acées, etc., l'ovaire surmonté d'un style à deux branches filiformes. C'est une herbe qui aurait, dit-on, le port d'un *Nicotiana* et dont le fruit serait capsulaire et pluriovulé.

et révolutées, a des fleurs régulières, à corolle tubuleuse-infundibuliforme, valvaire-indupliquée, cinq étamines, et un ovaire globuleux et charnu, à deux loges et à ovules nombreux, insérés sur un placenta axile et ascendant. Ses fleurs sont axillaires et solitaires.

Les *Anthotroche* sont également australiens; ils ont des feuilles courtes, obtuses, souvent serrées les unes contre les autres, et des fleurs axillaires ou rapprochées en haut des rameaux, à corolle presque rotacée, indupliquée, avec cinq ou six lobes, et autant d'étamines, dont l'anthère est finalement réniforme, uniloculaire et extrorse. Le fruit est une capsule quadrivalve.

Le *Retzia*, arbuste dressé, du Cap, a de longues feuilles verticillées et aciculaires; son feuillage rappelle celui d'un Pin. Ses fleurs, sessiles, axillaires, solitaires ou en petit nombre, ont une corolle à tube allongé, avec cinq, six ou sept lobes valvaires-indupliqués.

Les *Sessea*, arbustes des Andes, rappellent beaucoup les *Cestrum* par leur port et par la forme de leurs fleurs. Celles-ci ont aussi une corolle valvaire-indupliquée. Le fruit est capsulaire et septicide.

Les *Metternichia*, arbres de l'Amérique tropicale, ont de grandes fleurs, solitaires ou peu nombreuses, à tube de la corolle largement dilaté en cloche, à limbe plissé, avec des étamines incluses, au nombre de cinq ou six; ils relient d'ailleurs cette série aux Solanées par les *Pœcilochroma* et les *Phrodus*, aux Atropées par les *Solandra*.

Telle qu'elle est ici comprise, la famille des Solanacées[1], limitée d'une façon tout à fait artificielle, comme nous le verrons plus tard, ne peut être distinguée par aucun caractère véritablement scientifique des Plantaginacées, dont elle a la corolle gamopétale, l'isostémonie, le réceptacle convexe, et dont elle présente souvent le fruit capsulaire, biloculaire, polysperme. Elle n'en diffère que par le port et l'inflorescence spiciforme des Plantains. Nous divisons, comme on l'a vu, les Solanacées en douze séries :

I. SOLANÉES[2]. — Fleurs à corolle régulière, à lobes valvaires ou indupliqués-plissés. Androcée en général isostémoné, à étamines

1. *Solanaceæ* BARTL., *Ord. nat.*, 193. — LINDL., *Introd.*, ed. 2, 293; *Veg. Kingd.*, 618, Ord. 238. — ENDL., *Gen.*, 662, Ord. 148. — DUN., in *DC. Prodr.*, XIII, p. I, 1, Ord. 142. — B. H., *Gen.*, II, 882, Ord. 94. — *Luridæ* L., *Prælect.* (ed. GIS.), 384 (part.). — *Solaneæ* J., *Gen.*, 124; in *Ann. Mus.*, V, 255. — PAYER, *Leç. Fam. nat.*, 205, Fam. 92.

2. *Solaneæ* DUN., *loc. cit.*, 21, Trib. 2. — ENDL., *Gen.*, 664, Trib. 4. — B. H., *Gen.*, II, 883, Trib. 1. — *Jaboroseæ*, *Iochromeæ*, *Physaleæ* et *Witheringeæ* MIERS, *Ill.*, I, 178, Trib. 4-7.

égales ou inégales. Ovaire à 2-5 loges, ou rarement plus. Fruit indéhiscent, à paroi sèche et mince (*Nicandrées*) ou charnue. Graines comprimées, à embryon courbé, circulaire ou spiralé, subpériphérique, avec des cotylédons semi-cylindriques, égaux à la radicule en largeur. — Herbes ou arbustes, à feuilles alternes. — 29 genres.

II. ATROPÉES[1]. — Corolle régulière, à lobes imbriqués, plans, et libres ou reliés par des sinus indupliqués. Androcée isostémoné, à pièces généralement inégales. Ovaire biloculaire. Baie à graines semblables à celles des *Solanées*. — Herbes ou arbustes, à feuilles alternes. — 7 genres.

III. STRYCHNÉES[2]. — Corolle régulière, valvaire. Androcée isostémoné, rarement monandre. Ovaire et biloculaire presque toujours multiovulé. Fruit charnu (baie ou drupe) ou capsulaire. Graines à embryon droit ou arqué. — Arbres ou arbustes, à feuilles opposées, sans stipules, ou reliées l'une à l'autre par une ligne saillante ou vaginiforme. Fleurs en cymes composées. — 8 genres.

IV. LOGANIÉES[3]. — Fleurs régulières (dites résupinées), hermaphrodites ou unisexuées, à corolle imbriquée. Androcée isostémoné. Fruit capsulaire. Embryon droit. — Herbes ou arbuscules, à feuilles opposées, à fleurs en cymes. — 1 genre.

V. SPIGÉLIÉES[4]. — Fleurs régulières, hermaphrodites, à corolle valvaire. Androcée isostémoné. Fruit capsulaire, didyme, s'ouvrant en long ou en travers. Embryon droit. — Herbes annuelles ou vivaces, à feuilles opposées, à fleurs en cymes. — 2 genres.

VI. BUDDLÉIÉES[5]. — Corolle généralement tétramère, imbriquée. Androcée isostémoné. Ovaire à 2-4 loges. Fruit charnu ou capsulaire. Embryon droit. — Arbres, arbustes ou rarement herbes, à feuilles opposées, à fleurs en cymes composées. — 4 genres.

VII. POTALIÉES[6]. — Fleurs à corolle tordue ou rarement imbri-

1. *Atropeæ* B. H., *Gen.*, II, 885, Trib. 2. — MIERS, *Ill.*, I, 166, Trib. 8 (part.). — *Atropineæ* DUN., *loc. cit.*, 464, Div. 2 (part.). — *Lycineæ* DUN., *loc. cit.*, 482, Div. 3.

2. *Strychneæ* DC., *Théor. élém.*, 217. — ENDL., *Gen.*, 575 (*Loganiacearum* Subord. 1). — BUR., *Logan.*, 40, Trib. 1. — *Antonieæ* B. H., *Gen.*, 788 (*Euloganiæarum* Subtrib. 4). — *Strychnaceæ* BL., *Bijdr.*, 1018 (part.).

3. *Loganieæ* ENDL., *Gen.*, 576, Subord. 2 (part.). — *Euloganieæ* ENDL. (part.). — BUR., *Logan.*, 45, Trib. 3 (part.).

4. *Spigelieæ* BUR., *Logan.*, 49, Trib. 4. — B. H., *Gen.*, II, 787 (*Euloganiacearum* Subtrib. 1). — *Spigeliaceæ* MART., *Nov. gen. et spec.*, II, 132. — LINDL., *Introd.*, ed. 2, 298. — ENDL., *Gen.*, 606, Ord. 135. — *Cœlostyleæ* ENDL., *Enchirid.*, 289 (*Loganiacearum* Trib. 5).

5. *Buddleieæ* BENTH., *Scrophul. ind.*, 42. — ENDL., *Gen.*, 687 (*Scrophularinearum* Trib. 8). — BUR., *Logan.* (*Scrofulariacearum* Trib.). — B. H., *Gen.*, II, 787 (*Euloganiearum* Subtrib. 2).

6. *Potalieæ* MART., *loc. cit.*, II, 91, 133. — ENDL., *Gen.*, 576 (*Loganiacearum* Trib. 7). — *Potaliaceæ* R. BR., *Congo*, 449. — *Fagreaceæ* BUR., *Logan.*, 69 (*Gentianearum* Trib.). — *Fagræeæ* B. H., *Gen.*, II, 788 (*Euloganiæarum* Subtrib. 3).

quée. Androcée isostémoné. Ovaire à 2 loges, complètes ou rarement (*Fagræa*) incomplètes. Baie polysperme. Embryon droit. — Arbres ou arbustes, à feuilles opposées, sans stipules ou reliées l'une à l'autre par une ligne plus ou moins saillante ou vaginiforme; à fleurs généralement disposées en cymes composées. — 2 genres.

VIII. DATURÉES[1]. — Fleurs régulières, à calice détaché circulairement, à lobes de la corolle indupliqués-tordus. Androcée isostémoné. Fruit charnu et indéhiscent, ou plus souvent capsulaire, à 4 cavités et 4 valves. Embryon courbé-spiralé. — Arbres, arbustes ou herbes, à feuilles alternes, à fleurs solitaires. — 1 genre.

IX. HYOSCYAMÉES[2]. — Corolle régulière ou légèrement irrégulière, plissée, imbriquée ou sans préfloraison. Androcée isostémoné, à pièces inégales. Ovaire biloculaire. Pyxide. Graines de *Daturée*. — 4 genres.

X. NOLANÉES[3]. — Corolle régulière, plissée-imbriquée. Androcée isostémoné. Gynécée à ovaire entier ou plus ordinairement lobé, à lobes 2-pluriovulés. Fruit généralement lobé, à lobes subdrupacés, indéhiscents, 1-polyspermes. Graines à albumen plus ou moins abondant, à embryon courbé ou subspiralé, avec cotylédons semi-cylindriques, égaux en largeur à la radicule. — Herbes ou arbustes, à feuilles alternes, à inflorescence scorpioïdale. — 3 genres.

XI. CESTRÉES[4]. — Corolle infundibuliforme-tubuleuse, régulière, à lobes valvaires-indupliqués ou plissés, imbriqués. Androcée isostémoné. Baie. Graines à embryon droit ou plus rarement arqué; les cotylédons d'ordinaire plus larges que la radicule. — Arbustes à feuilles alternes. — 3 genres.

XII. NICOTIANÉES[5]. — Corolle régulière ou légèrement irrégulière, valvaire-indupliquée ou plissée. Androcée normalement isostémoné, à pièces inégales. Fruit capsulaire. Graines de *Cestrée*. — Herbes ou arbustes, à feuilles alternes. — 11 genres.

Cette grande famille renferme 79 genres[6] et environ 1250 espèces,

1. *Datureæ* G. DON, *Gen. Syst.*, IV, 472 (part.). — ENDL., *Gen.*, 663, Trib. 2 (part.). — *Hyoscyameæ* B. H., *Gen.*, II, 885, Trib. 3 (part.).

2. *Hyoscyameæ* ENDL., *Gen.*, 664, Trib. 3. — DUN., in *DC. Prodr.*, XIII, p. I, 546, Subtrib. 4. — B. H., *Gen.*, *loc. cit.* (part.).

3. *Nolaneæ* DUN., in *DC. Prodr.*, XIII, p. I, 3, Trib. 1 (part.). — B. H., *Gen.*, II, 867 (*Convolvulacearum* Trib. 3). — *Nolanaceæ* ENDL., *Gen.*, 655. — LINDL., *Nix. pl.*, 18; *Veg. Kingd.*, 654, Ord. 252.

4. *Cestreæ* DUN., in *DC. Prodr.*, XIII, p. I, 8, Subtrib. 9. — *Cestrineæ* ENDL., *Gen.*, 667, Trib. 5. — B. H., *Gen.*, 886, Trib. 4 (part.). — *Cestraceæ* LINDL., *Introd.*, ed. 2, 296.

5. *Nicotianeæ* DUN., in *DC. Prodr.*, XIII, p. I, Subtrib. 5. — *Cestrineæ* B. H., *loc. cit.* (part.).

6. Sans compter les quatre types incertains qui suivent :

On place, en effet, avec doute parmi les Solanacées les *Sclerophylax* (MIERS, in *Hook. Lond. Journ.*, VII, 18; *Ill.*, I, 115, t. 25, 26. — B. H., *Gen.*, II, 912, n. 66. — WALP., *Ann.*, III, 148), qui ont le périanthe et l'androcée de beaucoup de Solanées, avec un ovaire supère,

dont un millier sont américaines. Elles abondent dans toutes les régions tropicales et sous-tropicales des deux mondes; elles sont peu nombreuses en Europe, où l'on ne trouve que quelques représentants des séries des Solanées, Atropées, Daturées et Hyoscyamées.

Propriétés et usages[1]. — A cette famille appartiennent quelques-unes des plantes les plus actives que l'on connaisse comme médicaments ou comme poisons. Il suffit d'indiquer, au premier rang, les Solanées dites vireuses et ceux des *Strychnos* qui produisent la Noix vomique, la Fève de Saint-Ignace et donnent au Curare ses propriétés singulières. La Belladone[2] (fig. 364-368), herbe de l'Europe et de l'Asie occidentale et moyenne, transportée en Amérique, dont le suc est surtout célèbre comme dilatant la pupille, qu'il provienne des racines, des tiges souterraines ou aériennes, des feuilles ou des fruits, sert à l'extraction de l'*Atropine*. Les Mandragores, très voisines des *Atropa*, sont de la région méditerranéenne[3] et appartiennent probablement toutes à une seule espèce variable, le *Mandragora officinarum*[4]. Elles sont célèbres par le rôle qu'elles ont joué comme

conique, prolongé en un style grêle, à tête stigmatifère subspathulée, récurvée, et deux loges contenant chacune un ovule descendant, à micropyle supérieur et (?) intérieur. Le calice a cinq lobes aigus, foliacés ou spinescents, très inégaux; la corolle infundibuliforme a cinq lobes égaux ou un peu inégaux, indupliqués-plissés. Le fruit est une capsule, et les graines ont un embryon droit et un albumen charnu. Les deux espèces connues sont des herbes rameuses, de l'Amériqne du Sud extratropicale, à port de *Tetragonia*, avec des feuilles alternes ou souvent géminées, spathulées, des épines axillaires et des fleurs axillaires, solitaires et sessiles.

Le *Gœtzea* (Wydl., in *Linnæa*, V, 423, t. 8), attribué par l'auteur aux Ébénacées, a été ensuite (Griseb., *Cat. pl. cub.*, 191. — B. H., *Gen.*, II, 1244, n. 44, *a*) placé avec quelque doute parmi les Cestrées, puis confondu plus tard avec les *Espadæa* A. Rich. Il a des fleurs hexamères et un fruit charnu, monosperme. Sa place demeure jusqu'ici tout à fait incertaine.

Le *Dartus perlarius* Lour. (*Fl. cochinch.*, 123) a aussi été rapporté avec doute aux Solanacées; c'est peut-être (?) un *Datura*.

Le *Stigmatococca* W. (in *Schult. Mantiss.*, III, 3, 55), plante de Panama, est écarté des Solanacées (B. H., *Gen.*, II, 888), à cause de ses fleurs tétramères et de son fruit monosperme.

1. Endl., *Enchirid.*, 333. — Lindl., *Veg. Kingd.*, 619. — Guib., *Drog. simpl.*, éd. 7, II, 492. — A. M.-Edw., *Thès. Solan.* (1864). — Cauv., *Thès. Solan.* (1864), c. tab. 5 (Ce travail renferme notamment une traduction des théories de Wydler sur la morphologie et la ramification des Solanées). — Rosenth., *Synops. pl. diaphor.*, 450, 1067, 1131. — H. Bn, *Tr. Bot. méd. phanér.*, 1188-1224, fig. 3088-3144.

2. *Atropa Belladona* L., *Spec.*, 1, 260. — Dun., in *DC. Prodr.*, XIII, p. I, 464. — Berg et Schm., *Darst. off. Gew.*, t. 20, *c.* — H. Bn, *Tr. Bot. méd. phanér.*, 1193. — *Solanum lethale* Clus., *Hist.*, II, 85, icon. — *Belladona trichotoma* Scop., *Fl. carn.*, ed. 2, n. 255 — *B. baccifera* Lamk, *Fl. fr.*, II, 255. (*Bouton noir, Belle-dame, Morelle furieuse, M. marine, Guigne de côtes*).

3. L'espèce indo-chinoise est douteuse.

4. L., *Spec.*, ed. 1, 181. — Dun., in *DC. Prodr.*, XIII, p. I, 466. — H. Bn, *Tr. Bot. méd. phanér.*, 1224. — *Atropa Mandragora* W. (*Herbe aux magiciens, Main de gloire*). Bertoloni (*Comment. Mandrag.*) a, au contraire, multiplié les espèces et distingué les *M. vernalis*, *autumnalis* et *microcarpa*.

poison et par les vertus surnaturelles jadis attribuées à leur racine dite *antropomorphe*. Les Stramoines et, en particulier, la Pomme épineuse[1] (fig. 431-436), sont aussi célèbres comme poisons et comme médicaments. Elles doivent leurs propriétés à la *Daturine*. Le Tabac commun[2] (fig. 460-465) n'est pas moins vénéneux, et c'est aussi un médicament puissant dont s'extrait la *Nicotine*, alcaloïde qui se retrouve dans bien d'autres espèces du genre[3]. La plus usitée des Jusquiames est la J. noire[4] (fig. 437-441), plante de l'Europe et de l'Orient, introduite depuis longtemps en Amérique[5]. Les *Lycium barbarum*[6] (fig. 369-372) et *europæum* L.[7] ne sont plus, comme autrefois, employés en médecine. Les *Cestrum* sont souvent vantés en Amérique comme astringents et fébrifuges[8]. Le *Nicandra physaloides*[9] (fig. 343-345) se prescrit en Amérique contre les rétentions d'urine; et au Chili, le *Fabiana imbricata*[10] a acquis une grande réputation comme tonique, fébrifuge et astringent. Le Coqueret-Alkékenge[11]

1. *Datura Stramonium* L., *Spec.*, 179. — DUN., in *DC. Prodr.*, XIII, p. I, 540. — H. BN, *Tr. Bot. méd. phanér.*, 1203. — *Stramonium fœtidum* SCOP. — *S. vulgatum* GÆRTN. — *S. spinosum* LAMK. (*Herbe aux sorciers*, *H. du diable*, *H. des démoniaques*, *H. à la taupe*, *H. des magiciens*, *Pomme de vallée*, *Endormie*, *Chasse-taupe*, *Putput*). Le *D. Tatula* L., qui n'en est peut-être qu'une variété à tiges rougeâtres, est aussi et même plus célèbre comme antiasthmatique. Le *D. alba* NEES est très vénéneux, de même que le *D. fastuosa* L. On a aussi substitué au *D. Stramonium* les *D. arborea* L., *ferox* L., *Metel* L., etc.

2. *Nicotiana Tabacum* L., *Spec.*, I, 258. — DUN., in *DC. Prodr.*, XIII, p. I, 557. — H. BN, *Tr. Bot. méd. phanér.*, 1200. — *N. havanensis* LAG. — *N. macrophylla* LEHM. — *N. gigantea* LEDEB. — *N. latissima* DC. (*Herbe à Nicot*, *H. de l'ambassadeur*, *H. à la reine*, *H. à tous maux*, *H. du grand prieur*, *H. de Sainte-Croix*, *H. de Ternabon*, *H. sainte*, *H. sacrée*, *Panacée antarctique*, *Tornabonne*, *Petun*, *Pontiane*, *Tabac mâle*, *T. vrai*, *T. de la Floride*, etc.).

3. Principalement dans le *N. rustica* L. (*Tabac rustique*, *T. à feuilles rondes*, *T. femelle*, *T. du Mexique*, *T. sauvage*, *Priapée*), usité en médecine (H. BN, *Tr. Bot. méd. phanér.*, 1202) et dans les *N multivalvis* LINDL., *quadrivalvis* PURSH, *repanda* W., *persica* LINDL., etc.

4. *Hyoscyamus niger* L., *Spec.*, 257. — DUN., in *DC. Prodr.*, XIII, p. I, 546. — GREN. et GODR., *Fl. de Fr.*, II, 545. — BERG et SCHM., *loc. cit.*, t. 16, *f.* — H. BN, *Tr. Bot. méd. phanér.*, 1206. — *H. agrestis* KIT. (*Hannebane*, *Herbe aux poules*, *H. aux engelures*, *H. à la teigne*, *Porcelet*, *Potelée*, *Careillade*, *Mort aux Poules*).

5. Les *H. albus* L. (*J. blanche*) (fig. 442), *aureus* L., *pallidus* KIT. (var. de l'*H. niger*) ont été substitués à la J. noire. L'*H. insanus* STOCKS, du Béloutchistan, très vénéneux, s'emploie avec succès dans l'Inde comme antiasthmatique.

6. L., *Spec.*, ed. 1, I, 192. — DUN., in *DC. Prodr.*, XIII, p. I, 511, n. 8 (*Lyciet d'Europe*).

7. *Syst.*, I, 228; *Mantiss.*, 97. — *L. mediterraneum* DUN., in *DC. Prodr.*, n. 34 (*Jasmin bâtard*, *Olinet*). On a aussi employé les *L. chinense* MILL., *humile* PHIL. (*Lume* des Chiliens), *afrum* L. (qu'on croit être le *Rhamnus leucotera* DIOSC.), *umbrosum* H. B., *umbellatum* R. et PAV., *aggregatum* R. et PAV., etc.

8. Notamment le *C. nocturnum* L. (*Galant de nuit*); le *C. oppositifolium* LAMK; le *C. tinctorium* JACQ. qui servait à préparer une encre bleue officielle; le *C. Parqui* LHÉR., usité au Chili contre la teigne; le *C. auriculatum* LHÉR., fébrifuge, antihémorrhoïdal, etc.; le *C. undulatum* R. et PAV., également fébrifuge; les *C. corymbosum* SCHLCHTL, *lævigatum* SCHLCHTL, etc. Les Boschimanes empoisonnent, dit-on, leurs flèches avec le suc du *C. oppositifolium* LAMK. Le *C. pseudoquina* MART., fébrifuge, est le *Quina do mato* des Brésiliens.

9. GÆRTN., *Fruct.*, t. 131. — DUN., in *DC. Prodr.*, XIII, p. I, 434. — *Atropa physaloides* L. — *Physalis peruviana* MILL.

10. R. et PAV., *Fl. per.*, 12, t. 122, fig. 6. — DUN., in *DC. Prodr.*, XIII, p. I, 590, n. 1. — LINDL., *Bot. Reg.* (1839), t. 59. — HOOK., *Icon.*, IV, t. 340* (*Pichi*).

11. *Physalis Alkekengi* L., *Spec.*, I, 262. — DUN., in *DC. Prodr.*, XIII, p. I, 438, n. 11. — GREN. et GODR., *Fl. de Fr.*, II, 545. — H. BN, *Tr. Bot. méd. phanér.*, 1196. — *Alkekengi*

(fig. 360-362) a un fruit diurétique et légèrement purgatif. Les *Capsicum*, notamment le *C. annuum*[1] (fig. 359), de même que le *C. fastigiatum* Bl.[2], ont souvent des fruits d'une saveur extrêmement piquante, puissants stimulants internes, remèdes merveilleux des hémorrhoïdes, rubéfiants et révulsifs des plus énergiques[3]. Un très grand nombre de Morelles (*Solanum*) sont utilisées, soit comme médicaments : ainsi la Douce-amère[4] (fig. 346-349), la M. noire[5], les *S. paniculatum* L., *ægyptiacum* Forsk., *Pseudo-China* A. S.-H.[6]; soit comme aliments : telles la Tomate[7], l'Aubergine[8] et la Pomme de terre[9] (fig. 350-358). Le plus anciennnement connu des *Strychnos* est l'arbre à la Noix vomique[10] (fig. 375-381). Celui qui produit la Fève de Saint-Ignace[11] (fig. 387, 388) n'est guère moins célèbre. Les *S. Tieute*[12], *colubrina*[13], *Gautheriana*[14], *Icaja*[15], et une foule d'autres ont des

officinarum Mœnch. — *P. Halicacabum* Scop. — *Halicacabum vulgare* J. Bauh. — *Solanum vesicarium* Dod. (*Amour en cage, Coquerelle, Coccigrolle, Coccigrue, Lanterne, Herbe à cloque, Baguenaude*). On mange les fruits des *P. esculenta* W., *latifolia* Lamk, *peruviana* L. On a employé en médecine les *P. Alpini* Jacq., *viscosa* L., *pensylvanica* L., *pubescens* L., *pruinosa* L., *indica* Lamk, *flexuosa* L., *fœtidissima* Lag., etc.

1. L., *Spec.*, I, 270. — Dun., in *DC. Prodr.*, XIII, p. I, 412. — H. Bn, *Tr. Bot. méd. phanér.*, 1193. — *Piper indicum* C. Bauh. — *P. brasiliense* Pis. (*Piment des jardins, P. Corail, Poivre de Guinée, P. d'Espagne, P. de Calicut, P. du Brésil, P. d'Inde, Carive, Courats, Poivron*).

2. Bl., *Bijdr.*, 705. — *C. minimum* Roxb. — *C. baccatum* Ham. — *C. frutescens* L., part. (*Piment enragé, Poivre de Cayenne*).

3. Il y a dans les espèces précédentes des variétés à fruits doux, potagers. On emploie comme médicaments les *C. baccatum* L., *bicolor* Jacq., *crassum* W. Il y a au Pérou un *C. toxicarium* Pœpp. (Rosenth., *op. cit.*, 459).

4. *Solanum Dulcamara* L., *Spec.*, I, 264. — Dun., in *DC. Prodr.*, XIII, p. I, 78. — Gren. et Godr., *Fl. de Fr.*, II, 544. — H. Bn, *Tr. Bot. méd. phanér.*, 1190. — *Dulcamara flexuosa* Mœnch. — *Lycopersicum Dulcamara* Med. (*Herbe de Judée, H. à la fièvre, H. à la carte, Vigne de Judée, V. sauvage, Morelle grimpante, Loque, Courge, Crève-chien, Bronde*).

5. *Solanum nigrum* L., *Spec.*, 266. — Dun., in *DC. Prodr.*, XIII, p. I, n. 59. — Gren. et Godr., *Fl. de Fr.*, II, 543. — H. Bn, *Tr. Bot. méd. phanér.*, 1191 (*Morelle, Mourette, Raisin de loup, Herbe aux magiciens*).

6. Voy. Rosenth., *Syn. pl. diaphor.*, 460. Il y a un *S. toxicarium* Rich. à la Guyane, un *S. indigoferum* A. S.-H. au Brésil, un *S. saponaceum* Dun. au Pérou, un *S. coagulans* Forsk. en Arabie, etc.

7. *S. Lycopersicum* L., *Spec.*, 150. — *Lycopersicum esculentum* Mill., *Dict.*, n. 2. — Dun., in *DC. Prodr.*, XIII, p. I, 26, n. 10. — *Pomum Amoris* Mœnch (*Pomme d'amour, P. d'or, P. du Pérou*). De nombreuses variétés horticoles ont été élevées au rang d'espèces par Dunal (*loc. cit.*, 23) et d'autres auteurs.

8. *S. esculentum* Dun., *Solan.*, 208, t. 3; in *DC. Prodr.*, XIII, p. I, 355, n. 816. — *S. Melongena* L. — *Trongum hortense* Rumph. (*Albergine, Melongène, Mérinjeanne, Pondeuse, Œuf végétal, Bringèle, Mayenne, Véringeane*).

9. L., *Spec.*, 265. — Gren. et Godr., *Fl. de Fr.*, II, 544. — H. Bn, *Tr. Bot. méd. phanér.*, 1192 (*Patate des jardins, P. de la Manche, P. de Virginie, Parmentière, Trufette, Tartaufe, Tartuffle*).

10. *S. Nux-vomica* L., *Spec.*, 271. — Gærtn., *Fruct.*, t. 179, fig. 7. — H. Bn, *Tr. Bot. méd. phanér.*, 1212.

11. *S. Ignatii* Berg, *Mat. med.*, 149. — Lamk, *Ill.*, n. 1550. — Benth. et Trim., *Med. plants*. — H. Bn, *Tr. Bot. méd. phanér.*, 1214. — Vidal, *Revis. pl. vasc. Filip.*, (avec pl. finale). — *Ignatia amara* L. f., *Suppl.*, 149 (fruct.). — *Ignatiana philippinica* Lour., *Fl. cochinch.*, 155 (*Caniram de Saint-Ignace* Dup.-Th.).

12. Lesch., in *Ann. Mus.*, XVI, t. 23.

13. Wight, *Icon.*, t. 434. Synonyme probablement de *S. Nux vomica*. C'est son écorce qui constitue, croit-on, la Fausse-Angusture.

14. Pierre, ex Lessert., *Le Hoang-nan, remède tonkinois contre la rage, la lèpre et autres maladies* (1879).

15. H. Bn, in *Adansonia*, XII, 368. — Heck. et Schlagd., in *Journ. Anat. et Phys.* (1880), 123 (*Icaja, Ncaza, Akasga, M'boundou*).

propriétés toxiques et thérapeutiques fort accentuées; mais ils sont moins célèbres que les espèces à *Curare*[1], dont les principales sont les *S. Castelnœana*[2] (fig. 386), *toxifera*[3], *Curare*[4], *Crevauxiana*[5] (fig. 382-385), *triplinervia*, *depauperata*, *guianensis*, *brasiliensis*, *cogens*, etc. Le *S. Icaja* est un des poisons les plus redoutables de l'Afrique tropicale occidentale. Cependant le péricarpe charnu de la plupart des espèces des deux mondes est comestible pour l'homme ou pour les animaux; et les semences du *S. potatorum*[6] servent à purifier l'eau, tandis qu'au Brésil l'écorce du *S. Pseudo-China*[7] s'emploie au traitement des fièvres d'accès et ne renferme pas d'alcaloïdes vénéneux[8]. Deux *Spigelia* américains sont vantés comme médicaments: le *S. marylandica*[9] (fig. 407-411), vénéneux et vermicide, et le *S. Anthelmia*[10], qui a à peu près les mêmes qualités. Il n'y a presque pas de Solanacée qui n'ait été employée aux usages médicaux[11]. Beaucoup sont ornementales par leurs fleurs, souvent volumineuses, éclatantes de couleur, vivement odorantes; elles appartiennent surtout aux genres *Datura*, *Solandra*, *Iochroma*, *Scopolia*, *Marckea*, *Metternichia*, *Cestrum*, *Vestia*, *Nicotiana*, *Petunia*, *Nierembergia*, *Nolana*. On cultive aussi dans nos parterres de nombreux *Solanum* ornementaux, la plupart d'origine américaine.

1. H. BN, in *Bull. Soc. Linn. Par.*, 230, 256; in *Adansonia*, XII, 377.

2. WEDD. — H. BN, *Tr. Bot. méd. phanér.*, 1217, fig. 3135. — *S. Castelneæ* BENTH.

3. BENTH., in *Hook. Journ. Bot.*, III, 240. — SCHOMB., *On the Urari* (1879).

4. H. BN, in *Adansonia*, XII, 373. — *Lasiostoma? Curare* K. — *Rouhamon? Curare* A. DC., *Prodr.*, IX, 17, n. 3.

5. H. BN, in *Adansonia*, XII, 377, t. 7; *Tr. Bot. méd. phanér.*, 1219, fig. 3136-3139. — *S. Crevauxii* G. PL. (*Urari*).

6. L. F., *Suppl.*, 148. — BUR., *Logan.*, 118 (*Nirmuli*, *Tettan-marum*, *Titan-cotte*, *Tetan Kotta* RETZ.).

7. A. S.-H., *App. Voy. Brés.*, 31; *Pl. us. Bras.*, t. 1 (*Quina do campo*).

8. Il y a un *S. innocua* DEL. Les fruits des *S. spinosa*, *brachiata*, *densiflora* H. BN et bien d'autres sont comestibles pour l'homme et les animaux; le péricarpe a souvent la saveur et l'arome des abricots.

9. L., *Syst.*, 863. — BIGEL., *Med. bot.*, II, 142, t. 14. — BUR., *Logan.*, 130. — A. DC., *Prodr.*, IX, 5, n. 13. — H. BN, *Tr. Bot. méd. phanér.*, 1223. — *Lonicera marylandica* L. (*Pink Root*, *Worm-grass* des Américains).

10. L., *Spec.*, ed. 1, 149; *Amœn. acad.*, V, 140, t. 2. — LAMK, *Ill.*, t. 405. — A. DC., *Prodr.*, n. 23. — *Bot. Mag.*, t. 2359. — BUR., *Logan.*, 125. — H. BN, *Tr. Bot. méd. phanér.*, 1223. — *Arapabaca* MARCGR. (*Brinvilliers*, *Brinvillière*, *Yerba de lombrices*).

11. Citons le *Physochlæna physaloides* D. DON, fébrifuge, antisyphilitique; le *Scopolia lurida* DUN. (*Anisodus luridus* LINK et OTTO), substitué à la Belladone et qu'on assure (WARING) être aussi énergique qu'elle comme mydriatique; le *S. carniolica* JACQ. qui donne les *Radix et herba Scopolinæ* de la pharmacopée allemande; les *Saracha procumbens*, *dentata*, *contorta*, *punctata* et *biflora* R. et PAV., du Pérou; le *Witheringia solanacea* LHÉR., comestible; l'*Acnistus arborescens* SCHOTT, à racine savonneuse, le *Triguera ambrosiaca* CAV., narcotique; le *Latua venenosa* PHIL., le *Trechonætes sativa* MIERS, plante potagère; le *Withania somnifera* DUN., narcotique et diurétique; le *Nierembergia hippomanica* MIERS, vénéneux; les Nolanées émollientes et potagères, etc., etc.

GENERA

I. SOLANEÆ.

1. **Nicandra** ADANS. — Flores hermaphroditi regulares; receptaculo convexiusculo. Sepala 5, basi cordato-subsagittata, valvata. Corollæ campanulatæ lobi 5, imbricato-plicati et quincunciales. Stamina 5, ad imam corollam inserta inclusa; filamentis basi dilatata pilosis; antheræ oblongæ loculis parallelis, longitudinaliter rimosis. Germen liberum; stylo gracili, apice dilatato stigmatoso, 3-5-lobo. Loculi 5, cum sepalis alternantes, v. 3, 4; ovulis ∞, anatropis, placentæ crassæ axili insertis. Fructus siccus membranaceus globosus, indehiscens, calyce aucto inflato scarioso reticulato inclusus. Semina ∞, suborbiculari-compressa scrobiculata; albumine carnoso; embryonis subperipherici curvati cotyledonibus semiteretibus. — Herba annua ramosa glabra; foliis alternis petiolatis sinuato-dentatis v. sublobatis; floribus solitariis pedunculatis nutantibus lateraliter ad nodos insertis (inflorescentia sic dicta scorpioidali). (*Peruvia.*) — *Vid. p.* 281.

2. **Cacabus** BERNH.[1] — Flores fere *Nicandræ;* calyce 5-fido, circa fructum aucto vesiculoso, 5-10-angulato v. costato. Corolla infundibulari-campanulata; lobis 5, plicatis. Stamina 5, ad imam corollam inserta inclusa; filamentis basi dilatatis; antheris ovatis v. oblongis, 2-rimosis. Discus annularis. Germen 2-loculare; placentis 2-fidis, ∞-ovulatis; stylo gracili, apice longe 2-lamellato; lamellis conniventibus, ad margines papillosis. Bacca aquosa; pericarpio tenui fragili. Semina cæteraque *Nicandræ*. — Herbæ annuæ, pilosæ, v. viscosæ;

1. In *Linnæa*, XIII, 360. — ENDL., *Gen.*, 1404. — MIERS, *Ill.*, II, 49, t. 49. — B. H., *Gen.*, II, 896, n. 24. — *Thinogeton* BENTH., *Sulph. Bot.*, 142. — DUN., in *DC. Prodrom.*, XIII, p. I, 449, 690. — *Dictyocalyx* HOOK. F., in *Trans. Linn. Soc.*, XX, 202. — *Streptostigma* REG., *Gartenfl.* (1853), 322, t. 68. — *Physaloides* MŒNCH, *Meth.*, Suppl., 178.

foliis alternis petiolatis sinuatis v. grosse dentatis; floribus[1] ad axillas lateralibus pedunculatis. (*America trop. occ. et subtrop. marit.*[2])

3. **Triguera** CAV.[3] — Flores leviter irregulares; calyce campanulato, 5-fido, persistente et sub fructu aucto patenteque. Corolla tubuloso-campanulata incurva; limbi obliqui dilatati lobis 5, inæquipatentibus. Stamina 5 (fere *Solani*); filamentis basi connatis; antheris elongatis conniventibus, introrsis, ab apice dehiscentibus; rimis primum hiantibus poriformibus, dein longitudinaliter usque ad basin productis. Germen 2-loculare, ∞-ovulatum; stylo tenui, apice stigmatoso minute globoso. Bacca subglobosa; pericarpio demum tenui subexsucco. Semina ∞, majuscula, inæqui-ovoidea, valde rugosa; embryonis subperipherici cotyledonibus semiteretibus. — Herba[4] annua laxe pilosa; foliis obovatis sinuato-dentatis; floribus[5] sæpius 2-natis. (*Hispania*[6].)

4? **Phrodus** MIERS[7]. — Calyx campanulatus, 5-fidus, fructum demum includens. Corollæ tubuloso-campanulatæ lobi 5, induplicati. Stamina ad imam corollam inserta inclusa; filamentis basi dilatata villosis, superne gracilibus; antheris brevibus introrsis; loculis inferne liberis, rimosis. Germen conicum, basi in discum valde incrassatum, 2-loculare; stylo gracili, apice stigmatoso dilatato, 2-lobo. Bacca globosa; pericarpio tenui; seminibus ∞, compressis; embryone subcyclico; cotyledonibus semiteretibus. — Fruticuli ramosi, glabri v. pilosuli; foliis linearibus crassiusculis; floribus[8] axillaribus solitariis pedunculatis v. in summis ramulis subracemosis[9]. (*Chili*[10].)

5. **Solanum** T.[11] — Calycis campanulati v. rotati patentisve, plerumque post anthesin haud v. vix aucti, dentes, lobi v. foliola 5,

1. Violaceis v. albo-lilacinis, majusculis.

2. Spec. 2, 3. JACQ., *Ic. rar.*, I, t. 38 (*Physalis*). — RETZ., *Obs.*, V, 22 (*Physalis*). — LHÉR., *Stirp. nov.*, 43, t. 22 (*Physalis*). — DUN., in *DC. Prodr.*, XIII, p. I, 449 (*Physalis*). — ANDR., *Bot. Rep.*, t. 75 (*Physalis*). — MIERS, *Ill.*, II, 53, t. 50 (*Thinogeton*). — WALP., *Ann.*, III, 158; V, 570.

3. *Diss.*, II, App., 1, t. A (part.). — LAMK, *Ill.*, t. 144. — DUN., in *DC. Prodr.*, XIII, p. I, 22. — ENDL., *Gen.*, n. 3874. — B. H., *Gen.*, II, 897, n. 26.

4. Moschum redolens.

5. Cæruleis v. albis, majusculis.

6. Spec. 1. *T. ambrosiaca* CAV. — MIERS, *Ill.*, II, Suppl., 2, t. 75. — WILLK. et LGE, *Prodr. Fl. hisp.*, II, 523. — WILLK., *Ill.*, t. 96.

7. In *Ann. Nat. Hist.*, ser. 2, IV, 33; *Ill.*, II, 24, t. 41, 42. — DUN., in *DC. Prodr.*, XIII, p. I, 686. — B. H., *Gen.*, II, 896, n. 23. — *Rhopalostigma* PHIL., *Fl. atacam.*, 42, t. 6.

8. Majusculis, sæpe crebris.

9. Genus gynœceo *Solanearum* donatum, eas cœterum cum *Nolaneis* connectens.

10. Spec. 2. MIERS, *Ill.*, I, 54 (*Alona*).

11. *Inst.*, 148, t. 62; *Cor.*, 8. — L., *Gen.*, n. 251. — J., *Gen.*, 126. — DUN., *Hist. Solan.* (1813); *Solan. Synops.* (1816); in *DC. Prodr.*,

rarius 4-12. Corolla rotata v. late campanulata; limbi lobis 5, v. rarius 4, 6, valvatis v. plicatis; tubo brevi v. rarius longiusculo. Stamina 5, v. rarius 4, 6, fauci affixa; antheris æqualibus v. nunc inæqualibus[1], conniventibus v. coalitis; connectivo tenui obsoletove nunc dorso varie incrassato (*Cyphomandra*[2]), acumine vacuo (*Lycopersicon*[3]); loculis longitudinaliter rimosis; rima aut loculo æquali, aut supera brevi inferneque plus minus producta, rarissime apicali vereque poriformi. Discus hypogynus nullus v. vix conspicuus, nunc annularis crassusve. Germen 2-loculare, v. rarius 3-12-loculare; stylo simplici, apice stigmatoso truncato, capitato v. valde dilatato-2-lobo (*Cyphomandra*). Ovula ∞, placentæ axili crassæ inserta. Bacca[4] varia, nunc exsucca. Semina ∞, compressa, reniformia v. orbiculata, papillosa, granulata v. scrobiculata; embryone subperipherico, curvo spiralive; cotyledonibus semiteretibus. — Herbæ v. rarius frutices arbusculæve, nunc scandentes, inermes v. aculeati; foliis alternis, integris, v. nunc 2-natis[5], lobatis v. pinnatisectis; floribus[6] in cymas varias, simplices v. dichotomas compositasve, terminales v. ad folia laterales[7], dispositis. (*Orbis totius reg. trop. et subtrop.*[8])

XIII, p. I, 28. — ENDL., *Gen.*, n. 3855. — PAYER, *Leç. Fam. nat.*, 205. — B. H., *Gen.*, II, 888, n. 2. — *Aquartia* L., *Gen.*, n. 136 (floribus sæpius 4-meris). — *Nycterium* VENT., *Malm.*, t. 85. — *Androcera* NUTT., *Gen. pl. amer.*, I, 129. — *Normania* LOWE, *Fl. Mad.*, II, 70. — *Cliocarpus* MIERS, in *Ann. Nat. Hist.*, ser. 2, IV, 141; *Ill.*, II, 143, t. 44. — *Melongena* T., *Inst.*, 151, t. 65. — *Dulcamara* MOENCH, *Meth.*, 514. — *Pseudo-capsicum* MOENCH, *Meth.*, 476. — *Ceranthera* MOENCH, in *Monthl. Rep.* (1819) (nec ELL.).

1. Minoribus, nunc sterilibus.

2. SENDTN., in *Flora* (1845), 162; in *Mart. Fl. bras.*, X, 113, t. 15-17. — B. H., *Gen.*, II, 889, n. 3. — *Pionandra* MIERS, in *Hook. Lond. Journ.*, IV, 353; *Ill.*, t. 8, 9, 61. — *Cyathostyles* SCHOTT, ex MEISSN., *Gen.*, *Comm.*, 184. — *Pallavicinia* DE NOT., in *Flora* (1847), 567.

3. T., *Inst.*, 150, t. 63. — *Lycopersicum* DUN., *Solan.*, t. 3, fig. 3; 26; in *DC. Prodr.*, XIII, p. I, 23. — ENDL., *Gen.*, n. 3856. — B. H., *Gen.*, II, 888, n. 1. — *Psolanum* NECK., *Elem.*, n. 708.

4. De fructus *Lycopersici* structura cfr BOCQ., in *A. M.-Edw. Thès. Solan.*, t. 1.

5. Nec oppositis.

6. Albis, lilacinis, purpurascentibus v. flavis.

7. In ramo sæpe plus minus elevatas.

8. Spec. ad 750. CAV., *Icon.*, t. 236, 243, 245, 259, 308, 309, 350, 524. — VAHL, *Symb.*, t. 55; *Icon.*, 13, 21. — JACQ., *Ic. rar.*, t. 40-46, 322-332; *H. vindob.*, t. 11-14, 113; *H. schœnbr.*, t. 42, 333, 334, 469, 470; *Fragm.*, t. 132. — JACQ. F., *Ecl. amer.*, t. 6, 7, 24, 65, 83, 103, 104, 144. — J., in *Ann. Mus.*, III, t. 9. — SM., *Exot. bot.*, t. 64, 88. — B., *Malmais.*, t. 56. — W., *H. berol.*, t. 27, 102. — WIGHT, *Ill.*, t. 166; *Icon.*, t. 344-346, 893, 1397-1402. — DC., *Pl. rar. Jard. Gen.*, t. 13. — JACQUEM., *Voy.*, *Bot.*, t. 119. — DEL., *Fl. Eg.*, t. 23. — SIBTH., *Fl. græc.*, t. 235. — WEBB, *Phyt. canar.*, t. 174. — SCHWEINF., *Pl. nil.*, t. 8, 9. — GAUDICH., in *Freycin. Voy.*, *Bot.*, t. 58. — AUBL., *Guian.*, t. 84. — R. et PAV., *Fl. per. et chil.*, t. 158-177. — H. B. K., *Nov. gen. et spec.*, t. 195. — MIQ., *St. surin.*, t. 38, 39. — MORIC., *Pl. nouv. Amér.*, t. 17, 19-23. — J. GAY, *Fl. chil.*, V, 73. — PHIL., *Fl. atacam.*, 42; *Sert. Mend. alt.*, 37. — A. RICH., *Fl. cub.*, t. 62. — PURSH, *Fl. Amer. sept.*, t. 7. — HOOK., *Exot. Fl.*, t. 199. — MIQ., *Fl. ind. bat.*, II, 636. — BENTH., *Fl. austral.*, IV, 442. — A. GRAY, in *Proc. Amer. Acad.*, VI, 42. — CHAPM., *Fl. S. Un.-St.*, 348. — WAWR., *Pr. Max. Reis.*, *Bot.*, t. 66. — WEDD., *Chlor. andin.*, II, 103, t. 55. — FR. et SAV., *Enum. pl. jap.*, I, 338 — C.-B. CLKE, in *Hook. f. Fl. brit. Ind.*, IV, 229. — HEMSL., *Bot. centr.-amer.*, II, 403. — S.-WATS., *Bot. Fourt. parall.*, 274. — A. GRAY, *Bot. Calif.*, I, 538; *Syn. Fl. N.-Amer.*, 224, 226. — BOISS., *Fl. or.*, IV, 283. — REICHB., *Ic. eur.*, t. 953-955, 993-997; *Ic. Fl. germ.*, t. 1631-1633. — GREN. et GODR., *Fl. de Fr.*, II, 542.

6? **Bassovia** AUBL.[1] — Flores fere *Solani;* calyce late campanulato, 5-10-dentato vel fido, sub fructu haud v. vix aucto. Corollæ subrotatæ v. globosæ lobi 5, profundi, valvati, basi nunc induplicati. Stamina 5, corollæ nunc inter singula breviter 2-cristatæ prope basin affixa; antheris quoad filamenta brevia magnis, 2-rimosis. Discus brevis. Germen 2-loculare; stylo clavato v. dilatato, apice stigmatoso subintegro v. breviter 2-lobo. Bacca plus minus succosa; seminibus compressiusculis cæterisque *Solani*. — Herbæ, arbusculæ v. sæpius frutices erecti sarmentosive; foliis integris v. repandis; floribus[2] solitariis, 2-nis v. multo sæpius umbelliformi-cymosis[3]. (*America calid. centr. et austr., Antillæ*[4].)

7? **Mellissia** HOOK. F.[5] — Flores fere *Solani* (v. *Sarachæ*); calycis lobis 3-5, æqualibus obtusis. Corolla late subcampanulato-rotata; lobis 5, obtusis induplicato-valvatis. Stamina 5, imæ corollæ affixa; antheris brevibus. Discus annularis. Germen 2-loculare; stylo apice leviter dilatato obtuse 2-lobo. Bacca calyce patente fulta, ∞-sperma. — Frutex[6] tortuosus; foliis ovatis integris; floribus[7] ad axillas solitariis v. 2-nis; pedicellis recurvis[8]. (*S. Helena*[9].)

8. **Saracha** R. et PAV.[10] — Flores fere *Solani;* calyce 5-fido, valvato. Corolla rotata; lobis 5, margine papilloso valvatis, patulis. Stamina 5, imæ corollæ inserta; filamentis basi dilatata papillosis, imo connectivo, inter loculorum antheræ brevis introrsæ basin, insertis. Germen 2-loculare, inferne glanduloso-incrassatum; stylo tenui, apice stigmatoso capitato. Ovula ∞, placentæ axili crassæ inserta. Bacca calyce aucto imposita; seminibus ∞, reniformibus. — Herbæ erectæ v. procumbentes; foliis alternis, nunc 2-nis; floribus lateraliter cum

— *Bot. Reg.*, t. 71, 140, 177, 1516, 1712; (1840), t. 15; (1841), t. 7; (1846), t. 25 (1847); t. 33. — *Bot. Mag.*, t. 349, 1921, 1928, 1982, 2173, 2547, 2568, 2618, 2697, 2708, 2828, 3385, 3672, 3795, 4138, 5222, 5424, 5823, 6461, 6756, 6766.

1. *Pl. Guian.*, I, 217, t. 85. — DUN., in *DC. Prodr.*, XIII, p. I, 405. — ENDL., *Gen.*, 666. — B. H., *Gen.*, II, 892, n. 9. — *Witheringia* LHÉR., *Sert. angl.*, t. 1 (nec MIERS). — *Aureliana* SENDTN., in *Mart. Fl. bras.*, X, 138, t. 19.

2. Mediocribus v. parvulis.

3. Forte melius *Solani* sectio (DUN.).

4. Spec. 10-12. MORIC., *Pl. nouv. Amér.*, t. 18 (*Solanum*).

5. In *Hook. Icon.*, t. 1021; *Gen. plant.*, II, 891, n. 8.

6. Odore gravi.

7. Albis; corolla extus tomentella.

8. Genus hinc *Sarachæ*, inde *Cyphomandræ* quam maxime affine.

9. Spec. 1. *M. begonifolia* HOOK. F. — *Physalis begonifolia* ROXB., in *Beats. S.-Hel. Tracts*, App., 317. — DUN., in *DC. Prodr.*, XIII, 1451.

10. *Prodr.*, 31, t. 34; *Fl. per.*, t. 179, 180. — DUN., in *DC. Prodr.*, XIII, p. I, 430. — ENDL., *Gen.*, n. 3852. — MIERS, *Ill.*, II, 16 (part.), t. 38. — B. H., *Gen.*, II, 891, n. 7. — *Bellinia* ROEM. et SCH., *Syst.*, IV, 56. — *Jaltomata* SCHLCHTL., *Ind. sem. Hort. hal.* (1838).

ramulo subaxillaribus, solitariis v. varie cymosis. (*Mexicum, America austr. bor.-occid.*[1])

9. **Physalis** L.[2] — Calyx membranaceus gamophyllus, forma varius, circa fructum inflato-auctus, 5-10-costatus, basi nunc auriculatus; dentibus 5, conniventibus. Corolla late campanulata v. rotata; limbi 5-angulati plicative plicis induplicatis v. quincunciali-imbricatis. Stamina 5, inæqualia, basi corollæ affixa; filamentis sæpe erectis; antheris subbasifixis, introrsum v. lateraliter 2-rimosis[3]. Germen basi disco (nunc colorato) cinctum, 2-loculare; stylo apice stigmatoso capitellato-2-lobo v. 2-lamellato. Ovula ∞, placentæ crassæ septali inserta. Bacca globosa, nunc substipitata, calyce inflato (nunc colorato) inclusa. Semina ∞, subreniformia compressa tenuiter tuberculata; embryonis curvi subperipherici albumen carnosum cingentis cotyledonibus semiteretibus. — Herbæ annuæ v. perennes; caule nunc basi indurato; foliis solitariis v. geminatim alternis, sinuatis v. nunc pinnatifidis; floribus[4] ad axillas lateralibus pedunculatis. (*America utraque calid. et temp.*[5])

10. **Chamæsaracha** A. Gray[6]. — Flores fere *Solani* (v. *Physalidis*); calyce campanulato herbaceo, haud angulato, circa baccam aucto eique arcte appresso. Stamina 5, paulo supra basin corollæ affixa; interpositis disci lobis prominulis 5; filamento anthera breviore. Cætera *Physalidis*. — Herbæ perennes humiles; foliis angustis, incisis v. integris; pedicellis ad axillas lateralibus, solitariis v. 2-nis, refractis. (*Asia or., Mexicum, Texas*[7].)

1. Spec. 10-12. Cav., *Icon.*, t. 72 (*Atropa*). — Jacq., *H. schœnbr.*, t. 492, 493 (*Atropa*). — Sweet, *Brit. fl. Gard.*, t. 85. — Rgl, in *Gartenfl.*, t. 465. — Hemsl., *Bot. centr.-amer.*, II, 421. — Walp., *Ann.*, III, 156.

2. *Gen.*, n. 250. — J., *Gen.*, 126. — Dun., in *DC. Prodr.*, XIII, p. I, 434. — Nees, *Gen. Fl. germ.* — Endl., *Gen.*, n. 3851. — B. H., *Gen.*, II, 890, n. 5. — *Pentaphiltrum* Reichb., *Nom.*, 4751 (ex Endl.).

3. Rimæ nunc, ob connectivum extus concavum, extrorsæ demum videntur.

4. Albis, flavescentibus violaceisve; fundo sæpe purpureo v. nigrescente.

5. Spec. ad 30. Mill., *Icon.*, t. 206. — Jacq., *H. vindob.*, t. 136; *Ic. rar.*, t. 39; *Fragm.*, t. 85. — Jacq. f., *Ecl. amer.*, t. 137. — Miers, *Ill.*, t. 39. — Reichb., *Ic. Fl. germ.*, t. 1630. — Sibth., *Fl. græc.*, t. 234. — Maund, *Bot.*, t. 168. — A. Gray, in *Proc. Amer. Acad.*, X, 62. — Maxim., in *Bull. Pét.*, XII, 499. — C. Gay, *Fl. chil.*, V, 61. — Boiss., *Fl. or.*, IV, 286. — Fr. et Sav., *Enum. pl. jap.*, II, 453. — Chapm., *Fl. S. Un.-St.*, 350. — Benth., *Fl. austral.*, IV, 466. — Hemsl., *Bot. centr.-amer.*, II, 418. — C.-B. Clke, in *Hook. f. Fl. brit. Ind.*, IV, 238. — A. Gray, *Bot. Calif.*, I, 540; *Syn. Fl. N.-Amer.*, 225, 233. — Chapm., *Fl. S.-Un.-St.*, 350. — Gren. et Godr., *Fl. de Fr.*, II, 545.

6. In *Proc. Amer. Acad.*, X, 62 (*Sarachæ* sect.). — B. H., *Gen.*, II, 891, n. 6.

7. Spec. ad 4. Dun., in *DC. Prodr.*, XIII, p. I, 456 (*Withania*); 64, n. 110 (*Solanum*). — Miers, *Ill.*, II, 19 (*Saracha*). — A. Gray, *Bot. Calif.*, I, 540; *Syn. Fl. N.-Amer.*, 225, 232, 435. — Hemsl., *Bot. centr.-amer.*, II, 421.

11. **Capsicum** T.[1] — Flores fere *Physalidis;* calyce breviter campanulato, integro v. dentato, persistente vixque aucto. Corollæ rotatæ[2] lobi 5, induplicato-valvati, venosi. Stamina 5, corollæ tubo brevi inserta; filamentis subulatis; antheris exsertis introrsis, 2-rimosis; loculis demum lateraliter patulis. Germen basi disco vix conspicuo v. 0 instructum, 2, 3-loculare; ovulis ∞; stylo gracili, apice stigmatoso obtuse 2-lobo. Fructus baccatus, sæpius exsuccus, globosus, elongatus v. costato-inflatus, coriaceo-corticatus. Semina ∞, compressa, lævia v. reticulato-rugosa; embryone prope ad albuminis carnosi peripheriam valde arcuato. — Herbæ annuæ, perennes v. basi frutescentes; ramis sæpius divaricatis; foliis alternis v. spurie verticillatis, integris sinuatisve; floribus[3] terminalibus v. spurie cymosis paucis; pedicellis sæpe nutantibus. (*Orbis utriusque reg. calid.*[4])

12. **Athenæa** SENDTN.[5] — Flores fere *Physalidis ;* calyce campanulato, circa fructum inclusum aucto appresso v. leviter vesiculari; costis haud prominulis. Corolla breviter campanulata v. subrotata, valvata. Stamina sub fauce inserta; antheris filamento æquilongis v. longioribus, 2-rimosis. Discus annularis parce prominulus. Stylus gracilis, apice nonnihil incrassatus. Bacca globosa v. ovoidea. Cætera *Physalidis* (v. *Chamæsarachæ*). — Frutices v. herbæ, glabri, villosi v. viscido-patentes; foliis integris v. rarius sublobatis sinuatisve; floribus ad axillas solitariis v. cymosis. (*America austr.*[6])

13. **Margaranthus** SCHLCHTL.[7] — Flores fere *Physalidis;* calyce campanulato, 5-dentato, circa fructum arcte inclusum aucto inflato-globoso et ore contracto. Corolla urceolata; ore contracto, minute 4-dentato, integro v. minute ∞-denticulato. Stamina 5, ad imam

1. *Inst.*, 152, t. 66. — L., *Gen.*, n. 252. — J., *Gen.*, 126. — GÆRTN., *Fruct.*, t. 132. — DUN., in *DC. Prodr.*, XIII, p. I, 412. — ENDL., *Gen.*, n. 3854. — NEES, *Gen. Fl. germ.* — B. H., *Gen.*, II, 892, n. 10.

2. Tubo hinc inde longiore, ut in *C. anomalo* FR. et SAV., specie japonica (*Enum.*, II, 452).

3. Sæpe albis, mediocribus v. parvis.

4. Spec. ad 25, valde variabiles. JACQ., *H. vindob.*, III, t. 67; *Fragm.*, t. 99. — WIGHT, *Icon.*, t. 1617. — C.-B. CLKE, in *Hook. f. Fl. brit. Ind.*, IV, 238. — MIQ., *Fl. ind. bat.*, II, 657. — CHAPM., *F. S. Un.-St.*, 350. — C. GAY, *Fl. chil.*, V, 62. — A. GRAY, *Syn. Fl. N.-Amer.*, 224, 231. — WAWR., *Pr. Max. Reis. Bot.*, t. 67. — HEMSL., *Bot. centr.-amer.*, II, 423. — REICHB., *Icon. Fl. germ.*, t. 1634. — *Bot. Mag.*, t. 1835. — WALP., *Ann.*, III, 163.

5. In *Mart. Fl. bras.*, X, 133. — B. H., *Gen.*, II, 890, n. 4.

6. Spec. ad 15. R. et PAV., *Fl. per. et chil.*, t. 178, fig. *a* (*Physalis*). — MART., *Nov. gen. et spec.*, III, 74, t. 227 (*Witheringia*). — SENDTN., in *Endl. et Mart. Fl. bras.*, *Solan.*, 134. — DUN., in *DC. Prodr.*, XIII, p. I, 458, sect. 4 (*Witheringia*). — MIERS, in *Ann. Nat. Hist.*, ser. 2, III, 145; *Ill.*, II, t. 35 (*Witheringia*). — WALP., *Ann.*, V, 569 (*Witheringia*).

7. *Hort. Hal.*, 1, t. 1. — DUN., in *DC. Prodr.*, XIII, p. I, 453. — ENDL., *Gen.*, n. 3861[1]. — MIERS, *Ill.*, II, 30, 74, t. 57. — B. H., *Gen.*, II, 893, n. 14.

corollam inserta inclusa; filamentis brevibus; antheris ovato-oblongis, ad margines v. subintrorsum 2-rimosis. Discus annularis. Germen 2-loculare; stylo apice stigmatoso subintegro v. 2-lobulato. Bacca subglobosa; embryonis valde incurvi cotyledonibus semiteretibus. — Herbæ tenues[1]; foliis alternis, integris v. sinuatis; floribus[2] ad axillas lateralibus pedunculatis solitariis. (*Mexicum*, *Texas*[3].)

14. **Oryctes** S.-Wats.[4] — « Flores feré *Margaranthi;* calyce alte 5-fido haud accrescente. Corolla conico-tubulosa; lobis 5, plicatis. Stamina 5, inæqualia inclusa; antheris brevibus. Germen 2-loculare, pauciovulatum; stylo gracili, apice stigmatoso vix dilatato emarginato. Fructus baccatus (exsuccus ?) globosus; pericarpio membranaceo; seminibus compressis reticulato-foveolatis; embryone...?[5] — Herba annua humilis viscido-pilosula; foliis alternis integris undulatis; floribus ad axillas 2-4-nis. » (*America bor.*[6])

15. **Withania** Pauq.[7] — Flores fere *Physalidis;* calyce gamophyllo campanulato, anguste 5, 6-dentato, circa fructum aucto inflato; dentibus elongatis clausis v. subpatentibus. Corolla campanulata; lobis ad medium 5, 6, valvatis v. vix induplicatis. Stamina 5, 6, ad basin corollæ inserta brevia; filamentis planiusculis, apice attenuatis; antheris basifixis erectis inclusis; loculis sub insertione liberis, introrsum rimosis. Germen 2-loculare, basi in discum leviter incrassatum; stylo cylindraceo, apice stigmatoso capitato obtuse 2-lobo. Ovula ∞. Bacca globosa. Semina ∞, compressa; embryonis incurvi v. spiralis cotyledonibus semiteretibus. — Frutices plus minus incani, lanati v. tomentosi[8], rarius glabrati; foliis alternis integris; floribus[9] ad axillas lateralibus, solitariis v. cymosis; pedicellis brevibus. (*Europa austr.*, *Asia occid. et calid.*, *Africa bor. et borealioccid. insul.*[10])

1. Habitu *Physalidis* v. nunc *Solani nigri*.
2. « Luteo-fuscescentibus. »
3. Spec. 2. Moç. et Sess., *Fl. mex. Icon.* (*Physalis urceolata*). — A. Gray, *Syn. Fl. N.-Amer.*, 225, 237, 437.
4. *Bot. Fourteenth parall.*, 274, t. 28, fig. 5-10. — B. H., *Gen.*, II, 893, n. 13.
5. Brevis (S.-Wats.), at forte immaturus et demum valde curvus subperiphericus (B. H.).
6. Spec. 1, nobis ignota, *O. nevadensis* S.-Wats., *loc. cit.*
7. *Diss. de Bellad.* (1824). — Dun., in *DC. Prodr.*, XIII, p. 1, 453 (part.). — Endl., *Gen.*, n. 3858 (part.). — Miers, *Ill.*, II, App., 7, t. 77. — B. H., *Gen.*, II, 893, n. 15. — *Hypnoticum* Rodr. (ex Dun.). — Miers, *Ill.*, App., 59. — *Puneeria* Stocks, in *Hook. Icon.*, t. 801.
8. Pilis ex parte brachiatis.
9. Albis, parvis v. mediocribus.
10. Spec. 4. Cav., *Icon.*, t. 102, 103. — Jacq. f., *Ecl.*, t. 22, 23 (*Physalis*). — Sibth., *Fl. græc.*, t. 233 (*Physalis*). — Webb, *Phyt. canar.*, I, 175. — Wight, *Icon.*, t. 853, 1616. — C.-B. Clke, in *Hook. f. Fl. brit. Ind.*, IV, 239. — Boiss., *Fl. or.*, IV, 287. — Willk. et Lge, *Prodr. Fl. hisp.*, II, 529.

16. **Discopodium** HOCHST.[1] — Flores parvi; calyce brevi, 5-dentato, haud v. vix aucto. Corollæ suburceolatæ lobi 5, valvati v. leviter induplicati. Stamina 5, ad medium tubum inserta inclusa; filamentis brevibus; antheris oblongis, imo connectivo dorso insertis, 2-rimosis. Germen 2-loculare, basi in discum 5-sulcum incrassatum. Stylus apice stigmatoso subpeltatus. Fructus seminaque *Solani*. — Fructus glaber v. puberulus; foliis integris; floribus[2] ad axillas v. ad nodos ramorum cymosis. (*Africa trop.*[2])

17. **Nothocestrum** A. GRAY.[4] — Flores plerumque 4-meri; receptaculo superne planiusculo. Calyce tubulosus v. ovoideus, superne inæqui-2-5-dentatus, valvatus. Corolla hypocraterimorpha; tubo brevi; limbi lobis induplicato-valvatis, membranaceo-plicatis, demum patentibus. Stamina ad medium tubum inter ea glanduloso-incrassatum affixa; filamentis brevissimis; antheris basifixis elongatis, apiculatis v. muticis, introrsum 2-rimosis. Discus annularis. Germen 2-loculare; ovulis paucis, septo insertis; stylo brevi, apice crassiore 2-lobato v. 2-lamellato. Bacca globosa v. ovoidea, calyce inclusa. Semina pauca rugulosa; embryone valde curvato; cotyledonibus semiteretibus. — Arbores v. frutices; foliis alternis integris; floribus ad axillas v. nodos vetustos solitariis v. cymosis, plus minus longe pedicellatis. (*Ins. Sandwic.*[5])

18. **Brachistus** MIERS[6]. — Flores fere *Solani* (v. *Bassoviæ*); calycis late campanulati dentibus 5-10, nunc 0. Corollæ tubus late campanulatus v. late infundibularis; limbo 5-angulato plicato, late ad medium v. plerumque breviter 5-lobo. Stamina 5, ad imum tubum affixa; antheris filamento æquilongis v. longioribus. Cætera *Bassoviæ* (v. *Sarachæ*)[7]. — Arbores, frutices v. suffrutices, glabri v. indumento vario; foliis integris; floribus solitariis v. sæpius 2-∞, stipitatis. (*America centr. et trop.*[8])

1. In *Flora* (1844), 22. — DUN., in *DC. Prodr.*, XIII, p. I, 478. — B. H., *Gen.*, II, 893, n. 12.
2. Viriduli-fuscescentibus, crebris.
3. Spec. 1. *D. penninervium* HOCHST.
4. In *Proc. Amer. Acad.*, VI, 48. — B. H., *Gen.*, II, 894, n. 16.
5. Spec., ut aiunt, 4.
6. In *Ann. Nat. Hist.*, ser. 2, III, 264; *Ill.*, II, 6, t. 36, 37. — B. H., *Gen.*, II, 892, n. 11. — *Sicklera* SENDTN., in *Flora* (1846), 194 (nec 178). — *Fregirardia* DUN., in *DC. Prodr.*, XIII, p. I, 502.
7. Corolla nunc inter staminum bases 2-dentata. Germen nunc rarius circa styli basin prominulum.
8. Spec. ad 10. DUN., *Solan. Syn.*, I, n. 4 (*Witheringia*). — WEDD., *Chlor. andin.*, II, 100 (*Fregirardia*). — HEMSL., *Bot. centr.-amer.*, II, 423. — WALP., *Ann.*, III, 161.

19. **Hebecladus** MIERS[1]. — Flores *Sarachæ*, 4, 5-meri; corolla late tubulosa v. infundibulari. Stamina imæ corollæ inserta ibique dilatata. Germen 2-loculare, fructus, calyx fructifer patens cæteraque *Sarachæ;* disco hypogyno crasso. — Herbæ perennes v. suffrutescentes, laxe ramosæ; foliis integris v. sinuatis dentatisve; floribus[2] solitariis, 2-nis v. subumbellatis ∞, spurie axillaribus. (*America trop. occ.*[3])

20. **Acnistus** SCHOTT.[4] — Flores fere *Withaniæ;* calyce membranaceo, circa fructum haud v. vix aucto, subpatente v. nunc appresso. Corolla tubulosa v. anguste infundibularis campanulatave; lobis 5-6, valvatis, plus minus induplicatis. Germen 2-loculare; disco carnosulo nunc annulari tenui; stylo gracili, apice stigmatoso truncato, dilatato v. late 2-lobulato v. 2-lamellato. Bacca globosa, pulposa v. vix carnosa. Cætera *Withaniæ.* — Arbores v. frutices, glabri v. tomentelli, aut inermes, aut spinis ad nodos armati; foliis integris; floribus ad axillas v. ad nodos solitariis v. cymosis pedicellatis. (*America trop. et andin.*[5])

21. **Latua** PHIL.[6] — Flores[7] fere *Acnisti;* calyce 5-fido, valvato, sub fructu aucto patenteque. Corolla[8] ventricoso-campanulata; tubo longiusculo, basi et fauci contracto; limbi lobis 5, induplicato-valvatis. Stamina 5, exserta; antheris ovatis, introrsum 2-rimosis. Germen basi disco munitum, 2-loculare; stylo gracili, apice stigmatoso capitato obtuse 2-lobo. Bacca globosa, polysperma; embryonis valde curvi peripherici cotyledonibus semiteretibus. — Frutex sæpe ad axillas v. ad nodos spinosus; foliis ovato-lanceolatis integris; floribus ad axillas solitariis lateralibus. (*Chili*[9].)

22. **Iochroma** BENTH.[10] — Flores fere *Acnisti;* calycis ovoideo-tubulosi, persistentis v. accrescentis, dentibus 4, 5, inæqualibus.

1. In *Hook. Lond. Journ.*, IV, 321; *Ill.*, I, I, t. 33. — DUN., in *DC. Prodr.*, XIII, p. I, 469. — B. H., *Gen.*, II, 895, n. 18.
2. Rubris, flavidis v. virescentibus.
3. Spec. ad 5. R. et PAV., *Fl. per. et chil.*, t. 181 (*Atropa*). — H. B. K., *Nov. gen. et spec.*, t. 196 (*Atropa*). — BAK., in *Saund. Ref. bot.*, t. 208. — *Bot. Mag.*, t. 4192.
4. In *Wien. Zeitschr.*, IV (1810), ex *Linnæa*, VI, *Litbl.*, 54. — DUN., in *DC. Prodr.*, XIII, p. I, 497. — B. H., *Gen.*, II, 894, n. 17. — *Codochonia* DUN., in *DC. Prodr.*, XIII, p. I, 82. — *Lycioplesium* MIERS, in *Hook. Lond. Journ.*, IV, 330; *Ill.*, I, 10, t. 29. — DUN., *loc. cit.*, 491.
5. Spec. 12, 13. JACQ., *H. schœnbr.*, t. 325 (*Cestrum*). — R. et PAV., *Fl. per. et chil.*, t. 182, fig. *a*, *b*; t. 183, fig. *b*, *c* (*Lycium*). — MIERS, *Ill.*, t. 3. — WALP., *Ann.*, III, 174.
6. In *Bot. Zeit.* (1858), 241. — B. H., *Gen.*, II, 896, n. 21.
7. Majores, violacei, speciosi.
8. Fere *Campanulæ Trachelii.*
9. Spec. 1. *L. pubiflora.* — *L. venenata* PHIL. — *Lycioplesium pubiflorum* GRISEB., *Pfl. Phil. u. Lechl.* (1854), 40. — *Bot. Mag.*, t. 5373.
10. In *Bot. Reg.* (1845), t. 20; *Gen.*, II, 895, n. 19. — DUN., in *DC. Prodr.*, XIII, p. I, 487, 489. — *Chænestes* MIERS, in *Hook. Lond. Journ.*,

Corolla longe tubulosa; tubo recto v. subcurvo, ad medium subinflato; lobis 5-8[1], brevibus acutiusculis, apice puberulis, plicatis, vix imbricatis. Stamina 5, imæ corollæ affixa; filamentis glabris v. inferne villosis; antheris oblongis, inclusis v. vix exsertis, 2-rimosis. Germen subconicum, inferne in discum incrassatum, 2-loculare; stylo gracili, apice stigmatoso capitato obtuse 2-lobo. Ovula ∞, placentæ axili crassæ inserta. Fructus baccatus, calyce inclusus. Semina ∞, in pulpa nidulantia; embryone albuminoso semi-annulari. — Frutices; indumento vario; foliis petiolatis integris; cymis[2] umbelliformibus terminalibus v. demum lateralibus. (*America calid.*[3])

23. **Dunalia** H. B. K.[4] — Flores fere *Iochromatis;* calyce cupulari truncato v. dentato, haud v. parum aucto, nunc inæqui-fisso. Corollæ tubulosæ lobi 5, valvati, induplicati v. intus appendiculati. Stamina 5, inclusa v. breviter exserta, ad imam corollam v. infra medium inserta; filamentis utrinque appendice subulata, filiformi v. dentiformi[5], auctis; antheris oblongis, nunc basi sagittatis. Germen disco hypogyno cinctum; loculis 2, ∞-ovulatis; stylo clavato v. 2-lamellato. Fructus baccatus; embryone valde incurvo. — Arbores v. frutices, inermes v. spinescentes, stellato-tomentosi v. glabri; foliis amplis v. parvis; floribus[6] cymosis densis, 2-nis v. solitariis. (*America trop.-occid. utraque.*[7])

24. **Pœcilochroma** Miers[8]. — Calyx campanulatus v. cupularis, truncatus v. 5-dentatus, nunc inæqui-fissus. Corollæ campanulatæ lobi 5, induplicato-valvati. Stamina ad imam corollam inserta inæqualia; antheris oblongo-ellipticis, basi affixis, 2-rimosis. Germen 2-loculare, ∞-ovulatum, disco hypogyno cinctum; stylo gracili, apice clavato et breviter 2-lobo. Fructus baccatus, calyce haud v. vix aucto cinctus. Semina ∞, compressa; embryonis valde curvi v. cyclici periphérici cotyledonibus semiteretibus. — Frutices inermes; foliis integris

IV, 336, t. 13; *Ill.*, I, t. 30, 31. — *Cleochroma* Miers, *Ill.*, I, 148, t. 32.

1. Dentibus nunc lobis interpositis.

2. Albis, coccineis, flavis, cærulescentibus v. violaceis, speciosis.

3. Spec. ad 15. H. B., *Pl. æquin.*, t. 42 (*Lycium*). — V. Heurck, *Pl. nov.*, 133. — *Fl. serr.*, t. 309, 1163, 1261. — *Bot. Mag.*, t. 4149 (*Lycium*), 4338 (*Chænesthes*), 5301. — Walp., *Ann.*, III, 177; V, 573.

4. *Nov. gen. et spec.*, III, 55, t. 194. — Dun., in *DC. Prodr.*, XIII, p. I, 483. — Endl., *Gen* n. 3866. — B. H., *Gen.*, II, 895, n. 20. — *Dierbachia* Spreng., *Syst.*, 1, 512.

5. Nunc rarius in staminibus minoribus vix conspicua.

6. Cæruleis, violaceis v. albidis.

7. Spec. 7, 8. Miers, *Ill.*, t. 2. — Wedd., *Chlor. andin.*, II, 99, t. 56.

8. In *Hook. Lond. Journ.*, VIII, 354; *Ill.*, I, 152, t. 34. — Dun., in *DC. Prodr.*, XIII, p. I, 495. — B. H., *Gen.*, II, 896, n. 22.

coriaceis; floribus[1] solitariis v. cymosis pedicellatis. (*Peruvia, Ecuadoria*[2].)

25. **Jaborosa** J.[3] — Flores elongati; calyce gamosepalo campanulato, 5-lobo, circa fructum haud v. vix aucto. Corolla longe infundibularis; tubo cylindrico, sæpe basi intus piloso, ad faucem nonnihil ampliato; limbi lobis 5, acutis v. acuminatis, valvatis v. leviter induplicatis. Stamina ad summum tubum inserta; filamentis brevibus v. subnullis; antheris dorsifixis, ovatis v. oblongis, muticis v. acuminatis, inclusis v. leviter exsertis; loculis rimosis; connectivo plus minus dorso prominulo. Germen 2- v. rarius 3-5-loculare; loculis ∞-ovulatis; disco tenui v. annulari crassiusculo; stylo perlongo gracili, apice dilatato 2-5-lobo v. lamellato. Fructus globosus tenuiter carnosulus. Semina compressa; embryone valde curvato; cotyledonibus semiteretibus. — Herbæ perennes; caule sæpius brevi prostrato v. breviter ramoso; radice sæpe crassa; foliis alternis, basi rosulatis, dissectis v. runcinatis; floribus[4] sæpius solitariis longe pedunculatis. (*Mexicum, America austr. andin. et extratrop.*[5])

26. **Trechonætes** MIERS[6]. — Flores fere *Jaborosæ;* corollæ late campanulatæ lobis 5, induplicato-plicatis; sinubus nunc appendiculatis. Stamina inclusa. Discus annularis. Germen 2-loculare; stylo gracili, apice dilatato breviter 2-lobo. Bacca...? Cætera *Jaborosæ*. — Herba; caule brevi v. prostrato; foliis dissectis v. inciso-pinnatifidis dentato-lobatis; floribus solitariis pedunculatis. (*Chili andin.*[7])

27? **Himeranthus** ENDL.[8] — Flores fere *Jaborosæ*[9]; calyce subfoliaceo, 5-fido, sub fructu aucto patenteque. Corollæ tubus latus breviter cylindraceus; limbi lobis 5, patentibus, induplicato-valvatis. Stamina 5; filamentis ad medium tubum affixis et basi cuneato-dilatatis. Cætera *Jaborosæ*. — Herba perennis subacaulis; foliis basilaribus rosulatis

1. Sordide lutescentibus, majusculis.
2. Spec. circ. 2. R. et PAV., *Fl. per. et chil.*, t. 178, fig. *a* (*Saracha*).
3. *Gen.*, 125. — LAMK, *Ill.*, t. 114. — DUN., in *DC. Prodr.*, XIII, p. I, 481. — ENDL., *Gen.*, n. 3861. — B. H., *Gen.*, II, 898, n. 29.
4. Albis v. sordide flavidis.
5. Spec. 6, 7. HOOK., *Bot. Misc.*, I, t. 71. — MIERS, *Ill.*, t. 5. — *Bot. Mag.*, t. 3489.
6. In *Hook. Lond. Journ.*, IV, 350; *Ill.*, I, 30, t. 7. — DUN., in *DC. Prodr.*, XIII, p. I, 467. — B. H., *Gen.*, II, 898, n. 27.
7. Spec. 1 v. (?) 2.
8. *Gen.*, n. 3860. — DUN., in *DC. Prodr.*, XIII, p. I, 479. — MIERS, *Ill.*, I, 25, t. 4. — B. H., *Gen.*, II, 898, n. 28.
9. Cujus forte melius sectio; vix enim generice distinguendum videtur.

petiolatis, sinuato-dentatis v. subpinnatifidis; floribus[1] inter folia pedunculatis. (*Brasilia mer.*, *Bonaria*[2].)

28. **Salpichroa** MIERS[3]. — Calyx 5-partitus, v. sepala 5, linearia, valvata, mox haud contigua. Corollæ tubuloso-urceolatæ intusque dite pilosæ lobi 5, induplicati, demum recurvi; fauce nunc leviter contracta v. dilatata[4]. Stamina 5, ad medium tubum v. altius inserta; antherarum oblongarum v. sublinearium loculis parallelis, inclusis v. breviter exsertis. Germen disco[5] annulari sæpius crasso cinctum, 2-loculare; stylo apice capitato v. 2-lamellato. Bacca succosa ovato-oblonga; seminibus cæterisque *Withaniæ*. — Frutices, suffrutices v. herbæ; ramis sæpe divaricatis; foliis integris parvis petiolatis; floribus[6] solitariis, terminalibus, v. spurie axillaribus et ad folia lateralibus. (*America austr. temp. et andina*[7].)

29. **Nectouxia** H. B. K.[8] — Flores fere *Salpichroæ;* sepalis linearibus. Corolla hypocraterimorpha; tubo cylindraceo; fauce cyatho denticulato v. subintegro staminibus exteriore aucta; limbi lobis 5, induplicato-valvatis. Bacca « oblonga ». Cætera *Salpichroæ*. — Herba pubescens[9]; foliis alternis v. spurie oppositis integris petiolatis; floribus solitariis pedunculatis spurie axillaribus. (*Mexicum*[10].)

II. ATROPEÆ.

30. **Atropa** L. — Flores hermaphroditi; calycis foliacei persistentis lobis 5, vix imbricatis, demum subreflexo-valvatis. Corollæ late tubuloso-campanulatæ lobi 5, imbricati. Stamina 5, imæ corollæ inserta inæqualia; filamentis basi pubifera subgeniculato-inflexis, superne acutatis declinatis; antheræ inclusæ brevis loculis dorso appositis,

1. Albis, majusculis.
2. Spec. 1. *H. runcinatus* ENDL. — *Jaborosa runcinata* LINK et OTT., *Icon. sel.*, t. 48.
3. In *Hook. Lond. Journ.*, IV, 321; *Ill.*, I, 1, 133 (*Salpichroma*). — DUN., in *DC. Prodr.*, XIII, p. I, 471. — B. H., *Gen.*, II, 899, n. 31.
4. Sæpius nuda; in *Atropa Uncu* DOMB., herb., quæ *Salpichroæ* species, supra stamina coronulæ rudimento aucta (transitus unde ad *Nectouxiam* facilis).
5. Luteo v. dense aurantiaco.
6. Albis v. flavicantibus, parvis.
7. Spec. ad 10. HOOK., *Bot. Misc.*, I, t. 37; *Icon.*, t. 106, 107 (*Atropa*). — WEDD., *Chlor. andin.*, II, 97.
8. *Nov. gen. et spec.*, III, 10, t. 193 (nec DC.). — DUN., in *DC. Prodr.*, XIII, p. I, 480. — ENDL., *Gen.*, n. 3843. — B. H., *Gen.*, II, 899, n. 30.
9. Fœtida, siccitate nigricans.
10. Spec. 1. *N. formosa* H. B. K. — *N. bella* MIERS, *Ill.*, II, 32, t. 40, *a*.

basi sub insertione liberis, introrsis, ad margines longitudinaliter rimosis. Germen liberum, basi disco vix conspicuo cinctum; stylo gracili, sæpe arcuato, apice stigmatoso dilatato reniformi, longitudinaliter sulcato-2-lobo, dite papilloso. Ovula ∞, subanatropa, placentis 2 subæqualibus axilibus inserta. Fructus baccatus, calyci herbaceo patenti impositus, depresso-globosus, obtuse 2-sulcus; seminibus ∞, reniformi-compressis scrobiculatis; embryonis albumen cingentis et subperipherici cotyledonibus semiteretibus. — Herbæ perennes; rhizomate subterraneo; ramis annuis erectis herbaceis; foliis alternis integris glabris; floribus ad folia lateralibus solitariis; inflorescentia tota sic dicta scorpioidali; pedunculis reflexis. (*Europa, Asia media et occid.*) — *Vid. p.* 288.

31. **Mandragora** T.[1] — Flores regulares; calyce 5-fido. Corollæ campanulatæ lobi 5, imbricati; sinubus nunc induplicatis. Stamina 5, corollæ inferne affixa; filamentis basi pilosis; antheris introrsis basifixis; loculis 2, rimosis, sub insertione filamenti liberis. Germen basi in discum integrum v. inæqui-lobum incrassatum, 2-loculare; stylo apice dilatato-2-lobo. Ovula ∞, placentis crassis inserta. Fructus baccatus succosus[2], calyce munitus. Semina ∞, compressa, albuminosa; embryonis subperipherici cotyledonibus semiteretibus. — Herbæ perennes; radice magna conica v. 2-fida; caule brevissimo; foliis basilaribus rosulatis alternis petiolatis, undulatis v. sinuoso-dentatis; floribus[3] pedunculatis inter folia ortis. (*Reg. medit.*[4])

32. **Parascopolia** H. Bn. — Flores regulares; calycis breviter campanulati laciniis 8-10, lineari-subulatis, membranæ ope ultra medium connatis, quarum nonnullæ (3-5) ei exteriores et ab ea superne liberæ. Corolla longe exserta late tubuloso-campanulata; lobis 5, valvatis, inferne membranæ angustæ induplicatæ ope connexis. Stamina 5, ad imam corollam inserta inclusa, valde inæqualia, quorum 4 breviora; quinto autem multo longiore; filamentis omnium complanatis; antheris ovato-oblongis obtusis, introrsum 2-rimosis.

1. T., *Inst.*, 76, t. 12. — J., *Gen.*, 125. — Gærtn., *Fruct.*, II, t. 131. — Dun., in *DC. Prodr.*, XIII, p. I, 466. — Endl., *Gen.*, n. 3859. — B. H., *Gen.*, II, 900, n, 35.

2. Maturus odoratus.

3. Albidis v. sordide pallido-violaceis cærulescentibusve, præcocibus v. autumnalibus; calyce corollaque sæpius araneoso-pilosis.

4. Spec. 3, 4. Sibth., *Fl. græc.*, t. 232. — Sweet, *Brit. fl. Gard.*, t. 198, ser. 2, t. 325. — Bertol., in *N. Comm. Bologn.*, II, t. 23-25. — Miers, *Ill.*, II, App., 20, t. 79. — Reichb., *Icon. Fl. germ.*, t. 1627, 1628. — C.-B. Clke, in *Hook. f. Fl. brit. ind.*, IV, 241.

Discus tenuis annularis. Germen conicum; loculis 2, ∞-ovulatis; stylo gracili longo, basi subarticulato, apice leviter dilatato truncato. « Fructus baccatus (cæruleus). » — Herba glabra; ramis subdichotomis; foliis alternis inæqui-lanceolatis membranaceis petiolatis; inferioribus ad squamas reductis; floribus ad dichotomias ramorum v. ad folia lateralibus solitariis, longe pedunculatis[1]. (*Mexicum*[2].)

33. **Lycium** L.[3] — Calycis campanulati et in alabastro apiculati lobi 2-5, inæquali-fissi, valvati. Corollæ tubulosæ, infundibularis, subcampanulatæ v. suburceolatæ, lobi 5, rarius 4, imbricati, demum patentes. Stamina 4, 5, ad medium tubum affixa; filamentis gracilibus v. nunc dilatatis; antheris introrsis, 2-rimosis. Germen disco plus minus prominulo instructum, 2-loculare; stylo gracili, apice stigmatoso subintegro capitato v. 2-lamellato. Ovula ∞, nunc pauca, septo affixa. Bacca globosa v. oblonga; calyce parum aucto stipata. Semina ∞, v. pauca solitariave compressa scrobiculata; embryonis subperipherici curvi v. spiralis albumenque carnosum cingentis cotyledonibus semiteretibus. —Arbusculæ v. frutices; nodis sæpe spinosis; foliis alternis, solitariis v. 2-natis fasciculatisve integris; floribus[4] ad nodos in cymas nunc 1-floras dispositis. (*Orbis utriusq. reg. temp. et calid.*[5])

34? **Grabowskia** SCHLCHTL.[6] — Calyx gamophyllus, circa fructum haud v. vix auctus; dentibus 5, nunc, ob sinus dilatatos, denticulis totidem auctis. Corollæ infundibularis tubus brevis; limbi lobis 5, obtusis concavis venosis, arcte imbricatis, demum patentibus. Stamina 5, paulo supra basin tubi inserta; filamentis gracilibus; antheræ ovatæ loculis sub filamenti insertione liberis, ad margines

1. Genus, ob fructum a nobis haud visum, quadammodo incertæ sedis dubitanterque ad *Atropeas* relatum.

2. Spec. 1. *P. acapulcensis* H. BN.

3. *Gen.*, n. 262. — J., *Gen.*, 126. — TURP., in *Dict. sc. nat.*, Atl., t. 33. — DUN., in *DC. Prodr.*, XIII, p. I, 508. — NEES, *Gen. Fl. germ.* — ENDL., *Gen.*, n. 3363. — B. H., *Gen.*, II, 900, n. 33.

4. Albis, flavidis, roseis v. pallide violaceis.

5. Spec. ad 60. THUNB., in *Trans. Linn. Soc.*, IX, t. 14-17. — R. et PAV., *Fl. per. et chil.*, t. 183, fig. *a.* — SIBTH., *Fl. græc.*, t. 236. — JAUB. et SP., *Ill. pl. or.*, t. 403. — WIGHT, *Icon.*, t. 1403. — SWEET, *Brit. fl. Gard.*, ser. 2, t. 324 (322). — MIERS, *Ill.*, II, 94, t. 64-74. — PHIL., *Fl. atacam.*, 43; *Sert. Mend. alt.*, 39. — A. GRAY, in *Proc. Amer. Acad.*, VI, 44; *Syn. Fl. N.-Amer.*, 225, 237, 437. — CHAPM., *Fl. S. Un.-St.*, 351. — C. GAY, *Fl. chil.*, V, 91. — S.-WATS., *Bot. Fourt. parall.*, 275. — BENTH., *Fl. austral.*, IV, 467. — WEDD., *Chlor. andin.*, II, 108. — HEMSL., *Centr.-amer.*, II, 425. — FR. et SAV., *Enum. pl. jap.*, I, 341. — C.-B. CLKE, in *Hook. f. Fl. brit. Ind.*, IV, 240. — BOISS., *Fl. or.*, IV, 288. — REICHB., *Ic. Fl. germ.*, t. 1635, 1636. — WILLK. et LGE, *Prodr. Fl. hisp.*, II, 531. — GREN. et GODR., *Fl. de Fr.*, II, 541. — *Bot. Reg.*, t. 354. — WALP., *Ann.*, III, 173; V, 575.

6. In *Linnæa*, VII, 71. — DUN., in *DC. Prodr.*, XIII, p. I, 19. — ENDL., *Gen.*, n. 3745. — MIERS, *Ill.*, I, 62, t. 13. — B. H., *Gen.*, II, 899, n. 32.

subintrorsum rimosis. Germen disco crassiusculo basi cinctum, 2-loculare; stylo gracili, apice stigmatoso capitato, subintegro v. breviter 2-lobo v. 2-lamellato. Ovula in loculis 2, suberecta, v. 4-6, 2-seriatim adscendentia. Fructus drupaceus; pyrenis 2, contiguis, ob septa spuria dura 2-locellatis. Semina in locellis 1, v. superposita 2; embryonis valde curvi cotyledonibus plano-convexis. — Frutices spinosi; foliis alternis v. ad nodos subfasciculatis, obovatis v. oblongis; floribus[1] ad axillas solitariis pedunculatis v. in summis ramulis corymbiformi-racemosis. (*America austr. extratrop.*[2])

35. **Solandra** Sw.[3] — Flores regulares; receptaculo convexiusculo v. superne subplano. Calyx tubulosus, superne inæquali-2-5-fidus, circa fructum persistens membranaceus, v. coriaceus, hinc sæpius fissus. Corollæ infundibularis tubus cylindraceus, superne plus minus dilatatus; fauce obliqua subcampanulata; limbi lobis 5, latis imbricatis, demum patentibus sinuatis; sinubus nudis v. induplicatis. Stamina 5, ad imam corollam afflixa, altius declinata v. porrecta; filamentis gracilibus inæqualibus; antheris oblongis basifixis; loculis sub insertione liberis, ad margines rimosis. Germen 2-loculare; loculis sæpe ob septa spuria 2-locellatis, ∞-ovulatis; stylo gracili longo, apice stigmatoso capitato-2-lobulato. Fructus baccatus, pulposus, e calyce plus minus exsertus, demum sæpius 4-locellatus; locellis ∞-spermis. Semina compressa albuminosa; embryonis valde curvati cotyledonibus semiteretibus. — Frutices glabri, erecti v. scandentes; foliis alternis v. fasciculatis integris, submembranaceis v. coriaceis nitidis; floribus[4] solitariis crasse pedunculatis. (*America trop.*[5])

36. **Dyssochroma** MIERS[6]. — Flores fere *Solandræ;* calyce amplo, alte 5-fido circaque fructum accreto. Corolla infundibularis, basi tubulosa ventricosa v. campanulata; limbo 5-lobo plicato, subimbricato; sinubus induplicatis. Stamina 5, ad imam corollam inserta, inæqualia; antheris linearibus. Germen 2-loculare, ∞-ovulatum, basi

1. Pallide violaceis.

2. Spec. 4, 5. *Bot. Reg.*, t. 1985. — *Bot. Mag.*, t. 3841.

3. In *Act. holm.* (1787), 300, t. 11; *Fl. ind. occ.*, I, 387, t. 9. — CORR., in *Ann. Mus.*, VII, t. 4. — SAL., in *Trans. Linn. Soc.*, VI, t. 6. — DUN., in *DC. Prodr.*, XIII, p. 1, 533 (part.). — TURP., in *Dict. sc. nat.*, Atl., t. 35. — ENDL., *Gen.*, n. 3846. — B. H., *Gen.*, II, 901, n. 37.

4. Albis; fauce nunc purpurascente; magnis v. maximis decorisque.

5. Spec. ad 6. JACQ., *H. schœnbr.*, t. 45. — HEMSL., *Bot. centr.-amer.*, II, 427. — GRISEB., *Fl. brit. W.-Ind.*, 433. — *Bot. Reg.*, t. 1551. — *Bot. Mag.*, t. 1874, 4345.

6. In *Ann. Nat. Hist.*, ser. 2, IV, 250; *Ill.*, II, 46. — B. H., *Gen.*, II, 901, n. 36. — ? *Trianæa* PL. et LIND., *Pr. cour.* (1833-34), 4.

disco pulvinato carnoso cinctum; stylo apice dilatato, 2-lamellato. Fructus baccatus, calyce inclusus; seminibus...? — Arbusculæ glabræ v. frutices scandentes; nodis prominulis foliosis; foliis alternis, coriaceis v. membranaceis integris; floribus[1] solitariis, in ramulis brevibus terminalibus[2]. (*Brasilia, Columbia*[3].)

III. STRYCHNEÆ.

37. **Strychnos** L. — Flores hermaphroditi regulares; receptaculo convexo. Sepala 4, 5, libera v. ima basi connata, imbricata. Corolla hypocraterimorpha; tubo plus minus, nunc valde elongato, v. rarius abbreviato; limbo subrotato v. subcampanulato; lobis 4, 5, valvatis. Stamina 4, 5, ad faucem corollæ inserta cumque ejus lobis alternantia; filamentis brevibus v. longiusculis; antheræ introrsæ loculis parallelis, longitrorsum rimosis. Germen 2-loculare, basi raro disco glanduloso munitum. Ovula ∞, rarius pauca, placentæ septali affixa, 2-∞-seriata. Fructus baccatus, sæpe corticatus. Semina 1-∞, pulpa nidulantia, aut globosa, aut varie compressa, nunc nummularia; hilo ventrali; albumine carnoso v. cartilagineo; embryonis brevis v. longiusculi cotyledonibus foliaceis, sessilibus v. petiolatis, sæpe digitinerviis; radicula obtusa v. subclavata. — Arbores v. frutices sæpe scandentes; foliis oppositis, integris, basi 3-7-nerviis; spinis sæpe axillaribus rectis v. uncinato-recurvis; floribus in cymas terminales v. axillares plus minus composito-ramosas, nunc capituliferas, dispositis, bracteatis. (*Orbis totius reg. trop.*) — *Vid. p.* 292.

38. **Couthovia** A. Gray[4]. — Flores hermaphroditi; sepalis 5, obtusis, sæpius arcte imbricatis. Corollæ crassæ tubus brevis; lobis 5, valvatis, intus membrana superne ∞-pilosa duplicatis. Stamina 5, alterna, sub fauce inserta; filamentis brevibus; antheræ oblongæ loculis basi discretis, apice acutatis, introrsum rimosis. Germen 2-loculare; stylo erecto, apice stigmatoso capitato integro v. obtuse 2-lobo. Ovula ∞, placentæ axili peltatæ affixa. Fructus drupaceus; endocarpio crasso duro; exocarpio fibroso. Semina ∞, rugulosa;

1. Flavo-viridibus, magnis, pendulis.
2. Genus *Solandræ* quam proximum.
3. Spec. ad 4. Dun., in *DC. Prodr.*, XIII, p. I, 536 (*Solandra*), 689. — Link et Ott., *Ic. sel.*, t. 46. — *Bot. Mag.*, t. 1948, 5092 (*Juanulloa*).
4. In *Proc. Amer. Acad.*, IV, 324; V, 320. — B. H., *Gen.*, II, 797, n. 27.

albumine cartilagineo; embryonis subæqualis recti radicula subtereti. — Arbores glabræ; foliis oppositis amplis coriaceis penninerviis; petiolis inferne in vaginam stipuliformem dilatatis; floribus[1] in cymas terminales compositas corymbiformes dispositis. (*Ins. Mar. pacif.*, *N. Caledonia*, *Ins. Celebes.*[2])

39. **Gardneria** WALL.[3] — Flores 4, 5-meri; sepalis obtusis, imbricatis. Corollæ subrotatæ lobi valvati 4, 5. Stamina 4, 5, fauci affixa; antheris subsessilibus introrsis conniventibus. Germen 2-loculare; stylo gracili, apice stigmatoso 2-lobo. Ovula in loculis 1-4, 2-seriatim septo lateraliter affixa. Bacca 2-locularis; seminibus in loculis 1-4[4], lenticulari-compressis septoque parallelis et placentæ peltatim affixis; albumine carnoso; embryonis recti cotyledonibus brevibus; radicula infera. —Frutices scandentes glabri; foliis oppositis integris petiolatis; floribus in cymas compositas axillares stipitatas dispositis. (*India*, *Japonia*[5].)

40. **Peltanthera** BENTH.[6] — Sepala 5, parva. Corollæ hypocraterimorphæ tubus tenuis, ad basin dilatatus; limbi lobis 5, brevibus, valvatis. Stamina 5, alterna, corollæ fauci affixa; filamentis gracilibus; antheræ breviter ovatæ introrsæ versatilis loculis confluentibus, post explicationem subpeltatis. Germen 2-loculare, disco hypogyno cinctum; stylo gracili, apice stigmatoso capitato-discoideo. Ovula ∞, placentæ axili peltatæ inserta. Fructus...? — Arbor glabra; foliis oppositis, remote dentatis; floribus[7] in cymas valde compositas 3-chotome corymbiformes dispositis. (*Peruvia*[8].)

41. **Bonyuna** SCHOMB.[9] — Flores 4, 5-meri; calycis tubuloso-campanulati lobis linearibus, nunc inæqualibus. Corollæ tubus cylindraceus v. incurvus; limbi patentis lobis crassiusculis, valvatis. Stamina 4, 5, fauci affixa; filamentis brevibus; antheris oblongis apiculatis; loculis parallelis, introrsum rimosis. Germen 2-loculare; stylo gracili, apice stigmatoso subdidymo; ovulis ∞, placentæ axili

1. Albis, parvis.
2. Spec. 3. SEEM., *Fl. vit.*, t. 32.
3. In *Roxb. Fl. ind.* (ed. CAR.), II, 318; *Pl. as. rar.*, t. 231, 281. — BENTH., in *Journ. Linn. Soc.*, I, 109; *Gen.*, II, 798, n. 30. — DC., *Prodr.*, IX, 19. — BUR., *Logan.*, 55, fig. 32-34. — H. BN, in *Bull. Soc. Linn. Par.*, 169.
4. Quorum abortiva plura.
5. Spec. 2. WIGHT, *Icon.*, t. 1313. — FR. et SAV., *Enum. pl. jap.*, I, 321. — CLKE, in *Hook. f. Fl. brit. Ind.*, IV, 93.—WALP., *Ann.*, I, 512.
6. *Gen.*, II, 797, n. 25.
7. Albis odoratis crebris.
8. Spec. 1. *P. floribunda* BENTH.
9. *Reise*, III, 1082. — B. H., *Gen.*, II, 796, n. 24.

peltatæ, insertis ∞-seriatis. Fructus oblongus...? — Frutices[1] glabri v. hirtelluli; foliis oppositis petiolatis nitidis, linea ciliolata connexis; floribus in cymas composite ramosas ad folia suprema axillares pedunculatas dispositis. (*Brasilia bor.*, *Guiana*[2].)

42. **Antonia** POHL[3]. — Flores fere *Strychni;* sepalis 5, extus squamis 10-∞ superpositis imbricatisque cinctis; inferioribus saltem decussatis, ab apice ad imum minoribus. Corollæ hypocraterimorphæ tubus cylindricus, intus ad faucem villosus; limbi lobis 5, valvatis, demum reflexis. Stamina 5, alterna, fauci inserta exserta; filamentis tenuibus; antheris oblongis introrsis versatilibus; loculis basi discretis, rimosis. Germen 2-loculare; stylo gracili, apice capitato obtuse 2-lobo. Ovula ∞, placentæ peltatæ adscendenti inserta. Capsula coriacea; carpellis 2, solutis, intus membranaceis et longitrorsum fissis. Semina demum solitaria v. pauca, ventre affixa; albumine carnoso; embryonis recti v. incurvi cotyledonibus rotundatis v. breviter ellipticis; radicula tereti. — Arbuscula v. frutex pubescens; foliis oppositis penninerviis integris coriaceis; petiolis ima basi dilatata subconnatis; floribus[4] in cymas densas composite corymbiformes trichotomasque ad summos ramulos dispositis. (*Brasilia*[5].)

43. **Norrisia** GARDN.[6] — Flores fere *Strychni;* calyce brevi 5-fido, imbricato. Corolla hypocraterimorpha; tubo tenui; limbi lobis 5, valvatis. Stamina 5, sub fauce affixa; filamentis tenuibus; antheris ovatis exsertis; loculis sub insertione liberis, introrsum rimosis. Germen 2-loculare; placentis ellipsoideis peltatis, ∞-ovulatis; stylo apice capitato obtuse 2-lobo. Capsula septicida; valvis 2 placentas liberantibus. Semina compressa linearia anguste alata; embryonis recti v. arcuati cotyledonibus brevibus. — Frutex glaber; foliis oppositis penninerviis; petiolis nunc basi in vaginam brevissimam productis; floribus[7] in cymas terminales compositas trichotomas corymbiformes bracteatas dispositis; bracteolis 2 sub calyce minutis. (*Malacca*[8].)

1. Habitu *Apocynacearum*. Genus et *Exaca* nonnulla valde referens.
2. Spec. 3. PROG., in *Mart. Fl. bras.*, VI, 267, t. 72.
3. *Pl. bras. Icon.*, II, 13, t. 109. — A. DC., *Prodr.*, IX, 20. — ENDL., *Gen.*, n. 3362; *Iconogr.*, t. 56. — BUR., *Logan.*, 51, fig. 25-31. — B. H., *Gen.*, II, 796, n. 23.
4. Albis, parvis crebrisque.
5. Spec. 1, variab. PROG., in *Mart. Fl. bras.*, VI, 251, t. 67. — BONG., in *Mem. Ac. petrop*, ser. 6, III, t. 1. — HOOK., *Icon.*, t. 64.
6. In *Hook. Kew Journ.*, I, 326. — BUR., *Logan.*, 53. — B. H., *Gen.*, II, 796, n. 22.
7. Albis, parvis crebrisque.
8. Spec. 1. *N. malaccensis* GARDN., *loc. cit.*, *adnot.* — WIGHT, *Ill.*, t. 156, *b* (*Antonia*). — WALP., *Ann.*, III, 72.

44. **Usteria** W.[1] — Flores parum irregulares; calyce 4-fido; lobis posticis 3 parvis; antico autem oblongo amplo « petaloideo ». Corollæ hypocraterimorphæ tubus longus tenuis; limbi lobis 4, valvatis; anticis 2 paulo laterioribus. Stamen 1, cum corollæ lobis anticis alternans, sub fauce ejus affixum; filamento tenui; antheræ introrsæ loculis liberis, rimosis. Germen 2-loculare; placentis subpeltatis oblongis, ∞-ovulatis; stylo gracili, apice stigmatoso obtuso. Capsula septicida; valvis 2, apice 2-fidis, intus longitrorsum fissis. Semina oblonga anguste alata parce albuminosa; embryonis recti cotyledonibus ellipticis. — Frutex scandens glaber; foliis oppositis penninerviis; petiolis basi membrana brevi connexis; floribus[2] in racemos terminales et axillares compositos cymigeros dispositis. (*Africa trop. occ.*[3])

IV. LOGANIEÆ.

45. **Logania** R. Br. — Flores hermaphroditi v. polygami « resupinati »; sepalis angustis, imbricatis. Corollæ campanulatæ v. subhypocraterimorphæ lobi 4, 5, imbricati, patentes. Stamina 4, 5, tubo affixa; filamentis gracilibus; antheris (in flore fœminco effœtis) ovatis v. linearibus, 2-rimosis. Germen 2-loculare; stylo apice ovoideo v. capitato stigmatoso (in floribus masculis clavato v. cylindraceo). Ovula ∞, placentæ nunc stipitatæ inserta. Capsula globosa v. oblonga, nunc acuminata, septicida; valvis loculicide 2-fidis placentasque liberantibus. Semina ∞, v. pauca compressa peltatim ventre affixa; albumine carnoso; embryonis recti cotyledonibus superis parvis. — Herbæ v. suffrutices, habitu varii; foliis oppositis integris, basi vagina brevi v. sæpius linea transversa brevi v. subnulla, raro stipulis connexa; floribus in cymas axillares terminalesque, nunc ad flores 1 v. paucos reductas, dispositis. (*Australia, N. Zelandia.*) — *Vid. p.* 299.

1. In *Rœm. et Ust. Magaz.* (1790), 151; in *Beob. Schrift. Ges. Nat. Fr. Berl.*, X, 51, t. 2. — Endl., *Gen.*, n. 3366. — A. DC., *Prodr.*, IX, 22. — Payer, *Leç. Fam. nat.*, 203. — Bur., *Logan.*, 53. — B. H., *Gen.*, II, 796, n. 21. — *Monodynamis* Gmel., *Syst. veg.* (1791), 10.

2. Albis, parvis crebrisque.

3. Spec. 1. *U. guineensis* W. — Kœn et Sims, *Ann.*, I, t. 7. — Hook., *Niger Fl.*, t. 45; *Icon.*, t. 795.

V? SPIGELIEÆ.

46. **Spigelia** L. — Flores regulares; sepalis 5, basi intus sæpe ∞-glandulosis, angustis, leviter imbricatis v. haud contiguis. Corolla tubulosa v. anguste hypocraterimorpha; tubo nunc superne dilatato; limbi lobis 5, valvatis, demum patentibus. Stamina 5, tubo affixa, sub insertione decurrentia; antheris oblongis v. linearibus, sæpe basifixis, introrsum 2-rimosis. Germen 2-loculare; disco minimo v. 0; stylo gracili, ad medium v. altius subarticulato; apice stigmatoso obtuso v. subcapitato. Ovula ∞, placentæ axili peltatæ inserta adscendentia; micropyle extrorsum infera. Capsula didyma compressa, supra basin persistentem circumcissa. Semina ∞, sæpius pauca, subglobosa, angulata v. compressa, reticulata, tuberculata v. scabra; albumine carnoso v. cartilagineo; embryonis recti sæpius brevis radicula infera; cotyledonibus crassiusculis. — Herbæ annuæ, perennes v. nunc suffrutescentes, glabræ v. varie indutæ; foliis oppositis, penniveniis v. basi 3-5-nerviis, basi stipulis v. linea transversa (nunc minime conspicua v. 0) connexis; floribus in cymas terminales spicæformes unilaterales dispositis, nunc rarius in dichotomiis 1, 2. (*America trop. et bor.*) — *Vid. p.* 300.

47. **Mitrasacme** LABILL.[1] — Flores hermaphroditi; calyce gamophyllo 4-fido; lobis nunc per paria coalitis. Corolla campanulata v. hypocraterimorpha; lobis 4, valvatis v. nunc reduplicatis. Stamina 4, alterna, tubo corollæ affixa; filamentis variis; antheris inclusis v. exsertis; apice mutico v. acuminato nunc recurvo; loculis inferne discretis, ad margines v. subextrorsum rimosis. Germen 2-loculare; stylo apice incrassato simplici v. obtuse 2-lobo, inferne mox 2-fisso. Ovula ∞, placentæ axili peltatæ affixa. Fructus capsularis, sæpius septo contrarie compressus, in carpella 2 secedens; carpellis intus longitudinaliter dehiscentibus. Semina ∞, sæpius rugulosa; albumine carnoso; embryone recto subtereti. — Herbæ annuæ v. perennes, sæpe humiles; foliis[2] oppositis integris; petiolis linea transversa prominula nunc breviter vaginiformi[3] (v. 0) connexis; floribus[4] terminalibus v.

1. *Pl. N. Holl.*, I, 35, t. 49. — ENDL., *Gen.*, n. 3566. — A. DC., *Prodr.*, XI, 10, 560. — BUR., *Logan.*, 61. — B. H., *Gen.*, II, 790, n. 6.

2. Sæpius angustis.

3. Stipularum forte rudimento.

4. Albis v. flavidis, parvis v. minutis.

axillaribus, solitariis v. umbelliformi-cymosis[1]. (*Australia, Asia trop., Nova Zelandia*[2].)

VI. BUDDLEIEÆ.

48. **Buddleia** L. — Flores hermaphroditi, 4-meri; calyce campanulato v. breviter tubuloso, 4-dentato fidove. Corollæ gamopetalæ tubus brevis v. elongatus, rectus v. curvus; limbi subrotati v. campanulati lobis 4, varie imbricatis. Stamina 4, corollæ fauci v. tubo inserta cumque ejus lobis alternantia; filamentis brevibus v. 0; antheris inclusis introrsis, 2-rimosis; loculis sub insertione liberis. Germen 2-loculare; stylo brevi v. longiusculo, recto v. curvo, apice stigmatoso clavato v. capitato, varie 2-lobo v. utrinque decurrente; ovulis ∞, placentæ septali insertis. Fructus capsularis, septicidus; valvis integris v. 2-fidis a placenta columnari solutis. Semina ∞, forma varia, compressa, sæpe alata; albumine carnoso; embryone recto sæpe brevi. — Arbores, frutices v. rarissime herbæ; tomento vario, sæpe stellato, squamoso-pulveraceo v. floccoso; pilis varie bracteatis; foliis oppositis, integris, dentatis, crenatis v. sinuatis, basi linea transversa tenui (v. 0) stipulisve parvis connexis; floribus brevibus v. elongatis in cymas v. glomerulos crebros ad racemi compositi ramos elongatos v. contractos capituliformes dispositis. (*America, Africa et Asia calid.*) — *Vid. p.* 302.

49? **Emorya** Torr.[3] — Flores *Buddleiæ*, 4, 5-meri; corollæ[4] tubo elongato, superne leviter imbricato; lobis ovatis, imbricatis, patentibus. Stamina 4, 5; antherarum loculis parallelis; filamentis gracilibus e corollæ tubo longe exsertis. Capsula septicida cæteraque *Buddleiæ*. — Frutex ramosus; foliis oppositis sinuato-dentatis subhastatis; floribus ad apices ramorum in racemos ramosos cymigeros dispositis, pedicellatis. (*Reg. mexicano-texana*[5].)

50. **Nicodemia** Ten.[6] — Flores fere *Buddleiæ*, 4-v. rarius 5-meri. Corolla tubulosa, superne hypocraterimorpha; lobis obtusis, imbricatis.

1. Affinitas cum *Mitreola* haud dubia.
2. Spec. ad 25. Wight, *Icon.*, t. 1601. — Nees, *Pl. Preiss.*, II, 239. — Dalz., in *Hook. Kew Gard. Misc.*, II, 136. — Hook. f., *Fl. tasm.*, t. 88; *Handb. N.-Zeal. Fl.*, 737. — Benth., *Fl. austral.*, IV, 350. — Walp., *Ann.*, III, 71.
3. *Emor. Exped. Bot.*, 121, t. 36. — B. H., *Gen.*, II, 794, n. 15.
4. Tenuis longæque, viriduli-ochroleucæ.
5. Spec. 1. *E. suaveolens* Torr. (*Buddleia?*)
6. *Cat. Ort. napol.*, 88. — B. H., *Gen.*, II, 794, n. 16.

Stamina inclusa; antheris subsessilibus introrsis, 2-rimosis. Germen 2-loculare; disco tenui v. 0; stylo apice clavato-dilatato; ovulis ∞, cæterisque *Buddleiæ*. Bacca ovoidea v. oblonga; seminibus albuminosis. — Frutices divaricato-ramosi subglabri v. varie tomentosi; foliis oppositis; floribus[1] in cymas breves v. capitatas, axillares et terminales, sessiles v. breviter pedunculatas, nunc in racemos cymigeros dispositis[2]. (*Africæ trop. ins. or.*)

51. **Adenoplea** Radlk[3]. — Flores *Buddleiæ*, 4-meri. Corolla hypocraterimorpha, imbricata. Germen[4] breve, complete v. incomplete 4-loculare, ∞-ovulatum. Fructus baccatus; seminibus ∞, cæterisque *Buddleiæ*. — Frutices[5]; foliis oppositis; floribus[6] in racemos terminales cymigeros dispositis. (*Madagascaria*, *Ins. mascaren.*[7])

52. **Chilianthus** Burch.[8] — Flores fere *Buddleiæ*, 4- v. rarius 5-meri; calyce 4-fido, imbricato v. subvalvato. Corolla subcampanulata, imbricata. Stamina fauci v. sub fauce affixa; filamentis corrugatis; antheris introrsis exsertis; loculis sub insertione liberis. Germen 2-loculare; stylo apice varie dilatato v. capitato. Ovula in loculis 2-∞, descendentia. Capsula cæteraque *Buddleiæ*. — Arbores v. frutices, lepidoti v. stellato-tomentosi; foliis oppositis; cymis terminalibus valde compositis sæpiusque multifloris. (*Africa austr.*[9])

53. **Nuxia** Commers[10]. — Flores (fere *Buddleiæ*) 4-meri; calyce coriaceo, 4-lobo valvato. Corolla calyce longior; tubo supra basin circumcisso; limbi lobis 4, imbricatis. Stamina 4, fauci pilosæ inserta exserta; antheris introrsis, demum reflexis; loculis 2, distinctis, basi sæpius discretis, nunc apice confluentibus. Germen cæteraque *Buddleiæ*. Capsula septicida, 2-valvis. — Arbores v. frutices, glabri v. simpliciter

1. Lutescentibus, parvis.
2. Generis sectio nobis videtur, inflorescentiis axillaribus magis spiciformibus, *Adenoplusia* Radlk., in *Abh. des Naturw. Ver. Brem.*, VIII, 462, cujus typus est *Buddleia axillaris* W., in *R. et Sch. Syst.*, III, *Mantiss.*, 97.
3. In *Abh. des Naturw. Ver. Brem.*, VIII, 406.
4. De glandulis interioribus gynæcei cfr Radlk., *loc. cit.*, 407.
5. Habitu *Buddleiæ*.
6. Lutescentibus, parvis.
7. Generis typus est *Buddleia madagascariensis* Lamk, africana asiaticaque, apud nos culta.
8. *Trav.*, I, 94. — A. DC., *Prodr.*, X, 435. — B. H., *Gen.*, II, 793, n. 13 (char. reform.).
9. Spec. ad 3. L. f., *Suppl.*, 125 (*Scoparia*). — Lamk, *Dict.*, I, 563, n. 4 (*Callicarpa*). — W., *Enum. H. berol.*, I, 159 (*Buddleia*). — Jacq., *H. schœnbr.*, I, 12, t. 29 (*Buddleia*). — Benth., in *Comp. Bot. Mag.*, II, 59 (*Nuxia*).
10. Ex Lamk, *Ill.*, I, 295, t. 71. — A. DC., *Prodr.*, X, 434. — Endl., *Gen.*, n. 3972. — Bur., *Logan.*, 77, fig. 63-67. — B. H., *Gen.*, II, 792, n. 12. — *Lachnopylis* Hochst., in exs. *Schimp.*; in *Flora* (1843), 77. — A. DC., *Prodr.*, IX, 22; X, 595.

pilosi; foliis oppositis v. 3, 4-natim verticillatis; floribus in cymas densas composite racemosas terminalesque dispositis, sæpius 2-bracteolatis. (*Africa austr. trop. et insul. or.*[1])

54. **Gomphostigma** Turcz.[2] — Flores fere *Buddleiæ*, 4-meri; calyce gamophyllo, imbricato. Corolla subrotato-campanulata, imbricata. Stamina 4, tubo corollæ affixa; antheris exsertis; loculis distinctis, introrsum rimosis. Germen 2-loculare, ∞-ovulatum; stylo erecto, apice dilatato 2-lobo. Capsula septicida; valvis 2, placentas demum nudantibus. Semina ∞, angulata parce albuminosa; embryone axili recto. — Frutex virgatus glaber; foliis oppositis; floribus axillaribus solitariis v. superne (ob folia in bracteas mutata) in racemum terminalem dispositis; pedunculis 2-bracteolatis. (*Africa austr.*[3])

VII. POTALIEÆ.

55. **Potalia** Aubl. — Flores hermaphroditi; sepalis 4, decussato-imbricatis. Corolla tubuloso-campanulata; limbi lobis 8-10, v. (*Anthocleista*) 10-16, convoluto-imbricatis v. tortis, dextrorsum obtegentibus. Stamina loborum corollæ numero æqualia, sub fauce affixa et alternantia; antheris linearibus curvulis; loculis parallelis, introrsum rimosis. Germen basi disco crasso cinctum, 2-loculare; stylo brevi, apice stigmatoso capitato, conico v. subcylindrico. Ovula ∞, placentæ axili semel v. bis 2-fidæ partitæve inserta. Bacca sphærica, ovoidea v. oblonga, intus pulposa. Semina ∞, pulpa immersa; albumine cartilagineo; embryonis recti parum brevioris cotyledonibus brevibus. — Arbores v. frutices, nunc scandentes glabri; foliis (magnis) oppositis integris coriaceis, linea transversa v. vagina stipuliformi connexis; floribus in cymas terminales sæpius trichotomas dispositis. (*Guiana, Brasilia bor., Africa trop., Madagascaria.*) — *Vid. p.* 304.

56? **Fagræa** Thunb.[4] — Flores hermaphroditi; sepalis 5, liberis v. basi connatis, obtusis, imbricatis. Corolla subhypocraterimorpha

1. Spec. ad 12. Bak., in *Trim. Journ. Bot.* (1882), 25.
2. In *Bull. Mosc.* (1843), 53. — Benth., in *DC. Prodr.*, X, 434; in *Journ. Linn. Soc.*, I, 95; *Gen.*, II, 792, n. 11.
3. Spec. 2: 1. *G. virgatum*. — *G. scoparioides* Turcz. — *Buddleia virgata* L. f., *Suppl.*, 123. — Thunb., *Fl. cap.*, 148. Alteram nuper incanam descr. cl. Oliver (in *Hook. Icon.*, t. 1472).
4. *Nov. gen.*, 24; in *Act. Stockh.* (1782), 132, t. 4. — Lamk, *Dict.*, II, 448; *Ill.*, t. 167. — Endl., *Gen.*, n. 3367. — DC., *Prodr.*, IX,

v. infundibularis; tubo cylindraceo v. superne ampliato; limbi lobis 5-8, contortis, dextrorsum obtegentibus. Stamina 5-8, tubo corollæ inserta cumque lobis alternantia; antheris introrsis, 2-rimosis; loculis basi liberis. Germen 2-loculare; loculis sæpe superne incompletis[1]; stylo gracili, apice stigmatoso capitato v. peltato. Ovula ∞, placentis involutis 2-fidis inserta. Bacca globosa, 1, 2-locularis. Semina ∞, pulpa immersa; albumine cartilagineo; embryone parvo recto; cotyledonibus brevissimis. — Arbores v. frutices, nunc scandentes, sæpe epiphytici, glabri; foliis oppositis integris coriaceis; petiolis vagina interpetiolari junctis, nunc basi auriculato-dilatatis; floribus[1] in cymas terminales compositas trichotomas dispositis, nunc solitariis paucisve. (*India or.*, *Malaisia*, *Australia*, *ins. Oceani Pacifici*[2].)

VIII. DATUREÆ.

57. **Datura** L. — Flores regulares; receptaculo convexiusculo. Calyx tubulosus, 5-costatus, apice 5-fidus; lobis induplicato-valvatis, v. spathaceus, sæpe demum supra basin persistentem induratamque v. auctam patentemque circumcissus. Corollæ infundibularis lobi 5, induplicato-torti, sæpe acuminati. Stamina ad basin tubi affixa; filamentis gracilibus, nunc inæqualibus; antheris linearibus, nunc inter se cohærentibus, introrsum rimosis, basi ad insertionem filamenti foveolatis. Germen nunc aculeatum, 2-loculare, plerumque septo spurio e placentæ dorso orto in locellos 4 divisum[3]. Stylus gracilis, apice stigmatoso dilatato 2-lobus v. 2-lamellatus. Ovula ∞. Fructus capsularis, nunc carnosus, sæpe echinatus, ob septa spuria plerumque 4-locellatus, indehiscens v. sæpius ab apice 4-valvis. Semina subreniformia compressa; testa crassa suberosa v. dura; embryonis valde curvi subperipherici albumenque carnosum cingentis cotyledonibus semiteretibus. — Herbæ, frutices v. arbores; ligno molli, glabri v.

28. — BUR., *Logan.*, 69, fig. 51-53 (*Gentianea*). — B. H., *Gen.*, II, 794, n. 18. — *Ulania* G. DON, *Gen. Syst.*, IV, 663. — *Kuhlia* BL., *Bijdr.*, 777. — *Picrophlœum* BL., *Bijdr.*, 1019. — *Cyrtophyllum* REINW. — BL., *Bijdr.*, 1022. — *Kentia* STEUD., *Nom.*, ed. 2.

1. Placentæ unde parietales.

2. Albis v. flavidis, sæpe magnis, speciosis.

3. Spec. ad 30. BL., *Mus. lugd.-bat.*, I, 163; *Rumphia*, II, 25, t. 72-81. — WALL., *Pl. as. rar.*, t. 229. — WIGHT, *Icon.*, t. 1316, 1317. — FIELD et GARDN., *Sert. pl.*, t. 6. — BENTH., in *Journ. Linn. Soc.*, I, 97; *Fl. austral.*, IV, 367. — BEDD., *Fl. sylv.*, t. 6080. — HOOK. F., *Fl. brit. Ind.*, IV, 82. — *Bot. Mag.*, t. 4205, 6080. — WALP., *Ann.*, III, 75.

tomentelli farinosive; foliis alternis integris v. grosse dentatis; floribus solitariis inter folia 2-nata terminalibus. (*Orbis utriusque reg. temp. et calid.*) — *Vid. p.* 307.

IX. HYOSCYAMEÆ.

58. **Hyoscyamus** T. — Flores hermaphroditi; calyce suburceolato v. tubuloso-campanulato, breviter 5-fido, circa fructum inclusum aucto costatoque; dentibus muticis v. sæpius spinescentibus. Corolla infundibularis plus minus irregularis, nunc hinc fissa; fauce dilatata; limbi obliqui lobis 5, imbricatis, patentibus. Stamina 5, inæqualia, plerumque exserta; filamentis ad medium tubum affixis; antheræ ovatæ oblongæve loculis parallelis, introrsum rimosis. Germen disco tenui v. subnullo basi stipatum, 2-loculare; ovulis ∞, placentæ axili crassæ insertis; stylo apice capitato. Capsula sub apice v. ad medium circumcisse dehiscens; operculo integro v. fisso. Semina ∞, scrobiculata v. tuberculata; embryonis albuminosi valde curvi subperipherici cotyledonibus semiteretibus. — Herbæ erectæ, biennes v. perennes, glabræ v. varie pilosæ; foliis alternis, integris, sinuatis, dentatis, incisis v. pinnatifidis; floribus in cymas scorpioideas sæpius 1-laterales dispositis; inferioribus solitariis; foliis floralibus plerumque bracteiformibus. (*Reg. medit., Asia med., ins. Canar.*) — *Vid. p.* 309.

59. **Scopolia** JACQ.[1] — Flores cæteraque fere *Hyoscyami;* calyce gamophyllo truncato v. 5-dentato, fructifero aucto; dentibus subimbricatis, mox haud contiguis v. subnullis. Corollæ campanulatæ limbus plicatus subæqualis v. leviter inæqualis; lobis 5, primum induplicato-imbricatis tortisve, demum haud contiguis v. subnullis. Stamina 5, inæqualia, ad imam corollam inserta; filamentis basi dilatata villosulis; antheræ basi v. subintrorsum affixæ loculis introrsis v. ad marginem rimosis. Germen 2-loculare, basi in discum crassum integrum v. 5-sulcum incrassatum; stylo apice dilatato stigmatoso 2-lobo. Ovula in loculis fere ad apicem completis ∞, adscendentia; micropyle sæpius extrorsum infera. Capsula supra medium

1. *Obs.*, I, 32, t. 20. — DUN., in *DC. Prodr.*, XIII, p. I, 555, sect. 3, 4. — ENDL., *Gen.*, n. 3849. — MIERS, *Ill.*, II, t. 81. — B. H., *Gen.*, II, 902, n. 39. — *Scopolina* SCHULT., *Œstr. Fl.*, I, 335. — NEES, *Gen. Fl. germ.* — *Anisodus* LINK et OTT., *Ic. sel.*, t. 35. — MIERS, *Ill.*, t. 78. — ENDL., *Gen.*, n. 3848. — *Whitleya* DON, in *Sweet Brit. fl. Gard.*, t. 125.

circumcissa; operculo deciduo, integro v. 2-4-fisso. Semina ∞, extus granulosa v. reticulato-rugosa; embryonis subperipherici cotyledonibus arcuatis semiteretibus. — Herbæ perennes; ramis paucis; foliis alternis v. hinc spurie oppositis integris; floribus[1] terminalibus spurieve axillaribus jureque ad folia lateralibus. (*Europa, Himalaia, Japonia*[2].)

60. **Physochlaina** G. DON.[3] — Flores cæteraque fere *Scopoliæ*; corollæ regularis tubuloso-campanulatæ lobis arcte imbricatis. — Herbæ perennes, glabræ v. pilosæ; floribus[4] in cymas terminales corymbiformes pedunculatas 1-paras dispositis[5]. (*Asia med.*[6])

61. **Przewalskia** MAXIM.[7] — « Flores regulares; calyce cylindrico breviter obtuseque 5-dentato, circa fructum accreto elliptico-vesicario. Corolla[8] tubulosa; limbi brevis dentibus 5, intus plicatis imbricatis. Stamina 5, sub fauce inserta inclusa; filamentis brevissimis, inferne adnatis pilosis; antheris oblongis; loculis basi ad medium liberis, rimosis. Germen disco annulari angustissimo cinctum, 2-loculare; ovulis ∞, subamphitropis pluriseriatis; stylo filiformi, apice capitato, 2-lobo. Fructus globosus circa basin circumcissus. Semina compressa; embryone cyclico subperipherico; cotyledonibus linearibus quam radicula angustioribus. — Herba perennis; radice crasse carnosa pleiocephala glanduloso-pilosa; caudicibus squamatis; foliis alato-petiolatis oblongis dense approximatis; pedunculis axillaribus, 1-3-floris, 1-3-foliatis; pedicellis calyce brevioribus. (*Reg. tangutica, Tibetum bor.*[9]) »

1. Purpureo-luridis v. pallide virescentibus, cernuis.
2. Spec. ad 3. REICHB., *Ic. Fl. germ.*, t. 1622. — MAXIM., in *Bull. Ac. Pétersb.*, XVIII, 57; *Mél. biol.*, VIII, 629. — FR. et SAV., *En. pl. jap.*, I, 341. — C.-B. CLKE, in *Hook. f. Fl. brit. Ind.*, IV, 243. — *Bot. Mag.*, t. 1126 (*Hyoscyamus*).
3. *Gen. Syst.*, IV, 470. — B. H., *Gen.*, II, 902, n. 40. — MIERS, *Ill.*, II, t. 80. — *Belenia* DCNE, in *Jacquem. Voy.*, *Bot.*, 113, t. 120.
4. Lilacinis v. violaceis, suberectis.
5. Genus *Scopoliæ*, quacum sæpe confusum, valde affine, imprimis differt corollæ charactere et æstivatione, nec non floribus corymbiformi-cymosis terminalibusque.
6. Spec. 3, 4. DUN., in *DC. Prodr.*, XIII, p. I, 554 (*Scopoliæ* sect. 2). — SWEET, *Brit. fl. Gard.*, t. 12, 13 (*Hyoscyamus*). — BOISS., *Fl. or.*, IV, 293. — C.-B. CLKE, in *Hook. f. Fl. brit. Ind.*, IV, 244. — *Bot. Mag.*, t. 852, 2414 (*Hyoscyamus*), 4600.
7. In *Bull. Acad. Pétersb.*, XI, *Mél. biol.*, 274.
8. Lutea, subpollicari, marcescente.
9. Spec. 1. *P. tangutica* MAXIM., *loc. cit.*

X. NOLANEÆ.

62. **Nolana** L. — Flores hermaphroditi; calyce gamosepalo vario, 5-fido; lobis valvatis v. leviter imbricatis. Corolla late infundibularis; limbi campanulati plicati angulis lobisque 5, demum patentibus. Stamina 5, tubo inserta inclusa; filamentis inferne pilosis; antheris ovato-oblongis, introrsum 2-rimosis. Discus varius, integer, crenatus v. lobatus. Germen inæqui- v. æqui-5-∞-lobum; lobis 1-4-ovulatis; stylo inter lobos simplici erecto, apice stigmatoso capitato v. peltato. Fructus sæpius calyce aucto inclusus, constans e nuculis 5-∞, siccis v. extus carnosulis, aut e carpidiis inæqualibus induratis 1-6-spermis. Semina singula in locello indurato segregata, parva; albumine tenui membranaceo v. copioso carnoso; embryonis valde incurvi v. subspiralis cotyledonibus semiteretibus. — Herbæ diffusæ v. prostratæ, rarius suberectæ, glabræ, viscidæ v. pubescentes; foliis alternis, solitariis v. spurie 2-natis, integris, nunc carnosulis; floribus ad axillas lateraliter solitariis pedunculatis; inflorescentia sic dicta scorpioidali. (*Peruvia*, *Chili.*) — *Vid. p.* 312.

63. **Alona** LINDL.[1]. — Flores fere *Nolanæ;* germine integro v. obtuse 5-lobo; stylo apicali erecto, apice stigmatoso peltato. Ovula in loculis 4, septis spuriis mox segregata. Fructus inæqui-lobatus; columella cum septis post occasum carpidiorum persistente. Semina in carpidiis singulis 1-3, albuminosa; embryone valde curvato cæterisque *Nolanæ.* — Frutices ericoidei; foliis brevibus linearibus nunc carnosulis, spurie fasciculatis; floribus[2] ad axillas solitariis pedunculatis. (*Chili*[3].)

64. **Dolia** LINDL.[4] — Flores fere *Nolanæ;* corollæ infundibularis tubo vario; limbo plicato-subcontorto patente, 5-lobo. Germen 5-10-lobum; stylo basilari, apice stigmatoso dilatato. Ovula in lobis 1, 2. Fructus nuculæ 5-10, 1-2-spermæ; cæteris *Nolanæ.* — Herbæ v. fruticuli salsoloidei, canescentes v. stellato-tomentosi; foliis

1. *Bot. Reg.* (1844), t. 46 (part.). — ENDL., *Gen.*, n. 3817 (part.). — MIERS., *Ill.*, I, 54. — B. H., *Gen.*, II, 879, n. 26.

2. Cæruleis v. violaceis, majusculis.

3. Spec. ad 6. C. GAY, *Fl. chil.*, V, 109. — GAUDICH., *Voy. Bonite*, *Bot.*, t. 106, 107, (?) 108 (*Nolana*). — PHIL., *Fl. atacam.*, 44.

4. *Bot. Reg.* (1844), sub t. 46. — MIERS, *Ill.*, I, 55, t. 11. — DUN., in *DC. Prodr.*, XIII, p. I, 15. — B. H., *Gen.*, II, 880, n. 28. — *Aplocarya* LINDL., *loc. cit.* — *Alibrexia* MIERS, *Ill.*, I, 59, t. 12. — *Velpeaulia* GAUDICH., *Voy. Bonite*, *Bot.*, t. 109. — *Leloutria* GAUDICH., *loc. cit.*, t. 110.

alternis, spurie oppositis v. fasciculatis, linearibus v. spathulatis, nunc miminis; floribus[1] ad folia lateralibus, sessilibus v. stipitatis[2]. (*Chili, Peruvia, Bolivia*[3].)

XI. CESTREÆ.

65. **Cestrum** L. — Flores hermaphroditi regulares; calyce gamopetalo, subtubuloso v. campanulato, 5-dentato v. 5-fido, valvato. Corolla hypocraterimorpha v. subinfundibularis, basi nunc contracta, fauce nunc dilatata; limbi lobis 5, induplicato-valvatis. Stamina 5, ad medium tubum v. altius inserta; filamentis basi dilatatis, ibi sæpe pilosis v. dente auctis; antheræ brevis loculis parallelis, introrsum rimosis. Germen sessile v. breviter stipitatum, disco crassiusculo v. tenui basi cinctum, 2-loculare; stylo gracili, apice stigmatoso varie dilatato v. obscure 2-lobo. Ovula ∞, sæpius pauca, ventre affixa; micropyle extrorsum infera. Bacca varia; seminibus paucis v. 1; embryonis recti v. leviter arcuati cotyledonibus ovatis v. oblongis, radicula infera latioribus v. nunc angustis semiteretibus. — Arbusculæ v. frutices, glabri v. indumento vario; foliis alternis integris; floribus in cymas axillares, laterales v. in racemos terminales nunc corymbosos congestas, dispositis. (*America calid.*) — *Vid. p.* 314.

66? **Juanulloa** R. et PAV.[4] — Flores subregulares; calycis tubulosi v. campanulati (colorati), basi sæpe 5-goni, foliolis liberis v. plus minus alte connatis, valvatis v. nunc subreduplicatis. Corollæ tubulosæ rectæ v. nonnihil curvæ ventricosæve carnosæ lobi 5, parvi, imbricati. Stamina paulo supra basin tubi inserta inclusa; filamentis brevibus v. elongatis; antheris oblongis v. linearibus erectis introrsis, 2-rimosis. Germen basi disco annulari crasso cinctum, 2-loculare; stylo gracili, apice plus minus dilatato; lobis stigmatosis 2, obtusis v. 3-angulari-

1. Mediocribus v. parvis.

2. *Bargemontia* GAUDICH., *loc. cit.*, t. 8. — DUN., in *DC. Prodr.*, XIII, p. I, 18. — B. H., *Gen.*, II, 880, n. 29, *a Dolia* distinguitur et ab auctore depingitur corolla suburceolata ad faucem contracta. Nos autem in auctoris speciminibus genuinis corollam infundibularem nec fauce contractam observamus.

3. Spec. 12, 13. R. et PAV., *Fl. per. et chil.*, t. 113, fig. *b* (*Nolana*). — DUN., in *DC. Prodr.*, XIII, p. I, 15; 16 (*Alibrexia*). — GAUDICH., *loc. cit.*, t. 105 (*Alibrexia*), 111-113. — C. GAY, *Fl. chil.*, V, 106 (*Aplocarya*), 107; 113 (*Alibrexia*). — PHIL., *Fl. atacam.*, 45 (*Alibrexia*).

4. *Prodr. Fl. per. et chil.*, 27, t. 4. — ENDL., *Gen.*, n. 3862. — DUN., in *DC. Prodr.*, XIII, p. I, 537 (part.). — MIERS, *Ill.*, II, t. 46. — B. H., *Gen.*, II, 903, n. 43. — *Ulloa* PERS., *Syn.*, I, 218. — *Laureria* SCHLCHTL, in *Linnæa*, VIII, 513. — *Sarcophysa* MIERS, in *Ann. Nat. Hist.*, ser. 2, IV, 190; *Ill.*, t. 47.

lamellatis. Ovula in loculis ∞, sæpius adscendentia. Fructus carnosus v. subexsuccus, indehiscens. Semina ∞; embryonis plus minus curvi cotyledonibus planis oblongis radicula infera latioribus. — Frutices erecti, sæpe sarmentosi epiphytici; foliis integris coriaceis; floribus[1] solitariis v. varie cymosis[2]. (*Mexicum*, *America centr.*, *Columbia*, *Peruvia*[3].)

67. **Markea** L.-C. RICH.[4] — Flores regulares; sepalis 5, membranaceis[5], liberis v. basi connatis, acuminatis, valvatis. Corolla longe tubuloso-infundibularis; limbi lobis 5, arcte imbricatis, demum patentibus. Stamina 5, sub medio tubo affixa; filamentis gracilibus inæqualibus, basi pilosis; antheris oblongis, introrsis, 2-rimosis, sæpius inclusis. Germen basi disco tenui stipatum, 2-loculare, ∞-ovulatum; stylo gracili elongato, superne sensim dilatato, apice stigmatoso anguste 2-lamellato. Bacca vix carnosa, calyce membranaceo cincta; foliis alternis (v. « ternatim approximatis »), integris, membranaceis v. coriaceis; inflorescentia laterali subracemosa cymosa; pedunculo laterali nodoso. (*America trop.*[6])

XII. NICOTIANEÆ.

68. **Nicotiana** T. — Flores hermaphroditi, sæpius regulares; receptaculo convexiusculo. Calyx tubuloso-campanulatus v. ovoideus, 5-fidus. Corollæ infundibularis v. hypocraterimorphæ tubus tenuis elongatus v. latiusculus, nunc leviter ventricosus; fauce nunc ampliata; limbi regularis v. obliqui lobis 5, induplicatis, patentibus. Stamina 5, inæqualia, inclusa v. exserta; filamentis gracilibus infra medium tubum affixis; antheris ovatis v. oblongis; loculis parallelis, sub insertione liberis, introrsum rimosis. Discus tenuis v. plus minus crassus lobatusve. Germen 2-loculare v. rarius 4- ∞-loculare; ovulis ∞, placentæ axili crassæ insertis; stylo gracili, apice stigmatoso capitato

1. Luteis v. aurantiacis, nunc magnis, sæpe speciosis.

2. Genus vix *Cestrearum*. Generis sectio, corolla parva et cymis multifloris est, ex BENTHAM, *Ectozoma* MIERS, in *Ann. Nat. Hist.*, ser. 2, IV, 191; *Ill.*, t. 48. Annulus sic dictus perigynus minime ad discum gynæcei attinet.

3. Spec. ad 6. PAXT., *Mag.*, IX, 3, c. icon. — OTT. et DIETR., in *Allg. Gartenz.*, XII, 267. — HEMSL., *Bot. centr.-amer.*, II, 429. — *Bot. Mag.*, t. 4118.

4. In *Act. Soc. Hist. nat. Par.* (1792), 107 — A. RICH., in *Dict. class.*, X, 168, c. icon. — DUN., in *DC. Prodr.*, XIII, p. I, 532. — ENDL., *Gen.*, n. 3844. — MIERS, *Ill.*, II, 36, t. 45. — B. H., *Gen.*, II, 903, n. 42. — *Lamarkea* PERS., *Syn.*, 218 (non MOENCH). — POIR., *Dict.*, Suppl., III, 293.

5. Floribus coccineis v. flavis, plerumque magnis speciosis.

6. Spec. ad 4. HEMSL., *Bot. centr.-amer.*, II, 429.

v. 2-lamellato. Capsula 2-4-locularis; valvis 2-4, sæpius 2-fidis. Semina ∞, parva v. minuta, rugosa v. foveolata; embryonis albuminosi recti v. curvi cotyledonibus semiteretibus radiculæ æqualibus v. paulo latioribus. — Herbæ annuæ v. perennes, nunc suffrutescentes v. arborescentes, glutinoso-pilosæ v. glabræ; foliis alternis integris v. sinuatis; floribus in racemos plus minus ramosos cymigeros terminales dispositis, nunc secundis, rarius ad axillas solitariis. (*America trop. et extratrop., Australasia, ins. oc. Pacif.*) — *Vid. p.* 316.

69. **Petunia** J.[1] — Flores (fere *Nicotianæ*) nonnihil irregulares; sepalis 5, subæqualibus elongatis obtusis, liberis v. plus minus alte connatis; præfloratione primum imbricata. Corollæ subinfundibularis v. subhypocraterimorphæ tubus cylindraceus v. superne ampliatus; limbus sæpius obliquus, induplicato-5-plicatus; præfloratione superne imbricata. Stamina 5, inæqualia, medio corollæ v. inferius affixa; antheris introrsis v. ad margines rimosis; quinto minore nunc sterili. Germen 2-loculare; stylo apice stigmatoso compresso-dilatato v. obscure 2-lobo. Discus hypogynus irregularis, continuus v. laterali-2-lobus. Ovula in placentis axilibus ∞. Fructus capsularis; valvis 2, septo parallelis indivisis. Semina ∞, extus foveolato-rugosa; embryonis albuminosi recti v. curvi cotyledonibus ovatis parvis. — Herbæ ramosæ, sæpius viscidæ; foliis inferioribus alternis; superioribus spurie oppositis; floribus[2] quoad folia lateralibus[3] solitariisque pedunculatis. (*America calid. et temp.*[4])

70? **Leptoglossis** BENTH.[5] — Flores[6] fere *Petuniæ;* corollæ tubo tenui; limbi lobis 5, brevibus. Stamina 5, inæqualia, v. nunc 4, quorum majora 2, fertilia; antheræ loculis confluentibus; minora autem 2; anthera parva v. cassa. Germen substipitatum discoque irregulari cinctum. Cætera *Petuniæ.* — Herbæ erectæ tenues viscido-

1. In *Ann. Mus.*, II, 215, t. 47. — DUN., in *DC. Prodr.*, XIII, p. I, 573. — ENDL., *Gen.*, n. 3840. — MIERS, *Ill.*, t. 23, 24. — B. H., *Gen.*, II, 907, n. 52. — *Calibrachoa* LLAV. et LEX., *N. veg. Descr.*, II, 3. — *Leptophragma* BENTH. — DUN., *loc. cit.*, 578. — *Waddingtonia* PHIL., *Fl. atacam.*, 41, t. 5.

2. Albis v. violaceis, minimis v. sæpius magnis speciosis.

3. Inflorescentia sic dicta scorpioidali.

4. Spec. 10-12. J., in *Ann. Mus.*, *loc. cit.* — SWEET, *Brit. fl. Gard.*, t. 119; ser. 2, t. 193, 237, 268, 354 (*Nierembergia*). — PAXT., *Mag.*, II, 173, 219; XI, 7. — HEMSL., *Bot. centr.-amer.*, II, 436. — C. GAY, *Fl. chil.*, V, 48. — A. GRAY, *Syn. Fl. N.-Amer.*, 226, 243; *Bot. Calif.*, I, 546. — *Bot. Reg.*, t. 1626, 1931. — *Bot. Mag.*, t. 3113, 3256 (*Salpiglossis*), 2552, 3556. — WALP., *Ann.*, III, 149.

5. *Sulph. Bot.*, 143; in *DC. Prodr.*, X, 196; *Gen.*, II, 908, n. 55. — MIERS, *Ill.*, I, 165; II, 63, t. 53. — ? *Cyclostigma* PHIL., *Sert. Mend. alt.*, 39 (ex BENTH.).

6. Parvi, pallidi.

puberulæ; foliis angustis; floribus solitariis v. confertis, ad axillas pedicellatis v. spurie terminali-racemosis[1]. (*America austr. extratrop. et occid.*[2])

71. **Nierembergia** R. et PAV.[3] — Flores nonnihil irregulares. Calyx gamophyllus, 5-fidus, demum valvatus. Corolla subregularis; tubo elongato tenui; limbo abrupte dilatato, 5-lobo, induplicato-imbricato; lobis posticis 2 in æstivatione exterioribus. Stamina 5 fertilia, summo tubo inserta; lateralia 2, majora; posticum autem minus; filamentis omnium circa stylum in columnam demum conglutinatis; antheris extrorsis, 2-rimosis; loculis brevibus, inferne liberis. Discus cupularis v. 0. Germen liberum, 2-loculare; stylo basi attenuato, apice valde dilatato; lobis 2, lateralibus amplis recurvis. Ovula ∞, adscendentia. Capsula 2-valvis; valvis nunc 2-fidis, septo parallelis. Semina ∞, foveolato-rugosa; embryone recto v. curvulo. — Herbæ perennes, basi nunc frutescentes; foliis alternis angustis integris; floribus[4] spurie axillaribus, nunc ultra bracteas elevatis. (*America subtrop. et extratrop. utraque*[5].)

72? **Vestia** W.[6] — Flores fere *Cestri;* calyce tubuloso subcampanulato truncato; dentibus 5, brevibus; corollæ tubo ad insertionem staminum sæpe constricto et intus barbato, post anthesin supra basin circumcisso. Stamina 5, inæqualia. Germen subsessile, disco carnoso cinctum, ∞-ovulatum. Capsula in valvas 2, 2-fidas v. 2-partitas, dehiscens. Semina ∞, granulosa, subrecta v. arcuata; albumine copioso nunc duriusculo; embryonis recti v. arcuati cotyledonibus ellipsoideis radicula latioribus. Cætera *Cestri.* — Frutex erectus plerumque ramosissimus glaber; foliis oblongis v. obovatis integris mediocribus v. parvis nitidulis; floribus[7] ad summos ramulos solitariis v. paucis cymosis; pedicellis brevibus pendulis. (*Chili*[8].)

1. Genus vix a *Petunia* sejungendum et *Solanaceas* cum *Salpiglossideis* connectens.

2. Spec. 3. MIERS, *Ill.*, t. 20 (*Nierembergia*). — GRISEB., *Pl. Lorentz.*, 166 (*Schwenkia*).

3. *Prodr.*, 23; *Fl. per. et chil.*, t. 123. — DUN., in *DC. Prodr.*, XIII, p. I, 582 (part.). — ENDL., *Gen.*, n. 3839. — MIERS, *Ill.*, t. 18, 19. — B. H., *Gen.*, II, 908, n. 54.

4. Albis v. pallide violaceis.

5. Spec. ad 20. H. B. K., *Nov. gen. et spec.*, t. 198. — A. S.-H., in *Mém. Mus.*, XII, t. 10; *Pl. rem. Brés.*, t. 21. — TORR., *Bot. Emor. Exp.*, 155. — HEMSL., *Bot. centr.-amer.*, II, 437. — C. GAY, *Fl. chil.*, V, 44. — SWEET, *Brit. fl. Gard.*, ser. 2, t. 172, 243, 255, 319. — *Bot. Reg.*, t. 1649. — *Bot. Mag.*, t. 3108, 3370, 3371, 5599, 5608. — WALP., *Ann.*, III, 149.

6. *Enum. H. berol.*, 208. — DUN., in *DC. Prodr.*, XIII, p. I, 579. — ENDL., *Gen.*, n. 3868. — B. H., *Gen.*, II, 906, n. 49.

7. Flavis, speciosis.

8. Spec. 1. *W. lycioides* W. — MIERS, *Ill.*, t. 21. — C. GAY, *Fl. chil.*, V, 96. — *Bot. Reg.*, t. 299. — *Bot. Mag.*, t. 2412.

73. **Fabiana** R. et PAV.[1] — Flores hermaphroditi; calyce tubuloso-campanulato; lobis v. dentibus profundis 5, acutis v. obtusis, induplicato-imbricatis. Corolla tubulosa, superne dilatata, fauce nunc contracta; limbi lobis induplicato-valvatis v. induplicatis tortisque. Stamina 5, ad medium tubi v. inferius affixa; filamentis inæqualibus gracilibus; antherarum brevium introrsarum loculis oppositis distinctis, longitudinaliter rimosis. Discus hypogynus carnosus[2], irregulariter lobatus; lobisve 3, v. 2 cum loculis 2 alternantibus. Ovula ∞, placentæ septali inserta. Stylus filiformis v. compressiusculus; apice dilatato stigmatoso subpeltato, obtuse 2-lobo v. 2-lamellato. Capsula oblonga septicida; valvis nunc 2-fidis, margine inflexis placentasque connatas v. solutas nudantibus. Semina ∞, subangulata granulosa; embryonis albuminosi curvati cotyledonibus oblongis radicula paulo latioribus. — Fruticuli ericoidei ramosi, sæpius viscosi; foliis confertis parvis; floribus[3] terminalibus, lateralibus v. oppositifoliis, breviter pedunculatis. (*Chili, Bolivia, Brasilia*[4].)

74. **Parabouchetia** H. BN[5]. — Flores subregulares; sepalis 5, angustis subliberis. Corolla infundibularis; limbi induplicato-imbricati lobis 5, subæqualibus; interpositis lobulis 5, petaloideis lineari-subulatis arcuatis imisque sinubus affixis. Stamina 5, æqualia, ad medium tubum affixa; filamentis brevissimis tenuissimis; antheris ovatis introrsis, 2-rimosis, connectivo conico obtuso ruguloso viscidulo superatis processuque inter se cohærentibus. Germen 2-loculare, ∞-ovulatum, disco annulari cinctum; stylo erecto, sub apice obtuso integro transverse dilatato. — Caules ramosi; foliis alternis lanceolatis breviter petiolatis; floribus[6] pedunculatis terminalibus v. ad folia aut inter folia lateralibus[7]. (*Brasilia*[8].)

75? **Isandra** F. MUELL.[9] — Flores regulares; calyce campanulato, 5-fido. Corollæ tubuloso-infundibularis lobi 5, induplicato-valvati. Stamina 5, supra basin corollæ inserta æqualia; filamentis basi

1. *Prodr.*, 22, t. 34; *Fl. per. et chil.*, t, 122. — DUN., in *DC. Prodr.*, XIII, p. I, 590. — ENDL., *Gen.*, n. 3838. — MIERS, *Ill.*, I, 178, t. 17. — B. H., *Gen.*, II, 905, n. 48. — HOOK., *Icon.*, t. 340. — *Bot. Reg.* (1839), t. 59. — PHIL., *Fl. atacam.*, 40, t. 5.
2. Luteus v. sanguineus.
3. Albis, parvis, sæpe crebris.
4. Spec. 8-10. A. S.-H., in *Mém. Mus.*, XII, t. 9; *Pl. rem. Brés.*, t. 20. — C. GAY, *Fl. chil.*, V, 39. — WEDD., *Chlor. andin.*, II, 94, t. 57.
5. In *Bull. Soc. Linn. Par.*, 662.
6. Albidis, parvis.
7. Genus habitu *Bouchetiæ;* androcæo regulari; corolla 10-mera *Schwenkiæ*.
8. Spec. 1. *P. brasiliensis* H. BN.
9. In *Wing's South. sc. Rec.*, jan. 1883. — H. BN, in *Dict. Bot.*, III, 137.

puberula latioribus; antherarum extrorsarum et dorsifixarum loculis extrorsis, inferne liberis rimosis. Germen 2-loculare globosum carnosum; stylo brevissimo v. subnullo; placentis in loculis 2-nis adscendentibus ovuliformibus, ∞-ovulatis. Fructus...? — Fruticulus puberulus viscosus; foliis alternis angustis revolutis; floribus[1] axillaribus solitariis pedunculatis. (*Australia*[2].)

76. **Anthotroche** ENDL.[3] — Flores 5, 6-meri; calyce breviter 5, 6-fido, valvato, circa fructum inclusum nonnihil aucto. Corolla subrotato-campanulata; lobis 5, 6, induplicato-valvatis. Stamina 5, 6, fauci corollæ affixa; filamentis basi dilatata barbatis; antheris reniformibus, demum extrorsis, confluentia loculorum 1-rimosis. Germen basi disco cupulari cinctum, 2-loculare; loculis ∞-ovulatis; stylo gracili ad apicem clavato incurvo. Fructus capsularis septicidus septifragusque; valvis 2-fidis. Semina ∞, v. pauca reticulato-rugosa albuminosa; embryone arcuato. — Frutices stellato- v. plumoso-tomentosi; foliis alternis, nunc confertis obtusis integris; floribus[4] ad axillas solitariis v. et in summis ramulis sæpe confertis, breviter pedicellatis. (*Australia occ.*[5])

77. **Retzia** THUNB.[6] — Flores regulares; calyce tubuloso, 5-fido, persistente; lobis valde acutatis. Corollæ tubus elongatus; limbi lobis 5-8, induplicato-valvatis. Stamina totidem, summo tubo affixa; filamentis brevibus tenuibus; antheris breviter sagittatis; loculis rimosis. Germen compressum, basi disco cinctum, loculis 2; stylo gracili, apice stigmatoso breviter 2-lamellato. Ovula in loculis 1-4, obovoidea, basi attenuata. Fructus capsularis oblongus compressus, septicidus; valvis 2, scariosis, 2-fidis. Semina 1, v. pauca rugosa sulcata; albumine carnoso; embryone axili recto. — Frutex erectus; ramis strictis; foliis crebris verticillatis linearibus subacicularibus rigidis, margine revolutis; floribus[7] axillaribus, solitariis, 2-bracteolatis, v. 2, 3-nis, bracteis 2 et plerumque foliis floralibus ∞ basi stipatis[8]. (*Africa austr.*[9])

1. Albis parvis stellato-pubentibus,
2. Spec. 1. *I. Bancroftii* F. MUELL.
3. ENDL., *Nov. st. Dec.*, 6; *Gen.*, 1404. — A. DC., *Prodr.*, XIII, 674. — MIERS, *Ill.*, I, 615; II, App., 34, t. 86. — B. H., *Gen.*, II, 912, n. 65.
4. Corolla sordide purpurascente pilosa.
5. Spec. 2. BENTH., *Fl. austral.*, IV, 467.
6. In *Act. Lund.*, I, 55, t. 1, fig. 2; *Fl. cap.*, 167; *Nov. gen.*, 4. — LAMK, *Ill.*, t. 103. — DUN., in *DC. Prodr.*, XIII, p. I, 581. — ENDL., *Gen.*, n. 3876. — SCHNITZL., *Iconog.*, t. 148** — B. H., *Gen.*, II, 905, n. 47.
7. Rubris v. aurantiacis.
8. Gen. adspectu et foliis omnino anomalum.
9. Spec. 1. *R. spicata* THUNB.

78. **Sessea** R. et PAV.[1] — Flores fere *Cestri*; calyce tubuloso, 5-dentato. Corolla tubuloso-hypocraterimorpha; lobis 5, induplicato-valvatis. Stamina 5, tubo affixa, inæqualia; filamentis ad basin pilosis; antheris brevibus; loculis sub insertione liberis, introrsum rimosis. Germen breviter stipitatum, 2-loculare; stylo gracili, apice varie dilatato v. breviter 2-lobo, nunc involuto-2-lamellato. Ovula pauca, septo affixa, basi acutata. Fructus capsularis oblongus v. cylindraceus, septicide 2-valvis; placentis demum nudatis. Semina pauca compressa, nuda v. sæpius ala membranacea[2] cincta; embryonis recti carnosi cotyledonibus oblongis. — Arbusculæ v. frutices, glabri v. stellato-tomentosi; foliis alternis integris; floribus in cymulas, nunc 1-paras, racemos simplices v. varie ramosos formantes, dispositis[3]. (*America andin.*[4])

79. **Metternichia** MIK.[5] — Calyx membranaceus, inæquali-4-6-fidus, valvatus. Corolla longe infundibularis; limbi lobis, 5, 6, induplicato-valvatis. Stamina 5, ad basin tubi inserta inæqualia; filamentis basi puberulis; antheris brevibus, inclusis v. exsertis; loculis sub insertione liberis, sublateraliter rimosis, demum expansis. Germen sessile, basi disco hypogyno cinctum; stylo elongato, apice stigmatoso dilatato, 2-lobo v. 2-lamellato. Ovula pauca incomplete anatropa adscendentia; micropyle extrorsum infera. Fructus capsularis oblongus; valvis 4, e calyce persistente exsertis recurvis placentasque nudantibus. Semina pauca elongata, utrinque acutata; embryonis recti cotyledonibus radiculæ latitudine subæqualibus. — Arbores glabræ; foliis integris submembranaceis; floribus[6] ad summos ramulos solitariis v. cymosis paucis[7]. (*Brasilia*, *Columbia*[8].)

1. *Prodr.*, 21, t. 33; *Fl. per. et chil.*, t. 115, 116. — DUN., in *DC. Prodr.*, XIII, p. I, 595. — ENDL., *Gen.*, n. 3869. — B. H., *Gen.*, II, 905, n. 45.
2. Nunc utrinque producta.
3. Genus imprimis a *Cestro* fructu capsulari distinguendum.
4. Spec. 5, 6, MIERS, *Ill.*, t. 15.
5. *Del.*, c. icon. — DUN., in *DC. Prodr.*, XIII, p. I, 594. — ENDL., *Gen.*, n. 3869[1]. — B. H., *Gen.*, II, 905, n. 46.
6. Magnis speciosis.
7. Genus *Solanaceas* cum *Bignoniaceis* nonnihil connectens.
8. Spec. 2. MIERS, *Ill.*, t. 14. — *Bot. Mag.*, t. 4747.

LXXXVII
SCROFULARIACÉES

I. SÉRIE DES SALPIGLOSSIS.

Nous commençons l'étude de cette grande famille, non par les

Salpiglossis sinuata.

Fig. 466. Branche florifère.

types les plus caractéristiques, tels que les Scrofulaires, qui lui ont donné leur nom, mais par plusieurs séries qui relient les Scrofulariacées aux Solanacées, ont souvent été rapportées à ces dernières, et ne peuvent en être séparées, ainsi que nous l'avons dit plus haut, que par des caractères tout à fait de convention. Telles seront les Salpiglossées, les Aptosimées, les Verbascées et les Leucophyllées.

Les *Salpiglossis*[1] (fig. 466, 467) ont des fleurs hermaphrodites, irrégulières, à réceptacle légèrement convexe. Il donne insertion à un calice gamosépale, dont les cinq divisions cessent de bonne heure de se toucher. La corolle est irrégulièrement infundibuliforme. Son tube, supérieurement obconique, est surmonté d'un limbe à cinq divisions étalées, plus ou moins indupliquées dans le bouton et en même temps imbriquées de telle façon que les deux postérieures sont intérieures aux latérales et que celles-ci sont enveloppées par l'antérieure. Les étamines, insérées sur le tube de la corolle, sont au nombre de cinq, dont une postérieure stérile, et les quatre autres didynames ; les latérales étant les plus élevées. Elles ont un filet subulé et une anthère biloculaire, courte, introrse, à loges libres au-dessous de l'insertion du filet, déhiscentes par une fente longitudinale, quelquefois sublatérale. L'étamine stérile est parfois surmontée d'une anthère sans pollen, de forme irrégulière. L'ovaire libre est entouré à sa base d'un disque hypogyne[2]; il est biloculaire et surmonté d'un style, dont le sommet se dilate insensiblement en une extrémité comprimée d'arrière en avant, tronquée

Salpiglossis sinuata.

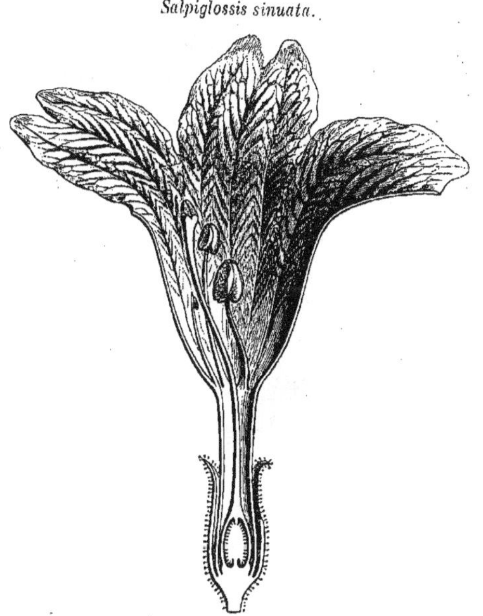

Fig. 467. Fleur, coupe longitudinale (1/1).

1. R. et PAV., *Prodr. Fl. per. et chil.*, 94, t. 19. — ENDL., *Gen.*, n. 3899. — BENTH., in *DC. Prodr.*, X, 201 ; *Gen.*, II, 909, n. 58. — MIERS, *Ill.*, I, 165 ; II, 58, t. 51. — H. BN, in *Bull. Soc. Linn. Par.*, 701.

2. Souvent plus élevé sur les côtés.

ou bilobée et supérieurement stigmatifère, fendue en travers. Chaque loge ovarienne contient un gros placenta axile et chargé de petits ovules anatropes. Le fruit est une capsule qui s'ouvre en deux valves parallèles à la cloison et bifides. Les graines sont nombreuses, petites, rugueuses et striées. Leur albumen charnu entoure un embryon plus ou moins arqué, à cotylédons semi-cylindriques, à peu près égaux en largeur à la radicule. Les *Salpiglossis* sont des herbes annuelles ou vivaces du Chili; il n'y en a guère que deux espèces[1]. Leurs feuilles sont entières, sinuées, dentées ou pinnatifides, plus ou moins chargées de poils visqueux. Leurs fleurs[2] sont disposées en grappes de cymes, au sommet des branches.

A côté des *Salpiglossis* se placent les quatre genres *Schwenkia*, *Bouchetia*, *Reyesia* et *Microschwenkia*, qui sont américains, quoique le premier soit représenté par une espèce dans l'Afrique tropicale.

Schizanthus pinnatus.

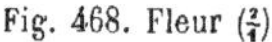

Fig. 468. Fleur ($\frac{2}{1}$).

Fig. 469. Fleur, coupe longitudinale.

Les *Schizanthus* (fig. 468, 469), herbes annuelles du Chili, analogues aux *Salpiglossis* par les organes de végétation, ont deux étamines fertiles et trois staminodes, portés par une corolle à tube long ou court, et à limbe oblique dont les lobes sont eux-mêmes partagés chacun en deux ou trois lobules inégaux. Les *Browallia* et les *Brunfelsia* sont aussi américains. Les premiers ont une corolle à tube droit ou tordu (*Streptosolen*), à limbe étalé, et quatre étamines dont deux seulement ont deux loges fertiles à l'anthère; les deux autres ont une loge avortée. Dans les derniers, les quatre étamines ont deux loges fertiles et

1. C. GAY, *Fl. chil.*, V, 127. — HOOK., *Exot. Fl.*, t. 229. — SWEET, *Brit. fl. Gard.*, t. 231, 258, 271; ser. 2, t. 112. — *Bot. Reg.*, t. 1518. — *Bot. Mag.*, t. 2811, 3365. — WALP., *Ann.*, III, 181.

2. Passant du jaune au rouge et au bleu dans une même espèce et surtout dans les nombreux hybrides obtenus par la culture et qui ont souvent été considérés comme des espèces distinctes dans les ouvrages horticoles.

confluentes. Leur fruit est coriace ou presque drupacé, déhiscent ou indéhiscent. Ce sont des arbres ou des arbustes, tandis que les *Browallia* sont presque toujours herbacés ou suffrutescents à la base.

Duboisia myoporoides.

Fig. 470. Branche florifère et fructifère.

Les *Duboisia* (fig. 470-475), qui sont océaniens et frutescents, ont quatre étamines complètes et un fruit charnu, avec des graines à embryon arqué. Ils ont souvent été rapportés aux Solanacées.

Les *Anthocercis*, également frutescents et océaniens, ont des fleurs

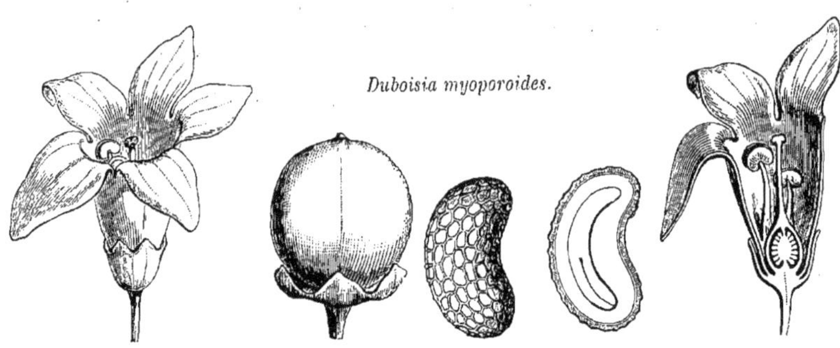

Fig. 471. Fleur ($\frac{4}{1}$). Fig. 473. Fruit ($\frac{3}{1}$). Fig. 474. Graine. Fig. 475. Graine, coupe longitudinale. Fig. 472. Fleur, coupe longitudinale.

de *Duboisia*, irrégulières et à androcée didyname ; mais leur fruit est finalement sec, capsulaire et déhiscent en deux ou quatre valves.

II. SÉRIE DES VERBASCUM.

Les Molènes[1] (fig. 476-481) ont des fleurs hermaphrodites et légèrement irrégulières. Leur réceptacle convexe porte un calice de cinq sépales, libres ou unis inférieurement, imbriqués dans le bouton ou cessant de bonne heure de se toucher par leurs bords. Leur corolle subrotacée, à tube court, a un limbe étalé, un peu irrégulier, à cinq lobes imbriqués, l'antérieur étant recouvert par les deux postérieurs. Les étamines, au nombre de cinq, s'insèrent vers la base de la corolle et alternent avec ses divisions. Elles sont plus ou moins dissemblables. Leurs filets peuvent être tous chargés de poils laineux ; mais les postérieurs en sont plus richement recouverts que les antérieurs, ou ceux-ci n'en portent que d'un côté, le côté postérieur, ou bien ils en sont totalement ou à peu près totalement dépourvus. Chacun d'eux est surmonté d'une anthère uniloculaire, souvent insymétrique, subbasifixe, et dont le bord porte une seule ligne arquée suivant laquelle s'opère la déhiscence. Dans l'étamine postérieure, cette anthère peut être presque

1. *Verbascum* T., *Inst.*, 146, t. 61. — L., *Gen.*, n. 245. — J., *Gen.*, 124. — GÆRTN., *Fruct.*, t. 55. — SCHRAD., *Mon. gen. Verbasc.* (1813, 1823), c. tab. — ENDL., *Gen.*, n. 3878. — BENTH., in *DC. Prodr.*, X, 225 ; *Gen.*, II, 928, n. 7. — PAYER, *Leç. Fam. nat.*, 208.

égale aux autres ou plus petite, mais fertile, ou bien être réduite à de fort petites dimensions et même être tout à fait dépourvue de pollen[1]. Le gynécée se compose d'un ovaire libre, à deux loges, antérieure et postérieure, surmonté d'un style d'abord arqué, dont le sommet stigmatifère se dilate en une tête aplatie et obtuse, à deux lobes laté-

Verbascum Thapsus.

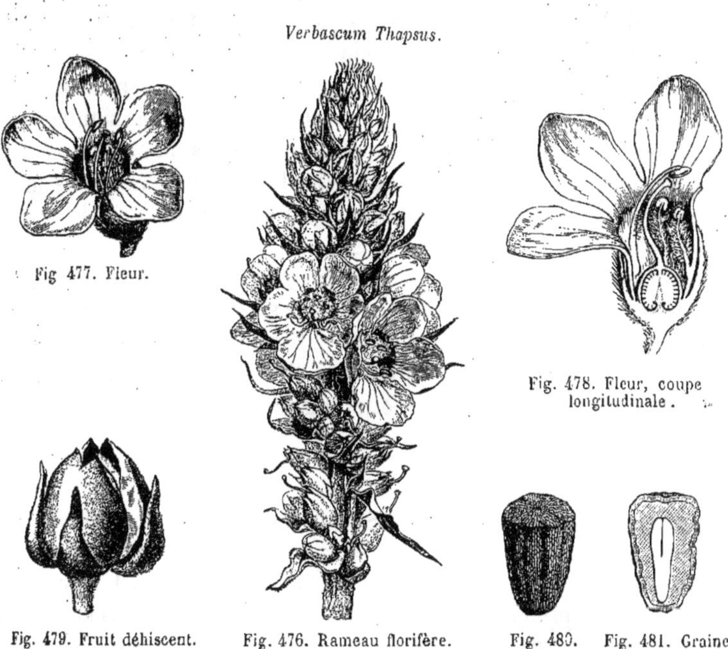

Fig. 477. Fleur.

Fig. 478. Fleur, coupe longitudinale.

Fig. 479. Fruit déhiscent.

Fig. 476. Rameau florifère.

Fig. 480. Graine.

Fig. 481. Graine, coupe longitudinale.

raux, couverts de papilles stigmatiques. Contre la cloison de séparation des loges se voit un gros placenta axile, chargé de petits ovules anatropes. Le fruit est une capsule septicide, à valves souvent bifides et se détachant des placentas qui supportent de nombreuses graines, petites, globuleuses, allongées, rugueuses, à embryon rectiligne, entouré d'un albumen charnu.

Il y a des *Verbascum* dont l'étamine postérieure est non seulement stérile, réduite à une petite taille, mais disparaît même totalement. On les a distingués sous le nom de *Celsia*[2], et on les a quelquefois

1. Celui-ci est semblable à celui de la plupart des Scrofulariacées.

2. L., *Gen.*, n. 757. — ENDL., *Gen.*, n. 3879. — BENTH., in *DC. Prodr.*, X, 244; *Gen.*, II, 929, n. 8. — *Janthe* GRISEB., *Spicil. Fl. rumel.*, II, 40. — *Thapsandra* GRISEB., *loc. cit.*

même placés dans une autre famille que celle à laquelle on attribuait les *Verbascum*. Nous n'en pouvons faire qu'un sous-genre parmi ces derniers.

Ainsi compris, le genre *Verbascum* renferme environ 120 espèces[1] d'herbes dicarpiennes ou vivaces, quelquefois suffrutescentes, de l'Europe, de l'Afrique du Nord et de l'Asie occidentale et tempérée. La plupart sont recouvertes d'un abondant duvet, et quelques-unes ont les rameaux spinescents. Leurs feuilles sont alternes, rapprochées en rosette à la base, entières, crénelées, dentées, incisées, pinnatifides ou disséquées. Leurs fleurs sont disposées en grappes ou en épis terminaux, simples ou composés, et l'aisselle des bractées renferme une fleur pédicellée ou sessile, ou plus souvent un petit nombre de fleurs disposées en cymes ou en glomérules.

Le *Verbascum natolicum* a été distingué génériquement sous le nom de *Staurophragma*[2], parce que les cavités de son ovaire et ses placentas étaient, croyait-on, au nombre de quatre. Il n'en possède en réalité que deux, et son fruit allongé ne s'ouvre que difficilement et tardivement; aussi n'en faisons-nous qu'une section du genre Molène.

III. SÉRIE DES APTOSIMUM.

Les *Aptosimum*[3] (fig. 482-484) ont des fleurs irrégulières. Leur calice gamosépale est profondément quinquéfide, à cinq divisions étroites, valvaires ou d'abord à peine imbriquées. Leur corolle irrégulière a un long tube, dilaté vers la gorge, et un limbe à divisions inégales; les deux antérieures sont recouvertes par les latérales qui enveloppent la postérieure. Les étamines, portées par la corolle, sont didynames, incluses; leurs filets sont grêles, et leurs anthères introrses, ciliées, ont deux loges divergentes qui confluent supérieurement par une large

1. LABILL., *Pl. syr. Dec.*, IV, t. 5. — TEN., *Fl. nap.*, t. 21-23. — SIBTH., *Fl. græc.*, t. 221-229; 605 (*Celsia*). — WIGHT, *Icon.*, t. 1404; 1406 (*Celsia*). — JAUB. et SPACH, *Ill. pl. or.*, t. 405 (*Celsia*), 408. — J.-A. SCHM., in *Mart. Fl. bras.*, VIII, 237. — HOOK. F., *Fl. brit. Ind.*, IV, 250. — BOISS., *Fl. or*, IV, 298; 349 (*Celsia*), 361 (*Staurophragma*). — FR, in *Mém. Soc. Maine-et-Loire*, XXII, 65; *Et. Verbasc. Fr. et Eur. centr.* (1875). — REICHB., *Icon. Fl. germ.*, t. 1637, 1639, 1643-1650, 1651, fig. 1, 1652-1670; 1671 (*Celsia*). — GREN. et GODR., *Fl. de Fr.*, II, 547. — *Bot. Mag.*, t. 885; 964 (*Celsia*), 1037, 1226; 1962 (*Celsia*), 3799. — WALP., *Rep.*, VI, 634; 636 (*Celsia*); *Ann.*, I, 532; III, 184; 186 (*Celsia*); V, 599; 613 (*Celsia*).

2. FISCH. et MEY., *Ind. sem. H. petrop.*, IX, 90. — BENTH., in *DC. Prodr.*, X, 248; *Gen.*, II, 929. — H. BN, in *Bull. Soc. Linn. Par.*, 661.

3. BURCH., *Trav.*, I, 219. — BENTH., *Bot. Reg.*, sub t. 1882; in *DC. Prodr.*, X, 345; *Gen.*, II, 927, n. 4. — *Ohlendorfia* LEHM., *Ind. sem. H. hamb.* (1835). — *Chilostigma* HOCHST., in *Flora* (1841), 372.

fente commune. Celles des étamines postérieures sont d'ordinaire plus petites et souvent même stériles. L'ovaire est à deux loges multiovulées, et le style se termine par une petite tête émarginée. Le fruit capsulaire est comprimé perpendiculairement à la cloison, septicide, et à valves finalement bifides, adhérentes en bas à la colonne placentaire, prolongées sur le dos en une aile courte et rigide. Les graines,

Aptosimum indivisum.

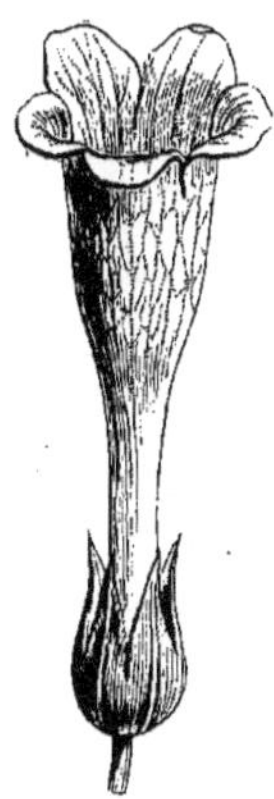

Fig. 482. Fleur ($\frac{4}{1}$).

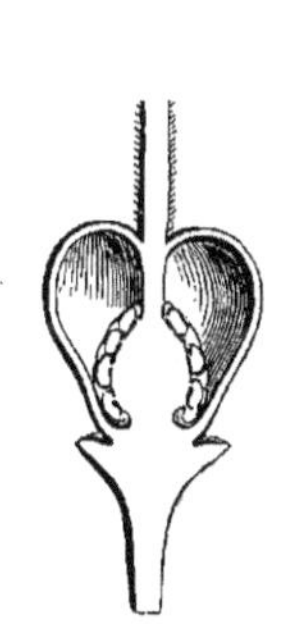

Fig. 484. Gynécée, coupe longitudinale.

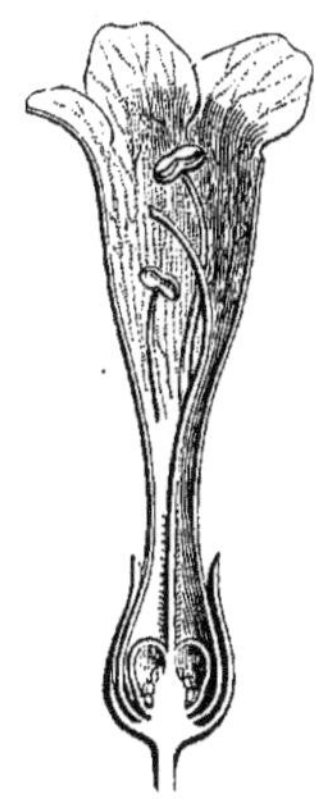

Fig. 483. Fleur, coupe longitudinale.

supportées par un court funicule dont le sommet se dilate en une cupule arillaire, sont arquées, descendantes, rugueuses, albuminées, et ont un embryon droit ou légèrement arqué, à cotylédons inférieurs ovales. On a décrit neuf *Aptosimum*, de l'Afrique australe et tropicale-orientale. Ce sont des herbes touffues, cespiteuses, ou des arbrisseaux trapus, à feuilles alternes, rapprochées, étroites et allongées, uninerves, à fleurs[1] axillaires, sessiles, solitaires, accompagnées de deux bractéoles latérales.

A côté des *Aptosimum* on place les *Peliostomum*, de l'Afrique australe, et les *Anticharis*, de l'Afrique chaude et extra-tropicale, de l'Arabie, qui ont : les premiers, quatre étamines fertiles, un fruit ovale-oblong, comprimé au sommet et des fleurs sessiles ou à peu près ; les derniers, des fleurs pédicellées, avec deux bractéoles et seulement deux grandes étamines fertiles à loges confluentes. Leur fruit est à la fois septicide et loculicide. Ce sont des herbes chargées de poils visqueux.

1. Généralement bleuâtres, de petite taille et à corolles peu éclatantes, cachées entre les feuilles.

IV. SÉRIE DES LEUCOPHYLLUM.

Les fleurs des *Leucophyllum*[1] (fig. 485, 486) sont hermaphrodites et irrégulières. Elles ont un calice gamosépale, très profondément divisé en cinq lobes presque égaux, d'abord imbriqués dans le bouton. Leur corolle est subcampanulée, à cinq lobes peu inégaux, imbriqués, dont les deux postérieurs recouvrent les latéraux, qui eux-mêmes enveloppent d'ordinaire l'antérieur. Les étamines, portées par la corolle dans sa portion inférieure, sont didynames[2] et incluses; elles ont un filet plus

Leucophyllum texanum.

Fig. 485. Fleur ($\frac{2}{1}$).

Fig. 486. Fleur, coupe longitudinale.

ou moins arqué, un peu épais, et une anthère introrse, dorsifixe, dont les deux loges descendent libres au-dessous du point d'attache et s'ouvrent par des fentes confluentes en haut. Le gynécée se compose d'un ovaire libre, biloculaire, accompagné d'un disque hypogyne peu prononcé ou presque nul, et surmonté d'un style grêle et long, dont l'extrémité supérieure se dilate en une tête épaisse, souvent inclinée, à deux lobes stigmatifères peu distincts. Dans l'angle interne des loges ovariennes sont d'épais placentas, chargés d'ovules anatropes. Le fruit, accompagné du calice persistant, est une capsule septicide, dont les valves bifides abandonnent plus ou moins les placentas, couverts de graines allongées, aplaties, droites ou arquées, pourvues d'un albumen et d'un embryon arqué ou presque droit, à radicule infère. Les *Leuco-*

1. H. B., *Pl. æquin.*, II, 95, t. 109. — ENDL., *Gen.*, n. 3988. — BENTH., in *DC. Prodr.*, X, 344; *Gen.*, II, 927, n. 3. — MIERS, *Ill.*, II, 77, t. 58.

2. Il y en a quelquefois, exceptionnellement, cinq, très inégales, comme les a figurées MIERS; la cinquième fertile ou stérile.

phyllum sont trois arbustes du Mexique et du Texas[1], chargés d'un duvet, généralement blanchâtre, formé de poils rameux. Leurs feuilles sont alternes, épaisses, entières, assez petites. Leurs fleurs[2] sont axillaires, solitaires et pédonculées.

On a placé près de ce genre l'*Heteranthia decipiens*, du Brésil, qui a à peu près la même fleur, avec une corolle à deux lèvres, la supérieure entière ou émarginée, un androcée de quatre ou plus rarement cinq étamines inégales, une tige herbacée, des feuilles alternes et des fleurs en grappes; et le *Ghiesbreghtia grandiflora*, du Mexique, qui est frutescent, à grandes feuilles alternes et noircissant par la dessiccation, à fleurs axillaires et solitaires, avec une corolle bilabiée et seulement deux étamines à loges de l'anthère confluentes.

V. SÉRIE DES MYOPORUM.

Les *Myoporum*[3] (fig. 487-490) ont des fleurs hermaphrodites, plus ou moins irrégulières, à réceptacle légèrement convexe. Le calice est formé de cinq sépales, libres ou unis à la base, généralement dans une courte étendue. Leur préfloraison est imbriquée au début, et d'une façon très variable. La corolle est gamopétale, irrégulière ou presque régulière, à tube plus ou moins long, à limbe partagé en cinq ou rarement six lobes, imbriqués d'une façon variable. Les étamines sont portées par la corolle, au nombre le plus souvent de quatre, didynames ou presque égales, avec ou sans staminode postérieur[4]. Elles ont un filet subulé et une anthère introrse, dont les deux loges s'ouvrent par des fentes longitudinales, souvent confluentes en haut. Le gynécée est formé d'un ovaire supère, épaissi à sa base en un disque circulaire et creusé de deux loges, antérieure et postérieure, ou d'un nombre qui varie de trois à dix. Il est surmonté d'un style dont l'extrémité stigmatifère est entière ou très peu profondément divisée. Dans l'angle interne de chaque loge se voit un placenta axile qui supporte un ovule descendant, plus ou moins complètement anatrope[5], à micropyle

1. TORR., in *Emor. Exped.*, *Bot.*, 115. — HEMSL., *Bot. centr.-amer.*, II, 439.
2. Violacées, souvent assez grandes.
3. BANKS et SOL., in *Forst. Prodr.*, 44. — TURP., in *Dict. sc. nat.*, Atl., t. 40. — ENDL., *Gen.*, n. 3733. — A. DC., *Prodr.*, XI, 706. — PAYER, *Organog.*, 581. — H. BN, in *Payer Fam. nat.*, 219. — B. H., *Gen.*, II, 1124, n. 1. — *Pogonia* ANDR., *Bot. Repos.*, t. 212, 283. — *Andreusia* VENT., *Malm.*, t. 108. — *Pentacœlium* ZUCC., *Fam. nat. Fl. jap.*, II, 27, t. 3. — *Polycœlium* A. DC., *Prodr.*, XI, 705. — *Disoon* A. DC., *Prodr.*, XI, 703.
4. Exceptionnellement fertile; ce qui a fait considérer la fleur comme parfois régulière.
5. A tégument simple et très incomplet.

d'abord supérieur et intérieur; plus tard, très souvent, il devient latéral, par suite d'une légère torsion. Dans les ovaires à deux loges, le placenta supporte assez souvent deux ovules descendants. Le fruit est une drupe, à chair plus ou moins épaisse et à noyau indéhiscent, 2-10-loculaire; et les graines renferment un albumen charnu, plus ou moins épais et un embryon droit ou légèrement arqué, à radicule

Myoporum acuminatum.

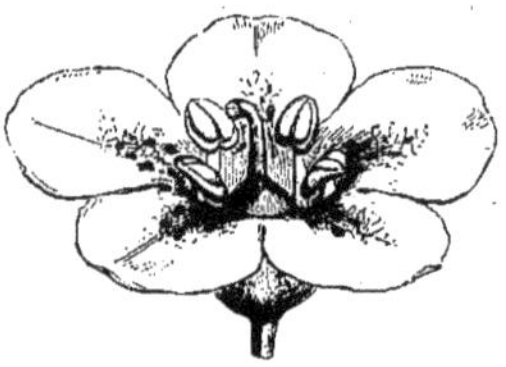

Fig. 488. Fleur.

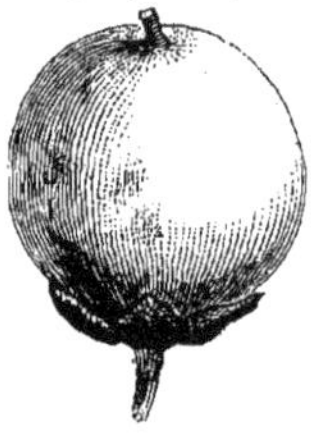

Fig. 487. Rameau florifère. Fig. 490. Fruit. Fig. 489. Fleur, coupe longitudinale.

cylindrique, supère, à cotylédons semi-cylindriques, plus courts ou rarement plus longs que la radicule.

On voit par ce qui précède que quand un *Myoporum* a une corolle irrégulière, un androcée didyname et un ovaire à deux loges biovulées, on peut dire qu'il ne diffère d'un *Leucophyllum*, dont il peut d'ailleurs avoir le port, le feuillage et le mode d'inflorescence, que par son pays d'origine et par le nombre réduit de ses ovules.

Les *Myoporum* sont des arbustes ou des plantes suffrutescentes, à feuilles alternes, rarement opposées, entières ou dentées, sans stipules. Les feuilles et la plupart des autres organes, notamment les sépales, les pétales, l'ovaire, sont chargés de réservoirs à essence, translucides, souvent proéminents. Les fleurs[1] sont axillaires, solitaires, pédonculées, géminées ou disposées en un plus grand nombre dans une même

1. Blanches, petites ou moyennes, souvent sans éclat et rappelant parfois celles des Houx.

aisselle. Le genre compte une vingtaine d'espèces[1], la plupart australiennes. On a néanmoins observé des *Myoporum* à la Nouvelle-Zélande, dans les îles de l'Océan Pacifique, la Chine et le Japon, l'archipel Malais et les îles orientales de l'Afrique tropicale.

Avec les organes de végétation d'un *Myoporum*, le *Zombiana africana* a des fleurs de petite taille, à androcée didyname, et un ovaire à deux loges biovulées; les ovules descendants. Mais son petit fruit est une drupe peu charnue, à quatre noyaux monospermes, et la graine descendante renferme un embryon charnu, sans albumen.

Les *Pholidia*, qui sont tous australiens, diffèrent peu des *Myoporum*; ils ont une corolle plus irrégulière, à tube basilaire plus long, un androcée plus franchement didyname, et un ovaire à deux loges, qui renferment chacune d'un à deux jusqu'à huit ovules descendants, disposés sur deux séries verticale et à raphé dorsal très prononcé.

Dans le *Bontia daphnoides*, arbuste des Antilles, à feuilles alterne les fleurs ont une corolle bilabiée et imbriquée, des étamines didynames, et un ovaire à deux loges, contenant chacune deux paires d'ovules. Par là ce genre est aussi intermédiaire aux *Myoporum* et aux *Leucophyllum*, dont les loges ovariennes sont pluriovulées.

VI. SÉRIE DES SELAGO.

Dans les *Selago*[2] (fig. 491-496), les fleurs, irrégulières et hermaphrodites, très analogues à celles de certains *Myoporum*, ont un calice pentamère et quinconcial, à moins que le sépale postérieur, souvent peu développé, ne vienne à faire totalement défaut. La corolle a un tube court et large, ou étroit et allongé, dilaté supérieurement, et un limbe presque régulier, oblique ou bilabié, à cinq lobes disposés dans le bouton en préfloraison cochléaire. L'androcée didyname s'attache à une hauteur variable sur la corolle: les filets staminaux sont grêles, et les anthères uniloculaires s'ouvrent suivant leur longueur. Il y a

1. HOOK. F., *Handb. N. Zeal. Fl.*, 225. — BENTH., *Fl. austral.*, V, 2. — A. GRAY, in *Proc. Amer. Acad.*, VI, 52. — F. MUELL., *Fragm.*, VII, 109; *Myop. pl. Austral.*, t. 56-72. — FRANCH. et SAV., *Enum. pl. jap.*, I, 361 (*Pentacœlium*). — ANDR., *Bot. Repos.*, t. 212. — *Bot. Reg.* (1845), t. 15. — *Bot. Mag.*, t. 1693, 1830.

2. L., *Gen.*, n. 769. — J., *Gen.*, 110 (nec 12). — GÆRTN., *Fruct.*, t. 51. — CHOIS., in *DC. Prodr.*, XII, 8; *Mém. Sélag.* (in *Mém. Soc. phys. Gen.*, II), t. 3-5. — ENDL., *Gen.*, n. 3731. — H. BN, in *Payer Leç. Fam. nat.*, 220; in *Adansonia*, XII, 361, t. 9, fig. 1, 2. — B. H., *Gen.*, II, 1128, n. 3.

rarement un staminode postérieur; et de ce côté l'ovaire biloculaire présente une glande saillante et descendante, qui constitue le disque. Chaque loge ovarienne renferme un ovule descendant, à micropyle

Selago corymbosa.

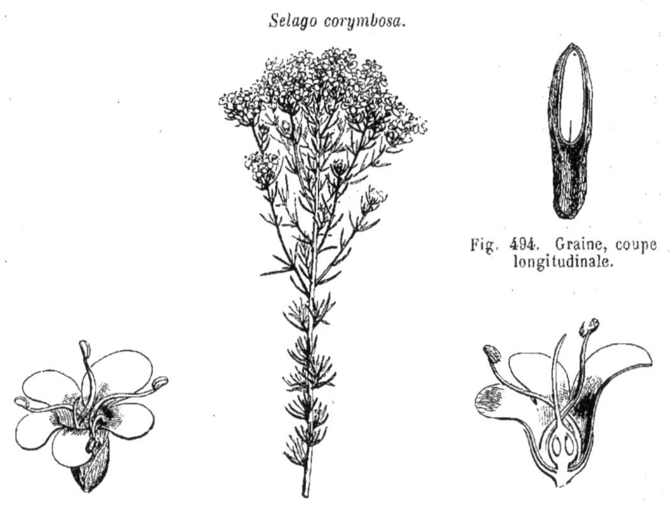

Fig. 494. Graine, coupe longitudinale.

Fig. 492. Fleur. Fig. 491. Rameau florifère. Fig. 493. Fleur, coupe longitudinale.

dirigé en haut et en dedans[1]. Le style est entier, atténué au sommet ou renflé en massue, rarement partagé en deux très petits lobes stigmatifères. Le fruit, entouré du calice, se sépare à la maturité en deux

Selago stricta.

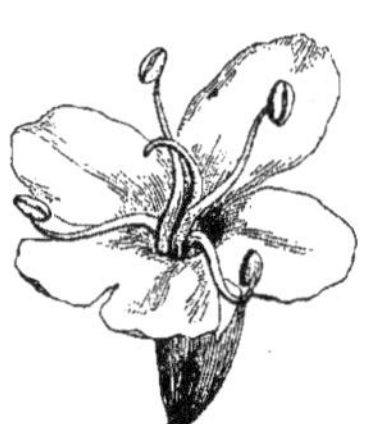

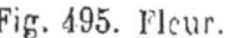

Fig. 495. Fleur.

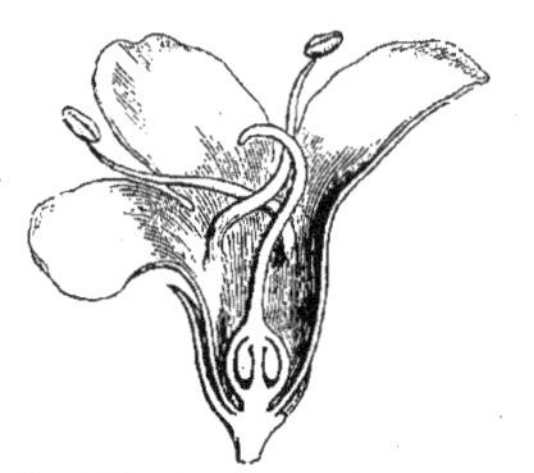

Fig. 496. Fleur, coupe longitudinale.

coques. Leur péricarpe est tantôt mince, tantôt épais et lacuneux. Chaque coque renferme une graine descendante, oblongue, pourvue

1 Voy. *Adansonia*, XII, pl. cit., fig. 2. Il n'a également qu'un tégument fort incomplet.

d'un albumen charnu plus ou moins épais et d'un embryon presque cylindrique, à radicule supère, à cotylédons un peu plus larges qu'elle. On connaît une soixantaine de *Selago*[1], presque tous de l'Afrique extra-tropicale; il y en a cependant un dans la région africaine tropicale et un autre à Madagascar. Ce sont des petites plantes frutescentes ou suffrutescentes, d'ordinaire éricoïdes, à feuilles alternes, ou les inférieures opposées, petites, entières ou dentées. Leurs fleurs[2] sont axillaires et solitaires ou plus souvent disposées en épis terminaux, parfois un peu entraînées sur leur bractée axillante.

A côté des *Selago* se placent les trois genres très voisins *Microdon*, *Agathelpis* et *Gosela*, qui appartiennent tous à l'Afrique australe et qui se distinguent, ou par un androcée diandre, avec ou sans staminodes, ou par un fruit réduit à une seule coque fertile.

VII? SÉRIE DES HEBENSTREITIA.

Les fleurs irrégulières des *Hebenstreitia*[3] (fig. 497-503) sont hermaphrodites, à réceptacle convexe. Leur calice gamosépale est fendu en avant et forme une sorte d'écaille postérieure, entière ou émarginée au sommet[4]. La corolle a un long tube, fendu en avant dans une grande étendue, et un limbe étalé en arrière, partagé en quatre lobes inégaux[5], imbriqués au début dans la préfloraison de façon que les postérieurs enveloppent les latéraux. L'androcée est formé de quatre étamines didynames, portées sur la corolle, incluses, pourvues d'un filet et d'une anthère uniloculaire, oblique, déhiscente par une fente longitudinale. Les antérieures sont les plus longues et ont leurs filets insérés vers les bords de la fente de la corolle. Leurs anthères regardent finalement en avant, et celles des anthères postérieures, en arrière. Le gynécée supère a un ovaire à deux loges, antérieure et postérieure, parfois inégales, surmonté d'un style entier, finalement

1. JACQ., *Fragm.*, t. 3; *Icon. rar.*, t. 196. — REICHB., *Icon. exot.*, t. 223. — KL., in *Pet. Moss. Bot.*, 255. — ROLFE, in *Trim. Journ.* (1886), 175. — *Bot. Reg.*, t. 184, 1504; (1845), t. 46. — *Bot. Mag.*, t. 3028.

2. Blanches, petites et nombreuses.

3. L., *Gen.*, n. 770. — J., *Gen.*, 110 (*Hebenstrelia*). — GÆRTN., *Fruct.*, t. 51. — LAMK, *Ill.*, t. 521. — ENDL., *Gen.*, n. 3727; *Iconogr.*, t. 76. — CHOIS., in *DC. Prodr.*, XII, 3. — B. H., *Gen.* II, 1127, n. 1. — H. BN, in *Adansonia*, XII, 362, t. 9, fig. 331. — *Polycenia* CHOIS., in *DC. Prodr.*, XII, 2; *Mém. Sélag.*, 21, t. 2.

4. Il y a souvent au début une petite dent postérieure (sépale médian), et elle peut même subsister jusqu'à l'état adulte.

5. En bas et en avant il y a toujours une petite bandelette qui représente le lobe antérieur.

arqué et concave en avant, aplati, avec ses deux bords chargés de papilles stigmatiques. Le disque est représenté par une glande postérieure, et l'on voit dans chaque loge ovarienne un ovule descendant, anatrope, à micropyle tourné en haut et en dehors[1]. Le fruit est sec, allongé, cylindrique ou comprimé; il se sépare parfois tardivement en deux coques,

Hebenstreitia dentata.

Fig. 498. Fleur. Fig. 499-501. Graines entières. Fig. 502, 503. Graines, coupe longitudinale. Fig. 497. Fleur, coupe longitudinale.

dont le péricarpe, souvent épais, subéreux ou lacuneux, contient une graine descendante, à albumen charnu et à embryon droit, cylindroïde, avec des cotylédons un peu plus larges que la radicule supère. Ce sont, au nombre d'une vingtaine[2], des herbes, arbustes et sous-arbrisseaux de l'Afrique australe et tropicale orientale, à feuilles alternes, ou les inférieures opposées, étroites, entières ou dentées, rarement courtes et larges. Leurs fleurs[3] sont disposées en épis terminaux, simples ou composés. Chacune d'elles occupe l'aisselle d'une bractée qui embrasse plus ou moins largement la base de la fleur.

Les *Dischisma*, qui sont aussi de l'Afrique australe et qui devraient peut-être se rattacher comme section au genre *Hebenstreitia*, se distinguent par leur calice à deux divisions latérales et entières.

1. Il a un tégument fort incomplet et est supporté par une sorte de pied ou de funicule épaissi, sur lequel il est comme articulé.

2. REICHB., *Icon. exot.*, t. 133. — E. MEY., *Comm. pl. Afr. austr.*, 246. — ANDR., *Bot. Repos.*, t. 252. — ROLFE, in *Trim. Journ.* (1886), 174. — *Bot. Mag.*, t. 483, 1970.

3. Blanches ou discolores, petites.

VIII. SÉRIE DES GLOBULAIRES.

Hermaphrodites et irrégulières, les fleurs des Globulaires[1] (fig. 504-510) ont un réceptacle convexe qui porte un calice gamosépale, à cinq divisions profondes, égales ou inégales, dont une postérieure et deux antérieures, disposées en préfloraison imbriquée, mais cessant de

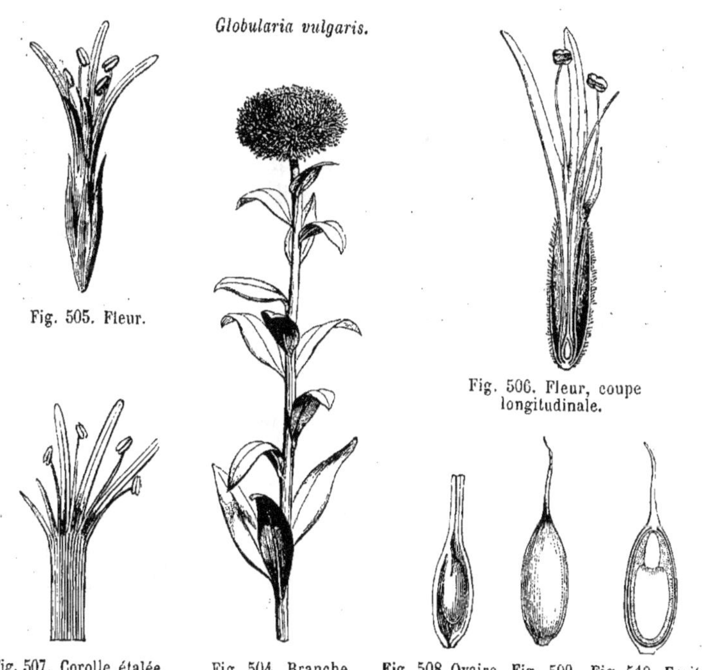

Globularia vulgaris.

Fig. 505. Fleur.

Fig. 506. Fleur, coupe longitudinale.

Fig. 507. Corolle étalée et androcée.

Fig. 504. Branche florifère.

Fig. 508. Ovaire, coupe longitudinale.

Fig. 509. Fruit.

Fig. 510. Fruit, coupe longitudinale.

bonne heure de se toucher. La corolle est gamopétale et très irrégulière; outre qu'elle est fendue en arrière jusque près de sa base, ce qui lui permet de se déjeter tout entière en avant, elle a trois lobes antérieurs relativement très grands et deux postérieurs fort petits,

1. *Globularia* T., *Inst.*, 466, t. 265. — L., *Gen.*, n. 112. — ADANS., *Fam. des pl.*, II, 284. — J., *Gen.*, 97. — LAMK, *Ill.*, t. 56. — CAMBESS., *Mon. Globular.*, in *Ann. sc. nat.*, sér. 1, IX, t. 40, 41. — A. DC., *Prodr.*, XII, 611. — ENDL., *Gen.*, n. 3725. — WILLK., *Rech. s. les Globulariées* (1850). — PAYER, *Organog.*, 583, t. 121. — B H., *Gen.*, II, 1130, n. 8. — *Abolaria* NECK., *Elem.*, I, 105. — *Carradoria* A. DC., *Prodr.*, XII, 610.

dentiformes. La préfloraison est aussi primitivement imbriquée. L'androcée est formé de quatre étamines didynames, les deux antérieures étant les plus grandes, insérées toutes sur la corolle. Leur filet, plus ou moins replié dans le bouton, supporte une anthère introrse, à deux loges placées bout à bout et déhiscentes suivant leur longueur; mais leurs lignes de déhiscence se confondent en une seule fente. Le gynécée est libre; il est formé d'un ovaire[1] uniloculaire et uniovulé, surmonté d'un style dont l'extrémité stigmatifère est partagée en deux petites branches aiguës. L'ovule est descendant, anatrope, avec le micropyle supérieur et postérieur[2], et il s'insère vers le haut de la paroi ovarienne postérieure : ce qui fait voir que la loge ovarienne avortée est la postérieure. Le fruit, entouré du calice, est indéhiscent, à péricarpe membraneux; il renferme une graine descendante, à albumen charnu, un peu plus long que l'embryon, dont la radicule est supère, et dont les cotylédons sont infères, de même largeur ou un peu plus larges.

On peut observer dans ce genre des fleurs à corolle découpée de quatre divisions, les deux petits pétales postérieurs étant réduits à un seul, ou de six divisions, le grand pétale antérieur venant à se dédoubler[3].

On décrit une douzaine d'espèces[4] dans le genre; ce sont des herbes vivaces, des sous-arbrisseaux ou des arbustes, de l'Europe moyenne, de l'Orient, de la région méditerranéenne et des îles du nord-est de l'Afrique. Leurs feuilles alternes sont souvent rapprochées en rosette à la base de la tige, allongées, entières et paucidentées. Leurs fleurs sont disposées en capitules terminaux ou plus rarement axillaires, occupant chacune l'aisselle d'une bractée. Les bractées inférieures de l'inflorescence, plus larges, peuvent former une sorte d'involucre ; ce qui donne aux inflorescences une grande ressemblance avec celles des Composées. Ces plantes représentent, on peut dire, le type le plus réduit que nous connaissions dans la famille.

1. Il y a souvent un disque hypogyne, soit circulaire, mais plus élevé d'un côté que de l'autre, soit, plus ordinairement, réduit à une écaille qui répond au côté dorsal de l'ovule.

2. Il n'a qu'un tégument fort incomplet.

3. Il peut y avoir, en ce cas, une grande étamine alterne avec ces deux divisions.

4. VIV., *Fl. ital. Fragm.*, t. 3. — LGE, *Pl. nov. hisp.*, t. 17. — WILLK. et LGE, *Prodr. Fl. hisp.*, II, 383. — JAUB. et SP., *Ill. pl. or.*, t. 259, 260. — BOISS., *Fl. or.*, IV, 528. — DC., *Ic. pl. gall. rar.*, t. 3. — GREN. et GODR., *Fl. de Fr.*, II, 754. — REICHB., *Icon. bot.*, t. 812; *Icon. Fl. germ.*, t. 1816-1818. — SWEET, *Brit. fl. Gard.*, t. 20, 34. — *Bot. Reg.*, t. 685. — *Bot. Mag.*, t. 2256.

X. SÉRIE DES ALONSOA.

Les fleurs des *Alonsoa*[1] (fig. 511-513) sont hermaphrodites et irrégulières. Leur calice est formé de cinq sépales, imbriqués dans le très jeune âge, puis valvaires et finalement non contigus. La corolle gamopétale, irrégulièrement rotacée, fendue dans presque toute sa hauteur en arrière et, par suite, déjetée de l'autre côté, est découpée de cinq lobes très inégaux, dont le plus grand de tous, l'antérieur, est enveloppé par les latéraux, eux-mêmes recouverts par les postérieurs. Les

Alonsoa caulialata.

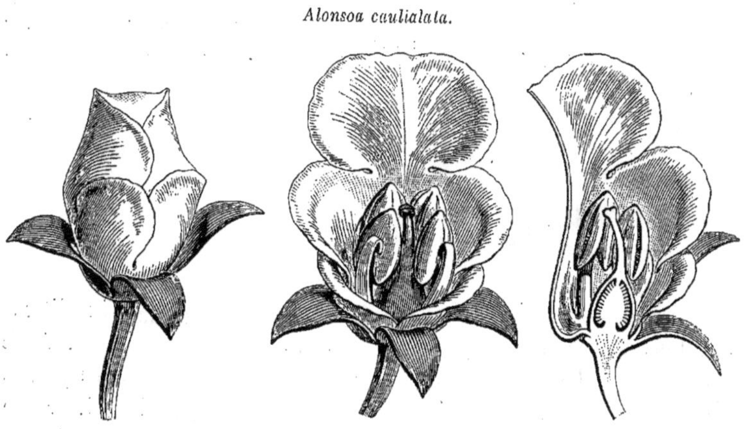

Fig. 511. Bouton. Fig. 512. Fleur ($\frac{4}{1}$). Fig. 513. Fleur, coupe longitudinale.

étamines sont au nombre de quatre, fertiles et légèrement didynames; celles qui répondent aux bords du lobe antérieur de la corolle étant un peu plus grandes. Toutes ont un filet épais, décliné, inséré vers la base de la corolle, et une anthère introrse, à deux loges qui divergent inférieurement et s'ouvrent par des fentes longitudinales, confluentes supérieurement en une seule. Le gynécée, sans disque visible, est formé d'un ovaire à deux loges multiovulées, surmonté d'un style à extrémité stigmatifère capitée. Le fruit est une capsule septicide, un

1. R. et PAV., *Syst. Fl. per. et chil.*, 150. — ENDL., *Gen.*, n. 3880. — BENTH., in *DC. Prodr.*, X, 250; *Gen.*, II, 930, n. 11. — *Hemimeris* H. B. K., *Nov. gen. et spec.*, II, 376 (non THUNB.). — *Schistanthe* KZE, in *Linnæa*, XVI, *Littb.*, 109. — BENTH., in *DC. Prodr.*, X, 251.

peu comprimée, à deux valves entières ou bifides, abandonnant les épais placentas, chargés de petites graines albuminées, ponctuées ou rugueuses. On distingue deux ou trois *Alonsoa*[1], à variétés nombreuses. Ce sont des herbes ou des sous-arbrisseaux, des Andes des deux Amériques, à branches carrées, à feuilles opposées, verticillées par trois, ou alternes, surtout en haut des branches. Ces dernières feuilles deviennent bractéiformes et ont dans leur aisselle une fleur[2] dont le pédoncule carré se tord vers sa base et rend de bonne heure la fleur résupinée; le grand lobe médian de la corolle devenant ainsi antérieur.

A côté des *Alonsoa* se placent les genres très voisins *Angelonia*, *Hemimeris*, *Colpias*, *Diascia*, *Diclis* et *Nemesia*, le premier américain et les cinq autres africains, surtout de l'Afrique australe, presque tous formés de plantes herbacées, quelquefois frutescentes à la base.

X. SÉRIE DES CALCÉOLAIRES.

Les fleurs dès Calcéolaires[3] (fig. 514, 515) sont hermaphrodites et irrégulières, avec un réceptacle concave. C'est une coupe peu profonde et évasée, dont les bords portent le périanthe, tandis que la portion inférieure de l'ovaire est enchâssée dans sa concavité. Le calice est à quatre, ou plus rarement à cinq sépales, imbriqués d'abord légèrement, finalement valvaires. La corolle est presque globuleuse; son tube est très court, et son limbe se divise en deux lèvres concaves ou calcéiformes, dont l'une, plus petite et postérieure, recouvre légèrement l'autre dans le bouton. L'androcée, porté sur la corolle, se compose de deux étamines latérales, à filet court et dressé, à anthère basifixe, formée de deux loges latérales et à déhiscence marginale; une des loges peut même avorter plus ou moins complètement. Il y a

1. JACQ., *Ic. rar.*, t. 497 (*Celsia*). — SWEET, *Brit. fl. Gard.*, ser. 2, t. 240. — C. GAY, *Fl. chil.*, V, 116. — HEMSL., *Bot. centr.-amer.*, II, 440. — SAUND., *Ref. bot.*, t. 158. — REG., in *Gartenfl.* (1854), t. 91. — *Bot. Mag.*, t. 210; 417 (*Celsia*). — WALP., *Ann.*, V, 615.

2. Coccinée, jaune ou blanche.

3. *Calceolaria* FEUILL., *Obs.*, III, t. 17. — L., *Mantiss.*, 143; in *Act. Ac. Stockh.*, ed. 2, 86, t. 8. — J., *Gen.*, 120. — GÆRTN., *Fruct.*, t. 62. — LAMK, *Ill.*, t. 15. — ENDL., *Gen.*, n. 3882. — BENTH., in *DC. Prodr.*, X, 204; *Gen.*, II, 929, n. 10. — *Jovellana* CAV., *Icon.*, V, 32, t. 453. — R. et PAV., *Fl. per. et chil.*, t. 18.

parfois un staminode postérieur. L'ovaire, en partie infère, est à deux loges multiovulées, surmonté d'un style à sommet stigmatifère non divisé. Une couche glanduleuse peu épaisse accompagne d'ordinaire l'ovaire, au point où il devient libre. Le fruit est une capsule septicide, à valves souvent bifides, se séparant finalement des placentas chargés de petites graines striées et albuminées. Ce sont ou des herbes, ou des sous-arbrisseaux de l'Amérique occidentale, depuis le Mexique et la Colombie jusqu'aux régions Magellaniques. Quelques espèces sont de la Nouvelle-Zélande. On en compte en tout plus de cent[1]. Leurs feuilles sont opposées, parfois sessiles et amplexicaules. Leurs fleurs, groupées en grappes terminales composées, souvent corymbiformes, et plus rarement axillaires et solitaires, sont pédicellées, sans bractées.

Calceolaria rugosa.

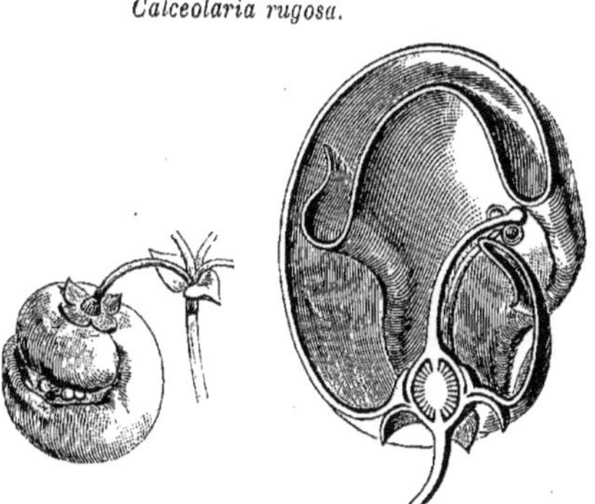

Fig. 514. Fleur. Fig. 515. Fleur, coupe longitudinale.

XI. SÉRIE DES MUFLIERS.

Les Mufliers[2] (fig. 516-521) ont les fleurs irrégulières[3] et hermaphrodites, avec un court réceptacle convexe, à base oblique. Il porte un calice de cinq sépales imbriqués, dont la préfloraison est telle que le postérieur est recouvert par les deux latéraux, eux-mêmes recouverts

1. PERS., *Syn.*, I, 15 (*Bœa*). — R. et PAV., *Fl. per. et chil.*, t. 19-31. — CAV., *Icon.*, t. 441-451. — H. B. K., *Nov. gen. et spec.*, t. 170, 171. — PŒPP. et ENDL., *Nov. gen. et spec.*, t. 287. — SM., *Icon. ined.*, t. 1-4. — AIT., *H. kew.*, t. 1. — HOOK., *Icon.*, t. 561 ; *Exot. Fl.*, t. 75, 99. — C. GAY, *Fl. chil.*, V, 156. — HOOK. F., *Ant. Fl.*, t. 117 ; *Handb. N. Zeal. Fl.*, 201. — SWEET, *Brit. fl. Gard.*, ser. 2, t. 130, 155, 162, 168, 199, 220. — HEMSL., *Centr.-amer.*, II, 439. — *Bot. Reg.*, t. 723, 744, 790, 1083, 1214, 1215, 1313, 1374, 1448, 1454, 1476, 1576, 1588, 1611, 1621, 1628, 1711, 1743. — *Bot. Mag.*, t. 41, 348, 2405, 2418, 2523, 2775, 2805, 2874, 2876, 2897, 2915, 3036, 3094, 3214, 4154, 4157, 4300, 4525, 4929, 5154, 5392, 5548, 5597, 5677, 5772, 6231, 6330, 6431.

2. *Antirrhinum* T., *Inst.*, 167, t. 75. — L., *Gen.*, n. 750. — J., *Gen.*, 120. — TURP., in *Dict. sc. nat.*, Atl., t. 30. — CHAV., *Mon. Antirrh.*, 79. — ENDL., *Gen.*, n. 3892. — NEES, *Gen. Fl. germ.* — BENTH., in *DC. Prodr.*, X, 299 ; *Gen.*, II, 934, n. 23. — *Orontium* PERS., *Syn.*, II, 158. — *Asarina* MILL., *Dict.* — *Gambelia* NUTT., in *Journ. Acad. Philad.*, ser. 2, I, 149.

3. Parfois anormalement pélorièes.

par les deux antérieurs. La corolle est le type de celles qu'on nomme

Antirrhinum majus.

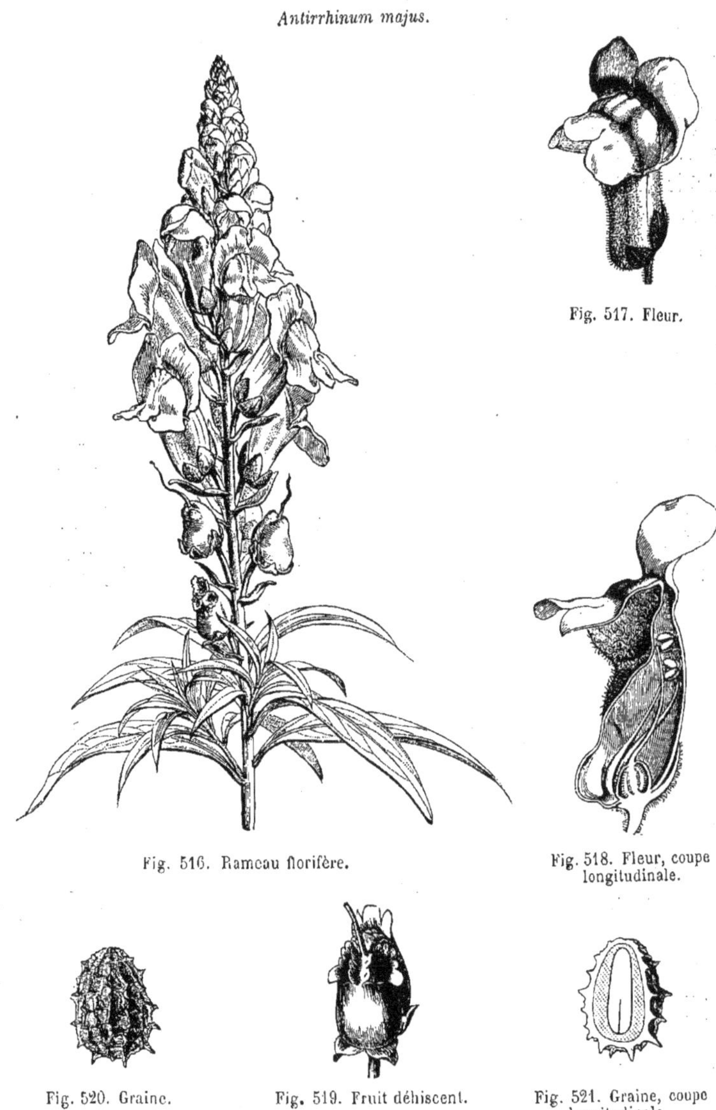

Fig. 516. Rameau florifère.

Fig. 517. Fleur.

Fig. 518. Fleur, coupe longitudinale.

Fig. 520. Graine.

Fig. 519. Fruit déhiscent.

Fig. 521. Graine, coupe longitudinale.

personées. Son tube, d'une seule pièce, fait inférieurement saillie entre les deux sépales antérieurs, sous forme d'une bosse obtuse et creuse, et son limbe est partagé en deux lèvres inégales. L'une d'elles, plus longue, enveloppant l'autre dans le bouton, est formée de deux lobes; et l'autre est constituée par trois divisions, dont la médiane, symétrique, est intérieure aux deux latérales. Au-dessous de cette lèvre, la corolle présente une rentrée déprimée, qui répond, à l'intérieur, à une saillie nommée *palais*, en forme de gouttière obtuse sur sa ligne médiane. Les étamines, insérées sur la corolle et tombant avec elles, sont didynames, formées chacune d'un filet et d'une anthère introrse, à deux loges distinctes, libres en bas, descendantes, s'ouvrant par deux fentes longitudinales. Le gynécée est formé d'un ovaire libre, inséré obliquement, biloculaire, surmonté d'un style dont l'extrémité obtuse, un peu renflée, est partagée en deux courts lobes stigmatifères. Dans l'angle interne de chacune des loges ovariennes, il y a sur la cloison un placenta qui supporte sur sa surface convexe un grand nombre de petits ovules anatropes[1]. Le fruit, qu'accompagne à sa base le calice persistant, est une capsule à deux loges inégales, polyspermes, déhiscentes vers leur partie supérieure par une ou deux ouvertures, qu'on nomme des pores[2] et renfermant de nombreuses graines. Celles-ci contiennent, sous des téguments plus ou moins hérissés de saillies inégales, un albumen charnu, parfois très mince, qui entoure un embryon rectiligne.

Linaria vulgaris.

Fig. 522. Branche florifère et fructifère.

Les Mufliers sont des herbes, annuelles, vivaces ou suffrutescentes, parfois grimpantes, à feuilles alternes ou en partie opposées, entières ou lobées, quelquefois profondément découpées, à fleurs[3] axillaires et solitaires ou disposées en grappes terminales. On en décrit plus de vingt espèces[4], spontanées dans l'hémisphère boréal des deux mondes.

1. Leur tégument est simple, incomplet.
2. Ce sont en réalité des trous à bords déchiquetés et renversés en dehors.
3. Blanches, jaunes ou rouges.
4. W., *H. berol.*, t. 83 (*Maurandia*). — LAPEYR., *Fl. Pyr.*, t. 4. — BROT., *Phyt. lusit.*, t. 125-127. — LINK et HFFMG, *Fl. port.*, t. 50-52. — WILLK. et LGE, *Prodr. Fl. hisp.*, II, 581. —

On ne devrait peut-être distinguer qu'à titre de section les Linaires (fig. 522), dont la fleur est celle des Mufliers, sinon que la gibbosité de leur corolle est remplacée par un éperon généralement étroit et allongé. Mais il deviendrait alors difficile de conserver les genres très peu distincts *Anarrhinum* et *Schweinfurthia*, qui sont de la région méditerranéenne, de l'Afrique du Nord-Est et de l'Orient. Les *Maurandia*, plantes grimpantes du Mexique, sont aussi très voisins des Mufliers; ils en ont la corolle gibbeuse à gorge non fermée, et les loges de leurs anthères sont finalement confluentes. Dans le *Mohavea*, de l'Amérique du Nord, la corolle est également gibbeuse; mais les lèvres de son limbe sont très développées et flabelliformes. Dans les *Galvesia*, herbes vivaces ou suffrutescentes de l'Amérique, la corolle est aussi pourvue d'une bosse basilaire, avec une gorge ouverte; les loges des anthères sont confluentes, et les loges presque égales du fruit déprimé s'ouvrent au-dessous de leur sommet par un trou irrégulier.

XII. SÉRIE DES SCROFULAIRES.

Les fleurs des Scrofulaires[1] (fig. 523-526) sont hermaphrodites et irrégulières, à réceptacle convexe. Leur calice gamosépale a cinq divisions, aiguës ou plus souvent obtuses et ordinairement scarieuses au sommet et sur les bords, disposées dans le bouton en préfloraison quinconciale. La corolle, irrégulière, personée, a un tube renflé et un limbe à cinq lobes inégaux, imbriqués. Les deux postérieurs, plus grands que les autres, forment une sorte de lèvre dressée, se recouvrant l'un l'autre et, dans le bouton, enveloppant les deux lobes latéraux qui eux-mêmes recouvrent l'antérieur; la préfloraison est donc cochléaire. Les étamines sont didynames, insérées sur la corolle, et les deux plus grandes alternent avec la division antérieure de celle-ci. Chacune d'elles est formée d'un filet arqué, décliné, grêle ou épais, et

A. GRAY, in *Proc. Amer. Acad.*, VII, 372; *Syn. Fl. N.-Amer.*, 245, 251, 438; *Bot. Calif.*, I, 548, 622. — S.-WATS., *Bot. fourt. parall.*, 215, t. 21. — DUR., *Bot. Will. Exp.*, t. 10, 11. — BENTH., *Sulph. Bot.*, t. 19. — REICHB., *Ic. Fl. germ.*, t. 1678, 1679. — BOISS., *Fl. or.*, IV, 385. — GREN. et GODR., *Fl. de Fr.*, II, 569. — *Bot. Reg.*, t. 1893. — *Bot. Mag.*, t. 902; 1643 (*Maurandia*). — WALP., *Ann.*, III, 88; V, 619.

1. *Scrofularia* T., *Inst.*, 166, t. 74 (*Scrophularia*). — L., *Gen.*, n. 756. — J., *Gen.*, 119. — LAMK, *Ill.*, t. 533. — GÆRTN., *Fruct.*, t. 53. — NEES, *Gen. Fl. germ.* — WYDL., in *Mém. Soc. phys. Genèv.*, IV, 129. — ENDL., *Gen.*, n. 3883. — BENTH., in *DC. Prodr.*, X, 402, 592; *Gen.*, II, 937, n. 33. — H. BN, in *Payer Fam. nat.*, 210. — *Ceramanthe* REICHB., *Sax. Fl.*, 230; *Icon. Fl. germ.*, XIX, 27, t. 1676.

d'une anthère uniloculaire par confluence, déhiscente par une seule fente, en apparence transversale[1]. L'étamine alterne avec les deux lobes postérieurs de la corolle est stérile; elle a supérieurement la forme d'une languette aplatie, pétaloïde, et peut quelquefois manquer totalement. Le gynécée est supère, entouré à sa base par un disque hypogyne, anguleux, sinué ou cupuliforme. L'ovaire est à deux loges, antérieure et postérieure, surmonté d'un style dont l'extrémité stigmatifère est plus ou moins renflée en tête. Dans l'angle interne de chaque loge ovarienne s'insère un placenta qui supporte un nombre indéfini d'ovules anatropes[2]. Le fruit est une capsule septicide, dont les valves sont entières ou bifides et se séparent des placentas chargés de graines. Celles-ci sont ovoïdes, rugueuses et pourvues d'un albumen charnu, avec un embryon axile et droit. Les Scrofulaires sont des herbes, d'ordinaire à odeur fétide, quelquefois suffrutescentes à la base.

Scrofularia vernalis.

Fig. 523. Branche florifère.

Leurs rameaux herbacés, carrés, parfois ailés aux angles, portent des feuilles opposées, ou bien les supérieures alternes, entières, dentées, incisées ou disséquées, souvent chargées de points pellucides. Leurs fleurs[3] sont disposées en grappes terminales de cymes, et occupent l'aisselle des feuilles supérieures. Le genre renferme une centaine d'espèces[4], originaires des régions tempérées de l'hémisphère boréal,

1. Le pollen est, comme dans la famille en général, ellipsoïde avec trois plis, et dans l'eau, il devient une sphère à trois bandes.

2. A tégument simple.

3. Jaunes, verdâtres, pourprées ou lurides.

4. W., *H. berol.*, t. 55-59. — DESF., *Fl. atl.*, t. 143. — BROT., *Phyt. lusit.*, t. 147, 148. — HFFMG et LINK, *Fl. port.*, t. 53, 54. — WILLK. et LGE, *Prodr. Fl. hisp.*, II, 547. — WALDST. et KIT., *Pl. rar. hung.*, t. 73, 170, 214. — SIBTH., *Fl. græc.*, t. 597-604. — GUSS., *Ic. pl. rar.*, t. 43-45. — JACQ., *H. schœnbr.*, t. 209, 286. — MORIS, *Fl. sard.*, t. 100. — LEDEB., *Ic. Fl. ross.*, t. 121, 156. — DEL., *Fl. Eg.*, t. 33. — C.-A. MEY., *Verz. Pfl. Sais. Nor.*, t. 12. — JAUB. et SP., *Ill. pl. or.*, t. 220-223. — REICHB., *Icon. eur.*, t. 257, 258, 728, 729; *Ic. Fl. germ.*, t. 1671-1676; *Icon. exot.*, t. 98. — BOISS., *Fl*

surtout en Orient, dans la région méditerranéenne. Elles sont peu abondantes en Amérique.

Scrofularia aquatica.

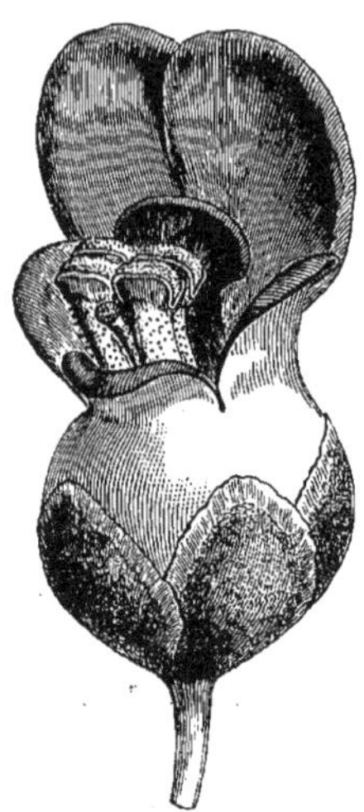

Fig. 524. Fleur (4/1).

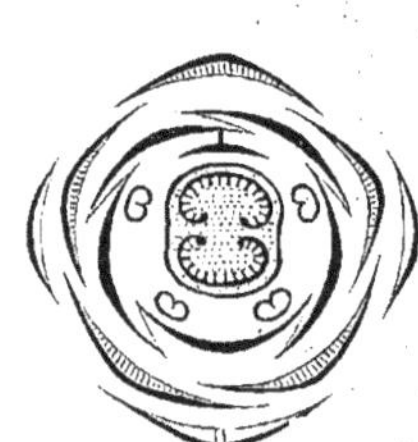

Fig. 525. Diagramme.

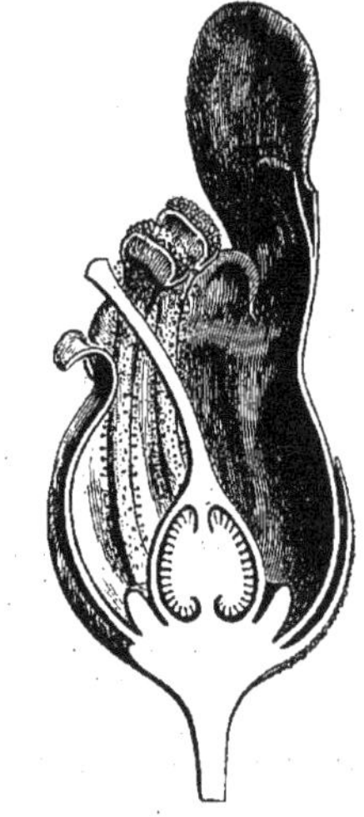

Fig. 526. Fleur, coupe longitudinale

Nous rangeons à côté des Scrofulaires les genres *Phygelius*,

Teedia lucida.

Fig. 527. Bouton.

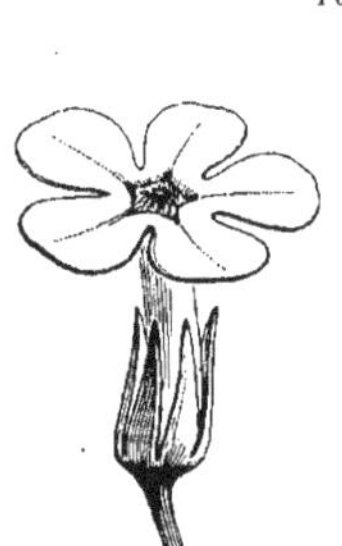

Fig. 528. Fleur (4/1).

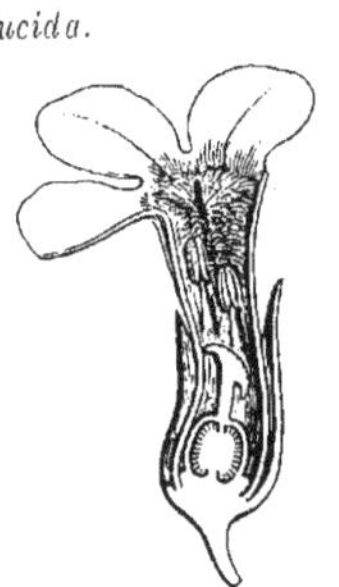

Fig. 529. Fleur, coupe longitudinale.

Fig. 530. Gynécée.

Bowkeria, *Ixianthes*, *Teedia* (fig. 527-530), *Anastrabe*, *Freylinia* et *Halleria*, tous de l'Afrique australe, et dans lesquels la fleur n'a pas de staminode postérieur ou n'en possède qu'un fort peu développé.

or., IV, 387. — HOOK. F., *Fl. brit. Ind.*, IV, 253. — FRANCH. et SAV., *Enum. pl. jap.*, I, 342. — HEMSL., *Bot. centr.-amer.*, II, 442. — S.-WATS., *Fourt. parall. Bot.*, 216. — A. GRAY, *Bot. Calif.*, I, 552; *Syn. Fl. N.-Amer.*, 246, 258. — GREN. et GODR., *Fl. de Fr.*, II, 563. — *Bot. Mag.*, t. 6629. — WALP., *Rep.*, VI, 638; *Ann.*, I, 533; III, 189, 923; V, 621.

Le même groupe est représenté en Asie par des types arborescents ou frutescents, à fleur tout à fait dépourvue de staminodes et à capsule septicide, comme les *Paulownia* (fig. 531, 532), les *Wightia* et *Brookea*, ou plus rarement loculicide, comme il arrive dans les *Brandisia*.

Paulownia tomentosa.

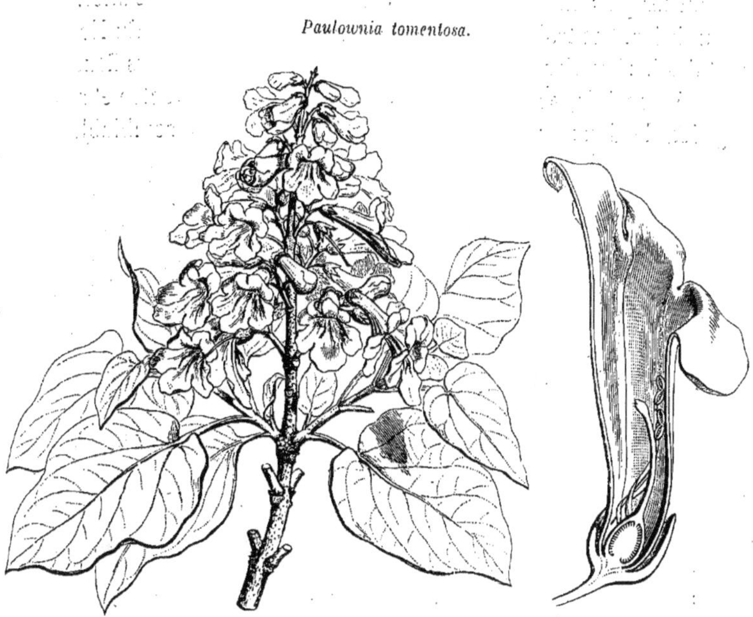

Fig. 531. Rameau florifère (½). Fig. 532. Fleur, coupe longitudinale.

Les *Chelone* forment ici, avec une quinzaine de genres américains, une remarquable sous-série (*Chélonées*) dans laquelle le staminode postérieur est d'ordinaire allongé. Le fruit y est tantôt capsulaire et tantôt charnu. Les fleurs irrégulières des *Chelone* ont un calice de cinq sépales inégaux et fortement imbriqués ; le postérieur recouvrant les latéraux qui eux-mêmes enveloppent les antérieurs, de même que dans les Scrofulaires. La corolle irrégulière, à tube ventru, a un limbe bilabié; la lèvre postérieure, bilobée, enveloppant la lèvre antérieure, dont le lobe médian est recouvert par les deux latéraux. L'androcée est didyname; et les filets staminaux, déclinés, puis ascendants, supportent une anthère introrse, à deux loges divergentes, barbues, distinctes jusqu'au bout ou parfois confluentes. Le staminode postérieur est souvent très développé, cylindroïde. L'ovaire biloculaire est entouré à sa base d'un épais disque glanduleux et surmonté d'un style arqué, à sommet stigmatifère peu renflé, entier. Chaque loge renferme un gros placenta septal et multiovulé. Le fruit est une capsule septicide, à valves entières; les bords infléchis abandonnant finalement les placentas. Les graines imbriquées, largement ailées, sont albuminées. Les trois *Chelone* connus sont de l'Amérique du Nord; ce sont des herbes vivaces, à feuilles opposées, sessiles. Leurs fleurs sont disposées en épis, occupant chacune l'aisselle d'une bractée et accompagnées de deux bractéoles latérales, ordinairement semblables aux

Leucocarpus alatus.

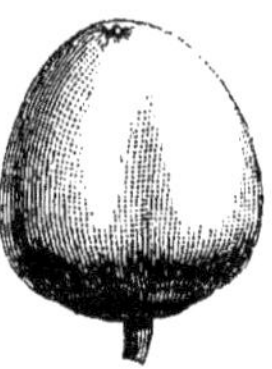

Fig. 533. Fruit ($\frac{2}{1}$).

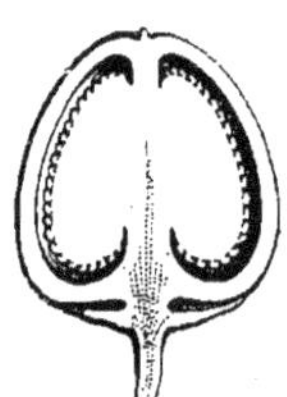

Fig. 534. Fruit, coupe longitudinale.

sépales. Dans le *C. nemorosa*, les fleurs sont souvent ternées. Le fruit est également septicide dans les *Pentstemon;* les *Russelia*, qui ont souvent les feuilles réduites à de petites écailles, ce qui leur donne un port spartioïde; le *Gomara*, dont nous n'avons pu observer les capsules; les *Collinsia* et les *Tonella*, peut-être congénères des précédents, qui sont tous américains.

Il est, au contraire, loculicide dans les quatre genres américains *Uroskinnera*, *Chionophila*, *Tetranema* et *Berendtia*. Ces derniers avaient jadis été en partie rapportés au genre *Diplacus*, et leur port est souvent celui des Labiées.

On croit le fruit charnu dans le *Synapsis*, arbuste de Cuba, à feuilles de Houx, spinescentes et opposées. Il l'est dans le *Dermatocalyx*, arbuste de l'Amérique centrale, et dans les *Leucocarpus* (fig. 533, 534), herbes à feuilles opposées, qui ont des fleurs de *Mimulus*, avec une baie blanche qui rappelle assez bien celle des *Symphoricarpus*. Quant à l'*Hemichœna*, arbuste de l'Amérique centrale, on peut dire que c'est un *Leucocarpus* dont le fruit serait capsulaire.

XIII. SÉRIE DES SÉSAMES.

Les Sésames[1] (fig. 535-542), qui ont été rapportés à plusieurs familles différentes, et principalement à celles des Bignoniacées dont ils n'ont pas du tout le port et les fruits, ont les fleurs hermaphrodites et irrégulières. Sur leur réceptacle légèrement convexe s'insèrent un calice de cinq sépales valvaires, libres ou à peu près, et une corolle gamopétale, irrégulière, à deux

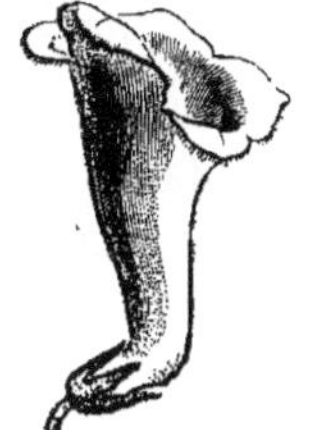

Fig. 536. Fleur.

Sesamum indicum.

Fig. 535. Rameau florifère ($\frac{1}{3}$).

Fig. 537. Diagramme.

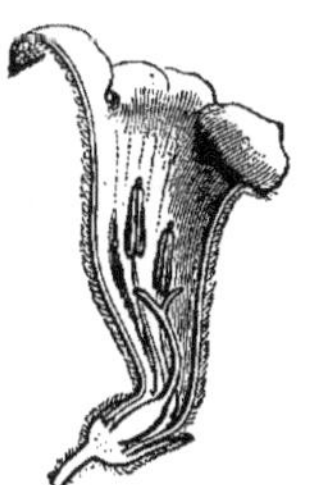

Fig. 538. Fleur, coupe longitudinale.

lèvres plus ou moins distinctes, dont l'inférieure est, au moins pendant les premiers âges de la fleur, recouverte par les deux lobes latéraux du

1. *Sesamum* L., *Gen.*, n. 782. — J., *Gen.*, 138. — GÆRTN., *Fruct.*, t. 110. — K., in *Journ. phys.*, LXXXVI, 452. — ENDL., *Gen.*, n. 4105; *Iconogr.*, t. 70. — H. BN, in *Payer Fam. nat.*, 214; in *Adansonia*, II, 1. — B. H., *Gen.*, II, 1058, n. 8. — *Gangila* BERNH., in *Linnæa*, XVI, 42. — *Simsimum* BENTH., *loc. cit.* — *Sesamopteris* DC., *Prodr.*, IX, 251 (part.). — *Anthadenia* V. HOUTT., *Fl. serr.*, II (1846), 10. t. 5. — *Digitalis* T., *Inst.*, 165 (part.).

limbe. Les deux postérieurs touchent les précédents par leurs bords. L'androcée est formé de quatre étamines fertiles, didynames, portées sur la corolle et formées d'un filet et d'une anthère biloculaire, introrse, déhiscente par deux fentes longitudinales[1]. La cinquième étamine est réduite à une petite languette stérile. Le gynécée est libre; son ovaire, entouré à sa base d'un épais disque glanduleux, est à deux loges, antérieure et postérieure[2], et surmonté d'un style partagé supérieurement en deux lobes stigmatifères étroits et allongés. L'angle interne de chaque loge renferme deux séries verticales d'ovules anatropes, à peu près horizontaux[3], qui se touchent par leurs raphés; et du

Sesamum indicum.

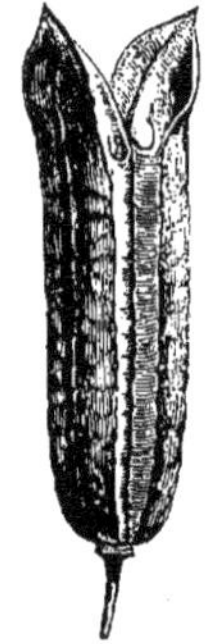

Fig. 539. Gynécée. Fig. 541. Graine. Fig. 542. Graine, coupe longitudinale. Fig. 540. Fruit déhiscent.

milieu de la paroi dorsale de chaque loge s'avance entre les deux séries d'ovules une fausse cloison à évolution centripète qui isole chaque série dans une demi-loge particulière. Le fruit est une capsule, souvent allongée, obtuse ou acuminée, loculicide. De plus, la fausse cloison se dédouble d'ordinaire. Le placenta, devenu libre, porte de nombreuses graines, transversales ou ascendantes, qui sont oblongues, un peu comprimées, souvent marginées ou courtement ailées aux deux extrémités. Sous leurs téguments, extérieurement fovéolés, se trouvent un albumen peu épais ou réduit à une membrane, et un embryon droit, à cotylédons obovales ou oblongs, assez épais. Ce sont des herbes, annuelles ou vivaces, dressées ou couchées, glabres ou plus souvent scabres, dont toutes les parties développent au contact de l'eau une

1. Leur connectif porte souvent une glande.
2. Incomplètes tout en haut.
3. Souvent un peu ascendants, avec le micropyle inférieur et extérieur, à tégument simple.

grande quantité de mucilage. Leurs feuilles sont opposées, ou les supérieures alternes, entières, dentées, 3-5-fides ou pédatiséquées. Leurs fleurs[1] sont axillaires, sessiles, pédonculées; et leur pédicelle est accompagné de deux bractéoles latérales, souvent peu développées, à l'aisselle desquelles se trouve une glande qui représente une fleur de seconde génération, avortée. Son périanthe rudimentaire devient de bonne heure méconnaissable, et son gynécée ne se développe point. On distingue huit à dix espèces[2] de *Sesamum*, originaires de l'Afrique australe et tropicale, et dont une a pénétré par la culture dans toutes les régions tropicales.

On a nommé *Ceratotheca*[3] des Sésames dont les fruits, au lieu d'être aigus au sommet, sont comme tronqués et garnis en ce point de deux cornes latérales ; ce n'est pour nous qu'une section du genre *Sesamum*. Il en sera peut-être de même des *Sesamothamnus*, petits arbustes rabougris et épineux d'Angola, qui nous sont imparfaitement connus, mais dont le port est très différent, et le tube de la corolle très allongé. Quant aux *Rogeria*, herbes africaines, ils ont une loge ovarienne multiovulée, c'est-à-dire une loge de *Sesamum;* et l'autre, la postérieure, ne renferme, dans chaque demi-loge, qu'un ou qu'un très petit nombre d'ovules descendants.

Dans la sous-série à laquelle le *Pretrea* a donné son nom (*Prétréées*), les loges ovariennes sont aussi partagées en logettes par des fausses cloisons; mais celles-ci naissent des placentas et ont une évolution centrifuge. Dans le *Pretrea zanguebarica*, herbe de l'Afrique tropicale orientale, chaque demi-loge renferme deux ovules ascendants, et le fruit déprimé, à large base cyathiforme, est hérissé de tubercules piquants. Dans les *Josephinia*, originaires des régions chaudes de l'Océanie, les deux loges primitives sont divisées en autant de logettes qu'il y a d'ovules, c'est-à-dire de deux à une dizaine, et le fruit ovoïde ou sphérique est tout hérissé d'aiguillons. Dans le *Linariopsis*, herbe de Benguela, le fruit est uniloculaire, disperme et pourvu de quatre côtes dans l'intervalle desquelles il est chargé de tubercules.

Le *Tourretia lappacea*, herbe grimpante des montagnes de l'Amérique tropicale, souvent rapportée aux Bignoniacées, nous paraît devoir ici constituer une sous-série (*Tourrétiées*), caractérisée par un ovaire

1. Blanches ou rosées, sans éclat.

2. WIGHT, *Ill.*, t. 163. — DC., *Pl. rar. Jard. Gen.*, t. 5. — ENDL., in *Linnæa*, VII, 10, t. 3, fig. 43-49. — HOOK. F., *Fl. brit. Ind.*, IV, 386. — BOISS., *Fl. or*, IV, 81. — GRISEB., *Fl. brit. W.-Ind.*, 458. — WALP., *Rep.*, VI, 518 (*Anthadenia*).

3. ENDL., in *Linnæa*, VII, 5, t. 1, 2; *Alakt.*, t. 5. — DC., *Prodr.*, IX, 252. — *Sporledera* BERNH., in *Linnæa*, XVI, 41.

à deux loges que partagent en deux logettes des fausses cloisons centripètes. Chaque logette renferme jusqu'à huit ovules ascendants. Le fruit est une capsule oblongue, chargée d'aiguillons crochus. Outre son port particulier, ce genre est encore remarquable par ses feuilles opposées et décomposées, ses fleurs disposées en longs épis terminaux.

Les *Pedalium*, dont on ne connaît qu'une espèce asiatique et africaine, ont deux loges ovariennes, dépourvues de fausses cloisons; ce qui est le caractère principal d'une sous-série (*Pédaliées*). Chacune des loges ne renferme que deux ovules descendants; et le fruit, sec et indéhiscent, pyramidal, porte sur ses côtés d'épaisses épines coniques. Les *Pterodiscus*, plantes grasses africaines, à base tubéreuse, ont aussi des loges ovariennes à deux ovules descendants; mais leur fruit inerme est pourvu de quatre ailes longitudinales. Les *Harpagophytum* servent de lien entre les Pédaliées et les Eusésamées par leurs loges ovariennes multiovulées et pourvues d'un rudiment de fausse cloison centripète. Leur fruit sec (fig. 543), comprimé, est chargé de longues épines, dont le sommet est pourvu d'un ou plusieurs crocs recourbés. Ce sont des herbes ou des arbustes de l'Afrique australe et de Madagascar, à feuilles opposées ou alternes. L'*Holubia saccata*, du Transvaal, est, sans aucun doute, très voisin aussi des *Harpagophytum*; il a environ huit ovules ascendants dans chacune de ses loges indivises. Sa corolle est pourvue au-dessus de sa base d'une vaste expansion acciforme obtuse, et ses tiges herbacées portent des feuilles opposées.

Harpagophytum Zeyheri.

Fig. 543. Fruit.

XIV. SÉRIE DES CHÆNOSTOMA.

Les *Chænostoma*[1] (fig. 544-546) ont des fleurs hermaphrodites et légèrement irrégulières. Leur calice gamosépale est profondément découpé en cinq languettes étroites, d'abord imbriquées. Leur corolle, dont le tube varie beaucoup de longueur, a une gorge plus ou moins dilatée et un limbe étalé, à cinq divisions presque égales : les deux postérieures enveloppant d'ordinaire les latérales qui recouvrent l'an-

1. BENTH., in *Hook. Comp. Bot. Mag.*, I, 374; in *DC. Prodr.*, X, 353; *Gen.*, II. 945, n. 56. — ENDL., *Gen.*, n. 3968. — *Sutera* ROTH, *Bot. Bem.*, 172 (part.).

térieure. Le tube de la corolle supporte en haut quatre étamines didynames, les deux plus grandes à anthères exsertes. Chaque anthère a deux loges confluentes et paraît uniloculaire, réniforme, s'ouvrant le long de son bord. Les deux petites étamines peuvent avoir çà et là leur anthère stérile[1]. L'ovaire biloculaire porte en dedans à sa base une glande peu développée; il est multiovulé et surmonté d'un style plus ou moins épaissi au-dessous de son sommet un peu obtus. Le fruit est une capsule septicide, à valves bifides. Les graines sont nombreuses, petites et albuminées. Il y a environ vingt-cinq *Chænostoma*[2] dans l'Afrique australe ; ce sont des herbes ou des sous-arbrisseaux, à feuilles opposées ou en partie alternes, glabres ou pubescentes, le plus souvent visqueuses. Leurs fleurs[3] sont axillaires, ou disposées en grappes terminales quand les feuilles viennent à être remplacées par des bractées.

Chænostoma polyanthum.

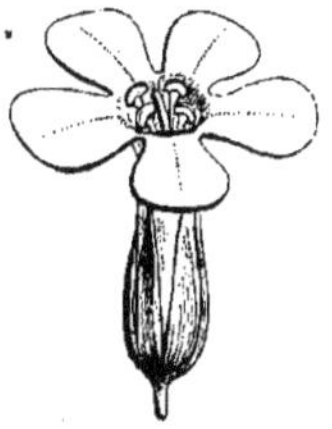

Fig. 544. Fleur.

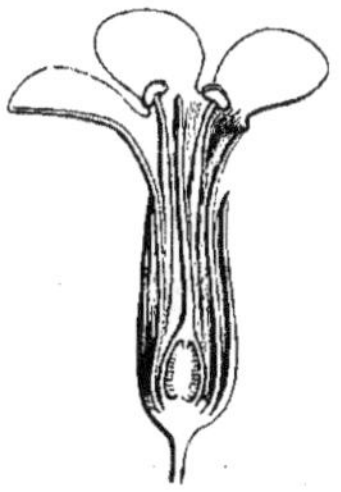

Fig. 545. Fleur, coupe longitudinale.

Fig. 546. Gynécée.

Tout à côté des *Chænostoma* se placent les cinq genres *Lyperia*, *Manulea*, *Sutera*, *Phyllopodium* et *Sphenandra*, qui n'en diffèrent que par la forme de la corolle, quelquefois du sommet stigmatifère du style, et qui sont tous asiatiques ou africains. Les *Polycarena*, qui sont de l'Afrique australe, ont un calice dimère; et de même aussi les *Zaluzianskia*, des mêmes régions, qui ont une corolle à peu près régulière et dont souvent l'androcée est réduit à deux étamines fertiles.

XV. SÉRIE DES GRATIOLES.

Les fleurs des Gratioles[4] (fig. 547-550), irrégulières et hermaphrodites, ont un calice de cinq sépales, libres ou à peu près, inégaux,

1. Et de dimensions fort réduites.

2. JACQ., *H. schœnbr.*, t. 448 (*Buchnera*). — VENT., *Jard. Malm.*, t. 15 (*Manulea*). — ANDR., *Bot. Repos.*, t. 80 (*Buchnera*). — REGL, *Gartenfl.*, t. 448. — *Bot. Reg.* (1847), t. 32.

3. Violacées, roses ou blanches, petites.

4. *Gratiola* L., *Gen.*, n. 29. — J., *Gen.*, 121. — GÆRTN., *Fruct.*, t. 53. — LAMK, *Ill.*, t. 31. —

disposés dans le bouton en préfloraison quinconciale. La corolle a un tube à peu près cylindrique, droit ou légèrement arqué, et un limbe, finalement étalé, à cinq lobes peu inégaux, imbriqués de telle sorte que les latéraux recouvrent l'antérieur et sont recouverts par les postérieurs[1]. Les étamines, incluses et portées par le tube de la corolle, sont au nombre de cinq; mais trois d'entre elles, les antérieures et la postérieure, sont réduites à l'état de staminodes; le postérieur surtout très petit[2]. Ils peuvent même faire totalement défaut. Quant aux étamines fertiles, les latérales, elles ont une anthère introrse, à deux loges verticales ou obliques, et dont les lignes de déhis-

Gratiola officinalis.

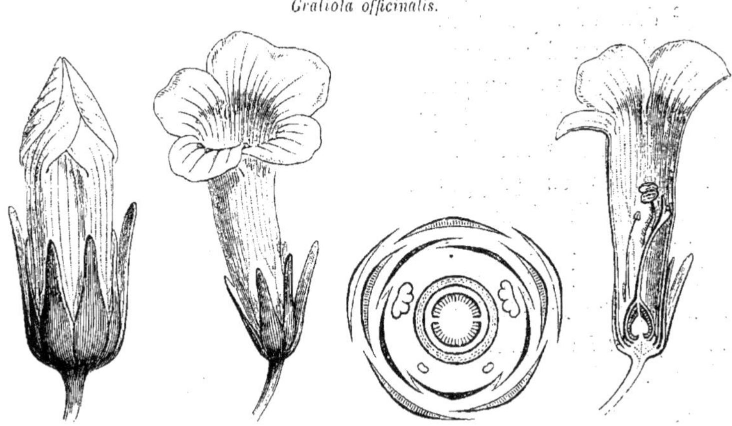

Fig. 547. Bouton. Fig. 548. Fleur (4/1). Fig. 549. Diagramme. Fig. 550. Fleur, coupe longitudinale.

cence confluent dans leur portion supérieure. Le gynécée se compose d'un ovaire biloculaire, dont la base est entourée d'un disque hypogyne, et que surmonte un style[3] à sommet stigmatifère partagé en deux petits lobes dissemblables ou en deux lamelles aplaties. Le fruit est capsulaire, souvent aigu, septicide et loculicide. Les quatre panneaux abandonnent finalement un épais placenta qui porte de nombreuses et petites graines, striées et réticulées, albuminées. Ce genre renferme une vingtaine d'espèces[4]; ce sont des herbes dressées,

NEES, *Gen. Fl. germ.* — ENDL., *Gen.*, n. 3946. — BENTH., in *DC. Prodr.*, X, 402; *Gen.*, II, 953, n. 79. — *Sophronanthe* BENTH., in *Lindl. Introd.*, ed. 2, 445. — *Nibora* RAFIN., *Fl. lud.*, 36 (ex ENDL.). — ?*Fonkia* PHIL., in *Linnæa*, XXX, 198.

1. Ceux-ci peuvent porter des poils glanduleux et capités.

2. Visible seulement sur le frais.

3. Souvent creux vers le sommet.

4. R. BR., *Prodr.*, 435. — BENTH., *Fl. austral.*, IV, 492. — BOISS., *Fl. or.*, IV, 426. —

glabres ou parsemées de poils glanduleux, à feuilles opposées, entières ou dentées. Les fleurs[1] sont axillaires et solitaires; leur pédoncule porte, immédiatement sous la fleur, deux bractéoles latérales, souvent semblables aux sépales. Ces plantes habitent les régions extratropicales et tempérées des deux hémisphères.

Les *Mimulus* (fig. 551, 552) donnent leur nom (*Mimulées*) à une sous-série qui a des fleurs à calice quinquédenté ou un peu plus profondément divisé, avec un androcée attaché sur le tube de la corolle et des

Mimulus guttatus.

Fig. 551. Branche florifère.

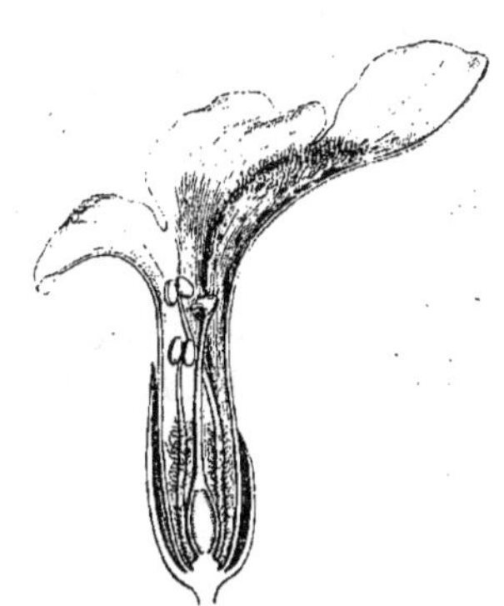

Fig. 552. Fleur, coupe longitudinale ($\frac{2}{1}$).

anthères à loges contiguës. Leur fruit s'ouvre en deux valves, elles-mêmes souvent dédoublées. Ce groupe renferme encore les genres *Mazus*, *Dodartia*, *Lancea*, *Melospermum* et le type très exceptionnel *Monttea*, jadis rapporté aux Bignoniacées.

Les *Stemodia* sont presque toujours remarquables par leurs sépales libres. Un autre caractère de cette sous-série (*Stémodiées*), c'est que les étamines, placées dans le tube de la corolle, ont les loges indépendantes, éloignées l'une de l'autre, souvent stipitées; l'une d'elles

BROT., *Fl. lus.*, t. 86. — HFFMG et LINK, *Fl. port.*, t. 31. — REICHB., *Ic. Fl. germ.*, t. 1677. — WILLK. et LGE, *Prodr. Fl. hisp.*, II, 555. — GREN. et GODR., *Fl. de Fr.*, II, 584. — J.-A SCHM., in *Mart. Fl. bras.*, VIII, 291, t. 49, fig. 2

1. Blanche ou jaune, ou d'un rose pâle.

avorte même assez souvent. Le fruit est aussi à deux ou quatre valves. Près des *Stemodia* se trouvent les *Ambulia*, *Hydrotriche*, *Tetraulacium*

Limosella aquatica.

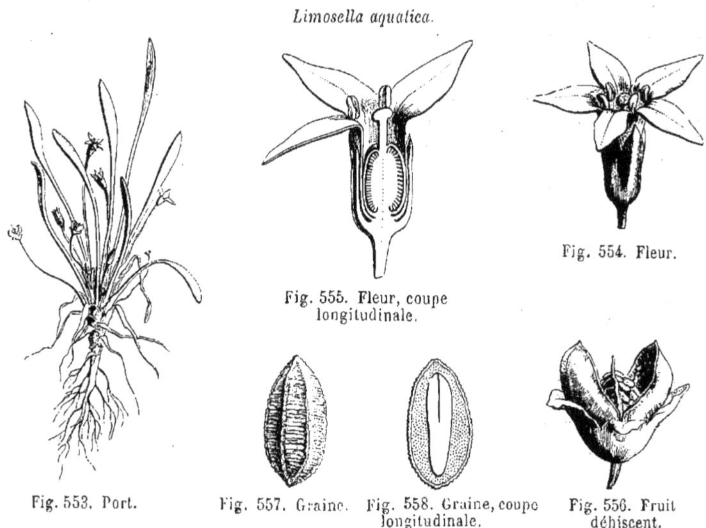

Fig. 553. Port. Fig. 555. Fleur, coupe longitudinale. Fig. 554. Fleur. Fig. 557. Graine. Fig. 558. Graine, coupe longitudinale. Fig. 556. Fruit déhiscent.

et *Matourea*. Seul dans ce groupe le genre *Lindenbergia*, d'ailleurs construit comme les *Stemodia*, a un calice gamosépale à cinq dents.

Torenia asiatica.

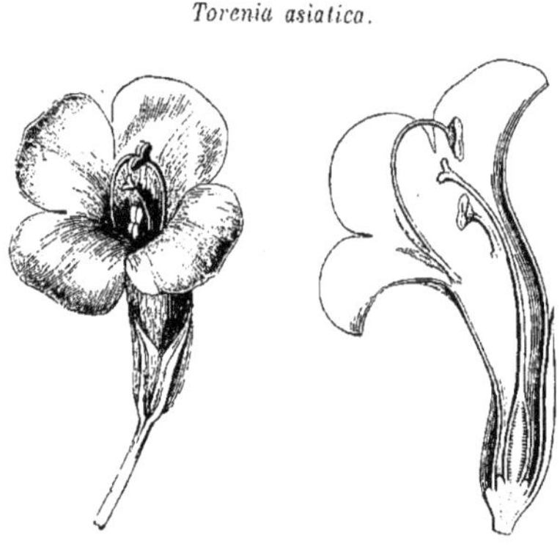

Fig. 559. Fleur. Fig. 560. Fleur, coupe longitudinale.

Les Limoselles (fig. 553-558), tête aussi d'une sous-série (*Limosellées*), sont de petites herbes aquatiques, à fleurs parfois régulières à force d'irrégularité. Auprès d'elles se rangent les genres *Glossostigma*, *Peplidium*, *Encopa*, *Bryodes*, *Amphianthus*, *Micranthemum*, *Microcarpæa*, *Hydranthelium*. Dans cette sous-série, les fleurs, presque toujours petites, ont un calice à trois, quatre ou cinq dents, ou à un même nombre de sépales. La corolle a presque toujours un tube court. Les étamines sont au nombre de quatre, trois ou même deux, d'ordinaire peu inégales.

Les *Torenia* (fig. 559, 560) donnent leur nom à une sous-série (*Toréniées*) dans laquelle le calice a ses pièces libres ou unies, avec une corolle bilabiée et quatre étamines dont deux s'insèrent vers la gorge de la corolle, et deux autres dans son tube. Les premières peuvent être stériles; leur filet porte souvent une dent, une écaille ou une soie accessoire. Les anthères se collent d'ordinaire deux à deux, et le fruit a des valves indivises. On range encore ici les genres très voisins *Diceros*, *Curanga* et *Craterostigma*.

XVI. SÉRIE DES DIGITALES.

Les fleurs sont, dans les Digitales[1] (fig. 561-567), hermaphrodites et irrégulières. Leur réceptacle légèrement convexe porte un calice de cinq sépales, libres ou à peu près, le plus souvent disposés dans le bouton en préfloraison quinconciale. L'un d'eux, le postérieur, souvent plus étroit que les autres, est presque toujours recouvrant par ses deux bords; les deux latéraux sont presque toujours enveloppés de toutes parts. La corolle, déclinée, irrégulièrement subcampanulée, à tube plus ou moins renflé à sa base et rétrécie un peu plus haut, a son limbe plus ou moins nettement bilabié, formé de quatre lobes peu profonds : les deux latéraux plus petits que les autres et extérieurs dans la préfloraison; l'antérieur, le plus grand de tous, ordinairement recouvert par le postérieur qui est entier, émarginé ou bilobé; ce qui indique qu'il répond aux deux divisions postérieures de la corolle. Les étamines, insérées sur le tube de la corolle et plus courtes qu'elle, sont didynames, les deux antérieures étant les plus grandes. Chacune d'elles est formée d'un filet coudé et d'une anthère à deux loges, divergentes dans leur portion inférieure, introrses et déhiscentes par une fente longitudinale. Les quatre anthères se rapprochent finalement par paires superposées du côté postérieur de la corolle. Le gynécée supère est formé d'un ovaire

Digitalis purpurea.

Fig. 564. Fruit déhiscent.

1. T., *Inst.*, 165 (part.), t. 73. — L., *Gen.*, n. 758. — J., *Gen.*, 120. — GÆRTN., *Fruct.*, t. 53. — LAMK, *Dict.*, II, 278; Suppl., II, 481; *Ill.*, t. 525. — NEES, *Gen. Fl. germ.*, XVI, 4. — LINDL., *Digit. Monogr.* (1821). — ENDL., *Gen.*, n. 3915. — BENTH., in *DC. Prodr.*, X, 449; *Gen.*, II, 960, n. 103. — H. BN, in *Payer Leç. Fam. nat.*, 210.

à deux loges, antérieure et postérieure, légèrement épaissi à sa base en disque glanduleux et surmonté d'un style dont l'extrémité stigmatifère se partage en deux lobes, papilleux en dedans. Sur la cloison

Digitalis purpurea.

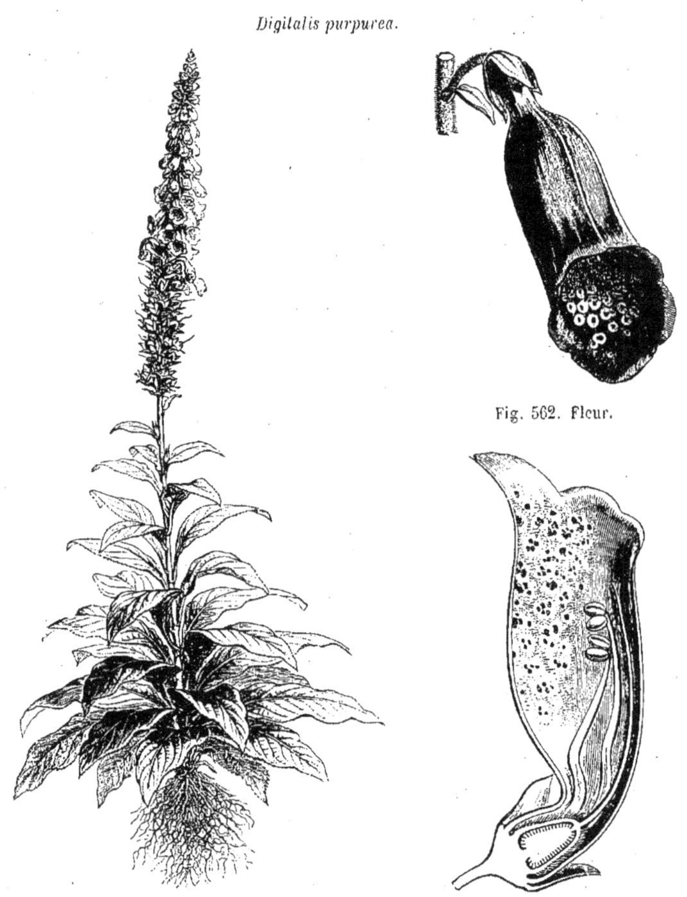

Fig. 562. Fleur.

Fig. 561. Port ($\frac{1}{8}$).

Fig. 563. Fleur, coupe longitudinale.

interloculaire s'insère de chaque côté un épais placenta qui supporte un grand nombre de petits ovules anatropes, à funicule épais et court. Le fruit, accompagné du calice persistant, est une capsule septicide, dont les deux valves à bords infléchis se séparent de la masse placentaire. Les graines sont petites, nombreuses, presque sphériques, ovoïdes ou anguleuses, rugueuses-fovéolées et albuminées, avec un petit embryon à radicule généralement infère.

Digitalis Thapsi.

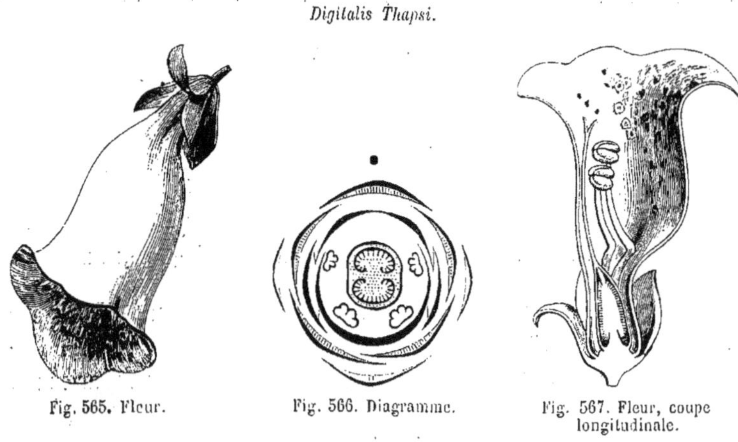

Fig. 565. Fleur. Fig. 566. Diagramme. Fig. 567. Fleur, coupe longitudinale.

Les Digitales sont des herbes, parfois frutescentes à la base. Leurs

Erinus alpinus.

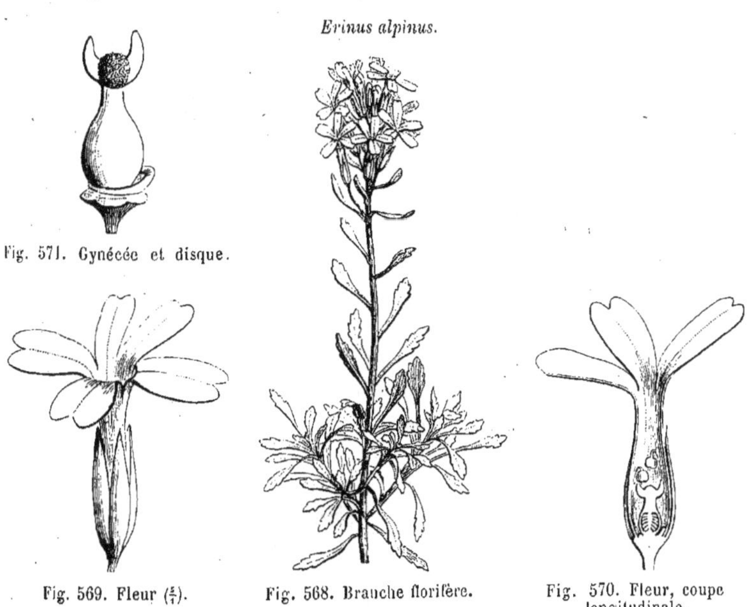

Fig. 571. Gynécée et disque.

Fig. 569. Fleur ($\frac{4}{1}$). Fig. 568. Branche florifère. Fig. 570. Fleur, coupe longitudinale.

feuilles sont alternes, à limbe entier, denté ou crénelé, souvent atténué à sa base, de façon à simuler un pétiole ailé. Les inférieures sont souvent rapprochées en rosette. Les inflorescences sont des grappes sur lesquelles les fleurs[1] sont fréquemment pendantes d'un même côté, situées chacune dans l'aisselle d'une bractée. Les quinze ou seize

Scoparia dulcis.

Fig. 572. Fleur.

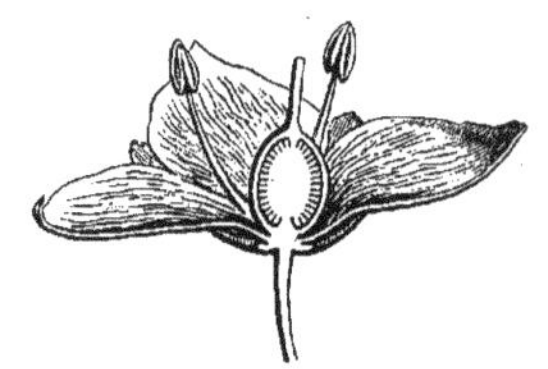

Fig. 573. Fleur, coupe longitudinale.

espèces[2] conservées actuellement dans ce genre habitent l'Europe et l'Asie occidentale et moyenne.

On a désigné sous le nom d'*Isoplexis*[3] deux plantes canariennes,

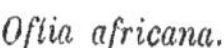

Oftia africana.

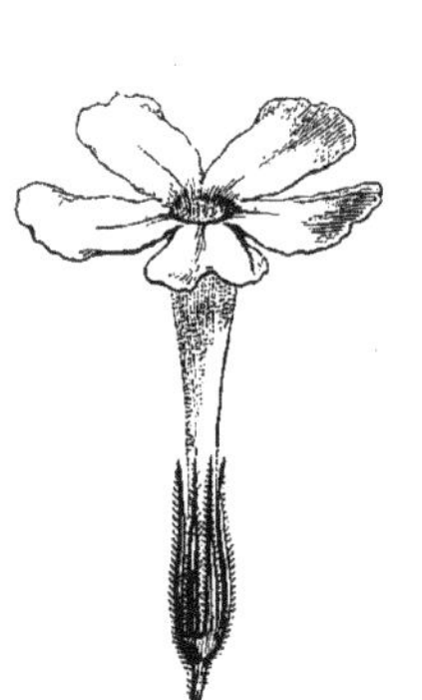

Fig. 574. Fleur ($\frac{3}{1}$).

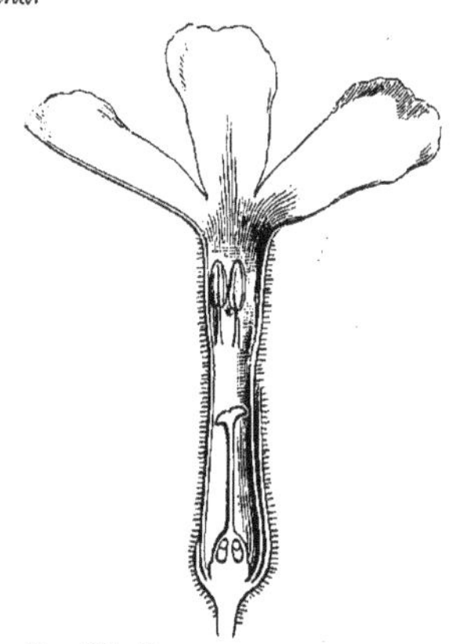

Fig. 575. Fleur, coupe longitudinale.

dont la corolle a une lèvre supérieure incombante, et dont la tige est frutescente. Ce n'est pour nous qu'une section du genre Digitale.

1. Roses, blanches ou jaunâtres.

2. JACQ., *Hort. vindob.*, t. 17, 91, 105; *Fl. austr.*, t. 57. — SM., *Exot. Bot.*, t. 43. — SIBTH., *Fl. græc.*, t. 606, 607. — W. et KIT., *Pl. rar. hung.*, t. 74, 158, 274. — JAUB. et SP., *Ill. pl. or.*, t. 409. — BOISS., *Voy. Esp.*, t. 126, 126 *a*; *Fl. or.*, IV, 429. — BROT., *Phyt. lusit.*, t. 149, 150. — HFFMG et LINK, *Fl. port.*, t. 29, 30. — WILLK. et LGE, *Prodr. Fl. hisp.*, II, 587. — SWEET, *Brit. fl. Gard.*, t. 291. — REICHB., *Ic. fl. germ.*, t. 1688-1694; *Icon. eur.*, t. 151-160; *Icon. exot.*, t. 212, 230. — GREN. et GODR., *Fl. de Fr.*, II, 602. — *Bot. Reg.*, t. 64, 251, 257, 554, 1201. — *Bot. Mag.*, t. 1159, 1828, 2157, 2160, 2194, 2253, 3925, 5999. — WALP., *Rep.*, VI, 647.

3. LINDL., *Digit. Monogr.*, 2, 25, t. 27, 28. — BENTH., in *DC. Prodr.*, X, 448. — B. H., *Gen.*, II, 961, n. 104. — *Callianassa* WEBB, *Phyt. canar.*, III, 143, t. 183.

On range à côté des Digitales et dans une même sous-série (*Eudigitalées*), les *Camptoloma*, les *Erinus* (fig. 568-571), les *Campylanthus*, et deux genres à feuilles opposées, les *Lafuentea* et les *Ourisia*.

Dans la sous-série des *Scopariées* sont réunis des genres à corolle pourvue d'un tube court, à limbe subrotacé; l'androcée isostémoné quand ce limbe est tétramère. Tels sont les *Scoparia* (fig. 572, 573) et les *Capraria*. Les *Oftia* (fig. 574, 575), de l'Afrique tropicale, souvent rapportés aux Verbénacées, aux Myoporées, etc., sont ici exceptionnels, et par la plus grande longueur du tube de leur corolle, et par le nombre restreint de leurs ovules (le plus souvent quatre dans chaque loge).

Veronica Beccabunga.

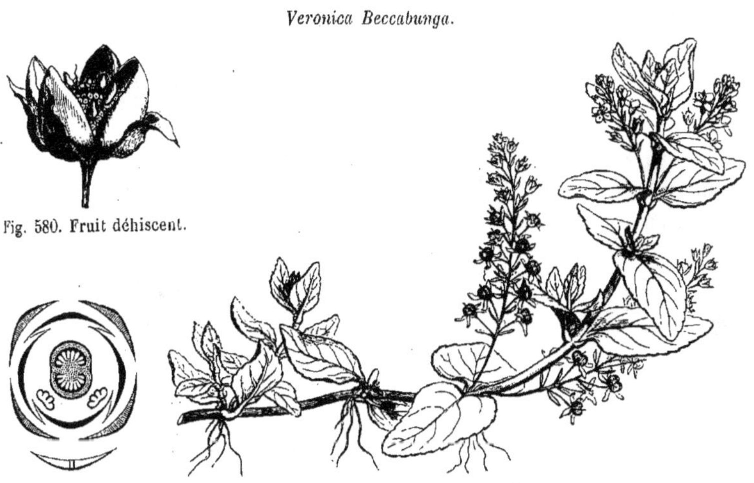

Fig. 580. Fruit déhiscent.

Fig. 578. Diagramme.

Fig. 576. Branche florifère.

Les *Hemiphragma*, de l'Himalaya, sont exceptionnels encore, par leurs feuilles dimorphes et par leur fruit plus ou moins charnu, quoique finalement déhiscent.

Les *Sibthorpia*, à la fois européens, africains et américains, sont anormaux aussi par le nombre des parties de leur fleur; ils ont jusqu'à huit lobes à la corolle et un même nombre d'étamines alternes.

Les Véroniques (fig. 576-582) pourraient constituer une série distincte, si une foule de types ne les reliaient insensiblement aux Digitalées proprement dites. On n'en forme donc qu'une sous-série (*Véronicées*), à calice formé de quatre ou cinq pièces, avec une corolle dont le tube est ou presque nul, ou plus ou moins étiré. L'androcée est formé de deux étamines ou de quatre, peu inégales, et les loges de l'anthère sont parallèles ou divergentes, mais confluentes au sommet. Le fruit est loculicide ou quadrivalve. Ces caractères s'observent également dans les *Aragoa*, *Pæderota*, *Synthyris*, *Wulfenia* et *Calorhabdos*. Les *Lagotis*, parfois rapportés aux Sélaginées, sont ici exceptionnels

Veronica Beccabunga.

Fig. 577. Fleur ($\frac{4}{1}$).

Fig. 581. Graine.

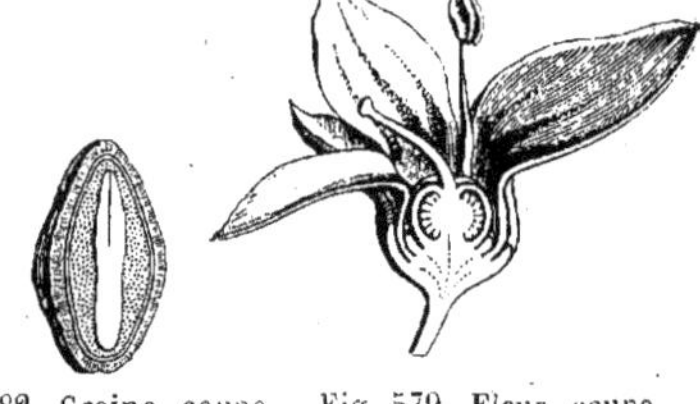

Fig. 582. Graine, coupe longitudinale.

Fig. 579. Fleur, coupe longitudinale.

par les loges de leur ovaire, qui sont uniovulées, comme celles des Globulaires, Sélaginées, *Hebenstreitia*, etc. Il n'y a également parfois que deux ovules descendants dans la loge ovarienne des Véroniques.

XVII. SÉRIE DES GERARDIA.

Les fleurs hermaphrodites et irrégulières des *Gerardia*[1] (fig. 583) ont un calice campanulé et quinquéfide, ou plus souvent à cinq dents, entières ou denticulées, étroites et non contiguës, ou légèrement imbriquées, finalement dressées, étalées ou récurvées. La corolle gamopétale a un tube assez large, plus ou moins, dilaté à la gorge et à limbe étalé, à cinq lobes inégaux et imbriqués ; le plus grand, antérieur, recouvrant les latéraux qui eux-mêmes enveloppent les postérieurs, souvent plus petits ou plus hautement unis que les autres. Les étamines, plus courtes que la corolle et attachées sous sa gorge, sont didynames, à filets souvent courts, à anthères allongées, biloculaires, introrses, glabres ou chargées de poils variables; les deux loges mucronées, aristées ou mutiques à la base, déhiscentes par des fentes longitudinales. Le gynécée, accompagné à sa base d'un disque plus ou moins développé, a un ovaire à deux loges multiovulées, surmonté d'un

1. L., *Gen.*, n. 747. — GÆRTN., *Fruct.*, III, 85, t. 114. — LAMK, *Ill.*, t. 529. — ENDL., *Gen.*, n. 3996. — BENTH., in *DC. Prodr.*, X, 515 ; *Gen.*, II, 972, n. 137. — *Virgularia* R. et PAV., *Prodr. Fl. per. et chil.*, 92, t. 19. — *Dasystoma* RAFIN., ex BENTH., *loc. cit.*, 512.

style, d'abord incurvé, dont le sommet stigmatifère est claviforme, entier ou inégalement bilobé. Le fruit est une capsule loculicide, dont les valves, septifères sur leur ligne médiane, demeurent entières ou se partagent en deux moitiés. Les graines sont oblongues, anguleuses ou cunéiformes, à tégument extérieur lâche, à embryon entouré d'un albumen charnu. On distingue une trentaine[1] d'espèces de ce genre, des deux Amériques, tropicales et extratropicales; ce sont des herbes, parfois frutescentes à la base, glabres ou scabres, à feuilles opposées, au moins les inférieures, entières ou incisées; les supérieures réduites à des bractées. Les fleurs[2] forment, au sommet des rameaux, des grappes lâches, simples ou composées; elles sont dépourvues de bractéoles et parfois presque sessiles.

Gerardia linarioides.

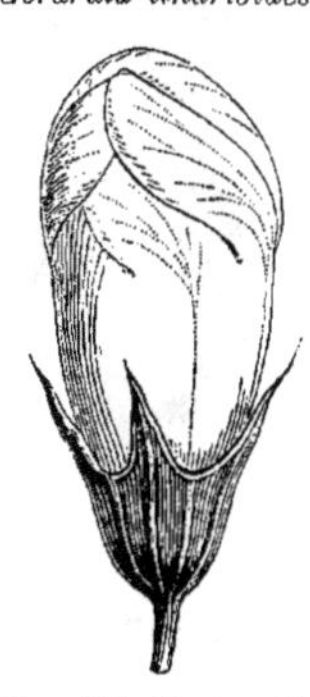

Fig. 583. Bouton ($\frac{4}{1}$).

A côté des *Gerardia* se placent les vingt-cinq genres très analogues par leurs fleurs : *Silvia*, *Seymeria*, *Macranthera*, *Esterhazya*, *Radamea*, *Rhaphispermum*, *Graderia*, *Buttonia*, *Centranthera*, *Micrargeria*, *Sopubia*, *Leptorhabdos*, *Buchnera*, *Striga*, *Cycnium*, *Ramphicarpa*, *Escobedia*, *Physocalyx*, *Alectra*, *Melasma*, *Campbellia*, *Hyobanche* et *Harveya;* les trois derniers parasites, aphylles et colorés, à port d'Orobanches et ne se distinguant absolument de ces dernières que par leur mode de placentation, c'est-à-dire par leurs loges ovariennes complètes. Ils sont de l'ancien monde; tandis que les quatre genres qui les précèdent sont américains, de même que les *Silvia*, *Macranthera* et *Esterhazya*. Les *Seymeria* et *Buchnara* sont communs aux deux continents. Tous les autres genres de cette série sont uniquement de l'ancien monde; et parmi eux, le genre *Leptorhabdos* se distingue par ses loges ovariennes biovulées.

1. MART., *Nov. gen. et spec.*, t. 205 (*Virgularia*), 206, 207. — J.-A. SCHM., in *Mart. Fl. bras.*, VIII, 277, t. 48. — A. GRAY, *Syn. Fl. N.-Amer.*, 248, 290, 482. — WALP., *Rep.*, VI, 649 (*Dasystoma*).

2. Jaunes, rouges, roses ou violacées.

XVIII. SÉRIE DES RHINANTHES.

Les Rhinanthes[1] (fig. 584-586), qui ont donné leur nom à une famille particulière (*Rhinanthacées*), ont des fleurs hermaphrodites et irrégu-

Rhinanthus major.

Fig. 584. Fleur ($\frac{2}{1}$).

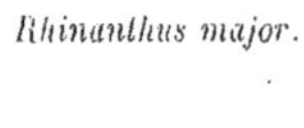

Fig. 585. Diagramme.

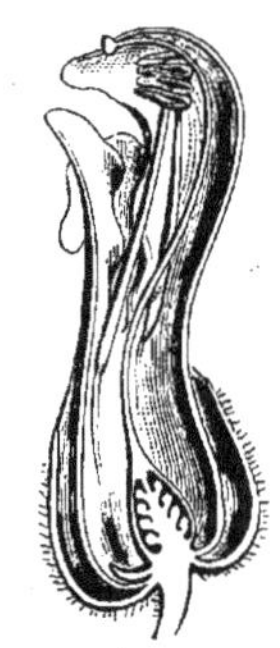

Fig. 586. Fleur, coupe longitudinale.

lières. Leur réceptacle porte un calice comprimé et ventru, partagé

Pedicularis palustris.

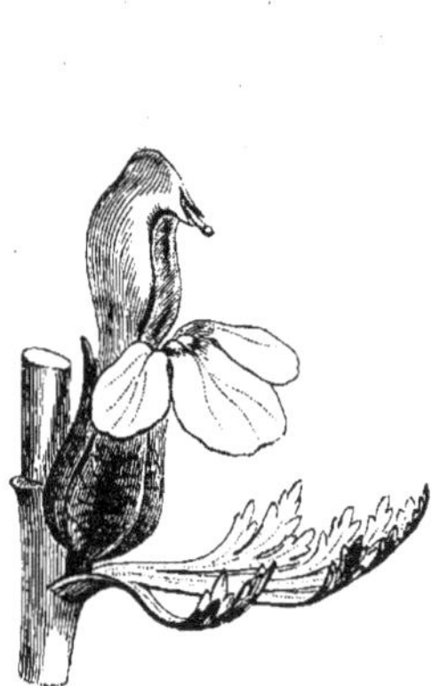

Fig. 588. Fleur et sa bractée axillante ($\frac{2}{1}$).

Fig. 589. Fleur isolée.

Fig. 590. Fleur, coupe longitudinale.

Fig. 591. Gynécée et disque.

supérieurement en quatre dents, dont deux sont antérieures et deux postérieures. La corolle irrégulière a un tube à peu près cylindrique,

1. L., *Gen.*, n. 740. — GÆRTN., *Fruct.*, I, 54, t. 55. — LAMK, *Ill.*, t. 517. — ENDL., *Gen.*, n. 4016. — BENTH., in *DC. Prodr.*, X, 557; *Gen.*, II, 970, n. 155. — *Alectorolophus* BIEB., *Fl. taur.-cauc.*, II, 68. — NEES, *Gen. Fl. germ.* — ENDL., *Gen.*, n. 4017.

parfois un peu gibbeux à sa base, et à limbe inégalement bilabié. La lèvre postérieure, formée en réalité de deux pièces unies entre elles pour constituer une sorte de casque, est recouverte par le lobe médian de la lèvre antérieure, plus court cependant, et ce dernier est lui-même enveloppé dans la préfloraison par les deux lobes latéraux de cette lèvre. Les étamines sont didynames; insérées sur le tube de la corolle, elles se portent vers la concavité du casque représenté par la lèvre postérieure de la corolle, et possèdent des anthères qui se rapprochent ou se collent les unes aux autres et sont formées chacune de deux loges distinctes, parallèles ou à peu près, déhiscentes en dedans par des fentes longitudinales. Le gynécée supère se compose d'un ovaire comprimé, à deux loges multiovulées, antérieure et postérieure, surmonté d'un style arqué qui se porte aussi dans la concavité du casque et se termine par une petite tête stigmatifère entière. Les ovules anatropes sont disposés, au moins au début, sur deux séries verticales, et ascendants, avec le micropyle inférieur. Le fruit, généralement entouré du calice persistant, est capsulaire, comprimé, loculicide. Ses deux valves portent vers le milieu de leur face interne une moitié de cloison. Les graines sont comprimées, bordées d'une aile membraneuse, et contiennent un petit embryon qu'entoure un albumen charnu. On connaît deux ou trois espèces de ce genre, avec de nombreuses formes et variétés[1]. Ce sont des herbes annuelles, parasites sur les Graminées; elles ont des tiges dressées, glabres ou duveteuses, et des feuilles opposées, ordinairement crénelées. En haut des branches, elles se transforment en bractées, dont les inférieures sont souvent incisées. Les fleurs[2] forment ainsi une sorte d'épi terminal, et elles se portent souvent toutes d'un même côté de l'inflorescence. Ces plantes habitent l'Europe, l'Asie et l'Amérique du Nord.

Pedicularis palustris.

Fig. 587. Rameau florifère.

A côté des *Rhinanthus* et caractérisés comme eux par des anthères

1. REICHB., *Iconogr. bot.*, t. 731-733; *Ic. Fl. germ.*, t. 1738-1740 (*Alectorolophus*). — GREN. et GODR., *Fl. de Fr.*, II, 612. — WILLK. et LGE, *Prodr. Fl. hisp.*, II, 611. — BOISS., *Fl. or.*, IV, 479. — A. GRAY, *Syn. Fl. N. Amer.*, 249, 310. — EHRH., *Beitr.*, VI, 144. — WALP. *Ann.*, III, 111, 201; V, 634.

2. Jaunes, souvent tachées de bleu violacé.

à loges égales, des loges ovariennes pluriovulées et des fleurs dépourvues de bractéoles latérales, se rangent les Pédiculaires (fig. 587-591), et les genres *Elephas*, *Bartsia* et *Lamourouxia*.

Dans les *Euphrasia*, les loges de l'anthère sont égales dans les quatre étamines, et il en est de même dans les *Ptheirospermum* et les *Omphalotrix*. Avec les mêmes caractères, la fleur est accompagnée de

Melampyrum pratense.

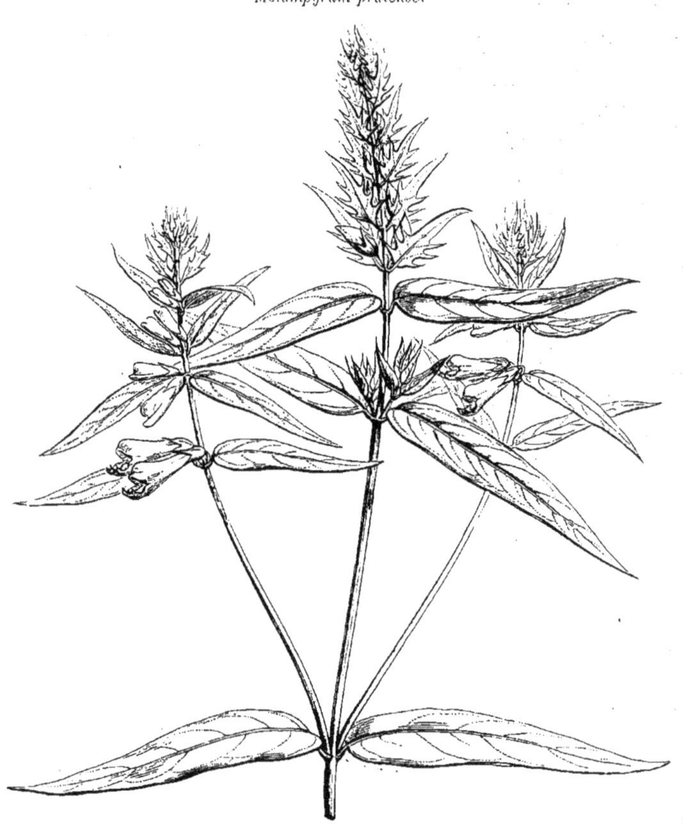

Fig. 592. Branche florifère.

deux bractéoles latérales dans les *Cymbaria*, *Bungea*, *Monochasma*, *Schwalbea* et *Siphonostegia*. Les *Castilleja* ont les loges de l'anthère dissemblables, de même que les *Orthocarpus* et *Cordylanthus*; et dans l'*Hemiarrhena*, il n'y a que deux étamines réduites à une seule loge.

Quant aux deux genres très voisins, *Melampyrum* (fig. 592-594) et

Melampyrum pratense.

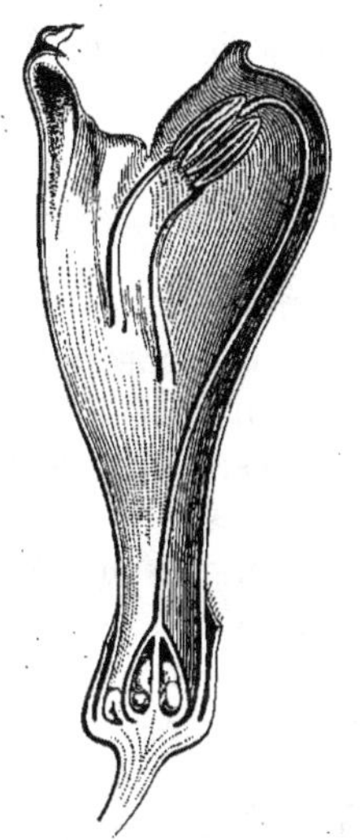

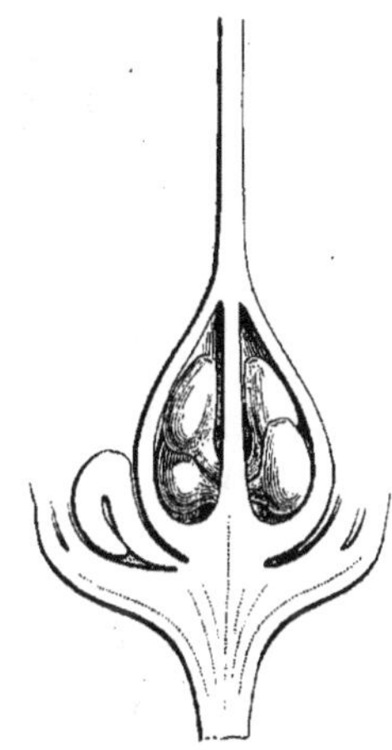

Fig. 593. Fleur, coupe longitudinale. Fig. 594. Gynécée, coupe longitudinale.

Tozzia, ils n'ont plus, dans chaque loge ovarienne, que deux ovules très incomplètement anatropes, à micropyle supérieur et extérieur.

La famille des Scrofulariacées, indiquée par les plus anciens botanistes, a reçu depuis la fin du siècle dernier un grand nombre de noms différents[1]. Elle comprend pour nous 188 genres et environ 2000 espèces, qui habitent toutes les régions chaudes, tempérées et froides du globe. Nous y avons admis les dix-huit séries suivantes.

I. Salpiglossées[2]. — Corolle irrégulière ou presque irrégulière, à lobes plissés-imbriqués ou indupliqués. Lèvre postérieure du limbe plus ou moins nettement extérieure. Étamines didynames, ou 2, avec ou

1. *Pediculares* J., *Gen.*, 99. — *Scrofularieæ* J., *Gen.*, 117. — *Rhinanthoideæ* Vent., *Tabl.*, II, 295. — *Personatæ* Vent., *Tabl.*, 351. — *Rhinanthaceæ* J., in *Ann. Mus.*, V, 235. — *Scrofularineæ* R. Br., *Prodr.*, 433. — Endl., *Gen.*, 670. — B. H., *Gen.*, II, 913, Ord. 115. — *Antirrhineæ* DC. et Dub., *Botan. gall.*, 342. — *Halleriaceæ* Link, *Handb.*, I, 506. — *Scopariaceæ* Link, *Handb.*, 822. — *Cheloneæ*, *Arogoaceæ*, *Sibthorpiaceæ* Don, in *Edinb. Phil. Journ.* (1835). — *Melampyraceæ* Rich., *Anal. d. fr.* — *Scrophulariaceæ* Lindl., *Introd.*, ed. 2, 288; *Veg. Kingd.*, 681, Ord. 264.

2. *Salpiglossideæ* Benth., *Gen.*, II, 907.

sans staminode postérieur. Fruit capsulaire ou charnu. — Herbes ou arbustes, à feuilles alternes, à fleurs en cymes ou solitaires, terminales ou latérales. — 10 genres.

II. VERBASCÉES[1]. — Corolle peu irrégulière, subrotacée. Divisions postérieures du limbe extérieures. Étamines didynames, ou 5 fertiles, dissemblables. Fruit capsulaire. — Herbes, parfois frutescentes, de l'ancien monde, à feuilles alternes, à fleurs en grappes terminales ou en épis de cymes. — 1 genre.

III. APTOSIMÉES[2]. — Corolle irrégulière, à tube allongé. Divisions postérieures du limbe ordinairement extérieures. Étamines didynames, ou 2 fertiles. Fruit capsulaire, septicide et loculicide. — Herbes ou arbuscules de l'ancien monde, à feuilles alternes, à fleurs axillaires, solitaires, ordinairement 2-bractéolées. — 3 genres.

IV. LEUCOPHYLLÉES[3]. — Corolle irrégulière ou presque régulière, subcampanulée, à tube court. Lèvre postérieure du limbe extérieure. Étamines généralement didynames. Fruit capsulaire. — Herbes ou arbustes américains, à feuilles alternes. Fleurs axillaires, solitaires ou en grappes, sans bractéoles. — 3 genres.

V. MYOPORÉES[4]. — Corolle plus ou moins irrégulière ou presque régulière, à tube court ou long; les lobes postérieurs du limbe généralement extérieurs. Étamines didynames, souvent peu inégales, ou parfois 5 fertiles, à anthères biloculaires. Ovaire normalement 2-loculaire, plus rarement 3-∞-loculaire. Ovules 2, descendants, à micropyle supérieur et intérieur, ou plus rarement 3-10. Fruit drupacé, à noyau 2-10-locellé. Graines à albumen charnu, mince ou nul, descendantes, souvent isolées chacune dans une logette des noyaux. — Plantes ligneuses, à feuilles alternes ou rarement opposées, à fleurs axillaires, solitaires, géminées ou en cymes, sans bractéoles. — 4 genres.

VI. SÉLAGÉES[5]. — Corolle irrégulière. Étamines didynames ou 2. Ovaire à 2 loges ou uniloculaire par avortement. Ovules solitaires, descendants, à micropyle supérieur et primitivement intérieur. Fruit indéhiscent ou à 2 coques qui se séparent. Graines albuminées. — Plantes frutescentes, suffrutescentes ou herbacées, de l'ancien monde,

1. *Verbasceæ* BENTH., *Scroph. ind.*, 16. — ENDL., *Gen.*, 670, Trib. I.

2. *Aptosimeæ* BENTH., *Gen.*, II, 927.

3. *Leucophylleæ* BENTH., *Gen.*, II, 926.

4. *Myoporineæ* R. BR., *Prodr.*, 514. — ENDL., *Gen.*, 642, Ord. 141. — BARTL., *Ord. nat.*, 176. — B. H., *Gen.*, II, 1123, Ord. 123. — *Myoporaceæ* LINDL., *Introd.*, ed. 2, 279.

5. *Selagineæ* J., in *Ann. Mus.*, VII, 71. — ENDL., *Gen.*, 640, Ord. 140. — B. H., *Gen.*, II, 1126, Ord. 24. — *Selaginaceæ* LINDL., *Introd.* ed. 2, 279; *Veg. Kingd.*, 666 (part.).

à feuilles alternes ou en partie opposées. Fleurs en épis, sans bractéoles. — 4 genres.

VII. Hébenstreitiées. — Corolle irrégulière. Étamines didynames. Ovaire à 2 loges. Ovules solitaires, descendants, à micropyle supérieur et primitivement extérieur. Fruit à 1, 2 coques. Graines albuminées. — Plantes frutescentes ou herbacées, de l'ancien monde, à organes de végétation semblables à ceux des Sélagées. — 2 genres.

VIII. Globulariées[1]. — Corolle irrégulière. Étamines didynames. Ovaire uniloculaire, avec un seul ovule descendant, à micropyle supérieur et intérieur. Fruit membraneux, indéhiscent. Graines albuminées. — Plantes frutescentes, suffrutescentes ou herbacées, de l'ancien monde, à feuilles alternes, à fleurs axillaires ou en capitules terminaux, sans bractéoles. — 1 genre.

IX. Alonsoées[2]. — Corolle plus ou moins irrégulière, à tube long ou subnul, pourvu d'un ou deux éperons ou d'une gibbosité; la lèvre supérieure extérieure dans la préfloraison. Étamines 2-4. Loges ovariennes multiovulées. Fruit 2-4-valve. — Plantes herbacées, rarement frutescentes, à feuilles toutes ou en partie opposées. Inflorescence centripète, uniforme. — 7 genres.

X. Calcéolariées[3]. — Corolle à tube très court, à limbe partagé en deux lobes inégaux, concaves ou en forme de sabots, indivis. Étamines 2. Fruit capsulaire, 2-4-valve. — Plantes herbacées ou frutescentes, à feuilles presque toujours opposées, à inflorescences axillaires et terminales, en cymes composées. — 1 genre.

XI. Antirrhinées[4]. — Corolle à tube développé, pourvu généralement vers sa base d'une bosse ou d'un éperon, à lèvre supérieure extérieure. Étamines didynames, ou les postérieures stériles. Capsule déhiscente par des pores à petits panneaux. — Plantes herbacées, dressées ou grimpantes, rarement frutescentes. Inflorescence généralement terminale et centripète, uniforme. — 7 genres.

XII. Scrofulariées[5]. — Corolle à tube développé, sans bosse ni éperon, à lèvre supérieure extérieure. Étamines 2-4. Ovules ∞, ou rarement (*Tonella*) 1-3. Capsule valvaire ou baie. — Herbes, arbustes ou arbres, à inflorescences axillaires ou terminales, en cymes composées. — 27 genres.

1. *Globularieæ* DC., *Fl. fr.*, III, 427. — Endl., *Gen.*, 639, Ord. 139. — *Globulariaceæ* Lindl., *Introd.*, ed. 2, 268.
2. *Hemimerideæ* Benth., *Gen.*, II, 930.
3. *Calceolarieæ* Benth., *Gen.*, II, 929.
4. Chav., *Monogr. Antirrh.* (1833), 4. — Benth., *Gen.*, II, 932.
5. *Cheloneæ* Benth., *Gen.*, II, 936.

XIII. Sésamées[1]. — Corolle à tube développé, souvent sans bosse, à lèvre supérieure généralement extérieure. Étamines 2-4. Ovaire à 2 (rarement une) loges multiovulées, plus rarement pauciovulées, souvent partagées par des fausses cloisons en deux ou plusieurs logettes 1-8-ovulées. Fruit capsulaire ou nucamenteux. Graines à albumen mince ou nul. — Plantes herbacées ou suffrutescentes, à feuilles opposées, ou les supérieures alternes. Fleurs axillaires, en cymes, ou solitaires, plus rarement en grappes terminales. — 11 genres.

XIV. Chænostomées[2]. — Corolle à tube développé, rarement très court (*Sphenandra*), à limbe peu irrégulier; la lèvre supérieure extérieure. Anthères uniloculaires. Capsule déhiscente en valves. — Plantes herbacées ou suffrutescentes, à feuilles en partie opposées, à inflorescences centripètes simples et uniformes, ou parfois composées. — 8 genres.

XV. Gratiolées[3]. — Corolle à tube développé, sans sac, ni bosse ni éperon; la lèvre supérieure extérieure, ou rarement (*Limosella*) intérieure. Capsule à 2-4 valves, ou indéhiscente. — Plantes herbacées ou frutescentes, à inflorescence générale centripète, uniforme. — 33 genres.

XVI. Digitalées[4]. — Corolle irrégulière ou presque régulière, à lobes étalés, ou les supérieurs dressés; les latéraux ou l'antérieur extérieurs dans la préfloraison. Étamines 2-4, à loges d'anthères contiguës ou confluentes au sommet. Ovules ∞, ou rarement (*Lagotis*) 1, ou (*Veronica*) 2, descendants. — Arbustes ou herbes, non parasites, à feuilles opposées ou alternes, à inflorescence centripète ou composée. — 20 genres.

XVII. Gérardiées[5]. — Corolle irrégulière; les 2 lobes supérieurs ordinairement intérieurs. Anthères à loges indépendantes. Ovules ∞, ou rarement (*Leptorhabdos*) 2. — Plantes souvent parasites, à inflorescence centripète ou composée. — 26 genres.

XVIII. Rhinanthées[6]. — Corolle irrégulière, à lèvre postérieure dressée, concave ou en casque, intérieure dans la préfloraison. Anthères à loges indépendantes. Ovules ∞, ou rarement (*Melampyrum*, *Tozzia*) 2. — Herbes souvent parasites, à inflorescence générale centripète ou composée. — 19 genres.

1. *Sesameæ* Endl., *Gen.*, 709, *Bignoniacearum* Subord. I. — B. H., *Gen.*, II, 1057, *Pedalinearum* Trib. 3.

2. *Manuleæ* Endl., *Gen.*, 685, Subtrib. 2. — Benth., *Gen.*, II, 944, Trib. 8.

3. *Gratioleæ* Benth., *Gen.*, II, 946.

4. *Digitaleæ* Benth., *Gen.*, II, 959.

5. *Gerardieæ* Benth., *Gen.*, II, 965.

6. *Rhinantheæ* Benth., *Scroph. ind.*, 50. — *Euphrasieæ* Benth., *Gen.*, II, 973.

Ainsi que nous l'avons indiqué, ce n'est que d'une façon tout à fait artificielle qu'on distingue cette famille des Solanacées ; elle a les fleurs plus ordinairement irrégulières, l'inflorescence plus souvent indéfinie et centripète, les feuilles plus souvent opposées. Nous n'y avons admis, à très peu d'exceptions près, que des plantes à androcée didyname ou diandre, tandis que nous avons laissé dans les Solanacées celles dont la fleur est isostémonée. Nous distinguons les Scrofulariacées des Gesnériacées par le mode de placentation qui est toujours pariétal dans les dernières; sinon, tous les autres caractères peuvent être les mêmes des deux côtés dans les types à ovaire libre.

PROPRIÉTÉS[1]. — Rien n'est plus variable, dans ce groupe, d'ailleurs assez étroitement naturel, que les propriétés et les usages. Le médicament le plus énergique de la famille et celui dont les vertus sont le plus spéciales, est sans contredit la Digitale pourprée[2] (fig. 561-564), ce précieux cardiaque et ce puissant diurétique, connu des médecins de tous les pays. On lui a substitué, surtout dans le midi de l'Europe, des espèces très voisines, comme le *D. Thapsi* BROT. (fig. 565-567), le *D. tomentosa* HFFMSG et LINK, le *D purpurascens* ROTH. On croit que ses propriétés se retrouvent, à un moindre degré, chez les *D. lutea* L., *ochroleuca* JACQ., *micrantha* ROTH., *ferruginea* L., *lævigata* W. et KIT., *grandiflora* LAMK, *aurea* L., *viridiflora* LINDL., *lanata* EHRH., *fuscescens* W. et KIT., *orientalis* LAMK. Toutes ces plantes sont plus ou moins vénéneuses. La Gratiole officinale[3] (fig. 547-550) l'est à un tout autre titre. C'est un éméto-cathartique violent, extrêmement irritant, qui enflamme nos tissus et qui tue les animaux. On l'a vanté comme hydragogue et emménagogue, vermicide, de même que les *Gratiola carolinensis*, *virginiana*, *linifolia*, *pubescens*, *latifolia*, *peruviana*. Le *Scrofularia aquatica*[4] (fig. 524-526) est aussi une plante irritante, et, avec lui, les *S. nodosa*, *peregrina*, *lanceolata*, *marylandica*, *chrysanthemifolia*. Ces plantes ont été recommandées pour le trai-

1. ENDL., *Enchir.*, 341. — LINDL., *Veg. Kingd.*, 683. — ROSENTH., *Syn. pl. diaphor.*, 469, 1132. — H. BN, *Tr. Bot. méd. phanér.*, 1224.

2. *Digitalis purpurea* L., *Spec.*, 866. — LINDL., *Mon. Digit.*, t. 2. — GREN. et GODR., *Fl. de Fr.*, II, 602. — *D. tomentosa* LK et HFFMG. (*Gantelée, Gant de Notre-Dame, Gandio, Gantillier, Pisse-lait, Pétrole, Pavée, Petereaux*).

3. *Gratiola officinalis* L., *Spec.*, 24. — GREN. et GODR., *Fl. de Fr.*, II, 584 (*Herbe à pauvre homme, Herba Dei, Gratia Dei, Sené des prés, Petite Digitale, Hyssope de haie*).

4. L., *Spec.*, 864. — GREN. et GODR., *Fl. de Fr.*, II, 566 (*Bétoine d'eau, Herbe aux hémorrhoïdes, H. aux écrouelles, Scrofulaire-Orrale, S. des bois*).

tement de la gale, des hémorrhoïdes, des affections vermineuses; on a généralement renoncé à les prescrire contre les scrofules. Le *Torenia asiatica* L. (fig. 559, 560) est usité dans l'Inde comme antigonorrhéique; on a employé comme médicaments les *T. crustacea*, *minuta*, *cordifolia* et *hirsuta*. Le *T. diffusa*[1], vomitif et purgatif, se prescrit dans l'Amérique tropicale dans les cas de fièvres, de maladies du foie, etc. Il en est de même des *T. antipoda*[2], *brachiata*, *integrifolia*, *grandiflora*. On dit médicinaux quelques *Mimulus* américains. Nos Mufliers et Linaires sont en général peu actifs. On dit que l'*Antirrhinum majus*[3] (fig. 516-521) est émollient et résolutif, de même que le *Linaria vulgaris*[4] (fig. 522), et l'on accorde les mêmes vertus aux *L. minor*, *Cymbalaria*, *Elatine*, *spuria*, plantes probablement toutes peu actives. Les *Verbascum* ne le sont guère davantage. On emploie toutefois beaucoup en médecine le Bouillon-blanc[5] (fig. 476-481), dont les corolles odorantes passent pour émollientes, adoucissantes, pectorales. Celles des *Verbascum phlomoides*, *nigrum*, *Lychnitis*, *Blattaria*, *phœniceum* ont la même réputation. On dit cependant que les semences de plusieurs espèces peuvent servir à enivrer le poisson. Les *Calceolaria* ont, dit-on, des propriétés très diverses. Les *Calceolaria rugosa* (fig. 514, 515) et *inflexa* seraient vulnéraires; le *C. corymbosa* diurétique; le *C. pinnata* purgatif; le *C. trifida* antiseptique; le *C. arachnoidea* dépuratif; le *C. scabiosæfolia* vomitif; le *C. punctata* antiseptique. En Amérique, on substitue aux fleurs de nos *Verbascum* celles de l'*Angelonia salicariæfolia* et de l'*Alonsoa caulialata* (fig. 511-513). Le *Browallia demissa* L. se prescrit en Colombie contre la teigne et d'autres affections cutanées; le *Franciscea uniflora* POHL, comme altérant et dépuratif. Le *Chelone glabra* est, aux États-Unis, considéré comme tonique et cathartique; on emploie aussi les *C. hirsuta*, *lævigata*, *Lyoni*, *obliqua* et *pubescens*. Au Japon, l'huile extraite des semences du *Paulownia tomentosa*[6] (fig. 531, 532) sert à divers usages, notamment à la préparation de

1. *Vandellia diffusa* L., *Mantiss.*, 89.
2. *Ruellia antipoda* L. — ROSENTH., *loc. cit.*, 477. — *Bonnaya brachiata* LINK et OTT.
3. L., *Spec.*, 859 (part.). — GREN. et GODR., *Fl. de Fr.*, II, 569. — H. BN, *Iconogr. Fl. fr.*, n. 28 (*Gueule de loup*, *G. de lion*, *Muflier*, *Muflaude*, *Mufle de chien*, *Pantoufle*, *Gorge de lion*).
4. MŒNCH, *Meth.*, 524. — GREN. et GODR., *Fl. de Fr.*, II, 576. — *L. genistifolia* BENTH. — *Antirrhinum Linaria* L. — *A. commune* LAMK. (*Lin sauvage*, *Chasse-venin*, *Lait de couleuvre bâtard*, *Pissat d'âne*, *Coupe-faucille*).
5. *Verbascum Thapsus* L., *Fl. suec.*, 69. — GREN. et GODR., *Fl. de Fr.*, II, 548. — *V. alatum* LAMK. — *V. Schraderi* MEY. — *V. neglectum* GUSS. (*Bouillon mâle*, *Bonhomme*, *Herbe Saint-Pierre*, *Molène*, *Cierge de Notre-Dame*).
6. *P. imperialis* S. et ZUCC., *Fl. jap.*, I, 27, t. 10. — *Bignonia tomentosa* THUNB., *Fl. jap.*, 252. — *Incarvillea tomentosa* SPRENG. — *Too Kiri* KÆMPF., *Amœn. exot.*, 852, c. icon.

certains papiers. Le *Capraria biflora*[1] remplace le thé en Amérique. Le *Stemodia maritima* est un aromatique-amer. Les *Ambulia* sont aromatiques[2], de même que le *Matourea pratensis*, qui a les propriétés des Labiées. Le *Picria Fel terræ* LOUR. est amer, diurétique et surtout antipériodique; et plusieurs *Bramia*[3] passent pour de bons toniques-amers. Le *Bacopa aquatica*[4] porte à Cayenne le nom d'*Herbe à la coupure*. L'*Anticharis arabica* ENDL. est aussi en Orient une plante médicinale. Le *Scoparia dulcis*[5] est lénifiant, antihémorrhoïdal. Un grand nombre de nos Véroniques ont été usitées : le *Veronica Beccabunga* L. (fig. 576-582), diurétique et antiscorbutique; le *V. officinalis* L., digestif et stomachique; les *V. Teucrium* et *Chamædrys* L., stimulants et sudorifiques, etc. Le *V. virginica*[6] est bien plus actif; c'est un évacuant violent. On l'a substitué au quinquina et recommandé contre le choléra infantile. Le *Picrorhiza Kurroo* ROYLE est un bon tonique-amer. Les *Euphrasia* passent pour céphaliques et anti-ophthalmiques, notamment l'*E. officinalis*[7], qui se fume parfois dans les campagnes en guise de tabac. On accorde les mêmes qualités à l'*E. pratensis* REICHB., au *Bartsia Odontites*[8] et au *B. latifolia*, vantés aussi comme emménagogues. Les *Melampyrum* sont broutés par les troupeaux, et leurs semences ont servi à faire un pain amer. Tels sont les *M. pratense*[9] (fig. 592-594), *arvense*[10], *cristatum* et *barbatum*. Les *Rhinanthus*, tels que les *R. major* (fig. 584-586), *minor* et *Crista galli* ont aussi des graines comestibles; elles sont cependant réputées malfaisantes. Les *Pedicularis* sont vénéneux, principalement le *P. palustris*[11] (fig. 587-591), conseillé pour détruire la vermine, vanté comme astringent et antisyphilitique; il sert aussi à déterger les

1. L., *Spec.*, 875. — LAMK, *Ill.*, t. 534, fig. 2. — JACQ., *Pl. amer.*, t. 150. — *C. hirsuta* H.B.K.

2. Notamment l'*A. aromatica* LAMK, *Dict.*, I, 128. — *Limnophila gratissima* BL. — ROSENTH., *Syn.*, 476; et l'*A. virginiana*. — *Gratiola virginiana* L. — *Hottonia indica* L. — *Limnophila gratioloides* R. BR. — *L. trifida* SPRENG.

3. Surtout le *B. Monniera*. — *B. indica* LAMK, *Dict.*, I, 459. — *Gratiola Monniera* L. — *Limosella calycina* FORSK. — *Septas repens* LOUR. — *Herpestis Monniera* H. B. K. — *H. procumbens* SPRENG. Le *B. semiserrata* MART. — *Herpestis colubrina* K. est vanté au Pérou contre la morsure des serpents.

4. AUBL., *Guian.*, I, 128, t. 49. — H. BN, in *Dict. enc. sc. méd.*, sér. 1, VIII, 14.

5. L., *Spec.*, 168. — *S. ternata* FORSK. — *S. procumbens* JACQ.

6. L., *Spec.*, 13. — H. BN, *Tr. Bot. médi. phanér.*, 1228. — *Leptandra virginica* NUTT. — *Pæderota virginica* WALP.

7. L., *Spec.*, 841. — GREN. et GODR., *Fl. de Fr.*, II, 604. — *E. tatarica* FISCH. — *E. latifolia* PURSH. — *E. simplex* DON. — *E. salisburgensis* HOPPE. — *Bartsia humilis* LAP. (*Casse-lunettes, Luminat, Langeôle, Herbe à l'ophthalmie*).

8. HUDS., *Fl. angl.*, 268. — *Euphrasia Odontites* L., *Spec.*, 841. — *E. serotina* LAMK. — *Odontites rubra* PERS., *Syn.*, II, 150. — GREN. et GODR., *Fl. de Fr.*, II, 606.

9. L., *Spec.*, 853. — *M. vulgatum* PERS. (*Cochelet, Sarriette jaune, Morelle sauvage*).

10. L., *Spec.*, 842 (*Blé de vache, B. rouge, B. de renard, B. de bœuf, Bédouin, Rougeole, Rougeotte, Pied de bouc, Queue de loup, Q. de renard, Millet jaune, Sarriette des bois*).

11. L., *Spec.*, 845. — HAYNE, *Arzneigew.*, t. 33 (*Herbe aux poux, Tartarie*).

ulcères. Le *P. sylvestris* L. a les mêmes propriétés. Le *P. lanata* PALL. sert de thé en Asie. Les *Rhinanthus* et *Melampyrum* ont été employés en teinture. Au Pérou, on applique aux mêmes usages la racine de l'*Escobedia scabrifolia* R. et PAV., la plus belle plante de la famille. Le *Globularia vulgaris*[1] (fig. 504-510) teint en jaune. Ses feuilles et sa racine sont purgatives; mais les propriétés évacuantes du *G. nudicaulis* L. et du *G. Alypum*[2] sont plus prononcées. Le *Sesamum indicum*[3] (fig. 535-542) et quelques autres constituent une des principales sources de matière grasse. L'huile siège dans leur embryon et dans un albumen souvent réduit à une simple membrane. Le *Bontia daphnoides*[4] a des fruits qui fournissent de l'huile. Les *Duboisia*, indifféremment rapportés à cette famille et à celle des Solanacées, et qui ont avec ces dernières tant d'affinités, en ont aussi les propriétés. En ophthalmologie, le *D. myoporoides*[5] (fig. 470-475) joue à peu près le même rôle que la Belladone. Son extrait et son alcaloïde dilatent puissamment la pupille. Plus curieux peut-être encore est le *D. Hopwoodii*[6] (*Pituri*), du même pays, dont les propriétés ont été comparées à celles du Tabac et que les sauvages australiens mâchent, non seulement pour se procurer une sorte d'ivresse, mais pour se donner une grande résistance musculaire au moment de la chasse ou du combat. En Australie, la tige du *Myoporum platycarpum* R. BR. produit une matière sucrée, et le *M. tenuifolium* FORST. donne un des faux bois de Santal de l'Océanie. On cultive quelques *Myoporum* comme ornementaux dans le midi. Le *Paulownia tomentosa* est un des plus beaux arbres de nos parcs. Nos jardins renferment aujourd'hui un grand nombre de Scrofulariacées des genres *Verbascum*, *Calceolaria*, *Alonsoa*, *Angelonia*, *Antirrhinum*, *Linaria*, *Maurandia*, *Phygelius*, *Chelone*, *Pentstemon*, *Russelia*, *Collinsia*, *Zaluzianskia*, *Mimulus*, *Mazus*, *Digitalis*, *Erinus*, *Veronica*, etc.

1. L., *Spec.*, 139. — H. BN, *Tr. Bot. méd. phanér.*, 1256 (*Marguerite bleue*).
2. L., *Spec.*, 139. — GREN. et GODR., *Fl. de Fr.*, II, 756 (*Globulaire Turbith, Turbith blanc, Sené des Provençaux, Alypon, Herbe terrible*).
3. L., *Spec.*, 884. — SIMS, in *Bot. Mag.*, t. 1688. — H. BN, in *Dict. enc. sc. méd.*, sér. 3, IX, 434; *Tr. Bot. méd. phanér.*, 1233. — *S. orientale* L. — LAMK, *Ill.*, t. 528.
4. L., *Spec.*, 890. — JACQ., *Amer.*, t. 173, fig. 46.
5. R. BR., *Prodr.*, 448. — BENTH., *Fl. austral.*, IV, 474. — H. BN, *Tr. Bot. méd. phanér.*, 1209. — *Notelæa ligustrina* SIEB.
6. *Anthocercis? Hopwodii* F. MUELL., *Fragm phyt. Austral.*, II, 138. — BENTH., *Fl. austral.*, IV, 480. — *D. Pituri* BANCR., in *Queensl. Phil. Soc.*, sept. 1879, c. tab. — *Anthocercis Pituri* F. MUELL.

GENERA

I. SALPIGLOSSEÆ.

1. **Salpiglossis** R. et PAV. — Flores irregulares; calyce tubuloso, 5-fido. Corolla infundibularis obliqua; limbi campanulati lobis 5, emarginatis plicato-imbricatis; posticis exterioribus. Stamina 4, didynama; antherarum brevium loculis dorso appositis, divergentibus, apice confluentibus. Staminodium breve, nunc anthera sterili terminatum. Discus carnosus, sub-2-lobus. Germen sessile, 2-loculare; stylo apice stigmatoso disciformi v. 2-lobo; lobis arcuatis semilunaribus; ovulis ∞, placentæ axili insertis. Fructus capsularis chartaceus; valvis septo parallelis, 2-fidis. — Herbæ annuæ v. perennes, viscoso-pubentes; foliis alternis pinnatifidis v. sinuato-dentatis; floribus terminalibus solitariis v. cymosis paucis; pedicellis longiusculis. (*Chili.*) — *Vid. p.* 360.

2. **Schwenkia** L.[1] — Flores subregulares; calycis tubo brevi v. anguste campanulato; dentibus v. laciniis angustis 5. Corollæ tubus elongato-cylindricus, superne plus minus ampliatus; limbi plicati sinubus in laminas integras v. 2-fidas valvatas dilatatis. Stamina 4, didynama, aut fertilia omnia; antheris extrorsis, 2-rimosis; aut sterilia 2; antheris cassis v. 0. Staminodium posticum tenue v. 0. Germen 2-loculare, ∞-ovulatum, basi disco annulari v. cupulari cinctum; stylo gracili, ad apicem stigmatosum compresso-dilatato. Fructus capsularis; valvis 2, integris; seminibus ∞, rugosis; embryone recto. — Herbæ sæpius tenues, v. suffrutices; foliis linearibus v.

1. *Gen.*, n. 1233. — ENDL., n. 4216. — MIERS, *Ill.*, t. 63. — BENTH., in *DC. Prodr.*, X, 193; *Gen.*, II, 911, n. 62. — *Chætochilus* VAHL, *Enum.*, I, 101. — *Mathea* VELL., *Fl. flum.*, 22; Atl., I, t. 51. — *Matthisonia* RADD., *Quar. piant. nov.*, 11, fig. 7 (in *Mém. Soc. ital.*, XVIII).

ovatis integris; floribus[1] in racemos compositos laxos cymigeros nunc foliatos dispositis. (*America austr.*, ? *Africa trop.*[2])

3. **Bouchetia** DC.[3] — Calyx anguste campanulatus; lobis 5, angustis inæqualibus. Corolla inæqui-infundibularis; limbi sub-2-labiati lobis 5, imbricatis; posticis 2 exterioribus. Stamina 4[4], didynama inclusa; antheris brevibus reniformibus confluenti-rimosis. Germen disco inæquali[5] cinctum, 2-loculare, ∞-ovulatum; stylo gracili, apice transverse dilatato acute reniformi recurvo. Capsula 2-valvis; valvis septo parallelis, demum 2-fidis. Semina ∞, inæqui-ovoidea granulosa; embryone albuminoso recto. — Herba perennis ramosa viscidula; foliis alternis angustis; floribus suboppositifoliis pedunculatis v. terminali-racemosis. (*America utraque calid.*[6])

4. **Reyesia** CL.[7] — Flores irregulares; calycis tubulosi extus glanduloso-pilosi lobis 5, acutatis. Corolla summo internodio brevi receptaculi inserta; tubo tenui; limbi lobis valde inæqualibus, imbricatis; majore antico exteriore; cæteris minoribus induplicatis. Stamina 4, didynama, tubo affixa; filamentis leviter complanatis; antica breviora; antheræ majoris loculis 2 inæqualibus; altero sæpe casso; postica autem longiora; antheræ minoris loculis æqualibus liberis; rimis 2, apice confluentibus. Discus annularis, utrinque prominulus. Germen brevissime stipitatum, 2-loculare; stylo gracili, apice dilatato recurvo utrinque membranaceo-alato. Ovula ∞, septo inserta. Fructus capsularis, calyce cinctus; valvis 2, 2-fidis; seminibus scrobiculatis; embryone recto v. leviter arcuato. — Herba annua tenuis laxe ramosa; foliis paucis; intimis inciso-dentatis; superioribus linearibus v. minutis; inflorescentia laxe ramoso-cymosa; pedicellis gracilibus. (*Chili*[8].)

5? **Microschwenkia** BENTH.[9] — « Calycis tubulosi alte 5-fidi lobi lineares leviter imbricati. Corollæ tubus cylindraceus; lobis 5 breviter

1. Albidis v. flavo-viridulis.
2. Spec. ad 20. H. B. K., *Nov. gen. et spec.*, t. 178-181. — DC., *Pl. rar. Jard. Gen.*, t. 10. — J.-A. SCHM., in *Mart. Fl. bras.*, VIII, 247, t. 40.
3. Ex DUN., in *DC. Prodr.*, XIII, p. I, 589 (part.). — BENTH., *Gen.*, II, 908, n. 53. — *Leucanthea* SCHEELE, in *Linnæa*, XXV, 258.
4. Vel 5 (MIERS. — BENTH.).
5. Et corollæ basi annulata.
6. Spec. 1. *B. erecta* DUN. — *Nierembergia anomala* MIERS, *Ill.*, t. 20. — *N. staticæfolia* SENDTN., ex DUN., *loc. cit.*, 587.
7. In *C. Gay Fl. chil.*, IV, 518, t. 52. — BUR., in *Bull. Soc. bot. Fr.* (20 janv. 1863). — B. H., *Gen.*, II, 909, n. 56. — *Pteroglossis* MIERS, in *Ann. Nat. Hist.*, ser. 2, V, 32; *Ill.*, II, 61, t. 52.
8. Spec. 1. *R. chilensis* C. GAY. — *Pteroglossis laxa* MIERS.
9. Ex HEMSL., *Bot. centr.-amer.*, II, 438, t. 57, A, fig. 1-5.

lineari-clavatis; sinubus in appendices breviores 2-fidas productis. Stamina didynama inclusa; antheris longiorum oblongis, 2-rimosis; minorum ovatis. Discus cupularis. Germen obliquum, 1-loculare; stylo filiformi, apice leviter complanato-dilatato, vertice stigmatoso; ovulo 1, propre basin affixo erecto. Fructus tuberculatus. — Herba annua (?) erecta gracilis vix ramosa puberula; foliis alternis sessilibus linearibus; floribus terminali-fasciculato-spicatis. (*Guatemala*[1].) »

6. **Schizanthus** R. et PAV.[2] — Flores irregulares, demum resupinati; calyce sub-5-partito; lobis angustis capitato-pilosis. Corollæ tubus brevis longusve; limbi lobis 5, inæqualibus, imbricatis; superioribus 2 intus connatis; singulis 2-lobis; lateralibus 2-lobis; antico autem (sæpe maculato) inæqui-3-5-lobo. Stamina 4, 5, corollæ affixa: antica 2 fertilia; antheris introrsis ad basin dorsifixis, 2-rimosis; postica autem 2, 3 sterilia; anthera parva, nunc pollinifera. Germen 2-loculare; stylo apice acutiusculo, obtuso v. emarginato. Ovula ∞. Capsula membranacea; valvis septo parallelis, 2-fidis. Semina ∞, rugosa v. foveolata albuminosa; embryonis curvuli cotyledonibus radicula haud v. vix latioribus. — Herbæ annuæ, viscoso-glandulosæ; foliis plerumque pinnatisectis; floribus[3] in cymas terminales composite racemosas demumque oppositifolias dispositis. (*Chili*[4].)

7. **Browallia** L.[5] — Flores irregulares; calycis gamophylli lobis v. dentibus 4, 5. Corollæ tubus rectus, nunc superne dilatatus; limbi lobis 5, inæqualibus, in alabastro induplicatis. Stamina fertilia 4, tubo inserta, quorum minora 2, antica; antheris 2-locularibus; majora autem 2, lateralia; filamento ad apicem dilatato; antheræ loculo postico minore casso. Staminodium posticum minutum v. 0. Germen 2-loculare; stylo gracili superne dilatato inæqui-2-lobo; lobis corrugatis v. grosse foveolatis sinuatisve. Ovula in loculis ∞, placentæ septali crassæ inserta. Fructus capsularis; valvis 2-fidis septo parallelis. Semina ∞,

1. Spec. 1. *M. guatemalensis* BENTH.

2. *Prodr.*, 6, t. 1; *Fl. per. et chil.*, t. 17. — POIR., *Dict.*, VI, 750. — BENTH., in *DC. Prodr.*, X, 202; *Gen.*, II, 909, n. 57. — ENDL., *Gen.*, n. 3898.

3. Albis, roseis, violaceis v. luteo-maculatis, sæpe speciosis.

4. Spec. 5, 6, variab. HOOK., *Exot. Fl.*, t. 73, 86. — SWEET, *Brit. fl. Gard.*, t. 63, 76; ser. 2, t. 201. — C. GAY, *Fl. chil.*, V, 150. — PHIL., *Fl. atacam.*, 45. — *Bot. Reg.*, t. 725, 1544, 1562; (1843), t. 45. — *Bot. Mag.*, t. 2404, 2521, 3044, 3045, 3070. — WALP., *Ann.*, III, 182; V, 598.

5. *Gen.*, n. 773. — ENDL., *Gen.*, n. 3903. — BENTH., in *DC. Prodr.*, X, 197; *Gen.*, II, 910, n. 59. — MIERS, *Ill.*, II, 66, t. 54. — H. BN, in *Bull. Soc. Linn. Par.*, 662.

foveolata; embryonis albuminosi recti v. curvi cotyledonibus ovatis. — Herbæ annuæ, glabræ v. glanduloso-pubescentes; foliis alternis integris; floribus[1] terminalibus solitariis v. in cymas scorpioideas dispositis. (*America trop.*[2])

8. **Brunfelsia** L.[3] — Flores regulares v. leviter irregulares, sæpius 5-meri; calycis gamophylli lobis v. dentibus 5, valvatis. Corolla hypocraterimorpha; tubo recto v. incurvo, ad faucem nudam v. intus annulatam nunc dilatato; lobis 5, obtusis, imbricatis; posticis 2 exterioribus v. interioribus; sinubus nunc plicatis. Stamina 4, tubo inserta, didynama; antica majora; antherarum loculis confluentibus, rima hippocrepica dehiscentibus. Germen sessile, basi in discum sæpius tenuem incrassatum; stylo incurvo, apice stigmatoso 2-lobo. Ovula ∞, nunc pauca, obliqua v. subhorizontalia. Fructus coriaceus v. carnosus, vix dehiscens v. 2-valvis; seminibus sæpe pulpa interiore immersis rugosis; embryone subrecto v. leviter incurvo. — Arbusculæ v. frutices; foliis integris; floribus[4] in cymas terminales laxas v. contractas dispositis. (*America austr. et centr.*[5])

9. **Duboisia** R. Br.[6] — Flores leviter irregulares; calyce brevi cupulari[7], 5-dentato, nunc inæqui-fisso, persistente. Corolla subcampanulata; fauce lata; limbi lobis 5, induplicato-valvatis patentibus. Stamina didynama inclusa; filamentis tubo affixis basique dilatatis; antheris reniformibus; loculis confluenti-rimosis. Staminodium minutum v. 0. Discus cupularis, nunc 5-dentatus. Germen 2-loculare pauciovulatum[8]; ovulis adscendentibus, 2-seriatis; stylo gracili, apice stigmatoso 2-lobo. Fructus baccatus; seminibus paucis rugosis v. foveolatis; embryone albuminoso arcuato. — Arbusculæ glabræ;

1. Albis, cæruleis v. violaceis. — *B. Jamesoni* Hook., in *Bot. Mag.*, t. 4605 et *Streptosolen* Miers, in *Ann. Nat. Hist.*, ser. 2, V, 208; *Ill.*, t. 55. — B. H., *Gen.*, II, 910, nobis videtur hujus generis mera sectio; corolla aurantiaca, nunc ad basin torta.

2. Spec. 6, 7. J.-A. Schm., in *Mart. Fl. bras.*, VIII, 254, t. 41. — *Bot. Reg.*, t. 1384. — *Bot. Mag.*, t. 34, 1136, 3069, 4339, 4605. — Walp., *Ann.*, I, 532; III, 180; V, 595.

3. *Gen.*, n. 260. — J., *Gen.*, 127. — Miers, *Ill.*, t. 56. — Benth., in *DC. Prodr.*, X, 198; *Gen.*, II, 911, n. 61. — *Franciscea* Pohl, *Pl. bras. Icon.*, I, 1, t. 1-7. — Miers, in *Ann. Nat. Hist.*, ser. 2, V, 249; *Ill.*, t. 59.

4. Albidis, luteis v. violaceis cæruleisve, sæpe magnis speciosis v. elegantissimis necnon suaveolentibus.

5. Spec. ad 20. A. Rich., *Fl. cub.*, t. 66. — J.-A. Schm., in *Mart. Fl. bras.*, VIII, 256, t. 42, 43. — Andr., *Bot. Repos.*, t. 167. — Lem., *Jard. fleur.*, t. 171, 248, 249 (*Franciscea*). — *Bot. Reg.*, t. 228. — *Bot. Mag.*, t. 393, 4189, 4209, 4287; 4583, 4790 (*Franciscea*). — Walp., *Ann.*, I, 532; III, 181; V, 596.

6. *Prodr.*, 448. — Endl., *Gen.*, n. 3906; *Iconogr.*, t. 77. — Miers, *Ill.*, t. 87. — Benth., in *DC. Prodr.*, X, 191; *Gen.*, II, 911, n. 63. — H. Bn, *Tr. Bot. méd. phanér.*, 1209, fig. 3121-3125.

7. Glanduloso-punctato.

8. Ovulis sæpe ad 8.

foliis alternis integris; floribus[1] in racemos compositos terminales cymigeros dispositis. (*Australia, N.-Caledonia*[2].)

10. **Anthocercis** LABILL.[3] — Flores *Duboisiæ;* calyce nunc parum aucto. Ovula ∞. Capsula ovoidea v. oblonga; valvis 2, septo parallelis, integris v. 2-fidis. Embryo rectus v. arcuatus. Cætera *Duboisiæ*. — Arbusculæ v. frutices, viscoso-pubescentes v. stellato-tomentosi; foliis alternis, integris v. raro denticulatis; floribus[4] cymosis; cymis 1-3-floris, nunc in racemos simplices v. compositos terminales foliatosque dispositis. (*Australia*[5].)

II. VERBASCEÆ.

11. **Verbascum** T. — Flores leviter irregulares, 5-meri; calyce partito, fido v. dentato, imbricato. Corolla explanato-rotata; tubo brevissimo; limbi lobis 5, parum inæqualibus, imbricatis; posticis exterioribus 2. Stamina 5, v. rarius (*Staurophragma, Celsia*) 4, leviter didynama; filamentis omnium v. nonnullorum barbatis v. lanuginosis; cæteris glabris; antheris transversis v. obliquis, demum 1-loculari-rimosis. Germen liberum, 2-loculare; placentis integris v. 2-lobis, ∞-ovulatis; stylo simplici, apice stigmatoso dilatato forma vario. Capsula globosa, ovoidea v. oblonga, submembranacea v. rarius dura, facile v. rarius (*Staurophragma*) ægre septicida; valvis plerumque 2-fidis, marginibus inflexis plerumque placentas nudantibus. Semina ∞, rugosa albuminosa; embryone axili recto. — Herbæ biennes, rarius perennes v. suffrutescentes, glabræ v. sæpius tomentosæ v. floccosæ; foliis alternis, sæpe mollibus, integris, crenatis, sinuatis, dentatis, pinnatifidis v. dissectis; floribus in racemos v. spicas terminales axillaresque simplices ramososve dispositis, ad axillas foliorum floralium v. bractearum solitariis, cymosis v. glomerulatis. (*Europa, Asia et Africa temp.*) — *Vid. p.* 364.

1. Albis, parvulis.

2. Spec. 2. BENTH., *Fl. austral.*, IV, 474; 480, n. 17 (*Anthocercis*). — F. MUELL., *Fragm. phyt. Austral.*, II, 138 (*Anthocercis?*).

3. *Pl. N.-Holl.*, II, 19, t. 158. — ENDL., *Gen.*, n. 3902; *Iconogr.*, t. 68. — MIERS, *Ill.*, t. 82, 83. — BENTH., in *DC. Prodr.*, X, 191, 589; *Gen.*, II, 912, n. 64. — *Cyphanthera* MIERS. in *Ann. Nat. Hist.*, ser. 2, XI, 376; *Ill.*, II, App., 28, t. 84, 85. — *Eadesia* F. MUELL., in *Trans. phil. Inst. Vict.*, II, 71.

4. Albis v. flavis, nunc purpureo-striatis.

5. Spec. 18. SWEET, *Fl. austral.*, t. 16, 17. — HOOK. F., *Fl. tasm.*, t. 92. — MAUND, *Bot.*, t. 59, 102. — BENTH., *Fl. austral.*, IV, 474. — *Bot. Reg.*, t. 212, 1624. — *Bot. Mag*, t. 2961, 4200.

III. APTOSIMEÆ.

12. **Aptosimum** BURCH. — Flores irregulares; calycis gamophylli tubulosi lobis subulatis, margine ciliolato subimbricatis. Corollæ tubus obconicus, longe in faucem ampliatus; limbi patentis lobis 5, subæqualibus; posticis 2 interioribus. Stamina 4, didynama, quarum lateralia 2 minora v. sæpe cassa; fertilium antheris brevibus suborbiculatis, extus ciliatis, confluenti-rimosis. Germen 2-loculare, ∞-ovulatum, basi disco crassiusculo cinctum; stylo gracili, apice stigmatoso parvo subintegro v. emarginato. Capsula calyce cincta, brevis latiuscula, septo contrarie compressa, apice rotundata v. emarginata septicida; valvis dorso in alam brevem rigidam productis, 2-fidis, columnæque placentariæ nunc basi adhærentibus. Semina ∞, sæpius descendentia, subglobosa v. cylindracea, arcuata, extus punctulato-reticulata; funiculo brevi, nunc apice cupulari-dilatato; albumine carnoso; embryonis recti v. leviter arcuati cotyledonibus ovatis sæpius inferis. — Herbæ v. sæpius fruticuli dense cæspitosi v. prostrati; foliis alternis confertis angustis integris, 1-nerviis; floribus axillaribus solitariis subsessilibus, 2-bracteolatis. (*Africa trop. or. et austr.*) — *Vid. p.* 366.

13. **Peliostomum** E. MEY.[1] — Flores fere *Aptosimi;* staminum 4 antheris glabris v. ciliatis confluenti-1-locularibus, fertilibus omnibus. Stylus apice stigmatoso capitellato emarginatus. Capsula ovato-oblonga acuta, superne compressa, loculicida septicidaque; valvis introflexis placentasque nudantibus. Semina rugosa; embryone recto v. arcuato. Cætera *Aptosimi.* — Herbæ v. suffrutices viscosuli; foliis alternis integris; floribus axillaribus pedunculatis, 2-bracteolatis, v. terminali-racemosis. (*Africa austr.*[2])

14. **Anticharis** ENDL.[3] — Flores fere *Aptosimi;* sepalis 5, subvalvatis. Corollæ tubus superne longe ampliatus; limbi lobis 5, obtusis patentibus, imbricatis. Stamina 2, antica; antheris subtransversis hippocrepicis confluenti-rimosis. Germen ∞-ovulatum; stylo gracili,

1. EX BENTH., in *Bot. Reg.*, sub t. 1882; in *DC. Prodr.*, X, 346 (part.); *Gen.*, II, 927, n. 5.
2. Spec. 4.
3. ENDL., *Gen.*, n. 3944; *Iconogr.*, t. 98. — BENTH., in *DC. Prodr.*, X, 347; *Gen.*, II, 928, n. 6. — *Meisarrhena* R. BR., in *Salt Abyss.*, App., 63 (nom.). — *Doratanthera* BENTH., in *Endl. Gen.*, 685; in *DC. Prodr.*, X, 347.

apice subclavato obtuse integro v. emarginato. Capsula loculicida; valvis 2-fidis introflexis placentas nudantibus. Semina ∞, costato-striata. — Herbæ erectæ viscosæ; foliis alternis integris; floribus axillaribus solitariis; pedunculis plerumque 2-bracteolatis. (*Africa trop. et bor.-or., Arabia, India*[1].)

IV. LEUCOPHYLLEÆ.

15. **Leucophyllum** H. B. — Flores leviter irregulares; calyce sub-2-labiato, 5-fido v. sub-5-partito, subvalvato; foliolis anticis 2 leviter exterioribus. Corollæ subcampanulatæ tubus latus; limbi lobis 5, rotundatis; posticis 2 exterioribus v. nunc interioribus. Stamina didynama (raro 5) inclusa; loculis dorso appositis divaricatis confluenti-rimosis. Germen 2-loculare; stylo gracili, apice capitato v. breviter 2-lobo. Ovula ∞, placentæ axili affixa. Capsula 2-valvis; valvis 2-fidis columnam placentariam sæpius liberantibus. Semina ∞, recta v. arcuata rugulosa; embryone albuminoso recto v. arcuato. — Frutices tomentosi; pilis ramosis; foliis alternis, ovatis v. obovatis crassiusculis; floribus axillaribus solitariis pedunculatis. (*Reg. mexicano-texana.*) — *Vid. p.* 368.

16? **Heteranthia** NEES et MART.[2] — Flores leviter irregulares; calyce gamophyllo campanulato, 5-fido. Corollæ tubus brevis, basi contractus; fauce dilatata; limbi lobis 2; postico plano subintegro v. emarginato; antico minore breviter 3-lobo. Stamina didynama inclusa; antherarum loculis connectivo crasso subglanduloso affixis, introrsum rimosis. Germen stipitatum, 2-loculare, ∞-ovulatum; stylo gracili, apice stigmatoso emarginato. Capsula subsphærica; valvis integris septo seminifero parallelis. Semina ∞, rugosa; embryone albuminoso recto. — Herba perennis glabra; foliis alternis petiolatis membranaceis; floribus[3] in racemos terminales et oppositifolios graciles dispositis. (*Brasilia*[4].)

1. Spec. 4. ASCHERS., in *Mon. Akad. Wiss. Berl.* (1866), 876. — HOOK. F., *Fl. brit. Ind.*, IV, 249. — BOISS., *Fl. or.*, IV, 422.

2. In *N. Act. nat. Cur.*, XI, 41, t. 3. — ENDL., *Gen.*, n. 3955 (*Gratioleæ*). — BENTH., in *DC. Prodr.*, X, 201; *Gen.*, II, 926, n. 1. — *Vrolikia* SPRENG., *Syst.*, III, 149.

3. Parvis indecoris, secundis.

4. Spec. 1. *H. decipiens* NEES et MART. — WAWR., in *Pr. Maxim. Reis., Bot.*, 82, t. 64.

17. **Ghiesbreghtia** A. GRAY.[1] — Calyx fere 5-partitus; sepalis lineari-lanceolatis, valvatis. Corollæ tubus subcampanulatus; limbi labio postico concavo, 2-lobo; antico patente, 3-lobo. Stamina 2, ad imam corollam affixa; antheræ oblongæ loculis oblongo-linearibus divergentibus, apice confluentibus. Germen ∞-ovulatum; stylo elongato, apice stigmatoso capitato sub-2-lobo. Capsula coriacea, apice 4-valvis; seminibus ∞, oblongis, nunc angulatis. — Frutex sordide puberulus (nigrescens); foliis alternis, ovatis, integris v. paucidentatis mollibus; floribus[2] ad axillas solitariis pedunculatis. (*Mexicum*[3].)

V. MYOPOREÆ.

18. **Myoporum** BANKS et SOL. — Flores hermaphroditi leviter irregulares; calyce 5-fido v. subpartito, haud aucto. Corolla rotata, subinfundibularis v. subcampanulata ; tubo brevissimo, brevi v. cylindraceo; limbi lobis 5, 6, inæqualibus; postico sæpe minore v. sterili ; antheris 2-locularibus ; loculis parallelis v. divergentibus, confluenti-rimosis. Discus tenuis v. 0. Germen liberum, 2-loculare v. 3-10-loculare ; ovulis in loculis 1, 2, descendentibus ; micropyle introrsum supera ; stylo simplice, apice stigmatoso subintegro v. lobulato. Fructus drupaceus; exocarpio carnoso crassiusculo v. tenui ; endocarpio 2-10-loculari v. in locellos tot quot semina diviso. Semina descendentia ; albumine carnoso, nunc tenui v. membranaceo ; embryonis axilis recti v. arcuati radicula supera tereti ; cotyledonibus semiteretibus v. paulo latioribus. — Frutices v. raro suffrutices erecti v. diffusi, glabri v. glutinosi ; foliis alternis v. rarius oppositis, integris v. dentatis, sæpe pellucido-punctatis ; floribus axillaribus solitariis v. cymosis pedicellatis. (*Australia*, *Malaisia*, *N.-Zelandia*, *ins. Mascaren.*, *ins. Oc. Pacif.*, *China*, *Japonia*.) — *Vid. p.* 369.

19? **Zombiana** H. BN. — Flore fere *Myopori*; sepalis 5, lineari-angustis, basi tantum connatis. Corollæ tubus anguste campanulatus; limbi sub-2-labii lobis 5, imbricatis. Stamina didynama parum inæqualia, ad imum tubum affixa; filamentis filiformibus; antheris ovatis

1. In *Proc. Amer. Acad.*, VIII, 629 (non A. RICH.). — BENTH., *Gen.*, II, 926, n. 2.
2. Flavescentibus, magnis.
3. Spec. 1. *G. grandiflora* A. GRAY.

introrsis, 2-rimosis. Germen 2-loculare; ovulis in loculis singulis 2, descendentibus; stylo gracili capitellato. Fructus drupaceus; exocarpio tenui; pyrenis 4; seminum descendentium embryone exalbuminoso; radicula supera; cotyledonibus ovatis carnosis. — Frutex; foliis alternis sublanceolatis, apice acutiusculis, v. obtusatis, basi in petiolum brevissimum attenuatis crenulatis ciliatis, cum ramulis tenuiter setulosis; floribus aut ad folia suprema solitariis subsessilibus, aut ramulum sub calyce folia pauca gerentem terminantibus. (*Africa trop. occ.* [1])

20. **Pholidia** R. Br.[2] — Flores irregulares; calyce 4, 5-partito v. fido, circa fructum aucto v. immutato, imbricato. Corolla basi plerumque tubulosa; limbi lobis 5, plus minus inæqualibus v. in labia 2 approximatis, imbricatis; posticis 2 exterioribus. Stamina didynama, exserta v. inclusa. Germen 2-loculare; ovulis in loculis 1-8, descendentibus; micropyle introrsum supera. Drupa plus minus succosa; putamine 2-4-locellato v. in pyrenas 4 secedente. Semina 1-8, descendentia cæteraque *Myopori*. — Frutices v. rarius arbusculæ; foliis alternis v. rarius oppositis, integris v. dentatis; floribus[3] axillaribus, solitariis v. rarius cymosis. (*Australia*[4].)

21. **Bontia** Plum.[5] — Flores leviter irregulares; sepalis 5, imbricatis. Corolla cylindracea; fauce dense barbata; limbi labiis 2; postico exteriore concavo, 2-fido; antico recurvo, 3-fido. Stamina 4, didynama, supra basin corollæ affixa; antica longiora; filamentis basi dilatata villosis; antherarum loculis obliquis liberis, apice confluenti-rimosis. Germen carnosulum, 2-loculare; stylo gracili; ovulis in loculis 4-6, descendentibus. Fructus drupaceus; putamine 2-loculari. Semina 1 v. pauca, parce albuminosa. — Arbuscula glabra; foliis alternis

1. Spec. 1. *Z. africana* — ? *Myoporum* spec. africana Benth., *Fl. austral.*, V, 2.

2. *Prodr.*, 517. — Endl., *Gen.*, n. 3734; *Iconogr.*, t. 66. — B. H., *Gen.*, II, 1124, n. 2. — *Stenochilus* R. Br., *Prodr.*, 517. — Endl., *Gen.*, n. 3736; *Iconogr.*, t. 92. — *Eremophila* R. Br., *Prodr.*, 518. — Endl., *Gen.*, n. 3735. — B. H., *Gen.*, II, 1125, n. 3. — *Sentis* F. Muell., *Fragm. phyt. Austral.*, IV, 47. — *Pholidiopsis* F. Muell., in *Linnæa*, XXV, 429. — *Duttonia* F. Muell., in *Hook. Kew Journ.*, VIII, 73, t. 1. — *Pseudopholidia* A. DC., *Prodr.*, XI, 704. — *Eremodendron* A. DC., *Prodr.*, XI, 712.

3. Mediscribus v. parvis, nunc speciosis.

4. Spec. ad 80. F. Muell., *Fragm. phyt. Austral.*, I, t. 7; V, t. 41 (*Eremophila*); VII, 49, 109; VIII, 227 (*Eremophila*); *Pl. Vict.*, II, t. 55; *Myop. pl. Austral.*, II, t. 1-55 (*Eremophila*). — Benth., *Fl. austral.*, V, 9; 15 (*Eremophila*). — *Bot. Reg.*, t. 572, 647 (*Stenochilus*). — *Bot. Mag.*, t. 1942, 2930 (*Stenochilus*).

5. *Gen.*, t. 23. — L., *Gen.*, ed. 1, 180. — Lamk, *Dict.*, II, 260; Suppl., II, 450 (*Daphnot*); *Ill.*, t. 546. — Gærtn. f., *Fruct.*, III, t. 212. — Endl., *Gen.*, n. 3737. — A. DC., *Prodr.*, XI, 716. — B. H., *Gen.*, II, 1126, n. 5.

integris, persistentibus; floribus in axillis superioribus solitariis v. cymosis paucis. (*Antillæ*[1].)

VI. SELAGINEÆ.

22. **Selago** L. — Flores leviter irregulares; calyce gamophylli lobis 2-5. Corollæ tubus tenuis elongatus v. latiusculus, superne ampliatus; limbi obliqui v. sub-2-labiati lobis 5, imbricatis; posticis 2 exterioribus, nunc brevioribus. Stamina didynama; antica 2 paulo majora; antheris 1-locularibus. Staminodium posticum parvum v. 0. Germen 2-loculare; disco ad glandulam posticam reducto; stylo apice dilatato subclavato, nunc minute 2-fido. Ovula in loculis solitaria descendentia; micropyle introrsum supera. Fructus calyce plus minus inclusus; coccis 2, solutis; pericarpio tenui v. indurato, nunc varie lacunoso. Semina albuminosa; embryonis axilis recti radicula supera; cotyledonibus parum latioribus. — Frutices v. suffrutices, plerumque ericoidei, v. raro herbæ; foliis alternis, v. inferioribus oppositis, parvis, nunc ad axillas fasciculatis, integris v. denticulatis; floribus in spicas simplices v. compositas tenues v. densas dispositis; bracteis sæpe cum pedicello elevatis. (*Africa austr. et trop., Madagascaria.*) — *Vid. p.* 371.

23. **Microdon** CHOIS.[2] — Flores fere *Selaginis;* calycis tubulosi dentibus 5, subæqualibus. Corollæ tubulosæ limbus patens; lobis 5, parum inæqualibus, imbricatis; posticis extimis. Stamina didynama; antheris 1-locularibus. Germen basi intus glandula disci stipatum, 2-loculare; loculo postico sterili. Ovulum descendens; micropyle primum introrsum supera, sæpe demum laterali. Fructus calyce inclusus, 1-coccus; endocarpio crustaceo; loculo postico vacuo membranaceo, nunc secedente. — Fruticuli; foliis integris in bracteas abeuntibus; spicis densis v. basi interruptis; bractea basi calycis adnata. (*Africa austr.*[3])

1. Spec. 1. *B. daphnoides* L. — JACQ., *Amer.*, t. 173, fig. 46; *Amer. pict.*, t. 261, fig. 57. — DESCOURT., *Fl. Ant.*, t. 386. — GRISEB., *Fl. brit. W.-Ind.*, 503.

2. *Mém. Sélag.*, 27; in *DC. Prodr.*, XII, 22. — ENDL., *Gen.*, n. 3730. — B. H., *Gen.*, II, 1129, n. 4. — *Dalea* GÆRTN., *Fruct.*, I, 235, t. 51 (non L.).

3. Spec. 3, 4. L., *Mantiss.*, 89 (*Lippia*). — THUNB., *Fl. cap.*, 465 (*Selago*). — VENT., *Malm.*, t. 26 (*Selago*). — LAMK, *Ill.*, t. 251, fig. 1 (*Selago*). — CURT., in *Bot. Mag.*, t. 186 (*Selago*).

24. **Agathelpis** CHOIS.[1] — Flores vix irregulares; calice subæquali, 5-fido. Corolla longe tubulosa; tubo tenui elongato; limbi patentis lobis 5, obtusis, crassiusculis, imbricatis. Stamina 2, lateralia inclusa; filamentis brevibus; antherarum dorsifixarum loculis in unam confluentibus rimosis. Germen 2-loculare; disco e glandula postica constante; loculis 2, 1-ovulatis; stylo gracili integro. Fructus calyce inclusus oblongus, 1-coccus, 1-spermus. — Frutices v. suffrutices virgati; foliis alternis parvis v. linearibus; spicis tenuibus elongatis, basi interruptis; bracteis alternis calyci antice adnatis. (*Africa austr.*[2])

25? **Gosela** CHOIS.[3] — Flores fere *Agathelpidis*[4]; calyce campanulato, sub-5-fido. Corollæ tubus tenuis, ore constrictus; limbi lobis 5, subæqualibus patentibus. Stamina perfecta 2. Staminodia 2; antheris parvis cassis. Cætera *Agathelpidis*. — Suffrutex virgatus; floribus in spicas terminales interruptas dispositis. (*Africa austr.*[5])

VII. HEBENSTREITIEÆ.

26. **Hebenstreitia** L. — Flores irregulares; calyce membranaceo hyalino spathaceo, antice fisso, postice emarginato v. integro. Corollæ tubus tenuis, antice plus minus longe fissus; limbo dilatato, explanato v. concavo; lobis 4, subæqualibus v. inæqualibus imbricatis; quinto minuto ad fissuram laterali v. 0. Stamina didynama, ad fissuræ margines affixa; antheris variis obliquis, 1-locularibus. Germen 2-loculare; disco ad glandulam posticam reducto; stylo integro v. apice minute 2-dentato. Ovula in loculis solitaria descendentia; micropyle extrorsum supera; funiculo crasso. Fructus subteres v. compressus, v. elongatus, induratus v. varie dilatatus, intus nunc suberosus v. lacunosus; seminibus oblongis descendentibus albuminosis; radicula supera. — Herbæ, suffrutices v. frutices; foliis alternis, v. inferioribus oppositis, sæpius angustis v. linearibus, integris, v. dentatis; floribus in spicas terminales varias dispositis, 1-bracteatis. (*Africa austr. et trop. or.*) — *Vid. p.* 373.

1. *Mém. Sélag.*, in *DC. Prodr.*, XII, 23. — ENDL., *Gen.*, n. 3729. — B. H., *Gen.*, II, 1129, n. 6.
2. Spec. 3, 4. LAMK, *Ill.*, t. 17, fig. 1 (*Eranthemum*). — E. MEY., *Comm. pl. afr. austr.*, 252.
3. In *DC. Prodr.*, XII, 22. — B. H., *Gen.*, II, 1129, n. 5.
4. Cujus forte potius sectio.
5. Spec. 1. *G. Ecklonianа* CHOIS.

27? **Dischisma** CHOIS.[1] — Flores fere *Hebenstreitiæ*[2]; calycis 2-partiti segmentis lateralibus integris. Fructus cocci nunc sponte secedentes, uterque sæpius fertilis. — Folia, inflorescentia cæteraque *Hebenstreitiæ*. (*Africa austr.*[3])

VIII. GLOBULARIEÆ.

28. **Globularia** T. — Flores irregulares ; calycis gamophylli lobis 5, æqualibus v. inæqualibus, brevibus v. longe acutatis. Corollæ tubus varius, hinc longitudinaliter fere ad basin fissus, superne ampliatus; limbi lobis sæpius valde inæqualibus; posticis 2 nunc ad dentes minismas v. subnullas reductis. Stamina didynama sub fauce affixa; antheris confluenti-1-rimosis. Germen liberum, disco 1-laterali v. completo obliquo basi auctum, 1-loculare; stylo apice minute 2-dentato; ovuli descendentis raphe dorsali. Fructus calyce inclusus membranaceus indehiscens; seminis descendentis embryone subtereti et albumini carnoso subæquali. — Herbæ perennes, suffrutices v. frutices; foliis basilaribus rosulatis v. alternis, integris v. pauciden-tatis; floribus terminali-capitatis v. rarius axillaribus brevispicatis; bracteis 1-floris; exterioribus nunc latioribus imbricatis involucrantibus. (*Europa mer.*, *reg. Medit.*, *Oriens*, *Africæ insul. bor.-occid.*) — *Vid. p.* 375.

29? **Cockburnia** BALF. F.[4] — « Calyx tubulosus, æquali-5-lobus. Corollæ tubus brevis; limbus 2-labiatus patens; labio antico longiore patente, subæquali-3-lobo. Stamina didynama; antheris, gynæceo cæterisque *Globulariæ*. — Frutex incanus ; ramis virgatis ; foliis alternis obovatis; floribus[5] in spicas terminales breves sæpe compositas densasque confertis, 1-bracteatis ; bracteis haud involucrantibus anguste lanceolatis[6]. (*Socotora*[7].) »

1. *Mém. Sélag.*, 23; in *DC. Prodr.*, XII, 6. — ENDL., *Gen.*, n. 3728. — B. H., *Gen.*, II, 1128, n. 2.
2. Cujus forte potius sectio.
3. JACQ. F., *Eclog.*, t. 151 (*Hebenstreitia*). — E. MEY., *Comm. pl. afr. austr.*, 250.
4. *Diagn. pl. nov. socot.*, p. III, 17; in *Proc Roy. Soc. Edinb.*, XII, 90.
5. « Cæsiis, parvulis. »
6. Genus nobis haud visum, e descriptione vix a *Globularia* distinguendum.
7. Spec. 1. *C. socotrana* BALF. F.

IX. ALONSOEÆ.

30. **Alonsoa** R. et Pav. — Flores irregulares, pedicelli tortione resupinati; sepalis 5. Corolla explanato-subrotata; tubo brevissimo; limbi lobis posticis alte solutis exterioribus; antico majore, ad faucem concaviusculo v. raro sub-2-fossulato. Stamina didynama; filamentis basi declinatis; antherarum oblongarum loculis apice confluentibus. Germen 2-loculare, ∞-ovulatum; stylo apice stigmatoso capitellato integro. Capsula septicida; valvis integris v. 2-fidis placentas nudantibus. Semina ∞, albuminosa punctato-rugosa. — Herbæ v. suffrutices; ramulis 4-gonis v. subalatis; foliis oppositis v. verticillatis, integris v. serratis; superioribus floralibus alternis plerisque in bracteas abeuntibus; floribus axillaribus v. in racemos terminales dispositis ebracteolatis. (*America utraque trop. andina.*) — *Vid. p.* 377.

31. **Angelonia** H. B.[1] — Flores fere *Alonsoæ;* corolla explanato-subrotata; labio antico basi ventricoso v. saccato. Capsula nunc indehiscens, globosa v. ellipsoidea, sæpius loculicida. Cætera *Alonsoæ.* — Herbæ, nunc suffrutescentes; foliis oppositis, v. superioribus alternis; floribus solitariis axillaribus v. terminali-racemosis ebracteolatis. (*America trop. austr., Antillæ, Mexicum*[2].)

32. **Hemimeris** Thunb.[3] — Flores fere *Angeloniæ;* corolla subexplanata, ad basin labii antici 2-fossulata, fauce 2-appendiculata. Stamina fertilia 2. Capsula subglobosa septicida; valvis incomplete 2-fidis. — Herbæ annuæ; foliis oppositis, v. floralibus subfasciculatis; floribus[4] axillaribus pedunculatis; superioribus fasciculatis, demum reflexis; cæteris *Angeloniæ.* (*Africa austr.*[5])

33. **Colpias** E. Mey.[6] — Sepala 5, basi vix connata; præfloratione leviter imbricata. Corollæ tubus amplus brevisque, basi 2-gibbus

1. *Pl. æquin.*, II, 192, t. 108. — Endl., *Gen.*, n. 3885. — Benth., in *DC. Prodr.*, X, 251; *Gen.*, II, 930, n. 12. — *Physidium* Schrad., in *Gœtt. Gel. Anz.* (1821), 714. — *Schelveria* Nees et Mart., in *Flora* (1821), 299. — *Thylacantha* Nees et Mart., in *N. Act. nat. Cur.*, XI, 45.

2. Spec. ad 20. J.-A. Schm., in *Mart. Fl. bras.*, VIII, 237, t. 39. — *B. Reg.*, t. 415. — *B. Mag.*, t. 2478, 3754, 3848. — Walp., *Ann.*, I, 532.

3. *Nov. Gen.*, 74. — Gærtn. f., *Fruct.*, III t. 183. — Lamk, *Ill.*, t. 532, fig. 1, 2. — Endl. *Gen.*, n. 3886. — Benth., in *DC. Prodr.*, X 255; *Gen.*, II, 931, n. 13.

4. Flavis, mediocribus.

5. Spec. 4. Spreng., *Syst.*, II, 800 (*Diascia*).

6. Ex Benth., in *Comp. Bot. Mag.*, II, 53 in *DC. Prodr.*, X, 259; *Gen.*, II, 931, n. 15. — Endl., *Gen.*, n. 3912.

incurvus; limbi lobis 5, vix inæqualibus patentibus; posticis 2 exterioribus. Stamina didynama declinata inclusa ; filamentis brevibus arcuatis; antheris confluenti-1-locularibus compressis. Discus annularis brevis. Germen 2-loculare, ∞-ovulatum ; stylo gracili, apice stigmatoso truncato-emarginato. Capsula septicida ; valvis 2-fidis placentas nudantibus. Semina ∞, granuloso-rugosa arillata. — Fruticulus[1] ramosus molliter pilosus; foliis alternis v. suboppositis rotundatis, cordatis, incisis v. lobatis ; floribus axillaribus pedunculatis. (*Africa austr.*[2])

34. **Diascia** LINK et OTT.[3] — Flores fere *Alonsoæ;* corollæ concavæ v. explanatæ tubo brevi latoque sub limbi labio antico gibbis v. saccis calcaribusve 2 aucto. Stamina 4, fertilia, v. antica 2 ananthera. Fructus septicidus elongatus v. sæpius globosus. Cætera *Alonsoæ* v. *Hemimeridis*. — Herbæ annuæ v. perennes; foliis oppositis, v. superioribus ex parte alternis; floribus[4] axillaribus pedunculatis v. terminali-racemosis, aut bracteatis, aut rarius foliatis. (*Africa austr.*[5])

35. **Diclis** BENTH.[6] — Flores *Hemimeridis ;* corollæ tubo brevi, antice calcaro. Stamina didynama; antheris per paria cohærentibus. Stylus brevis minute stigmatoso-capitatus. Capsula loculicida; valvis integris v. plus minus alte 2-fidis, placentas nudantibus. Semina reticulata. — Herbæ[7] tenues; foliis oppositis dentatis; pedunculis gracilibus ad axillas solitariis. (*Africa austr. et insul. trop. or.*[8])

36. **Nemesia** VENT.[9] — Flores fere *Alonsoæ* v. (*Hemimeridis*); sepalis 5, imbricatis, mox haud contiguis. Corollæ 2-labiatæ lobi 5, inæquales; laterales 2 exteriores; antico interiore in calcar v. saccum producto. Stamina 4, didynama; anteriora majora, filamentis basi circumflexis et postica cingentibus; antheris sæpe per paria cohærentibus; loculis in unam hippocrepice rimosam confluentibus. Germen 2-loculare, ∞-ovulatum; stylo gracili, apice stigmatoso haud v. vix dilatato. Capsula septicida, lateraliter compressa ; valvis subcarinatis

1. Siccitate nigrescens.
2. Spec. 1. *C. mollis* E. MEY.
3. *Icon. pl. sel.*, 7, t. 2. — BENTH., in *DC. Prodr.*, X, 256 ; *Gen.*, II, 931, n. 14.
4. Roseis v. violaceis, mediocribus.
5. Spec. ad 20. THUNB., *Fl. cap.*, 485 (*Hemimeris*). — LAMK, *Dict.*, III, 105 (*Hemimeris*). — HOOK. F., in *Bot. Mag.*, t. 5933.
6. In *Comp. Bot. Mag.*, II, 23; in *DC. Prodr.*, X, 264; *Gen.*, II, 932, n. 17. — ENDL., *Gen.*, n. 3889.
7. Siccitate sæpius nigrescentes.
8. Spec. 3, 4.
9. *Jard. Malmais.*, t. 41. — ENDL., *Gen.*, n. 3888. — BENTH., in *DC. Prodr.*, X, 260. — B. H., *Gen.*, II, 931, n. 16.

navicularibus, placentas demum nudantibus. Semina ∞, extus membrana hyalina cincta, reticulata v. granulosa. — Herbæ annuæ, perennes v. basi frutescentes; foliis oppositis; floribus[1] axillaribus solitariis v. sæpius terminali-racemosis, ebracteatis. (*Africa austr.*[2])

X. CALCEOLARIEÆ.

37. **Calceolaria** Feuill. — Flores irregulares; receptaculo discifero planiusculo v. leviter cupulari. Sepala 4, hypogyna v. leviter perigyna, valvata. Corollæ tubus brevissimus; limbi inflati labiis 2, concavis v. calceiformibus, involutis, inæqualibus; postico minore anticum anguste obtegente. Stamina 2, ad imam corollam affixa; tertio nunc raro postico fertili v. sterili; antheris introrsis, 2-locularibus, rimosis v. dimidiatis. Germen 2-loculare, sæpius ad basin nonnihil inferum; loculis ∞-ovulatis; stylo simplici, apice stigmatoso haud dilatato. Fructus capsularis septicidus; valvis margine inflexis, 2-fidis, placentas nudantibus. Semina ∞, striata immarginata albuminosa. — Herbæ, suffrutices v. frutices; foliis oppositis, verticillatis v. raro alternis; floribus in cymas axillares v. terminales compositas dispositis, nunc raro solitariis. (*America utraque occid.*, *Nova Zelandia.*) — *Vid. p.* 378.

XI. ANTIRRHINEÆ.

38. **Antirrhinum** T. — Flores irregulares; sepalis 5, imbricatis. Corollæ tubus antice basi gibbus v. saccatus; limbus 2-labiatus; labio postico breviter 2-lobo erecto; antico autem patente, 3-lobo basique in palatum faucem plus minus claudens producto. Stamina 4, didynama, inclusa; filamentis nunc superne dilatatis; antherarum loculis oblongis distinctis, introrsum rimosis. Germen 2-loculare, ∞-ovulatum; stylo gracili, apice stigmatoso parvo. Fructus capsularis, ovoideus v. subglobosus; aut loculo utroque 1-poroso; aut (in fructu obliquo) loculo antico dentato-2-poroso; postico autem 1-poroso.

1. Albis, flavis v. violaceis, sæpius inconspicuis, nunc mediocribus, nonnihil decoris.

2. Spec. ad 20. *Bot. Reg.* (1838), t. 39. — Walp., *Ann.*, III, 187.

Semina oblonga truncata, lævia v. rugosa. — Herbæ, nunc frutescentes v. volubiles; foliis oppositis, v. superioribus alternis, integris v. lobatis; floribus axillaribus solitariis v. terminali-racemosis. (*Orbis utriusque reg. hemisph. bor. temp.*) — *Vid. p.* 379.

39? **Linaria** T.[1] — Flores[2] fere *Antirrhini*[3]; corolla basi calcarata; fauce pervia v. sæpius palato prominente occlusa. Stamina didynama; loculis distinctis. Capsulæ loculi æquales v. inæquales; postico rarius indehiscente v. utroque poro 1-∞-valvulato dehiscente. Cætera *Antirrhini*. — Herbæ, nunc suffrutescentes; foliis inferioribus oppositis v. verticillatis; superioribus sæpius alternis, integris, dentatis v. lobatis; floribus[4] axillaribus v. terminali-racemosis spicatisve. (*Orb. tot. reg. temp. et subtrop.*[5])

40? **Anarrhinum** Desf.[6] — Flores fere *Linariæ*; corolla antice calcare recurvo aucta v. ecalcarata. Stamina 4, didynama; antica majora; antheris nunc coadunatis; loculis inferne longe liberis; rimis confluentibus. Stylus apice conico nunc pulposo integer, annulo prominulo nunc cinctus. Capsula apice poris 2, nunc confluentibus irregulariterque laceris, dehiscens. — Herbæ biennes v. perennes; foliis basilaribus rosulatis; caulinis alternis angustis, integris v. dissectis; floribus[7] axillaribus pedunculatis v. in racemum elongatum interruptum dispositis. (*Reg. medit.*, *Africa bor.-or.*[8])

1. *Inst.*, 168, t. 76. — J., *Gen.*, 120. — Endl., *Gen.*, n. 3891. — Nees, *Gen. Fl. germ.* — Benth., in *DC. Prodr.*, X, 266; *Gen.*, II, 932, n. 18. — *Cymbalaria* Baumg., *St. transsylv.*, II, 208. — *Kickxia* Dumort., *Fl. belg.*, 35. — *Chænorrhinum* Lge, *Prodr. Fl. hisp.*, II, 577.

2. Nunc monstrose regulares (*Peloria* L. — Turp., in *Dict. sc. nat.*, Atl., t. 31).

3. Cujus forte melius sectio.

4. Albis, luteis, flavis, violaceis, purpureis, fuscatis, cærulescentibus v. versicoloribus, sæpius parvis.

5. Spec. ad 125. Chav., *Monogr. Antirr.* — Jacq., *Fl. austr.*, t. 58, 244; *H. vindob.*, t. 82; *Ic. rar.*, t. 116, 117, 499. — Jacq. f., *Ecl.*, t. 95. — Vahl, *Symb.*, II, t. 38. — Cav., *Icon.*, t. 32, 33, 69, 114, 179, 180. — Desf., *Fl. atl.*, t. 130-140. — Sibth., *Fl. græc.*, t. 587-596. — Reichb., *Icon. eur.*, t. 421-425, 431-438, 813, 814; *Ic. Fl. germ.*, t. 1663-1687. — Brot., *Phyt. lusit.*, t. 15, 128-142. — Hffmg et Link, *Fl. port.*, t. 34-49. — Webb, *Phyt. canar.*, t. 181, 182. — Ten., *Fl. nap.*, t. 58, 59, 159. — Wall., *Pl. as. rar.*, t. 153. — Hook. f., *Fl. brit. W.-Ind.*, IV, 251. — Boiss., *Fl. or.*, IV, 363. — A. Gray, *Syn. Fl. N.-Amer.*, 245, 250. — Gren. et Godr., *Fl. de Fr.*, II, 571. — Walp., *Rep.*, VI, 637; *Ann.*, I, 533; III, 187; V, 616. — *Bot. Mag.*, t. 99, 200, 205, 324, 525, 2183, 3473, 5733, 5827, 5983, 6041, 6060, 6424.

6. *Fl. atl.*, II, 51, t. 141. — Chav., *Monogr. Antirrh.*, 175, t. 10. — Endl., *Gen.*, n. 3890. — Benth., in *DC. Prodr.*, X, 289. — Nees, *Gen. Fl. germ.* — B. H., *Gen.*, II, 933, n. 19. — *Simbuleta* Forsk., *Fl. æg.-arab.*, 115 (corolla haud v. vix calcarata).

7. Albis v. cæruleis, parvis.

8. Spec. 11. Brot., *Fl. lusit.*, t. 143, 144. — Hoffmg et Link, *Fl. port.*, t. 32, 33. — Reichb., *Ic. Fl. germ.*, t. 1678. — Jaub. et Spach, *Ill. pl. or.*, t. 446-451 (*Simbuleta*). — Desf., *Fl. atl.*, t. 142 (*Simbuleta*). — Boiss., *Voy. Esp.*, t. 127; *Fl. or.*, IV, 362. — Jord. et Four., *Ic. pl. eur.*, t. 71. — Willk. et Lge, *Prodr. Fl. hisp.*, II, 556. — Gren. et Godr., *Fl. de Fr.*, II, 571. — *Bot. Mag.*, t. 2056. — Walp., *Ann.*, V, 618.

41? **Schweinfurthia** A. Braun.[1] — Flores fere *Linariæ;* corollæ basi subsaccatæ palato ad faucem prominente. Stamina didynama; antherarum loculis confluenti-rimosis. Fructus membranaceus fragilisque; loculis inæqualibus; antico majore inæqui-rupto; postico autem parvo compresso. Cætera *Linariæ.* (*Oriens*, *Africa bor.-or.*[2])

42. **Maurandia** Ort.[3] — Flores irregulares; sepalis 5, linearibus v. latis, nunc (*Rhodochiton*[4]) in calycem coloratum amplum late campanulatum sub-5-fidum connatis. Corollæ tubus basi æqualis v. hinc obscure gibbus; limbi labiis patentibus; postico exteriore. Stamina didynama; staminodio parvo vario. Germen basi in discum tenuem incrassatum; stylo apice integro v. 2-lobo. Capsula globosa, nunc obliqua; loculis rima transversa (*Epixiphium*[5]) v. foramine apiculari irregulari-dentato apertis. Semina ∞, aptera tuberculata v. (*Lophospermum*[6]) ala irregulari v. lata laceraque cincta. — Herbæ petiolis et pedunculis tortis scandentes; foliis alternis, v. inferioribus oppositis, cordatis, hastatis, angulato-lobatis v. grosse dentatis; floribus[7] axillaribus longe pedunculatis ebracteatis[8]. (*Mexicum*[9].)

43. **Mohavea** A. Gray.[10] — Flores *Antirrhini;* corollæ tubo brevi, antice gibbo; limbi labiis maximis obovali-flabellatis; postico 2-lobo; antici lobis 3, eroso-denticulatis; palato prominente faucem claudente et ad medium barbato. Stamina antica fertilia 2; antheræ loculis divaricatis; lateralia autem 2, sterilia ad filamenta reducta. Capsula poricida cæteraque *Antirrhini.* — Herba annua erecta viscida; foliis

1. In *Monatsb. Ak. Wiss. Berl.* (1886), 872, c. icon. — Benth., *Gen.*, II, 933, n. 20.

2. Spec. 3. Benth., in *DC. Prodr.*, X, 287, n. 116 (*Linaria*). — Wight, *Icon.*, t. 1459 (*Antirrhinum*). — T. Anders., in *Journ. Linn. Soc.*, V, Suppl., 26 (*Anarrhinum*). — Boiss., *Fl. or.*, IV, 386.

3. *Dec.*, II, 21. — Endl., *Gen.*, n. 3893. — B. H., *Gen.*, II, 935, n. 24. — *Usteria* Cav., *Icon.*, II, 15, t. 116. — *Reichardia* Roth, *Cat.*, II, 64.

4. Zucc., in *Abh. Akad. Wiss. Münch.*, I, 306, t. 13. — Endl., *Gen.*, n. 3895. — Benth., in *DC. Prodr.*, X, 297; *Gen.*, II, 935.

5. Engelm., ex B. H., *loc. cit.*, 2.

6. Don, in *Trans. Linn. Soc.*, XV, 359. — Chav., *Monogr. Antirrh.*, 75, t. 1. — Endl., *Gen.*, n. 3896.

7. Roseis, violaceis v. atrosanguineis.

8. Sect. 4. { 1. *Eumaurandia*. 2. *Epixiphium*. 3. *Rhodochiton*. 4. *Lophospermum*. }

9. Spec. ad 6. Jacq., *H. schœnbr.*, t. 288. — Sweet, *Brit. fl. Gard.*, ser. 2, t. 68; 250 (*Rhodochiton*), 401 (*Lophospermum*). — Andr., *Bot. Repos.*, t. 63. — Maund, *Bot.*, t. 17, 242 (*Lophospermum*). — Hemsl., *Centr.-amer.*, II, 441, 442 (*Rhodochiton*). — *Bot. Reg.*, t. 1108, 1381 (*Lophospermum*), 1755 (*Rhodochiton*). — *Bot. Mag.*, t. 460, 3037, 3038 (*Lophospermum*), 3367 (*Rhodochiton*), 3650 (*Lophospermum*).

10. In *Wipple Exped. Bot.*, 66 (122); in *Proc. Amer. Acad.*, VII, 377; *Syn. Fl. N.-Amer.*, 245, 254, 439.

alternis v. nunc oppositis, lanceolatis; floribus[1] axillaribus; pedunculis brevibus. (*America bor.-occid.*[2])

44. **Galvesia** DOMB.[3] — Sepala 5, acuta, vix imbricata. Corollæ tubus leviter arcuatus, basi parum ventricosus; fauce pervia; limbi lobis 5, imbricatis; posticis plerumque exterioribus, parum inæqualibus, in labia 2 coalitis. Stamina didynama inclusa; antherarum loculis divaricatis, apice confluenti-rimosis. Germen ∞-ovulatum; stylo arcuato, apice obtuso minute 2-lobo. Capsula depressa sub apice poris irregularibus 2 dehiscens. Semina ∞, angulato-subalata. — Herba perennis, minute glanduloso-pubescens; foliis alternis, subternatis v. oppositis; floribus[4] axillaribus v. terminali-racemosis; pedicellis post anthesin inflexis. (*Peruvia, Ecuadoria,* ? *California*[5].)

XII. SCROFULARIEÆ.

45. **Scrofularia** T. — Flores irregulares hermaphroditi; sepalis 5, liberis v. ima basi connatis, imbricatis, nunc margine scariosis. Corollæ tubus varius; limbi lobis 5, inæqualibus; antico patente; lateralibus et posticis 2 exterioribus erectis; præfloratione cochleari. Stamina fertilia 4, didynama declinata, inclusa v. exserta; antherarum loculis 2 in unum transverse dehiscentem confluentibus. Staminodium posticum squamiforme v. nunc 0. Germen 2-loculare, ∞-ovulatum; stylo apice minute v. capitato-stigmatosum. Capsula varia septicida; valvis placentas liberantibus, 2-fidis v. integris. Semina ∞, ovoidea rugosa albuminosa; embryone recto. — Herbæ, nunc suffrutescentes, glabræ v. hirsutæ, sæpe fœtentes; ramis sæpe 4-gonis; foliis oppositis, v. superioribus alternis, sæpe pellucido-punctatis, integris, lobatis v. dissectis; floribus in cymas dispositis; cymis terminali-racemosis, bracteatis v. nunc foliatis. (*Orbis utriusque hemisph. bor. reg. temp.*) — *Vid. p.* 382.

46. **Phygelius** E. MEY.[6] — Flores irregulares; sepalis 5, imbricatis, mox vix contiguis. Corollæ tubus subrectus v. incurvus, basi

1. Luteolis, purpureo-punctatis.
2. Spec. 1. *M. viscida.* — *Antirrhinum confertiflorum* BENTH., in *DC. Prodr.*, X, 392.
3. Ex J., *Gen.*, 119. — ENDL., *Gen.*, n. 3894. — BENTH., in *DC. Prodr.*, X, 296; *Gen.*, II, 934.
4. Coccineis, mediocribus.
5. Spec. 3, quorum dubia 1 (B. H.) est *Saccularia* KELL., in *Proc. Calif. Acad.*, II, 17.
6. Ex BENTH., in *Comp. Bot. Mag.*, II, 53; in *DC. Prodr.*, X, 300; *Gen.*, II, 936, n. 26.

antice leviter gibbus; limbi plus minus obliqui lobis 5, subæqualibus, patentibus[1]; lateralibus v. nunc posticis exterioribus. Stamina didynama; antica majora; staminodio postico minimo v. 0; antheræ loculis parallelis contiguis. Ovula in loculis 2-∞. Stylus gracilis; apice stigmatoso obtuso subintegro. Capsula sæpe obliqua, tarde septicida; loculo postico majore; valvis integris. — Frutices erecti glabri; foliis oppositis petiolatis; summis sæpe alternis; floribus[2] in cymas paucifloras inflorescentiæ terminalis compositæ ramis insertas dispositis; pedicellis recurvis. (*Africa austr.*[3])

47. **Bowkeria** HAW.[4] — Flores fere *Scrofulariæ;* sepalis 5, subliberis lanceolatis. Corollæ tubus brevissimus, mox in faucem ventricosam suburceolatam dilatatus; limbi obliqui labio postico concavo; antici lobis 3 brevioribus patentibus. Stamina didynama, imæ corollæ affixa; antherarum plus minus exsertarum loculis divaricatis. Staminodium posticum minutum v. 0. Germen 2, 3-loculare; ovulis ∞, placentæ breviter stipitatæ insertis; stylo columnari, apice stigmatoso obtuso leviter incurvo. Capsula oblonga septicida; valvis introflexis placentas nudantibus. Semina ∞, recta v. arcuata, parce albuminosa, extus laxe reticulata. — Frutices glabri v. scabrelli; foliis plerumque 3-natim verticillatis rugosis; floribus in cymas axillares et terminales 1-3-floras dispositis. (*Africa austr.*[5])

48. **Ixianthes** BENTH.[6] — Flores irregulares; sepalis 5, inæqualibus, valvatis; anticis 2 liberis; posticis autem 3 in laminam 3-fidam connatis. Corollæ[7] tubus postice gibboso-ventricosus; limbi labiis 2; postico concavo, 2-lobo; antico autem paulo breviore, 3-lobo. Stamina 5; antica 2, fertilia inclusa; antheræ loculis divaricatis superne confluentibus; lateralia autem 2, parva; antheris cassis; quinto postico ad staminodium minutum reducto. Germen 2-loculare, ∞-ovulatum; stylo gracili, apice minute stigmatoso. Capsula sub-4-gona, septicida; valvis 2-fidis placentas liberantibus. Semina ∞, incurva; testa laxe membranacea hyalina. — Frutex[8]; foliis 4-natim verticillatis lineari-lanceolatis, apice serratis, coriaceis crebris; floribus

1. Tenuiter nigro-punctulatis.
2. Coccineis, speciosis.
3. Spec. 2. FIELD, *Sert.*, t. 66. — *Bot. Mag.*, 4881.
4. *Thes. cap.*, I, 24, t. 37. — B. H., *Gen.*, II, 937, n. 32.
5. Spec. 2, 3 (vel (?) 4, 5). — ECKL. et ZEYH., herb. (*Trichocladus*).
6. In *Comp. Bot. Mag.*, II, 53; in *DC. Prodr.*, X, 335; *Gen.*, II, 937, n. 31.
7. Viscosæ.
8. Habitu *Relziæ*.

axillaribus solitariis pedunculatis v. cymosis 2, 3, bracteatis. (*Africa austr.*[1])

49. **Teedia** RUD.[2] — Flores parvi ; calyce 5-fido, imbricato. Corollæ[3] tubus cylindraceus; limbi patentis lobis 5, subæqualibus, imbricatis; posticis 2 exterioribus. Stamina didynama inclusa; antherarum loculis distinctis parallelis, inferne acutatis. Staminodium minutum v. 0. Germen obtuse 4-gonum, disco tenui cinctum; stylo brevi, apice stigmatoso late 2-lobo. Bacca subglobosa. Semina ∞, ovoidea rugosa. — Frutices pubescentes v. glabri; foliis oppositis; floribus cymosis axillaribus v. in racemum terminalem compositum dispositis. (*Africa austr.*[4])

50. **Anastrabe** E. MEY.[5] — Flores parvi ; calycis gamophylli lobis 5, parum inæqualibus, valvatis. Corolla 2-labiata; tubo brevi; labii postici lobis 2, planis, in æstivatione exterioribus ; antici autem cymbiformis 3, brevioribus, imbricatis. Stamina 4, didynama; antherarum introrsarum loculis divergentibus, superne in rimam unam late hiantem confluentibus. Staminodium parvum v. 0. Germinis loculi 2, ∞-ovulati; stylo apice truncato v. emarginato. Capsula septicida; valvis 2-fidis. Semina ∞, v. pauca, extus laxe membranacea reticulata. — Frutex minute stellato-pubens; foliis oppositis, oblongo-ellipticis, integris v. serrulato-dentatis, subtus incanis; floribus in cymas compositas terminales axillaresque dispositis. (*Africa austr.*[6])

51. **Freylinia** PANGELLI[7]. — Flores minuti; sepalis 5, obtusis, arcte imbricatis. Corolla tubulosa; limbi lobis 5, subæqualibus, patentibus, imbricatis; posticis 2 exterioribus. Stamina didynama inclusa; antherarum loculis inferne distinctis. Germen 2-loculare, ∞-ovulatum; stylo ad apicem incrassato capitato. Capsula septicida; valvis 2-fidis; seminibus ∞, discoideis marginatis. — Frutices; foliis oppo-

1. Spec. 1. *I. retzioides* BENTH. — HARV., *Thes. cap.*, 62, t. 99.
2. In *Schrad. Journ.*, II (1799), 289. — ENDL., *Gen.*, n. 3919. — BENTH., in *DC. Prodr.*, X, 334; *Gen.*, II, 936, n. 28. — *Borkhausenia* ROTH, *Cat.*, II (1800), 56.
3. Roseæ v. pallide lilacinæ.
4. Spec. 2. JACQ., *Fragm.*, t. 48 (*Capraria*). — REICHB., *Ic. pl. col.*, t. 16. — *Bot. Reg.*, t. 209, 214.
5. Ex BENTH., in *Hook. Comp. Bot. Mag.*, II, 54 ; in *DC. Prodr.*, X, 334; *Gen.*, II, 937, n. 30. — ENDL., *Gen.*, n. 3917.
6. Spec. 1. *A. africana* SOND. — *A. integerrima* E. MEY. — *A. serrulata* E. MEY. — Genus MEISSNER *Hemimerideis* adscociat.
7. Ex COLLA, *Freylin. gen. taur.* (1830), c. icon. — ENDL., *Gen.*, n. 3920. — BENTH., in *Hook. Comp. Bot. Mag.*, II, 55 ; in *DC. Prodr.*, X, 333 ; *Gen.*, II, 937, n. 29.

sitis v. nunc alternis integris; floribus[1] in racemos terminales compositos v. raro subsimplices cymigeros dispositis. (*Africa austr.*[2])

52. **Halleria** L.[3] — Calycis gamosepali lobi 3, inæquales, v. 5. Corollæ gamopetalæ tubus arcuatus; limbi lobis 5, inæqualibus, in labia 2 sæpius connatis. Stamina 4, 2-dynama[4], tubo corollæ affixa subdeclinata, sæpe exserta; antherarum loculis 2, introrsis divaricatis. Staminodium 0. Germen 2-loculare, basi in discum glandulosum incrassatum; stylo gracili, apice stigmatoso haud dilatato. Ovula ∞, placentæ subellipticæ inserta. Fructus baccatus, indehiscens; seminibus ∞, compressiusculis, ala nunc crassiuscula cinctis. — Frutices glabri; foliis oppositis petiolatis simplicibus, integris v. serratis; floribus[5] axillaribus solitariis v. sæpius cymosis; pedicellis 2-bracteolatis. (*Africa austr.*, *Abyssinia*, *Madagascaria*[6].)

53. **Wightia** WALL.[7] — Calyx campanulatus; lobis 3-5, obtusis inæqualibus. Corollæ tubus incurvus, superne ampliatus; limbi lobis 2, inæqualibus; postico exteriore, 2-lobulato; antico autem patente, 3-fido. Stamina didynama exserta, ad imam corollam affixa; antheræ loculis obliquis liberis, confluenti-rimosis. Germen 2-loculare; ovulis ∞, placentæ peltatæ insertis; stylo incurvo, apice stigmatoso obtuso. Capsula oblonga septicida; valvis coriaceis acutis patenti-recurvis placentasque crassas nudantibus. Semina ∞, linearia imbricata; testa membranacea utrinque in alam linearem expansa; embryone recto exalbuminoso. — Frutices scandentes arboribusque adhærentes; foliis oppositis amplis coriaceis integris; floribus[8] in racemos axillares composite cymigeros dispositis. (*India mont.*, *Java*[9].)

54. **Paulownia** S. et ZUCC.[10] — Sepala 5, inferne connata, coriacea crassa, margine oblique secta leviter imbricata. Corollæ tubus decli-

1. Albidis, lilacinis v. aurantiacis.
2. Spec. 2. LAMK, *Ill.*, t. 534, fig. 1 (*Capraria*). — LHÉR., *Sert. angl.*, t. 25 (*Capraria*). — — LINK et OTT., *Ic. pl. sel.*, t. 4 (*Capraria*). — G. DON, *Gen. Syst.*, IV, 617. — *Bot. Mag.*, t. 1556 (*Capraria*).
3. *Gen.*, n. 761. — GÆRTN. F., *Fruct.*, III, 41, t. 185. — LAMK, *Ill.*, t. 546. — ENDL., *Gen.*, n. 3918. — BENTH., in *DC. Prodr.*, X, 301; *Gen.*, II, 936, n. 27.
4. Antica minora.
5. Coccineis, mediocribus.
6. Spec. 5. BENTH., in *DC. Prodr.*, X, 301. — JAUB. et SP., *Ill. pl. or.*, t. 459, 460. — BAK., in *Journ. Linn. Soc.*, XX, 214. — *Bot. Mag.*, t. 1744.
7. *Pl. as. rar.*, I, 71, t. 81. — ENDL., *Gen.*, n. 4126. — BENTH., in *DC. Prodr.*, X, 301; *Gen.*, II, 938, n. 35.
8. Roseis, speciosis.
9. Spec. 3. HOOK. F., *Fl. brit. Ind.*, IV, 257; in *Hook. Icon.*, t. 1444.
10. *Fl. jap.*, I, 25, t. 10. — ENDL., *Gen.*, n. 3916. — FENZL, in *Sitz. d. math.-nat. Cl. Ak. Wiss. Wien* (1851). — BENTH., in *DC. Prodr.*, X, 300; *Gen.*, II, 939, n. 36.

natus, superne ampliatus; limbi lobis 5, obtusis, oblique patentibus; posticis 2 exterioribus. Stamina didynama; filamentis e basi declinata adscendentibus ; antherarum loculis divaricatis. Staminodium 0. Germen[1] 2-loculare; ovulis ∞, oblique adscendentibus. Stylus apice incrassatus cavus; ostio apicali 2-dentato. Capsula ovoidea acuminata loculicida; valvis valde concavis, intus septiferis placentasque 2 nudantibus. Semina ∞, striata, alis inæqualibus hyalinis laceris cincta; albumine parco ; embryone recto carnosulo. — Arbor tomentosa v. villosa ; foliis oppositis, mollibus, integris v. lobatis; floribus[2] in racemos terminales composite cymigeros dispositis. (*Japonia*[3].)

55. **Brookea** BENTH.[4] — Flores irregulares ; calyce tubuloso inæqui-4-5-dentato, demum longius fisso, extus lanato. Corolla late tubulosa, 2-labia ; labio posteriore in æstivatione exteriore, 2-lobo; antico 3-lobo. Stamina didynama inclusa, ad imam corollam affixa; antheræ loculis divaricatis, intus rimosis. Germen oblongo-conicum, 2-loculare ; stylo erecto, apice 2-lamellato ; lamellis membranaceis, intus stigmatosis, apice truncatis. Ovula ∞, placentæ axili crassæ inserta. Capsula oblongo-conica, calyce inclusa, crassa septifera. Semina ∞, subglobosa (BENTH.[5]), minuta, placentam inflexam undique tegentia. —Frutices dense lanato-tomentosi; foliis oppositis petiolatis ovatis v. sublanceolatis mollibus crassis denticulatis; floribus[6] spicatis in spica oppositis, sessilibus v. breviter pedicellatis, 1-bracteatis. (*Borneo*[7].)

56. **Brandisia** HOOK. F. et THOMS.[8] — Calyx campanulatus; lobis 5, late dentiformibus, dorso costatis. Corollæ tubus superne plus minus ampliatus incurvus; labio postico leviter galeato erecto, nunc subretuso, 2-lobo; antico autem 3-lobo patente; lobis acutis parvis. Stamina didynama inclusa tubo affixa; antheris facie barbatis v. ciliatis; loculis brevibus obovatis; rimis distinctis. Germen 2-loculare; placentis peltatis, ∞-ovulatis; stylo cylindraceo arcuato cavo, apice

1. Pilis capitatis conspersum, basi glabrum glandulosum albidum, nec disco prominulo auctum.

2. Pallide violaceis, speciosis odoratis.

3. Spec. 1. *P. tomentosa*. — *P. imperialis* S. et ZUCC. — *Bot. Mag.*, t. 4666. — *Bignonia tomentosa* THUNB., *Fl. jap.*, 252. — *Incarvillea tomentosa* SPRENG. — *Too, Kiri, Nippon Kiri* KÆMPF., *Amœn. exot.*, 859, c. tab.

4. *Gen.*, II, 939, n. 37.

5. In *B. Beccariana* certe compressa orbicularia.

6. Albis, majusculis.

7. Spec. 2. BENTH., in *Hook. Icon.*, t. 1197. Affinitates quoque generis, haud obstante adspectu, cum *Antirrhineis* manifesta.

8. In *Journ. Linn. Soc.*, VIII, 11, t. 4. — B. H., *Gen.*, II, 938, n. 34.

stigmatoso breviter conico. Capsula compressiuscula loculicida; valvis medio intus septiferis placentasque liberantibus. Semina ∞, linearia adscendentia; testa laxa hyalina reticulata. — Frutices[1] ramosi erecti[2]; foliis oppositis petiolatis, subtus pallidis, nervosis; floribus[3] axillaribus solitariis; pedunculo brevi, 2-bracteolato. (*India et China mont.*[4])

57. **Chelone** L.[5] — Sepala 5, arcte imbricata. Corollæ tubus ventricosus; limbi labium posticum exterius concavum, breviter 2-fidum v. emarginatum. Stamina didynama, basi declinata; antherarum lanatarum loculis divergentibus, sæpe confluentibus. Staminodium gracile posticum. Germen basi incrassatum; disco glanduloso crassissimo. Stylus apice capitellatus. Capsula septicida; valvis integris placentas nudantibus. Semina ∞, imbricata late alata compressa. — Herbæ glabræ v. parce puberulæ, sæpe elatæ; foliis oppositis serratis; floribus[6] in spicas terminales et axillares dispositis, nunc raro paucis; spicis nunc glomeruligeris; bracteis ovatis; bracteolis lateralibus 2, imbricatis. (*America bor.*[7])

58. **Pentstemon** LHÉR.[8] — Sepala 5, imbricata. Corollæ tubus æqualis v. hinc ventricosus; limbus autem sub-2-labiatus; labio antico varie 3-fido; postico erecto v. patente, 2-lobo; præfloratione cochleari-imbricata. Stamina fertilia 4, 2-didynama : antica majora, basi declinata, corolla breviora; antherarum loculis distinctis v. superne confluentibus; quintum autem posticum sterile; apice plus minus dilatato sæpe barbatum. Germen 2-loculare; disco tenui v. 0; stylo gracili, apice truncato v. dilatato stigmatoso. Ovula ∞, placentis axilibus inserta. Fructus capsularis septicidus. Semina ∞, immarginata, acutangula v. subtruncata ovoideave. — Herbæ perennes v. suffrutescentes; foliis oppositis; inferioribus petiolatis; inflorescentiis plus minus composite racemosis cymigeris; cymis 2-chotomis; v.

1. Stellato- v. furfuraceo-tomentosi.
2. « Ramis sarmentosis » (B. H.).
3. Luteo-aurantiacis.
4. Spec. 3, 4, quarum chinenses 2, ut videtur, erectæ.
5. *Gen.*, n. 748. — J., *Gen.*, 127. — GÆRTN., *Fruct.*, t. 54. — ENDL., *Gen.*, n. 3908. — BENTH., in *DC. Prodr.*, X, 319; *Gen.*, II, 939, n. 38.
6. Albis v. roseis, nunc speciosis.
7. Spec. 3. SWEET, *Brit. fl. Gard.*, t. 293. — A. GRAY, *Syn. Fl. N.-Amer.*, 246, 258. — *Bot. Reg.*, t. 175, 1211. — *Bot. Mag.*, t. 1864.
8. Ex LAMB., in *Linn. Trans.*, X, t. 6. — MITCH., in *Act. phys.-med. Ac. nat. cur.*, VIII, 214 (*Penstemon*). — ENDL., *Gen.*, n. 3909. — TRAUTV., *De Pentast.* (1839). — BENTH., in *DC. Prodr.*, X, 320; *Gen.*, II, 940, n. 39. — *Elmigera* REICHB., *Consp.*, 123. — ? *Lepidostemon* LEME, in *Ill. hort.*, t. 315. — *Dasanthera* RAFIN., in *Phys.*, LXXXIX, 99.

floribus[1] in axi solitariis, 2-bracteatis, articulatis; racemo simplici. (*America bor. occid.*, *Asia bor.-or. extrem.*[2])

59. **Russelia** JACQ.[3] — Flores fere *Pentstemonis* (v. *Chelones*); sepalis 5, arcte imbricatis. Corollæ tubus cylindraceus; limbi lobis 5, subæqualibus planis patentibus. Antherarum loculi divaricati, demum confluentes. Staminodium minimum v. 0. Capsula subglobosa; valvis 2-fidis. Semina ∞, intra pilos crebros caducos[4] nidulantia. — Cætera *Pentstemonis*. — Frutices, nunc subaphylli; ramis angulatis; foliis oppositis v. verticillatis, nunc ad squamas reductis; floribus[5] in cymas biparas, plus minus ramosas, nunc pauci-v. 1-floras, dispositis. (*America centr.*, *Mexicum.*[6])

60? **Gomara** R. et PAV.[7] — Calyx campanulatus, 5-fidus pubescens, valvatus. Corollæ tubus cylindraceus incurvus, plus minus supra germen contractus; fauce intus villosa; limbi lobis 5, obtusis subæqualibus; lateralibus exterioribus ? Stamina didynama inclusa; antheræ reniformis loculis confluenti-rimosis. Staminodium subulatum staminibus fertilibus inferius. Discus cyathiformis sinuatus germen alte cingens. Germen breviter ovoideum, 2-loculare; ovulis ∞, placentæ breviter stipitatæ ad medium septum insertæ affixis; stylo brevi obconico, apice stigmatoso crasse 2-lobato. « Capsula obovoidea truncata; valvis 2-fidis. — Frutex; foliis ovato-lanceolatis superne serratis »; floribus in cymas dichotomas puberulas dispositis. (*Peruvia*[8].)

61. **Collinsia** NUTT.[9] — Calyx gamophyllus, 5-fidus. Corollæ declinatæ tubus postice gibbus; limbus obliquus, 2-labius; labio antico

1. Violaceis, cæruleis, rubris, albis v. lutescentibus, sæpe speciosis.

2. Spec. ad 65. CAV., *Icon.*, t. 29. — JACQ., *H. schœnbr.*, t. 362. — TORR., in *Bot. Marcy*, t. 16. — DURAND, *Bot. Will. Exp.*, t. 14. — SWEET, *Brit. fl. Gard.*, ser. 2, t. 211. — H. B. K., *Nov. gen. et spec.*, t. 172. — A. GRAY, in *Bot. Pope*, t. 5; *Syn. Fl. N.-Amer.*, 246, 259, 439. — S.-WATS., *Bot. Calif.*, I, 556, 622; *Fort. parall.*, 451. — *Bot. Reg.*, t. 1122, 1138, 1260, 1270, 1277, 1280, 1285, 1286, 1295, 1318, 1737, 1946; (1838), t. 3, 16; (1839), t. 21; (1845), t. 16; (1847), t. 14. — *Bot. Mag.*, t. 1424, 1425, 1672, 1878, 2587, 2903, 2945, 2954, 3165, 3472, 3661, 3884, 4319, 4464, 4497, 4601, 4627, 5142, 5260, 6064, 6122, 6157, 6738, 6834.

3. *St. amer.*, 178, t. 113. — ENDL., *Gen.*, n. 3910. — BENTH., in *DC. Prodr.*, X, 332; *Gen.*, II, 940, n. 40.

4. « Ovula abortiva » (BENTH.).

5. Coccineis, mediocribus pulchris.

6. Spec. 4, 5. CAV., *Icon.*, t. 415. — MAUND, *Bot.*, t. 229. — *Bot. Reg.*, t. 1773. — *Bot. Mag.*, t. 1528.

7. *Syst. Fl. per. et chil.*, 162; *Prodr.*, 93, t. 19 (non ADANS.). — BENTH., in *DC. Prodr.*, X, 585; *Gen.*, II, 941, n. 41.

8. Spec. 1. *G. racemosa* R. et PAV. (Char. e floribus speciminis authentici in herb. reg. matrit. servati reformat.).

9. In *Journ. Ac. Philad.*, I, 190, t. 9. — ENDL., *Gen.*, n. 3897. — BENTH., in *DC. Prodr.*, X, 318; *Gen.*, II, 941, n. 42.

3-lobo; lobis lateralibus ab antico et a labio posteriore varie 2-lobo obtectis. Stamina fertilia 4, 2-dynama; staminodio postico parvo; fertilium antheris 2-locularibus; rimis 2 in unam confluentibus; filamentis lateralibus demum in cornu sub insertione decurrentibus. Germen 2-loculare; stylo tenui, apice capitellato stigmatoso. Ovula in loculis pauca v. 1, in loculo postico sæpius pauciora[1]; micropyle infera. Capsula septicida; valvis 2, 2-fidis. Semina peltatim affixa, facie concava. — Herbæ annuæ; foliis oppositis v. 3-natis; floribus[2] in axillis foliorum v. bractearum cymosis v. solitariis. (*America bor.*[3])

62? **Tonella** Nutt.[4] — Flores fere *Collinsiæ;* corollæ tubo basi subæquali; limbi valde obliqui lobis 5, explanatis; posticis 2 in alabastro exterioribus. Stamina didynama, haud v. vix declinata exserta; antherarum loculis confluentibus. Staminodium breve v. 0. Ovula in loculis 1 v. pauca. Capsula septicida cæteraque *Collinsiæ*. — Herbæ annuæ ramosæ teneræ; foliis oppositis, integris, dentatis v. trisectis; floribus in axilla foliorum v. bractearum solitariis v. cymosis; pedicellis ebracteolatis. (*America bor.-occid.*[5])

63. **Uroskinnera** Lindl.[6] — Flores leviter irregulares; calycis gamophylli dentibus setaceis 4, 5. Corollæ tubus infundibularis; limbi leviter obliqui patentis lobis latis vix inæqualibus; posticis 2 extimis. Stamina fertilia 4, didynama, tubo affixa; antherarum loculis divergentibus, confluenti-rimosis; staminodio postico clavato. Fructus globosus siccus, calyce inclusus, loculicidus; valvis medio septiferis, placentas liberantibus. Semina ∞, scrobiculata, aut nuda, aut membranaceo-cincta. — Herbæ[7] molliter villosæ; foliis oppositis petiolatis crenatis; floribus[8] in racemos v. spicas breves densos secundos terminales dispositis, bracteolis 2 setaceis stipatis. (*Mexicum, America centr.*[9])

1. H. Bn, in *Bull. Soc. Linn. Par.*, 696. Genus vix a *Tonella* sejungendum videtur.
2. Violaceis, cæruleis v. albo-roseis.
3. Spec. ad 12. A. Gray, in *Proc. Amer. Acad.*, VII, 378; *Syn. Fl. N.-Amer.*, 246, 255, 439; *Bot. Calif.*, 1, 552. — S.-Wats., *Fourt. parall. Bot.*, 216. — Sweet, *Brit. fl. Gard.*, t. 220; ser. 2, t. 307. — Reg., *Gartenfl.*, t. 568. — Lindl., *Bot. Reg.*, t. 1082, 1107, 1734. — *Bot. Mag.*, t. 3488, 3695, 4927. — Walp., *Ann.*, III, 190; V, 626.
4. A. Gray, in *Proc. Amer. Acad.*, VII, 378. — B. H., *Gen.*, II, 941, n. 43.
5. Spec. 2. Benth., in *DC. Prodr.*, X, 593, n. 7 (*Collinsia*). — A. Gray, *Bot. Calif.*, I, 555; *Syn. Fl. N.-Amer.*, 246, 257.
6. In *Gard. Chron.* (1857), 36. — Benth., *Gen.*, II, 942, n. 46.
7. *Wigandiæ* sæpe habitu.
8. Rosco-violaceis, majusculis.
9. Spec. 2. Hook., in *Bot. Mag.*, t. 5009. — Hemsl., *Bot. centr.-amer.*, II, 447.

64. **Chionophila** BENTH.[1] — Flores irregulares; calyce late tubuloso membranaceo, breviter et obtuse 5-dentato. Corollæ tubus subæqualis; limbus 2-labiatus; labio postico concavo emarginato, lateraliter utrinque patente; antico autem longiore, basi convexa dense barbato, superne obtuse 3-lobo. Stamina didynama, ad imam corollam inserta, inclusa; antherarum loculis divaricatis, superne confluenti-rimosis; staminodio minuto v. 0. Germen 2-loculare, ∞-ovulatum; stylo gracili, apice minute stigmatoso. Capsula corolla marcescente inclusa, loculicida; valvis 2-partitis placentas nudantibus. Semina pauca, extus laxa hyalina. — Herba[2] perennis cæspitosa; foliis basilaribus integris; caulinis parvis linearibus paucis; racemo terminali denso secundifloro. (*America bor.-occ. mont.*[3])

65. **Tetranema** BENTH.[4] — Sepala 5, lineari-subulata, imbricata. Corollæ declinatæ tubus superne ampliatus; limbi patentis lobis 5, obtusis, in labia 2 connatis. Stamina didynama, basi declinata; antherarum loculis divaricatis; staminodio postico minuto. Germen ∞-ovulatum; stylo gracili, apice incrassato subtruncato stigmatoso. Capsula loculicida; valvis medio septiferis placentasque liberantibus. Semina ∞, angulata rugulosa. — Herba perennis; caule sæpius brevi; foliis basilaribus rosulatis oppositis, basi angustatis; floribus[5] in cymas axillares umbelliformes stipitatas dispositis. (*Mexicum*[6].)

66. **Berendtia** A. GRAY.[7] — Calyx tubuloso-campanulatus; costis dentibusque 5. Corollæ tubus brevis v. elongatus arcuatus; limbi lobis patentissimis; antico longiore, 3-lobo. Stamina didynama declinata exserta; antherarum loculis demum divergentibus, superne subconfluentibus. Stylus exsertus, apice in laminas oblongas intusque stigmatosas divisus. Capsula ovoidea v. oblonga; valvis medio septiferis et placentigeris. — Frutices v. suffrutices[8]; ramis divaricatis v. sarmentosis puberulis; foliis oppositis rugosis dentatis; floribus[9] axillaribus cymosis 1-3. (*Mexicum; America centr.*[10])

1. In *DC. Prodr.*, X, 331; *Gen.*, II, 942, n. 44.
2. Habitu *Lagotidis* v. *Wulfeniæ*.
3. Spec. 1. *C. Jamesii* BENTH. — A. GRAY, *Syn. Fl. N.-Amer.*, 246, 273.
4. In *Bot. Reg.* (1843), t. 52; in *DC. Prodr.*, X, 331; *Gen.*, II, 942, n. 45.
5. Violaceis et albido-variegatis.
6. Spec. 1, nunc culta. *T. mexicanum* BENTH. — HOOK., in *Bot. Mag.*, t. 4070. — HEMSL., *Bot. centr.-amer.*, II, 447.
7. In *Proc. Amer. Acad.*, VII, 379. — B. H., *Gen.*, II, 942, n. 47.
8. Habitu sæpius *Labiatarum*.
9. Rubris v. purpureis.
10. Spec. ad 3. BENTH., in *DC. Prodr.*, X, 368, n. 1 (*Diplacus*). — HEMSL., *Bot. centr.-amer.*, II, 448.

67? **Synapsis** GRISEB.[1] — Flores irregulares; calyce breviter campanulato, integerrimo v. vix dentato. Corollæ tubus cylindraceus, superne dilatatus; limbi lobis inæqualibus, imbricatis; posticis exterioribus. Stamina didynama inclusa; antheræ loculis obliquis, basi solutis. Staminodium posticum gracile. Germen 2-loculare; placentis 2-lamellatis, ∞-ovulatis. Stylus apice dilatato breviter 2-lobus. — Arbor glabra; foliis[2] oppositis sinuato-spinescenti-dentatis, coriaceis nitidis; floribus axillaribus, solitariis v. cymosis 2, 3, bracteatis[3]. (*Cuba*[4].)

68? **Basistemon** TURCZ.[5] — Sepala 5. Corollæ late campanulatæ limbus obliquus sub-2-labiatus; labio antico magis producto. Stamina didynama, corolla breviora; filamentis incurvis; antheræ loculis demum divaricatis, superne contiguis v. subconfluentibus. Ovula in loculis 2, collateraliter descendentia. Stylus gracilis, apice stigmatoso subinteger v. 2-lobus. Fructus subglobosus loculicidus. — Frutices glabri; foliis oppositis, integris v. serrulatis, spina axillari nunc auctis; floribus axillaribus cymosis, paucis v. ∞[6]. (*Peruvia*, *Columbia*[7].)

69? **Dermatocalyx** ŒRST.[8] — « Flores parvi; calyce cupulari crasso gyroso-tuberculato, subirregulariter 3-fido. Corolla crassa tubulosa subringens; limbi 5-fidi lobis anticis 3, 3-angularibus minoribus. Stamina didynama inclusa; antheris sagittatis. Germen 2-loculare, ∞-ovulatum; styli curvuli lobis stigmatosis recurvis acutiusculis. Bacca indehiscens, basi calyce persistente tecta. Semina septum fere totum obtegentia, margine alata. — Frutex glaber; foliis oppositis integris carnosis[9]; paniculis axillaribus abbreviatis. (*Costarica*[10].) »

70. **Leucocarpus** DON.[11] — Calyx tubulosus, 5-costatus; lobis 5, brevibus acuminatis, imbricatis. Corollæ[12] tubus elongatus, superne ampliatus; limbi lobis 5, rotundatis, in labia 2 patentia inæqualia

1. *Cat. pl. cub.*, 187. — B. H., *Gen.*, II, 943, n. 51.
2. *Ilicis* v. *Desfontaineæ*.
3. Genus *Montteæ* forte affinis. Fructus maturus hucusque a nemine visus.
4. Spec. 1. *S. ilicifolia* GRISEB.
5. In *Bull. Mosc.* (1863), II, 214. — B. H., *Gen.*, II, 1244, n. 45 *a*.
6. Genus olim *Verbenaceis* adscriptum, ob ovula conspicuum; an *Leucocarpo* affine?
7. Spec. 2. BENTH., in exs. *Spruce*, n. 4515 (*Russelia*).
8. In *Vid. Medd. Nat. Foren. Kjob.* (1856), 29. — B. H., *Gen.*, II, 943, n. 50.
9. « Subcoriacea, 5-pollicaria. »
10. Spec. 1, in herb. *Œrsted* frustra quæsita.
11. In *Sweet Brit. fl. Gard.*, ser. 2, t. 124. — ENDL., *Gen.*, n. 3936. — BENTH., in *DC. Prodr.*, X, 335; *Gen.*, II, 943, n. 49.
12. Fere *Mimuli*.

connatis; posticis 2 extimis. Stamina didynama sub medio tubo affixa; antherarum loculis divaricatis confluenti-rimosis. Germen 2-loculare, ∞-ovulatum; stylo apice in laminas 2, membranaceas oblongas, intus margineque stigmatiferas, dilatato. Bacca[1] globosa; seminibus ∞, reticulatis, pulpa immersis. — Herba elata; caule 4-gono v. subalato; foliis oppositis serrulatis, ad basin cordato-amplexicaulibus; floribus[2] in cymas axillares pedunculatas dispositis; bracteis linearibus. (*Mexicum, America austr. bor.-occ.*[3])

71. **Hemichæna** BENTH.[4] — Flores *Leucocarpi;* calyce campanulato. Corolla[5] *Mimuli.* Capsula ovoidea loculicida; valvis medio septiferis. Semina ∞, elongata, laxe reticulata. — Frutex viscosus; foliis oppositis dentatis cordato-amplexicaulibus; floribus axillaribus pedunculato-cymosis. Cætera *Leucocarpi.* (*America centr.*[6])

XIII. SESAMEÆ.

72. **Sesamum** L. — Flores irregulares; sepalis 5, valvatis. Corolla sub-2-labiata; tubo decurrente, postice gibbo, superne ampliato; limbi lobis 5, imbricatis; antico interiore; posticis 2, subvalvatis. Stamina didynama, paulo supra corollæ basin affixa; antherarum subsagittatarum loculis parallelis, introrsum rimosis; connectivo nunc glandula apicali aucto. Staminodium posticum sterile tenue. Germen basi disco crasso subæquali cinctum, 2-loculare; stylo apice stigmatoso 2-lobo. Ovula ∞, 2-seriata; loculis septo spurio centripeto e dorso orto in locellis 2 diviso. Fructus capsularis, ovoideus v. oblongus, sæpius 4-sulcus obtuseque 4-gonus, apice aut acuminatus obtusus (*Eusesamum*), aut nunc (*Ceratotheca*) truncatus; angulis acutis, aristatis v. cornutis; loculis ab apice v. fere ad basin dorso fissis; septo spurio fisso et loculos claudente; placentis plus minus liberatis. Semina ∞, horizontalia v. adscendentia, oblonga foveolata, basi apiceque acutata v. breviter alata; embryone recto carnoso; albumine membranaceo v.

1. Alba.
2. Luteis, mediocribus.
3. Spec. 1. *L. alatus* DON. — *L. perfoliatus* BENTH. — *Mimulus perfoliatus* H. B. K. — HOOK., in *Bot. Mag.*, t. 3067. — *Conobea alata* GRAH.
4. *Pl. Hartw.*, 78; *Gen.*, II, 943, n. 48.
5. Aurea.
6. Spec. 1. *H. fruticosa* BENTH. — HOOK. F., in *Bot. Mag.*, t. 6164. — *Leucocarpus fruticosus* BENTH., in *DC. Prodr.*, X, 336.

parco. — Herbæ annuæ v. perennes, glabræ v. sæpius scabræ, humectatæ valde mucilaginosæ; foliis oppositis, v. superioribus alternis petiolatis, integris, incisis, 3-fidis v. pedatisectis; floribus axillaribus cymosis, 3-nis; lateralibus ad glandulas minutas reductis. (*Africa trop. et austr.*) — *Vid. p.* 387.

73. **Sesamothamnus** WELW.[1] — Flores fere *Sesami;* sepalis inæqualibus[2], basi connatis, crassis. Corollæ tubus longissimus angustusque, basi obtuse gibbosus; limbi patentis lobis 5, parum inæqualibus, valde imbricatis. Stamina 5, inclusa; postico sterili, nunc fertili v. subnullo; antherarum loculis parallelis inclusis. Discus postice gibbus. Germen 2-loculare et spurie septatum (*Sesami*); stylo apice obtuse 2-lamellato. Capsula ab apice loculicida; « seminibus compressis, lateraliter utrinque hyalino-alatis. » — Frutices[3] rigidi glaucescentes; trunco brevi crasso deformi; ramis aculeatis[4]; foliis ad axillas fasciculatis; floribus[5] breviter racemosis paucis; pedicellis minute bracteolatis. (*Angola*[6].)

74. **Rogeria** J. GAY.[7] — Flores fere *Sesami;* corolla postice basi gibba; limbi sub-2-labiati lobis 5, obtusis; sinubus nunc minute appendiculatis. Stamina didynama; antherarum loculis parallelis. Germen inæqui-2-loculare; loculo postico 1- v. pauciovulato; ovulis in loculo antico ∞, adscendentibus; septo spurio centripeto sulcum placentarum medium attingente. Glandula disci postica. Capsula oblonga crassa duraque, indehiscens, apice cornuta extusque cornubus crassis patentibus ad basin armata. Semina oblonga; integumento exteriore laxo foveolato[8]; albumine tenui v. membranaceo; embryonis recti crassi cotyledonibus ellipticis. — Herbæ[9] erectæ simplices v. parce ramosæ glaucescentes; foliis oppositis v. alternis petiolatis, lobatis v. grosse dentatis; floribus axillaribus in cymas plus minus contractas dispositis; lateralibus sæpe abortivis glanduliformibus. (*Africa trop. et austr.*[10])

1. In *Trans. Linn. Soc.*, XXVII, 49, t. 18. — B. H., *Gen.*, II, 1058, n. 7.
2. Postico majore.
3. Humectati mucilaginosi.
4. Aculei folia abortiva videntur.
5. Albido-roseis, magnis longisque.
6. Spec. 1, 2.
7. In *Delile Pl. Caill.*, 78, t. 2 (63). — ENDL., *Gen.*, n. 4179. — DC., *Prodr.*, IX, 256 — B. H., *Gen.*, II, 1057, n. 6. — H. BN, in *Bull. Soc. Linn. Par.*, 667.
8. Interiore conico tenui; medio autem crassiore crustaceo colorato.
9. Humectatæ mucilaginosæ, maleolentes.
10. Spec. 2. HARV., *Thes. cap.*, t. 118. — DCNE, in *Ann. sc. nat.*, sér. 5, III, 331 (*Pedalium*).

75. **Pretrea** J. GAY.[1] — Flores fere *Sesami;* sepalis 5. Corollæ tubus basi decurvus; limbi sub-2-labiati lobis imbricatis; antico majore. Stamina didynama; antheris dorsifixis sagittatis; loculis liberis. Germen disco marginiformi cinctum depressum; loculis 2, dorso-1-aculeatis, septo spurio centripeto 2-locellatis. Ovula in locellis 2, ascendentia; superiore sæpius majore. Fructus indehiscens durus, basi in discum cyathiformem dilatatus, in cornua erecta conica 2 productus et inter ea varie aculeatus v. muricatus, 4-locellatus. Semina in locellis 1, 2, adscendentia, v. inferior demum adscendens horizontalisve; embryonis recti radicula infera; albumine tenui. — Herba prostrata canescens v. scabra; foliis oppositis et alternis, integris v. incisis; floribus[2] axillaribus solitariis. (*Africa trop. or.*[3])

76. **Josephinia** VENT.[4] — Flores fere *Pretreæ;* sepalis vix basi connatis. Corolla subbilabiata, imbricata. Stamina didynama inclusa; connectivo sæpe in glandulam producto. Germen 2-loculare v. demum 3-6-locellatum; ovulis paucis adscendentibus, demum in locellis singulis segregatis. Stylus elongatus, apice in lobos inæquales 2-6 divisus. Fructus globosus, v. ovoideus brevis indehiscens, erostris v. varie rostratus, aculeis ∞, inæquali-conicis undique armatus, plurilocellatus; locellis 1-spermis; albumine membranaceo. — Herbæ glabræ v. indumento vario; foliis oppositis, integris, dentatis v. incisis; floribus in axillis superioribus solitariis, breviter stipitatis. Cætera *Pretreæ*. (*Australia, Arch. malayan.*[5])

77. **Linariopsis** WELW.[6] — Flores fere *Sesami;* sepalis 5, subæqualibus v. inæqualibus, basi vix connatis. Corolla subcampanulata; tubo subrecto; limbo sub-2-labiato imbricato. Stamina didynama; antherarum loculis liberis parallelis. Discus subæqualis v. hinc paulo crassior. Germen 1-loculare, vix septatum; ovulis 2, subbasilaribus adscendentibus parallelis. Fructus nucamentaceus, calyce

1. In *Ann. sc. nat.*, sér. 1, I, 457. — ENDL., *Gen.*, n. 4180. — DC., *Prodr.*, IX, 256. — B. H., *Gen.*, II, 1059, n. 10. — *Dicerocaryum* BOJ., in *Ann. sc. nat.*, sér. 2, IV, 268, t. 10.

2. Albis, roseo-maculatis, speciosis.

3. Spec. 1, 2. KL., in *Pet. Moss.*, *Bot.*, 188, t. 31, 32. — DCNE, in *Ann. sc. nat.*, sér. 5, III, 333.

4. *Jard. Malmais.*, t. 67; in *Mém. Hist. sc. phys.* (1806), 71. — DC., *Prodr.*, IX, 255. — TURP., in *Dict. sc. nat.*, Atl., t. 54. — ENDL., in *Linnæa*, VII, t. 3; *Gen.*, n. 4181; *Iconogr.*, t. 106. — B. H., *Gen.*, II, 1060, n. 12.

5. Spec. 2, 3. R. BR., *Prodr.*, 520. — F. MUELL., in *Hook. Kew Journ.*, IX, 370, t. 11. — BENTH., *Fl. austral.*, IV, 556.

6. In *Trans. Linn. Soc.*, XXVII, 53. — B. H., *Gen.*, II, 1060, n. 11.

inclusus, inæqui-costatus obtuseque tuberculatus, haud v. tarde apice dehiscens. Semina 2, erecta, anguste v. haud marginata; albumine membraniformi; embryonis carnosi radicula infera brevi; cotyledonibus obovatis. — Herba perennans[1]; caudice brevi crasso; ramis prostratis villosis; foliis oppositis ovato-acutis, breviter petiolatis, glauco-pruinosis lepidotis; floribus[2] axillaribus; pedicellis brevibus, 2-bracteolatis. (*Benguela*[3].)

78? **Tourretia** DOMB.[4] — Flores 2-morphi; inferiorum hermaphroditorum calyce 2-partito valvato; foliolis inæqualibus integris, intus supra medium ligula brevi auctis; postico multo angustiore acutato. Corollæ tubus conico-tubulosus; limbus inæqui-2-labiatus; labio postico erecto concavo integro; antico autem minimo; præfloratione subvalvata. Stamina didynama inclusa; antherarum loculis demum divaricatis; staminodio 0. Germen 2-loculare, ob septa spuria centripeta 2-locellata; disco breviter cupulari; stylo gracili, apice capitellato brevissime 4-lobulato. Ovula in locellis pauca descendentia, incomplete anatropa, 1-seriata. Capsula oblonga, undique uncinato-aculeata, loculicida; valvis breviter 2-fidis. Semina pauca descendentia late alata imbricata; albumine membraniformi; embryonis carnosi cotyledonibus inferis, apice emarginatis. — Herba[5] scandens[6] glabra; foliis oppositis, 2-3-chotome divisis; foliolis terminalibus membranaceis v. in cirrhum ramosum mutatis; floribus in pedunculis longis racemoso-spicatis; superioribus masculis v. sterilibus; calycibus amplis coloratis[7]. (*America trop. occid. utraque*[8].)

79. **Pedalium** L.[9] — Calyx parvus; foliolis 5, subæqualibus. Corollæ valde longioris tubus tenuis, superne ampliatus; limbi lobis 5, subæqualibus induplicato-imbricatis, patentibus. Stamina ad basin corollæ inserta, 2-dynama; antica majora; antherarum loculis e connectivo oblique descendentibus, rima ellipsoidea poriformi introrsum

1. Madefacta mucilaginosa.

2. Albido-violaceis, parvis.

3. Spec. 1. *L. prostrata* WELW.

4. Ex J., *Gen.*, 139. — LAMK, *Ill.*, t. 527. — FOUG., in *Act. Acad. par.* (1784), 200, t. 1. — ENDL., *Gen.*, n. 4111. — DC., *Prodr.*, IX, 236. — BUR., *Mon. Bignon.*, t. 31. — B. H., *Gen.*, II, 1049, n. 44. — *Dombeya* LHÉR., *St. nov.*, 33, t. 17 (non CAV., non LAMK). — *Medica* COTH., *Disp. vag.*, 7.

5. Basi forte suffrutescens.

6. Habitu *Eccremocarpi*.

7. Coccineis, in floribus inferioribus viridibus.

8. Spec. 1. *T. lappacea* W., *Spec.*, 263. — *Bot. Mag.*, t. 3749. — *Turretia volubilis* GMEL. — *Dombeya lappacea* LHÉR.

9. *Gen.*, n. 794. — GÆRTN., *Fruct.*, t. 58. — LAMK, *Ill.*, t. 538. — DC., *Prodr.*, IX, 256. — ENDL., *Gen.*, n. 4177. — B. H., *Gen.*, II, 1056, n. 3. — DCNE, in *Ann. sc. nat.*, sér. 5, III, 330 (part.). — H. BN, in *Bull. Soc. Linn. Par.*, 668.

dehiscentibus. Staminodium posticum subulatum. Germen disco brevi[1] cinctum, 2-loculare; stylo apice dilatato infundibulari-2-labio. Ovula in loculis 2, ad medium septum inserta descendentia. Fructus siccus durus, indehiscens, inferne subteres superneque ovoideo-pyramidatus; angulis 4 paulo supra basin spina conica armatis; pericarpio sub angulis suberoso-incrassato ibique nunc cavo. Semina in loculis 1, 2, descendentia elongata læviuscula; albumine membraniformi; embryonis elongati carnosi radicula supera. — Herba annua glabra, humectata dite mucilaginosa ; foliis oppositis v. ex parte alternis, inciso-dentatis ; floribus[2] axillaribus solitariis ; pedunculis brevibus ad basin 2-glandulosis. (*India or.*, *Africa trop.*[3])

80. **Pterodiscus** HOOK.[4] — Flores fere *Pedalii;* corollæ tubo basi postice gibbo. Staminum loculi subovoidei, superne breviter rimosi; connectivo glandula coronato. Ovula 2, descendentia. Fructus compressiusculus inermis indehiscens, longitudinaliter 4-alatus ; pericarpio sub alis incrassato ibique lacunoso demumque loculis spuriis 4 excavato. Cætera *Pedalii.* — Frutices humiles[5]; caule crasso tuberoso v. carnoso; ramis brevibus erectis; foliis oppositis v. alternis crassiusculis, dentatis v. incisis ; floribus[6] axillaribus solitariis ; pedunculo 1-2-glanduloso. (*Africa austr. et trop. occid.*[7])

81. **Harpagophytum** DC.[8] — Sepala 5, nunc ima basi connata. Corollæ tubus plus minus elongatus, basi postice varie gibbus; limbo obliquo patente, sub-2-labiato. Stamina didynama ; antherarum loculis liberis, glandula connectivi coronatis. Discus postice in glandulam productus. Germen 2-loculare ; loculis subindivisis[9], ∞-ovulatis. Ovula 2-seriata. Fructus ovoideus v. oblongus, septo contrarie compressus, angulato-alatus; alis crassis v. submembranaceis, harpagoniferis ; harpagonibus apice glochidiatis v. retrorsum uncinatis inæqualibus; pericarpio indehiscente v. tarde septicido loculicidoque.

1. Postice altiore.
2. Pallide flavis, parvis.
3. Spec. 1. *P. Murex* L. — ROXB., *Fl. ind.*, III, 114. — WIGHT, *Icon.*, t. 1615. — C.-B. CLKE, *Fl. brit. Ind.*, IV, 386. — WALP., *Ann.*, V, 525. — *Hyoscyamus maritimus*, etc. BURM.
4. *Bot. Mag.*, t. 4117, 5784. — DCNE, in *Ann. sc. nat.*, sér. 4, III, 335. — B. H., *Gen.*, II, 1057, n. 4. — H. BN, in *Bull. Soc. Linn. Par.*, 668.
5. Cultura nunc elatiores.
6. Flavescentibus, purpureis, v. luridis.
7. Spec. 3, 4. WELW., in *Trans. Linn. Soc.* XXVII, 53. — WALP., *Rep.*, VI, 519.
8. In *Meissn. Gen.*, 298; *Comm.*, 206; *Prodr.*, IX, 257. — DCNE, in *Ann. sc. nat.*, sér. 5, III, 328. — B. H., *Gen.*, II, 1057, n. 5. — H. BN, in *Bull. Soc. Linn. Par.*, 668. — *Uncaria* BURCH., *Trav.*, I, 536 (non AUBL.).
9. Septi spurii rudimento dorsali nunc munitis. Species nonnullæ madagascarienses sunt grandifloræ, germine rugoso-tuberculato donatæ.

— Herbæ perennes procumbentes v. rarius (*Uncarina*[1]) frutices erecti indumento vario; foliis oppositis v. alternis, plerumque incisis v. lobatis; floribus axillaribus solitariis; pedunculo basi glandulifero. (*Africa austr.*, *Madagascaria*[2].)

82? **Holubia** OLIV.[3] — Flores fere *Harpagophyti*; corollæ tubo postice ad basin saccato-gibboso, superne angustato; limbo amplo obliquo, 5-lobo et sub-2-labiato. Stamina didynama, apice glandulifera. Germen utrinque 2-carinatum. Ovula in loculis ad 8, 2-seriata adscendentia. Discus crassus obliquus. Fructus...? — Herba; foliis oppositis petiolatis palmatilobulatis; floribus[4] axillaribus solitariis breviter pedunculatis. (*Transvaalia*[5].)

XIV. CHÆNOSTOMEÆ.

83. **Chænostoma** BENTH. — Flores irregulares; sepalis 5, liberis v. ima basi connatis, plus minus inæqualibus. Corollæ tubus brevis v. longiusculus exsertus; limbi parum inæqualis lobis 5; lateralibus anteriori exterioribus et a posterioribus involutis. Stamina 4, didynama, tubo affixa; antheris reniformibus introrsis, 1-rimosis, v. anticis 2 nunc minutis cassis. Germen compressum, 2-loculare, ∞-ovulatum; stylo gracili, sub apice truncato v. subclavato obtuso incurvo. Discus e glandula postica constans. Capsula septicida; valvis apice 2-fidis; seminibus ∞, parvis albuminosis. — Herbæ v. suffrutices, nunc visciduli; foliis oppositis v. partim alternis, integris v. sæpius dentatis; floribus axillaribus solitariis pedunculatis v. terminali-racemosis. (*Africa austr.*) — *Vid. p.* 390.

84. **Lyperia** BENTH.[6] — Flores fere *Chænostomatis*; sepalis 5, haud membranaceis. Corollæ tubus plerumque tenuis, postice ad basin gibbus v. incurvus. Stamina didynama; antheris inclusis, v. anticis ex parte exsertis. Capsula septicida. — Herbæ[7], suffrutices v. frutices, glabri v. indumento vario; foliis alternis; inferioribus oppositis, inte-

1. H. BN, *loc. cit.*, 668.
2. Spec. ad 8. DELESS., *Ic. sel.*, V, t. 94. — WALP., *Rep.*, VI, 520.
3. In *Hook. Icon.*, t. 1475.
4. Amplis speciosis.
5. Spec. 1. *H. saccata* OLIV.
6. In *Comp. Bot. Mag.*, I, 377; in *DC. Prodr.*, X, 358; *Gen.*, II, 945, n. 57. — ? *Urbania* VTKE, in *Œsterr. Bot. Zeitschr.* (1875), 10 (ex B. H.).
7. Siccitate plerumque nigrescentes.

gris v. varie incisis; floralibus liberis; floribus racemosis v. spicatis. (*Africa trop. et austr.*[1])

85. **Manulea** L.[2] — Flores fere *Chænostomatis ;* calyce 5-partito v. 5-fido. Corollæ tubus tenuis suberectus; limbi patentis lobi 5, emarginati v. rarius 2-fidi. Stamina inclusa. Stylus apice stigmatoso obtusus, integer. Cætera *Chænostomatis*. — Herbæ, nunc suffrutescentes; foliis basilaribus rosulatis; cæteris oppositis v. alternis; floralibus liberis ; racemis simplicibus v. sæpius compositis. (*Africa austr.*[3])

86? **Sutera** Roth.[4] — Flores fere *Chænostomatis ;* sepalis 5. Corollæ tubus æqualis; limbi lobis 5, subæqualibus, v. posticis 2 (exterioribus) paulo minoribus. Stamina didynama ; antheris confluentia 1-locularibus. Stylus apice stigmatoso breviter 2-lobus. Cætera *Chænostomatis*. — Herba humilis ramosa viscida ; foliis oppositis, v. superioribus alternis, dissectis v. pinnatifidis; racemis terminalibus; pedicellis a bractea subliberis, sæpe subtus gemma axillari stipatis. (*India, Arabia, Africa bor.-or.*[5])

87. **Phyllopodium** Benth.[6] — Flores fere *Chænostomatis;* calyce tubuloso, subæquali-5-lobo. Corollæ tubus brevis, ad faucem ampliatus; limbi lobis 5, subæqualibus patentibus. Stamina 4. Capsula septicida cæteraque *Manuleæ* (v. *Polycarenæ*[7]). — Herbæ annuæ[8]; foliis inferioribus oppositis; cæteris et floralibus pedicellis v. calycibus adnatis alternis; spicis terminalibus demum elongatis. (*Africa austr.*[9])

88. **Sphenandra** Benth.[10] — Flores fere *Chænostomatis;* sepalis 5, angustis, imbricatis, nunc ima basi connatis. Corolla inæquali-subrotata, decidua; tubo brevi; lobis subæqualibus; posticis exterio-

1. Spec. ad 30. Andr., *Bot. Repos.*, t. 84 (*Buchnera*).

2. *Mantiss.* (1767), n. 1264. — Gærtn., *Fruct.*, t. 55. — Lamk, *Ill.*, t. 520. — Benth., in *DC. Prodr.*, X, 363; *Gen.*, II, 946, n. 59. — Endl., *Gen.*, n. 3970. — *Nemia* Berg., *Fl. cap.*, 160.

3. Spec. ad 22. Jacq., *Ic. rar.*, t. 498. — Link et Ott., *Icon. pl. sel.*, t. 19, 20. — Harv., *Thes. cap.*, t. 197. — *Bot. Mag.*, t. 322.

4. *Nov. pl. spec.*, 291 (nec *Bot. Bem.*, 172). — Endl., *Gen.*, n. 3929. — Benth., in *DC. Prodr.*, X, 362; *Gen.*, II, 945, n. 58.

5. Spec. 1. *S. glandulosa* Roth. — Hook. f., *Fl. brit. Ind.*, IV, 258. — Boiss., *Fl. or.*, IV, 422. — *S. dissecta* Walp., *Rep.*, III, 271. — *Capraria dissecta* Del., *Fl. Eg.*, II, 23), t. 32, fig. 2.

6. In *Comp. Bot. Mag.*, I, 372; in *DC. Prodr.*, X, 352; *Gen.*, II, 944, n. 54.

7. Cui genus quam proximum.

8. Nunc siccitate nigrescentes.

9. Spec. 7. Hook., *Icon.*, t. 1079.

10. In *Lindl. Nat. Syst.*, ed. 2, 445; in *DC. Prodr.*, X, 353; *Gen.*, II, 945, n. 55.

ribus. Stamina didynama exserta ; antheris reniformibus, confluentia 1-rimosis. Germen ∞-ovulatum, basi nunc in discum tenuem incrassatum; stylo arcuato, nunc clavato, apice stigmatoso obtuso. Capsula septicida; valvis 2-fidis. — Herba viscosa; foliis oppositis, v. nonnullis alternis; floralibus minoribus v. in bracteas mutatis; floribus[1] laxe racemosis. (*Africa austr.*[2])

89. **Polycarena** BENTH.[3] — Flores fere *Chænostomatis ;* calyce membranaceo 2-labiato ; lobis breviter lobulatis. Corollæ persistentis tubus tenuis sæpius elongatus ; limbi lobis 5, vix inæqualibus; posticis 2 exterioribus. Stamina didynama, vix v. breviter exserta; antheris 2-locularibus; loculis confluenti-rimosis. Germen 2-loculare, ∞-ovulatum, basi postice glandula auctum. Capsula septicida; valvis 2-fidis. Herbæ annuæ ramosæ viscoso-pilosæ; foliis inferioribus oppositis; cæteris alternis; floralibus bracteiformibus ; floribus in spicas terminales primum breves subcapitatas dispositis; foliis v. bracteis floralibus pedicello brevi adnatis. (*Africa austr.*[4])

90. **Zaluzianskia** J. SCHM.[5] — Flores subregulares; calycis tubulosi lobis 5, inæqualibus, imbricatis. Corolla subregularis ; tubo elongato, basi sæpe demum fisso; limbi vix obliqui patentis lobis 5, subæqualibus imbricatis, integris v. 2-fidis; posticis 2 nunc majoribus. Stamina 4, 2-dynama; breviorum antheris 2 parvis v. cassis; v. 2, cum corollæ lobo antico alternantia; loculo 1, transverse rimoso. Germen 2-loculare, postice glandula basilari aucto ; stylo tenui v. clavato, apice stigmatoso obtuso. Ovula in loculis ∞, placentæ septali affixa. Fructus oblongus coriaceus septicidus; valvis superne 2-fidis. —Herbæ, nunc suffrutescentes, viscosæ[6]; foliis alternis, v. inferioribus oppositis, nunc dentatis ; floralibus integris, calyci appressis v. adnatis; floribus[7] terminalibus dense v. interrupte spicatis. (*Africa austr.*[8])

1. Violaceis, parvis, viscosis.
2. Spec. 1. *S. viscosa* BENTH. — *Manulea viscosa* W., *Enum.*, 652. — *M. cærulea* THUNB. — *M. rotata* DESR. — *Buchnera viscosa* AIT.
3. In *Hook. Comp. Bot. Mag.*, I, 371 ; in *DC. Prodr.*, X, 351 ; *Gen.*, II, 944, n. 53.
4. Spec. ad 10.
5. In *Uster. Ann.*, VI, 116. — B. H., *Gen.*, II, 944, n. 52. — *Nycterinia* DON, in *Sweet Brit. fl. Gard.*, ser. 2, t. 239. — BENTH., in *DC. Prodr.*, X, 348. — ENDL., *Gen.*, n. 3964.
6. Siccitate plerumque nigrescentes.
7. Parvis, nunc speciosis.
8. Spec. ad 15. HARV., *Thes. cap.*, t. 58 (*Nycterinia*). — *Bot. Reg.*, t. 748 (*Erinus*). — *Bot. Mag.*, t. 2504 (*Erinus*).

XV. GRATIOLEÆ.

91. **Gratiola** L. — Flores irregulares; sepalis 5, vix basi connatis, subæqualibus, imbricatis. Corollæ irregularis tubus cylindraceus; limbi lobiis patentibus; postico integro v. emarginato (e lobis 2 constante); antico autem 3-lobo; lobo antico a lateralibus operto; postico autem laterales obtegente. Stamina 5, quorum lateralia fertilia 2; postico sterili minuto v. vix conspicuo; anterioribus 2 sterilibus nunc 0; filamento elongato; anthera parva cassa. Fertilium antheræ introrsæ, 2-loculares; loculis longitudinaliter rimosis; intus connectivo subpeltato insertis; rimis sæpe apice confluentibus. Germen superum; loculis 2, completis v. superne incompletis, ∞-ovulatis; disco hypogyno annulari; stylo erecto, apice inæquali-stigmatoso-2-lobo v. 2-lamellato subque lobis dilatato ibique cavo. Fructus capsularis, loculicide septicideque dehiscens; valvulis a columna placentifera solutis; seminibus ∞, reticulato-striatis, albuminosis. — Herbæ glabræ v. glandulosæ; foliis oppositis, integris v. dentatis; floribus axillaribus solitariis pedunculatis v. terminali-spicatis racemosisve; bracteolis 2 lateralibus summo pedunculo sub calyce insertis. (*Orbis utriusq. reg. extratrop.*) — *Vid. p.* 391.

92. **Dopatrium** HAM.[1] — Flores fere *Gratiolæ*; calyce 5-fido, imbricato. Corollæ tubus ample ad faucem dilatatus; limbi imbricati labio postico brevi, 2-lobo; antico autem patente, 3-lobo. Stamina 2 staminodiaque antica 2 (*Gratiolæ*). Germen ∞-ovulatum; stylo brevi, apice stigmatoso 2-lamellato. Capsula brevis loculicida; valvis medio septiferis; placentis integris v. 2-fidis. Semina rugosa v. tuberculata. — Herbæ glabræ teneræ; foliis oppositis, inferne approximatis; caulinis minutis remotisque; floribus[2] composite terminali-racemosis; pedicellis bracteatis. (*Africa, Asia et Oceania trop.*[3])

93? **Ildefonsia** GADN.[4] — Flores fere *Gratiolæ*; sepalis 5, subæqualibus acutatis herbaceis, imbricatis. Corollæ tubus subrectus

1. EX BENTH., *Scrophul. ind.*, 30. — ENDL., *Gen.*, n. 3947. — BENTH., in *DC. Prodr.*, X, 407; *Gen.*, II, 943, n. 80.
2. Pallide violaceis, parvis.
3. Spec. 5. ROXB., *Pl. corom.*, t. 129 (*Gratiola*). — WIGHT, *Icon.*, t. 859. — BENTH., *Fl. austral.*, IV, 494. — OLIV., in *Trans. Linn. Soc.*, XXIX, t. 121. — HOOK. F., *Fl. brit. Ind.*, IV, 273.
4. In *Hook. Lond. Journ.*, I, 184. — BENTH., in *DC. Prodr.*, X, 402; *Gen.*, II, 953, n. 78.

v. incurvus; limbi patentis labio postico exteriore, 2-lobo; antico subæquali-3-lobo. Stamina 5, quorum fertilia 4, didynama inclusa; antherarum loculis divaricatis distinctis; quinto ad staminodium posticum subulatum reducto. Germen 2-loculare; disco annulari inæquali; styli 2-fidi ramis lineari-lanceolatis, intus stigmatosis. Capsula loculicida; valvis 2, integris v. 2-fidis placentas ∞-spermas nudantibus. Semina angulata rugosa. — Herba perennis, basi frutescens, glabra; ramis herbaceis laxis flexuosis; foliis oppositis integris; floribus[1] axillaribus solitariis v. raro 2, 3, sub calyce 2-bracteolatis (*Brasilia*[2]).

94. **Bramia** LAMK[3]. — Flores fere *Gratiolæ;* sepalis 5, plerumque valde inæqualibus, imbricatis : postico plerumque majore; lateralibus interioribus nunc angustissimis. Corollæ tubus cylindraceus; limbi labiis patentibus; superiore 2-lobo v. emarginato, inferius 3-lobum involvente. Stamina 4, didynama; antherarum loculis divergentibus v. parallelis. Discus hypogynus varius v. 0. Germen 2-loculare, ∞-ovulatum; stylo apice dilatato integro v. breviter 2-lobo. Fructus capsularis, ovoideus v. subglobosus, loculicidus sæpeque septicidus; valvis placentas liberantibus. Semina ∞, parva albuminosa. — Herbæ, facie varia, erectæ v. procumbentes diffusæve, glabræ, puberulæ v. punctatæ; foliis oppositis; inferioribus nunc submersis capillaceo-multisectis; floribus axillaribus solitariis, sessilibus v. pedunculatis, nuncve terminali-racemosis spicatisve. (*Orbis tot. reg. calid.*[4])

95. **Bacopa** AUBL[5]. — Flores fere *Bramiæ;* sepalis 5, valde inæqualibus; interioribus 2, 3 angustioribus. Corollæ lobi 5, patentes. Stamina 5, alterna, inclusa, tubo affixa, parum inæqualia; antherarum loculis distinctis. Germen ∞-ovulatum; stylo apice late capitato. Cap-

1. Violaceis, mediocribus.

2. Spec. 1. *I. bibracteata* GARDN. — J.-A. SCHM., in *Mart. Fl. bras.*, VIII, I, 295, t. 52.

3. *Dict.*, I, 459 (1783). — *Monniera* P. BR., *Jam.*, 269 (non L.). — *Mella* VANDELL., *Fl. lus. et bras. Spec.*, 43, t. 3. — *Septas* LOUR., *Fl. cochinch.* (1790), 392. — *Mecardonia* R. et PAV., *Gen. pl. Fl. per.*, 95. — *Calytriplex* R. et PAV., *op. cit.*, 96. — *Herpestis* GÆRTN. F., *Fruct.*, III, 186, t. 214 (1805-1807). — ENDL., *Gen.*, n. 3940. — B. H., *Gen.*, II, 951, n. 75. — *Heptas* MEISSN., *Gen.*, 293; *Comm.*, 202. — *Caconapea* CHAM., in *Linnæa*, VIII, 28. — *Ranaria* CHAM., *op. cit.*, 30. — *Cardiolophus* GRIFF., *Notul.*, IV, 105. — *Anisocalyx* HNCE, in *Walp. Ann.*, III, 195.

4. Spec. ad 40-45 SW., *Icon.*, t. 3 (*Gratiola*). — ROXB., *Pl. corom.*, t. 178 (*Gratiola*). — P.-BEAUV., *Fl. owar. et ben.*, t. 112. — MART., *Ausw. Merkw. Pfl.*, t. 8; *Nov. gen. et spec.*, III, t. 208. — J.-A. SCHM., in *Mart. Fl. bras.*, VIII, 303, t. 53, I. — REICHB., *Icon. exot.*, t. 52 (*Herpestis*). — A. GRAY, *Syn. Fl. N.-Amer.*, II, 280 (*Herpestis*). — C. GAY, *Fl. chil.*, V, 122 (*Herpestis*). — BOISS., *Fl. or.*, IV, 426 (*Herpestis*). — HOOK. F., *Fl. brit. Ind.*, IV, 272 (*Herpestis*). — *Bot. Mag.*, t. 2557 (*Herpestis*). — WALP., *Rep.*, VI, 643; *Ann.*, III, 194; V, 628 (*Herpestis*).

5. *Guian.*, I, 128, t. 49. — J., *Gen.*, 313. — ENDL., *Gen.*, n. 3940[1]. — BENTH., in *DC. Prodr.*, X, 401; *Gen.*, II, 952, n. 76.

sula loculicida cæteraque *Bramiæ*. — Herba paludosa glabra; foliis oppositis sublanceolatis; floribus axillaribus solitariis; pedunculo 2-bracteolato. (*Brasilia, Guiana*[1].)

96. **Conobea** AUBL.[2] — Flores fere *Bramiæ;* sepalis 5, subæqualibus, imbricatis. Corolla tubulosa; limbo 2-labiato. Stamina didynama inclusa; antherarum loculis parallelis contiguis, inferne omnino liberis. Germen disco annulari v. breviter cupulari munitum, ∞-ovulatum; stylo incurvo v. deflexo, apice stigmatoso 2-lamellato v. stipitatim 2-capitellato. Fructus globosus, oblongus v. linearis, septicidus; valvis integris v. 2-fidis et placentas plus minus septiformes liberantibus; seminibus ∞, striatis. — Herbæ annuæ v. perennes; foliis oppositis, crenatis v. serratis; floribus[3] axillaribus solitariis v. 2-nis; pedicellis apice bracteolatis. (*America calid. utraque*[4].)

97. **Geochorda** CHAM. et SCHCHTL[5]. — Sepala 5, subæqualia, basi angustata, leviter imbricata. Corollæ tubus brevis, fauce late campanulatus; limbi labiis 2, varie imbricatis, planis. Stamina didynama; antherarum loculis distinctis. Capsula loculicida; valvis integris; placentis stipitatis. — Herba sæpius reptans; foliis oppositis rhombeis v. obovatis, incisis v. dentatis; floribus[6] axillaribus solitariis. (*Brasilia*[7].)

98. **Mimulus** L.[8] — Calyx tubulosus, angulatus, nunc subcampanulatus; dentibus v. lobis 5, leviter imbricatis. Corollæ tubus varius; limbi 2-labiati lobis 5, varie imbricatis. Stamina didynama, inclusa v. sub labio postico exserta; antherarum loculis distinctis v. apice confluentibus, sæpe divaricatis. Germen nunc basi angustatum imaque basi in discum dilatatum ; loculis 2, ∞-ovulatis ; styli summi lamellis

1. Spec. 1. *B. aquatica* AUBL. — J.-A. SCHM., in *Mart. Fl. bras.*, VIII, 317, t. 54.

2. *Guian.*, 639, t. 258. — BENTH., in *DC. Prodr.*, X, 390 (part.); *Gen.*, II, 951, n. 74. — *Sphærotheca* CHAM. et SCHLCHTL, in *Linnæa*, II, 605. — *Leucospora* NUTT., in *Journ. Acad. Philad.*, VII, 87. — *Schistophragma* BENTH., in *Endl. Gen.*, 679; in *DC. Prodr.*, X, 392.

3. Albis v. cæruleis, parvis.

4. Spec. 6, 7. MICHX, *Fl. bor.-amer.*, II, t. 35 (*Capraria*). — A. GRAY, in *Emor. Exp. Bot.*, 117; *Syn. Fl. N.-Amer.*, 247, 279. — J.-A. SCHM., in *Mart. Fl. bras.*, VIII, t. 51.

5. In *Linnæa*, III, 11. — ENDL., *Gen.* n. 3974. — BENTH., in *DC. Prodr.*, X, 401; *Gen.*, II, 952, n. 77.

6. Cæruleis, parvis.

7. Spec. 1. *G. cuneata* CHAM. et SCHLCHTL. — J.-A. SCHM., in *Mart. Fl. bras.*, VIII, 261, t. 53, II.

8. *Gen.*, n. 783. — ENDL., *Gen.*, n. 3935. — BENTH., in *DC. Prodr.*, X, 369; *Gen.*, II, 946, n. 62. — *Uvedalia* R. BR., *Prodr.*, 440. — *Diplacus* NUTT., in *Ann. Nat. Hist.*, ser. 1, I, 137. — ENDL., *Gen.*, n. 3934. — BENTH., in *DC. Prodr.*, X, 368. — *Erythranthe* SPACH, *Suit. à Buff.*, IX, 312. — *Eunanus* BENTH., in *DC. Prodr.*, X, 374.

2[1], distinctis v. dilatato-connatis. Capsula loculicida; valvis integris v. nunc 2-fidis, placentas liberantibus v. medio intus septiferis et seminigeris. — Herbæ variæ v. basi frutescentes, nunc viscoso-pilosæ; foliis oppositis, integris v. dentatis; floribus[2] axillaribus solitariis v. terminali-racemosis, ebracteatis. (*America, Asia, Oceania et Africa calid.*[3])

99. **Mazus** LOUR[4]. — Calyx breviter campanulatus, sub-5-fidus. Corollæ tubus brevis; limbi labio postico ovato, 2-fido; antico majore patente, basi 2-gibbo, apice 3-fido. Stamina didynama; antherarum loculis divaricatis distinctis contiguis. Germen ∞-ovulatum; stylo apice ovato-2-lamellato. Capsula obtusa loculicida, 2-valvis. Semina ∞, placentis carnosis affixa ovoidea. — Herbæ, nunc surculosæ, glabræ v. hirsutæ; foliis oppositis, v. superioribus alternis, dentatis v. inciso-crenatis; floribus[5] in racemos terminales subsecundos dispositis; pedicellis ebracteolatis v. alterne 1, 2-bracteolatis. (*India, Asia or., Oceania*[6].)

100. **Dodartia** L.[7] — Calycis campanulati dentes 5, longiusculi; sinubus imis extus glanduloso-prominulis. Corollæ[8] tubus subcylindricus; limbi labio postico extimo breviore, apice emarginato v. breviter 2-dentato; antici autem majoris patentis lobo medio intimo, a lateralibus (a labio postico obtectis) involuto. Stamina 4, corollæ inserta, 2-dynama: antica majora; antheræ introrsæ loculis divaricatis, rimosis. Germen 2-loculare; ovulis in loculis ∞, placentæ axili crassæ insertis; stylo gracili tubuloso, apice stigmatoso in lamellas 2, intus papillosas, diviso. Fructus subglobosus, loculicidus; valvis placentas liberantibus.—Herba perennis ramosa erecta; foliis oppositis et alternis

1. Irritabilibus.

2. Flavis, rubris v. violaceis, sæpe pulchris.

3. Spec. ad 35. JACQ. F., *Ecl. am.*, t. 92. — BONPL., *Malm.*, t. 60. — C. GAY, *Fl. chil.*, t. 57. — TORR., *Bot. Wippl. Exp.*, 64 (120). — A. GRAY, in *Proc. Amer. Acad.*, VII, 381; *Bot. Calif.*, I, 562; *Syn. Fl. N.-Amer.*, 247, 273, 442. — S.-WATS., *Bot. fourt. parall.*, 223; 226 (*Eunanus*). — E.-L. GREENE, *Pitton.*, I, 36 (*Diplacus, Eunanus*), 37. — *Bot. Reg.*, 874, 1030, 1118, 1125, 1330, 1591, 1674, 1796. — *Bot. Mag.*, t. 283, 1501, 3336, 3353, 3363, 3924, 5423, 5478. — WALP., *Ann.*, III, 192; V, 627.

4. *Fl. cochinch.* (1790), 385. — ENDL., *Gen.*, n. 3931; *Iconogr.*, t. 102. — BENTH., in *DC. Prodr.*, X, 375; *Gen.*, II, 947, n. 63. — *Hornemannia* W., *Enum. Hort. berol.*, 653 (non VAHL).

5. Albis v. pallide cæruleis.

6. Spec. 4. THUNB., *Fl. jap.*, 253 (*Lindernia*). — MIQ., *Prol.*, 48 (*Lindernia*). — WIGHT, *Icon.*, t. 1407. — REICHB., *Ic. exot.*, t. 37 (*Hornemannia*). — HOOK., *Icon.*, t. 567. — SWEET, *Brit. fl. Gard.*, t. 36. — BENTH., *Fl. austral.*, IV, 483. — FR. et SAV., *Enum. pl. jap.*, I, 344. — HOOK. F., *Fl. brit. Ind.*, IV, 259; *Handb. N. Zeal. Fl.*, 202. — BOISS., *Fl. or.*, IV, 423.

7. *Gen.*, n. 780. — GÆRTN., *Fruct.*, t. 53. — ENDL., *Gen.*, n. 3930. — BENTH., in *DC. Prodr.*, X, 376; *Gen.*, II, 948, n. 64.

8. Violaceæ, mediocris.

linearibus; racemis terminalibus laxis; pedicellis brevibus ebracteolatis. (*Asia occ. et media*[1].)

101. **Lancea** HOOK. F. et THOMS[2]. — Flores fere *Dodartiæ;* calyce 5-fido. Stamina subexserta, didynama, Fructus globosus tenuiter carnosus indehiscens epulposus; seminibus ∞, placentæ carnosæ affixis. — Herba nana glabra; foliis basilaribus rosulatis v. oppositis longe obovatis; floribus[3] in racemo terminali paucis v. 1, anguste bracteatis. (*Tibetia*[4].)

102. **Melosperma** BENTH.[5] — Calycis gamophylli campanulati persistentis lobi 5, inæquales. Corollæ tubus cylindraceo-obconicus; limbi obliqui patentis labio postico 2-lobo; antico autem æquali-3-lobo. Stamina didynama inclusa; omnium antherarum loculis distinctis, superne connectivo crassiusculo affixis divaricatis. Germen disco tenui basi cinctum, 2-loculare pauciovulatum; stylo apice capitato. Capsula globosa loculicida; valvis 2-partitis septum compressum subspongiosum liberantibus. Semina[6] 1 v. pauca inæqui-obovata plano-convexa lævia; embryonis parce albuminosi recti cotyledonibus ellipticis crassis. — Herba perennis v. suffrutescens[7] decumbens ramosa, glabra v. viscidula; foliis oppositis v. nunc superne alternis integris crassiusculis rigidulis; floribus axillaribus solitariis pedunculatis. (*Chili andin.*[8])

103. **Monttea** C. GAY[9]. — Flores irregulares; calyce tubuloso v. campanulato, 5-dentato, leviter imbricato. Corollæ tubus cylindraceus, vix superne ampliatus; limbi labiis 2, imbricatis; postico 2-lobo exteriore; antico 3-lobo. Stamina didynama inclusa; loculis antheræ obliquis divaricatis. Staminodium posticum parvum v. subnullum. Germen basi disco annulari cinctum, 2-loculare; stylo subulato, apice stigmatoso acutiusculo. Ovula ∞, nunc pauca. Capsula apice 4-valvis v. indehiscens. Semina pauca exalbuminosa; embryonis carnosi cotyledonibus crassis; radicula supera. — Frutices glabri, nunc spines-

1. Spec. 1. *D. orientalis* L., *Spec.*, 883. — SWEET, *Brit. fl. Gard.*, t. 147. — BOISS., *Fl. or.*, IV, 424. — JAUB. et SP., *Ill. pl. or.*, t. 410. — *Bot. Mag.*, t. 2199.

2. In *Hook. Kew Journ.*, IX, 244, t. 7. — B. H., *Gen.*, II, 948, n. 65.

3. Purpureo-cæruleis, mediocribus.

4. Spec. 1. *L. tibetica* HOOK. F. et THOMS.

5. In *DC. Prodr.*, X, 374; *Gen.*, II, 946, n. 61.

6. Nigra.

7. Siccitate nigricans.

8. Spec. 1. *M. andicola* BENTH. — C. GAY, *Fl. chil.*, V, 124.

9. *Fl. chil.*, IV, 416, t. 51. — BUR., in *Bull. Soc. bot. Fr.*, 30 janv. 1863. — *Oxycladus* MIERS, in *Trans. Linn. Soc.*, XVI, 146, t. 18.

centes; foliis oppositis v. rarius alternis, integris, nunc ad squamas reductis; floribus axillaribus solitariis v. cymosis paucis. (*Chili, Respubl. argent.*[1])

104. **Stemodia** L.[2] — Sepala 5, imbricata; posticum sæpius majus. Corollæ tubus cylindraceus; limbi labiis 2; antico 3-lobo; postico suberecto, integro, emarginato v. 2-lobo. Stamina 4, didynama inclusa; filamentis tenuibus; antherarum loculis disjunctis stipitatis, aut omnibus fertilibus, aut rarius (*Adenosma*[3]) sterilibus cassisque 2, 3[4]. Germen 2-loculare, ∞-ovulatum; stylo superne varie dilatato v. 2-alato, stigmatoso-2-lobo v. 2-lamellato. Capsula septicida sæpiusque simul loculicida; valvis placentas connatas (*Morgania*[5]) v. sæpius solutas liberantibus. — Herbæ, habitu variæ, nunc tenues (*Morgania*), sæpe aromatice; indumento vario; foliis oppositis v. verticillatis; floribus[6] in axillis foliorum v. bractearum (unde spicatis) solitariis, sæpius bracteolatis. (*Orbis tot. reg. trop. et subtrop.*[7])

105. **Ambulia** LAMK[8]. — Sepala 5, subæqualia, v. posticum majus, imbricata. Corollæ tubus cylindraceus; limbi labio postico erecto, integro v. 2-fido; antico autem patulo, 3-fido. Stamina didynama inclusa; antherarum loculis disjunctis, sæpe stipitatis, rarius sessilibus contiguis. Germen 2-loculare, ∞-ovulatum; stylo superne deflexo, haud v. vix alato; lobis v. lamellis stigmatosis brevibus. Capsula forma varia, septicida et loculicida; valvis 4, septum utrinque in medio placentiferum liberantibus. Semina ∞, minuta reticulato-striata. — Herbæ plerumque paludosæ, nunc odoratæ pellucido-punctatæ; foliis

1. Gen. minime *Bignoniacearum*. Spec. ad 3.

2. *Gen.*, n. 777. — LAMK, *Ill.*, t. 534. — ENDL., *Gen.*, n. 3926. — BENTH., in *DC. Prodr.*, X, 381; *Gen.*, II, 950, n. 70. — *Unanuea* R. et PAV., *Icon. Fl. per. ined.* — ?*Poarium* DESVX, in *Hamilt. Prodr. Fl. ind. occ.*, 46.

3. R. BR., *Prodr.*, 442 (non NEES). — ENDL., *Gen.*, n. 4033. — BENTH., in *DC. Prodr.*, X, 389; *Gen.*, II, 949, n. 69. — *Pterostigma* BENTH., *Scroph. ind.*, 20. — *Anisanthera* GRIFF., *Notul.*, IV, 100.

4. *Adenosma* nunc certe loculos antherarum 8 fertiles præbet.

5. R. BR., *Prodr.*, 441. — ENDL., *Gen.*, n. 3938; *Iconogr.*, t. 103. — B. H., *Gen.*, II, 950, n. 71.

6. Sæpius cærulescentibus, parvis.

7. Spec. ad 35. H. B. K., *Nov. gen. et spec.*, 175. — HOOK. et ARN., *Beech. Voy. Bot.*, t. 45 (*Pterostigma*). — WIGHT, *Icon.*, t. 1408. — ROXB., *Pl. corom.*, t. 163. — J.-A. SCHM., in *Mart. Fl. bras.*, VIII, 296, t. 52 II. — MIQ., in *Linnæa*, XXI, 475. — BENTH., *Fl. austral.*, IV, 484 (*Adenosma*), 485; 487 (*Morgania*). — THW., *Enum. pl. Zeyl.*, 426 (*Pterostigma*). — HOOK. F., *Fl. brit. Ind.*, IV, 263 (*Adenosma*), 265. — REICHB., *Icon. exot.*, t. 149. — *Bot. Reg.*, t. 1470; (1846), t. 16 (*Pterostigma*). — *Bot. Mag.*, t. 3134 (*Gratiola*). — WALP., *Ann.*, III, 194; V, 628.

8. *Dict.*, I, 128 (1783). — H. BN, in *Bull. Soc. Linn. Par.*, 698. — *Diceros* LOUR., *Fl. cochinch.*, 381 (nec *alior.*)? — *Hydropityon* GÆRTN. F., *Fruct.*, III, 19, t. 183. — *Limnophila* R. BR., *Prodr.*, 442. — ENDL., *Gen.*, n. 3932. — BENTH., in *DC. Prodr.*, X, 386; *Gen.*, II, 950, n. 72. — *Cybbanthera* HAM., in *Don Prodr. Fl. nepal.*, 87.

oppositis v. verticillatis; inferioribus submersis capillaceo-∞-fidis; floribus axillaribus solitariis v. terminali-racemosis; bracteolis lateralibus 2, summo pedunculo sub flore insertis. (*Orbis vet. tot. reg. calid.*[1])

106. **Hydrotriche** Zucc.[2] — Sepala 5, libera v. ima basi connata, imbricata. Corollæ tubus late ampliatus; limbi lobis 5, imbricatis, vix inæqualibus. Stamina 2, inclusa; filamentis brevibus; antheris pilosis cohærentibus; loculis discretis. Germen ∞-ovulatum; stylo gracili incluso, apice stigmatoso-2-lamellato. Capsula oblonga loculicida; valvis medio seminiferis. Semina ∞, striata apiculata. — Herba[3] natans; foliis oppositis; submersis capillaceo-∞-partitis; caulinis integris parvis; floribus terminali-racemosis; pedicellis oppositis, fructigeris deflexis. (*Madagascaria*[4].)

107. **Tetraulacium** Turcz[5]. — Sepala 5, inæqualia, imbricata; postico multo majore. Corollæ tubus cylindraceus; limbi labio postico adscendente emarginato; antico autem 3-lobo. Stamina didynama inclusa; filamentis gracilibus; antheræ loculis stipitatis 2; altero fertili lineari rimoso; altero minimo casso glanduliformi. Germen 2-loculare, ∞-ovulatum; stylo superne longitudinaliter 4-alato, apice stigmatoso simplici obtuso. Capsula loculicida et septicida; septo demum libero; placentis crassis, 2-fidis. Semina pauca tuberculato-striata. — Herba hirsuta procumbens; foliis oppositis v. verticillatis grosse dentatis, basi inæqualibus; floribus[6] axillaribus pedunculatis. (*Brasilia, Bolivia*[7].)

108. **Matourea** Aubl.[8] — Flores fere *Stemodiæ;* sepalis valde inæqualibus; postico lato obtuso exteriore; cæteris angustis. Stamina didynama inclusa, aut fertilia omnia; loculis inæqualibus disjunctis; altero nunc casso; aut postica minuta sterilia. Discus tenuis. Capsula

1. Spec. ad 20. Roxb., *Pl. corom.*, t. 189 (*Cyrilla*). — Wight, *Icon.*, t. 860, 861, 1409 (*Limnophila*). — Gaudich., in *Freyc. Voy. Bon.*, *Bot.*, t. 57 (*Limnophila*). — Benth., *Fl. austral.*, IV, 489 (*Limnophila*). — Franch. et Sav., *Enum. pl. jap.*, I, 344 (*Limnophila*). — Hook. f., *Fl. brit. Ind.*, IV, 265 (*Limnophila*).

2. In *Abh. Baier. Akad. Wissench.* (1832), 308. — Endl., *Gen.*, n. 3945. — Benth., in *DC. Prodr.*, X, 508; *Gen.*, II, 951, n. 73.

3. *Utricularias* referens.

4. Spec. 1. *H. ottoniæflora* Zucc.

5. In *Bull. Mosc.* (1843), 53. — Benth., in *DC. Prodr.*, X, 379; *Gen.*, II, 949, n. 68.

6. Cæruleis, parvis.

7. Spec. 1. *T. veronicæforme* Turcz. — J.-A. Schm., in *Mart. Fl. bras.*, VIII, 318, t. 55 I.

8. *Pl. Guian.*, II, 641, t. 259. — H. Bn, in *Bull. Soc. Linn. Par.*, 699. — *Dickia* Scop., *Introd.*, 199. — *Achetaria* Cham. et Schlchtl, in *Linnæa*, II, 566. — *Beyrichia* Cham. et Schlchtl., in *Linnæa*, III, 21. — Endl., *Gen.*, n. 3943. — Benth., in *DC. Prodr.*, X, 378; *Gen.*, II, 949, n. 67.

loculicida sæpeque simul septicida ; valvis inflexis 2-4, placentas liberantibus. — Herbæ[1] ramosæ; indumento vario; foliis oppositis; floribus[2] axillaribus, 2-bracteolatis v. terminali-spicatis. (*America trop.*[3])

109. **Lindenbergia** LEHM.[4] — Flores hermaphroditi; calycis subcampanulati nervati lobis 5, subæqualibus, imbricatis v. mox subvalvatis. Corollæ 2-labiatæ tubus subcylindricus; lobis posticis 2 in labium emarginatum v. 2-lobum alte connatis; antico a lateralibus obtecto cumque eis in labium anticum alte connatis. Stamina 4, didynama; anticis paulo majoribus; omnium filamentis corollæ insertis; antheris inclusis, 2-locularibus; loculis inæqualibus (postico minore) disjunctis et e ramis filamenti inæqualibus pendulis; polliniferis omnibus, introrsis et longitudinaliter ramosis. Discus tenuis v. 0. Germen 2-loculare; loculis completis v. incompletis, ∞-ovulatis; stylo antice decurvo, apice stigmatoso capitato, nunc breviter 2-lobo. Fructus capsularis loculicidus; valvis medio septiferis placentas solutas nudantibus; seminibus ∞, parvis, nunc placentæ semi-immersis. — Herbæ annuæ v. perennes, sæpius villosæ; foliis dentatis oppositis, v. supremis terminalibus; floribus axillaribus solitariis v. in spicas racemosve terminales dispositis, ebracteolatis. (*Africa or.*, *Asia austro-occ.*, *Arch. malay.*[5])

110. **Limosella** L.[6] — Flores irregulares v. abnorme subregulares[7]; calyce 4,5-dentato. Corollæ tubus brevis subcampanulatus; limbi patentis lobis 4, 5, varie imbricatis. Stamina 4, leviter didynama v. subæqualia, plerumque breviter exserta; antheris confluenti-rimosis. Germen 2-loculare; septo superne nunc evanido; stylo apice capitato. Capsula calyce stipata; valvis 2, placentas demum liberantibus. Semina ∞, ovoidea angulata striata; embryone albuminoso subaxili. — Herbæ parvæ cæspitosæ, nunc fluitantes, nunc stoloniferæ radicantes; foliis basilaribus v. ad nodos fasciculatis alternis, basi sæpe longe

1. *Labiatarum* v. *Acanthacearum* nonnullarum habitu.

2. Cærulescentibus, parvis.

3. Spec. 5. J.-A. SCHM., in *Mart. Fl. bras.*, VIII, 289, t. 50 (*Beyrichia*).

4. In *Link et Ott. Ic. pl. rar.*, 95, t. 48. — BENTH., in *DC. Prodr.*, X, 376; *Gen.*, II, 948, n. 63. — ENDL., *Gen.*, n. 3925. — *Brachycoris* SCHRAD., *Ind. sem. H. gœtt.* (1830). — *Bovea* DCNE, in *Ann. sc. nat.*, sér. 2, II, 253.

5. Spec. ad 8. HOOK., *Icon.*, t. 875. — BOISS., *Fl. or.*, IV, 424. — HOOK. F., *Fl. brit. Ind.*, IV, 261.

6. *Gen.*, n. 776. — LAMK, *Ill.*, t. 535. — ENDL., *Gen.*, n. 3977. — NEES, *Gen. Fl. germ.* — BENTH., in *DC. Prodr.*, X, 426; *Gen.*, II, 958, n. 96. — *Plantaginella* VAILL.

7. H. BN, *Sur un paradoxe de régularite dans les fleurs de la Limoselle*, in *Adansonia*, I, 305.

angustatis; floribus[1] pedunculatis ebracteolatis. (*Orbis tot. reg. temp. et calid.*[2])

111. **Glossostigma** ARN.[3] — Flores fere *Limosellæ;* calycis campanulati dentibus 3-5, obtusis, inæqualibus. Corollæ tubus brevis; limbi lobis 5, imbricatis, parum v. vix inæqualibus. Stamina 2-4; filamentis gracilibus tubo affixis; antherarum loculis divaricatis, confluenti-rimosis. Germen complete v. incomplete 2-loculare, ∞-ovulatum; stylo gracili, apice recurvo in laminam v. caput subdidymum stigmatosum dilatato. Capsula calyce inclusa, globosa, ovoidea v. subdidyma loculicida; valvis placentas nudantibus. — Herbæ parvæ v. minimæ ramosæ radicantes; foliis oppositis v. fasciculatis cæterisque *Limosellæ;* floribus[4] axillaribus solitariis tenuiter pedunculatis. (*Asia, Africa trop., Australia, Nova Zelandia*[5].)

112. **Peplidium** DEL.[6] — Flores fere *Limosellæ;* calyce gamophyllo, 5-costato; dentibus 5, obtusis v. truncatis, subvalvatis. Corollæ tubus brevis; limbi lobis 5, imbricatis; uno sæpe latiore antico. Stamina 2, inclusa; filamentis brevibus arcuatis; antheris 1-locularibus rimosis. Germen 2-loculare; stylo apice in laminam orbiculari-spathulatam recurvam dilatato. Capsula septicida; valvis integris v. 2-fidis. — Herbæ humiles prostratæ; foliis oppositis linea prominula transversa junctis, obtusis carnosulis; floribus axillaribus solitariis v. cymosis 1-2, breviter pedicellatis. (*Orb. vet. reg. calid.*[7])

113. **Encopa** GRISEB.[8] — Sepala 3-5. Corolla oblique campanulato-rotata. Stamina fertilia 2; antheris confluenti-1-locularibus. « Staminodia postica 2, clavata. » — Herba erecta tenuissima; foliis oppositis et verticillatis integris; floribus[9] axillaribus; pedicellis filiformibus longis ebracteolatis. (*Cuba*[10].)

1. Albis v. roseis, parvis v. minimis.

2. Spec. 2, 3. T., *Inst.*, 243 (*Alsine*). — HOOK., *Fl. lond.*, t. 62. — REICHB., *Ic. Fl. germ.*, t. 1722. — HOOK. F., *Fl. brit. Ind.*, IV, 288. — BOISS., *Fl. or.*, IV, 428. — A. GRAY, *Syn. Fl. N.-Amer.*, 247, 284. — GREN. et GODR., *Fl. de Fr.*, II, 600.

3. In *Nov. Act. nat. cur.*, XVIII, 355. — ENDL., *Gen.*, n. 3976. — BENTH., in *DC. Prodr.*, X, 426; *Gen.*, II, 958, n. 94. — *Tricholoma* BENTH., in *DC. Prodr.*, X, 426.

4. Albidis, minutis.

5. Spec. 3. HOOK., *Bot. Misc.*, II, t. suppl. 4 (*Microcarpæa*). — BENTH., *Fl. austral.*, IV, 501. — HOOK. F., *Fl. brit. Ind.*, IV, 287.

6. *Fl. Eg.*, 148, t. 4. — ENDL., *Gen.*, n. 3950. — BENTH., in *DC. Prodr.*, X, 422; *Gen.*, II, 957, n. 93.

7. Spec. 2. HOOK., *Bot. Misc.*, III, t. suppl. 29 (*Microcarpæa*). — BENTH., *Fl. austral.*, IV, 500. — HOOK. F., *Fl. brit. Ind.*, IV, 287. — BOISS., *Fl. or.*, IV, 427.

8. *Cat. pl. cub.*, 184. — B. H., *Gen.*, II, 957, n. 92.

9. Minutis.

10. Spec. 1. *E. tenuifolia* GRISEB.

114. **Bryodes** BENTH.[1] — Sepala 5, obtusa. Corolla breviter campanulata; limbi lobis 4, 5. Stamina 2; antherarum loculis divaricatis. Capsula subglobosa; valvis integris septum liberantibus. — Herba humilis ramosissima, sæpius reptans; foliis oppositis angustis integris; floribus[2] axillaribus solitariis sessilibus. (*Ins. mascaren.*[3])

115. **Amphianthus** TORR.[4] — Flores fere *Limosellæ;* calyce gamophyllo, 5-dentato. Corollæ tubus cylindraceus; limbo patente, 4-fido, imbricato. Stamina 2, inclusa; antherarum loculis globosis distinctis. Stylus apice stigmatoso minute 2-fidus. Capsula obcordata loculicida cæteraque *Limosellæ.* — Herba tenella; foliis basilaribus linearibus; floribus pedunculatis v. subsessilibus, foliaceo-2-bracteolatis. (*America bor.*[5])

116. **Micranthemum** MICHX[6]. — Flores fere *Limosellæ;* calyce plus minus alte 4, 5-fido. Corollæ tubus brevis; limbi labio postico brevi v. brevissimo; antico patente 3-lobo; lobo medio longiore, nunc dentato. Stamina 2, ad faucem affixa; antheræ loculis parallelis v. divergentibus. Germen ∞-ovulatum; stylo brevi, apice stigmatoso capitellato v. 2-lobo. Capsula subglobosa, ob septum ad margines evanidum 1-loculare; pericarpio membranaceo, 2-valvi v. ægre dehiscente. Semina ∞, oblonga. — Herbæ tenellæ nanæ glabræ ramosæ; foliis oppositis, sæpius orbiculatis v. breviter ovatis, integris, 3-5-nerviis; floribus alternatim axillaribus brevissime stipitatis. (*America bor. calid., centr. et austr.*[7])

117. **Bytophyton** HOOK. F.[8] — Sepala 4, lanceolari-subulata. Corolla calyce multo brevior; tubo subcylindraceo; limbi obscure 2-labiati lobis 4. Stamina anteriora 2, inclusa; filamentis brevibus subgibbosis; antheræ glabræ loculis parallelis. Germen ovoideum; stylo arcuato brevi, apice capitellato. Capsula perianthio multo brevior,

1. In *DC. Prodr.*, X, 433; *Gen.*, II, 957, n. 91.

2. Minutissimis.

3. Spec. 1. *B. micrantha* BENTH. — BAK., *Fl. maur.*, 241.

4. In *Ann. Lyc. N.-York*, IV, 82. — ENDL., *Gen.*, n. 3978. — BENTH., in *DC. Prodr.*, X, 425; *Gen.*, II, 958, n. 95.

5. Spec. 1. *A. pusillus* TORR. — A. GRAY, *Syn. Fl. N.-Amer.*, 284.

6. *Fl. bor.-amer.*, I, 10, t. 2. — ENDL., *Gen.* n. 3951. — BENTH., in *DC. Prodr.*, X, 423; *Gen.*, II, 956, n. 88. — *Pinarda* VELL., *Fl. flum.*, 23; Atl., I, t. 52. — *Hemianthus* NUTT., in *Journ. Ac. Philad.*, I, 119, t. 6.

7. Spec. 15, 16. GRISEB., *Cat. pl. cub.*, 183, 184. — A. GRAY, *Bot. N. Un.-St.*, ed. 5, 330; *Syn. Fl. N.-Amer.*, 247, 284. — WRIGHT, in *Sauv. Pl. cub.*, 101. — J.-A. SCHM., in *Mart. Fl. bras.*, VIII, 287. — HEMSL., *Bot. centr.-amer.*, II, 543.

8. *Fl. brit. Ind.*, IV, 286.

late oblonga compressa obtusa; valvis 2, demum 2-fidis v. 2-partitis. Semina ∞, anguste oblonga reticulata.—Herba glabra submersa; foliis subulato-lanceolatis integris; floribus breviter stipitatis ebracteolatis. (*India*[1].)

118. **Microcarpæa** R. Br.[2] — Calyx tubulosus; dentibus v. lobis 5, acutis. Corollæ tubus brevis; limbi lobis 5; posticis 2, liberis v. sæpius altius connatis. Stamina 2; antheris confluenti-rimosis. Capsula loculicida; valvis 2, septo contrariis, integris placentasque liberantibus. — Herba reptans minima ramosissima; foliis oppositis; floribus axillaribus solitariis sessilibus ebracteolatis. (*Asia trop.*, *Australia*[3].)

119. **Hydranthelium** H. B. K.[4] — Sepala 4, inæqualia. Corollæ subinfundibulari-campanulatæ lobi 3, 4, concavi obtusi imbricati. Stamina 2, ad faucem affixa; filamentis brevibus; antherarum loculis parallelis. Germen 2-loculare; stylo apice stigmatoso breviter 2-lamellato. Ovula ∞. Capsula ovata; valvis 2, septo utrinque placentifero solutis. Semina ∞, arcuata striata; hilo minute arillato. — Herbæ uliginosæ parvæ repentes; foliis oppositis sessilibus integris, 3-5-nerviis; floribus[5] axillaribus pedunculatis solitariis. (*America austr.*, *Africa trop. occid.*[6])

120. **Torenia** L.[7] — Sepala 5, angusta, libera v. ima basi connata (*Bonnaya*[8], *Ilysanthes*[9]) rariusve in tubum plicatum, costatum (*Lindernia*[10]) v. alatum, 2-labiatum obliqueve 3-5-dentatum (*Eutorenia*)

1. Spec. 1. *B. indicum* Hook. f. — *Micranthemum indicum* Hook. f. et Thoms., in *Hook. Kew Journ.*, IX, 245, t. 7.
2. *Prodr.*, 435. — Endl., *Gen.*, n. 3949. — Benth., in *DC. Prodr.*, X, 433; *Gen.*, II, 957, n. 90.
3. Spec. 1. *M. muscosa* R. Br. — Benth., *Fl. austral.*, IV, 501. — Hook. f., *Fl. brit. Ind.*, IV, 286.
4. *Nov. gen. et spec.*, VII, 202, t. 640. — Endl., *Gen.*, n. 3956. — Benth., in *DC. Prodr.*, X, 425; *Gen.*, II, 957, n. 89.
5. Albidis, minutis.
6. Spec. 2, 3. Pœpp. et Endl., *Nov. gen. et spec.*, t. 287. — J.-A. Schm., in *Mart. Fl. bras.*, VIII, 287. — Hemsl., *Bot. centr.-amer.*, II, 543.
7. *Gen.*, n. 754. — Lamk, *Ill.*, t. 523. — Endl., *Gen.*, n. 3953. — Benth., in *DC. Prodr.*, X, 409 (part.); *Gen.*, III, 954, n. 81. — *Nortenia* Dup.-Th., *Gen. nov. madag.*, 9. — *Pentsteria* Griff., *Notul.*, IV, 118.
8. Link et Ott., *Icon. pl. sel.*, 25, t. 11. — Endl., *Gen.*, n. 3948. — Benth., *Scroph. ind.*, 32, *Revis.*, 1; in *DC. Prodr.*, X, 420; *Gen.*, II, 956, n. 87. — Urb., in *Deutsch. Bot. Ges. Jahrb.* (1884), 429.
9. Rafin. — Benth., in *DC. Prodr.*, X, 418; *Gen.*, II, 955, n. 86. — Urb., *loc. cit.*, 434.
10. All., *Misc. taur.*, III (1766), 178, t. 5. — Nees, *Gen. Fl. germ.* — Endl., *Gen.*, n. 3958. — Maxim., in *Bull. Pét.*, XX, *Mél. biol.*, IX, 419. — ? *Ellabum* Bl., *Bijdr.*, 746. — *Ilyogeton* Endl., *Gen.*, 684. — *Mithranthus* Hochst., in *Flora* (1844), 103. — *Titmannia* Reichb., *Icon. exot.*, I, 27, t. 38 (part.). — *Hornemannia* Link et Ott., *I. pl. sel.*, 9, t. 3. — *Vriesia* Hassk., in *Flora* (1842), *Beitl.*, 27.

connata. Corollæ tubus superne plus minus ampliatus; limbus patens, 2-labiatus; labio postico 2-fido, emarginato v. integro. Stamina 4, aut fertilia omnia (*Eutorenia, Lindernia*), aut antica sterilia, nunc sæpe dente, appendice v. lobo vario aucta; antherarum sæpe per paria approximatarum loculis plerumque confluentibus. Stylus apice stigmatoso 2-lamellatus. Capsula brevis v. varie elongata, septicida; valvis placentas septumque liberantibus. — Herbæ annuæ v. perennes; foliis oppositis, sæpe dentatis; floribus [1] axillaribus v. terminali-racemosis [2]. (*Asia, Africa et Oceania calid.* [3])

121. **Diceros** Pers. [4] — Sepala 5, inæqualia ovato-acuminata, arcte imbricata. Corollæ tubus latus subcampanulatus; limbi labiis parum inæqualibus; postico emarginato; antico patente, 3-lobo. Stamina didynama; omnium antheris fertilibus; loculis confluenti-rimosis; filamentis longiorum inferne appendiculatis. Germen ∞-ovulatum, basi disco cupulari cinctum; stylo apice stigmatoso-2-lamellato. Capsula globosa septicida; valvis integris septum placentiferum liberantibus. Semina ∞, rugosa foveolata. — Herbæ erectæ; angulis scabris; foliis oppositis; floribus [5] terminali-racemosis; pedicellis ebracteolatis. (*Asia et Australia trop.* [6])

122. **Picria** Lour. [7] — Calycis foliola 4; anticum posticumque lata; lateralia autem 2, linearia; præfloratione alternatim imbricata. Corollæ tubus cylindraceus; limbi labiis 2 dissimilibus; antico 3-fido, patente; postico in præfloratione exteriore erecto, emarginato v. for-

1. Cæruleis, luteis v. discoloribus, nunc speciosis.

2. Ramo excurrente nunc spurie axillaribus.

3. Spec. ad 60. Jacq. f., *Eclog.*, t. 150 (*Hornemannia*). — Roxb., *Pl. corom.*, t. 154, 155 (*Gratiola*), 161; 179, 202 (*Gratiola*). — Wight, *Icon.*, t. 128, 203, 204 (*Gratiola*), 862; 863 (*Vandellia*), 1411, 1412 (*Bonnaya*). — Bl., *Bijdr.*, 752 (*Diceros*). — Hook., *Icon.*, t. 151 (*Lindernia*), 1251. — Reichb., *Ic. Fl. germ.*, t. 1723 (*Lindernia*). — Oliv., in *Trans. Linn. Soc.*, XXIV, t. 121 (*Vandellia*), 122 (*Bonnaya*). — Hook. f., *Fl. brit. Ind.*, IV, 275; 279 (*Vandellia*), 283 (*Ilysanthes*), 284 (*Bonnaya*). — Fr. et Sav., *En. pl. jap.*, I, 345. — Hemsl., *Bot. centr.-amer.*, II, 452 (*Vandellia*), 453 (*Ilysanthes*). — J.-A. Schm., in *Mart.*, *Fl. bras.*, VIII, 319, t. 55, II (*Vandellia*), 321, t. 56, I. — Boiss., *Fl. or.*, IV, 427 (*Vandellia*). — Gren. et Godr., *Fl. de Fr.*, II, 584 (*Lindernia*). — Lloyd, in *Bull. Soc. bot. Fr.*, XV, 155 (*Ilysanthes*). — *Fl. serr.*, t. 157, 1342. — *Bot. Reg.* (1846), t. 62. — *Bot. Mag.*, t. 3715, 4229, 4249, 5167, 6700, 6747. — Walp., *Rep.*, VI, 643, 746; *Ann.*, V, 628.

4. *Syn.*, II, 164 (non Lour.). — *Achimenes* Vahl, *Symb.*, II, 71 (non P. Br.). — Endl., *Gen.*, n. 3954. — *Artanema* Don, in *Sweet Brit. fl. Gard.*, ser. 2, t. 234. — Benth., in *DC. Prodr.*, X, 408; *Gen.*, II, 953, n. 81.

5. Cærulescentibus, majusculis.

6. Spec. 2, 3. Wight, *Icon.*, t. 1410 (*Artanema*). — Benth., *Fl. austral.*, IV, 495 (*Artanema*). — Hook. f., *Fl. brit. Ind.*, IV, 274 (*Artanema*). — *Bot. Mag.*, t. 3104 (*Torenia*).

7. *Fl. cochinch.*, 392. — Endl., *Gen.*, n. 4154. — H. Bn, in *Bull. Soc. Linn. Par.*, 699. — *Curanga* J., in *Ann. Mus.*, IX, 319. — Endl., *Gen.*, n. 3941. — Benth., in *DC. Prodr.*, X, 408; *Gen.*, II, 954, n. 82. — *Treisteria* Griff., *Notul.*, IV, 113 (part.). — *Symphyllium* Griff., in *Madr. Journ. sc.*, 373.

nicato. Stamina 4 : postica 2, perfecta; antherarum loculis 2, distinctis parallelis rimosis; antica 2, raro fertilia, plerumque ad staminodia v. ad loculos steriles reducta. Germen 2-loculare, ∞-ovulatum; stylo apice 2-lamellato; lamellis intus stigmatosis. Capsula septicida, calyce inclusa; valvis integris placentas liberantibus; seminibus ∞, foveolatis. — Herbæ reptantes v. diffusæ; foliis oppositis crenatis; floribus in racemos breves terminales moxque laterales dispositis; pedicellis oppositis bracteatis et ebracteolatis. (*India or.*, *archip. Malay.* [1])

123. **Craterostigma** HOCHST.[2] — Flores fere *Toreniæ;* calycis tubulosi plicati dentibus 5. Corollæ labium anticum majus, basi 2-convexum barbatumque. Stamina didynama; antica basi gibbo corollæ adnato aucta. Capsula oblonga septicida. — Herbæ perennes subacaules humiles; foliis basilaribus rosulatis integris (plantagineis), 8-nerviis; floribus in summo scapo solitariis v. sæpius spicatis racemosisve; bracteis oppositis. (*Africa austr. et trop.* [3])

XVI. DIGITALEÆ.

124. **Digitalis** T. — Flores irregulares; sepalis 5, imbricatis. Corollæ declinatæ tubus subcampanulatus v. ventricosus, sæpe supra basin globosam constrictus; limbi labiis 2, inæqualibus; postico integro emarginato v. 2-lobo, incumbente (*Isoplexis*) v. sæpius patente; antico autem 3-lobo; lobo medio sicut labium posticum a lateralibus sub æstivatione operto. Stamina didynama corolla breviora adscendentia; antherarum per paria approximatarum loculis divergentibus et superne confluentibus. Germen 2-loculare, ∞-ovulatum, tenuiter in discum incrassatum; styli lobis 2, intus stigmatosis. Capsula septicida; valvis integris inflexis placentas ex parte liberantibus. Semina ∞, foveolato-rugosa; embryone albuminoso recto. — Herbæ, nunc basi suffrutescentes v. (*Isoplexis*) frutescentes; foliis alternis, aut petiolatis, aut sessilibus basique in petiolum spurium attenuatis, integris v. dentatis, glabratis v. indumento vario; floribus

1. Spec. 2. HOOK. F., *Fl. brit. Ind.*, IV, 275 (*Curanga*).

2. In *Flora* (1841), 668. — B. H., *Gen.*, II, 954, n. 83. — *Dunalia* R. BR., in *Salt Abyss.* (nec SPRENG., nec H. B. K.).

3. Spec. 3. BENTH., in *DC. Prodr.*, X, 411 (*Torenia*). — DOMBR., *Fl. Mag.*, X, 534 (*Torenia*). Genus adspectu a *Toreniis* valde diversum, at e characteribus e flore excerptis proximum vixque distinguendum.

varie racemosis, nunc secundis. (*Europa, Asia occ. et med., Africa ins. bor.-occid.*) — *Vid. p.* 395.

125. **Erinus** L.[1] — Sepala 5, linearia, leviter imbricata. Corollæ tubus tenuis ; limbi patentis lobis 5, subæqualibus obcuneatis emarginatis ; posticis 2 exterioribus. Stamina didynama inclusa ; filamentis brevibus ; antheris reniformibus confluenti-rimosis. Germen ∞-ovulatum ; stylo brevi capitato-glanduloso, subtus cornubus 2 loculis superpositis[2] aucto. Capsula obtusa loculicida ; valvis 2-fidis placentas liberantibus. Semina ∞, ovoidea rugulosa, intus linea exarata. — Herba perennis cæspitosa ; foliis basilaribus rosulatis ; caulinis alternis crenulatis ; floribus[3] in racemos terminales simplices dispositis secundis, ebracteolatis. (*Europa occid. mont.*[4])

126. **Camptoloma** BENTH.[5] — « Sepala 5, oblongo-linearia subfoliacea, leviter imbricata. Corollæ tubus exsertus, superne dilatatus ; limbi patentis lobis 5, imbricatis ; lateralibus exterioribus. Stamina didynama inclusa ; antheris reniformibus confluenti-rimosis. Germen ∞-ovulatum ; stylo apice tenuiter stigmatoso vix dilatato obtuso. Capsula septicida ; valvis 2-fidis inflexis et placentas liberantibus ; seminibus ∞, minimis vix rugosis. » — Suffrutex (?) villosus[6] ; foliis alternis petiolatis orbiculatis crenatis ; floribus in cymas axillares 3-5-floras dispositis. (*Africa trop. occ.*[7])

127. **Campylanthus** ROTH.[8] — Flores[9] irregulares ; calyce imbricato, 5-fido v. sub-5-partito. Corollæ tubus incurvus ; limbi patentis lobis 5, arcte imbricatis ; posticis 2 et antico interioribus. Stamina 2, antica inclusa ; filamentis brevibus ; antheræ (majusculæ) loculis divaricatis, superne confluenti-rimosis. Discus annularis tenuis. Germen ∞-ovulatum ; stylo brevi, recto v. curvo, apice late dilatato-stigmatoso. Capsula compressa septicida ; valvis 2-fidis v. 2-partitis.

1. *Gen.*, n. 771 (part.). — J., *Gen.*, 100. — NEES, *Gen. Fl. germ.*, XVI, t. 14. — BENTH., in *DC. Prodr.*, X, 453 ; *Gen.*, II, 961, n. 105. — ENDL., *Gen.*, n. 3928.
2. Lobis stigmatosis veris.
3. Roseis, violaceis, v. cœrulescentibus.
4. Spec. 1. *E. alpinus* L., *Spec.*, 878. — DC., *Fl. fr.*, III, 378 ; V, 405. — REICHB., *Ic. Fl. germ.*, t. 1695. — GREN. et GODR., *Fl. de Fr.*, II, 601. — *Bot. Mag.*, t. 310.
5. In *DC. Prodr.*, X, 430 ; *Gen.*, II, 960, n. 101.
6. « Habitu *Caprariæ*. »
7. Spec. 1, descripta, *C. rotundifolia* BENTH., cui forte addatur *C. Welwitschii* (WELW., n. 5805, 5806).
8. *Nov. pl. sp.*, 4. — ENDL., *Gen.*, n. 3983. — BENTH., in *DC. Prodr.*, X, 508 ; *Gen.*, II, 961, n. 106.
9. Sæpius albi, mediocres.

Semina ∞, compressa; funiculo in alam hyalinam nunc semen totum cingentem dilatato. — Frutices; foliis alternis integris linearibus carnosulis; floribus in racemos sæpe laxos dispositis, nunc secundis; pedicello 2-bracteolato. (*Scindia, Arabia, Africa trop. or., ins. Canar. et Azor.*[1])

128. **Lafuentea** LAG.[2] — Sepala 5, linearia, leviter imbricata. Corollæ tubus cylindraceus brevis; limbi patentis labio postico integro v. emarginato erecto; antico patenti 3-lobo; lobis lateralibus labium posticum obtegentibus. Stamina didynama inclusa; loculis contiguis parallelis v. demum obliquis. Germen ∞-ovulatum; stylo tenui, apice stigmatoso capitellato. Capsula oblonga septicida; valvis 2-fidis placentas liberantibus. Semina ∞, descendentia. — Suffrutex[3] decumbens villosulus v. lanatus; ramis fragilibus; foliis oppositis petiolatis reniformi-cordatis crenatis mollibus; floribus[4] terminali-spicatis; bracteis linearibus. (*Hispania*[5].)

129. **Ourisia** COMMERS.[6] — Flores parum irregulares; calycis lobis 5, imbricatis. Corollæ tubus cylindraceus v. anguste campanulatus, ad faucem ampliatus; limbi lobis 5, subæqualibus, obtusis v. emarginatis, imbricatis; posticis 2 et antico exterioribus; lateralibus intimis v. extimo 1. Stamina 4, inclusa didynama; anteriora majora; antheris orbiculari-reniformibus, confluenti-rimosis. Staminodium parvum, minimum v. 0. Germinis loculi 2, ∞-ovulati; stylo gracili, apice capitellato integro v. emarginato. Fructus capsularis subglobosus v. oblongus, loculicidus; valvis medio septiferis placentiferis. Semina ∞, extus laxe reticulata. — Herbæ, nunc basi suffrutescentes, decumbentes v. repentes; foliis oppositis, nunc polymorphis; floribus[7] axillaribus solitariis v. in racemos simplices v. compositos, nunc corymbiformes, dispositis. (*America austr., andin., antarct., Tasmania, N.-Zelandia*[8].)

1. Spec. 4, 5. WIGHT, *Icon.*, t. 1416. — HOOK., *Niger Fl.*, t. 16. — WEBB, *Phyt. canar.*, III, 125, t. 176. — HOOK. F., *Fl. brit. Ind.*, V, 289.
2. *Elench. H. matrit.*, 19. — ENDL., *Gen.*, n. 4022. — BENTH., in *DC. Prodr.*, X, 391; *Gen.*, II, 962, n. 107
3. *Labiatarum* adspectu.
4. Albis, parvis.
5. Spec. 1. *L. rotundifolia* LAG. — WILLK. et LGE, *Prodr. Fl. hisp.*, II, 591.
6. Ex J., *Gen.*, 100. — GÆRTN. F., *Fruct.*, III, t. 185. — ENDL., *Gen.*, n. 3986. — BENTH., in *DC. Prodr.*, X, 492; *Gen.*, II, 962, n. 108. — *Dichroma* CAV., *Icon.*, VI, 59, t. 582.
7. Coccineis v. roseis, pulchris.
8. Spec. 15, 16. PŒPP. et ENDL., *Nov. gen. et spec.*, I, t. 4-7. — C. GAY, *Fl. chil.*, V, 129 — HOOK., *Icon.*, t. 545. — HOOK. F., *Fl. antarct.*, t. 118; *Handb. N. Zeal. Fl.*, 217. — BENTH., *Fl. austral.*, IV, 512. — WEDD., *Chl. andin.*, II, 113, t. 56, 60. — *Bot. Mag.*, t. 5335. — WALP., *Ann.*, III, 198; V, 632.

130. **Scoparia** L.[1] — Flores vix irregulares; sepalis 4, 5, ovato-lanceolatis, imbricatis. Corolla subrotata; tubo brevissimo, ad faucem barbato; limbi lobis 4, obtusis subæqualibus; antherarum subsagittatarum loculis distinctis. Germen compressiusculum, 2-loculare, ∞-ovulatum; stylo breviter clavato, apice stigmatoso obtuso v. emarginato. Capsula septicida; valvis integris, margine inflexis et placentas liberantibus. Semina ∞, angulata scrobiculata. — Herbæ ramosæ, nunc basi frutescentes; foliis oppositis v. verticillatis, integris dentatisve, punctulatis; floribus[2] axillaribus cymosis, sæpe 2-nis v. rarius solitariis[3]. (*Orbis tot. reg. calid.*[4])

131. **Capraria** L.[5] — Flores subregulares; sepalis 5, basi connatis, acutatis, imbricatis. Corolla subrotata v. subcampanulata; tubo brevissimo; limbi lobis 5, subæqualibus, imbricatis. Stamina 4, v. nunc 5, corolla breviora; antheris sagittatis v. reniformibus; loculis divergentibus, confluenti-rimosis. Germen 2-loculare; disco tenuissimo; ovulis ∞; stylo brevi, apice stigmatoso dilatato obtuse 2-lobo. Capsula loculicida; valvis placentas liberantibus, sæpius demum 2-fidis. Semina ∞, rugoso-reticulata. — Herbæ perennes v. basi frutescentes, glabræ v. hirtellæ; foliis alternis serratis; floribus[6] axillaribus solitariis, 2-nis v. cymosis pedicellatis. (*America calid.*[7])

132? **Oftia** Adans.[8] — Flores leviter irregulares; sepalis 5, angustis, imbricatis, mox haud contiguis. Corollæ tubus cylindraceus; limbi patentis lobis 5, vix inæqualibus, imbricatis; exterioribus anticis. Stamina 4, vix didynama, sub fauce inserta; filamentis brevibus; antherarum oblongarum ad medium affixarum loculis paral-

1. *Gen.*, n. 143. — J., *Gen.*, 118. — Gærtn., *Fruct.*, t. 53. — Lamk, *Ill.*, t. 85. — Endl., *Gen.*, n. 3973. — Benth., in *DC. Prodr.*, X, 431; *Gen.*, II, 959, n. 99.

2. Albis, flavis v. pallide cæruleis.

3. Gemma nunc floribus exteriore.

4. Spec. 5, 6. Pal.-Beauv., *Fl. ow. et ben.*, t. 115. — Link et Ott., *Ic. pl. sel.*, t. 60. — Hook. f., *Fl. brit. Ind.*, IV, 289. — J.-A. Schm., in *Mart. Fl. bras.*, VIII, 264, t. 44. — Hemsl., *Bot. centr.-amer.*, II, 454. — Griseb., *Fl. brit. W.-Ind.*, 427; *Symb. Fl. arg.*, 239. — A. Gray, *Syn. Fl. N.-Amer.*, 248, 284. — Bak., *Fl. maurit.*, 240.

5. *Gen.*, 768. — J., *Gen.*, 118. — Gærtn., *Fruct.*, t. 53. — Lamk, *Ill.*, t. 534, fig. 2. — Endl., *Gen.*, n. 3921. — Benth., *Revis.*, 3; in *DC. Prodr.*, X, 429; *Gen.*, II, 959, n. 100. — *Xuaresia* R. et Pav., *Prodr.*, 24, t. 4; *Fl. per.*, t. 123, fig. *a*. — Endl., *Gen.*, n. 3922. — ? *Pogostoma* Schrad., *Ind. sem. H. gœtt.* (1831). — Endl., *Gen.*, n. 3923 (ex Benth.).

6. Albis, parvulis.

7. Spec. 2, 3. Jacq., *St. amer.*, t. 115. — Griseb., *Fl. brit. W.-Ind.*, 427. — J.-A. Schm., in *Mart. Fl. bras.*, VIII, 291. — Hemsl., *Bot. centr.-amer.*, II, 454. — Griseb., *Fl. brit. W.-Ind.*, 427. — A. Gray, *Syn. Fl. N.-Amer*, 248, 284.

8. *Fam. des pl.*, II, 199. — Payer, *Organog.*, 558, t. 113. — Bocq., in *Adansonia*, II, 5 — B. H., *Gen.*, II, 1125, n. 4. — *Spielmannia* Medic., in *Act. Ac. Th.-palat.*, III, 196, t. 10. — Schau., in *DC. Prodr.*, XI, 525. — Endl., *Gen.*, n. 3694.

lelis, sub insertione liberis acutiusculis. Germen 2-loculare, basi in discum tumens; stylo incluso, apice in lobos 2 inæquales stigmatosos diviso. Ovula in loculis 4 v. 5, 2-seriatim descendentia; micropyle extrorsum laterali superaque. Fructus drupaceus; putamine 1, 2-loculari; seminibus tenuiter albuminosis; embryonis albumine paulo brevioris radicula supera. — Frutices villosi v. villosuli; foliis alternis v. spurie oppositis serrulatis; floribus[1] in axillis superioribus solitariis, haud v. breviter pedunculatis. (*Africa austr.*[2])

133. **Hemiphragma** WALL.[3] — Sepala 5, angusta. Corollæ tubus brevis latusque; limbi patentis lobis 5, subæqualibus, imbricatis. Stamina vix didynama; filamentis gracilibus ad imam corollam affixis; antheræ sagittatæ loculis confluenti-rimosis. Germen ∞-ovulatum; stylo brevi, apice stigmatoso acutato. Capsula carnosula septicida; valvis integris v. plus minus 2-fidis, septum medio placentiferum parallelumque liberantibus. Semina ∞, subovoidea. — Herba prostrata, glabrata v. pilosula[4]; foliis caulinis oppositis petiolatis orbiculari-cordatis crenatis; ramulorum autem fasciculatis breviter linearibus ciliatis; floribus[5] sessilibus v. breviter stipitatis solitariis. (*Asia mont.*[6])

134. **Sibthorpia** L.[7] — Flores 4-8-meri; calyce campanulato subæquali-4-9-fido. Corolla subrotata; tubo brevi; limbi patentis lobis 4-9, subæqualibus, imbricatis. Stamina 4-9; filamentis tenuissimis subæqualibus; antherarum loculis obliquis, apice contiguis[8], rimosis. Germen 2-loculare, ∞-ovulatum, disco tenui basi cinctum; stylo apice capitato-stigmatoso. Capsula calyce cincta compressa, loculicida; valvis medio septiferis. Semina ∞, sæpe pauca, plano- v. concavo-convexa, extus mucosa rugulosa. — Herbæ prostratæ hirtæ, sæpius radicantes; foliis alternis petiolatis, orbicularibus v. reniformibus, grosse dentato-crenatis v. pinnatifidis; floribus[9] axillaribus

1. Albis, mediocribus.
2. Spec. 2. L., *Hort. Cliff.*, 320 (*Lantana*). — COMMEL., *Pl. rar. H. amst.*, t. 6 (*Lantana*). — LAMK, *Ill.*, t. 85 (*Spielmannia*). — *Bot. Mag.*, t. 1899 (*Spielmania*).
3. *Tent. Fl. nepal.*, 16, t. 8; in *Trans. Linn. Soc.*, XIII, 611. — BENTH., in *DC. Prodr.*, X, 429; *Gen.*, II, 959, n. 98.
4. De char. veget. et foliorum necnon de eorum dimorphismo, MAURY, in *Compt. rend. Ass. franç. avanc. sc.*, XV, 143.
5. Roseis, minutis.
6. Spec. 1. *H. heterophyllum* WALL. — HOOK. F., *Fl. brit. Ind.*, IV, 289.
7. *Gen.*, n. 775. — J., *Gen.*, 99. — GÆRTN. *Fruct.*, t. 55. — LAMK, *Ill.*, t. 535. — ENDL., *Gen.*, n. 3975. — BENTH., in *DC. Prodr.*, X, 427; *Gen.*, II, 959, n. 97. — *Disandra* L. F., *Suppl.*, 32. — GÆRTN. F., *Fruct.*, III, Suppl., t. 185. — ? *Willichia* L., *Mantiss.*, n. 1337. — *Hornemannia* BENTH., in *DC. Prodr.*, X, 428 (non VAHL).
8. Nec continuis.
9. Flavis, roseis v. rubris, parvis.

pedunculatis, solitariis v. cymosis paucis. (*Europa austro-occ.*, *Africa bor.-occ. et trop.*, *Asia mont.*, *America austr. extratrop.*[1])

135. **Veronica** T.[2] — Sepala 4, 5, v. rarius 3, 6, libera v. basi plus minus connata, imbricata. Corollæ tubus brevis v. subnullus; limbi patentis lobis 4, 5, v. rarissime 6, varie imbricatis. Stamina 2, lateralia exserta; antheris introrsis; loculis parallelis v. divergentibus, demum confluenti-rimosis. Discus tenuis v. 0. Germen 2-loculare; ovulis ∞, v. rarius 2, descendentibus; micropyle introrsa[3]. Capsula loculicida; valvis placentas liberantibus v. cum eis adhærentibus. Semina 1-∞, intus plana v. varie concava, lævia v. rugulosa, processus arillari nunc vario parvo munita v. margine alata. — Herbæ annuæ v. perennes, nunc frutices v. arbores, glabri v. indumento vario; foliis oppositis, verticillatis v. raro alternis; floribus[4] in racemos terminales axillaresve dispositis, raro axillaribus solitariis; pedicellis ebracteolatis. (*Orbis utriusq. reg. temp. et frigid.*[5])

136. **Aragoa** H. B. K.[6] — Flores 4, 5-meri; sepalis oblongis concavis, arcte imbricatis. Corollæ rotatæ v. breviter lateque campa-

1. Spec. ad 6. H. B. K., *Nov. gen. et spec.*, t. 176, 177. — SALISB., *Icon. st. rar.*, t. 6. — CAMBESS., *Enum. pl. balear.*, t. 9 (*Disandra*). — BOISS., *Fl. or.*, IV, 428. — HEMSL., *Bot. centr.-amer.*, II, 454. — HOOK. F., *Fl. brit. Ind.*, IV, 288. — WEDD., *Chlor. andin.*, II, 111, t. 60. — WILLK. et LGE, *Prodr. Fl. hisp.*, II, 592. — GREN. et GODR., *Fl. de Fr.*, II, 600. — *Bot. Mag.*, t. 218 (*Disandra*).

2. *Inst.*, 143, t. 60. — L., *Gen.*, n. 25. — J., *Gen.*, 99. — LAMK, *Ill.*, t. 13. — ENDL., *Gen.*, n. 3979. — NEES, *Gen. Fl. germ.*, XVI, t. 17. — H. BN, in *Payer Fam. nat.*, 211. — BENTH., in *DC. Prodr.*, X, 459; *Gen.*, II, 964, n. 114. — *Hebe* J., *Gen.*, 105. — *Leptandra* NUTT., *Gen. nov. amer. pl.*, I, 7. — *Diplophyllum* LEHM., in *Ges. Nat. Fr. Berl. Mag.*, VIII, 310. — *Pygmæa* HOOK. F., *Handb. N. Zeal. Fl.*, 217; in *Hook. Icon.*, t. 1047. — *Cymbophyllum* F. MUELL., in *Hook. Kew Journ.*, VIII, 202.

3. H. BN, in *Bull. Soc. Linn. Par.*, 423.

4. Albis, cærulescentibus v. roseis, sæpius parvis, nunc speciosis.

5. Spec. ad 150. JACQ., *Fl. austr.*, t. 59, 60, 109, 329. — VENT., *Malmais.*, t. 86. — GOUAN, *Ill. pl. pyr.*, t. 1. — SIBTH., *Fl. græc.*, t. 5-10. — GUSS., *Ic. rar.*, t. 3. — SALISB., *Ic. st. rar.*, t. 4. — BIEB., *Cent. pl. ross.*, t. 7, 18. — TEN., *Fl. nap.*, t. 1, 203. — W. et KIT., *Plant. hung. rar.*, t. 102, 244, 245. — HOOK., *Icon.*, t. 580, 640, 645, 814, 1047 (*Pygmæa*), 1366 A, 1509. — LEDEB., *Ic. Fl. ross.*, t. 125-127, 208, 210, 211, 217. — BOR. et CHAUB., *Fl. Pélop.*, t. 1. — ENDL., in *Ann. Mus. vindob.*, I, t. 14. — SEUB., *Fl. azor.*, t. 8. — HFFMSG et LINK, *Fl. port.*, t. 57. — WILLK. et LGE, *Prodr. Fl. hisp.*, II, 593. — HOMBR. et JACQUIN., *Voy. Pôle sud, Bot.*, *Phanér.*, t. 9, 63. — JAUB. et SPACH, *Ill. pl. or.*, t. 424. — STEV., in *Trans. Linn. Soc.*, XI, t. 31. — VIS., *Fl. ital. Fragm.*, t. 1, 2. — HOOK. F., *Fl. antarct.*, t. 39-41; *Handb. N. Zeal. Fl.*, 204; *Fl. brit. Ind.*, IV, 291. — BENTH., *Fl. austral.*, IV, 105. — F. MUELL., *Pl. Vict.*, II, lith. t. 63. — FR. et SAV., *Enum. pl. jap.*, I, 347. — J.-A. SCHM., in *Mart. Fl. bras.*, VIII, 263. — C. GAY, *Fl. chil.*, V, 107. — HEMSL., *Bot. centr.-amer.*, II, 455. — A. GRAY, *Bot. Calif.*, I, 572; *Syn. Fl. N.-Amer.*, 248, 236. — BOISS., *Fl. or.*, IV, 434. — REICHB., *Ic. Fl. eur.*, t. 35, 36, 246, 248, 644, 645, 782, 783, 903, 905; *Ic. Fl. germ.*, t. 1698-1702, 1711-1721. — JORD. et FOUR., *Ic. pl. eur.*, t. 41-43. — GREN. et GODR., *Fl. de Fr.*, II, 585, 623. — *Bot. Mag.*, t. 242, 1002, 1660, 1936, 2975, 3461, 4057, 4512, 6147, 6390, 6407, 6456, 6484, 6587, 6965. — WALP., *Rep.*, VI, 647; *Ann.*, I, 535; III, 196; V, 630.

6. *Nov. gen. et spec.*, III, 154, t. 216, 217. — ENDL., *Gen.*, n. 3989. — BENTH., in *DC. Prodr.*, X, 491; *Gen.*, II, 965, n. 115.

nulatæ tubus brevis; limbi lobis 4, planis, ad faucem barbatis, imbricatis; lateralibus sæpius exterioribus. Stamina 4, subæqualia, fauci corollæ inserta; filamentis gracilibus; antheris reniformibus introrsis; loculorum rimis in unam confluentibus. Germen 2-loculare; stylo subulato, apice stigmatoso obtuso. Ovula in loculis pauca (sæpius 2-4), adscendentia; micropyle extrorsum infera. Fructus capsularis, septicidus loculicidusque; seminibus paucis v. 1, ala lata hyalina cinctis; embryonis albuminosi recti radicula infera. — Frutices ramosi[1]; foliis oppositis crebris, 8-fariam imbricatis, parvis v. linearibus; floribus[2] ad axillas solitariis sessilibus. (*America austr. andina*[3].)

137? **Pæderota** L.[4] — Flores fere *Veronicæ*[5]; sepalis 5, angustis. Corollæ tubus cylindraceus; limbi lobis 4, erecto-patentibus; anterioribus 3 in labium connatis. Stamina 2, gynæceum ∞-ovulatum cæteraque *Veronicæ*. Capsula acuta turgida reflexa loculicida; valvis semibifidis, basi cum placentis cohærentibus. Semina plano-convexa. — Herbæ perennes ramosæ; foliis oppositis inciso-serratis; floribus[6] dense terminali-spicatis. (*Europa med. mont. et or.*[7])

138. **Picrorhiza** ROYL.[8] — Flores fere *Pæderotæ*; sepalis 5; corollæ tubo brevi; limbi lobis 4, imbricatis. Stamina 4, leviter didynama. Capsula septicida et loculicida. — Herba perennis; foliis basilaribus rosulatis, serratis v. crenatis; inflorescentia[9] cæterisque *Pæderotæ* (v. *Wulfeniæ*.) (*Himalaia*[10].)

139. **Synthyris** BENTH.[11] — Flores 4-meri; sepalis angustis, imbricatis. Corolla subrotato-campanulata; tubo brevissimo; aut inæqui-4-loba; præfloratione imbricata, aut 0. Stamina 2, cum corollæ labio postico alternantia, v., corolla deficiente[12], sub germine inserta ejusque septi marginibus opposita, longe exserta; antheræ loculis obtusis distinctis rimosis. Germen 2-loculare, ∞-ovulatum; stylo integro,

1. Cupressiformes v. abietinei.
2. Albis, parvis.
3. Spec. 2. *Hook. Icon.*, t. 1325.
4. *Gen.*, n. 20. — NEES, *Gen. Fl. germ.* — ENDL., *Gen.*, n. 3980. — BENTH., in *DC. Prodr.*, X, 457; *Gen.*, II, 963, n. 113.
5. Cujus forte potius sectio ?
6. Cæruleis v. flavis.
7. Spec. 2. JACQ., *Fl. austr.*, App., t. 39; *H. vindob.*, t. 121. — REICHB., *Ic. Fl. germ.*, t. 1697.
8. In *Benth. Scroph. ind.*, 47; *Ill. himal.*, t. 71. — ENDL., *Gen.*, n. 3985. — BENTH., in *DC. Prodr.*, X, 454; *Gen.*, II, 962, n. 109.
9. Floribus pallide cæruleis v. albis.
10. Spec. 1. *P. Kurrooa* ROYL. — HOOK. F., *Fl. brit. Ind.*, IV, 290. — *Veronica ? Lindleyana* WALL., *Cat.*, n. 404.
11. In *DC. Prodr.*, X, 454; *Gen.*, II, 963, n. 110.
12. Flores apetali antheris fertilibus et ovulis ad normam constitutis præditi videntur.

apice stigmatoso. Capsula loculicida ; valvis cum placentis alte cohærentibus; seminibus ∞, facie planis; testa laxa; albumine nucleiformi. — Herbæ perennes, glabræ v. varie indutæ; rhizomate crasso; foliis basilaribus rosulatis; floribus[1] in summo scapo bracteis foliaceis instructo spicatis v. racemosis. (*America bor.-occid.*[2])

140. **Wulfenia** Jacq.[3] — Flores fere *Veronicæ;* sepalis 5, angustis. Corollæ tubus cylindraceus exsertus; limbi lobis 4, imbricatis; postico integro, emarginato v. 2-fido. Stamina 2, postica, exserta; antherarum loculis divergentibus apiceque confluentibus. Germen 2-loculare, ∞-ovulatum; stylo apice capitellato. Capsula septicida et loculicida; valvulis 4, placentas liberantibus. Semina concavo-convexa; testa laxiuscula. — Herbæ perennes; rhizomate crasso; foliis basilaribus crenatis petiolatis; floribus[4] in summo scapo paucis squamato-spicatis v. racemosis nutantibus, ebracteolatis. (*Europa austr. mont., Asia occ. et centr. mont.*[5])

141? **Falconeria** Hook. f.[6] — Sepala subæqualia; postico nunc majore v. minore. Corollæ tubus longiusculus, basi decurvus; limbi 2-labiati lobis inæqualibus; lateralibus sæpius extimis. Stamina 2, ori corollæ inserta; filamentis brevibus; antheræ didymæ loculis obliquis. Germen 2-loculare, ∞-ovulatum; stylo gracili, apice capitellato. Fructus...? — Herba parvula hirsutula; rhizomate brevi radicifero; foliis basilaribus confertis obovato-oblongis crenatis; floribus in scapo basi nudato racemosis subsecundis bracteatis. (*Himalaya*[7].)

142. **Calorhabdos** Benth.[8] — Flores fere *Wulfeniæ;* sepalis 5, imbricatis. Corollæ tubus incurvus; limbi lobis 4. Stamina 2. Capsula septicida loculicidaque. — Herbæ perennes; caule subterraneo; ramis elongatis v. flagelliformibus; foliis alternis dentatis; floribus spicatis terminalibus v. axillaribus ebracteolatis. (*Himalaia, Japonia.*[9])

1. Albis v. pallide cærulescentibus, parvis.
2. Spec. ad 6. Hook., *Fl. bor.-amer.*, t. 171 (*Wulfenia*), 172 (*Gymnandra*). — S.-Wats., *Bot. Calif.*, I, 571; II, 474. — A. Gray, *Syn. Fl. N.-Amer.*, 248, 285.
3. *Misc.*, II, 62; *Icon. rar.*, t. 2. — Nees, *Gen. Fl. germ.* — Endl., *Gen.*, n. 3982. — Benth., in *DC. Prodr.*, X, 455; *Gen.*, II, 963, n. 111.
4. Cæruleis.
5. Spec. 4. Reichb., *Ic. Fl. germ.*, t. 1696. — Sweet, *Brit. fl. Gard.*, t. 66. — Boiss., *Fl. or.*, IV, 433. — Hook. f., *Fl. brit. Ind.*, IV, 290.
6. *Fl. brit.-Ind.*, IV, 319; in *Hook. Icon.*, t. 1438.
7. Spec. *F. himalaica* Hook. f.
8. *Scroph. ind.*, 44; in *DC. Prodr.*, X, 456; *Gen.*, II, 963, n. 112.
9. Spec. 2. Sieb. et Zucc., *Fl. jap. Fam. nat.*, II, 20 (*Pæderota*). — Miq., in *Ann. Mus. lugd.-bat.*, II, 118 (*Pæderota*). — Hook. f., *Fl. brit. Ind.*, IV, 291. — Fr. et Sav., *Enum. pl. jap.*, I, 347 (*Pæderota*).

143. **Lagotis** GÆRTN.[1] — Flores fere *Wulfeniæ;* calyce membranaceo, postice integro v. inæqui-fisso, antice longitudinaliter fisso. Corolla 2-labiata; labio antico longiore, 2, 3-lobo; postico autem integro v. 2-fido. Stamina 2, lateralia inclusa; loculis antheræ versatilis divaricatis confluenti-rimosis. Germen 2-loculare; stylo capitato v. 2-fido. Ovula in loculis solitaria descendentia; micropyle introrsum supera. Fructus 2-coccus, calyce inclusus; coccis tenuiter drupaceis; altero nunc abortivo. Semen descendens; albumine carnoso; embryone inverso parum breviore. — Herbæ perennes cæspitosæ surculosæve; foliis basilaribus rosulatis; floribus[2] in spicas terminales globosas v. elongatas dispositis; bracteis imbricatis. (*Asia med., bor. et arctica*[3].)

XVII. GERARDIEÆ.

144. **Gerardia** L. — Flores irregulares; calycis varie campanulati 5-dentati v. 5-fidi divisuris valvatis v. leviter imbricatis. Corollæ tubus brevis v. elongatus, sæpius latus et ad faucem ampliatus; limbi patentis lobis obtusis; antico sæpius laterales obtegente posticisque 2 interioribus. Stamina didynama corolla breviora; antherarum loculis parallelis, basi mucronatis v. aristatis. Staminodium minutum v. 0. Germen 2-loculare, ∞-ovulatum; stylo apice arcuato clavato, obtuso v. breviter inæqui-2-lobo. Capsula loculicida; valvis integris v. 2-fidis, medio septiferis. Semina ∞, angulata v. cuneata, extus laxiuscula. — Herbæ, nunc basi frutescentes; foliis oppositis, v. superioribus alternis, integris v. varie dentatis incisisve; floribus axillaribus v. sæpius terminali-racemosis, subsessilibus v. breviter pedicellatis; bracteolis 0. (*America utraque trop. et extratrop.*) — *Vid. p.* 400.

145. **Silvia** BENTH.[4] — Flores fere *Gerardiæ;* calycis tubuloso-campanulati lobis 5, tubo brevioribus, integris v. incisis. Corollæ tubus cylindraceus, superne ampliatus; limbi patentis lobis 5; posticis 2 interioribus. Stamina didynama; antheris longiorum subexsertis.

1. In *Nov. Comm. Ac. petrop.*, XIV, I, 533, t. 18 (1770). — *Gymnandra* PALL., *It.*, III, 712 (1776). — W., in *Ges. Nat. Fr. Berl. Mag.*, V, 390, t. 9, 10. — CHOIS., in *DC. Prodr.*, XII, 25. — ENDL., *Gen.*, n. 3984. — B. H., *Gen.*, II, 1129, n. 7.

2. Cæruleis, crebris.

3. Spec. 7, 8. ROYL., *Ill. himal.*, t. 73 (*Gymnandra*). — JAUB. et SPACH, *Ill. pl. or.*, t. 257 (*Gymnandra*). — KURZ, in *Journ. As. Soc. Beng.*, XXXIX, 80, t. 7. — BOISS., *Fl. or.*, IV, 527 (*Gymnandra*).

4. In *DC. Prodr.*, X, 513; *Gen.*, II, 972, n. 136.

Germen, fructus cæteraque *Gerardiæ*. — Suffrutices parvi prostrati; foliis oppositis, aut integris, aut dissectis; floribus[1] in axillis inferioribus solitariis subsessilibus. (*Mexicum*[2].)

146. **Seymeria** PURSH.[3] — Flores fere *Gerardiæ*; calycis gamophylli lobis 5, tubo æqualibus v. longioribus, angustis, integris v. denticulatis. Corollæ tubus brevis latusque; limbi patentis lobis 5, obtusis; posticis 2 intimis. Stamina didynama vix exserta; filamentis basi cum annulo corollæ prominulo villosis; antherarum oblongarum loculis parallelis, superne inferneque liberis. Stylus brevis v. elongatus, apice truncatus, capitellatus, emarginatus v. linguiformis. Capsula acuminata v. rostrata, loculicida; valvis integris; seminibus ∞, oblongis v. angulatis. — Herbæ[4] erectæ ramosæ; foliis oppositis v. hinc inde alternis, incisis v. dissectis; superioribus ad bracteas simplices reductis; floribus[5] interrupte spicatis v. racemosis, ebracteolatis. (*America bor.*, *Madagascaria*[6].)

147. **Macranthera** TORR.[7] — Flores fere *Gerardiæ*; calycis campanulati lobis 5, tubo longioribus. Corollæ tubus longe cylindraceus, superne haud ampliatus; limbi obliqui lobis 5, inæqualibus patentibus; posticis interioribus. Stamina leviter didynama; antheris longe exsertis obtusis glabris. Cætera *Gerardiæ*. — Herbæ[8] perennes, glabræ v. ex parte scabridæ; foliis oppositis pinnatifidis; summis alternis integris parvis; floribus[9] laxe terminali-racemosis; pedicellis divaricatis ebracteolatis. (*America bor.*[10])

148. **Esterhazya** MIK.[11] — Flores fere *Gerardiæ*; calycis breviter tubulosi v. campanulati dentibus 5, valvatis. Corollæ tubus exsertus, plus minus incurvus; lobis leviter inæqualibus; posticis 2 interioribus cæterisque *Gerardiæ*. Stamina 4, leviter didynama; antheris ovatis

1. Flavis, majusculis.
2. Spec. 2. H. B. K., *Nov. gen. et spec.*, II, 343 (*Gerardia*). — HEMSL., *Bot. centr.-amer.*, II, 458.
3. *Fl. Amer. sept.*, II, 736. — ENDL., *Gen.*, n. 3995. — BENTH., in *DC. Prodr.*, X, 511; *Gen.*, II, 971, n. 133. — *Afzelia* GMEL., *Syst.*, 927 (nec SM., nec EHRH.).
4. Siccitate nigricantes.
5. Flavis, mediocribus.
6. Spec. 8, 9. SEEM., *Bot. Her.*, 323, t. 59, 60. — TORR., *Emor. Exped. Bot.*, 117. — A. GRAY, *Syn. Fl. N.-Amer.*, 248, 289.
7. EX BENTH., in *Hook. Comp. Bot. Mag.*, I, 203; in *DC. Prodr.*, X, 513; *Gen.*, II, 971, n. 134. — ENDL., *Gen.*, n. 3994. — *Conradia* NUTT., in *Journ. Ac. nat. sc. Philad.*, VII, 88, t. 12 (non MART.).
8. Siccitate nigricantes.
9. Flavis, majusculis.
10. Spec. ad 2. TORR., in *Ann. Lyc. N. York*, IV, t. 4. — A. GRAY, *Syn. Fl. N.-Amer.*, 248, 290.
11. *Del. faun. et fl. bras.*, t. 5. — ENDL., *Gen.*, n. 3993. — BENTH., in *DC. Prodr.*, X, 514; *Gen.*, II, 972, n. 135.

villosissimis. Capsula loculicida; valvis 2-fidis placentas liberantibus. — Frutices[1] superne foliosi; foliis oppositis v. alternis integris, basi angustatis; floribus[2] in racemos terminales simplices v. compositos foliatos dispositis, ebracteolatis. (*Brasilia*[3].)

149. **Radamea** BENTH.[4] — Flores fere *Gerardiæ ;* calycis 5-fidi lobis acuminatis. Corollæ tubus elongatus tenuis; limbi lobis rotundatis. Stamina didynama inclusa ; antherarum loculis æqualibus. Fructus capsularis, calyce inclusus; seminibus ∞.—Fruticuli prostrati v. ramosissimi; foliis oppositis integris; floribus ad folia superiora axillaribus v. terminali-racemosis; pedicellis brevibus ; bracteolis parvis v. 0. (*Madagascaria*[5].)

150. **Rhaphispermum** BENTH.[6] — Calyx breviter campanulatus, ore truncatus v. vix 5-dentatus. Corollæ late campanulatæ tubus brevissimus; limbi lobis 5, latis emarginatis, imbricatis ; posticis 2 interioribus. Stamina didynama; antheris ad summum filamentum crassiusculum affixis; loculis liberis parallelis submuticis, breviter rimosis. Germen disco tenui basi cinctum, ∞-ovulatum; stylo apice integro stigmatoso. Fructus calyce haud aucto cinctus suborbicularis apiculatus compressus loculicidus; valvis crassis coriaceis, medio septiferis. Semina ∞, adscendentia tenuiter linearia; testa laxa hyalina. — Fruticulus[7] glaber; foliis oppositis integris acutis; floribus in axillis superioribus solitariis; pedunculis 2-bracteolatis. (*Madagascaria*[8].)

151. **Graderia** BENTH.[9] — Flores fere *Gerardiæ;* calyce campanulato, 5-fido; lobis lanceolatis. Corollæ tubus ampliatus; limbi patentis lobis 5, subæqualibus ; posticis 2 exterioribus. Stamina didynama inclusa; antherarum loculo altero sæpius tenuiore cassoque. Germen ∞ - ovulatum. Capsula valde compressa inæqualis ; loculo antico oblongo recto; postico autem valde dilatato. Semina ∞, reticulata. — Herba[10] multicaulis scabrella ; foliis oppositis, v. superioribus alternis,

1. Siccitate nigricantes.
2. Rubris, pulchris, majusculis.
3. Spec. 2. MART., *Nov. gen. et spec.*, t. 203, 204 (*Virgularia*). — J.-A. SCHM., in *Mart. Fl. bras.*, VIII, 275.
4. In *DC. Prodr.*, X, 509; *Gen.*, II, 973, n. 138.
5. Spec. 2. BAK., in *Hook. Icon.*, t. 1406.
6. In *DC. Prodr.*, X, 509; *Gen.*, II, 973, n. 139.
7. *Gerardiæ* habitu, siccitate nigricans.
8. Spec. 1. *R. gerardioides* BENTH. — BAK., in *Hook. Icon.*, t. 1402.
9. In *DC. Prodr.*, X, 521; *Gen.*, II, 970, n. 130. — *Bopusia* PRESL, *Bot. Bem.*, 91.
10. Siccitate plerumque nigricans.

integris, 3-5-fidis v. pinnatifidis; floribus terminali-spicatis subsessilibus, sæpe foliatis. (*Africa austr.*[1])

152. **Buttonia** M'KEN.[2] — Flores fere *Graderiæ*; calycis post anthesin inflati lobis 4, 5, valvatis. Corolla tubo lato incurvo, ad faucem amplam expanso; limbi patentis lobis 5, inæqualibus, imbricatis; posticis intimis. Stamina didynama; antherarum loculo altero in rudimentum aristiforme mutato. Capsula loculicida, calyce inclusa; seminibus ∞, obovato-truncatis. — Herba suffrutescens scandens; foliis oppositis pinnatisectis; floribus[3] solitariis axillaribus v. supra-axillaribus; pedunculis late sub flore 2-bracteolatis. (*Africa austr.*[4])

153. **Centranthera** R. BR.[5] — Flores fere *Graderiæ*; calyce sacciformi v. spathaceo compresso, antice fisso v. 3-5-fido. Corollæ tubus elongato-incurvus, ad faucem dilatato-ventricosus; limbi obliqui lobis 5, inæqualibus. Stamina inclusa; antherarum per paria approximatarum loculis mucronatis v. calcaratis; altero minore v. crasso. Stylus valde incurvus, apice longe linguiformis. Capsula loculicida; valvis integris, medio intus placentiferis. Semina ∞, oblongo-angulata laxe reticulata, parce albuminosa. Cætera *Gerardiæ*. — Herbæ[6]; foliis oppositis, v. supremis alternis, integris v. parce dentatis; floribus[7] ad folia v. ad bracteas axillaribus, vix v. breviter stipitatis, 2-bracteolatis. (*Asia, Malaisia, Australia*[8].)

154. **Micrargeria** BENTH.[9] — Flores fere *Graderiæ*; calyce campanulato dentato. Corollæ limbus patens; lobis 5, latis. Stamina didynama; antherarum loculis subæqualibus. Germen ∞-ovulatum; stylo apice obtuso. Cætera *Graderiæ*. — Herba erecta rigida scabra; foliis alternis; inferioribus oppositis, linearibus, integris v. 3-fidis; floribus axillaribus v. terminali-spicatis, 2-bracteolatis. (*India or.*[10])

1. Spec. 1. *G. scabra* BENTH. — *Gerardia scabra* L. F., *Suppl.*, 279. — *Sopubia scabra* G. DON. — *Melasma Zeyheri* HOOK., *Icon.*, t. 255.
2. In *Hook. Icon.*, t. 1080. — B. H., *Gen.*, II, 970, n. 128.
3. Roseis, majusculis.
4. Spec. 1. *B. natalensis* M'KEN.
5. *Prodr.*, 438 (1810). — ENDL., *Gen.*, n. 4002. — BENTH., in *DC. Prodr.*, X, 525; *Gen.*, II, 969, n. 127. — *Razumovia* SPRENG., *Syst.*, II, 682.
6. Raro siccitate nigricantes.
7. Purpureis v. roseis, speciosis.
8. ROXB., *Fl. ind.*, III, 99 (*Digitalis*). — WALL., *Pl. asiat. rar.*, t. 45; *Cat.*, n. 3880, 3881. — DON, *Prodr. Fl. nepal.*, 88. — BENTH., *Fl. austral.*, IV, 513. — HOOK. F., *Fl. brit. Ind.*, IV, 300.
9. In *DC. Prodr.*, X, 509; *Gen.*, II, 971, n. 131 (part.).
10. Spec. 1. *M. Wightii* BENTH. — WIGHT, *Icon.*, t. 1417. — HOOK. F., *Fl. brit. Ind.*, IV, 303.

155? **Xylocalyx** BALF. F.[1] — Flores fere *Micrargeriæ*; calyce campanulato circa fructum accrescente lignoso. Stamina didynama; antherarum loculis inæqualibus. Capsula loculicida, basi globosa; valvis integris medio septiferis. Semina ∞, obcuneata foveolata. — Suffrutex rigidus aculeolatus; foliis oppositis, v. superioribus alternis oblongo-ellipticis; floribus in axillis superioribus sessilibus v. breviter pedicellatis; bracteolis 2, cum calyce adhærentibus demumque lignescentibus. (*Socotora*[2].)

156. **Sopubia** HAMILT.[3] — Flores fere *Gerardiæ*; calycis campanulati lobis 5, angustis elongatis v. brevibus, valvatis. Corollæ tubus brevis v. elongatus; fauce ampla; limbi patentis lobis 5; posticis 2 interioribus. Stamina 4, didynama; antherarum omnium loculis liberis; altero fertili rimoso; altero autem sterili lineari casso stipitato. Capsula retusa v. emarginata, loculicida; valvis integris v. 2-fidis placentam liberantibus. Semina ∞, angulata, truncata v. obovoidea; testa laxiuscula. — Herbæ[4] sæpius annuæ ramosæ; foliis oppositis, v. superioribus alternis, integris angustis v. sæpius dissectis; segmentis linearibus; floribus in spicas v. racemos terminales dispositis; pedicellis supra medium v. sub flore 2-bracteolatis. (*Africa*, *Madagascaria*, *Asia et Oceania trop.*[5])

157. **Leptorhabdos** SCHRENK.[6] — Calyx tubulosus; dentibus 5. Corollæ tubus brevis; limbi lobis 5, subæqualibus, integris v. 2-lobulatis; posticis 2 intimis. Stamina didynama; antherarum loculis parallelis liberis. Germen compressiusculum; loculis 2-ovulatis; ovulo altero adscendente; altero descendente; stylo apice dilatato obtusato. Fructus septo contrarie compressus loculicidus; valvis intus septiferis. Stamina 2-4, rugulosa; embryonis albumini subæqualis radicula supera v. infera; cotyledonibus elliptico-ovatis. — Herbæ[7] erectæ glabræ v. glandulosæ; foliis oppositis, v. superioribus alternis,

1. In *Proc. Roy. Soc. Edinb.* (1882), XII, 84.
2. Spec. 1. *X. asper* BALF. F.
3. In *Don Prodr. Fl. nepal.*, 88. — ENDL., *Gen.*, n. 3998. — BENTH., in *DC. Prodr.*, X, 522; *Gen.*, II, 970, n. 129. — *Gerdaria* PRESL, *Bot. Bem.*, 91. — *Rhaphidophyllum* HOCHST., in *Flora* (1841), 666. — *Gerardianella* KL., in *Pet. Moss.*, *Bot.*, 229, t. 36.
4. Siccitate nigricantes.
5. Spec. ad 10. ROXB., *Pl. corom.*, t. 90 (*Gerardia*). — HOOK., *Comp. Bot. Mag.*, I, t. 11 (*Gerardia*). — HOCHST., in *Flora* (1844), 27. — BENTH., *Fl. austral.*, IV, 512. — HARV., *Thes. cap.*, t. 146. — OLIV., in *Trans. Linn. Soc.*, XXIX, t. 87. — BAK., in *Trim. Journ. Bot.* (1882), 28; in *Journ. Linn. Soc.*, XXI, 427. — HOOK. F., *Fl. brit. Ind.*, IV, 302.
6. In *Fisch. et Mey. Pl. Schrenk.*, I, 23. — BENTH., in *DC. Prodr.*, X, 510; *Gen.*, II, 971, n. 132. — *Dargeria* DCNE, in *Jacquem. Voy. Bot.*, 115, t. 121.
7. Nunc siccitate nigricantes.

integris v. dissectis; supremis bracteiformibus; floribus interrupte spicatis v. racemosis. (*Asia med. mont.*[1])

158. **Buchnera** L.[2] — Calyx tubulosus, 5-dentatus, 10-nervis. Corollæ tubus tenuis, rectus v. leviter arcuatus; limbi patentis lobis 5, subæqualibus; posticis 2 interioribus. Stamina 4, didynama, tubo affixa inclusaque; antheris 1-locularibus, 1-rimosis, sæpe apice mucronatis. Germen ∞-ovulatum; stylo erecto, apice subclavato, integro v. emarginato. Capsula loculicida; valvis medio intus septiferis placentasque liberantibus. Semina ∞, oblonga v. obovoidea reticulata. — Herbæ[3] rigidæ, sæpe scabræ; foliis oppositis, v. superioribus alternis angustioribus, superne ad bracteas reductis; floribus[4] in axillis bractearum solitariis sessilibus v. terminali-spicatis, 2-bracteolatis[5]. (*Orbis utriusque reg. calid.*[6])

159. **Striga** Lour.[7] — Flores fere *Buchneræ;* calyce tubuloso, 5-15-costato, 5-fido v. dentato. Corollæ tubus ad medium abrupte incurvus; limbi labio postico sæpe breviore, integro, emarginato v. 2-lobo; antico 3-lobo. Stamina didynama tubo inclusa; antheris nunc mucronatis, 1-locularibus, basi muticis, apice nunc connectivo apiculatis. Capsula loculicida cæteraque *Buchneræ;* valvis integris placentas liberantibus; seminibus ∞, oblongis v. obovoideis, extus reticulatis. — Herbæ[8] sæpe parasiticæ[9]; foliis oppositis, v. superioribus alternis, sæpius integris angustis linearibus; floralibus sæpius bracteiformibus; floribus[10] axillaribus, sessilibus v. terminali-spicatis; bracteolis sæpius minutis. (*Africa, Asia et Australia calid.*[11])

1. Spec. 4, 5. Boiss., *Fl. or.*, IV, 470.
2. *Gen.*, n. 772. — Gærtn., *Fruct.*, t. 55. — Endl., *Gen.*, n. 3960; *Iconogr.*, t. 78. — Benth., in *DC. Prodr.*, X, 495; *Gen.*, II, 968, n. 123. — *Piripea* Aubl., *Guian.*, II, 627, t. 253. — *Chytra* Gærtn. f., *Fruct.*, III, 184, t. 214 (ex Benth.).
3. Sæpe parasiticæ, siccitate nigricantes.
4. Albis, roseis v. cærulescentibus.
5. Generis mera sectio videtur *Stellularia* Benth. (in *Hook. Icon.*, t. 1318), calyce plerumque 4-mero.
6. Spec. ad 30. Wight, *Icon.*, t. 1413. — A. Rich., *Tent. Fl. abyss.*, II, 130. — Benth., *Fl. austral.*, IV, 514. — Hook. f., *Fl. brit. Ind.*, IV, 297. — J.-A. Schm., in *Mart. Fl. bras.*, VIII, 325, t. 57. — Kl., in *Pet. Moss.*, *Bot.*, t. 34. — Hemsl., *Bot. centr.-amer.*, II, 456. — Oliv., in *Trans. Linn. Soc.*, XXIX, t. 122. — Walp., *Ann.*, III, 199.
7. *Fl. cochinch.*, 22. — Endl., *Gen.*, n. 3959. — Benth., in *DC. Prodr.*, X, 501; *Gen.*, II, 968, n. 124. — *Psammostachys* Presl. — *Microscyphus* Presl, *Bot. Bem.*, 91.
8. Siccitate nigricantes.
9. Nunc aphyllæ.
10. Parvis v. majusculis.
11. Spec. 15-20. Wight, *Icon.*, t. 855 (*Buchnera*); in *Hook. Comp. Bot. Mag.*, I, t. 19; in *Hook. Icon.*, t. 1414. — Del., *Fl. d'Eg.*, t. 34 (*Buchnera*). — Hook., *Exot. Fl.*, t. 203 (*Campuleia*). — Endl., in *Flora* (1832), t. 2 (*Buchnera*). — Benth., *Fl. austral.*, IV, 516. — Kl., in *Pet. Moss.*, *Bot.*, t. 35. — Hook. f., *Fl. brit. Ind.*, IV, 298. — Boiss., *Fl. or.*, IV, 469.

160. **Cycnium** E. Mey.[1] — Flores fere *Buchneræ;* calyce lævi v. striato longe tubuloso, 5-dentato. Corollæ tubus elongatus, rectus v. curvus; limbi ampli patentis labio postico interiore emarginato v. 2-fido; antico alte 3-lobo. Stamina cæteraque *Buchneræ*. Capsula ovata v. oblonga carnosula acuta loculicida. — Herbæ[2] rigidæ diffusæ v. procumbentes; foliis oppositis, v. superioribus alternis, dentatis v. bracteiformibus; floribus[3] ad folia superiora axillaribus, sessilibus v. breviter stipitatis; bracteolis 2, cum calyce v. sub eo insertis. (*Africa trop. et Austr.*[4])

161. **Ramphicarpa** Benth.[5] — Flores fere *Cycnii;* calyce tubuloso v. campanulato, 5-fido. Corollæ tubus rectus v. curvus; limbi patentis lobi 5, latis v. obovatis. Stamina didynama; antheris verticalibus, 1-locularibus. Stylus superne incrassatus. Capsula ovata v. suborbiculata, obtusa v. sæpius rostrata. — Herbæ erectæ; foliis inferioribus oppositis; superioribus alternis; floribus terminali-racemosis; bracteolis in pedicello 1, 2, parvis v. 0. (*Africa trop. et austro-or., India, Australia calid.*[6])

162. **Escobedia** R. et Pav.[7] — Flores parum irregulares; calyce longe tubuloso foliaceo, 5-gono, 10-costato, valvato. Corollæ tubus longus subincurvus, superne nonnihil ampliatus; limbi infundibularis lobis 5; posticis 2 anticoque sæpius exterioribus. Stamina didynama ad medium tubum affixa inclusa; antheris elongatis lanceolato-sagittatis. Stylus apice stigmatoso linguiformis, nunc lobulo brevi auctus. Capsula calyce inclusa oblonga loculicida; valvis integris placentas liberantibus. Semina ∞; testa laxa hyalina. — Herbæ erectæ, haud v. parce ramosæ; foliis oppositis, v. superioribus alternis, integris v. dentatis; floribus[8] in racemos terminales paucifloros dispositis; pedicellis brevibus, 2-bracteolatis. (*America trop. utraque*[9].)

1. Ex Benth., in *Hook. Comp. Bot. Mag.*, I, 368; in *DC. Prodr.*, X, 505; *Gen.*, II, 969, n. 126. — Endl., *Gen.*, n. 3963.

2. Siccitate nigricantes.

3. Albis, mediocribus.

4. Spec. 5, 6. Hochst., in *Flora* (1844), 101 (*Ramphicarpa*); in exs. *Schimp.*, n. 1000 (*Striga*). — Harv., *Thes. cap.*, 31, t. 49, 50. — Oliv., in *Trans. Linn. Soc.*, XXIX, t. 88.

5. In *Hook. Comp. Bot. Mag.*, I, 368; in *DC. Prodr.*, X, 504; *Gen.*, II, 969, n. 125. — *Macrosiphon* Hochst., in *Flora* (1841), 373.

6. Spec. 5, 6. Harv., *Thes. cap.*, 36, t. 57. — Benth., *Fl. austral.*, IV, 517. — Oliv., in *Trans. Linn. Soc.*, XXIX, t. 87. — Wight, *Icon.*, t. 1415. — Hook. f., *Fl. brit. Ind.*, IV, 300.

7. *Prodr. Fl. per. et chil.*, 91, t. 18. — Endl., *Gen.*, n. 3999. — Benth., in *DC. Prodr.*, X, 336; *Gen.*, II, 965, n. 116. — *Silvia* Vell., *Fl. flum.*, 55; Atl., I, t. 149.

8. Albis, nunc amplis, speciosis.

9. Spec. 2. L. f., *Suppl.*, 287 (*Buchnera*). — Cham. et Schlchtl., in *Linnæa*, V, 108. — H. B. K., *Nov. gen. et spec.*, t. 174. — J.-A. Schm., in *Mart. Fl. bras.*, VIII, 269, t. 45. — Hemsl., *Bot. centr.-amer.*, II, 456.

163. **Physocalyx** POHL.[1] — Flores fere *Escobediæ*; calyce inflato (colorato); dentibus 5, crassiusculis, valvatis. Corollæ tubus latiusculus, superne incurvus, exsertus; lobis 5, rotundatis; antico posticisque extimis. Stamina didynama inclusa; antherarum loculis barbatis cæterisque *Escobediæ*. — Frutices; foliis oppositis, v. superioribus alternis integris, superne confertis; floribus[2] in summis ramulis racemosis; pedunculis 2-bracteolatis. (*Brasilia*[3].)

164. **Alectra** THUNB.[4] — Calycis campanulati dentes v. lobi 4, 5, valvati v. aperti. Corollæ tubus brevis latusque, subglobosus v. breviter infundibularis; limbi obliqui lobis 5, patentibus; posticis sæpe interioribus[5]. Stamina didynama; antheris per paria v. in massam unam coalitis, sæpe dorso barbatis; loculis parallelis æqualibus, v. altero minore. Germen ∞-ovulatum; stylo incurvo, apice dilatato v. lanceolato-linguiformi, utrinque decurrenti-stigmatoso. Capsula subglobosa loculicida; valvis nunc 2-fidis. Semina ∞, linearia; testa laxa reticulata. — Herbæ[6] erectæ glabræ v. scabræ hispidæve; foliis oppositis, v. superioribus alternis, nunc squamiformibus; floribus axillaribus sæpe sessilibus v. terminali-spicatis. (*America, India et Africa calid., Madagascaria*[7].)

165. **Melasma** BERG.[8] — Flore fere *Physocalycis*; calyce sacciformi angulato foliaceo, demum inflato; lobis 5, valvatis. Corollæ tubus subcampanulatus; limbi lobis 5, subæqualibus, patentibus; antico posticisque sæpius extimis. Stamina leviter didynama inclusa; loculis distinctis parallelis v. leviter obliquis. Germen ∞-ovulatum; stylo arcuato, apice integro linguiformi, obtuso v. breviter 2-lobo. Capsula calyce inclusa loculicida; valvis medio intus septiferis. Semina

1. *Pl. bras. Icon.*, I, 63, t. 53. — ENDL., *Gen.*, n. 3991. — BENTH., in *DC. Prodr.*, X, 337; *Gen.*, II, 966, n. 117.

2. Rubris v. aurantiacis, speciosis.

3. Spec. 2. MART., *Nov. gen. et spec.*, t. 201, 202. — J.-A. SCHM., in *Mart. Fl. bras.*, VIII, 271.

4. *Nov. gen.*, 81. — BENTH., in *DC. Prodr.*, X, 338; *Gen.*, II, 966, n. 119. — *Starbia* DUP.-TH., *Gen. nov. madag.*, 7. — *Glossostyles* CHAM. et SCHLCHTL, in *Linnæa*, III, 22. — *Hymenospermum* BENTH., in *Cat. Wall.*, n. 3963.

5. Intimo nunc altero v. utroque.

6. Parasiticæ (CRUEG., in *Bot. Zeit.* (1848), 777), sæpius siccitate nigricantes.

7. Spec. 12, 13. VAHL, *Symb.*, III, 79 (*Gerardia*). — VELL., *Fl. flum.*, VI, t. 87 (*Scrophularia*). — RICH., in *Act. Soc. Hist. nat. Par.* (1792), 111 (*Pedicularis*). — DIETR., *Syn. plant.*, III, 624 (*Orobanche*). — BENTH., *Scroph. ind.*, 49 (*Glossostyles*). — J.-A. SCHM., in *Mart. Fl. bras.*, VIII, 273, t. 47. — HOOK. F., *Fl. brit. Ind.*, IV, 297. — BAK., in *Journ. Linn. Soc.*, XX, 214.

8. *Fl. cap.*, 162, t. 3, fig. 4. — ENDL., *Gen.*, n. 3992. — BENTH., in *DC. Prodr.*, X, 338; *Gen.*, II, 966, n. 118. — *Nigrina* THUNB., *Nov. gen.*, 58; in *L. Mantiss.*, n. 1246. — *Gastromeria* DON, in *Sweet Brit. fl. Gard.*, ser. 2, in not., sub n. 75. — *Lyncea* CHAM. et SCHLCHTL, in *Linnæa*, V, 108.

∞, linearia; nucleo brevi oblongo. — Herbæ[1] scabræ v. hispidæ; foliis oppositis sessilibus, integris v. incisis; floribus[2] axillaribus v. terminali-racemosis; racemis foliatis; pedicellis 2-bracteolatis. (*Brasilia, Mexicum, Africa austr.*[3])

166. **Campbellia** WIGHT[4]. — Calyx valvatus. Corollæ tubus leviter curvatus; limbi obliqui lati patentis lobis 5, rotundatis. Stamina didynama v. 2; loculis 2; altero pendulo perfecto; altero autem sterili casso v. 0. Germen 2-loculare, ∞-ovulatum. — Herbæ parasiticæ crassæ nanæ coloratæ aphyllæ; foliis ad squamas alternas imbricatas reductis; floribus[5] in spicas v. racemos terminales densos dispositis, 2-bracteolatis[6]. (*India or.*[7])

167. **Hyobanche** THUNB.[8] — Flores valde irregulares; calyce gamophyllo, 5-fido, valvato; lobis posticis altius connatis. Corolla tubuloso-cucullata, antice longitudinaliter plus minus aperta; oris marginibus dentibus 2 instructis. Stamina didynama tubo corollæ affixa; antheris dimidiato-1-locularibus, rimosis. Germen perfecte 2-loculare; placentis 2-lobis, ∞-ovulatis; stylo gracili arcuato, apice capitellato v. oblique clavato. Capsula carnosa, demum deliquescens; seminibus ∞, globosis minutis; testa laxa reticulata. — Herbæ aphyllæ parasiticæ coloratæ[9]; squamis alternis appressis; floribus[10] in spicas densas terminales dispositis, 1-bracteatis et 2-bracteolatis. (*Africa austr.*[11])

168? **Tetraspidium** BAK.[12] — Calycis 5-dentati tubus campanulatus longior. Corollæ tubus infundibularis curvus; limbi lobis 5 orbicularibus. Stamina didynama, tubo inclusa; antheris basifixis peltatis pendulis. Germen pluriovulatum; stylo gracili, apice stigmatoso clavato integro.— Herba parasitica[13]; foliis sessilibus parvis lanceolatis;

1. Nunc siccitate nigricantes.
2. Albis v. pallide flavidis, magnis.
3. Spec. 3. J.-A. SCHM., in *Mart. Fl. bras.*, VIII, 272, t. 46. — HEMSL., *Bot. centr.-amer.*, II, 456.
4. *Icon.*, IV, 5, t. 1424, 1425. — BENTH., *Gen.*, II, 967, n. 121.
5. Cum planta tota aurantiacis, magnis.
6. Genus nuperrime cum *Christisonia* in unum coadunatum et inter *Orobancheas* enumeratum (HOOK. F., *Fl. brit. Ind.*, IV, 321). Nullum igitur inter *Orobancheas* et *Scrofulariaceas* superesset discrimen (artificiale).
7. Spec. 5, 6. WIGHT, *Icon.*, t. 1423, 1427 (*Christisonia*). — REUT., in *DC. Prodr.*, XI, 14, n. 40 (*Phelipæa*). — WALP., *Ann.*, III, 207.
8. *Fl. cap.*, 488. — ENDL., *Gen.*, n. 4191; *Iconogr.*, t. 82. — BENTH., in *DC. Prodr.*, X, 505; *Gen.*, II, 968, n. 122.
9. *Orobanchearum* adspectu.
10. Atropurpureis v. kermesinis.
11. Spec. 2. HOOK., in *Lond. Journ.*, III, t. 3. — HARV., *Gen. south-afric.*, 248. — BOLUS, in *Hook. Icon.*, t. 1486.
12. In *Journ. Linn. Soc.*, XX, 215, t. 25.
13. Siccitate nigricans.

inferioribus oppositis; floribus[1] laxe racemosis numerosis bracteatis. (*Madagascaria*[2].)

169. **Harveya** Hook.[3] — Flores fere *Hyobanches;* calyce anguste tubuloso v. campanulato. Corollæ tubus elongatus, nunc curvus, apice haud v. valde ampliatus; limbi subæqualis v. irregularis lobis 5, subæqualibus dissimilibus, nunc ex parte undulatis v. denticulatis. Stamina didynama; antherarum loculis dissimilibus : altero fertili rimoso, basi aristato v. mucronato; altero angusto casso. Germen cæteraque *Hyobanches*. Capsula loculicida; valvis 2-fidis placentas septumve liberantibus. Semina ∞; testa hyalina laxa reticulata; nucleo minuto. — Herbæ parasiticæ, hirsutæ v. scabræ; foliis squamiformibus; inferioribus saltem oppositis; cæteris alternis; floribus[4] terminali-spicatis v. racemosis, 2-bracteolatis. (*Africa austr.*[5])

XVIII. RHINANTHEÆ.

170. **Rhinanthus** L. — Flores irregulares; calyce gamophyllo ventricoso inflato, lateraliter 4-dentato. Corolla late tubulosa, basi hinc gibbosa; limbi labio postico galeato obtuso; antici brevioris lobis lateralibus extimis. Stamina didynama sub galea adscendentia; antheris transversis approximatis; loculis æqualibus parallelis pilosis muticis. Germen hinc antice glandula basilari auctum, 2-loculare; loculis ∞-ovulatis; stylo apice inflexo obtuso v. subcapitato. Fructus compressus loculicidus; valvis medio septiferis seminiferis. Semina compressa marginato-alata lateraliter affixa, albuminosa; embryone parvo. — Herbæ parasiticæ annuæ; foliis oppositis crenatis; floralibus plerumque serraturis setaceo-cuspidatis munitis; floribus in axillis foliorum floralium solitariis v. terminali-spicatis, ebracteolatis. (*Europa, Asia et America temp.*) — *Vid. p.* 402.

171. **Pedicularis** T.[6] — Calyx tubuloso-campanulatus, antice v. nunc utrinque fissus; dentibus 2-5, inæqualibus, valde variabilibus.

1. Purpurascentibus.
2. Spec. 1. *T. laxiflorum* Bak.
3. *Icon.*, t. 118, 351. — Benth., *Gen.*, II, 967, n. 120. — *Aulaya* Harv., *Gen. pl. afr. austr.*, ed. 1, 249; *Thes. cap.*, 23, t. 36. — Benth., in *DC. Prodr.*, X, 523.
4. Coccineis, purpureis v. aurantiacis.
5. Spec. 10-12. Hook., *Icon.*, t. 400, 401 (*Aulaya*). — Walp., *Rep.*, VI, 650.
6. *Inst.*, 171 (part.), t. 77. — L., *Gen.*, n. 746. — J., *Gen.*, 101. — Gærtn., *Fruct.*, t. 53. — Lamk, *Ill.*, t. 517. — Endl., *Gen.*,

Corollæ tubus cylindraceus v. superne leviter ampliatus; limbi labio postico galeato compresso integro, rostrato truncatove v. nunc utrinque 1-dentato; antici intus 2-cristati lobis patentibus v. deflexis; lateralibus majoribus. Stamina didynama, sub corollæ galea adscendentia; antheris per paria approximatis transversis; loculis parallelis distinctis, aristatis v. sæpius muticis. Germen ∞-ovulatum[1], basi sæpe hinc glandula auctum; stylo apice stigmatoso integro. Capsula ovoidea v. lanceolata compressa, sæpe obliqua v. rostrata, loculicida; valvis medio intus seminiferis, inferne diu cohærentibus. Semina ∞, recta v. arcuata, reticulata, striata v. costata. — Herbæ perennes[2]; foliis alternis, suboppositis v. verticillatis, dentatis v. sæpius varie pinnatim divisis v. decompositis; floralibus sæpius bracteiformibus decrescentibus; floribus[3] terminali-spicatis v. racemosis, sæpe secundis. (*Europa, Asia, America temp.*[4])

172? **Elephas** T.[5] — Flores fere *Rhinanthi;* calyce inflato, lateraliter compresso, 2-labiato; labiis 2-dentatis v. profunde fissis. Corollæ valde irregularis labium posticum longe rostratum erectum v. incursum. Stamina 4; antheris per paria approximatis. Stylus integer cæteraque *Rhinanthi*. Fructus capsularis compressiusculus loculicidus; valvis medio intus septiferis diu cohærentibus. — Herbæ annuæ; foliis oppositis dentatis; floralibus decrescentibus; floribus axillaribus solitaris pedunculatis[6]. (*Europa medit., Oriens*[7].)

n. 4015. — NEES, *Gen. Fl. germ.* — BENTH., in *DC. Prodr.*, X, 560; *Gen.*, II, 978, n. 154.

1. De ovulis adscendentibus, H. BN, in *Bull. Soc. Linn. Par.*, 713.

2. Vel forte annuæ.

3. Roseis, albis v. luteis, nunc pulchris.

4. Spec. ultra 100. L., *Fl. lapon.*, t. 4. — JACQ., *Fl. austr.*, t. 139, 140, 205, 206, 258; *Ic. rar.*, t. 115. — WALL., *Pl. as. rar.*, t. 154. — ROYL., *Ill. himal.*, t. 72. — DCNE, in *Jacquem. Voy. Bot.*, t. 122, 123. — WIGHT, *Icon.*, t. 1418, 1419. — KL., *Bot. Pr. Waldem. Reis.*, t. 57-61. — HOOK. F., *Fl. brit. Ind.*, IV, 306. — FRANCH. et SAV., *Enum. pl. jap.*, I, 351. — FRANCH., *Pl. David. sin.*, 226. — BOISS., *Fl. or.*, IV, 483. — TORR., *Fl. N. York*, t. 75. — HOOK., *App. Parr. Sec. Voy.*, t. 1. — A. GRAY, *Bot. Calif.*, I, 582; *Syn. Fl. N.-Amer.*, 249, 305, 454. — HEMSL., *Bot. centr.-amer.*, II, 466. — LEDEB., *Ic. Fl. ross.*, t. 278, 427, 434, 439, 441, 442, 446. — REICHB., *Iconogr. bot.*, t. 14, 399, 401; *Ic. Fl. germ.*, t. 1472-1763. — TOMMAS., in *Linnæa*, XIII, t. 2. — STEINING., in *Bot. Centralbl.*, XXIX. — HFFMG et LINK, *Fl. port.*, t. 61. — WILLK. et LGE, *Prodr. Fl. hisp.*, II, 607. — REG., *Sert. petrop.*, t. 30. — MAXIM., in *Bull. Pét.*, XXIV, *Mél. biol.*, X, 80. — GREN. et GODR., *Fl. de Fr.*, II, 613. — SWEET, *Brit. fl. Gard.*, t. 67. — *Bot. Mag.*, t. 2506, 4599. — WALP., *Rep.*, VI, 654; *Ann.*, I, 537; III, 201; V, 634.

5. *Inst.*, *Cor.*, 48, t. 482. — GUSS., *Fl. sic. Prodr.*, II (1828), 115. — *Rhynchocorys* GRISEB., *Spic. Fl. rumel.*, II (1844), 12. — BENTH., in *DC. Prodr.*, X, 559; *Gen.*, II, 978, n. 153.

6. Nomen Gussonianum prioritate gaudens ob usum in zoologia haud retinere futile certe esset. Genus cæterum dubium, inter *Bartsiam* et *Rhinanthum* quasi medium, hujus forte melius pro sectione habendum.

7. Spec. 2. L., *Gen.*, 840 (*Rhinanthus*). — BIEB., *Fl. taur.-cauc.*, II, 68 (*Rhinanthus*). — REICHB., *Icon. bot.*, t. 730 (*Rhinanthus*). — JAUB. et SP., *Ill. pl. or.*, t. 393, 394 (*Rhinanthus*). — BOISS., *Fl. or.*, IV, 477.

173. — **Bartsia** L.[1] — Flores fere *Euphrasiæ;* calyce tubuloso v. campanulalo, 4-dentato v. 4-fido. Corollæ tubus cylindraceus, rectus v. arcuatus ; limbi labio postico marginibus haud explicato galeato ; antici plerumque longioris supraque basin convexi v. bigibbosi lobis 3, patentibus. Stamina didynama ; loculis æqualibus cæteraque *Euphrasiæ*. Capsula oblonga v. lanceolata (*Odontites*[2], *Eufragia*[3]) v. ovoidea rariusve (*Trixago*[4]) ovoideo-globosa, turgida, loculicida ; valvis medio intus septiferis seminiferis. Semina ∞, descendentia v. subtransversa, sulcato-costata alatave, rarius lævia. — Herbæ annuæ v. perennes, sæpe viscidæ ; foliis oppositis, integris linearibus, serratis, crenatis v. incisis ; floribus axillaribus subsessilibus v. terminali-spicatis ; spica sæpius foliata. (*Europa, Asia temp., Africa bor. et austr., America temp. utraque*[5].)

174. **Lamourouxia** H. B. K.[6] — Calycis compressi campanulati lobi 4, æquales v. per paria connati. Corollæ tubus elongato-cylindraceus ventricosus ; limbi labiis 2 ; postico galeato integro v. emarginato ; antico breviore v. paulo longiore, supra basin 2-plicato, patenti-3-lobo. Stamina didynama sub galea adscendentia ; postica nunc ananthera ; antherarum transversarum arcte contiguarum v. nunc cohærentium loculis parallelis villosis, sæpe basi mucronatis. Germen ∞-ovulatum ; stylo apice integro obtuso. Capsula loculicida ; valvis medio intus placentiferis. Semina ∞ ; testa scrobiculata v. reticulata laxa. — Herbæ annuæ v. perennes, erectæ v. subscandentes ; foliis oppositis ; floralibus decrescentibus ; floribus[7] axillaribus, sessilibus v. stipitatis ; superioribus terminali-spicatis v. racemosis, ebracteolatis. (*America bor. occid.-austr., centr. et austral. mont.*[8])

1. *Gen.*, n. 739. — ENDL., *Gen.*, n. 4013. — BENTH., *Gen.*, II, 977, n. 151. — *Lasiopera* HFFMG et LINK, *Fl. port.*, I, 298.

2. HALL. — PERS., *Syn.*, II, 150. — ENDL., *Gen.*, n. 4010.

3. GRISEB., *Spic. Fl. rumel.*, II, 13. — BENTH., in *DC. Prodr.*, X, 542. — *Parentucellia* VIV., *Fl. lyb. Spec.*, 31, t. 21, fig. 3.

4. STEV., in *Mém. Mosc.*, VI, 4. — BENTH., *loc. cit.*, 543. — NEES, *Gen. Fl. germ.* — *Bellardia* ALL., *Fl. pedem.*, I, 61.

5. Spec. ad 60. SIBTH., *Fl. græc.*, t. 585, 586. — H. B. K., *Nov. gen. et spec.*, t. 166 (*Euphrasia*). — JACQ., *Fl. austr.*, t. 398. — DC., *Ic. pl. gall. rar.*, t. 10. — BROT., *Phyt. lusit.*, t. 123, 124. — HFFMG et LINK, *Fl. port.*, t. 58-60 (*Lasiopera*). — A. RICH., *Fl. Abyss.*, II, 116 (*Alectra*). — WEDD., *Chlor. andin.*, II, t. 61. — HOOK. F., *Fl brit. Ind.*, IV, 305. — J.-A. SCHM., in *Mart. Fl. bras.*, VIII, 324 (*Eufragia*), 325 (*Trixago*). — C. GAY, *Fl. chil.*, V, 143. — HEMSL., *Bot. centr.-amer.*, II, 464. — A. GRAY, *Syn. Fl. N.-Amer.*, 249. — BOISS., *Voy. Esp.*, t. 134 ; *Fl. or.*, IV, 473 (*Eufragia*), 474 (*Trixago, Odontites*). — REICHB., *Ic. Fl. germ.*, t. 1724-1729. — GREN. et GODR., *Fl. de Fr.*, II, 606 (*Odontites*). 609 (*Bartsia*), 610 (*Trixago*), 611 (*Eufragia*).

6. *Nov. gen. et spec.*, II, 335, t. 167-169. — ENDL., *Gen.*, n. 4008. — BENTH., in *DC. Prodr.*, X, 539 ; *Gen.*, II, 978, n. 152.

7. Roseis v. coccineis, speciosis.

8. Spec. ad 18. SEEM., *Her. Bot.*, t. 33. — HEMSL., *Bot. centr.-amer.*, II, 464. — WALP. *Ann.*, V, 633.

175. **Euphrasia** T.[1] — Calyx tubuloso-campanulatus; dentibus v. lobis 4, 5, inæqualibus. Corolla 2-labiata; tubo superne ampliato; limbi labio postico galeato erecto; lobis 2; marginibus plus minus replicatis; antici autem majoris patentis haud plicati lobis obtusis v. emarginatis. Stamina didynama, sub labii postici galea erecta; loculis antheræ parallelis distinctis, basi mucronatis, aut æqualibus; aut altero (in staminibus posticis) longiore calcarato. Germen ∞-ovulatum; stylo apice stigmatoso crassiore integro v. postice minute appendiculato. Capsula compressa loculicida; valvis medio intus septiferis placentasque liberantibus. Semina ∞, descendentia oblonga sulcata. — Herbæ annuæ v. perennes ramosæ; foliis oppositis, inciso-dentatis, nunc palmatifidis; floralibus in bracteas sensim abeuntibus; floribus continuo v. interrupte terminali-spicatis. (*Orbis utriusque reg. temp.*[2])

176. **Phtheirospermum** BGE.[3] — Flores fere *Euphrasiæ;* calycis lobis 4, 5. Antherarum 4 loculi paralleli, basi mucronati. Stylus apice dilatato subspathulatus. Semina ∞, ovoidea; testa vix laxe reticulata. Germen ∞-ovulatum; stylo superne spathulato-dilatato, apiceque superne stigmatoso breviter 2-lobulato. — Herbæ annuæ v. biennes viscidulo-puberulæ; foliis oppositis inciso-pinnatifidis; floribus ebracteolatis axillaribus solitariis dissitis breviter pedicellatis. (*India mont., China bor.*[4])

177. **Omphalotrix** MAXIM.[5] — Flores fere *Euphrasiæ;* calyce tubuloso, 4-fido. Corollæ limbus 2-labiatus; labio antico patente, 3-fido, posticum emarginatum paulo superante. Stamina didynama; antherarum loculis basi mucronatis. Germen breve; stylo oblique stigmatoso. Capsula oblonga ciliolata loculicida; seminibus ∞, descendentibus sulcato-striatis. — Herba annua tenuis; foliis oppositis parvis paucidentalis; floribus in racemos terminales et oppositos laxos dispositis; pedicellis tenuibus ebracteolatis[6]. (*America*[7].)

1. *Inst.*, 174, t. 78. — J., *Gen.*, 100. — GÆRTN., *Fruct.*, I, t. 54. — L., *Gen.*, n. 741 (part.). — ENDL., *Gen.*, n. 4011. — BENTH., in *DC. Prodr.*, X, 552; *Gen.*, II, 976, n. 149. — NEES, *Gen. Fl. germ.*

2. Spec. 16, 17. LEDEB., *Ic. Fl. ross.*, t. 435. — SEUB., *Fl. azor.*, t. 8, fig. 2. — HAYN., *Arzneig.*, X, t. 7, 8. — BENTH., *Fl. austral.*, IV, 519. — HOOK. F., *Handb. N. Zeal. Fl.*, 219; *Fl. brit. Ind.*, IV, 304; in *Hook. Icon.*, t. 1283. — FR. et SAV., *En. pl. jap.*, I, 351. — C. GAY, *Fl. chil.*, V, 145. — REICHB., *Ic. Fl. germ.*, t. 1730-1732. — GREN. et GODR., *Fl. de Fr.*, II, 604. — WALP., *Ann.*, I, 536; III, 200; V, 634.

3. In *Fisch. et Mey. Ind. sem. H. petrop.*, I (1835), 35. — ENDL., *Gen.*, n. 4001. — BENTH., in *DC. Prodr.*, X, 539; *Gen.*, II, 976, n. 148. — *Emmenospermum* C.-B. CLKE (ex HOOK. F.).

4. HOOK. F., *Fl. brit. Ind.*, IV, 304. — FRANCH., *Pl. David. sin.*, 225.

5. *Prim. Fl. amur.*, 208, t. 10. — BENTH., *Gen.*, II, 977, n. 150.

6. Genus adspectu insigne, *Odontiti* affine; corolla potius *Euphrasiæ*.

7. Spec. 1. *O. longipes* MAXIM.

178. **Cymbaria** MESSERSCHM.[1] — Flores fere *Schwalbeæ;* calycis tubulosi lobis 4-6, linearibus; additis in sinubus lobulis accessoriis ∞ (nervorum processubus). Corolla 2-labiata, antherarum loculi obliqui cæteraque *Schwalbeæ.* Capsulæ ovoidea obtusa loculicida. Semina pauca anguste alata. — Herbæ perennes cæspitosæ; foliis oppositis linearibus v. lanceolatis integris acutis; floribus[2] axillaribus subsessilibus, 2-bracteolatis. (*Asia rossica*[3].)

179. **Bungea** C.-A. MEY.[4] — Flores fere *Schwalbeæ;* calycis tubulosi, 8-10-costati lobis 4, linearibus subæqualibus. Corolla 2-labiata. Stamina antheris transversis; loculis basi mucronatis. Capsula ovoidea acuminata, breviter loculicida; seminibus paucis (majusculis); placentis dilatatis loculos incomplete dividentibus. Cætera *Schwalbeæ.* — Herbæ erectæ v. cæspitosæ; foliis integris v. 3-fidis; inferioribus oppositis; floribus[5] e caulis basi axillaribus, breviter stipitatis, 2-bracteolatis. (*Oriens*[6].)

180. **Monochasma** MAXIM.[7] — Flores fere *Bungeæ;* calyce tubuloso, 4-fido, nervis alatis percurso. Corolla tubulosa leviter incurva. Capsula calyce subinflato inclusa, secus suturam unicam aperta. Semina ∞, descendentia; albumine carnoso copioso; embryonis centralis minuti radicula supera. Cætera *Bungeæ.* — Herbæ multicaules, surculis radicalibus perennantes; foliis oppositis v. ex parte alternis integris 3-nerviis; floribus[8] axillaribus solitariis; calyce basi 2-bracteolato. (*China, Japonia*[9].)

181. **Schwalbea** L.[10] — Flores valde irregulares; calycis 10-12-costati lobis valde inæqualibus : postico minimo; anticis 2 quam lateralibus majoribus et altius connatis. Corollæ tubus cylindraceus v. leviter inflatus; limbi labiis 2, subæqualibus : postico erecto galei-

1. Ex L., *Gen.*, n. 751. — GÆRTN., *Fruct.*, t. 53. — LAMK, *Dict.*, II, 223; *Ill.*, t. 530. — ENDL., *Gen.*, n. 4009. — BENTH., in *DC. Prodr.*, X, 556; *Gen.*, II, 975, n. 146.

2. Flavis, majusculis.

3. Spec. 2. SCHLCHTL, in *Nees Hor. phys. berol.*, 107, t. 21. — MAXIM., in *Mém. Ac. Pétersb.*, sér. 7, XXIX (1881), 62, t. 4.

4. *Enum. pl. cauc.*, 108. — ENDL., *Gen.*, n. 4014. — BENTH., in *DC. Prodr.*, X, 556; *Gen.*, II, 976, n. 147 (part.).

5. Flavescentibus, majusculis.

6. Spec. 2. VAHL, *Symb.*, I, 44 (*Rhinanthus*). — SPRENG., *Syst.*, II, 773 (*Bartsia*). — BOISS., *Fl. or.*, IV, 471. — MAXIM., in *Mém. Ac. Pétersb.*, sér. 7, XXIX (1881), 59, t. 3. — HERD., *Enum. pl. Semen.*, 71 (*Ajuga*); *Pl. Severz.*, n. 877.

7. In *Franch. et Sav. Enum. pl. jap.*, II, 458; in *Mém. Ac. Pétersb.*, sér. 7, XXIX, 54, t. 2.

8. Albis v. lilacinis.

9. Spec. 2. S.-LE MOORE, in *Trim. Journ. Bot.* (1875), 229 (*Bungea*).

10. *Gen.*, n. 744. — J., *Gen.*, 123. — GÆRTN., *Fruct.*, t. 53. — LAMK, *Dict.*, VI, 732; *Ill.*, t. 520. — ENDL., *Gen.*, n. 4007. — BENTH., in *DC. Prodr.*, X, 538; *Gen.*, II, 975, n. 144.

formi, integro v. retuso ; antico autem erecto-patente, basi 2-plicato, breviter 3-lobo. Stamina didynama, sub galea inclusa; antheræ loculis distinctis parallelis, basi obtusis v. nunc mucronulatis. Germen 2-loculare, ∞-ovulatum; stylo gracili, apice stigmatoso truncato, capitellato v. subemarginato. Capsula loculicida; valvis medio septiferis et seminigeris. Semina ∞, linearia; testa laxa hyalina reticulata. — Herba perennis glanduloso-pubescens; foliis inferioribus oppositis; superioribus autem alternis, integris, sub-3-plinerviis; floribus[1] terminali-racemosis, brevissime pedicellatis, 2-bracteolatis. (*America bor.*[2])

182. **Siphonostegia** BENTH.[3] — Flores fere *Schwalbeæ;* calycis lobis 5, subæqualibus ; tubo 10-12-costato. Antheræ oblongæ; loculis parallelis. Capsula oblongo-linearis; seminibus ∞, minimis reticulatis. Cætera *Schwalbeæ.* — Herbæ annuæ v. perennes, pubescentes v. glandulosæ; floribus[4] terminali-racemosis subsecundis, 2-bracteolatis. (*Asia subtrop. et extratrop.*[5])

183. **Castilleja** L. F.[6] — Flores irregulares; calyce a latere compresso, tubuloso sæpiusque basi dilatato, utrinque (*Euchroma*[7]) v. antice ab apice fisso; lobis integris v. 2-fidis. Corollæ limbi labium posticum galeatum elongato-carinatum integrum; anticum minimum, brevissime 3-lobum. Stamina 4, didynama, sub corollæ galea adscendentia; antherarum loculis dissimilibus : exteriore medifixo ; interiore autem pendulo, apice affixo. Germen 2-loculare, ∞-ovulatum; stylo gracili, apice stigmatoso integro. Capsula loculicida; valvis integris, medio septiferis, ∞-spermis. Seminum testa laxa reticulata. — Herbæ, nunc suffrutescentes; foliis alternis, v. imis oppositis, integris v. pauci-laciniatis, raro multifidis; floralibus conformibus v. ad bracteas reductis, varie coloratis v. concoloribus; floribus[8] axillaribus solitariis v. sæpius terminali-spicatis. (*America utraque, Asia et Europa sept.*[9])

1. Purpureo-flaventibus, ultrapollicaribus.
2. Spec. 1. *S. americana* L., *Spec.*, 844. — A. GRAY, *Syn. Fl. N.-Amer.*, 305.
3. In *Hook. et Arn. Beech. Voy. Bot.*, 203, t. 44; in *DC. Prodr.*, X, 538; *Gen.*, II, 975, n. 145. — ENDL., *Gen.*, n. 4012. — *Prismatanthus* HOOK. et ARN. (ex BENTH.). — *Lesquereuxia* BOISS. et REUT., *Diagn. or.*, ser. 1, XII, 43; ser. 2, VI, 132.
4. Purpureis v. flavidis.
5. Spec. 3. BOISS., *Fl. or.*, IV, 470.
6. *Suppl.*, 47. — ENDL., *Gen.*, n. 4004. — BENTH., in *DC. Prodr.*, X, 528; *Gen.*, II, 973, n. 140.
7. NUTT., *Gen. north-amer. pl.*, II, 54.
8. Purpureis, flavidis v. albidis.
9. Spec. ad 25. H. B. K., *Nov. gen. et spec.* t. 163. — VENT., *Choix de pl.*, t. 59. — SM., *Ic. ined.*, t. 39, 40. — WEDD., *Chlor. andin.*, II, 118, t. 61 A. — J.-A. SCHM., in *Mart. Fl. bras.*, VIII, 323, t. 56, II. — REG., *Sert. petrop.*, t. 15. — A. GRAY, in *Amer. Journ*

184. **Orthocarpus** NUTT.[1] — Flores fere *Castillejæ;* calyce tubuloso v. anguste campanulato, 4-fido; corolla, genitalibus cæterisque *Castillejæ.* — Herbæ annuæ, glabræ v. varie indutæ; foliis alternis, v. imis oppositis; spicis[2] terminalibus densis v. basi interruptis, foliatis v. bracteatis. (*America bor.-occ. et austr. andina*[3].)

185. **Cordylanthus** NUTT.[4] — Flores fere *Castillejæ;* calyce[5] aut postice integro, aut 2-fido, antice deficiente v. ibi e lamina integra complicata constante. Semina pauca, 2-seriata. Cætera *Orthocarpi.* — Herbæ; foliis alternis, integris v. parce incisis; floribus simpliciter v. composite terminali-spicatis. (*America bor.-occid.*[6])

186? **Hemiarrhena** BENTH.[7] — Sepala 5, angusta, libera v. ima basi connata. Corollæ tubus cylindraceus, superne ampliatus; limbi 2-labiati lobo postico erecto galeato integro; antico autem longiore patente, posticum obtegente, 3-lobo. Stamina 2, antica; antheris sub galea conniventibus dimidiatis; loculo pendulo infime aristato. Germen ∞-ovulatum; stylo gracili, apice integro vix dilatato. Capsula septicida; valvis integris septum placentiferum liberantibus. Semina ∞, reticulata. — Herba perennis glabra; foliis basilaribus rosulatis oppositis integris; superioribus remote oppositis ad bracteas reductis; floribus terminali-racemosis, ebracteolatis. (*Australia trop.*[8])

187. **Melampyrum** T.[9] — Flores irregulares; calycis gamophylli lobis v. dentibus 4, sæpe inæqualibus. Corollæ tubus cylindraceus v. superne ampliatus; limbus 2-labiatus; lobis anticis 3; lateralibus anti-

sc., ser. 2, XXXIV, 385; in *Emor. Exp. Bot.*, 118; *Bot. Calif.*, I, 573; *Syn. Fl. N.-Amer.*, 249, 295, 452. — HEMSL., *Bot. centr.-amer.*, II, 459. — S.-WATS., *Fort. parall. Bot.*, 456. — *Bot. Reg.*, t. 925, 1136. — *Bot. Mag.*, t. 6376. — WALP., *Rep.*, VI, 651; *Ann.*, V, 633.

1. *Gen. north-amer. pl.*, II, 56. — ENDL., *Gen.*, n. 4003. — BENTH., in *DC. Prodr.*, X, 534; *Gen.*, II, 974, n. 141. — *Triphysaria* F. et MEY., *Ind. sem. H. petrop.*, II, 52. — *Onchorhynchus* LEHM., *Ind. sem. H. hamburg.* (1832).

2. Floribus flavis v. purpurascentibus.

3. HOOK., *Fl. bor.-amer.*, t. 173. — S.-WATS., *Fourt. parall. Bot.*, 457. — A. GRAY, *Bot. Calif.*, I, 575, 622; *Syn. Fl. N.-Amer.*, 249, 299, 452. — HEMSL., *Bot. centr.-amer.*, II, 463, t. 63 A. — WALP., *Ann.*, III, 200.

4. Ex BENTH., in *DC. Prodr.*, X, 597; *Gen.*, II, 974, n. 142. — *Adenostegia* BENTH., in *Lindl. Nat. Syst.*, ed. 2, 445; in *DC. Prodr.*, X, 537.

5. Corolla sæpius longiore.

6. Spec. ad 10, 11. A. GRAY, in *Proc. Amer. Acad.*, VII, 381; *Bot. Calif.*, I, 580, 622; *Syn. Fl. N.-Amer.*, 249, 302, 453. — S.-WATS., *Fourt. parall. Bot.*, 233, 450, t. 22. — HEMSL., *Bot. centr.-amer.*, II, 464.

7. *Fl. austral.*, IV, 518; in *Hook. Icon.*, t. 1059; *Gen.*, II, 974, n. 143.

8. Spec. 1. *H. plantaginea* BENTH. — *Vandellia plantaginea* F. MUELL. — *Lindernia plantaginea* F. MUELL., *Fragm.*, VI, 102.

9. *Inst.*, 173, t. 78. — L., *Gen.*, n. 742. — GÆRTN., *Fruct.*, t. 53. — NEES, *Gen. Fl. germ.* — BENTH., in *DC. Prodr.*, X, 583. — ENDL., *Gen.*, n. 4018. — B. H., *Gen.*, II, 980. — H. BN, in *Bull. Soc. Linn. Par.*, 531.

cum obtegentibus necnon posticos 2, majores replicatos galeamque constituentes. Stamina 4, subdidynama; antheris per paria approximatis; loculis distinctis, margine v. basi ciliatis v. mucronulatis. Discus hypogynus anticus, nunc arcuatus v. replicatus. Germen 2-loculare; loculo antico nunc magis evoluto; stylo arcuato, apice stigmatoso capitellato. Ovula in loculis 2, sæpe inæqualia, funiculo adscendente secundum marginem interiorem affixa; micropyle extrorsum supera. Capsula compressa, sæpe obliqua, loculicide 2-valvis. Semina 4, v. abortu pauciora; funiculo in arillum expanso; albumine copioso; embryonis parvi radicula supera. — Herbæ annuæ erectæ parasiticæ; foliis oppositis; floribus [1] subspicatis, in axilla bractearum imbricatarum (sæpius coloratarum) solitariis v. 2-nis. (*Europa, Asia occ. et temp., Japonia, America bor.*[2])

188. **Tozzia** MICHELI [3]. — Flores fere *Melampyri;* calycis campanulati membranacei dentibus 4, 5. Corollæ 2-labiatæ labium posticum erecto-patens concaviusculum, 2-lobum; anticum 3-lobum exterius; lobis patentibus. Stamina 4, didynama; antherarum loculis 2, inferne aristato-mucronatis. Germen 2-loculare; stylo apice capitellato; ovulis in loculis 2, medio lateraliter affixis collateralibus, superne acutatis. Capsula loculicida, 2-valvis, abortu sæpius 1-sperma; semine albuminoso cum placenta deciduo. — Herba parasitica tenera succosa; foliis oppositis, integris v. dentatis; floribus[4] axillaribus solitariis; superioribus laxe racemosis. Cætera *Melampyri.* (*Europa med. et austr. mont.*[5])

1. Flavis, violaceis v. variegatis.
2. Spec. 7, 8. WALDST. et KIT., *Pl. rar. hung.*, t. 86. — HOOK., *Kew Journ.*, IX, t. 8. — MIQ., in *Ann. Mus. lugd.-bat.*, II, 122. — FR. et SAV., *Enum. pl. jap.*, I, 352. — HOOK. F., *Fl. brit. Ind.*, IV, 318. — BOISS., *Fl. or.*, IV, 480. — REICHB., *Ic. Fl. germ.*, t. 1733-1737. — A. GRAY, *Syn. Fl. N.-Amer.*, 249, 310. — GREN. et GODR., *Fl. de Fr.*, II, 619.
3. *Nov. gen.*, t. 16. — L., *Gen.*, n. 745. — GÆRTN. F., *Fruct.*, III, t. 198. — LAMK, *Ill.*, t. 522. — NEES, *Gen. Fl. germ.* — ENDL., *Gen.*, n. 4019. — BENTH., in *DC. Prodr.*, X, 584; *Gen.*, II, 980, n. 157.
4. Flavidis, parvis.
5. Spec. 1. *T. alpina* L. — JACQ., *Fl. austr.*, t. 165. — REICHB., *Ic. Fl. germ.*, t. 1741. — GREN. et GODR., *Fl. de Fr.*, II, 622.
6. Genera quoad ordinem dubia sunt :

Vellosiella H. BN (in *Bull. Soc. Linn. Par.* 714), quæ *Digitalis dracocephaloides* VELL. *Fl. flum.*, Atl., VI, 101 (*Spathodea ilicifolia* SEEM., *Bonpland.* (1859), 246, ad *Parmentieram* a BENTHAM relata, videtur potius *Scrofulariacea;*

Trapella OLIV. (in *Hook. Icon.*, t. 1595), ab auctore ad *Pedalineas* refertur. Germen autem dicitur inferum, 1-loculare, 2-ovulatum.

TABLE DES GENRES ET SOUS-GENRES

CONTENUS DANS LE NEUVIÈME VOLUME[1]

1. Pour les genres conservés par nous, cette table renvoie toujours à la caractéristique latine du *Genera*. Là c lecteur trouvera un autre renvoi à la page où le genre est, s'il y a lieu, analysé et discuté.

FIN DE LA TABLE DES GENRES ET SOUS-GENRES DU NEUVIÈME VOLUME

9333. — Imprimeries réunies, A, rue Mignon, 2, Paris.

HISTOIRE DES PLANTES

MONOGRAPHIE

DES

ARISTOLOCHIACÉES

CACTACÉES

MÉSEMBRYANTHÉMACÉES ET PORTULACACÉES

BOURLOTON — Imprimeries réunies, A, rue Mignon, 2, Paris.

HISTOIRE DES PLANTES

MONOGRAPHIE

DES

ARISTOLOCHIACÉES

CACTACÉES

MÉSEMBRYANTHÉMACÉES

ET PORTULACACÉES

PAR

H. BAILLON

PROFESSEUR D'HISTOIRE NATURELLE MÉDICALE A LA FACULTÉ DE MÉDECINE DE PARIS
DIRECTEUR DU JARDIN BOTANIQUE DE LA FACULTÉ, PRÉSIDENT DE LA SOCIÉTÉ LINNÉENNE DE PARIS

ILLUSTRÉE DE 100 FIGURES DANS LES TEXTES

DESSINS DE FAGUET

PARIS
LIBRAIRIE HACHETTE & Cie
BOULEVARD SAINT-GERMAIN, 79
LONDRES, 18, KING WILLIAM STREET, STRAND

1886

HISTOIRE DES PLANTES

MONOGRAPHIE

DES

DROSÉRACÉES

TAMARICACÉES, SALICACÉES

BATIDACÉES, PODOSTÉMACÉES, PLANTAGINACÉES

SOLANACÉES

SCROFULARIACÉES

9333. — Imprimeries réunies, A, rue Mignon, 2, Paris.

HISTOIRE DES PLANTES

MONOGRAPHIE

DES

DROSÉRACÉES

TAMARICACÉES, SALICACÉES

BATIDACÉES, PODOSTÉMACÉES, PLANTAGINACÉES

SOLANACÉES

SCROFULARIACÉES

PAR

H. BAILLON

PROFESSEUR D'HISTOIRE NATURELLE MÉDICALE A LA FACULTÉ DE MÉDECINE DE PARIS
DIRECTEUR DU JARDIN BOTANIQUE DE LA FACULTÉ, PRÉSIDENT DE LA SOCIÉTÉ LINNÉENNE DE PARIS

ILLUSTRÉE DE 349 FIGURES DANS LES TEXTES

DESSINS DE FAGUET

PARIS

LIBRAIRIE HACHETTE & Cie

BOULEVARD SAINT-GERMAIN, 79

LONDRES, 18, KING WILLIAM STREET, STRAND

1888

www.ingramcontent.com/pod-product-compliance
Lightning Source LLC
Chambersburg PA
CBHW060953220326
41599CB00023B/3696